LES ÉTAPES

DE

LA PHILOSOPHIE MATHÉMATIQUE

A LA MÊME LIBRAIRIE

DU MÊME AUTEUR

BIBLIOTHÈQUE DE PHILOSOPHIE CONTEMPORAINE

La Modalité du Jugement; 1 vol. in-8°.

Spinoza; 2e édition. 1 vol. in-8°.

Introduction à la Vie de l'Esprit; 4e édition. 1 vol. in-16.

L'idéalisme contemporain; 2e édition, 1 vol. in-16.

L'Expérience humaine et la causalité physique; 1 vol. in-8.

Coulommiers. — Imp. PAUL BRODARD. — 475-5-22.

LES ÉTAPES

DE

LA PHILOSOPHIE MATHÉMATIQUE

PAR

LÉON BRUNSCHVICG
Membre de l'Institut
Professeur à la Sorbonne

DEUXIÈME ÉDITION

PARIS
LIBRAIRIE FÉLIX ALCAN
108, BOULEVARD SAINT-GERMAIN, VIe

1922

ERRATUM

Page 8, ligne 32, lire : *fort différents*, au lieu de *forts différents*.
— 15, note 2, lire : *Unter den Naturvölkern*, p. 408.
— 50, ligne 30, lire : *deux armées*, au lieu de *deux années*.
— 74, note 1, lire : *comicorum græcorum*, au lieu de *comicorum cræcorum*.
— 109, note 2, lire : *employait des signes*, au lieu de *employait des symboles*.
— 172, note 1, lire : *1714*, au lieu de *1754*.
— 191, note 1, lire : page *43*, au lieu de page *44*.
— 195, ligne 3, lire : *vitesse*, au lieu de *vitessse*.
— 294, noto 6, lire : *Cours*, au lieu de *Ibid*.
— 338 (quatrième alinéa), lire : *La série converge uniformément; car ses termes....*
— 407, ligne 10, lire : *s'il est un terme*, au lieu de *s'il y a un terme*.
— 443, ligne 17, lire : $a + b > a$, au lieu de $a + b = a$.
— 484, note 3, au début de la note, ajouter : *Lettre à Kant, de novembre 1765, apud.*
— 493, note 1, lire : *Enseignement mathématique*, au lieu de *Revue générale des Sciences*.
— 527-533, dans le titre courant, substituer : *Idéalisme* à *Réalisme*.
— 556, note 3, lire : *Drach* au lieu de *Baire*.

INDEX, lire : Baire, 387-388, 531, 535; Drach, 556; Winter, 441, 446, etc.

TABLE DES MATIÈRES, page 591, ligne 11, lire : *Empirisme et idéalisme*, au lieu de *Empirisme et réalisme*.

PREMIÈRE PARTIE

PÉRIODES DE CONSTITUTION

LIVRE PREMIER

ARITHMÉTIQUE

---

1. — C'est sans doute un préjugé de croire que les notions les plus simples et les plus anciennement conquises par l'humanité soient aussi celles dont il est le plus facile de reconstituer la genèse et de déterminer la nature. En fait, il n'est guère de notion qui, de nos jours, ait soulevé plus de discussions, qui ait prêté à plus d'interprétations diverses, que la notion de nombre, principe de la science élémentaire par excellence, de l'arithmétique.

La méthode historique, dont nous voudrions faire un usage constant, peut-elle même être directement appliquée à l'éclaircissement de la notion de nombre?

L'histoire de la philosophie mathématique s'ouvre avec le pythagorisme, qui est l'une des doctrines les plus éclatantes, mais aussi l'une des plus mal connues, de l'antiquité. Si nous laissons de côté les conjectures sur la part qui revient aux représentants successifs de l'École dans la constitution de la doctrine, ou les connexions souvent étranges et mystérieuses par lesquelles les données purement scientifiques se reliaient à la tradition des prescriptions morales ou des croyances religieuses, un problème subsiste où il serait essentiel d'avoir l'appui d'une documentation positive. Nous aurions à déterminer le progrès d'ordre technique auquel correspond la philosophie du pythagorisme; pour cela nous devrions pouvoir suivre la culture hellénique dans la continuité de sa croissance, savoir ce qu'elle a emprunté aux civilisations de l'Asie ou de l'Égypte. Plus encore, partant du premier système qui confère une valeur absolue aux objets de la science mathématique, nous aurions besoin de remonter jusqu'aux premières lueurs qui manifestent dans l'humanité l'éveil de la pensée scientifique. Or, ici, l'histoire est presque silencieuse. Nous ne trouvons d'indications suffisamment précises que dans quelques documents égyptiens d'une antiquité reculée, dont le *papyrus Rhind* demeure le plus important.

Notre seule ressource est de tourner la difficulté, de substituer aux recherches sur l'ère primitive de nos civilisations, les observations que, de nos jours, on fait directement sur les sociétés inférieures. L'ethnographie, exerçant une sorte de *fonction vicariante*, permet de combler en une large mesure les lacunes de la préhistoire, et, par une hypothèse qui est assurément invérifiable, mais qui du moins a pour elle la vraisemblance, de rétablir dans ses grandes lignes le cours naturel de l'évolution humaine.

Ainsi l'étude de la constitution de l'arithmétique comportera l'examen de trois questions distinctes :

1° De quelle manière les hommes effectuent-ils les premières opérations du calcul?

2° Quels résultats étaient obtenus dans la pratique au moment de la rédaction du papyrus Rhind?

3° Comment la science des nombres a-t-elle conduit, dans l'École pythagoricienne, à une représentation intégrale et à une explication de l'univers?

2. — Ces trois ordres de recherches, dans l'état actuel de notre information, ne se font pas suite l'un à l'autre, non seulement parce qu'ils n'appartiennent pas à une même histoire, mais aussi parce que logiquement ils se déroulent dans des plans différents. Lorsque nous étudions le pythagorisme, nous avons pour tâche de déterminer la conception que les Pythagoriciens se faisaient de la science, la portée qu'ils attribuaient à la notion de nombre et aux relations numériques; notre exposé doit coïncider avec la réflexion consciente des penseurs du VIe ou du Ve siècle avant Jésus-Christ. Au contraire, lorsque nous étudions les procédés de calcul ou de numération dont les peuplades de l'Océanie ou du Brésil central font usage, nous avons affaire à des phénomènes dont les esprits humains sont le siège, mais qui ne sont pas pour ces mêmes esprits l'objet d'une réflexion consciente. Les « non civilisés » se livrent à des actes d'échange, à des opérations de calcul, sans avoir aucune idée des règles d'égalité, des lois d'addition ou de multiplication qui confèrent à leurs pratiques un caractère de vérité; le sociologue est placé devant

la pensée primitive dont il essaie de saisir l'évolution, comme le physicien ou le physiologiste devant la nature extérieure dont il essaie de fixer les lois.

Les études qui constituent ce premier livre seront donc faites de deux points de vue différents. Nous examinerons les premières manifestations de l'art de compter du point de vue critique où la science se place aujourd'hui afin de rétablir le déterminisme mental dont ces manifestations sont le produit, tandis que l'analyse des spéculations pythagoriciennes nous reporte nécessairement dans le cadre du dogmatisme antique.

Une semblable dualité paraît inévitable; elle est liée au progrès même de la science, qui montre la disproportion entre la croissance spontanée des phénomènes sociaux et la représentation que les sociétés s'en font. L'étude comparée des religions donne, par exemple, de l'origine effective des croyances chrétiennes une idée qui n'a aucune commune mesure avec les systèmes de théologie que les docteurs des Églises chrétiennes ont construits à différentes époques. Comme le dit fort bien M. Lévy-Bruhl : « Les Australiens connaissent admirablement les rites, cérémonies et pratiques de leur religion si compliquée : il serait ridicule de leur en attribuer la science. Mais cette science qu'il leur est impossible même de concevoir, les sociologues l'établissent[1]. »

D'autre part il y a des raisons de croire que cette dualité sera instructive. Pour comprendre le passage de la langue latine à la langue française, on a été amené à distinguer deux modes de formation : le *mode populaire*, obéissant à des lois aussi naturelles, aussi spontanées, aussi nécessaires que les lois de l'univers physique, et qui régissaient le langage des foules du moyen âge, comme les formules de Galilée régissent la chute des corps, — le *mode savant*, émané de la réflexion ultérieure, de la volonté systématique des grammairiens qui ont édicté une sorte de code pour la naturalisation du vocabulaire latin. Peut-être les ambiguïtés auxquelles donnent lieu les problèmes, et l'idée même, de la philosophie mathématique, commenceront-elles à se dissiper si en étudiant la formation des principes mathématiques nous pratiquons une distinction analogue. En d'autres termes, nous ne devrons pas nous borner à enregistrer les notions d'ordre philosophique qui se sont greffées à tel ou tel moment sur les propositions positives de la science et qui ont défini le cadre que la tradition dogmatique impose à la justifi-

1. *La Morale et la Science des Mœurs*, 1903, p. 196 (Paris, F. Alcan).

cation métaphysique de la science. Par delà ces notions nous chercherons à dégager l'activité spontanée dont cette tradition dogmatique risquait d'altérer l'accent et de méconnaître la fécondité, mais qui, en dépit des interdictions *a priori* et des limitations définitives, a poursuivi à travers l'histoire le cours de ses conquêtes. Et il nous sera d'autant moins malaisé de suivre ces deux courants de pensée dans la multitude de leurs transformations et de leurs dérivations, que la constitution de l'arithmétique nous aura d'abord donné l'occasion de les saisir au point le plus rapproché de leur origine, qui est aussi le point de leur écart extrême.

CHAPITRE PREMIER

L'ETHNOGRAPHIE ET LES PREMIÈRES OPÉRATIONS NUMÉRIQUES

3. — A la curiosité du philosophe qui cherche comment s'est introduit dans l'humanité l'usage du calcul et des termes numériques, une ample matière est offerte par les observations ethnographiques. Après l'ouvrage classique de Tylor : *Primitive culture* [1], dont la première édition remonte à 1871, M. Lévi-Léonard Conant a publié une monographie extrêmement riche : *The number concept, its origin and development*, New-York, 1896. Tout récemment enfin le sujet a été renouvelé par M. Lévy-Bruhl dans le chapitre v de son ouvrage sur *Les Fonctions mentales dans les Sociétés inférieures* (1910), chapitre intitulé : *La Mentalité prélogique dans ses Rapports avec la Numération.*

Nous mettrons à contribution la moisson de faits qui est recueillie dans ces trois ouvrages; mais nous sommes particulièrement redevable à M. Lévy-Bruhl qui a fourni l'indication initiale dont toute étude ethnographique doit procéder, en insistant sur l'opposition entre nos habitudes logiques et la mentalité primitive. Dans les nations civilisées, la numération précède le calcul; les enfants y apprennent les noms des nombres avant d'être en état de distinguer les valeurs numériques. Si pendant cette phase transitoire on leur demande combien il y a devant eux de bonbons ou de fruits, ils disent au hasard tous les noms de nombre qu'ils connaissent. Il est à remarquer qu'une observation analogue a été faite par les missionnaires qui ont enseigné l'arithmétique aux indigènes suivant l'usage européen, en commençant par la généralité de l'idée abstraite. Ainsi, au témoignage du P. Dobrizhoffer, les Guaranis du Paraguay qui

1. Traduit en français par Mme Brunet, *La civilisation primitive*, 2 vol., 1876.

dans leur langue ne vont pas plus loin que 4 « savent tous énoncer les nombres en espagnol; mais en comptant ils se trompent si facilement et si fréquemment qu'on ne peut être trop défiant à leur égard en pareille matière[1] ». Les Abipones également « ne peuvent pas supporter d'avoir à compter : cela les ennuie; par suite, pour se débarrasser des questions qu'on leur fait, ils montrent n'importe quel nombre de doigts[2] ».

Or voici qui est caractéristique : ces mêmes Abipones ne se tromperont plus quand leur pensée, au lieu d'être surplombée et comprimée par un langage qui lui est étranger, redeviendra libre de suivre son cours originel, quand elle pourra s'appuyer sur la vision directe des choses, sur la représentation du lieu qu'elles occupent, de la masse spéciale qu'elles constituent par leur ensemble. Quand ils marchent en troupes, entourés de chiens de tous côtés, « j'ai souvent admiré, dit le P. Dobrizhoffer, comment sans savoir compter, ils pouvaient s'apercevoir immédiatement qu'un chien manquait à l'appel sur une meute si considérable[3]. » Assurément, si l'on convenait de réserver le nom de calcul aux combinaisons qui impliquent un système régulier de numération, il faudrait, avec le P. Dobrizhoffer, dire que les Abipones ne comptent pas. Mais ce ne serait qu'une façon de parler : en fait, puisque les Abipones sont capables d'opérations dont les résultats équivalent à ceux de notre calcul, ils savent compter « à leur manière »; il y a un calcul qui est indépendant des systèmes réguliers de numération, qui le précède et le rend possible.

Pour saisir l'éveil de la pensée mathématique, nous relèverons, dans les recueils que nous avons cités, les procédés les plus élémentaires de ce calcul. Nous les présenterons pour la clarté de l'analyse dans l'ordre de complexité croissante, mais sans prétendre, loin de là, qu'une expérience empruntée à des peuples de régions très éloignées et de niveaux intellectuels forts différents, doive se disposer dans un ordre unilinéaire.

SÉRIATION ET CORRESPONDANCE

4. — Le plus simple, le plus « primitif », des procédés qui peuvent fournir l'équivalent du calcul, nous paraît être celui

1. *Historia de Abiponibus, equestri bellicosaque Paraquariæ natione*, Vienne, 1784, P. II, p. 174, cité par M. Lévy-Bruhl, *op. cit.*, p. 207.
2. *Ibid*, p. 173.
3. *Ibid.*, p. 123.

dont Tylor a signalé l'emploi en Australie, en Malaisie, à Madagascar[1] : on donne aux enfants des noms qui sont fixés suivant l'ordre de la naissance de telle sorte que chacun de ces noms devient comme un numéro. Voici un tableau emprunté à la relation d'Eyre, l'explorateur de l'Australie : « Dans le district d'Adélaïde et chez les tribus du Nord, Moorhouse a trouvé que des enfants qui viennent au monde reçoivent, dans l'ordre de leur naissance, des noms numériques, une variation dans la terminaison constituant la différence du nom pour les garcons et pour les filles.

Le 1er	enfant	serait appelé	ou *Kerlameru*	(garçon)	ou *Kertanya*	(fille)
Le 2e	—	—	ou *Warritya*	—	ou *Warriarto*	—
Le 3e	—	—	ou *Kudnutya*	—	ou *Kudnarto*	—
Le 4e	—	—	ou *Monaitya*	—	ou *Monarto*	—
Le 5e	—	—	ou *Milaitya*	—	ou *Milarto*	—
Le 6e	—	—	ou *Marrutya*	—	ou *Marruarto*	—
Le 7e	—	—	ou *Wangutya*	—	ou *Wangwarto*	—
Le 8e	—	—	ou *Ngarlaitya*	—	ou *Ngarlarto*	—
Le 9e	—	—	ou *Pouarna*[2] ».			

Les Australiens n'ont pas de nombre cardinal au delà de *trois*[3]; l'Australien père de neuf enfants saura dire si sa famille est au complet sans qu'il ait cependant la représentation du nombre *neuf*, sans qu'il ait l'idée abstraite du nombre cardinal ou même du nombre ordinal; il ne compte pas jusqu'à *neuf;* mais il pousse jusqu'à ce terme que nous disons être le *neuvième*, la distinction qualitative des termes qui composeraient à nos yeux une série ordonnée. En un mot il supplée à la *numération* par le moyen de l'*énumération*.

5. — A ce premier stade, la pensée numérique semble contenue dans les choses, plutôt qu'elle n'est présente à l'esprit de l'homme. Ce sont les circonstances biologiques qui font que chaque enfant apparaît doué d'une sorte de *signe temporel*, et que l'ensemble des enfants forme une série ordonnée. C'est alors un progrès important que de généraliser l'idée de l'*ordre* qui est sous-entendue dans la distinction qualitative des termes de la série; de telle sorte qu'au lieu de s'appliquer à un groupe d'individus toujours les mêmes, cette distinction devient un point de repère pour l'ordination d'objets quelconques.

1. Trad. Brunet, I, 292.
2. *Journals of expeditions of discovery into Central Australia and Overland from Adelaïd to King George's Sound* (1840-1841), par Edward John Eyre, t. II, Londres, 1845, p. 324.
3. *Ibid.*, p. 392.

A ce nouveau stade il n'y a pas encore de noms de nombre; mais il y a des équivalents concrets de la numération. Les observations concordantes que M. Lévy-Bruhl a réunies, font voir avec clarté les pratiques encore complexes de cette pensée à l'état naissant. Nous citerons seulement l'une de celles qui ont trait aux îles Murray, dans le détroit de Torrès. « Ici, les seuls nombres des indigènes sont *netat* = 1 et *neis* = 2. Au-dessus, ils procèdent par réduplication, par exemple *neis netat* = 2, 1 = 3; *neis neis* = 2, 2 = 4, etc., ou en se rapportant à quelque partie du corps. Par cette dernière méthode ils peuvent compter jusqu'à 31. On commence par le petit doigt de la main gauche, puis on passe par les doigts, le poignet, le coude, l'aisselle, l'épaule, le creux au-dessus de la clavicule, le thorax, ensuite dans l'ordre inverse le long du bras droit, pour finir par le petit doigt de la main droite[1] ». Ainsi, « dans une question d'affaires, dit un observateur particulièrement pénétrant des tribus occidentales du détroit de Torrès, un homme se rappellera jusqu'à quel point de sa personne un nombre d'objets était allé, et en recommençant par son petit doigt gauche, il retrouvera le nombre cherché[2] ».

Une telle opération est évidemment un procédé de *correspondance;* il importe seulement, en introduisant cette expression devenue si familière aux savants contemporains, de lui conserver sa signification originelle, qui est toute qualitative : la portée de la correspondance s'épuise dans la relation d'un signe à une chose signifiée, d'une série de signes à une série de choses signifiées. L'extension et la précision que comporte cet emploi de signes et de correspondances est mise en lumière dans une observation de Brooke, faite sur les Dayaks de Bornéo, que M. Lévy-Bruhl nous a fait connaître et qui est trop remarquable pour que nous ne la reproduisions pas en entier : « Il s'agit d'aller faire savoir à un certain nombre de villages, qui s'étaient insurgés, puis soumis, le montant des amendes qu'ils auront à payer. Comment le messager indigène s'y prendra-t-il? — « Il apporta quelques feuilles sèches, qu'il sépara en morceaux; mais je les lui changeai pour du papier, plus commode. Il disposa les morceaux un à un sur une table, et se servit en même temps de ses doigts pour compter, jusqu'à dix; il mit alors son

1. Hunt, *Ethnographical notes on the Murray Islands (Torres Straits)*, Journal of the Anthropological Institute of Great-Britain (par abréviation J. A. I.), vol. XXVIII, année 1899, p. 13 (Lévy-Bruhl, p. 209).

2. Haddon, *The Ethnography of the Western Tribes of the Torres Straits*, *Ibid.*, t. XIX, année 1889, p. 304 (Lévy-Bruhl, p. 210).

pied sur la table, et en compta chaque doigt en même temps qu'un bout de papier, correspondant au nom d'un village, avec le nom de son chef, le nombre de ses guerriers et le montant de l'amende. Quand il eut épuisé les doigts de pieds, il revint à ceux des mains. A la fin de ma liste, il y avait quarante-cinq bouts de papier, arrangés sur la table. Il me demanda alors de répéter à nouveau mon message, ce que je fis, pendant que lui-même parcourait ses morceaux de papier, et ses doigts des pieds et des mains, comme auparavant. « Voilà, dit-il, nos lettres à nous; vous autres blancs, vous ne lisez pas comme nous. » Tard dans la soirée, il répéta le tout correctement, en mettant le doigt sur chaque bout de papier successivement, et il dit : « Allons, si je m'en souviens demain matin, tout ira bien; laissons ces papiers sur la table, » après quoi il les mêla, et il en fit un tas. Aussitôt levés le lendemain matin, lui et moi nous étions à cette table; il rangea les bouts de papier dans l'ordre où ils étaient la veille, et répéta tous les détails avec une parfaite exactitude. Pendant près d'un mois, allant de village en village, loin dans l'intérieur, il n'oublia jamais les différentes sommes, etc. [1] »

L'usage de ces morceaux de feuilles sèches ou de papier extériorise l'opération de correspondance qui permet à l'indigène de suppléer au calcul numérique des peuples civilisés. Les nombres qui lui sont proposés sous la forme cardinale sont traduits en une série dont les termes successifs sont rapportés au système ordinal formé par les doigts des mains ou des pieds.

La fixité des *signes locaux* qui composent ce système permet de se reconnaître avec aisance et exactitude au milieu de comptes assez compliqués; et cependant l'expression du concept numérique n'est pas encore constituée. Par exemple, à Muralug, le nombre 5 se désigne d'un mot, *nabiget*, qui dérive de *get*, main; mais « on ne saurait dire que *nabiget* soit le nom du nombre 5; il veut dire seulement qu'il y a autant d'objets en question, qu'il y a de doigts dans la main [2] ».

LA NOTION DE « DEUX »

6. — Que faudra-t-il alors pour que le concept propre du nombre apparaisse? Il ne sera pas nécessaire assurément que le langage s'enrichisse d'un vocabulaire nouveau, formé par des

1. *Ten years in Sarawak*, I, 139 et suiv., *apud* Lévy-Bruhl p. 211 et suiv.
2. Haddon, *op. cit.*, p. 305 (Lévy-Bruhl, p. 217).

signes purement abstraits; car il n'y a pas d'expression abstraite qui n'ait commencé par être une dénomination concrète. A proprement parler, il n'est même pas besoin d'une nouvelle opération psychologique; la pensée arithmétique ne peut être ni plus complexe, ni plus assurée d'elle-même, que dans la supputation telle que nous venons de la décrire. Seulement l'habitude accomplira son œuvre ordinaire de tassement et d'économie : à force de parcourir, pour chaque problème à résoudre, les différents doigts des mains et des pieds, ou les différentes parties du corps qui sont les termes de la série de référence, on n'a plus la peine de refaire ce travail préliminaire. La mémoire en fixe le résultat, elle retient le rang de chacun des termes comme exprimant le résultat d'un calcul antérieur, comme étant donné à l'avance pour le calcul futur. Il est possible alors, en nommant ce terme, d'évoquer en une seule image, en une collection simultanée, ce qu'il avait fallu se donner d'abord par une série de mouvements successifs; dans l'énonciation du mot qui signifiera *main*, se trouvera impliqué le souvenir de tous les doigts qui ont été touchés ou levés au préalable. Le mot s'enrichit ainsi d'un sens numérique cardinal qui finit, dans les langues des peuples civilisés, par effacer la représentation originaire. Autrement dit, la notion abstraite du nombre est formée quand l'image sonore, à quelque intuition concrète qu'elle se rattache, est capable de jouer à elle seule le rôle que les morceaux de papier jouaient dans le calcul de l'indigène de Bornéo.

Seulement, tandis que ces morceaux de papier tenaient leur capacité numérative d'une association toute passagère par laquelle l'indigène les avait reliés à des opérations particulières, l'association qui fait la signification de ces images sonores est une association rendue constante par l'usage, par la transmission héréditaire; elle dispense l'individu de refaire les opérations génératrices du calcul et, ainsi, s'accomplit le passage de la pensée spontanée qui a permis de constituer un système de numération, à la pensée de forme logique qui s'appuie sur les règles de la numération.

7. — En insistant sur les opérations qui ont pour centre la notion de *deux*, nous aurons l'occasion de marquer les traits les plus significatifs de ce passage. *Deux* fournit naturellement à la numération la base la plus simple.

La première représentation numérique est le couple. Certains indigènes d'Australie savent seulement répartir un ensemble d'objets en tas réguliers de deux unités, sans arriver à poser à propos de ces tas la question de nombre. Il arrive alors que s'ils ont sept objets placés devant eux sur une table, par exemple des épingles, ils verront bien qu'ils n'ont plus leur compte lorsqu'on en enlève un; mais qu'on en enlève deux, ils ne s'apercevront plus de la soustraction parce qu'en fait ils ne sont capables de distinguer que les nombres pairs et les nombres impairs[1]. Ce procédé rudimentaire explique assez bien comment les *couples* arrivent à jouer le rôle d'unités numériques. Ainsi « à l'île du duc d'York, on compte par couples, et l'on donne aux couples des noms différents suivant le nombre qu'il y en a. La manière polynésienne était d'employer les nombres en sous-entendant qu'il s'agissait de tant de couples, et non de tant d'objets. *Hokorua* (20) voulait dire quarante, c'est-à-dire vingt paires[2] ».

La *duplication* devient une opération primitive qui est capable de contribuer, comme l'addition, à la formation des quantités numériques. De fait, une curieuse observation du Dr Stephan[3], qu'a relevée également M. Lévy-Bruhl, montre les indigènes de la Nouvelle-Poméranie se servant de la même combinaison linguistique *sanaul lua*, c'est-à-dire 10 et 2, pour exprimer, suivant le groupement habituel des objets auxquels ils l'appliquent, ou $10+2$, ou 10×2. « Manifestement, dit le Dr Stephan, ils n'éprouvent pas le besoin de distinguer dans le langage, parce qu'ils ne comptent jamais abstraitement et ne se servent que de nombres accompagnés de substantifs, par exemple : 12 noix de coco, 20 tubercules de taro, un tas de 10 servant d'unité dans ce dernier cas. Alors on *voit* bien s'il s'agit de 10 noix de coco plus 2, ou bien de 2 tas de 10[4]. »

1. Curr, *The Australian races*, t. I, Melbourne, 1886, p. 32 (Conant, p. 104).
2. Codrington, *Melanesian languages*, Oxford, 1885, p. 241 (Lévy-Bruhl, p. 220).
3. *Beiträge zur Psychologie der Bewohner von Neu-Pommern*, Globus, Braunschweig, 1905, t. LXXXVIII, p. 206 (Lévy-Bruhl, p. 221).
4. Il est intéressant de retrouver la même dualité de combinaison à un stade beaucoup plus avancé de la culture mathématique. Pour la formation des puissances successives de la quantité inconnue, la terminologie de Diophante, qui s'explique tout naturellement par l'analogie des dimensions spatiales, consiste dans l'addition des exposants : la puissance cinquième se désigne par δυναμόκυβον, la puissance sixième par κυβόκυβον (*Arith.*, liv. I, éd. P. Tannery, t. I, Leipzig, 1893, p. 8). Au contraire, les Hindous conviennent de multiplier les exposants : *varga* signifiant la seconde puissance et *g'hana* la troisième, *varga-g'hana* est la puissance sixième, *g'hana-g'hana*, la puissance neuvième. (Colebrooke *Algebra with arithmetic and mensuration from the Sanscrit of Brahmegupta and Bhascara translated*, Londres, 1817, Lilavati, § 25, p. 10, n. 3). Les mathématiciens arabes ont puisé aux deux sources (*Ibid.*, *Dissertation préliminaire*, p. XIII). De là, les équivoques que les historiens signalent dans les ouvrages latins du moyen âge, la même expression *quadratocubus* signifiant ou la *cinquième* ou la *sixième* puissance suivant que l'auteur se référait à des

Ailleurs, enfin, la différenciation du langage accompagne la différenciation du nombre : les Dinka, dans la région du Haut-Nil, ont la terminologie suivante :

2 = *rou*
5 = *wdyets*

d'où ils disent pour 7, *wderou*; pour 10, *wtyer* ou *wtyar*, c'est-à-dire, suivant Friedrich Müller[1], qu'ils forment les deux combinaisons $5 + 2$ et 5×2.

Ainsi donc deux types de combinaison régulière peuvent se trouver où le nombre *deux* joue le rôle fondamental. L'un est purement additif, c'est celui qu'Haddon a trouvé chez les indigènes du détroit de Torrès : « il n'y a en fait que deux nombres, *urapun* et *okosa*, qui sont respectivement *un* et *deux* dans le langage de l'Occident. Trois est *okosa urapun*, quatre est *okosa okosa*, cinq est *okosa okosa urapun*, six est *okosa okosa okosa*, après quoi on dit habituellement *ras* ou un tas[2] ». Dans l'autre *deux* se trouve un multiplicateur : ce système a laissé des traces dans la numération des Karens de l'Inde où le Rev. F. Mason[3] a trouvé la terminologie suivante (échelle des Bghai).

1 = *Ta*
2 = *Kie*
3 = *Theu*
4 = *Lwie*
5 = *Yay*
6 = *Theutho* (3×2)
7 = *Theuthola* $(3 \times 2) + 1$
8 = *Lwietho* (4×2)
9 = *Lwielhota* $(4 \times 2) + 1$
10 = *Tashie*

textes d'origine grecque ou d'origine hindoue. (Tropfke, *Geschichte der Elementar-Mathematik in systematischer Darstellung*, Leipzig, t. I, 1902, p. 186.)

1. *Grundriss der Sprachwissenschaft*, t. I, p. II, Vienne 1877, p. 55 (Conant, p. 147). L'interprétation du savant linguiste est d'ailleurs confirmée par la suite de l'échelle : 11 = *wtyer ko tok*, c'est-à-dire $10 + 1$; 20 = *wtyer-rou*, c'est-à-dire 10×2.

2. *Op. cit.*, p. 303 (Lévy-Bruhl, p. 217).

3. *Journal of the Asiatic Society of Bengal*, année 1865, t. II, vol. XXXIV, Calcutta, 1866, p. 245 (Conant, p. 112).

LE CALCUL DIGITAL

8. — La diversité des procédés numériques auxquels donne lieu l'usage de la notion de *deux* se rencontre également, et à un degré plus haut, dans l'emploi du système quinaire.

Tout d'abord c'est un problème à résoudre que d'arriver jusqu'à la supputation de tous les doigts de la main, jusqu'à la représentation du nombre *cinq*. L'exemple des Bakaïris, dont M. Karl von Steinen a donné une observation très complète[1], montre combien le problème est ardu, et quelle distance sépare l'usage des doigts pour le calcul et la connaissance du nombre des doigts. Le mouvement des doigts intervient d'une façon constante dans le calcul des Bakaïris. Pour compter un petit tas de grains de maïs, le Bakaïri commence par répartir les tas en groupes réguliers de deux grains; le premier groupe est facile à évaluer pour lui, car il dispose de deux noms de nombre : *tokale* et *ahage*. Il lève le petit doigt de la main gauche en prononçant le premier nom, le doigt voisin en prononçant le second. Puis il continue en juxtaposant les noms *un* et *deux* en même temps qu'il lève les doigts suivants; mais à partir du second groupe la main droite entre en scène, le Bakaïri touche le nouveau grain de maïs, et le représente par le nouveau doigt qu'il lève. Comme le dit M. Karl von der Steinen, « la main droite touchait, la main gauche comptait[2] ». Le procédé de calcul ne va pas au delà de 6. Au moment où le Bakaïri arrive à 6, il intervertit les mains, il lève les doigts de la main droite dans l'ordre où il a levé les doigts de la main gauche; mais il cesse de combiner les termes élémentaires qui désignent *un* ou *deux*, il n'effectue plus d'évaluation nouvelle, il se borne à répéter le même mot : *mera*, c'est-à-dire : *celui-ci*. La pensée arithmétique ne se manifeste plus que par une mimique établissant une correspondance entre les objets et les doigts. Si les tas de grains que l'on présente au Bakaïri dépassent *dix*, il a recours aux doigts de pieds; s'ils dépassent *vingt*, il se prend les cheveux et il les tire dans toutes les directions[3]. Mais dans les limites même où il est capable

1. *Unter den Naturvölkern Zentral-Brasiliens Reiseschilderung und Ergebnisse der zweiten Schingu-Expedition* (1887-1888), Berlin 1894, p. 406 et suiv. Cf., du même auteur, *Die Bakaïri-Sprache*, Leipzig, 1892, p. 70.

2. P. 408.

3. L'appel aux cheveux de la tête a été signalé par Hawtrey, *The Lengua Indians of the Paraguayan Chaco*, J. A. I., XXXI, année 1901, p. 296 (Lévy-Bruhl, p. 219). « Les Lenguas peuvent compter sans trop de difficultés jusqu'à vingt,

de former une combinaison numérique, jusqu'au nombre 6, le Bakaïri ne pratique pas à vrai dire le calcul digital; il compte avec les doigts, il ne compte pas les doigts eux-mêmes. A chaque problème qu'on lui propose il recommence l'opération, sans se servir du nombre de ses doigts comme d'un compte tout fait, d'un *barême* pratique, qui dispense d'une addition nouvelle, qui permette enfin de réaliser des « économies de pensée »; or c'est cela qui constituerait à proprement parler le calcul digital.

9. — La phase intermédiaire dans l'établissement de ce calcul est représentée par la distinction qualitative des doigts successivement énumérés. Nous retrouvons ici un cas particulier du procédé général que nous avons décrit au § 5. L'exemple des Bugilaï, de la Nouvelle-Guinée anglaise marque la transition de la façon la plus curieuse. Le R. P. Chalmers a trouvé chez eux les noms de nombre suivants :

1 = *Tarangesa* (petit doigt de la main gauche)
2 = *Meta kina* (doigt suivant)
3 = *Guigimeta kina* (doigt du milieu)
4 = *Topea* (index)
5 = *Manda* (pouce).

Tandis que dans la suite de la numération les Bugilaï se servent du bras et de la poitrine :

6 = *Gaben* (poignet)
7 = *Trankgimbe* (coude)
8 = *Podei* (épaule)
9 = *Ngama* (sein gauche)
10 = *Dala* (sein droit)[1].

10. — Pour conquérir le nombre *cinq*, il reste à détacher de cette série hétérogène les termes capables d'être compris dans une intuition d'ensemble et qui forme collection; le contraste entre les cinq premiers éléments et les cinq derniers du vocabulaire des Bugilaï montre à quel point la disposition anatomique des doigts de la main était propice à la transformation de la série ordinale en collection cardinale. Les doigts de la main ont

en se servant des doigts de leurs mains et de leurs pieds. Après cela ils disent *beaucoup*, et pour un nombre très élevé ils mettent à contribution *les cheveux de la tête.* »

1. *Vocabularies of the Bugilai and Tagota dialects*, J. A. I., XXVII, 1898, p. 139 (Lévy-Bruhl, p. 216).

le privilège d'être à la fois mobiles et représentables, de telle façon qu'ils peuvent tour à tour jouer le double rôle d'instruments pour compter et d'objets à compter. A cet égard une sorte de division du travail s'établirait entre les deux mains. En s'aidant d'une remarque de Cushing[1], on expliquerait ainsi cette particularité que les peuples non civilisés qui se servent du calcul digital l'exercent, à peu d'exceptions près, sur la main gauche : comme la main droite est celle avec laquelle on a pris l'habitude d'agir, c'est à la main droite que le sauvage recourt pour toucher successivement les doigts dont il fait le compte ; et ce sont naturellement les doigts de la main gauche qui sont les objets à compter et auxquels s'applique le nom qui désigne une notation numérique ou plus exactement qui sera employé plus tard en guise de notation numérique.

Comment se constitue cette synthèse entre les mouvements et les représentations? La traduction donnée par Cushing des mots désignant chez les Zuñis du Nouveau-Mexique les cinq premiers nombres le montre à merveille :

1 = *Töpinte* = pris pour commencer
2 = *Kwilli* = levé avec le précédent
3 = *Ha'i* = le doigt qui divise également
4 = *Awite* = tous les doigts levés, excepté un
5 = *Öpte* = l'entaillé[2].

Un est l'intuition simple du terme qui est l'objet du mouvement; *deux* la juxtaposition des termes qui sont les objets des mouvements successifs. D'autre part *cinq* est la fin du mouvement qui a levé successivement tous les doigts de la main jusqu'à l'*entaillé*, c'est-à-dire jusqu'au pouce. La représentation de ce mouvement total, effectué avec tous les doigts de la main, est supposé dans la dénomination de *trois* et de *quatre*, *quatre* résultant d'un retour en arrière où est déjà le germe de l'opération soustractive, et *trois* traduisant le sentiment qu'on est au milieu du chemin, qu'il reste à lever autant de doigts qu'on en a levé antérieurement[3].

1. Voir l'article *Manual concepts : a study of the influence of hand usage on culture growth* : « Si l'on admet l'universalité de l'usage de la main droite et de la tendance à compter avec les doigts, alors la main droite a toujours été *le compteur*, les doigts de la main gauche les unités comptées. » *American anthropologist*, 1892, p. 292.

2. *Ibid.*, 1892, p. 285 (Lévy-Bruhl, p. 218).

3. Pour les divers procédés du calcul digital, voir Conant, p. 13-19. Dans le tableau donné, par Adam de la numération chez les Montagnais, on retrouve

LES PROCÉDÉS DE NUMÉRATION

14. — Pour l'extension du vocabulaire numérique, à partir du nombre *cinq*, la même variété de procédés s'est offerte aux observations. L'opération la plus simple est celle qui est appliquée par les Zuñis et qui donne : pour 6, *topalĭk'ya*, c'est-à-dire un autre ajouté à ce qui est déjà compté ; — pour 7, *kwillĭk'ya*, c'est-à-dire deux amenés et levés avec le reste ; — pour 8, *hailĭk'ya*, c'est-à-dire trois amenés et levés avec le reste. John Murdoch, a relevé chez les Esquimaux du Cap Barrow[1] des formes analogues :

1 = *ata'uzik* ; 6 = *atautyimin akbinigin tudlimut*, c'est-à-dire, *une fois sur le plus proche (main ou pied), et cinq;* qui peut se simplifier en sous-entendant *tudlimut* (*cinq* ou une *main*), et même en sous-entendant encore *atautyimin* (une fois).

2 = *ma'dro* ; 7 = *madro'nin akbi'nigin* (deux fois sur le plus proche).

3 = *pi'nasum* ; 8 = *pinas'unin akbi'nigin* (trois fois sur le plus proche).

Les dénominations numériques se correspondent pour 1 et 6, pour 2 et 7, pour 3 et 8 ; cette correspondance met sur la voie des anomalies de numération relevées par M. Conant dans le recueil où nous avons puisé tant de fois. Il emprunte aux *Essays* de Latham[2] des échelles, relevées dans des îles océaniennes, où 1 et 6, 2 et 7, 3 et 8, 4 et 9, 5 et 10 sont désignés par les mêmes mots :

une mimique intéressante pour la représentation du nombre six. On sépare sur la main gauche le pouce et l'index des trois doigts restants, on joint aux deux premiers doigts le pouce de la main droite, et on dit *trois de chaque côté*, ce qui donne, pour *t'apé* = 3, *èlkkè-t'apé* = 6. *Compte rendu du Congrès international des Américanistes de 1877* (Luxembourg), t. II, tableau VI à la suite de la page 244. — Non moins curieux est le « manège » des Diné-Dindjié du Canada, dont on trouvera la description, empruntée au *Dictionnaire de la langue Déné-Dindjié*, de Petitot, dans l'ouvrage de M. Levy-Bruhl, p. 233.

1. *Notes on Counting and Measuring among the Eskimo of the Pointe Barrow*, American Anthropologist, t. III, 1890, p. 38, et suiv., cf. Tylor tr. Brunet I, 286.

2. R. G. Latham, *Opuscula, Essays, chiefly Philological and Ethnographical*, Londres et Leipzig, 1860, p. 247 (Conant, p. 67).

Balad	*Uea*
1 = *parai* = 6	1 = *tahi* = 6
2 = *paroo* = 7	2 = *lua* = 7
3 = *pargen* = 8	3 = *tolu* = 8
4 = *parbai* = 9	4 = *fa* = 9
5 = *parnim* = 10	5 = *lima* = 10

Aux yeux de M. Conant ces échelles sont paradoxales jusqu'à l'invraisemblance, et il en est nécessairement ainsi quand on suppose que l'expression verbale épuise tout le mécanisme de la pensée arithmétique. Mais il n'en est plus de même si l'on est convaincu que l'expression n'en constitue qu'une partie et que les gestes sont capables d'entourer en quelque sorte les mots, de rétablir les différences dont le langage paraît ne pas tenir compte[1].

Plus étonnante est l'échelle que Paul du Chaillu[2] a rencontrée chez les Mbousha, qui habitent dans le bassin du Gabon :

1 = *Ivoco*	6 = *Ivoco beba* (1,2)
2 = *Beba*	7 = *Ivoco bebalo* (1,3)
3 = *Bebalo*	8 = *Ivoco benaï* (1,4)
4 = *Benaï*	9 = *Ivoco betano* (1,5)
5 = *Betano*	10 = *Dioum*.

Nous ne pouvons vérifier pour notre compte l'exactitude de l'observation; mais nous sommes dans un domaine où l'observateur lui-même pouvait aisément interpréter et contrôler le langage qui était employé devant lui. En tenant l'échelle pour exacte, nous en expliquerions la singularité en nous représentant la difficulté que suppose résolue un usage correct du système quinaire. Il a fallu combiner deux types d'unités, l'un fourni par l'image des doigts, l'autre fourni par l'image de la main. L'emploi méthodique de cette combinaison s'appuie sur une distinction fondamentale que certains peuples n'étaient pas capables d'apercevoir avec netteté; de là, dans leurs essais de synthèse, une incertitude, une gaucherie comme celle dont témoigne le rapport de du Chaillu et qui heurte si rudement les habitudes logiques de notre numération. Au lieu de dire : le premier, le second, le troisième doigt de la seconde main, les

1. Cf. Lévy-Bruhl, *op. cit.*, p. 214.
2. Transactions of the Ethnological Society of London, vol. I, New series, 1861, p. 315 (Conant, p. 66-67).

Mbousha disent : après *une* main, un doigt qui est *second*, *troisième*, *quatrième*.

12. — D'autre part, le système quinaire prête naturellement à l'application de l'opération duplicative dont nous avons déjà reconnu le caractère primitif. La dénomination de *deux* est empruntée à l'intuition des mains ou des bras dans le Puri et dans le Hottentot, dans les dialectes Dakota et Algonkin [1]. De là ce fait remarquable que de la représentation d'une main, c'est-à-dire du nombre 5, le passage est directement ouvert au nombre 10. Bancroft a noté que chez les indigènes de la Californie inférieure, qui ne peuvent pas compter plus loin que 5, quelques individus plus intelligents étaient capables de comprendre la signification de *deux fois cinq* [2]. Cette observation fait bien comprendre comment 10 peut devancer les nombres qui lui sont inférieurs, et jouer le rôle d'un point de repère auquel sont rapportées les dénominations des nombres précédents.

Le procédé soustractif dont les Zuñis usaient déjà pour désigner 4 (et qu'ils emploient encore également d'ailleurs pour 9 : 9 = *tenalik'ya*, c'est-à-dire tous excepté un levé avec le reste [3]), se retrouve avec une fréquence significative dans les sociétés inférieures. Par exemple chez les Esquimaux, que nous avons déjà eu l'occasion de rapprocher des Zuñis, 10 se dit *kod'lin* (dérivé suivant M. Murdoch, de *kut* ou *kule*, la part supérieure, c'est-à-dire, par opposition aux pieds, les mains) ; et 9 se dit *kodlinotaï'la* qui paraît signifier : *ce qui n'a pas ses dix*. De même, 15 se disant *akimi'a*, 14 est *akimiaxotailyuna* ou : *je n'ai pas 15*.

De ce procédé soustractif dont M. Conant a relevé de multiples exemples, le tableau le plus complet se trouve chez les Ainu [4], qui de 6 à 10 comptent en quelque sorte à rebours :

1 = *sine*	6 = *iwa* (10 — 4)
2 = *tu*	7 = *arawa* (10 — 3)
3 = *re*	8 = *tupe-san* (10 — 2)
4 = *ine*	9 = *sinepe-san* (10 — 1)
5 = *asikne*	10 = *wa*

1. Conant, *op. cit.* p. 92.
2. Bancroft, *The native races of the Pacific States of North America*, New-York, v. I, 1875, p. 564 (Conant, p. 29).
3. Les expressions latines *duodeviginti*, pour 18, et *undecentum* pour 99, sont formées de la même façon. Cf. Cantor, *Vorlesungen über die Geschichte der Mathematik*, t. I, 3ᵉ édit., 1907, Leipzig (que nous désignerons par *Cantor* I³), p. 11.
4. Müller, *Grundriss der Sprachwissenschaft*, vol. IV, Part. I, Vienne, 1888, p. 136 (d'après Batchelor, *Memoirs of the Literature College*, Imperial University of Japan N° I. Tokio, 1887).

RÉSULTATS DE L'INVESTIGATION ETHNOGRAPHIQUE

13. — Ainsi, sans qu'il soit utile à notre objet d'étendre le champ de notre analyse, nous pouvons conclure : là où l'on attendrait en vertu d'habitudes transmises par l'enseignement, et perfectionnées aussi pour l'enseignement dans le sens d'un formalisme abstrait, une méthode régulière de numération, nous nous trouvons en présence d'une diversité d'opérations qui attestent l'intensité et la fécondité de l'activité intellectuelle. Les primitifs sont ici des inventeurs : pour avancer dans l'ordre des idées numériques, pour élargir le cercle de leurs procédés rudimentaires, mais sûrs de supputation, ils font ce que font les inventeurs, c'est-à-dire qu'ils font comme ils peuvent. Ils recourent tour à tour aux moyens les plus divers, sans souci de cette esthétique scolastique qui fait naître l'élégance de la simplicité et de l'uniformité.

Nous les avons vus, dans les limites étroites où nous avons maintenu notre exposé, employer l'*addition*, la *duplication*, la *soustraction*. Mais si l'on étudiait la formation de systèmes plus étendus, par exemple du système vigésimal, il conviendrait de faire une place à la *dimidiation*[1]. Tylor l'a signalée chez les Indiens Towkas de l'Amérique du Sud, chez quelques tribus australiennes occidentales[2]; nous la retrouverions chez les insulaires de Nicobar, dont nous reproduisons d'après Müller[3] le vocabulaire numérique, parce que c'est un des exemples qui mettent le mieux en lumière la multiplicité des méthodes de calcul qui convergent vers l'institution d'un système de numération :

1 = *hean*	6 = *tafuel* (2×3)
2 = *a*	7 = *isat*
3 = *lue*	8 = *onfoan* (2×4)
4 = *fuan*	9 = *hean-hata* ($10 - 1$)
5 = *tanein*	10 = *som*

11 = *som hean* ($10 + 1$)
12 = *som a* ($10 + 2$)
20 = *hean umdjome* (un homme)
21 = *hean umdjome hean* ($20 + 1$)

1. L'élévation aux puissances serait même en germe dans le dialecte Kerepunu de la Nouvelle-Guinée où suivant Schürtze (*Urgeschichte der Kultur*, Leipzig et Vienne, 1900, p. 631) 7 serait exprimé par l'opération : $(2 \times 2 \times 2) - 1$.
2. P. 249, tr. Brunet I, 287, Cf. Conant, p. 78.
3. *Op. cit.*, t. IV, part. I, p. 36.

30 = *hean umdjome ruktei* (ruktei = demi), ou $\frac{20}{2}$)

40 = *a umdjome* (2 × 20)

50 = *a umdjome ruktei* (2 × 20) + $\frac{20}{2}$

100 = *tanein umdjome* (5 × 20).

14. — La considération de tels procédés, à la fois élémentaires et disparates, évoque et brusquement va rejoindre les réflexions profondes sur l'analyse moderne que l'on a retrouvées dans les papiers d'Évariste Galois : « De toutes les connaissances on sait que l'Analyse pure est la plus immatérielle, la plus éminemment logique, la seule qui n'emprunte rien aux manifestations des sens. Beaucoup en concluent qu'elle est, dans son ensemble, la plus méthodique et la mieux coordonnée. Mais c'est erreur[1]... En vain les analystes voudraient-ils se le dissimuler : ils ne déduisent pas, ils combinent, ils comparent ; quand ils arrivent à la vérité, c'est en heurtant de côté et d'autre qu'ils y sont tombés[2]... Tout cela, continue Galois, étonnera fort les gens du monde qui, en général, ont pris le mot Mathématique pour synonyme de régulier[3]. » Cette même absence de coordination méthodique, de régularité caractérise les premières opérations sur les nombres ; c'est par là que la mentalité primitive apparaît comme *prélogique* selon l'excellente expression de M. Lévy-Bruhl.

M. Lévy-Bruhl a fortement insisté sur la signification du *prélogique*, qui n'est nullement l'*antilogique* ou l'*alogique*[4]. De fait, quand on limite la considération du prélogique à ce qui concerne le calcul, on voit que le prélogique prélude bien plutôt aux règles du *discours* logique qu'aux règles de la *pensée* logique. Le prélogique ne serait nullement antérieur au logique si, par logique, on entendait le rationnel, comme fait Galois dans le passage que nous venons de citer. Et en effet, le domaine du calcul est aussi le domaine de la pratique individuelle où le primitif fait preuve d'une intelligence analogue à la nôtre[5]. Il n'offre

1. *Manuscrits et papiers inédits de Galois*, publiés par Jules Tannery. Bulletin des Sciences Mathématiques, 1906, 1re partie, p. 259.

2. *Ibid.*, p. 260.

3. *Ibid.*, p. 260.

4. *Op. cit.*, p. 79.

5. « Considéré comme individu, en tant qu'il pense et qu'il agit indépendamment, s'il est possible, de ces représentations collectives, un primitif sentira, jugera, se conduira le plus souvent de la façon que nous attendrions. *Op. cit.*, p. 79.

pas de prise à ces formes singulières de solidarité entre les êtres et les choses qui contrastent si fortement avec la causalité dans l'espace et le temps; au contraire, ce qui frappe l'observateur, c'est l'exactitude à laquelle atteignent des procédés qui, du point de vue de nos théories apparaissent si rudimentaires. D'autre part, les analogies mystiques ne jouent ici qu'un rôle secondaire; elles se développent après coup, dans les civilisations qui sont d'un type relativement élevé, déjà semblables à celles que l'on rencontre au seuil de la période historique. La numération peut y conduire; elle n'en procède pas. Les civilisations proprement inférieures et d'apparence *primitive*, n'ayant pas réussi à isoler les expressions numériques, sont dépourvues des mots qui doivent être les véhicules, les « condensateurs » des « vertus mystiques[1] ».

Ainsi, en nous restreignant au domaine du calcul, nous donnerions au *prélogique* un sens voisin de l'*irrationnel* des géomètres grecs qui désigne, non les grandeurs dont l'existence est contradictoire pour la raison, mais celles dont le rapport à une grandeur donnée sort des cadres du langage institué pour les mesures numériques : Καλείσθω οὖν ἡ μὲν προτεθεῖσα εὐθεῖα ῥητή, καὶ αἱ ταύτῃ σύμμετροι... ῥηταί, αἱ δὲ ταύτῃ ἀσύμμετροι ἄλογοι καλείσθωσαν[2].

15. — Dès lors, pour qui veut saisir ce qu'il y a de spécifiquement mathématique dans la constitution du calcul numérique, on comprend de quel intérêt est cette pensée dont la démarche naturelle ne s'est pas encore dissimulée sous le voile de la traduction logique. Les indigènes de la région du détroit de Torrès ou les Dayaks de Bornéo n'ont devant les yeux que des ensembles d'objets, que des images qualitatives : les parties de leur corps, des morceaux de papier, des pièces de monnaie. Si avec ces images ils réussissent à établir un compte et à en contrôler l'exactitude, c'est qu'ils mettent en relation ces ensembles d'images, qu'ils établissent entre eux des équivalences implicites. Un primitif raconte qu'il a pris autant de poissons qu'il a de doigts dans les mains; le concept numérique fait défaut au langage, il est dans la pensée sous sa forme originelle qui est pour la psychologie sa réalité effective.

Ainsi, dès l'apparition du calcul élémentaire, dès la formation des premiers nombres qui en est le résidu, l'intelligence apparaît sous un aspect irréductible à la représentation imaginative,

1. *Op. cit.*, p. 256.
2. Euclide, *Eléments*, X, déf. III.

comme une activité dépassant les termes qui sont objets d'intuition directe; elle a pour fonction de sous-tendre des relations, et c'est du jeu de ces relations qu'est fait à proprement parler le calcul. Grâce à l'implication de ces relations une pantomime rudimentaire devient pour qui sait l'interpréter la manifestation d'une pensée systématique et déjà capable de vérité.

Le contraste de l'image et de l'intelligence, que nous avons suivi à travers la mentalité primitive, n'est pas moins frappant dans les populations qui utilisent le langage de la civilisation sans y avoir acquis eux-mêmes le degré de culture correspondant. Voici un trait que M. René Bazin a rapporté d'une excursion dans les marais du Bas-Guadalquivir : « ... Une vieille était assise près de la porte... Quel âge avez-vous, lui demandais-je? — *Quatre douros et quatre réaux, Monsieur* ! — C'est leur manière de compter à ces demi-sauvages andalous. Quatre douros à vingt réaux chacun font quatre-vingt; plus quatre réaux : la vieille a voulu dire qu'elle avait quatre-vingt-quatre ans[1] ». Interrogée sur son âge la vieille femme a eu recours à l'imagination; elle a vu devant elle un tas de pièces de monnaie. Cette intuition l'a aidée à s'exprimer, mais elle ne l'a pas dispensée de réfléchir; au contraire, pour s'apercevoir que le compte des années était le même que le compte des réaux et pour faire servir à ses fins le système monétaire du peuple espagnol, il faut qu'elle ait dissocié la relation de nombre et l'image de la monnaie. Plus l'expression est déconcertante de gaucherie et de naïveté, plus l'effort d'intelligence apparaît subtil et sûr de lui-même.

Certes, il est vrai, que l'on ne pense pas sans image; seulement, à force de défendre l'évidence de l'axiome aristotélicien, les psychologues ont trop souvent négligé d'en déterminer l'exacte portée. L'intelligence s'appuie sur l'imagination, mais elle ne s'y applique pas étroitement, comme si l'imagination devait en dessiner toute la structure, et en commander à l'avance tout le développement. A vouloir saisir le mécanisme de l'intelligence en tenant compte uniquement des objets qui sont représentables dans l'intuition, sans faire intervenir l'activité interne de relation, on s'expose à faire fausse route.

De quoi témoigne une anecdote tirée de l'histoire même du problème qui nous a occupé dans ce chapitre. Nous la reproduisons ici à titre de « moralité », dans les termes où M. Conant la rapporte d'après les renseignements que lui avait fournis M. Williams de Gisborn (Nouvelle-Zélande). « Il y a quelques

1. *Terre d'Espagne*, 1895, p. 325.

années un fait vint attirer l'attention et éveiller la curiosité : les Maoris employaient comme base d'un système numérique le nombre 11, et ce système était développé dans toute son étendue comportant des mots simples pour 121 et pour 1331, c'est-à-dire pour 11^2 et 11^3. Nulle raison de cette anomalie; l'échelle des Maoris fut pendant longtemps regardée comme tout à fait exceptionnelle, hors des règles ordinaires des systèmes de numération. Mais une connaissance plus profonde et plus minutieuse du langage et des mœurs des Maoris permit de corriger la méprise en montrant que l'erreur venait de l'habitude suivante : il arrivait assez souvent qu'en comptant un certain nombre d'objets les Maoris en mettaient un de côté qui représentait chaque dizaine, pour compter ensuite les unités mises de côté et vérifier ensuite le nombre de dizaines du tas. Les premiers observateurs, quand ils virent le peuple compter la dizaine et l'unité mise de côté en prononçant en même temps le mot : *tekaua*, imaginèrent que le mot signifiaient 11, et que le sauvage ignorant employait ce mot comme base. Cette erreur fit son chemin dans les premières éditions du dictionnaire des langues néo-zélandaises; mais elle a été corrigée dans les dernières éditions [1] ».

1. Conant, p. 122 et suiv.

CHAPITRE II

LE CALCUL ÉGYPTIEN

UN PROBLÈME D'AHMÈS

16. — Si haut que nous permettent de remonter les documents d'origine babylonienne ou égyptienne, qui ont été découverts de nos jours, ils nous placent dans un milieu de pleine culture, dans une ère de véritable science. Pour leurs mesures pratiques, pour leurs combinaisons astrologiques, les Babyloniens avaient construit des tables de calcul, qui reposaient sur une combinaison du système décimal et du système sexagésimal de numération, et qui comprenaient quelque vingt-quatre siècles avant Jésus-Christ, la multiplication, la division, la détermination des puissances deuxième et troisième. Les exercices pour l'usage des tables de multiplication, en particulier, étaient poussés suivant l'expression d'Hilprecht[1], à un point phénoménal.

Mais, dans l'état actuel de nos connaissances, ce sont les Égyptiens qui peuvent nous fournir le trait le plus significatif de cette période archaïque. Nous prendrons comme exemple un problème emprunté au *papyrus Rhind* ou *Manuel d'Ahmès*, dont Eisenlohr a publié en 1877 le texte et la traduction[2], et qui daterait d'environ dix-sept siècles avant notre ère.

Le problème 40 est énoncé dans ces termes : « 100 pains en 5 personnes; $\frac{1}{7}$ des trois premières, c'est la part des deux dernières; quelle est la différence? »

1. Voir Hilprecht, *Die Ausgrabungen der Universität von Pennsylvania im Bel-Tempel zu Nippur*, Leipzig, 1903, p. 60. — L'ensemble de nos informations sur le mathématique chez les Babyloniens et les Assyriens est exposé dans la 3e édit. de Cantor, 1907 (chap. I, *die Babylonier*, p. 19 et suiv.) et, dans la dernière moitié du second chapitre de l'ouvrage de Max Simon : *Geschichte der Mathematik im Alterthum in Verbindung mit antiker Kulturgeschichte* (Berlin, 1909). *Babylonien-Assyrien*, p. 80, et suiv.

2. *Ein mathematisches Handbuch der alten Ægypter*, Leipzig, 1877.

Il est résolu par ces mots : « Fais comme il arrive : *différence*

$$5\frac{1}{2} - 23, 17\frac{1}{2}, 12, 6\frac{1}{2}, 1.$$

Fais croître les nombres 1 fois $\frac{2}{3}$; cela donne maintenant :

Pour 23	. . . .	$38\frac{1}{3}$
— $17\frac{1}{2}$	. . . .	$29\frac{1}{6}$
— 12	. . . .	20
— $6\frac{1}{2}$	. . . .	$10\frac{2}{3}\frac{1}{6}$
— 1	. . . .	$1\frac{2}{3}$
Ensemble . 60	Ensemble. .	100 »[1]

Nous avons à nous faire une idée du mouvement de pensée qui permet de rejoindre la solution à l'énoncé. Il s'agit de partager les pains en cinq parts croissant régulièrement par différences égales, de telle sorte que la somme des deux plus faibles soit le septième de la somme des trois plus fortes.

Nous laissons de côté pour le moment le nombre des pains à partager. Prenons pour unité la part de la plus faible, appelons *différence* la quantité qui s'y ajoute pour former la part immédiatement supérieure et qui demeure constante entre deux parts consécutives. Nous obtenons la répartition suivante : la première part a une unité; la seconde une unité plus une différence; la troisième, la quatrième, la cinquième, une unité plus deux, trois et quatre différences. Tandis que les deux premières ont deux unités plus une différence, les trois dernières ont trois unités plus neuf différences. D'après les conditions du problème, trois unités plus neuf différences valent sept fois deux unités plus une différence, c'est-à-dire quatorze unités plus sept différences. La compensation s'établit donc entre les deux sommes : l'une ayant deux différences de plus et onze unités de moins, l'autre ayant onze unités de plus et deux différences de moins; c'est-à-dire que deux différences équivalent à onze unités, la différence est de $5\frac{1}{2}$ comme l'indique Ahmès[2].

1. Eisenlohr, p. 90 et suiv., cf. *Cantor* I[3], p. 78.

2. M. Bobynin, dont nous avons utilisé les études sur *les procédés des premières découvertes mathématiques*, suppose que le résultat a été trouvé par la

Partant alors de l'unité, on obtient la succession des cinq nombres formant progression arithmétique :

$$1 \quad 6\frac{1}{2} \quad 12 \quad 17\frac{1}{2} \quad 23,$$

et satisfaisant au mode de répartition qui est indiqué par l'énoncé :

$$\left(1 + 6\frac{1}{2}\right) \text{ est le } 7^{\text{e}} \text{ de la somme } \left(12 + 17\frac{1}{2} + 23\right) \text{ ou } 52\frac{1}{2}.$$

La somme des cinq nombres est 60; nous avons 100 pains à partager. C'est ici que nous voyons intervenir, après le *nombre-différence* $5\frac{1}{2}$, et sans aucune explication d'ailleurs, le *nombre-rapport* $1\frac{2}{3}$; de 60 à 100 il y a une certaine relation numérique qui met en connexion — le mode de répartition demeurant constant — la quotité des parts dans la distribution de 100 pains et la quotité des parts dans la distribution de 60. Cette relation se désigne comme « l'expression de 100 entre 60 ». Or, 100, c'est 60 plus les $\frac{2}{3}$ de 60; $1\frac{2}{3}$ devient ainsi un coefficient de multiplication qui s'applique aux parts successives, ou plutôt qui sera pris lui-même pour point de départ à la place de l'unité, la différence $5\frac{1}{2}$ devant être elle-même majorée de $\frac{2}{3}$. Il s'agit donc d'ajouter à $5\frac{1}{2}$ les $\frac{2}{3}$ de $5\frac{1}{2}$. Les $\frac{2}{3}$ de $5\frac{1}{2}$ s'obtiennent par la duplication de $\frac{5}{3} + \frac{1}{6}$ qui donne $3 + \frac{2}{3}$, la somme sera donc : $8 + \frac{1}{2} + \frac{2}{3}$ ou $9\frac{1}{6}$.

La valeur définitive des parts est donc obtenue par l'addition successive de la différence $9\frac{1}{6}$ à la part la plus faible $1\frac{2}{3}$; ce qui fait :

$$1\frac{2}{3} \quad 10\frac{2}{3} + \frac{1}{6} \quad 20 \quad 29\frac{1}{6} \quad 38\frac{1}{3}$$

formation d'une série de progressions à différence entière qui auraient été successivement éliminées après vérification, et par l'intercalation finale d'une différence à forme fractionnaire. L'hypothèse n'est nullement inadmissible; mais les opérations seraient assez délicates, alors que la voie directe paraît plus simple (cf. *Méthode expérimentale dans la science des nombres et principaux résultats obtenus*, L'Enseignement mathématique, 15 mai 1906, p. 178).

17. — Tel est le *minimum* d'opérations qui se trouvent impliquées dans la solution d'Ahmès. Comment ces opérations ont-elles été conçues explicitement par les maîtres dont Ahmès reproduit l'enseignement, quelle sorte de justification en a été donnée, nous l'ignorons. Ni les fragments mathématiques des papyrus antiques, découverts postérieurement et qui contiennent la solution de problèmes fort intéressants[1]; ni le papyrus mathématique en langue grecque que M. J. Baillet a publié en 1892[2], et qui reproduit plus de deux mille ans après le papyrus Rhind les formes cristallisées de l'arithmétique égyptienne, ne nous apportent aucune lumière sur les conceptions fondamentales de la pensée égyptienne. Même, si l'on ose tirer une présomption des rares documents que nous possédons, et qui ne sont peut-être pas de la meilleure qualité[3], c'est cette absence de considérations théoriques qui serait caractéristique de l'arithmétique égyptienne.

Ainsi la première partie du papyrus Rhind contient de longues tables qui ont pour objet d'obtenir le résultat de la division de 2 par un nombre impair à l'aide d'expressions équivalant à des fractions dont le numérateur est toujours l'unité. Par exemple[4],

1. Par exemple du problème qui donnerait lieu, pour nous, au système d'équations :

$$x : y = 1 : \frac{3}{4}$$

$$x^2 + y^2 = 100.$$

Voir H. Schack-Schackenburg, *der Berliner Papyrus 6619*, Zeitschrift für Ægyptische Sprache und Altertumskunde, t. XXXVIII, 1900, p. 137; et Max Simon, *op. cit.*, p. 41.

2. *Le Papyrus mathématique d'Akhmim* (Mémoires publiés par les membres de la Mission archéologique française au Caire, t. IX, fasc. 1).

3. Eugène Révillout, suivi par Max Simon, *op. cit.*, p. 28, ne veut voir dans le manuel d'Ahmès, où se trouvent d'ailleurs des fautes grossières, qu'un « cahier d'élève et d'élève peu intelligent ». *Revue égyptologique*, t. II., 1882, p. 292 et 304, n. 2.

4. 3e colonne, table III, Eisenlohr, p. 38. Cette indication est accompagnée dans le papyrus d'une vérification :

Le calcul de $\frac{1}{24}$	par rapport à $\frac{1}{29}$	donne	$1\ \frac{1}{6}\ \frac{1}{24}$
$\frac{1}{58}$	—	c'est	$\frac{1}{2}$
$\frac{1}{174}$	—	c'est	$\frac{1}{6}$
$\frac{1}{232}$	—	c'est	$\frac{1}{8}$

La somme de ces quatre dernières expressions fractionnaires reproduit donc le dividende 2.

la division de 2 par 29 donne comme résultat la somme des fractions suivantes :

$$\frac{1}{24}, \quad \frac{1}{58}, \quad \frac{1}{174}, \quad \frac{1}{232}.$$

Ahmès sait manier les fractions, sinon avec dextérité, du moins avec sûreté. Pourtant on ne peut pas dire qu'il conçoive dans toute sa généralité le calcul des nombres fractionnaires. Seules les fractions qui ont pour numérateur l'unité (auxquelles il faut joindre $\frac{2}{3}$, où l'on aperçoit immédiatement $\frac{1}{3}+\frac{1}{3}$) sont des expressions numériques et des auxiliaires du calcul. Les autres fractions telles que $\frac{2}{29}$ sont au contraire des énoncés de problèmes, semblables à des quantités inconnues, et la solution du problème posé par ces fractions consiste à obtenir une somme équivalente, dont les éléments soient des fractions de numérateur *un* (sauf encore une fois $\frac{2}{3}$) et autant que possible de dénominateur pair, afin de rendre la duplication plus facile [1]. D'autre part, à l'aide de ces tables, on peut trouver les équivalents de n'importe quelle expression fractionnaire : par exemple pour $\frac{7}{29}$ on posera

$$7 = 1 + 2 + 2 + 2$$

et on traitera la somme

$$\frac{1}{29} + \frac{2}{29} + \frac{2}{29} + \frac{2}{29}$$

à l'aide de transformations de fractions comme on a déjà traité $\frac{2}{29}$. Mais ce qui est remarquable, c'est que cette résolution de la multiplication en duplication paraît avoir été générale dans l'arithmétique égyptienne, la multiplication n'y est pas encore connue comme opération directe. Pour effectuer un produit par 13, on prend le nombre simple, puis successivement son double, son quadruple, son octuple; et en ajoutant le simple, le quadruple, l'octuple, on obtient le produit cherché [2].

1. Voir l'exposé de Cantor, I³, p. 61 et suiv.
2. Léon Rodet, *Sur un Manuel du calculateur découvert dans un papyrus égyptien*, Bulletin de la Société mathématique de France, séance du 27 mars 1878, t. VI, p. 139.

Par là nous sommes amenés à comprendre le jugement sévère — d'une sévérité qui n'était pas exempte d'ingratitude — que la raison spéculative des Grecs a porté sur la culture égyptienne : les plus ingénieuses de leurs découvertes demeuraient à l'état de prescriptions utilitaires, de recettes techniques; elles intéressaient l'art de la « logistique », elles n'atteignaient pas à la science proprement dite, à l'arithmétique; car l'arithmétique suppose, ce que les Égyptiens en effet ne paraissent pas avoir conçu, le nombre devenant par lui-même un objet de représentation et pris expressément pour base d'un système de démonstrations régulières. Mais, si nous dépassons le moment historique où le sort de l'arithmétique est lié au réalisme pythagoricien, la pratique des Égyptiens va nous apparaître sous un tout autre jour; le nombre y a un rôle scientifique qui va beaucoup plus loin que l'intuition du nombre-objet.

Que l'on songe aux difficultés que l'interprétation des nombres fractionnaires a soulevées en plein XIXe siècle, on admirera la hardiesse avec laquelle les Égyptiens manient des fractions à numérateur fractionnaire telles que $\frac{35\frac{1}{3}}{1060}$[1]. Surtout, que l'on évoque ce qu'il conviendrait d'appeler *la préalgèbre* où les solutions pour des problèmes difficiles d'arithmétique, sont obtenues sans aucune justification d'ordre logique, par des procédés pratiques qui s'apparentent à ceux d'Ahmès[2] — que l'on se rappelle comment, de ces procédés, devait sortir l'algèbre, plus exactement cette arithmétique universelle où, suivant la fameuse remarque de Newton : « le nombre est moins une collection de plusieurs unités qu'un rapport abstrait d'une quantité quelconque à une autre de même espèce qu'on regarde

1. Léon Rodet, *Les prétendus problèmes d'algèbre du Manuel du Calculateur égyptien*, Journal Asiatique, 1881, t. XVIII, p. 214.

2. M. Zeuthen en a décrit le mécanisme avec une clarté remarquable. Considérant, dit-il, des quantités connues, mais quelconques, « Diophante... attribue à ces quantités des valeurs déterminées et assez simples, dont il se sert pour exécuter les calculs; ensuite, il retient en mémoire plutôt ces calculs que leurs résultats numériques, ce qui lui permet de voir immédiatement ce qu'on aurait obtenu en attribuant d'autres valeurs aux quantités supposées connues. En attribuant de même des valeurs déterminées aux quantités inconnues, on obtient de pouvoir effectuer un calcul d'essai qui fait souvent découvrir ensuite la véritable valeur cherchée. Les Indiens, dans leur résolution des équations indéterminées du second degré, se montrent très versés dans cet emploi de nombres choisis arbitrairement ». *Sur l'Arithmétique géométrique des Grecs et des Indiens*, Bibliotheca Mathematica, sér. III, t. V, 1904, p. 110. Cf. Rodet, art. cité, p. 405, et suiv.

comme l'unité[1] » : on se rendra compte alors de l'intérêt que présente le papyrus Rhind. La différence $5\frac{1}{2}$, le coefficient de multiplication $1\frac{2}{3}$, qui interviennent dans la solution du problème d'Ahmès, ne sont, à aucun degré, des choses, ils n'offrent aucune prise à la spéculation, ce sont des instruments de pénétration et de liaison par lesquels des termes de l'énoncé l'esprit passe aux termes de la solution. L'apparence pragmatique du calcul égyptien met à nu les ressorts proprement intellectuels de la pensée mathématique, et elle manifeste avec une sorte de profondeur inconsciente toute la fécondité dont la science des nombres se montrera capable.

1. *Arithmetica universalis* (1707), trad. Beaudeux, t. I, 1802, p. 2.

CHAPITRE III

L'ARITHMÉTISME DES PYTHAGORICIENS

LES NOMBRES-POINTS

18. — Les allusions des anciens aux divers voyages de Pythagore sont trop éloignées des sources pour avoir une valeur historique; il apparaît cependant qu'on ne saurait rendre compte de la formation de la doctrine pythagoricienne sans regarder du côté de l'Égypte, surtout peut-être du côté de l'Asie. En effet, et sans que nous puissions dire avec exactitude quelle y fut la part de chacun, nous trouvons les penseurs ioniens de la génération des Thalès et des Anaximandre occupés à un travail astronomique qui se relie directement aux recherches favorites des Chaldéens; ils dressent la carte du ciel en connexion avec les divisions zodiacales; ils établissent le tableau des constellations [1]. Ce travail, du point de vue où nous allons nous placer, présente un intérêt tout particulier. Observée à l'œil nu, en effet, une constellation a deux caractéristiques : le nombre des astres qui la constituent, et la figure géométrique qu'elle dessine dans le ciel. Ces caractéristiques sont au même titre des données immuables et objectives; une association se forme entre elles qui se revêt de nécessité naturelle et qui peut servir de base à une conception générale de l'Univers. Nous trouvons là, sinon l'origine, du moins l'illustration saisissante de la doctrine pythagoricienne. De même que les constellations ont un nombre qui leur est propre, toutes les choses connues ont un nombre, puisque le nombre est la condition même de leur connaissance. La formule de Philolaos que Stobée nous a conservée, est d'une remarquable précision [2] : Καὶ πάντα γα μὰν τὰ γιγνωσκόμενα ἀριθμὸν

1. Paul Tannery, *Pour l'Histoire de la Science hellène*, 1887, ch. IV, § 3, p. 84.
2. H. Diels, *Die Fragmente der Vorsokratiker*, 1er vol. 2e édit. Berlin, 1906, p. 240.

ἔχοντι· οὐ γὰρ οἷόν τε οὐδὲν οὔτε νοηθῆμεν οὔτε γνωσθῆμεν ἄθευ τούτου.

Cette formule n'exprime pas encore, semble-t-il, tout le contenu du pythagorisme. Non seulement toutes choses *possèdent* des nombres; mais encore toutes choses *sont* des nombres. Entre autres témoignages d'Aristote, il suffit de relever ce passage du chapitre consacré, dans le premier livre de la *Métaphysique*, aux Pythagoriciens : Φαίνονται δὴ καὶ οὗτοι τὸν ἀριθμὸν νομίζοντες ἀρχὴν εἶναι καὶ ὡς ὕλην τοῖς οὖσι καὶ ὡς πάθη τε καὶ ἕξεις [1]. Proposition qui du temps d'Aristote déjà constituait un paradoxe [2], qui devait prendre un air de plus en plus étrange à mesure que la réflexion séparait davantage ce qui est de l'ordre de l'intelligence et ce qui est de l'ordre de la réalité. Le nombre est un concept; les choses sont des objets ou des substances. Comment prétendre que le nombre soit à son tour objet ou substance? Le difficile, à dire le vrai, nous paraît ici que l'on sache ne pas s'engager dans le problème soulevé par un historien systématique qui faisait entrer les conceptions des Présocratiques dans le cadre des *catégories* et des *causes*. Au lieu de chercher le passage d'une notion abstraite à la réalité concrète, il conviendrait sans doute d'enlever à la notion de nombre la signification abstraite que nous sommes habitués à lui attribuer, de lui réintégrer en quelque sorte l'application intuitive qui, pour les Pythagoriciens, en était inséparable, de voir un point lorsqu'on parle d'une unité, et, lorsqu'on parle d'un nombre, de voir un groupe de points dessinant une figure de la façon dont les étoiles dessinent une constellation [3]. Bref, avant de dire que les choses sont des nombres, les Pythagoriciens avaient commencé par concevoir les nombres comme des choses; les expressions de nombres carrés ou de nombres triangulaires ne sont pas des métaphores; ces nombres sont effectivement, devant les yeux et devant l'esprit, des carrés et des triangles [4]. Aussi, lorsque Eurytos disposait des cailloux en nombre déterminé de manière à obtenir par la forme de leur assemblage le nombre constitutif de telle ou telle réalité,

1. I, 5-986a 15.

2. Voir le passage relatif aux Pythagoriciens, dans *Met.*, N. 1090a 32 : κατὰ μέντοι τὸ ποιεῖν ἐξ ἀριθμῶν τὰ φυσικὰ σώματα, ἐκ μὴ ἐχόντων βάρος μηδὲ κουφότητα ἔχοντα κουφότητα καὶ βάρος.

3. *De Cœlo*, III, I, 300a 16 : ἔνιοι γὰρ τὴν φύσιν ἐξ ἀριθμῶν συνιστᾶσιν, ὥσπερ τῶν Πυθαγορείων τίνες. Suivant le livre M de la *Métaphysique*, les Pythagoriciens constituent le ciel tout entier avec des nombres; mais ces nombres ne sont pas des unités au sens spécifiquement arithmétique, ce sont des unités qui ont une grandeur : τὸν γὰρ ὅλον οὐρανὸν κατασκευάζουσιν ἐξ ἀριθμῶν, πλὴν οὐ μοναδικῶν, ἀλλὰ τὰς μονάδας ὑπολαμβάνουσιν ἔχειν μέγεθος, 6 1080b18.

4. Cf. pour cette interprétation du pythagorisme Milhaud, *les Philosophes géomètres de la Grèce, Platon et ses prédécesseurs*, 1900, p. 107.

le nombre de l'homme ou le nombre du cheval[2], il ne faisait nullement, comme l'en accuse l'auteur du livre N de la *Métaphysique*, la parodie de la doctrine pythagoricienne[1]. Il usait d'un procédé rapide et simpliste pour donner satisfaction à l'exigence psychologique que nous retrouverons dans plus d'un système de philosophie mathématique, pour offrir à l'esprit un objet qui fût à la fois, selon le langage des Cartésiens, objet de l'imagination et objet de l'entendement.

Encore convient-il de préciser : tandis que la géométrie analytique unira dans une synthèse originale ce qui avait été préalablement dissocié, *idée algébrique* et *objet étendu*, l'arithmétique géométrique des pythagoriciens atteste simplement la connexion inséparable, l'implication spontanée et comme naïve, de deux éléments que seule la réflexion ultérieure devait disjoindre. La pensée mathématique, au lieu d'aller de la nécessité abstraite à l'application concrète, enveloppe toutes les fonctions de l'esprit dans une sorte d'intuition intégrale où elle trouve son équilibre et sa plénitude. Le nombre est présenté immédiatement comme une somme de points figurés dans l'espace, et les figures — lignes, surfaces ou volumes — qui se trouvent tracées par ces points sont immédiatement données comme des nombres.

THÉORIE DES NOMBRES

19. — A cette conception générale du nombre, quelle qualité particulière de science répond chez les Pythagoriciens? Il importe d'entrer ici dans quelques détails; la question a plus qu'un intérêt historique; elle sert à fixer la physionomie originelle d'une doctrine que nous verrons réapparaître au cours de l'évolution de la mathématique moderne[2].

Le premier trait de l'arithmétique pythagoricienne, c'est qu'elle est une théorie des nombres. Et, en effet, puisque les nombres sont, non plus des auxiliaires du calcul, des moyens « logistiques », mais des réalités naturelles, il convient de les considérer chacun à part, afin d'en déterminer les propriétés intrinsèques. Une fois qu'on se place ainsi à l'intérieur de chaque nombre, ses propriétés caractéristiques apparaissent comme les conséquences des opérations par lesquelles le nombre lui-même

1. *Met.* N. 5, 1092b 10, avec le commentaire d'Alexandre, Ed. Hayduck, Berlin, 1891, p. 827, *apud* Diels, *op. cit.*, p. 249.
2. *Vide infra*, l. V, ch. XV.

a été atteint et défini ; ces opérations décident de la forme du groupe de points qui constitue le nombre dans son essence. Et comme la plus simple et la plus féconde de ces opérations est la duplication, le principe de la classification pythagoricienne est emprunté à la considération des nombres qui sont produits par la duplication, et susceptibles par suite de dimidiation. Le nombre disait Philolaos, a deux formes propres, l'*impair* et le *pair* : Ὁ γα μὰν ἀριθμὸς ἔχει δύο μὲν ἴδια εἴδη, περισσὸν καὶ ἄρτιον[1]. A cette distinction correspond une opposition fondamentale qui, dans la jeune école pythagoricienne au moins, rejoindra l'antithèse cosmologique du *limité* et de l'*illimité*, et fournira une base à la table des dix oppositions, qu'Aristote nous a transmise[2].

On peut entrevoir, d'une façon encore grossière sans doute, comment la connexion s'est établie entre l'impair et le limité d'une part, entre le pair et l'illimité d'autre part, si l'on considère les classifications numériques que les historiens de la mathématique rapportent aux Pythagoriciens. Déjà Philolaos ajoutait au pair et à l'impair une troisième espèce : l'ἀρτιοπέρισσον. Cette dénomination qui a été quelquefois appliquée à l'unité[3], désigne aussi, suivant Jamblique[4], les nombres pairs tels que 6 ou 10 qui à la première dimidiation donnent des nombres impairs. A cette acception se rapporte la distinction entre les nombres pairs qui comprennent parmi leurs facteurs un nombre impair intervenant à un moment donné pour mettre un terme à la dimidiation, περισσάρτιοι[5], et les nombres pairs qui ne sont pas sujets à cette limitation, qui se résolvent complètement par dimidiation, ἀρτίακις ἄρτιοι[6].

D'autre part, à côté de la duplication, ou de la dimidiation, l'addition joue un rôle dans la formation pythagoricienne des nombres ; Philolaos exalte la *décade*, norme de l'univers, puissance ordonnatrice des hommes et des dieux : Μεγάλα γὰρ καὶ παντελὴς καὶ παντοεργὸς καὶ θείω καὶ οὐρανίω βίω καὶ ἀνθρωπίνω ἀρχὰ καὶ ἁγεμὼν κοινωνοῦσα... δύναμις καὶ τᾶς δεκάδος[7]. La vertu de la décade est qu'étant constituée par la somme des quatre premiers nombres 1 + 2 + 3 + 4, elle enferme la nature des diverses

1. Diels, *op. cit.*, p. 240.

2. *Met.*, I, 5, 986ᵃ 22. Cf. Zeller, *Philosophie des Grecs*, trad. E. Boutroux, t. I, 1877, p. 343.

3. Théon de Smyrne. Éd. Hiller, Leipzig, 1878, p. 22. Cf. Zeller, tr. citée, t. I, p. 383, n. 3.

4. *In Nicom. Arithm.* Éd. Pistelli, Leipzig 1894, p. 22.

5. Nicom, *Arithm. Isag.* Éd. Hoche, 1866, § X, p. 21 et suiv.

6. *Ibid.*, § VIII, p. 15.

7. In Diels, p. 243, cf. Arist., *Met.* I, 5, 986ᵃ 8.

espèces de nombres, celle du *pair* dont le premier est 2, de l'*impair* dont le premier est 3, du *pair-impair* qui est ici l'unité, du *carré parfait* dont le premier est 4.

20. — Enfin, puisque les Grecs ont ainsi rapporté la constitution des nombres à deux procédés de formation, l'un qui serait la duplication ou pour prendre la forme la plus générale, la multiplication, et l'autre qui serait l'addition, la trace de cette dualité doit se retrouver dans leurs spéculations mathématiques.

L'un des principaux problèmes qui concernent la théorie des nombres consiste à étudier le rapport d'un nombre à ses composants, sous le double point de vue de la multiplication et de l'addition, et à comparer entre eux les résultats obtenus. Ainsi, on considère les diviseurs d'un nombre donné, l'unité comprise, mais à l'exception toutefois de ce nombre lui-même (ce que l'on appellera ses *parties aliquotes*), et on en fait la somme; cette somme sera en général ou plus grande ou plus petite que le nombre lui-même, lequel sera appelé en conséquence *abondant* ou *déficient*. 12 est abondant parce que la somme de ses parties aliquotes est : $1 + 2 + 3 + 4 + 6$ ou 16; 8 est déficient parce que ses parties aliquotes ajoutées produisent $1 + 2 + 4$ ou 7. Mais il y a quelques nombres qui sont équivalents à la somme de leurs parties aliquotes :

$6 = 1 + 2 + 3$ (avec cette particularité caractéristique du nombre 6, que l'on a également : $6 = 1 \times 2 \times 3$).

$$28 = 1 + 2 + 4 + 7 + 14$$
$$496 = 1 + 2 + 4 + 8 + 16 + 31 + 62 + 124 + 248$$

Une correspondance aussi remarquable entre le procédé de multiplication et le procédé d'addition confère à ces nombres un caractère de perfection; 6, 28, 496 sont des nombres *parfaits*. Dans Euclide la théorie des nombres parfaits est développée jusqu'à fournir une relation d'ordre général entre la classe des nombres parfaits et la classe des nombres premiers : Si, partant de l'unité, on forme la progression géométrique de raison 2, et si la somme de ces termes est un nombre premier, le produit de ce nombre premier par le dernier terme de la progression est un nombre parfait. Par exemple la somme $1 + 2 + 4 + 8 + 16$ donnant 31, qui est un nombre premier, le produit de 31 par 16, ou 496, est un nombre parfait[1].

1. *Élém.*, IX, 36. Ed. Heiberg, t. II, Leipzig, 1884, p. 408.

PROGRESSIONS ET MÉDIÉTÉS

21. — La théorie des nombres parfaits manifeste d'une façon saisissante le caractère spécifique de l'arithmétique grecque; le savant met au jour la structure interne des nombres, de la même façon qu'il observe les propriétés des figures géométriques, ou qu'il décrit la forme des constellations célestes. A cette méthode est due la partie la plus solide et la plus belle de la doctrine pythagoricienne, celle d'où se dégagent des lois comparables en simplicité et en fécondité aux formules de l'algèbre moderne.

On prend l'unité pour point de départ; on ajoute à l'unité la série ascendante des nombres impairs; la progression arithmétique que l'on forme ainsi jouit de cette propriété qu'à chacune des étapes où l'on s'arrête, la somme de l'unité et des nombres impairs constitue un nombre carré

$$1 + 3 = 4$$
$$1 + 3 + 5 = 9$$
$$1 + 3 + 5 + 7 = 16$$
$$1 + 3 + 5 + 7 + 9 = 25$$

et que tous les nombres carrés sont donnés par ce processus de formation (fig. 1). Par la seule considération d'une progression arithmétique se trouvent donc constituées toutes les surfaces carrées qui ont pour côtés des nombres entiers. De plus, puisque l'addition successive d'un nombre impair 5, 7 ou 9, permet de passer d'un carré 4, 9 ou 16 au carré suivant, 9, 16 ou 25, tout nombre impair se définit comme la différence de deux surfaces carrées ayant respectivement pour côtés deux entiers consécutifs, c'est-à-dire comme un *gnomon*. Cette définition géométrique explique la constitution interne du nombre impair; il est la somme d'un carré ayant l'unité pour côté, et de deux rectangles égaux dont le plus petit côté est égal à l'unité :

$$5 = 1 + 2 + 2; \quad 7 = 1 + 3 + 3; \quad 9 = 1 + 4 + 4.$$

Si nous additionnons d'autre part les nombres pairs consécutifs, nous obtenons une série de nombres qui sont des sommes de progressions arithmétiques, et qui sont en même temps des produits et par conséquent des surfaces; seulement les facteurs de ces produits sont égaux l'un à la moitié du dernier nombre pair de la progression, l'autre à ce premier facteur augmenté de l'unité; la surface a donc ses deux côtés inégaux. elle est hétéromèque ou rectangulaire (fig. 2). Par là s'explique la dénomination de nombres hétéromèques donnée à la somme de ces nouvelles progressions arithmétiques, et l'introduction de l'opposition du carré et de l'hétéromèque dans la série des dix oppositions qu'Aristote nous a transmises, en corrélation directe avec l'opposition initiale de l'*impair* et du *pair*. De là encore l'indication d'un nouveau lien entre le couple antithétique *impair-pair* et le couple *limité-illimité*, lien moins direct mais plus logique que celui que nous avons eu l'occasion de signaler et que l'on peut supposer lui avoir succédé dans l'enseignement de l'École. En effet, tandis que la somme des nombres impairs engendre des carrés toujours semblables à eux-mêmes, la somme des nombres pairs engendre des rectangles qui sont perpétuellement différents; de sorte que leur variation indéfinie fait contraste avec la fixité du carré[1].

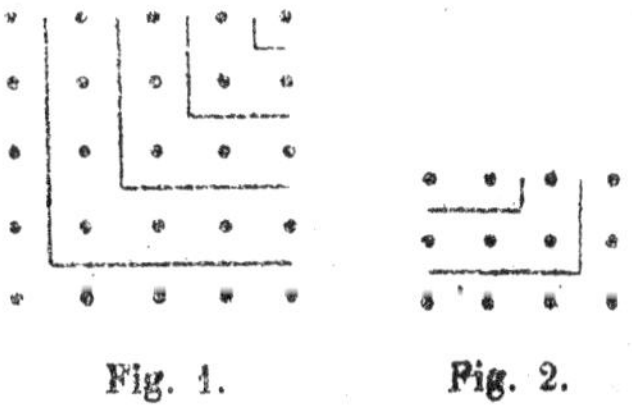

Fig. 1. Fig. 2.

22. — La portée philosophique de la doctrine pythagoricienne des *médiétés* n'apparaît pas moindre. En outre du *moyen arithmétique* et du *moyen géométrique*, les Pythagoriciens introduisent le *moyen harmonique*. La médiété $\frac{a-m}{m-b}=\frac{a}{b}$ donne l'égalité

$$\frac{2}{m}=\frac{1}{a}+\frac{1}{b}.$$

Ainsi 8 est moyen harmonique entre 12 et 6 puisque

$$\frac{12-8}{8-6}=\frac{12}{6}.$$

« Nous retrouvons là, dit M. Milhaud, l'origine de la dénomination d'harmonique[2]. Si en effet, au lieu de faire correspondre 1 à la première note de l'octave, on fait correspondre 6 pour n'avoir ensuite que des nombres entiers, c'est 8 qui correspondra à la quarte, au lieu de $\frac{4}{3}$, et 12 à l'octave, au lieu de 2[3]. »

1. Milhaud, *op. cit.*, p. 115 et suiv.
2. Voir le fragment d'Archytas sur les médiétés (Porphyre, *Commentaire aux Harmoniques de Ptolémée*, in Wallis, *Opera*, t. III, Oxford, 1699, p. 267) et Diels, p. 261.
3. *Op. cit.*, p. 93.

La merveilleuse découverte de la merveilleuse correspondance entre les nombres et les sons (découverte qui semble remonter à Pythagore lui-même[1]) est ainsi incorporée à l'arithmétique pythagoricienne, et elle achève d'en fixer le caractère. Les rapports des nombres qui se manifestent dans les accords musicaux sont aussi ceux qui sont inscrits dans les figures de la géométrie : suivant une observation que Nicomaque rapporte à Philolaos, le cube, parfaitement harmonieux en soi puisqu'il est parfaitement identique à lui-même suivant les trois dimensions, présente la connexion des nombres composant à médiété que nous venons de décrire : il a 12 arêtes, 8 sommets, 6 faces[2]. Harmonie géométrique et harmonie musicale se correspondent : ce qui est intelligible pour l'arithméticien, est aussi visible aux yeux que sensible aux oreilles.

LE PYTHAGORISME

23. — On conçoit que de semblables correspondances soient apparues aux Pythagoriciens comme susceptibles d'universalité, qu'ils se soient autorisés par exemple des lois numériques de l'harmonie terrestre pour supposer une sorte de concert céleste, engendré par les nombres astronomiques : l'harmonie des sphères célestes dont la légende veut que Pythagore, seul entre tous les mortels, ait jamais eu la perception[3]. On conçoit comment leur imagination spéculative a entouré le noyau lumineux que formaient les théories positives de l'arithmétique, de la géométrie, de l'acoustique — et il faut y ajouter l'esquisse de l'astronomie copernicienne — d'une zone infiniment plus vaste, où, sans hésitation, une solution était donnée à tous les problèmes humains ou divins. Avec Philolaos, le nombre, qui par nature est incapable de recevoir le mensonge, devient le principe de la vérité; tandis que le mensonge et l'envie appartiennent à l'*infini*, à l'*insensé*, à l'*irrationnel*[4]. L'avènement de l'harmonie dans le monde est la victoire du nombre

1. Πυθαγόρας, ὡς φησι Ξενοκράτης, εὕρισκε καὶ τὰ ἐν μουσικῇ διαστήματα, οὐ χωρὶς ἀριθμοῦ τὴν γένεσιν ἔχοντα· ἐστὶ γὰρ σύγκρισις ποσοῦ πρὸς ποσόν. Porph. *in Ptolem. harm. op. cit.*, 213, et Heinze, *Xenokrates, Darstellung der Lehre und Sammlung der Fragmente*. Leipzig, 1892, p. 102.

2. Nicom., *Arith.*, § XXVI, p. 135 et Diels, *op. cit.*, p. 238.

3. Arist. *de Cœlo*, II, 9, 290^b 12 et Simplicius, *Comm.*, Ed. Heiberg, Berlin, 1893, p. 468. Cf. Zeller, *op. cit.*, p. 409 et suiv.

4. Ψεῦδος δὲ οὐδὲν δέχεται ἁ τῶ ἀριθμῶ φύσις οὐδὲ ἁρμονία· οὐ γὰρ οἰκεῖον αὐτοῖς ἐστι. Τᾶς τῶ ἀπείρω καὶ ἀνοήτω καὶ ἀλόγω φύσιος τὸ ψεῦδος καὶ ὁ φθόνος

sur l'infini[1]. Nous n'avons pas à suivre le développement de cette doctrine; ce que nous ne pourrions faire d'ailleurs sans aborder une période de l'histoire où les disciples éloignés de Pythagore se rencontrent, et parfois se confondent, avec les successeurs de Platon. Nous nous contenterons de rappeler les représentations numériques par lesquelles les Pythagoriciens prétendaient expliquer la nature des réalités sociales : *justice*, *occasion*, *mariage*[2], sans insister sur l'extraordinaire floraison de symboles et d'analogies procédant de cette méthode et présentant ce mélange de précision rigoureuse et d'arbitraire absolu qui est l'essence du mystérieux. Si ce sont là les traits les plus populaires du pythagorisme, il n'est pas sûr que c'en soient les plus originaux; et il est probable qu'on peut appliquer ici la remarque pénétrante de M. Rivaud sur les doctrines présocratiques du *devenir* : « le cadre et la matière sont fournis par la cosmogonie ancienne. L'observation et l'expérience n'interviennent guère que dans le détail. Pour l'ensemble, elles laissent intactes les images anciennes[3] ». En fait, les Ioniens (et les Babyloniens par delà) ont transmis à Pythagore l'héritage des oppositions cosmologiques, des correspondances astrologiques et morales. Même si les Pythagoriciens n'ont vu dans leurs découvertes proprement mathématiques, dans leurs expériences acoustiques, que des confirmations pour l'ensemble de leurs croyances supranaturelles, ce sont ces découvertes et ces expériences d'ordre rationnel qu'il est équitable de retenir et de considérer comme l'apport caractéristique de leur pensée.

Cette pensée, cristallisant dans un système qui n'est plus tout à fait le nôtre, n'en avait pas moins le droit de se croire assez forte pour porter le poids de l'univers; car elle avait effectivement atteint la plus haute qualité de vérité dont l'homme est capable. Si l'idéal d'une science positive est de reposer sur des principes à la fois clairs et délimités, de se développer dans le cadre des principes déjà posés, et de maintenir le contact avec l'expérience qui la confirme et la contrôle, le mathématisme pythagoricien contenait de quoi satisfaire à cet idéal. En impliquant dans la conception du nombre et le géométrique et le

ἐστί. Diels, *op. cit.*, p. 244. Voir Newbord, *Philolaos*, Archiv für Geschichte der Philosophie, année 1906, t. XIX, p. 177.

1. Ἁ φύσις δ'ἐν τῶι κόσμωι ἁρμόχθη ἐξ ἀπείρων τε καὶ περαινόντων καὶ ὅλος ὁ κόσμος καὶ τὰ ἐν αὐτῶι πάντα, in Diog., Laërt. VIII, p. 85 et Diels, p. 239. — Cf. M. Simon, *op. cit.*, p. 132 et suiv.

2. *Met.*, M. 4. 1078ᵇ 21.

3. *Le problème du Devenir et la notion de la Matière dans la philosophie grecque depuis les origines jusqu'à Théophraste*, 1905, p. 267 (Paris, F. Alcan).

physique, il avait du même coup conçu l'étude des nombres comme une étude de la réalité concrète, érigé la découverte des rapports arithmétiques en découverte de rapports naturels. La vérité mathématique est une *loi*, au sens objectif du mot; elle se dégage par l'observation, elle revêt progressivement la forme générale qu'elle comporte; la notion du nombre parfait et la notion de l'accord parfait, les formules de l'arithmétisme géométrique et celles de l'arithmétisme acoustique ont exactement le même caractère. Et ces lois qui régissent à titre égal et unissent dans une synthèse homogène les différents ordres de la réalité sont d'une telle simplicité qu'elles semblent adaptées à la nature de l'esprit, et destinées à assurer l'équilibre définitif de toutes ses fonctions. L'harmonie de l'univers se réflète dans l'harmonie des idées, ou plutôt l'une et l'autre se fondent dans l'unité, dans l'indistinction qui, pour les Pythagoriciens constitue le κόσμος

LIVRE II

GÉOMÉTRIE

CHAPITRE IV

LE MATHÉMATISME DES PLATONICIENS

SECTION A. — La position du problème platonicien.

IMITATION ET PARTICIPATION

24. — Le platonisme est comme le pythagorisme une philosophie de type mathématique. A cet égard même, et s'il fallait en croire Aristote, la différence du pythagorisme et du platonisme serait purement verbale. Suivant les Pythagoriciens les choses imitent les nombres, suivant Platon les choses participent aux nombres; le nom seul serait changé[1]. Mais il faut reconnaître que, pris en soi, les mots d'*imitation* et de *participation* sont équivoques, au point de pouvoir être interchangés. Si l'imitation suppose avant tout la séparation de l'original et de la copie, les idées platoniciennes sont des « paradigmes », dont les choses sensibles sont des imitations; le *Timée* est, à cet égard, aussi explicite que possible : τότε μὲν γὰρ δύο εἴδη διειλόμεθα,... ἓν μὲν ὡς παραδείγματος εἶδος ὑποτεθὲν, νοητὸν καὶ ἀεὶ κατὰ ταὐτὰ ὄν, μίμημα δὲ παραδείγματος δεύτερον, γένεσιν ἔχον καὶ ὁρατόν[2]. D'autre part la notion

1. Οἱ μὲν γὰρ Πυθαγόρειοι μιμήσει τὰ ὄντα φασὶν εἶναι τῶν ἀριθμῶν, Πλάτων δὲ μεθέξει, τοὔνομα μεταβαλών. *Met.*, A. 6. 987ᵇ 11.

2. 48 E. Dans une série d'analyses qui ont paru de 1881 à 1885 dans le Journal of Philology (vol. X, XI, XIII, XIV, XV), sous ce titre : *On Plato's later theory of ideas*, M. Jackson a même proposé une distinction radicale entre les dialogues où Platon expose la théorie de la participation aux *Idées*, le *Phédon* et la *République*, et les dialogues tels que le *Théétète*, le *Philèbe*, le *Politique*, le

de participation est empruntée au vocabulaire d'Anaxagore, et elle y a un sens purement matériel[1]. Πάντα παντὸς μοῖραν μετέχει, cette parole exprime que tous les éléments de l'univers, le νοῦς excepté, se mélangent effectivement les uns aux autres, que l'univers est ἡ σύμμιξις πάντων χρημάτων[2]. En ce sens, et si l'on faisait fond sur l'interprétation même que les livres M et N de la *Métaphysique* donnent du pythagorisme il conviendrait de lui restituer, par contraste avec le platonisme la thèse de la participation des choses aux nombres. Οἱ δὲ Πυθαγόρειοι διὰ τὸ ὁρᾶν πολλὰ τῶν ἀριθμῶν πάθη ἐνυπάρχοντα τοῖς αἰσθητοῖς σώμασιν, εἶναι μὲν ἀριθμοὺς ἐποίησαν τὰ ὄντα, οὐ χωριστοὺς δέ, ἀλλ' ἐξ ἀριθμῶν τὰ ὄντα[3].

Le vocabulaire respectif qu'Aristote attribue aux Pythagoriciens et aux Platoniciens pourrait donc être interverti sans trop de difficulté; mais, par delà les ressemblances verbales, subsiste l'opposition profonde de l'*immanence* pythagoricienne et de la *transcendance* platonicienne : ὁ μὲν τοὺς ἀριθμοὺς παρὰ τα αἰσθητά, οἱ δ'ἀριθμοὺς εἶναί φασιν αὐτὰ τὰ πράγματα[4]. Lorsque les Pythagoriciens disent que les choses imitent les nombres, ils mettent sur le même plan la réalité numérique et la réalité naturelle; ils constatent une ressemblance entre l'ensemble du nombre et l'ensemble de la chose : Ἐν δὲ τοῖς ἀριθμοῖς ἐδόκουν θεωρεῖν ὁμοιώματα πολλὰ τοῖς οὖσι καὶ γιγνομένοις... καὶ τὸν ὅλον οὐρανὸν ἁρμονίαν εἶναι καὶ ἀριθμόν[5]. Au contraire suivant Platon, la science des nombres porte non pas sur les choses prises en soi, mais sur les caractères des choses, qu'elle réussit à comprendre dans ses déterminations. Le principe de ces déterminations, c'est le πέρας dont le domaine est défini avec précision dans le *Philèbe* : « l'égal et l'égalité, et après l'égal le double et tout ce qui serait rapport de nombre à nombre et de mesure à mesure[6]. » Au même objet, suivant l'étalon de la mesure ou de la numération, s'appliqueront différents types de détermination; mais ces types idéaux sont, pris en soi, des réalités autonomes; ils constituent le plan

Timée où les *Idées* seraient remplacées par les types naturels, les paradigmes (t, XIII, p. 242), et où la μέθεξις serait en réalité μίμησις (t. X, p. 289). Zeller a montré les difficultés d'une séparation aussi complète dans un mémoire *Ueber die Unterscheidung einer doppelten Gestalt der Ideenlehre in den Platonischen Schriften*, (1887), *Kleine Schriften*, t. I, 1910, p. 369, et suiv.

1. Diels, *op. cit.*, p. 316.
2. *Ibid.*, p. 315.
3. N. 1090ᵃ 20.
4. *Met.*, A 6 987ᵇ 27, cf. Phys. III, 4, 203ᵃ 6.
5. *Mét.*, A 5 985ᵇ 27.
6. 25 A. Πρῶτον μὲν τὸ ἴσον καὶ ἰσότητα, μετὰ δὲ τὸ ἴσον τὸ διπλάσιον καὶ πᾶν ὅ τί περ ἂν πρὸς ἀριθμὸν ἀριθμὸς ἢ μέτρον ἢ πρὸς μέτρον, ταῦτα ξύμπαντ' εἰς τὸ πέρας ἀπολογιζόμενοι καλῶς ἂν δοκοῦμεν δρᾶν τοῦτο.

supérieur de vérité ou d'existence dont procède la participation [1]. Que ce soit par présence, par communication ou sous quelque autre forme ou par quelque autre moyen [2], c'est la *grandeur* qui fait que ceci est plus grand que cela, c'est la *petitesse* qui fait qu'une chose est plus petite qu'une autre [3].

Telle est, dans la lumière brutale des textes, la distinction spécifique qui nous conduit à l'étude directe du mathématisme platonicien. Nous avons à déterminer d'une façon précise le progrès accompli par la réflexion de Platon. Comment de la méditation de la mathématique a-t-il tiré une doctrine de la connaissance qui déborde par delà le domaine mathématique, qui se prolonge même au delà de l'antiquité, puisque quelques-uns des interprètes les plus profonds du platonisme y ont décelé le germe d'une méthodologie universelle, capable d'être reliée à l'idéalisme critique des modernes? Mais comment, d'autre part, l'avènement de cette philosophie, dont le succès fut au début si brillant que la mathématique semblait avoir absorbé la philosophie [4], a-t-il été suivi, à bref délai, de la disparition de la philosophie mathématique? Comment la science des connexions entre les idées — la science réelle — a-t-elle paru pendant près de vingt siècles, subordonnée à la science apparente — à la science des classifications verbales? Cette seconde question ne doit pas être séparée de la première; nous ne serons pas éloignés de saisir le sens du mathématisme platonicien si nous nous rendons capables de satisfaire à cette double curiosité.

LA DÉCOUVERTE DES IRRATIONNELLES

25. — Directement ou indirectement, la considération de la technique est intervenue dans l'élaboration de la philosophie platonicienne. L'identification exacte que le pythagorisme, au moins sous sa forme primitive et, en quelque sorte, à l'état pur, avait établie entre le nombre et la grandeur, entre la pensée arithmétique et la réalité concrète, se trouve rompue, à l'époque où Théodore de Cyrène enseignait les mathématiques à

1. Cf. *Phédon*, 100 C : φαίνεται γάρ μοι, εἴ τί ἐστιν ἄλλο καλὸν παρ' αὐτὸ τὸ καλὸν, οὐδὲ δι' ἓν ἄλλο καλὸν εἶναι ἢ διότι μετέχει ἐκείνου τοῦ καλοῦ.
2. *Ibid.*, 100 D : οὐκ ἄλλο τι ποιεῖ αὐτὸ καλὸν ἢ ἡ ἐκείνου τοῦ καλοῦ εἴτε παρουσία εἴτε κοινωνία, εἴθ' ὅπῃ δὴ καὶ ὅπως προσγίγνεται.
3. *Ibid.*, 101 A : ἀλλὰ διαμαρτύροι' ἂν, ὅτι σὺ μὲν οὐδὲν ἄλλο λέγεις ἢ ὅτι τὸ μὲν μεῖζον πᾶν ἕτερον ἑτέρου οὐδενὶ ἄλλῳ μεῖζόν ἐστιν ἢ μεγέθει, καὶ διὰ τοῦτο μεῖζον, διὰ τὸ μέγεθος, τὸ δ' ἔλαττον... διὰ τὴν σμικρότητα.
4. γέγονε τὰ μαθήματα τοῖς νῦν ἡ φιλοσοφία, *Met.*, A 9-992a32.

Platon[1]. Chose curieuse et qui manifeste la fécondité de leurs procédés scientifiques, c'est aux Pythagoriciens eux-mêmes qu'est due la découverte capitale qui devait mettre fin au règne du nombre, la découverte des grandeurs incommensurables. Dans la plus harmonieuse des figures qu'ils aimaient à considérer, dans le carré, ils devaient rencontrer un élément géométrique qui n'était plus une somme de points. Comment s'est révélée cette difficulté? Autant qu'on peut le présumer, ce serait par l'établissement de la formule générale connue sous le nom de théorème de Pythagore : a et b étant les côtés d'un triangle, c l'hypoténuse, $a^2 + b^2 = c^2$.

Cette relation était connue des Hindous, à une époque que M. Bürk, dans son introduction à l'édition et à la publication des *Sulvasutras* d'Apastamba[2], fait remonter au VIIIe siècle avant l'ère chrétienne (et la date est acceptée par les derniers historiens de la mathématique). Mais si les Hindous ont exprimé le théorème de Pythagore dans sa généralité, nous ne pouvons pas affirmer qu'ils en possédaient une démonstration générale. Peut-être se contentaient-ils de poser la loi par induction, en remarquant la connexion entre les différentes valeurs, exprimées en nombres entiers, que l'on pouvait donner aux côtés de l'angle droit du triangle (ou plutôt du rectangle) et des valeurs numériques entières qui leur correspondaient pour l'hypoténuse (ou pour la diagonale). L'induction devait leur paraître d'autant moins douteuse que, suivant la remarque de Zeuthen, ils devaient ne pas hésiter « à croire que toujours il était possible d'exprimer les trois côtés d'un triangle comme des multiples entiers d'une unité assez petite[3] ». Au contraire pour Pythagore, dont ce fut là sans doute l'apport original, le théorème est une vérité qui est indépendante de cette particularité que les côtés du triangle rectangle peuvent être représentés par des nombres entiers. Dès lors, les Pythagoriciens se trouvaient engagés dans un domaine où le parallélisme du concept numérique et de la représentation géométrique ne peut plus se maintenir. Le carré est la figure rectangulaire la plus simple; le carré numériquement le

1. Diog. Laërt, III, 6.

2. Voir 2, *Wie alt ist der Satz von Quadrat der Hypotenuse bei den Indern?* Zeitschrift der deutschen morgenländischen Gesellschaft, t. LV, année 1901, p. 550 et suiv.

3. *Théorème de Pythagore, origine de la géométrie scientifique* (Congrès International de Philosophie, IIe session, Rapports et comptes rendus, Genève, 1905, p. 846) Voir également Milhaud *La Géométrie d'Apastamba*, Revue Générale des Sciences, 1910, p. 512, et suiv., et *Nouvelles Études sur l'Histoire de la Pensée scientifique*, 1911, p. 109 et suiv.

plus simple est celui dont on suppose que le côté est égal à l'unité; or, l'observation empirique a dû le faire facilement découvrir, si la diagonale du carré, qui a l'unité pour côté, est prise à son tour comme côté d'un nouveau carré, l'aire de ce carré est égale à deux; quelle sera donc la longueur exacte de la diagonale? ou si l'on préfère, quelle sera la longueur exacte de l'hypoténuse du triangle rectangle isoscèle dont les côtés sont égaux à l'unité? Tous les essais faits pour trouver une expression fractionnaire dont le carré soit équivalent à 2, échouent les uns après les autres. L'échec est-il définitif, et ne pourra-t-on en choisissant des unités de mesure de plus en plus faibles finir par découvrir une racine exacte de 2? Les Grecs se sont posé la question; ils l'ont tranchée à l'aide d'une démonstration qui donne une idée claire de leurs ressources logiques, et qu'il est d'autant plus intéressant de reproduire ici qu'une allusion d'Aristote[1] permet de la faire remonter à une date très voisine de l'époque pythagoricienne. Si la diagonale est commensurable[2] au côté du carré, le rapport peut être mis sous la forme d'une fraction irréductible $\frac{d}{c}$. Le théorème de Pythagore $d^2 = 2c^2$ montre immédiatement que d est pair, d'où l'on conclurait, puisque d et c sont premiers entre eux, que c est impair. Mais la parité de d permet d'exprimer le théorème sous la forme suivante :

$$4\left(\frac{d}{2}\right)^2 = 2c^2 \qquad \text{ou} \qquad 2\left(\frac{d}{2}\right)^2 = c^2$$

ce qui entraînerait la parité de c. Si d et c sont supposés commensurables, il résulte de l'hypothèse que c est à la fois impair et pair[2]. Ainsi se trouve établie à la pleine lumière d'un raisonnement rigoureux l'impossibilité de faire correspondre un nombre déterminé d'unités à la diagonale d'un carré qui a l'unité pour côté. Un tel nombre devrait être celui qui a pour carré 2; il devrait être pair et il devrait être impair en même temps; il n'a pas d' « état civil », il est en dehors de l'intelligibilité. Et pourtant la grandeur que l'on se voit condamné à ne jamais pouvoir mesurer avec exactitude est géométriquement construite et déterminée. Le domaine de l'existence déborde le type de l'intelligibilité; la rupture de l'équilibre où s'était tenu le dogmatisme pythagoricien est inévitable.

1. *Premiers Analytiques*, I, 23, 41ª 26. Ἀσύμμετρος ἡ διάμετρος διὰ τὸ γίνεσθαι τὰ περιττὰ ἴσα τοῖς ἀρτίοις συμμέτρου τεθείσης.
2. Voir la proposition introduite dans les *Éléments* d'Euclide (X, 117) *apud* Heiberg, X, *App.* 26, t. III. Leipzig, 1886, p. 408.

De cette crise il démeure un témoin, Zénon d'Eléc. Quelle qu'en ait été l'intention, quelle que soit la base positive qu'elles recouvrent [1], les *apories* de Zénon d'Elée ont signifié pour l'antiquité grecque l'impossibilité de faire coïncider la pluralité discontinue, pluralité pythagoricienne des points arithmétiques ou encore pluralité démocritéenne des atomes étendus, avec la donnée concrète, avec la réalité continue de l'espace où les choses se déplacent; elles ont marqué l'échec de la science telle que la mathématique paraissait en avoir jusque-là fixé le modèle; elles ont provoqué une conception nouvelle de la connaissance et de la vérité.

26. — A travers les *Dialogues* de Platon, plus d'un indice vient témoigner que la découverte des irrationnelles n'est pas étrangère à la doctrine platonicienne de la science. Dans l'introduction du *Théétète*, dialogue destiné à marquer les premiers degrés de l'analyse qui remonte de l'apparence sensible à la vérité, Platon rappelle les écrits de son maître Théodore, qui établit l'irrationalité de $\sqrt{3}$, de $\sqrt{7}$ et poursuivit jusqu'à $\sqrt{17}$ la recherche des racines carrées irrationnelles [2]. Au VIIe livre des *Lois*, il se plaint, comme d'un crime contre la patrie, qu'on laisse ignorer aux jeunes Hellènes, qu'on lui ait laissé longtemps ignorer à lui-même, la distinction des grandeurs commensurables entre elles et des grandeurs incommensurables [3], distinction dont il fait la base des « humanités ». Surtout il convient d'insister sur l'exemple du *Ménon* : le problème, l'un des plus simples qui pouvaient se présenter après la découverte de l'incommensurabilité, consiste à déterminer la longueur du côté d'un carré qui serait double d'un autre carré ayant quatre pieds de surface. Ce qui est significatif, c'est le but auquel cet exemple est destiné : il s'agit de prouver la thèse de la *réminiscence*. Le Socrate platonicien fait introduire un esclave auquel, sans rien apprendre directement, par le seul effet de la lumière naturelle qui se révèle à elle-même, il prétend faire retrouver la véritable solution du problème [4]. Les premières réponses de l'esclave sont empruntées aux cadres de l'arithmétique pure : Le carré de surface double paraît avoir un côté de longueur

1. *Vide infra*, § 95.

2. *Théétète*, 147 D. Voir l'étude de Zeuthen : *Sur la constitution des livres arithmétiques des Éléments d'Euclide et leur rapport à la question de l'irrationalité*. Académie Royale des Sciences et des Lettres de Danemark, 1910, p. 395 et suiv.

3. 820 C : Τὰ τῶν μετρητῶν τε καὶ ἀμέτρων πρὸς ἄλληλα, ἥτινι φύσει γέγονε.

4. 82 B. Πρόσεχε δὴ τὸν νοῦν, ὁπότερ' ἄν σοι φαίνηται, ἢ ἀναμιμνησκόμενος ἢ μανθάνων παρ' ἐμοῦ.

double. — Mais la longueur double est 4, la surface double est 16. — Le côté du carré sera donc plus grand que 2, plus petit que 4, c'est-à-dire 3. — Mais cette réponse, qui épuise en quelque sorte les ressources de l'imagination proprement numérique, est encore inexacte; le carré de trois pieds de côté aurait une surface de neuf pieds. — Socrate suggère alors une considération exclusivement géométrique. Soit le carré ABCD[1] (fig. 3), nous pouvons lui juxtaposer trois carrés égaux de façon à obtenir la surface quadruple AEGF. En prenant les diagonales BC, CI, IH, HB, nous coupons en deux chacune des quatre surfaces égales au carré primitif. Le carré BCIH est donc double du carré primitif; le côté, dont la longueur serait égale à $\sqrt{8}$, est la ligne que les Sophistes appellent *diamètre* : c'est du diamètre que se forme donc la surface double[2].

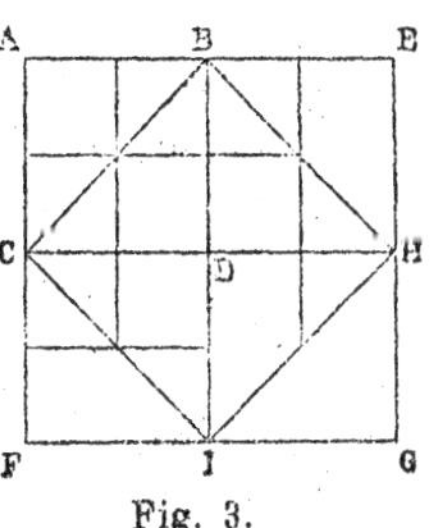

Fig. 3.

SECTION B. — La méthode platonicienne.

LA RÉGRESSION ANALYTIQUE

27. — Reconnaître que ce qui est au delà du nombre n'est plus au delà de l'intelligibilité, faire une place à la solution exacte de la géométrie là même où cette solution ne peut se ramener à la forme simple d'un rapport arithmétique, c'est élargir la base de la science, et c'est en transformer la notion. Il est devenu impossible de maintenir dans toute sa rigueur, dans toute sa naïveté, l'identification que le pythagorisme avait affirmée entre les nombres et les choses; mais il est également impossible d'accepter dans toute sa simplicité, dans toute sa crudité, l'opposition établie par Parménide entre le monde de l'être ou de la vérité et le monde de l'apparence ou de l'opinion. Sans rien relâcher de la sévérité dialectique avec laquelle les Éléates avaient manié le principe de contradiction, la philosophie platonicienne se proposera de reconstituer le système organique où toutes les sciences trouveront désormais leur harmonie et leur unité. Elle commencera donc par suivre à

1. Cf. *Cantor*, I³, p. 217.

2. Καλοῦσι δὲ ταύτην διάμετρον οἱ σοφισταί, ὥστ' εἰ ταύτῃ διάμετρος ὄνομα, ἀπὸ τῆς διαμέτρου ἄν, ὡς σὺ φῄς, ὦ παῖ Μένωνος, γίγνοιτ' ἂν τὸ διπλάσιον χωρίον. 85 B.

travers la hiérarchie des différentes disciplines le progrès d'analyse, grâce auquel la multiplicité confuse et changeante du sensible se résout en un système de rapports intelligibles.

En ce sens, la doctrine platonicienne de la science peut paraître calquée sur la dialectique socratique. Socrate a obligé les hommes à considérer leurs propres actions, à les confronter avec les actions ou les discours des autres hommes, à réfléchir sur l'incertitude de leurs maximes et la contrariété de leurs désirs jusqu'à ce qu'ils soient arrivés, par des procédés méthodiques et convergents d'épuration, à dégager la notion qui par sa généralité même était capable d'imprimer à la conduite une direction rationnelle en conformité avec la nature vraie de l'homme [1]. Il avait pour souci constant de ramener par la pensée de ses interlocuteurs vers l'*hypothèse* [2]. Platon fera de même, en se plaçant sur le terrain de la recherche spéculative dont Socrate s'était systématiquement abstenu ; il enregistrera les contradictions du sensible, sur lesquelles après Héraclite les Sophistes avaient insisté avec tant de plaisir : six osselets sont à la fois *plus* et *moins*, suivant qu'on leur compare quatre osselets ou huit osselets [3]. Or, comme les difficultés dont l'interrogation socratique embarrassait la discussion, ces contradictions sont fécondes ; elles servent d'aiguillon pour la recherche de l'hypothèse initiale. Les sens confondent la petitesse et la grandeur dans une même perception ; l'intelligence est alors contrainte de venir démêler cette confusion et de considérer comme distinctes *grandeur* et *petitesse* [4].

Ainsi s'opérera le passage de l'arithmétique du vulgaire à l'arithmétique du philosophe. Le vulgaire n'hésite pas à faire entrer dans un même calcul deux unités quantitativement inégales, par exemple deux années, deux bœufs, deux choses même qui seraient ou les plus grandes de toutes ou les plus petites ; mais les philosophes refuseront de suivre quiconque ne commencerait pas par poser l'homogénéité parfaite de chacune

1. *Met.* M. 4. 1078ᵇ 27 : ... δύο γὰρ ἐστιν ἅ τις ἂν ἀποδοίη Σωκράτει δικαίως, τούς τ' ἐπακτικοὺς λόγους καὶ τὸ ὁρίζεσθαι καθόλου.

2. *Mémorables*, IV, 6 (13).... ἐπὶ τὴν ὑπόθεσιν ἐπανῆγεν ἂν πάντα τὸν λόγον. Cf. Jackson, *On Plato's Republic*, VI, 509, D. sqq. Journal of Philology, t. X, 1881, p. 145.

3. Ἀστραγάλους γάρ που ἕξ, ἂν μὲν τέτταρας αὐτοῖς προσενέγκῃς, πλείους φαμὲν εἶναι τῶν τεττάρων καὶ ἡμιολίους, ἐὰν δὲ δώδεκα, ἐλάττους καὶ ἡμίσεις. *Théétète*, 154 C. Voir Natorp, *Platos Ideenlehre, Eine Einführung in den Idealismus*, Leipzig, 1903, p. 160.

4. *Rep.*, VII, 524 C. Μέγα μὴν καὶ ὄψις καὶ σμικρὸν ἑώρα, φαμέν, ἀλλ' οὐ κεχωρισμένον, ἀλλὰ συγκεχυμένον τι... Διὰ δὲ τὴν τούτου σαφήνειαν μέγα αὖ καὶ σμικρὸν ἡ νόησις ἠναγκάσθη ἰδεῖν οὐ συγκεχυμένα, ἀλλὰ διωρισμένα, τοὐναντίον, ἢ 'κείνη.

des unités d'une myriade[1]. Le calcul sert aux intérêts de la vie privée ou de la vie publique, pour les ventes et pour les achats, pour les besoins de la guerre; mais les calculs supposent les rapports intrinsèques des nombres. La pratique de la « logistique » invite l'esprit à une véritable conversion, qui l'élève au-dessus de la sphère du devenir, qui le tourne vers la contemplation de la nature propre des nombres, qui lui ouvre la voie de la vérité et de l'être[2]. La « logistique » ou arithmétique atteint ainsi des hypothèses fondamentales, par exemple la division des nombres en *pairs* et *impairs*[3]; et prenant ces hypothèses pour point de départ, elle parvient rationnellement aux propositions qu'elle a pour but de démontrer[4].

La géométrie est susceptible du même progrès[5]; ses applications pratiques — par exemple dans l'art de la guerre, pour l'établissement d'un camp, pour le siège d'une place, pour l'ordre d'une marche ou d'un combat[6] — témoignent des propriétés que possèdent les figures. Les géomètres se servent des figures visibles, et en font le sujet de leurs raisonnements. Mais l'objet véritable de leur pensée, ce ne sont pas ces figures, ce sont d'autres réalités auxquelles ces figures ressemblent. Leurs démonstrations ont pour raison le carré en soi et la diagonale en soi, non la diagonale qu'ils tracent, ou quelque autre figure dont ils se donnent la représentation plastique ou graphique, et qui est susceptible de projeter à son tour une ombre ou une image dans l'eau; toutes ces figures ne sont elles-mêmes que des images auxquelles les géomètres ont recours dans leur effort pour atteindre à ces réalités qu'il n'est pas possible d'apercevoir autrement que par la pensée[7]. Les hypothèses

1. Οἱ μὲν γάρ που μονάδας ἀνίσους καταριθμοῦνται τῶν περὶ ἀριθμόν, οἷον στρατόπεδα δύο καὶ βοῦς δύο καὶ δύο τὰ σμικρότατα ἢ καὶ τὰ πάντων μέγιστα· οἱ δ' οὐκ ἄν ποτ' αὐτοῖς συνακολουθήσειαν, εἰ μὴ μονάδα μονάδος ἑκάστης τῶν μυρίων μηδεμίαν ἄλλην ἄλλης διαφέρουσάν τις θήσει. *Philèbe*, 56 D.

2. Προσῆκον δὴ τὸ μάθημα ἂν εἴη, ὦ Γλαύκων, νομοθετῆσαι καὶ πείθειν τοὺς μέλλοντας ἐν τῇ πόλει τῶν μεγίστων μεθέξειν ἐπὶ λογιστικὴν ἰέναι καὶ ἀνθάπτεσθαι αὐτῆς μὴ ἰδιωτικῶς, ἀλλ' ἕως ἂν ἐπὶ θέαν τῆς τῶν ἀριθμῶν φύσεως ἀφίκωνται τῇ νοήσει αὐτῇ, οὐκ ὠνῆς οὐδὲ πράσεως χάριν ὡς ἐμπόρους ἢ καπήλους μελετῶντας, ἀλλ' ἕνεκα πολέμου τε καὶ αὐτῆς τῆς ψυχῆς ῥᾳστώνης μεταστροφῆς ἀπὸ γενέσεως ἐπ' ἀλήθειάν τε καὶ οὐσίαν. *Rep.*, VII, 525 B.

3. *Rep.*, VI, 510 C. Ὑποθέμενοι τό τε περιττὸν καὶ τὸ ἄρτιον.

4. Ἐκ τούτων δ' ἀρχόμενοι τὰ λοιπὰ ἤδη διεξιόντες τελευτῶσιν ὁμολογουμένως ἐπὶ τοῦτο, οὗ ἂν ἐπὶ σκέψιν ὁρμήσωσιν. *Ibid.*

5. *Philèbe*, 56 E.

6. *Rep.*, VII, 526 D.

7. Τοῖς ὁρωμένοις εἴδεσι προσχρῶνται καὶ τοὺς λόγους περὶ αὐτῶν ποιοῦνται οὐ περὶ τούτων διανοούμενοι, ἀλλ' ἐκείνων πέρι, οἷς ταῦτα ἔοικε, τοῦ τετραγώνου αὐτοῦ ἕνεκα τοὺς λόγους ποιούμενοι καὶ διαμέτρου αὐτῆς, ἀλλ' οὐ ταύτης, ἣν γράφουσι,

de la géométrie, par exemple la division des angles en trois espèces, seront donc au delà des représentations figurées, tout en étant en deçà des rapports entre nombres entiers. « L'*Épinomis* qui reproduit ici, à n'en pas douter, la lettre de la doctrine platonicienne[1] », marque nettement la fonction qu'à la suite de l'arithmétique, science des « nombres qui n'ont pas de corps[2] », remplit la science qu'on appelle du nom ridicule de *géométrie* : la géométrie rend évidente, en la faisant participer à la loi des figures planes, la similitude de nombres qui, dans leur nature purement numérique, n'étaient pas semblables les uns aux autres[3]. Il s'agit ici comme l'a expliqué Paul Tannery[4], de nombres plans semblables, c'est-à-dire qui peuvent être représentés par deux rectangles semblables. Pour que de tels nombres soient commensurables, il faut que les côtés des rectangles respectifs le soient eux-mêmes; ce qui exige que le rapport des deux nombres donnés soit un carré parfait. Or, la construction géométrique de la racine carrée incommensurable permet de déterminer des rectangles semblables, en dehors de l'hypothèse de la commensurabilité. L'intervention de figures géométriques étend donc les relations du type numérique au delà des limites où s'arrête l'expression du calcul en nombres entiers ou fractionnaires.

Une méthode analogue d'analyse régressive permet enfin de déterminer l'objet propre de l'astronomie. La merveilleuse variété des corps célestes est pour l'astronome une sorte de modèle artificiel, destiné à provoquer une intelligence indépendante de l'intuition du modèle : l'intelligence des mouvements vrais, constitués par les rapports réciproques de la vitesse réelle et de la lenteur réelle se mouvant suivant le nombre vrai et suivant les figures vraies, entraînant dans leur mouvement toutes les choses qui sont en elles[5].

28. — La doctrine platonicienne des sciences mathématiques exprime dans l'histoire le moment où intervient, comme

καὶ τἆλλα οὕτως, αὐτὰ μὲν ταῦτα, ἃ πλάττουσί τε καὶ γράφουσιν, ὧν καὶ σκιαὶ καὶ ἐν ὕδασιν εἰκόνες εἰσι, τούτοις μὲν ὡς εἰκόσιν αὖ χρώμενοι, ζητοῦντές τε αὐτὰ ἐκεῖνα ἰδεῖν, ἃ οὐκ ἂν ἄλλως ἴδοι τις, ἢ τῇ διανοίᾳ. *Rep.* VI, 510 D.

1. Elie Halévy, *La théorie platonicienne des sciences*, 1896, p. 236.

2. Ἀριθμῶν αὐτῶν, ἀλλ' οὐ σώματα ἐχόντων, 990 C.

3. Τῶν οὐκ ὄντων δὲ ὁμοίων ἀλλήλοις φύσει ἀριθμῶν ὁμοίωσις πρὸς τὴν τῶν ἐπιπέδων μοῖραν γεγονυῖά ἐστι διαφανής, 990 D.

4. *L'Éducation platonicienne, III, Digression sur un passage de l'Epinomis*, Revue Philosophique, 1880, t. II, p. 529.

5. Τῶν δὲ ἀληθινῶν... ἃς τὸ ὂν τάχος καὶ ἡ οὖσα βραδύτης ἐν τῷ ἀληθινῷ ἀριθμῷ καὶ πᾶσι τοῖς ἀληθέσι σχήμασι φοράς τε πρὸς ἄλληλα φέρεται καὶ τὰ ἐνόντα φέρει. *Rep.*, VII, 529 D.

démarche nécessaire et comme démarche distincte dans l'entreprise scientifique, une analyse régressive marquant à travers les degrés systématiques d'une théorie de la connaissance l'intensité croissante de l'activité intellectuelle.

Que cette conception, dont l'originalité, dont la profondeur ne sauraient être exagérées, ait été présente explicitement à l'esprit de Platon, c'est ce qu'atteste, en outre des pages qui terminent le VIe livre de la *République*, une indication formelle de l'*Éthique à Nicomaque* où *analyse* et *synthèse* sont définies par leur opposition réciproque : Εὖ γὰρ καὶ Πλάτων ἠπόρει τοῦτο καὶ ἐζήτει, πότερον ἀπὸ τῶν ἀρχῶν ἢ ἐπὶ τὰς ἀρχάς ἐστιν ἡ ὁδός, ὥσπερ ἐν τῷ σταδίῳ ἀπὸ τῶν ἀθλοθετῶν ἐπὶ τὸ πέρας ἢ ἀνάπαλιν [1].

Une tradition que Diogène de Laërte [2] et Proclus [3] nous ont transmise, précise davantage : c'est Platon qui aurait introduit dans la géométrie, en l'enseignant à Léodamas, la méthode analytique, celle qui remonte de la proposition en question jusqu'à un principe déjà admis. Mais, comme l'a fait remarquer Paul Tannery [4], il importe de limiter la portée de cette tradition. S'il s'agit de l'analyse sous sa forme féconde de procédé inventif, la découverte n'était plus à faire au temps de Platon : elle était impliquée dans les tâtonnements des premiers « géomètres » en vue de coordonner le résultats de leurs observations. Proclus lui-même ne nous apprend-il pas d'ailleurs qu'Hippocrate de Chios, contemporain de Théodore de Cyrène, et le plus ancien auteur d'*Éléments géométriques* [5], avait usé d'une forme particulière de l'analyse, l'ἀπαγωγή, en ramenant le problème de la duplication du cube au problème de la détermination de deux moyennes proportionnelles entre deux droites données [6] ? Cette réflexion sur les procédés d'invention devait conduire à un usage méthodique de l'analyse, non plus pour la découverte des vérités mathématiques, mais pour la découverte des propo-

1. I, 2-1095[a] 32.
2. Diog. Laërt, III, 24 : Πρῶτος τὸν κατὰ τὴν ἀνάλυσιν τῆς ζητήσεως τρόπον εἰσηγήσατο Λεωδάμαντι τῷ Θασίῳ.
3. Ed. Friedlein, p. 211 : Μέθοδοι δὲ ὅμως παραδίδονται, καλλίστη μὲν ἡ διὰ τῆς ἀναλύσεως ἐπ' ἀρχὴν ὁμολογουμένην ἀνάγουσα τὸ ζητούμενον, ἣν καὶ ὁ Πλάτων ὡς φασὶν Λεωδάμαντι παραδέδωκεν, ἀφ' ἧς καὶ ἐκεῖνος πολλῶν κατὰ γεωμετρίαν εὑρετὴς ἱστόρηται γενέσθαι.
4. *L'éducation platonicienne*, VII, *L'Analyse géométrique*, Revue Philosophique, 1881, t. I, p. 297, et *La Géométrie grecque*, 1887, p. 111. Cf. *Du Sens des Mots Analyse et Synthèse chez les Grecs et de leur Algèbre géométrique* (*Notions historiques* à la suite des *Notions de Mathématiques* de Jules Tannery, 1903, p. 327).
5. *Op. cit.*, p. 66 et Diels *op. cit.*, p. 231.
6. *Op. cit.*, p. 213.

sitions qui en permettraient la vérification, des *lemmes*; or, suivant l'observation de P. Tannery, c'est cet usage de l'analyse que Proclus vise expressément lorsqu'il parle de la méthode platonicienne. A l'appui de cette interprétation de l'analyse platonicienne on peut ajouter que dans les générations qui suivirent Pythagore, et sous l'influence de Pythagore lui-même, un travail s'était accompli pour ramener à une forme rigoureuse les raisonnements mathématiques, travail qui devait nécessairement avoir pour conséquence de dégager les méthodes de démonstration [1]. Il n'est même pas interdit de penser qu'un raisonneur à outrance comme Socrate, qui suivant Xénophon [2] était loin d'être étranger à la culture mathématique, a subi, sans le savoir peut-être, l'influence de cette élaboration méthodologique. En tout cas, c'est ce travail qui paraît avoir abouti, avec Platon, à la constitution de l'analyse comme procédé de démonstration remontant de la proposition énoncée aux principes élémentaires qui permettent d'en établir l'exactitude. Voici enfin une considération dont les historiens de la mathématique grecque ont souligné l'importance : cette analyse, à la différence de l'analyse des modernes, ne se suffit pas à elle-même; car les anciens se sont placés, non sur le terrain de l'algèbre, où les propositions s'expriment en général par des équations et sont réciproques, mais sur le terrain de la géométrie où elles sont d'ordinaire hiérarchiquement ordonnées. Établir que, B étant vrai, A est vrai, n'est pas démontrer que la vérité de A implique la vérité de B. Par exemple, on peut démontrer par régression analytique que les sommets des triangles ayant une base commune et un angle au sommet de valeur constante sont situés sur un cercle; mais on ne peut pas renverser l'ordre des propositions, et poser que pour tous les triangles à base commune ayant leur sommet sur un cercle, la valeur de l'angle au sommet est constante; car on négligerait alors les conditions qui sont nécessaires pour la validité de cette proposition : 1° le cercle doit passer par les extrémités de la base, 2° on ne doit considérer que la partie du cercle située d'un seul côté de la base [3]. De fait, dans les descriptions des modes d'analyse usités par les anciens, que Pappus a placées en tête de son recueil de solutions analytiques,

1. Πυθαγόρας τὴν περὶ αὐτὴν [γεωμετρίαν] φιλοσοφίαν εἰς σχῆμα παιδείας ἐλευθέρου μετέστησεν, ἄνωθεν τὰς ἀρχὰς αὐτῆς ἐπισκοπούμενος καὶ ἀΰλως καὶ νοερῶς τὰ θεωρήματα διερευνώμενος. Proclus (d'après Eudème), éd. Friedlein, p. 65.

2. *Mem.*, IV, 7 (3) : Οὐκ ἄπειρός γε αὐτῶν [τῶν δυσσυνέτων διαγραμμάτων] ἦν.

3. Hankel, *Zur Geschichte der Mathematik im Alterthum und Mittelalter*, Leipzig, 1874, p. 139.

τόπος ἀναλυόμενος, l'analyse est regardée comme conduisant à une démonstration synthétique [1].

Il n'est guère douteux, pour conclure encore avec Paul Tannery, que cette liaison de l'analyse et de la synthèse ne se retrouve dans la conception platonicienne de l'analyse. Si la régression, qui part de l'observation du sensible et de la pratique vulgaire, aboutit aux hypothèses fondamentales du mathématicien, la science dans sa constitution définitive procède de ces hypothèses, et marche vers les conséquences : οὐκ ἐπ' ἀρχὴν πορευομένη, ἀλλ' ἐπὶ τελευτήν [2].

LA DIALECTIQUE SYNTHÉTIQUE

29. — Pour suivre dans son développement la philosophie de Platon, il faut encore aller plus loin : l'analyse des mathématiciens n'est pas seulement relative à la déduction progressive qu'elle prépare ; elle est en outre relative à un nouvel effort d'analyse, qui remonte des hypothèses aux principes absolus qui les fondent. La distinction de la science et de la philosophie est dans la *République* aussi rigoureuse qu'elle pourra l'être plus tard dans le positivisme ; mais la conséquence que Platon en tire est inverse de celle du positivisme : c'est la philosophie qui est autonome et non la science. Les techniciens prennent pour point de départ de leurs raisonnements des hypothèses qu'ils ne croient utile de justifier ni pour eux-mêmes ni pour les autres, comme si elles étaient suffisamment claires pour tout le monde [3]. Or, tant qu'on ne sera pas remonté au delà de ces suppositions, la mathématique ne méritera pas le nom de science ; ses notions initiales ne seront que de simples possibilités [4]. Elle demeurera une sorte de rêve sans prise directe sur la réalité vraie [5].

1. VII, 634. Voir encore Zeuthen, *Histoire des Mathématiques dans l'Antiquité et le moyen âge*, trad. Mascart, 1902, p. 75 et suiv., et Heath, *The thirteen Books of Euclid's Elements*, t. I, Cambridge, 1908, p. 137 et suiv.

2. *Rep.*, VI, 510 B.

3. *Rep.*, VI, 510 C. Ταῦτα μὲν ὡς εἰδότες, ποιησάμενοι ὑποθέσεις αὐτά, οὐδένα λόγον οὔτε αὑτοῖς οὔτε ἄλλοις ἔτι ἀξιοῦσι περὶ αὐτῶν διδόναι ὡς παντὶ φανερῶν.

4. Rodier, *Les mathématiques et la dialectique dans le système de Platon*, Archiv für Geschichte der Philosophie, année 1902, t. XV, p. 485. Cf. *l'Évolution de la Dialectique de Platon*, Année Philosophique, 1905, p. 66.

5. Αἱ δὲ λοιπαὶ [τέχναι], ἃς τοῦ ὄντος τι ἔφαμεν ἐπιλαμβάνεσθαι, γεωμετρίας τε καὶ τὰς ταύτῃ ἑπομένας, ὁρῶμεν ὡς ὀνειρώττουσι μὲν περὶ τὸ ὄν, ὕπαρ δὲ ἀδύνατον αὐταῖς ἰδεῖν, ἕως ἂν ὑποθέσεσι χρώμεναι ταύτας ἀκινήτους ἐῶσι, μὴ δυνάμεναι λόγον διδόναι αὐτῶν· ᾧ γὰρ ἀρχὴ μὲν ὃ μὴ οἶδε, τελευτὴ δὲ καὶ τὰ μεταξὺ ἐξ οὗ μὴ οἶδε συμπέπλεκται, τίς μηχανὴ τὴν τοιαύτην ὁμολογίαν ποτὲ ἐπιστήμην γενέσθαι ; *Rep.*, VII, 533 B.

Se séparant à la fois des Pythagoriciens, qui mettaient sur le même plan science et philosophie, et de Socrate, dont l'investigation prudente paraît s'être arrêtée à la détermination de l'hypothèse, Platon engage la philosophie mathématique dans une voie toute nouvelle. Les mathématiques situées dans la région de la διάνοια ne sont plus qu'une science intermédiaire [1]. Leur vérité réside dans une science supérieure, qui est à leur égard ce qu'elles sont elles-mêmes vis-à-vis de la perception du concret. La dialectique a pour fonction de reprendre les hypothèses des techniques particulières et de les pousser jusqu'à leurs principes [2], elle prend possession de l'inconditionnel; et de là, par une marche qui est inverse de l'analyse, elle forge une chaîne ininterrompue d'idées [3] qui, suspendue au principe absolu, constituera un monde complètement indépendant du sensible, le monde de la νόησις. La philosophie mathématique de Platon à son degré le plus haut et sous sa forme définitive sera donc la dialectique, ou, comme on serait tenté de l'appeler par analogie avec la *métaphysique* qui devait la supplanter, la *métamathématique*.

30. — Malheureusement, nous ne possédons pas les renseignements directs et authentiques qui nous permettraient de donner de la *métamathématique* proprement platonicienne un exposé systématique et complet. Nous savons bien qu'elle avait pour objet les nombres idéaux, et après eux les figures idéales; mais ni Platon ne nous dit, ni les allusions des anciens à cette théorie ne nous font comprendre, comment se déterminait d'une façon précise la nature de chacun de ces nombres et de chacune de ces grandeurs. Nous pouvons faire le tour extérieur de la théorie, emprunter aux *Dialogues* l'indication des principes auxquels elle se rattache et des conséquences qui en dépendent; mais au centre une lacune subsiste; et les livres M et N de la *Métaphysique*, auxquels nous recourrons plus tard, n'y jettent qu'une lumière oblique et faible, moins propre à révéler qu'à « noyer » les traits véritables de la pensée platonicienne.

1. Cf. Aristote, *Met.* B 2, 997^{b} 2 : τὰ μεταξύ, περὶ ἃ τὰς μαθηματικὰς εἶναι φάσιν ἐπιστήμας.

2. *Rep.*, VII, 533 C : ἡ διαλεκτικὴ μέθοδος μόνη ταύτῃ πορεύεται, τὰς ὑποθέσεις ἀναιροῦσα ἐπ' αὐτὴν τὴν ἀρχήν.

3. Τὸ τοίνυν ἕτερον μάνθανε τμῆμα τοῦ νοητοῦ λέγοντά με τοῦτο, οὗ αὐτὸς ὁ λόγος ἅπτεται τῇ τοῦ διαλέγεσθαι δυνάμει, τὰς ὑποθέσεις ποιούμενος οὐκ ἀρχάς, ἀλλὰ τῷ ὄντι ὑποθέσεις, οἷον ἐπιβάσεις τε καὶ ὁρμάς, ἵνα μέχρι τοῦ ἀνυποθέτου ἐπὶ τὴν τοῦ παντὸς ἀρχὴν ἰών, ἁψάμενος αὐτῆς, πάλιν αὖ ἐχόμενος τῶν ἐκείνης ἐχομένων, οὕτως ἐπὶ τελευτὴν καταβαίνῃ αἰσθητῷ παντάπασιν οὐδενὶ προσχρώμενος, ἀλλ' εἴδεσιν αὐτοῖς δι' αὐτῶν εἰς αὐτά, καὶ τελευτᾷ εἰς εἴδη. *Rep.*, VI, 511 B.

Pour Platon les nombres sont des *Idées*. Dans les pages mêmes du *Phédon*, où nous avons relevé la théorie de la participation, l'idée de la *dyade* et l'idée de la *monade* sont alléguées pour expliquer le véritable caractère des nombres : on hésite à dire que l'addition de *un* à *un* suffise pour produire le nombre *deux*, il faut invoquer la participation à l'essence propre de la *dyade*[1]. Le témoignage d'Aristote confirme et précise le texte du *Phédon*; l'idée du nombre, ou le *nombre-idée*, est non seulement par delà le nombre sensible, mais aussi par delà le nombre arithmétique. Il peut y avoir une multitude de nombres semblables entre eux, n'ayant qu'une unité spécifique; mais l'*idée* est le privilège de l'unité véritable, qui est l'unité numérique elle-même[2]. A chacun des nombres naturels jusqu'à *dix*[3] correspond une idée et, suivant un texte du livre M qui est expressément rapporté à Platon, chacune de ces idées possède une structure interne qui lui est propre, sans qu'il y ait de l'une à l'autre transport et combinaison d'unités homogènes[4].

31. — Quelle place occupent les nombres idéaux dans la théorie des idées? La première si nous en jugeons par un texte très précis de Théophraste qui situe les nombres entre les idées et les principes[5]; et par l'anecdote célèbre qu'Aristoxène dit tenir d'Aristote, et où l'enseignement de Platon, tout au moins dans les dernières années de sa vie, est caractérisé sur le vif. Platon avait annoncé qu'il parlerait du bien. « Les auditeurs se pressaient dans l'espoir d'entendre parler de ce qui est le bien pour les hommes, fortune, santé, force, en un mot le bonheur parfait; mais ce furent des discours sur les mathématiques, sur les nombres, sur la géométrie et l'astronomie avec cette conclusion que le bien est l'un; paradoxes qui laissèrent l'auditoire déconcerté, qui en mirent même une partie en fuite[6]. »

1. 101 B. Τί δαί; ἑνὶ ἑνὸς προστεθέντος τὴν πρόσθεσιν αἰτίαν εἶναι τοῦ δύο γενέσθαι ἢ διασχισθέντος τὴν σχίσιν οὐκ εὐλαβοῖ' ἂν λέγειν, καὶ μέγα ἂν βοῴης, ὅτι οὐκ οἶσθ' ἄλλως πως ἕκαστον γιγνόμενον ἢ μετασχὸν τῆς ἰδίας οὐσίας ἑκάστου, οὗ ἂν μετάσχῃ, καὶ ἐν τούτοις οὐκ ἔχεις [λέγειν] ἄλλην τιν' αἰτίαν τοῦ δύο γενέσθαι ἀλλ' ἢ τὴν τῆς δυάδος μετάσχεσιν, καὶ δεῖν τούτου μετασχεῖν τὰ μέλλοντα δύο ἔσεσθαι, καὶ μονάδος, ὃ ἂν μέλλῃ ἓν ἔσεσθαι.

2. Ὥστ' εἰ μή ἐστι παρὰ τὰ αἰσθητὰ καὶ τὰ μαθηματικὰ ἕτερ' ἄττα οἷα λέγουσι τὰ εἴδη τινές, οὐκ ἔσται μία ἀριθμῷ ἀλλ' εἴδει οὐσία, οὐδ' αἱ ἀρχαὶ τῶν ὄντων ἀριθμῷ ἔσονται ποσαί τινες, ἀλλὰ εἴδει. *Met.* B, 1002[b] 22.

3. [Πλάτων]... μέχρι γὰρ δεκάδος ποιεῖ τὸν ἀριθμόν. *Phys.*, III, 6, 206[b] 32.

4. *Met.* M. 1083[a] 33. Πλάτων ἔλεγεν... εἶναί τινα δυάδα πρώτην καὶ τριάδα, καὶ οὐ συμβλητοὺς εἶναι τοὺς ἀριθμοὺς πρὸς ἀλλήλους.

5. *Metaph.*, Fr. XII (13), édit. Wimmer, t. III, 1862, p. 154. Πλάτων... εἰς τὰς ἰδέας ἀνάπτων, ταύτας δ' εἰς τοὺς ἀριθμούς, ἐκ δὲ τούτων εἰς τὰς ἀρχάς.

6. *Eléments harmoniques*, livre II, § 1; trad. Ruelle, 1876, p. 47.

Aristote indique à plusieurs reprises que les principes des nombres sont d'une part l'*Un*, d'autre part la *dyade* du *Grand* et du *Petit*. L'*un* est forme, ajoute Aristote; la *dyade* est matière[1]. Cette opposition fondamentale est conforme à la tradition générale de la cosmologie grecque; elle se rattache d'une façon plus particulière aux oppositions pythagoriciennes, mais le *limité* est devenu l'*un*, tandis que l'*illimité*, opposé à l'*un*, a perdu son unité statique, qu'il s'est divisé afin de marquer le double mouvement de l'augmentation et de la diminution. La caractéristique de l'infini est donnée dans le *Philèbe* : « Tout ce qui devient plus ou moins, qui comporte le fort et le doux, l'excès et tout autre chose semblable, il faut le ramener au genre de l'infini comme à une sorte d'unité[2]. » L'*un*, c'est ce qui est sous un rapport identique d'une manière identique sur un objet identique[3]; c'est le *même*, que Platon place parmi les genres suprêmes du *Sophiste* en face de l'hétérogénéité perpétuelle qui caractérise l'infini[4].

32. — En définissant les principes des nombres idéaux, nous avons défini les principes qui commandent le système de la philosophie platonicienne[5]. Platon professe que l'un est le bien[6], que l'infini est le mal[7], comme faisaient les Pythagoriciens. C'est dans la combinaison de l'un et de l'infini que va consister tout le développement de cette philosophie. Tandis que ses prédécesseurs immédiats parcouraient d'un bond l'intervalle qui sépare l'un de l'infini, Platon proclame dans le *Philèbe* la nécessité de marquer dans la combinaison de l'un et de l'infini les étapes intermédiaires, de soumettre le divers et le mouvant à un principe de limitation qui fasse cesser les contrariétés, qui introduise la mesure et l'harmonie par l'achèvement d'un

1. Les textes sur ce point fondamental sont nombreux. Voici les plus importants : M. A, 6, 987b 20 : ὡς μὲν οὖν ὕλην τὸ μέγα καὶ τὸ μικρὸν εἶναι ἀρχάς, ὡς δ' οὐσίαν τὸ ἕν· ἐξ ἐκείνων γὰρ κατὰ μέθεξιν τοῦ ἑνὸς τὰ εἴδη εἶναι τοὺς ἀριθμούς. [Τοὺς ἀριθμούς entendu comme apposition à τὰ εἴδη.], et 25b : τὸ δ' ἀντὶ τοῦ ἀπείρου ὡς ἑνὸς δυάδα ποιῆσαι καὶ τὸ ἄπειρον ἐκ μεγάλου καὶ μικροῦ, τοῦτ' ἴδιον. — Cf. *Phys.*, III, 6, 206b 27. Πλάτων διὰ τοῦτο δύο τὰ ἄπειρα ἐποίησεν, ὅτι καὶ ἐπὶ τὴν αὔξην δοκεῖ ὑπερβάλλειν καὶ εἰς ἄπειρον ἰέναι καὶ ἐπὶ τὴν καθαίρεσιν.

2. Ὁπόσ' ἂν ἡμῖν φαίνηται μᾶλλόν τε καὶ ἧττον γιγνόμενα καὶ τὸ σφόδρα καὶ ἠρέμα δεχόμενα καὶ τὸ λίαν καὶ πάνθ' ὅσα τοιαῦτα, εἰς τὸ τοῦ ἀπείρου γένος ὡς εἰς ἓν δεῖ πάντα ταῦτα τιθέναι, 24 E.

3. Τὸ κατὰ ταὐτὰ καὶ ὡσαύτως καὶ περὶ ταὐτό, *Sophiste* 249 B.

4. *Ibid.*, 253 C, et suiv.

5. Cf. Alex. *ad Metaph.*, I, 6, 987b 33 Ed. Hayduck, p. 50... ἀρχὰς τῶν τε ἀριθμῶν καὶ τῶν ὄντων ἁπάντων ἐτίθετο Πλάτων τό τε ἓν καὶ τὴν δυάδα, ὡς ἐν τοῖς Περὶ τἀγαθοῦ Ἀριστοτέλης λέγει.

6. Cf. *Met.* N 4. 1091b 13.

7. *Met.*, N 4. 1091b 30.

nombre déterminé[1]. Les notions de proportion et de nombre n'ont plus un caractère purement mathématique, elles ne possèdent pas seulement cette beauté interne, qui est inséparable de l'ordre intellectuel. Platon leur attribue une valeur affective, une valeur morale. Le *Politique* distingue expressément deux sciences de la *mesure*, l'une constituée par les procédés purement mécaniques, qui ressortissent à la technique proprement mathématique, l'autre orientée vers un idéal de finalité[2].

De là une remarque d'une importance capitale; la mathématique que l'on retrouve après avoir traversé la sphère de la dialectique, la mathématique qui a par sa participation à l'idée du bien acquis la dignité de la réalité[3], n'est plus la science strictement positive dont l'analyse régressive était partie; sa pureté spécifique s'est altérée en même temps que s'étendait l'horizon de son application. Le *Timée* tout entier viendrait confirmer cette remarque. Les corps élémentaires y ont (comme l'enseignait déjà Philolaos[4]) la forme de polyèdres réguliers (*tétraèdre*, *octaèdre*, *icosaèdre*, *cube*); ces polyèdres dérivent eux-mêmes des formes les plus simples du triangle (triangle rectangle isoscèle, et triangle rectangle dont l'hypoténuse est double du petit côté, c'est-à-dire qui est la moitié d'un triangle équilatéral)[5]. A quoi il convient d'ajouter encore que ces quatre éléments se disposent suivant une proportion géométrique dont les membres sont des *nombres solides*, c'est-à-dire produits de trois nombres premiers[6]. La terre et le feu sont les deux *extrêmes*; l'eau et l'air seront les deux *moyens*. Ainsi sont satisfaites et la condition de connexion qui est l'exigence même de la science platonicienne[7] et la condition de beauté qui marque l'intervention d'un *Démiurge* essentiellement bon et perpétuellement attentif au système des idées; car la proportion géométrique est le plus beau des liens, celui qui de lui-même et des choses liées tire l'unité la plus complète[8].

1. [Πέρας]... παύει πρὸς ἄλληλα τἀναντία διαφόρως ἔχοντα, σύμμετρα δὲ καὶ σύμφωνα ἐνθεῖσ' ἀριθμὸν ἀπεργάζεται, 25 E.

2. Δοκεῖ μοι... μεῖζόν τι ἅμα καὶ ἔλαττον μετρεῖσθαι μὴ πρὸς ἄλληλα μόνον, ἀλλὰ καὶ πρὸς τὴν τοῦ μετρίου γένεσιν... Δῆλον ὅτι διαιροῖμεν ἂν τὴν μετρητικήν... ταύτῃ δίχα τέμνοντες, ἓν μὲν τιθέντες αὐτῆς μόριον ξυμπάσας τέχνας, ὁπόσαι τὸν ἀριθμὸν καὶ μήκη καὶ βάθη καὶ πλάτη καὶ παχύτητας πρὸς τοὐναντίον μετροῦσι, τὸ δ'ἕτερον, ὁπόσαι πρὸς τὸ μέτριον καὶ τὸ πρέπον καὶ τὸν καιρὸν καὶ τὸ δέον καὶ πάνθ' ὁπόσα εἰς τὸ μέσον ἀπῳκίσθη τῶν ἐσχάτων. 284 D. cf. Rodier, *loc. cit.*

3. Rodier, *art. cité*, *Archiv.* t. XV, p. 479 et suiv.

4. 53 B et suiv.

5. Diels, *op. cit.*, p. 237.

6. Th. H. Martin, *Études sur le Timée de Platon*, t. I, 1841, p. 338.

7. Διαφέρει δεσμῷ ἐπιστήμη ὀρθῆς δόξης. *Ménon*, 98 A.

8. Δεσμῶν δε κάλλιστος ὃς ἂν αὑτὸν καὶ τὰ ξυνδούμενα ὅτι μάλιστα ἓν ποιῇ. *Timée*, 31 C.

D'un mot, également, il importe de rappeler cette constitution singulière de l'âme universelle où viennent se mélanger telles choses que l'essence indivisible et toujours la même, que l'essence corporelle divisible et qui naît toujours, que l'essence mixte qui est formée de la combinaison de ces deux espèces, et à laquelle viennent s'unir également la nature du *même* et la nature de l'*autre*. Les nombres exprimant les quantités entrant dans le mélange psychique, correspondent à des progressions géométriques dont les déterminations paraîtraient tout à fait arbitraires si l'on ne retrouvait « dans cette suite de nombres proportionnels aux parties de l'âme la théorie mathématique de la musique d'après Platon[1] ».

33. — Si donc la cosmogonie arithmétique du *Timée* comprend les différentes sciences depuis l'astronomie jusqu'à la pathologie générale, si, comme les anciens l'avaient déjà remarqué[2], Platon a *mathématisé* la nature, on voit dans quels sens divers cette *mathématisation* est orientée. Elle est assurément, comme elle était dans le pythagorisme, le pressentiment de ce que sera la science moderne; mais elle est autre chose, nous serions tenté de dire : elle est surtout autre chose. Pour un moderne, dire que la science ramène la qualité à la quantité, c'est dire que les lois qui régissent la succession des phénomènes perçus sont réductibles aux lois qui régissent les combinaisons numériques ou géométriques. Un pythagorisant ou un platonisant ne se préoccupe pas seulement d'identifier des rapports; il veut établir des correspondances terme à terme. Les propriétés d'une essence numérique étant données, ces propriétés se retrouveront dans quelque réalité d'un ordre différent; elles seront découvertes par voie d'analogie, à titre de figuration symbolique.

Or, que les deux tendances soient non seulement divergentes mais contradictoires, c'est ce qui ne pouvait échapper aux auditeurs de celui qui avait fait de l'étude positive de la géométrie une introduction à la réflexion philosophique, qui avait donné dans ses *Dialogues* dialectiques d'inoubliables modèles de la rigueur et de la précision nécessaires à l'analyse de la pensée. L'introduction de la notion de *mythe* témoigne que l'auteur du *Timée* avait pleine conscience de l'embarras inextricable où la diversité de ces orientations pouvait jeter la doctrine; et elle

1. Th. H. Martin, *op. cit.*, 390.

2. ... Πλάτων, περὶ οὗ ἔλεγόν τινες ὡς κατεμαθηματικεύσατο τὴν φύσιν. Adjonction d'origine inconnue au *Commentaire de la Métaphysique* d'Alexandre, A 5, 985ᵇ 23, cité par Gomperz, tr. Reymond, t. II, , p. 648, n. 2.

était faite pour redoubler cet embarras. Le mythe est une excuse personnelle de l'auteur; ce n'est pas une solution philosophique du problème; d'autre part, il est difficile d'admettre que le mythe s'emporte lui-même; car pourquoi Platon aurait-il écrit le *Timée*, et que resterait-il de sa doctrine spéculative si elle était condamnée à s'égarer elle-même dès qu'elle entre en contact avec la réalité[1]? Le problème se pose donc de déterminer la nature et le degré de la vérité que le mythe recouvre. En particulier, que faut-il éliminer du *Timée* pour retrouver la pensée propre et la conviction de Platon? est-ce la forme historique de l'exposition, la personnalité du Démiurge, ou bien est-ce la méthode même de correspondance symbolique?

Il conviendrait de répondre à ces questions avant de fixer définitivement la physionomie de la philosophie mathématique chez Platon; et, pour répondre à ces questions, il serait nécessaire de tenir chacun des anneaux de la chaîne qui relie aux principes de l'un et de l'infini les nombres déterminants des âmes et des corps. En particulier il serait nécessaire de savoir comment ces principes peuvent communiquer à ces nombres une vertu en quelque sorte ultra-quantitative. Bref, il faudrait être renseigné sur le point central de la métamathématique : la détermination de ces nombres idéaux qui seraient par delà les nombres proprement mathématiques. Ici, les *Dialogues* de Platon ne nous apportent, à la lettre, aucune indication.

SECTION C. — Les livres M et N de la Métaphysique.

34. — Une lacune si grave est-elle irréparable? ne peut-on suppléer au silence de Platon par l'étude des notes qui ont été recueillies à la fin de la *Métaphysique* d'Aristote? C'est dans cette voie que les recherches devaient naturellement s'engager au cours du XIXe siècle. Malheureusement, à mesure que ces recherches se poursuivaient et par leurs divergences mêmes contribuaient à s'éclairer, le crédit des livres M et N allait s'affaiblissant. De toute évidence, ils nous apportent l'écho de la polémique que le *Lycée* dirigeait contre l'*Académie*. Mais à qui exactement est due cette polémique, et contre qui porte-t-elle? Nous sommes hors d'état de le dire avec quelque précision, et notre incertitude est

1. Cf. Brochard, *Les Mythes dans la Philosophie de Platon*, Année philosophique, 11e année (1900), 1901, p. 5; et *Études de philosophie ancienne et de philosophie moderne*, 1912, p. 50.

d'autant plus « assurée » que tout récemment les livres M et N ont été soumis par M. Robin à la plus minutieuse, à la plus intelligente des analyses[1]. Si Aristote les a rédigés ou dictés, à coup sûr il y parle en rival de Speusippe et de Xénocrate autant qu'en ancien auditeur de Platon. La forme elliptique des témoignages, qui ne sont le plus souvent que de mystérieuses allusions, ne fournit même pas le moyen de distinguer les théories qui auraient été professées par Platon de celles que ses successeurs y auraient ajoutées, de faire le départ entre des traditions que Platon a pu recueillir auprès des représentants du pythagorisme originel et les enseignements que les Pythagoriciens ont empruntés au Platonisme pour les incorporer aux dogmes de l'école. A peine si l'on peut espérer d'apercevoir avec quelque précision des opinions qui ont été réellement soutenues par quelque penseur pythagorisant ou platonisant à travers les transformations que le rédacteur des livres M et N fait subir aux théories pour les besoins de la polémique, à travers les hypothèses fictives qu'il lui arrive d'imaginer pour rendre ses classifications symétriques et exhaustives[2].

Bon gré mal gré il faudra donc modifier les termes du problème pour les adapter à la solution que les éléments connus permettent d'en donner. Si nous demandions aux livres M et N l'accès de la philosophie secrète ou de la philosophie dernière de Platon, ils nous refuseraient satisfaction. Mais ils peuvent du moins nous faire connaître l'ensemble des opinions professées par les Scholarques de l'ancienne *Académie*, et la résistance que le *Lycée* y opposait. C'est un fait que le cours des derniers dialogues spéculatifs de Platon, le *Philèbe*, le *Sophiste*, le *Politique*, le *Timée*, est marqué suivant l'expression de Gomperz par un changement de dynastie : « le sceptre y passe de la dialectique à la mathématique[3]. » Mais c'est un fait aussi que la durée de la nouvelle dynastie fut courte, et qu'avec Aristote le sceptre revint à l'héritière de la dialectique détrônée, à la logique formelle, qui devait le conserver jusqu'à la Renaissance. Cette brusque inflexion est, pour l'évolution de la philosophie mathématique, d'une importance capitale; et à cet égard les obscurités même qui entourent les exposés et les réfutations d'origine aristotélicienne prennent une signification positive.

1. *La théorie platonicienne des Idées et des Nombres d'après Aristote, Étude historique et critique*, 1908.
2. Robin, note 258 (II), p. 273. Cf. § 160, p. 357 et suiv.; § 167, p. 377.
3. *Op. cit.*, Tr. Reymond, t. II, p. 647, n. 1.

LES NOMBRES IDÉAUX

35. — Les textes qui permettent de saisir avec le plus de netteté la doctrine académique des nombres idéaux sont ceux qui concernent la *tétrade*. La tétrade est composée de la *dyade première* et de la *dyade illimitée*. Ἐκ τῆς δυάδος τῆς πρώτης καὶ τῆς ἀορίστου δυάδος ἐγίγνετο ἡ τετράς, δύο δυάδες παρ᾽ αὐτὴν τὴν δυάδα[1]. Dans cette opération de composition il y a un élément passif et un élément actif; la dyade indéfinie (celle que le commentaire du Pseudo-Alexandre appelle δυὰς ἀρχική[2]) s'empare, suivant une expression directement empruntée aux Platoniciens, de la dyade déterminée (celle que le commentateur appelle αὐτοδύας) : ἡ γὰρ ἀόριστος δυάς, ὥς φασί, λαβοῦσα τὴν ὡρισμένην δυάδα δύο δυάδας ἐποίησεν[3]. Le rôle de la dyade indéfinie est donc celui d'un multiplicateur, plus exactement d'un *duplicateur* : Τοῦ γὰρ ληφθέντος ἦν δυοποιός. Ce rôle de duplicateur, elle le conserve en raison de sa puissance illimitée vis-à-vis de la tétrade, elle engendre ainsi l'*octade*[4].

La dyade déterminée s'engendre-t-elle d'une manière analogue par l'application à l'unité de la dyade indéterminée? Certains textes donneraient à le présumer, qui font partir de l'unité la puissance duplicative de la dyade[5]. Mais il convient de remarquer que dans l'école platonicienne, comme dans l'école pythagoricienne, l'unité paraît n'avoir pas été un nombre[6]. Aussi bien, suivant une remarque expresse du livre M[7], la déduction des nombres idéaux ne comprenait pas la génération de l'unité. La science mathématique procède, comme le veut le *Philèbe*, non du nombre *un*, mais de l'égal; et c'est sous cette forme d'égalité que l'unité s'applique à la dyade du grand et du petit, ou dyade de l'inégal : en égalisant les termes inégaux du

1. M. 7, 1081ᵇ 21.
2. Éd. citée, p. 753; cf. Robin, p. 285, n. 2.
3. M. 7, 1082ᵃ 13.
4. C'est à cette génération que fait allusion le texte du livre M 7 1082ᵃ 28 où d'ailleurs il s'agit d'accuser l'hétérogénéité des éléments qui constituent les nombres idéaux. Αἱ μὲν γὰρ ἐν τῇ τετράδι δυάδες ἔστωσαν ἀλλήλαις ἅμα · ἀλλ᾽ αὗται τῶν ἐν τῇ ὀκτάδι πρότεραί εἰσι, καὶ ἐγέννησαν, ὥσπερ ἡ δυὰς ταύτας, αὗται τὰς τετράδας τὰς ἐν τῇ ὀκτάδι.
5. M 8, 1084ᵃ 5. Ὧδὶ δὲ τῆς μὲν δυάδος ἐμπιπτούσης ὁ ἀφ᾽ ἑνὸς διπλασιαζόμενος.
6. Théon de Smyrne, éd. Hiller, Leipzig, 1878, p. 24. Οὔτε δὲ ἡ μονὰς ἀριθμὸς, ἀλλὰ ἀρχὴ ἀριθμοῦ. Cf. Robin, p. 664.
7. M. 8, 1084ᵃ 29, ἔτι ἄτοπον εἰ ὁ ἀριθμὸς [ὁ] μέχρι τῆς δεκάδος, μᾶλλον τι ὂν τὸ ἓν καὶ εἶδος αὐτῆς τῆς δεκάδος. Καίτοι τοῦ μὲν οὐκ ἔστι γένεσις ὡς ἑνός, τῆς δ᾽ἔστιν.

grand et du petit, elle engendre la dyade déterminée qui est le prototype du nombre *deux*[1].

36. — Si telle est la notion du *deux* idéal et si tel est le rôle de la *dyade*, comment comprendre la déduction des nombres impairs? La difficulté se trouve signalée par Aristote dans le premier livre de la *Métaphysique* : si la *dyade* est matrice, elle est bien capable d'engendrer les nombres ; mais c'est à l'exception des nombres premiers, ou plutôt, suivant le commentaire rectificatif d'Alexandre, à l'exception des nombres impairs[2]. Or aucun texte ne nous permet de résoudre directement la question. Le livre M nous donne cette seule indication que dans l'impair l'*un* est moyen[3]. Mais que faut-il entendre par là?

On ne peut admettre que l'intervention de l'un consiste uniquement dans l'addition de l'unité à chacun des nombres pairs; car ce serait méconnaître le caractère spécifique des nombres idéaux : l' « inadditionnabilité » de leurs unités qui les distingue des nombres arithmétiques; ce serait ruiner la théorie par la base. Que, d'ailleurs, cette interprétation soit mentionnée dans le livre M[4], cela suffit, semble-t-il, pour attester l'incohérence de l'exposé qui nous a transmis la théorie des *idées-nombres*, et l'impossibilité d'en obtenir une reconstitution objective.

Si l'on cherche malgré tout à deviner la pensée platonicienne, il faudrait, pour demeurer sur le terrain arithmétique, déterminer une relation entre la *triade indéterminée* et la *triade déterminée*, entre la *pentade indéterminée* et la *pentade déterminée*, semblable à celle que l'unité établit entre la dyade indéterminée et la dyade déterminée[5]. — Mais c'est supposer que triades ou pentades peuvent être introduites à titre de principes premiers comme la dyade indéfinie; et cette supposition ne détruirait-elle pas l'économie du dualisme platonicien ou académique?

Suivant M. Robin[6] il faudrait, pour entrer dans les intentions de Platon, prendre un tout autre point de départ; il conviendrait de généraliser cette action égalisatrice que nous avons vue à l'œuvre dans la constitution de la première dyade, et attri-

1. 4, 1091ª 24 : τὸν δ'ἄρτιον πρῶτον ἐξ ἀνίσων τινὲς κατασκευάζουσι τοῦ μεγάλου καὶ μικροῦ ἰσασθέντων.

2. 6, 987ᵇ, 33... Διὰ τὸ τοὺς ἀριθμοὺς ἔξω τῶν πρώτων εὐφυῶς ἐξ αὐτῆς [τῆς ἑτέρας φύσεως ἣν δυάδα ποιοῦσιν] γεννᾶσθαι, ὥσπερ ἔκ τινος ἐκμαγείου. Voir le commentaire d'Alexandre et les divergences d'interprétation dans *Robin*, note 266, II, p. 661, et suiv.

3. 8, 1083ᵇ 28 : αὐτὸ τὸ ἓν ποιοῦσιν ἐν τῷ περιττῷ μέσον.

4. 8, 1084ª 4 : ὡδὶ μὲν τοῦ ἑνὸς εἰς τὸν ἄρτιον πίπτοντος περιττός.

5. Elie Halévy, *op. cit.*, p. 218.

6. *Op. cit.*, p. 446 et suiv.

buer à l'unité le pouvoir de fixer le double mouvement de progression et de régression qui exprime la nature de la *dyade du grand et du petit*. On obtiendrait alors autant de stations que l'on voudrait; par exemple, si le mouvement de progression part de 2, si le mouvement de régression part de 4, le point de l'équilibre mutuel est à mi-chemin, et l'*Un* lui apporte la stabilité en engendrant la première triade. — L'hypothèse, autorisée par une méditation profonde des livres M et N, est, en tant qu'hypothèse, des plus satisfaisantes; elle a l'avantage d'accuser ce qui pouvait, dans la pensée des Platoniciens, séparer le nombre idéal du nombre proprement mathématique. Peut-être même dépasse-t-elle le but à cet égard; en dépit de l'hétérogénéité, de la diversité de nature qui est essentielle à la dyade il est difficile de se convaincre qu'elle puisse intervenir dans un même système de génération à la fois comme étant le principe de la duplication qui est une opération proprement numérique et comme étant cet intervalle ou ce vide qui sera « le principe essentiel des figures idéales[1] ». D'autant que si la génération des nombres impairs n'implique aucune considération d'ordre proprement numérique on devra se demander pourquoi la vertu de l'unité s'épuise avec la détermination d'un point d'équilibre entre 2 et 4, pourquoi elle ne s'étend pas au double mouvement inverse qui devra nécessairement s'établir entre 2 et 3, entre 3 et 4.

Ces questions ne sont pas des objections à la reconstitution de M. Robin; car il est possible que la doctrine des idées les ait effectivement soulevées, et qu'elle ne soit jamais arrivée à satisfaire pleinement ni ceux à qui elle fut enseignée, ni même celui qui l'enseigna. En tout cas, il est à remarquer qu'après Platon un effort a été fait pour séparer, plus complètement que le maître n'avait sans doute réussi à le faire, la génération des nombres idéaux et la génération des grandeurs idéales : quelques Platonisants remplacèrent dans la genèse des nombres idéaux le μέγα καὶ μικρόν, qui paraissait caractériser plutôt la nature des grandeurs, par le πολὺ καὶ ὀλίγον[2].

1. *Op. cit.*, p. 471, et suiv.

2. Οἱ δὲ τὸ πολὺ καὶ ὀλίγον, ὅτι τὸ μέγα καὶ τὸ μικρὸν μεγέθους οἰκειότερα τὴν φύσιν, N 1, 1087b 16. Cf. Robin, p. 654, et suiv.

LES GRANDEURS IDÉALES

37. — Le même brouillard qui enveloppe la théorie des nombres idéaux plane sur la théorie des grandeurs idéales, avec laquelle le platonisme retourne aux considérations géométriques qui ont contribué à former sa théorie de la connaissance. Il apparaît, au témoignage d'Aristote, que, renonçant à l'identification pythagoricienne du nombre et du point, Platon n'avait plus conservé le point proprement dit qu'à titre de « convention » géométrique. Il l'appelait principe de la ligne, et même il lui arrivait de le désigner comme ligne insécable[1]. En ce sens, le point serait symétrique de l'unité, qui est principe du nombre plutôt que nombre. De fait, chez les Platoniciens, chez Xénocrate en particulier[2], la correspondance s'établit entre *dyade* et *longueur*, entre *triade* et *surface*, entre *tétrade* et *solide* (plus exactement ici entre *tétrade* et *tétraèdre régulier*).

On ne saurait méconnaître que cette conception des figures idéales était capitale dans l'enseignement de Platon. Aristote a tiré des *Discours sur la philosophie* un passage tout à fait remarquable : « l'animal en soi résulte de l'Idée même de l'Un, et de la longueur et de la largeur et de la profondeur premières, et les autres animaux sont constitués d'une manière semblable.... D'une autre façon, l'intellect est l'un, et la science la *dyade* (elle va suivant une direction unique vers un résultat unique) ; le nombre de la surface est l'opinion et celui du volume, la sensation[3]. » Mais en raison même de son importance cette théorie demande à être précisée. Quelle est la relation des figures idéales aux nombres idéaux ? Faut-il dire qu'il y a identité, ou qu'il y a simplement parallélisme, transposition de l'ordre purement abstrait dans l'ordre spatial ? Les Platoniciens se sont posé la question, mais pour se diviser sur la solution. Suivant les uns, la *ligne en soi* n'est autre que la *dyade* ; suivant les autres, il y a seulement entre la *dyade* et la *ligne en soi* une communauté de forme : dans la *dyade*, l'idée se confond avec ce dont elle est

1. *Met.*, A 9 992^a 20 : Τούτῳ μὲν οὖν τῷ γένει [τῶν στιγμῶν] καὶ διεμάχετο Πλάτων ὡς ὄντι γεωμετρικῷ δόγματι, ἀλλ' ἐκάλει ἀρχὴν γραμμῆς, τοῦτο δὲ πολλάκις ἐτίθει τὰς ἀτόμους γραμμάς.

2. [Οἱ δὲ τὰς ἰδέας τιθέμενοι], ποιοῦσι γὰρ τὰ μεγέθη ἐκ τῆς ὕλης καὶ τοῦ ἀριθμοῦ, ἐκ μὲν τῆς δυάδος τὰ μήκη, ἐκ τριάδος δ' ἴσως τὰ ἐπίπεδα, ἐκ δὲ τῆς τετράδος τὰ στερεὰ ἢ καὶ ἐξ ἄλλων ἀριθμῶν. N 3, 1090^b 21. Cf. Heinze, *Xenocrates*, p. 57.

3. *De anima*. 404^b 19, trad. Rodier, t. I, 1900, p. 19.

l'idée, tandis que pour la *ligne en soi* il conviendrait de séparer l'idée de la ligne, qui serait la *dyade*, et la ligne elle-même [1].

Il est possible que cette division exprime une dualité de tendances qui est inhérente au platonisme. L'étendue, même idéale, doit ajouter quelque chose à l'idée pure du nombre pour se caractériser comme étendue ; ce quelque chose aura sa place dans le monde des idées, et il sera principe de participation. Mais en même temps pour que la participation ait lieu effectivement, il faut que ce quelque chose se retrouve sujet participant, réceptacle des idées, opposant à l'action de l'Intelligence l'inertie de la nécessité. Au contraire idéal se juxtapose le contraire des idées qui s'éclaire par lui mais qui ne s'en déduit pas. L'infini platonicien, comme le dit Aristote, est à la fois dans les idées et dans les choses sensibles [2]. De fait, si l'on veut reconstituer le système platonicien de l'espace, on est conduit à placer, ainsi que l'a fait M. Robin [3], l'espace géométrique entre deux spécifications du Grand et du Petit : l'une correspondant à l'étendue perceptible « sous la forme de corps spécifiquement déterminés, étendus, composés et divisibles » ; l'autre, « qui n'a rien de commun avec l'étendue visible » est le *vide*, principe intelligible dont la détermination produit les figures idéales.

LE PLATONISME APRÈS PLATON

38. — Peut-être ne nous sommes-nous pas suffisamment défendu contre l'association d'idées qui ferait conclure trop vite de l'incertitude et de la confusion de notre information à l'incertitude et à la confusion des doctrines elles-mêmes. Il semble cependant que le caractère de la tradition due aux livres M et N suffise à expliquer la défaite finale des platonisants et des pythagorisants. Ils étaient désarmés par la perfection technique de la mathématique, qui les rendait malhabiles à tirer de leurs connaissances plus que ne comportait l'étude de leur domaine positif. La réflexion sur les notions mathématiques est incapable de fournir autre chose que des combinaisons particulières

1. Καὶ τῶν τὰς ἰδέας λεγόντων οἱ μὲν αὐτογραμμὴν τὴν δυάδα, οἱ δὲ τὸ εἶδος τῆς γραμμῆς · ἔνια μὲν γὰρ εἶναι ταὐτὰ τὸ εἶδος καὶ οὗ τὸ εἶδος, οἷον δυάδα καὶ τὸ εἶδος δυάδος · ἐπὶ γραμμῆς δὲ οὐκέτι. *Met.* Z 11. 1036^b 15.

2. Phys., III, 4-203^a 9. Τὸ μέντοι ἄπειρον καὶ ἐν τοῖς αἰσθητοῖς καὶ ἐν ἐκείναις [ταῖς ἰδέαις] εἶναι.

3. § 218, p. 478, et note 414. Cf. dans Rivaud, *op. cit.*, l'étude sur la χώρα et le devenir, p. 303 et suiv.

à chaque idée; le nombre idéal est défini par la connexion des notions génératrices et de la notion engendrée : celle-ci est *postérieure*, celle-là est *antérieure*[1]. Mais alors, comme le remarque l'auteur de l'*Ethique à Eudème*[2], l'élément premier dans l'ordre de la *connexion compréhensive* n'est plus l'élément commun dans l'ordre de l'*extension généralisatrice*. L'équilibre que Platon avait, dans une partie au moins de sa carrière, essayé d'établir entre la tradition de Socrate et la tradition de Pythagore, entre le *conceptualisme* et le *mathématisme*, va se rompre. Les successeurs de Platon aperçoivent l'impossibilité de suivre à la fois la « piste » des mathématiques et la « piste » des concepts[3]. Aristote choisit; Speusippe et Xénocrate choisissent également.

Les premiers Scholarques de l'Académie se sont proposé l'un et l'autre de mettre fin à la dualité des nombres et des idées, en ne retenant plus au delà du nombre sensible qu'un seul plan de transcendance[4]. Mais cette simplification semble avoir eu pour effet d'accuser, avec une acuité qui devait être mortelle, l'ambiguïté fondamentale de la mathématique platonicienne. Demandera-t-on aux nombres idéaux de porter le poids de l'univers tout entier, du monde moral et religieux aussi bien que du monde géométrique ou physique? alors par delà les dénominations numériques qu'il conserve, le philosophe fait appel à des entités supra-naturelles : Xénocrate, au rapport de Stobée, érige en divinités la *monade* et la *dyade*[5]. Au contraire, si avec Speusippe on sépare le quantitatif et le qualitatif[6], si ce sont les nombres arithmétiques que l'on élève à l'idéalité, on se rapproche bien

1. Οἱ μὲν οὖν ἀμφοτέρους φασὶν εἶναι τοὺς ἀριθμούς, τὸν μὲν ἔχοντα τὸ πρότερον καὶ ὕστερον τὰς ἰδέας, τὸν δὲ μαθηματικὸν παρὰ τὰς ἰδέας καὶ τὰ αἰσθητά. M. 6-1080ᵇ 11.

2. I, 8 1218ᵃ 1 : Ἔτι ἐν ὅσοις ὑπάρχει τὸ πρότερον καὶ ὕστερον, οὐκ ἔστι κοινόν τι παρὰ ταῦτα, καὶ τοῦτο χωριστόν. Εἴη γὰρ ἄν τι τοῦ πρώτου πρότερον· πρότερον γὰρ τὸ κοινὸν καὶ χωριστὸν διὰ τὸ ἀναιρουμένου τοῦ κοινοῦ ἀναιρεῖσθαι τὸ πρῶτον. Οἷον εἰ τὸ διπλάσιον πρῶτον τῶν πολλαπλασίων, οὐκ ἐνδέχεται τὸ πολλαπλάσιον τὸ κοινῇ κατηγορούμενον εἶναι χωριστόν.

3. Αἴτιον δὲ τῆς συμβαινούσης ἁμαρτίας ὅτι ἅμα ἐκ τῶν μαθημάτων ἐθήρευον καὶ ἐκ τῶν λόγων τῶν καθόλου. M, 8, 1084ᵇ 23.

4. Ps. Alex. *ad Met.* M. 8-1083ᵇ 11, ed. Hayduck, p. 766 : οἱ δὲ ἐγίνωσκον μὲν ἀμφοτέρους [τοὺς ἀριθμοὺς] καὶ τὸν εἰδητικὸν καὶ τὸν μαθηματικόν, ἕνα δὲ ἐποίουν, ὥσπερ Σπεύσιππος καὶ Ξενοκράτης. Cf. *ibid.*, *ad Met.* M. 9-1087ᵃ 2, p. 782. Voir Heinze *Xenocrates*, fr. 34 et 35, p. 171.

5. Ξενοκρατής... τὴν μονάδα καὶ τὴν δυάδα... θεούς. Aëtius, *plac.*, I, 7. Heinze, *op. cit.*, fr. 15, p. 164; comme le fait observer Heinze, p. 35, n. 1, il s'agit ici non de la dyade indéterminée, mais de la dyade déterminée.

6. *Met.* Α, 7-1072ᵇ 30 : ὅσοι δὲ ὑπολαμβάνουσιν, ὥσπερ οἱ Πυθαγόρειοι καὶ Σπεύσιππος, τὸ κάλλιστον καὶ ἄριστον μὴ ἐν ἀρχῇ εἶναι...

de la conception positive que la science se fait des nombres, et du rôle effectif qu'ils jouent dans les combinaisons de l'arithmétique. Mais il devient alors inutile de faire appel à la dialectique pour fonder la nature qualitative de chaque nombre, l'essence de sa *parité* ou de son *imparité*. Il suffit comme le voulait peut-être Speusippe, comme l'ont pensé en tout cas certains représentants de la jeune école pythagoricienne, qu'à l'unité s'oppose le principe général de la multiplicité : τὸ πλῆθος[1] ; et, de ce principe, dérivera, par le procédé uniforme de l'addition, une série de nombres homogènes les uns par rapport aux autres[2].

L'école platonicienne ne pouvait, semble-t-il, échapper à l'alternative : ou la dialectique mathématique va rejoindre et renforcer la symbolique mystique du pythagorisme pour se perdre dans l'occultisme et dans la théosophie ; ou elle doit se restreindre aux principes rigoureusement déterminés d'une science positive, et il n'y aura plus de raison pour les transformer en réalités séparées. Mais alors la mathématique cesse de répondre aux espérances qu'on avait mises en elles, elle n'est plus l'*organum* universel qu'à ce moment réclamait la spéculation grecque.

39. Le platonisme sous la forme où nous l'avons considéré est une philosophie mathématique en un double sens du mot. D'une part l'arithmétique et la géométrie fournissent à Platon le modèle de découverte féconde et d'exacte démonstration auquel le penseur doit se référer pour établir une doctrine de la connaissance vraie. Dans la direction de la conduite individuelle et dans l'organisation de la vie collective le moraliste et le politique suivront de près les procédés qui permettent la proportionnalité numérique et le dosage quantitatif. D'autre part, l'universalité qui appartient aux raisonnements mathématiques implique l'universalité des principes auxquels ce raisonnement est suspendu ; il faut justifier ces principes, en tant que principes, par une vue directe des genres suprêmes de l'être. Tour à tour, Platon tire de la mathématique une philosophie et il fonde la mathématique sur une philosophie.

Le double caractère de cette philosophie mathématique

1. Zeller attribue cette conception à Speusippe (*Ph. der Gr.* II, I, 4e éd. Leipzig, 1889, p. 1001, n. 2). M. Rivaud, n. 856, p. 362 et M. Robin, p. 655 font observer que cette attribution est tout à fait incertaine.

2. M 6-1080[a] 20 : ἢ εὐθὺς ἐφεξῆς πᾶσαι καὶ συμβληταὶ ὁποιαιοῦν ὁποιαισοῦν, οἷον λέγουσιν εἶναι τὸν μαθηματικὸν ἀριθμόν. Ἐν γὰρ τῷ μαθηματικῷ οὐδὲν διαφέρει οὐδεμία μονὰς ἑτέρα ἑτέρας.

explique le double jugement que l'histoire a prononcé sur elle, le paradoxe de sa décadence immédiate et de sa grandeur durable. Que la fonction de la pensée soit une fonction de résolution, qu'elle s'exerce à l'aide de la science des nombres et des figures, et que de degré en degré elle parvienne à découvrir dans le tissu enchevêtré des phénomènes l'ordre des relations mathématiques, cette conception est, en un sens, le platonisme lui-même; et puisqu'elle est destinée à réapparaître dès le lendemain de la Renaissance pour devenir avec les Galilée, les Descartes et les Newton, la substance de la civilisation moderne, il est permis de croire que le platonisme est la vérité même de la philosophie.

Mais cette vérité il a fallu vingt siècles de réflexion pour parvenir à la dégager dans la pureté de sa lumière; il a fallu que, la psychologie se substituant à la théologie et la critique au dogmatisme, la méthode d'analyse régressive que Platon avait introduite dans le domaine de la réflexion spéculative devînt la mesure directe du progrès scientifique, et qu'elle se constituât ainsi comme une méthode indépendante, suffisante pour l'appropriation de la nature à l'esprit.

L'œuvre positive de résolution, entrevue par Platon à un moment déterminé du processus dialectique, est donc loin de définir la forme sous laquelle la doctrine s'est effectivement constituée et s'est offerte à la discussion des premiers auditeurs de Platon. L'analyse idéaliste n'est qu'une démarche préparatoire à la connaissance supérieure qui atteint les principes de l'être et du savoir, et déduit de ces principes les hypothèses nécessaires aux combinaisons du calcul et aux relations métriques. Le platonisme suspend la partie technique de la mathématique, le domaine positif de la science, à une dialectique qui les dépasse et qui leur est étrangère. Par là, non seulement son échec immédiat devenait inévitable; mais encore il était inévitable que cet échec fût tout autre chose que la ruine d'un système particulier, qu'il entraînat une éclipse séculaire de la philosophie à base mathématique. L'intellectualisme scientifique de Platon devra s'effacer devant l'intuitionisme grammatical; le sujet de la proposition, devenu l'*être* en tant qu'*être*, sera l'objet par excellence du savoir, au préjudice de l'*idée* en tant que *nombre*.

CHAPITRE V

LA NAISSANCE DE LA LOGIQUE FORMELLE

ARISTOTE ET LA CRITIQUE DE LA DIALECTIQUE PLATONICIENNE

40. — L'*organum* universel que l'école platonicienne n'a pas réussi à constituer, la Grèce a cru le trouver dans la syllogistique d'Aristote; et, pendant vingt siècles, les premiers *Analytiques* fourniront le modèle de l'exposition déductive. D'autre part les tentatives poursuivies de nos jours pour rapprocher les lois de la logique formelle et les principes de la mathématique ont introduit en plein cœur de la philosophie mathématique la considération des classes, d'où la syllogistique était issue. Par suite, et quoique nous n'ayons pas à étudier ici l'aristotélisme pour lui-même, il importe de faire une place aux idées génératrices de la logique aristotélicienne.

Avec une admirable conscience de sa propre « destination » intellectuelle, Aristote a marqué les conditions auxquelles le platonisme avait manqué et auxquelles la logique nouvelle s'efforce de satisfaire : Platon n'a su ni parvenir jusqu'à des principes qui puissent être considérés d'une façon universelle comme principes de l'être, ni se frayer un chemin qui puisse être effectivement parcouru par l'esprit, qui se compose seulement d'un nombre fini d'intervalles[1]. En premier lieu Platon n'a pas déterminé de quoi il y a idée ni en quoi consiste l'idée, comment l'être en soi ou le beau en soi se rapprochent ou se distinguent du nombre en soi[2]; il n'est arrivé qu'à poser des questions qui par leur énoncé même paraissent ridicules et qui

1. τὰ δ'ἄπειρα οὐκ ἔστι διεξελθεῖν νοοῦντα, II *An.*, I, 22-83b6.

2. Pour ces embarras qu'Aristote signale en termes qui mêlent d'une façon presque inextricable l'exposition et la critique, voir la troisième partie du livre premier de M. Robin : *L'étendue du monde des idées*, p. 120 et suiv.

sont sans issue, comme celles dont le livre M nous a conservé l'écho : faire tenir dans la décade primordiale la diversité des idées premières. Eἰ μέχρι τῆς δεκάδος ὁ ἀριθμός, ὥσπερ τινές φασιν, πρῶτον μὲν ταχὺ ἐπιλείψει τὰ εἴδη. Oἷον εἴ ἔστιν ἡ τριὰς αὐτοάνθρωπος, τίς ἔσται ἀριθμὸς αὐτοΐππος[1]. En second lieu, pour expliquer le rapport entre le nombre idéal et le nombre sensible, Platon insère un intermédiaire, qui est le nombre arithmétique. Mais alors, pour expliquer le rapport du nombre idéal au nombre arithmétique ou bien encore du nombre arithmétique au nombre sensible, il faut insérer de nouveaux intermédiaires et ainsi de suite à l'infini. De là un absurde entassement, de là cette σώρευσις, qui devient un argument décisif contre le platonisme[2]

L'œuvre d'Aristote ce sera de constituer un système de pensées qui soit à la fois universel et défini. Pour cela il rejette tout ce qu'il juge soit mythique ou métaphorique[3] soit logique ou dialectique[4] dans l'œuvre de Platon. Les nombres sont ramenés à leur usage proprement arithmétique; le domaine de la mathématique est restreint à une catégorie qui est un mode particulier d'entre les affirmations sur l'être, à la catégorie de la quantité[5] ; conception qui est liée aux notions fondamentales de la doctrine : indépendance assurée à la catégorie de la qualité, physique séparée de la mathématique, supériorité reconnue à l'intuition de la substance, dont Aristote fait la base de la philosophie première, enfin constitution d'une technique méthodologique adéquate aux exigences de la physique qualitative et de la métaphysique intuitive.

ORIGINE BIOLOGIQUE DE LA LOGIQUE

41. — L'objet de cette technique est la classification des espèces et des genres que la méthode platonicienne de la division se proposait d'instituer, c'est-à-dire qu'elle prend pour

1. M. 8 1084^a 12.

2. *Met.* B. 2 997^b 12; M. 2 1076^b 39, cités et commentés par Robin, § 106 et suiv. p. 213 et la note 51, p. 609 sur l'objection du troisième homme. *Met.* Z. 13 1038^b 30.

3. *Met.* A 9, 991^a 20.

4. *Mor. Eud.*, I, 8, 1217^b 21, λογικῶς καὶ κενῶς. *De An.*, I, 403^a2, διαλεκτικῶς καὶ κενῶς.

5. Cf. Milhaud, *Aristote et les Mathématiques*, Archiv für Geschichte der Philosophie, t. XVI, 1903, 368 et suiv., et *Études sur la pensée scientifique chez les Grecs et chez les modernes*, 1906, p. 103 et suiv.

base la notion de classe à l'exclusion de la notion de relation. Du platonisme Aristote conserve surtout la tradition socratique; il revient à ces procédés de sens commun que Socrate avait employés, que Platon avait transformés et transfigurés au contact de la réalité mathématique; il ne néglige aucun des moyens d'approche qui permettent, par l'observation des cas particuliers, de pressentir la généralité de la règle : *exemple*[1], *signes*[2], *objection*[3] *réduction à l'absurde*[4]. Seulement il faut aller plus loin. Socrate s'était arrêté au discours inductif. Il ne se préoccupait, en effet, que de questions morales[5]; le concept une fois constitué dans l'esprit de l'interlocuteur, c'est par l'action qu'il rejoint le réel : la dialectique socratique est à la fois théorique et pratique[6]. Or, transportés sur le terrain de la science spéculative, les procédés régressifs de Socrate réclament le complément d'une synthèse progressive. A cet égard, Platon avait fort bien posé le problème; mais il s'était égaré dans des spéculations méta-mathématiques qui ne pouvaient mener à aucune solution effective. C'est par un autre biais qu'Aristote reprend la question; il demande à l'induction d'atteindre des principes tels qu'ils permettent d'intervertir la marche des raisonnements et de retourner par une série finie d'articulations au détail des choses, à la réalité des individus.

La forme précise de cette induction sera d'ailleurs fournie par l'observation des démarches qui, au temps d'Aristote, et dans l'école même de son maître, permettaient de constituer la première classification biologique. Le syllogisme, qui pendant des siècles est apparu comme le type du raisonnement abstrait et universel, est sorti d'une application de l'esprit à des problèmes d'ordre concret et particulier. Nous avons même la bonne fortune de saisir sur le vif la formation des premiers genres naturels; le hasard d'une dissertation sur la *courge* nous a valu de conserver un fragment comique d'Epicrate dont Usener a, le premier, signalé l'importance exceptionnelle[7]. La scène se passe dans les jardins d'Academos. En cherchant les limites qui

1. παράδειγμα, I *An.*, II, 24-68^b 38. Cf. Rhet., I, 2-1357^b 25.
2. σημεῖον, I *An.*, II, 27-70^a 3.
3. ἔνστασις, II *An.*, II, 26-69^a 37.
4. ἀπαγωγή, I *An.*, II, 25-69^a 20.
5. *Met.*, A 6 987^b 1.
6. *Mem.* IV, v, 11. τοῖς ἐγκρατέσι μόνοις ἔξεστι σκοπεῖν τὰ κράτιστα τῶν πραγμάτων καὶ λόγῳ καὶ ἔργῳ διαλέγοντας κατὰ γένη τὰ μὲν ἀγαθὰ προαιρεῖσθαι, τῶν δὲ κακῶν ἀπέχεσθαι.
7. *Organisation der wissenschaftlichen Arbeit*, Preussische Jahrbücher, 1884, t. LIII, p. 11.

séparent des animaux vivants les genres des arbres ou des plantes [1], on est amené à se demander dans quel genre on fera rentrer la courge. A cette question, silence des jeunes platoniciens, puis réponses divergentes : la courge est une *plante ronde*, une *herbe*, un *arbre*. Là-dessus, raillerie d'un médecin de Sicile, qui traite ces recherches de bagatelles; les jeunes gens ne lui répondent pas : Platon est présent. Sans la moindre émotion, avec beaucoup de douceur, il demande à ses disciples de reprendre la détermination des genres [2].

42. — Cette partie de l'héritage du maître, que les Scholarques de l'*Académie* paraissent avoir négligée, Aristote l'a reprise. Au *Lycée*, la biologie naissante se substitue à la mathématique comme la discipline centrale, dont procèdent les généralisations de la philosophie. Le rôle de la logique formelle sera de fixer les processus auxquels le naturaliste a recours en face des êtres vivants.

Quelles en sont les premières données? La réponse d'Aristote peut sembler au premier abord en contradiction avec les formules les plus ordinaires de la doctrine [3]; ce qui se détache pour nous le plus tôt et qui nous apparaît le plus nettement, dit le premier chapitre du premier livre de la *Physique*, ce sont les choses les plus complexes [4]. Pour les sens le tout est avant les parties, dont la distinction nécessite un effort ultérieur de la pensée; or le général est une espèce de tout, car il comprend en lui beaucoup de choses qui sont ses parties. Les enfants commencent par appeler tous les hommes *papa* et toutes les femmes *maman*; plus tard seulement ils distinguent leur père et leur mère [5]. Voici donc le fait qui pourra servir de point de départ au biologiste; nous connaissons les animaux moins comme *individus* que comme *espèces*. Nous disons que nous voyons un mulet ou un cheval, avant de savoir, ou sans savoir jamais, qu'il s'agit de tel ou tel mulet, de tel ou tel cheval. Le langage opère un travail de spécification qui répond aux conditions communes de la perception. Or une fois en possession

1. Περὶ γὰρ φύσεως ἀφοριζόμενοι,
διεχώριζον ζῴων τε βίον,
δένδρων τε φάσιν, λαχάνων τε γένη.

Poetarum comicorum græcorum fragmenta ed. Meineke-Bothe, 1855, 512b 13.

2. *Ibid.*, 513a 35.

3. Cf. Paul Tannery, *Sur un point de la méthode d'Aristote*, Archiv für Geschichte der Philosophie, t. VI, 1893, p. 468 et suiv.

4. Ἔστι δ'ἡμῖν πρῶτον δῆλα καὶ σαφῆ τὰ συγκεχυμένα μᾶλλον, 184a 21.

5. Καὶ τὰ παιδία δὲ τὸ μὲν πρῶτον προσαγορεύει πάντας τοὺς ἄνδρας πατέρας καὶ μητέρας τὰς γυναῖκας, ὕστερον δὲ διορίζει τούτων ἑκάτερον, 184b 12.

des espèces entre lesquelles les individus sont répartis, la tâche propre du naturaliste est de rechercher comment ces espèces se groupent à leur tour. Considérons l'exemple célèbre qui est donné dans les *Premiers Analytiques*[1]; les espèces du *cheval*, de l'*homme*, du *mulet* se rapprochent à l'aide d'une propriété commune, la *longévité*. Il est possible de relier cette propriété générale au groupe constitué par ces trois espèces, en remarquant que l'homme, le cheval et le mulet ont dans l'ensemble des animaux cette détermination précise d'être des animaux sans fiel. Mais le point essentiel est celui-ci : pour conférer une valeur démonstrative à la connexion que l'on établit entre la propriété générale de la longévité et la détermination par absence de fiel, il faut s'assurer que l'énumération est exhaustive; il ne suffit pas que l'*homme*, le *cheval*, le *mulet* soient, tous, des animaux sans fiel, il importe qu'ils soient tous les animaux sans fiel[2]. Alors il y a entre les deux termes de la proposition la même équivalence qu'entre les deux termes d'une égalité mathématique : il est permis d'attribuer aux animaux sans fiel la propriété qui s'affirmait à la fois, de l'homme, du cheval et du mulet; nous obtenons la proposition de conclusion : *tous les animaux sans fiel vivent longtemps.*

TYPES ÉLÉMENTAIRES DU SYLLOGISME

43. — Ainsi conduite, l'analyse inductive permet l'inversion de mouvement qui est tout le secret de la logique aristotélicienne[3]. La relation définie dans la conclusion devient le principe d'une synthèse progressive[4]; elle constitue en effet une vérité totale qu'il est possible de diviser en une série de vérités particulières, comme le genre se divise en un certain nombre d'espèces. De ce que tous les animaux sans fiel vivent longtemps,

1. I *An.*, II, 23, 68ᵇ 17 : οἷον εἰ τῶν ΑΓ μέσον τὸ Β, διὰ τοῦ Γ δεῖξαι τὸ Α τῷ Β ὑπάρχειν· οὕτω γὰρ ποιούμεθα τὰς ἐπαγωγάς. Οἷον ἔστω τὸ Α μακρόβιον, τὸ δ'ἐφ' ᾧ Β τὸ χολὴν μὴ ἔχον, ἐφ' ᾧ δὲ Γ τὸ καθ' ἕκαστον μακρόβιον, οἷον ἄνθρωπος καὶ ἵππος καὶ ἡμίονος. Τῷ δὴ Γ ὅλῳ ὑπάρχει τὸ Α· πᾶν γὰρ τὸ ἄχολον μακρόβιον. Ἀλλὰ καὶ τὸ Β, τὸ μὴ ἔχειν χολήν, παντὶ ὑπάρχει τῷ Γ. Εἰ οὖν ἀντιστρέφει τὸ Γ τῷ Β καὶ μὴ ὑπερτείνει τὸ μέσον, ἀνάγκη τὸ Α τῷ Β ὑπάρχειν.

2. *Ibid.*, 27. Δεῖ δὲ νοεῖν τὸ Γ τὸ ἐξ ἁπάντων τῶν καθ' ἕκαστον συγκείμενον.

3. Cf. notre étude : *Qua ratione Aristoteles metaphysicam vim syllogismo inesse demonstraverit*, 1897.

4. II *An.*, I, 18-81ᵃ 40 : ἔστι δ'ἡ μὲν ἀπόδειξις ἐκ τῶν καθόλου, ἡ δ'ἐπαγωγὴ ἐκ τῶν κατὰ μέρος· ἀδύνατον δὲ τὰ καθόλου θεωρῆσαι μὴ δι' ἐπαγωγῆς. Cf. *Eth. Nic.*, VI, 3-1139ᵇ 28.

je conclus que chacune des espèces d'animaux sans fiel que je viendrai à considérer vit longtemps, soit l'homme, soit le cheval, soit le mulet; et cette conclusion possède une vérité intrinsèque qui est inébranlable à tous les arguments sceptiques. Il est de toute impossibilité qu'une partie du genre ne possède pas la propriété qui appartient au genre tout entier. Il arrivera seulement que nous n'ayons pas encore fait le rapprochement des deux propositions qui sont comprises dans le raisonnement; le développement logique aura pour rôle de faire sortir au jour, de réaliser en acte, la vérité qui était en puissance dans l'esprit [1], et de telle manière qu'une fois mise au jour elle s'impose irrésistiblement. L'homme qui refuserait de l'accepter se mettrait en contradiction avec la loi fondamentale de l'intelligence : il renoncerait à exercer sa fonction d'être pensant, il redescendrait de la vie intellectuelle à la vie végétative [2]. La nécessité avec laquelle la vérité de la conclusion se déduit de la vérité des prémisses est une propriété essentielle du *syllogisme* aristotélicien [3].

44. — Ce n'est pas tout; du moins l'ordre que nous avons suivi dans notre exposition pour rattacher aux premières démarches de la science biologique la genèse de la logique aristotélicienne, nous oblige à ajouter à la première forme du syllogisme une seconde, quoique les deux formes soient confondues par Aristote. Si les espèces de l'homme, du cheval et du mulet sont les éléments d'un groupe générique, chacune des espèces joue naturellement le rôle d'un groupe vis-à-vis des êtres individuels que le progrès de la pensée amène à distinguer, vis-à-vis de tel cheval, de tel mulet. Le raisonnement dont nous venons d'étudier le mécanisme se transporte donc à un degré nouveau de la connaissance. Ainsi nous imaginons cet exemple :

Tous les chevaux sont dépourvus de fiel
Bucéphale est un cheval
Bucéphale est dépourvu de fiel.

L'enchaînement des propositions a le même caractère; la conclusion est impliquée avec la même nécessité. Mais cette fois les mailles du réseau logique descendent jusqu'à l'individu;

1. II *An.* I. 1, 71^a 11 et II *An* I, 24-86^a 23.

2. Τί ἂν διαφερόντως ἔχοι τῶν φυτῶν; *Met.* Γ. 4, 1008^b 11. Sur les différents exposés du principe d'identité chez Aristote, voir Maïer, *die Syllogistik des Aristoteles*, t. I, Tübingen, 1896, p. 42, n. 1.

3. I *An.*, I, 1-24^b 18 : συλλογισμὸς δέ ἐστι λόγος ἐν ᾧ τεθέντων τινῶν ἕτερόν τι τῶν κειμένων ἐξ ἀνάγκης συμβαίνει τῷ ταῦτα εἶναι. Mais il faut noter que le domaine de la nécessité logique est plus large que celui de la syllogistique : ἐπὶ πλέον δὲ τὸ ἀναγκαῖον ἢ ὁ συλλογισμός. I *An.*, I, 32-47^a 33.

elles saisissent la réalité dans sa donnée la plus concrète, le sujet de la proposition qui ne peut pas devenir attribut sauf par un renversement tout accidentel des idées, le *substrat* des qualités qui demeure immuable à travers les modifications sensibles. L'ordre du syllogisme se trouve donc présenter une conformité remarquable avec l'ordre objectif des choses. La forme spécifique qui est exprimée par la notion du cheval est à la fois la totalité des caractères intelligibles qui représentent l'espèce du cheval, et la totalité des substances individuelles qui s'offrent à nos yeux comme chevaux existant réellement. Elle est l'unité de cette matière logique qui est faite des notions génériques, et de cette matière sensible qui apporte l'être à ces qualités abstraites [1]; elle est l'*essence* [2].

45. — Enfin, à cette forme directe et normale qui présente une sorte d'évidence intrinsèque, la logique aristotélicienne relie d'autres formes de syllogismes en recourant à un tour de raisonnement imité de cette inversion par laquelle s'est opéré le passage de l'analyse inductive à la liaison déductive des propositions. Nous avons attribué à l'espèce *cheval* la propriété essentielle d'être dépourvue de fiel; nous pouvons prendre cette propriété essentielle comme sujet *par accident* de notre proposition, sujet auquel peut s'attribuer *par accident* aussi la propriété d'être *cheval*; ainsi nous donnerons à la proposition la marque de l'accident, la particularité : *quelques animaux sans fiel seront chevaux*. Ou encore, si nous avons traduit cette proposition initiale sous une forme négative : *Aucun cheval n'est pourvu de fiel*, nous transformons la relation de l'espèce ou du genre en relation d'exclusion qui, par sa nature, implique la réciprocité : *aucun animal à fiel n'est cheval* [3]. De là les formes nouvelles dont nous pourrons donner ces exemples :

Tout animal sans fiel vit longtemps;
Quelque animal sans fiel est cheval;
Quelque cheval vit longtemps [4].

Ou encore :

Nul animal à fiel n'est cheval ;
Bucéphale est un cheval;
Bucéphale n'est pas animal à fiel [5].

Ainsi, par le mécanisme de la conversion, les formes « impar-

1. *Met.*, Z. 6-1045ª 33 : ἔστι δὲ τῆς ὕλης ἡ μὲν νοητὴ ἡ δ'αἰσθητή.
2. *Met.*, Z. 9-1034ª 32 : ἐκ γὰρ τοῦ τί ἐστιν οἱ συλλογισμοί εἰσιν.
3. I. *An.*, I, 3-25ª 8 et 27.
4. *Ibid.*, 6-28ª 10.
5. *Ibid.*, 5-26ᵇ 34.

faites[1] » du raisonnement où le moyen terme n'occupe pas une place médiane[2], incapables d'obtenir une conclusion, soit générale dans le premier cas, soit affirmative dans le second cas, se trouvent intégrées à la théorie du syllogisme « parfait » et scientifique[3]; le syllogisme se présente comme l'instrument universel de la pensée.

LES PROBLÈMES DE LA LOGIQUE FORMELLE

46. — L'exposé que nous venons de faire et que nous avons maintenu dans les limites de ce qui était utile pour la suite de nos études, suffit peut-être pour caractériser la situation historique de la syllogistique et pour en apprécier la portée.

La logique aristotélicienne n'offre pas seulement à la philosophie l'inappréciable avantage de tirer des cadres du langage un système de concepts distincts et rigoureusement liés, de fonder pour les siècles, jusqu'à l'avènement de la critique cartésienne, l'alliance du sens commun et de l'ontologie. Elle reflète avec exactitude les démarches préparatoires de la science de la nature, les procédés de classification qui, dans la zoologie et dans la botanique, conserveront une telle importance qu'ils étaient regardés il y a quelque cent ans encore comme répondant à la méthode spécifique de la biologie. D'autre part, toute déduction pratique qui se subordonne à une loi, qui passe de l'universel au cas particulier, est coulée dans le moule du syllogisme; à ce point que l'organisation de la justice en France prévoit pour le jugement des crimes une division effective du travail correspondant à la division des propositions du syllogisme normal d'Aristote. C'est au législateur qu'il appartient de formuler des *majeures* : tout article du Code doit s'exprimer sous une forme universelle. Le jury établit la *mineure*. Dans le cas où son verdict affirme la culpabilité, les magistrats de la Cour d'assises interviennent pour rapprocher la loi générale et le fait particulier; leur arrêt est la conclusion vivante d'un syllogisme en acte.

Le succès de la syllogistique est donc incontestable. On est tenté seulement de trouver ce succès trop complet, et, comme malgré soi, devant certaines toiles de Raphaël on fait grief au peintre de l'admiration excessive qui les accueillit et qui fixa

1. I *An.*, 1, 1, 24ᵃ 13.
2. Cf. *Ibid.*, 4, 25ᵇ 35.
3. II *An.*, I, 14-79ᵃ 23; cf. II *An.*, I, 2-71ᵇ 18.

pour tant de générations un idéal artificiel de beauté, on ne peut s'empêcher de faire état contre Aristote des illusions sur la vertu de la logique formelle, que la perfection des *Analytiques* a fait naître. Suivant une conception traditionnelle, les *Analytiques* sont une œuvre sans modèle; à peine avaient-ils des racines : la comparaison avec l'induction socratique, surtout avec la division platonicienne, esquissée d'ailleurs par Aristote lui-même [1], ne mettait que mieux en lumière l'originalité et la portée de la syllogistique. En tout cas ils ne réclamaient aucun complément pour l'avenir. Kant, rééditant l'ouvrage où il rénovait la théorie de la connaissance, ne déclarait-il pas que la logique n'est pas destinée à faire un pas en avant de même qu'elle n'a jamais été obligée de faire un pas en arrière, que selon toute apparence elle est close et achevée [2]? Déclaration qui exprime d'ailleurs ce qu'enseignaient la plupart des professeurs de logique, ce que les manuels continueront à enseigner pendant plus d'un siècle. La logique se divise en deux parties : une partie générale traitant des formes de raisonnement nécessaires pour démontrer n'importe quoi; une partie spéciale qui traite des méthodes propres aux différents ordres de science. La méthode mathématique et la méthode expérimentale constituent la logique spéciale, tandis que la logique générale à laquelle on les subordonne est constituée tout entière par la logique du syllogisme [3].

47. — Transportée ainsi hors du temps, appelée à régenter la mathématique au même titre que les sciences de la nature ou de l'esprit, la syllogistique soulève des problèmes qu'il est nécessaire de définir dès maintenant, si l'on veut juger l'influence du syllogisme sur le développement de la pensée mathématique. En effet, le syllogisme fait abstraction de l'ordre de la connaissance, pour se placer dans l'ordre de l'être. Aux yeux du biologiste qu'est Aristote, il semble que les deux prémisses s'unissent comme des êtres vivants, et, par leur vertu génératrice, donnent naissance à la conclusion [4]. Le système des trois termes et des trois propositions constitue une sorte de vie organique, qui est parallèle à l'existence des choses et qui donne le moyen d'en comprendre la genèse. Mais cette prétendue indépendance

1. I *An.*, I, 31-46^a 33. *II An.* II, 5-91^b 12.

2. *Critique de la Raison pure. Préface de la seconde édition*, (1787), éd. de l'Académie de Berlin, t. III, 1904, p. 7, tr. Barni, t. I, 1869 p. 17. Tremesaygues et Pacaud, 1905, p. 17.

3. Une telle division est conforme à la pensée d'Aristote; II *An.*, I, 32-88^b 27 : αἱ ἀρχαὶ διτταί, ἐξ ὧν τε καὶ περὶ ὅ· αἱ μὲν οὖν ἐξ ὧν κοιναί, αἱ δὲ περὶ ὃ ἴδιαι, οἷον ἀριθμός, μέγεθος.

4. II *An.*, I, 3-73^a 7; cf. II, *An.*, II. 11-94^a 24.

du syllogisme a une contre-partie, dont le réalisme scolastique acceptera et développera toutes les conséquences : l'existence d'une hiérarchie de réalités transcendantes correspondant à l'ordre de généralité des propositions. Si donc le logicien se refuse à cette débauche d'imagination dogmatique, s'il s'interdit de déserter la sphère des relations où il est nécessairement placé, il ne lui reste qu'une alternative. Ou bien il envisagera les prémisses pour elles-mêmes, en les détachant de tout ce qui peut les justifier, et il y verra de pures hypothèses[1], comme avaient fait les Stoïciens dans leur curieuse rectification de la logique aristotélicienne[2], qui devance ici l'une des plus précieuses découvertes de la logique contemporaine. Ou bien, et nous restons alors dans le cadre de l'aristotélisme, la vérité des prémisses sera solidaire de l'analyse inductive qui a préparé la conception des propositions générales[3].

Bon gré mal gré, le syllogisme aristotélicien ramène l'esprit à la considération de l'induction régressive, de cet ordre *pour nous* qu'Aristote s'était proposé de dépasser ; considération d'autant plus difficile à éviter que sans elle nous ne saurions quelle expression correcte donner à l'universalité de la prémisse. B *s'affirme universellement de* A, dit Aristote[4] ; mais, se sont demandé les générations de penseurs qui ont agité depuis Aristote les problèmes de la logique, cela signifie-t-il que *tous les* A *font partie de la classe* B, ou que *le caractère* B *appartient nécessairement à* A ? Dans le premier cas, le syllogisme s'interprète en *extension* ; il donne ainsi prise à l'accusation de cercle vicieux ou tout au moins de pétition de principe[5]. Dans le second cas, il s'interprète en

1. Cf. I, *An.*, I 10-30ᵇ 32 : τὸ συμπέρασμα οὐκ ἔστιν ἀναγκαῖον ἁπλῶς, ἀλλὰ τούτων ὄντων ἀναγκαῖον.

2. Cf. Brochard : *La logique des Stoïciens*, Archiv für Geschichte der Philosophie, t. V, 1852, p. 456 et suiv. ; et *Etudes*, p. 224 et suiv.

3. I An. II, 23-68ᵇ 35 : Φύσει μὲν οὖν πρότερος καὶ γνωριμώτερος ὁ διὰ τοῦ μέσου συλλογισμός, ἡμῖν δ'ἐναργέστερος ὁ διὰ τῆς ἐπαγωγῆς. Cf. *Phys.*, I, 184ᵃ 16, et *Top.* t. VIII, 1-156ᵃ 4.

4. I *An.*, ι, 1-24 b 28 : λέγομεν δέ τὸ κατὰ παντός κατηγορεῖσθαι, ὅταν μηδὲν ἦ λαβεῖν τῶν τοῦ ὑποκειμένου, καθ'οὗ θάτερον οὐ λεχθήσεται. D'ailleurs, comme le remarque M. Maïer, *op. cit.*, II, Tubingue, 1900, p. 13, n. 2, l'affirmative universelle se traduit indifféremment par les deux expressions παντὶ ὑπάρχειν et παντὸς κατηγορεῖσθαι, qu'on trouve identifiées sans plus d'explication dans les *Premiers Analytiques*, I, 4. 26ᵃ 23 : Ὑπαρχέτω γὰρ τὸ μὲν A παντὶ τῷ B, τὸ δὲ B τινὶ τῷ Γ· οὐκοῦν εἰ ἔστι παντὸς κατηγορεῖσθαι τὸ ἐν ἀρχῇ λεχθέν, ἀνάγκη τὸ A τινὶ τῷ Γ ὑπάρχειν.

5. L'objection qu'Aristote avait aperçue et essayé de prévenir (Maïer, *op. cit.*, t. II, p. 1, p. 173, n. 1) est classique depuis les *Hypotyposes pyrrhoniennes* de Sextus Empiricus, II, 196, éd. Bekker, 1842, p. 102. Voir Vailati, *La méthode déductive comme instrument de recherche*, Revue de Métaphysique, 1898, p. 685, et *Scritti*, Leipzig et Florence, 1911, p. 135.

compréhension; il se fonde sur l'inhérence et la connexion des concepts au risque de ne plus se plier avec autant de facilité ou d'exactitude à la rigueur algébrique d'un algorithme [1].

Le débat est vital; comment essayer de le trancher, sans se référer au mode d'acquisition des prémisses, sans examiner la signification de l'induction préalable? Or sur ce point la réponse d'Aristote est complexe, et nous allons voir ici se traduire dans ses conséquences et sous une forme explicite la dualité des expériences biologiques qui ont présidé à la naissance du syllogisme. Il y a deux degrés dans l'induction aristotélicienne : l'un qui va de l'individu à l'espèce, l'autre de l'espèce au genre; et à chacun de ces degrés correspond une opération de nature différente. Le genre est une somme d'espèces; la classe des animaux sans fiel est épuisée, quand les espèces *cheval*, *homme* et *mulet* sont énumérées [2]. De fait, affirmer que *tous les poissons sont ovipares*, c'est passer en revue toutes les espèces à nous connues, en nous réservant d'ailleurs d'éliminer les exceptions apparentes grâce à une refonte convenable de notre définition du *poisson*. L'induction énumérative des *Premiers Analytiques* est le procédé naturel et nécessaire à la formation des classes supérieures. Mais il n'en est nullement de même pour la formation de l'espèce proprement dite : le rapport de l'individu à l'espèce est un lien immédiat, un acte indivisible d'intuition. Bucéphale, pour un regard partiel qui ne s'attache qu'à la forme de la tête, peut avoir l'apparence d'un bœuf; l'observateur attentif y retrouve les traits caractéristiques et les organes essentiels du cheval. Il y a ainsi une *sensation* de l'universel : καὶ γὰρ αἰσθάνεται μὲν τὸ καθ' ἕκαστον, ἡ δ'αἴσθησις τοῦ καθόλου ἐστίν, οἷον ἀνθρώπου, ἀλλ' οὐ Καλλίου ἀνθρώπου [3]. Cette sensation impliquée dans les premières démarches de la pensée comme le montre le début de la *Physique*,

1. Voir en particulier Couturat, *La logique de Leibniz*, 1901 p. 387 : « La logique algorithmique (c'est-à-dire, en somme, la logique exacte et rigoureuse) ne peut pas être fondée sur la considération confuse et vague de la compréhension; elle n'a réussi à se constituer qu'avec Boole, parce qu'il l'a fait reposer sur la considération exclusive de l'extension, seule susceptible d'un traitement mathématique.

2. II *An.*, II, 7-92ᵃ37 : ὁ ἐπάγων διὰ τῶν καθ' ἕκαστα δήλων ὄντων [δείκνυσιν] ὅτι πᾶν οὕτως τῷ μηδὲν ἄλλως.

3. II *An.*, II, 13-100ᵃ16. La traduction de *sensation* répond à l'intention d'Aristote, mais à la condition de ne pas chercher une interprétation littérale du point de vue psychologique. Le texte de *An.*, I, 31-88ᵃ2 est formel : οὐ γὰρ ἦν τοῦ καθόλου αἴσθησις. Il s'agit de ce *sentiment immédiat*, de cette *intuition intellectuelle*, qui est la fonction la plus haute du νοῦς; II *An.*, I, 23-84ᵇ 39 : ἐν συλλογισμῷ τὸ ἓν πρότασις ἄμεσος, ἐν δ'ἀποδείξει καὶ ἐπιστήμῃ ὁ νοῦς. *Eth. Nic.*, VI, 9-1142ᵃ25 : ὁ μὲν γὰρ νοῦς τῶν ὅρων, ὧν οὐκ ἔστι λόγος.

est capable de prendre une forme précise ; mais elle conserve son caractère immédiat, elle est une sorte de sentiment intellectuel. C'est pourquoi l'induction qui discerne l'unité spécifique est tout à fait distincte du processus proprement arithmétique dont résulte l'élément générique. La dualité de ces formes d'induction, décrites avec tant de netteté par Aristote, s'explique naturellement, puisque le lien du prédicat au sujet est d'ordre tout différent suivant que le sujet est une réalité individuelle ou une classe logique [1]. Il conviendrait pour donner à ce lien une expression exacte de recourir à deux symboles de copules, comme l'a fait si heureusement M. Peano [2].

48. — Sur un autre point encore l'apparence purement formelle qu'on a prêtée à la logique d'Aristote masque une conception très particulière, d'ordre dogmatique et métaphysique. En effet, la portée des conclusions est relative au coefficient de vérité qui est accordé aux prémisses ; or, l'attribution du prédicat au sujet peut avoir la valeur d'une *relation nécessaire*, la valeur d'un *fait* ou la valeur d'une *simple possibilité* [3] ; de là, dans les *Premiers Analytiques*, la théorie laborieuse et subtile des syllogismes *modaux*.

La distinction a paru suffisante, tant que la spéculation humaine s'est placée d'emblée dans l'être, et a borné l'effort de son analyse à en définir les degrés. Mais il n'en devait plus être de même quand la réflexion moderne a mis en question le

1. Il est à remarquer qu'on trouve dans Leibniz le principe de cette distinction ; « je ne disconviens point, écrit-il, dans les *Nouveaux essais sur l'entendement humain* (livre III, chap. III, § 6), de cet usage des abstractions ; mais c'est plutôt en montant des espèces aux genres que des individus aux espèces. »

2. Soit a une classe, $x \varepsilon a$ signifie : « *x est un a* ».

Soient a et b des classes, $a \supset b$ signifie : « *tout a est b* ».

Ces deux signes ont des valeurs distinctes, et M. Peano montre par différents exemples la diversité des opérations qui s'y rattachent. Ainsi on peut poser,

$$(\cup = ou)$$
$$x \varepsilon a \cup b = x \varepsilon a . \cup . x \varepsilon b ;$$

c'est-à-dire : de ce qu'un nombre donné satisfait à l'une des deux conditions, d'être multiple de 13, ou divisé par 13 de donner 1 pour reste, on peut conclure que ce nombre est multiple de 13 ou que divisé par 13 il donnera 1 pour reste, l'une des deux propositions est nécessairement vraie. Mais la forme analogue

$$x \supset a \cup b = x \supset a . \cup . x \supset b$$

n'est pas exacte ; c'est-à-dire : toute puissance 12e est de la forme $13n$ ou $13n + 1$, mais on n'a le droit d'en conclure ni que toute puissance 12e soit de la forme $13n$, ni que toute puissance 12e soit de la forme $13n + 1$; les deux propositions, précisément en raison de leur généralité, peuvent être fausses à la fois. *Notations de Logique mathématique, Introduction au Formulaire de Mathématiques*, Turin, 1894, § 16, p. 19.

3. I. *An.*, 1, 2 ; 25[a] 1.

rapport de la pensée à l'être. Le problème de la modalité ne consiste plus à marquer une hiérarchie dans le plan de l'existence; il sera, comme Kant l'a fait voir dans la *Critique de la Raison pure*[1], de distinguer et de confronter l'un avec l'autre le plan de la réalité et le plan de l'idéalité. Or, aux exigences nées de ce problème, la logique aristotélicienne ne saurait, en vertu de sa forme seule, apporter satisfaction complète. Que l'on considère la troisième figure du syllogisme : le moyen terme y est deux fois *sujet*, la conclusion exprime une relation entre le prédicat de la *mineure*, devenu sujet, et le prédicat de la *majeure*. Mais, dans la transformation du prédicat au sujet il y a une implication d'existence, qui peut ne pas être justifiée par la nature des prémisses. Il y a telle attribution de prédicat au sujet qui ne suppose aucunement l'existence réelle du sujet et par suite du prédicat. La proposition que le dragon est une chimère est littéralement vraie, ou, comme le dit Stuart Mill : « cette proposition : *un dragon est un serpent qui souffle des flammes*, est incontestablement correcte. » De cette définition, poursuit-il, nous pouvons tirer les prémisses de ce syllogisme-ci :

Un dragon est une chose qui souffle des flammes;
Un dragon est un serpent;
Donc, *quelque serpent souffle des flammes*[2].

Force sera bien d'admettre, avec Mac Coll, que « le syllogisme appelé *Darapti* n'est pas valide sous sa forme habituelle[3] ». On peut le rendre concluant, mais c'est à la condition d' « adjoindre aux deux prémisses un jugement d'existence[4] ».

Si Aristote n'a pas explicité cette condition, nécessaire pour maintenir dans son cadre intégral le système du syllogisme, c'est que les principes de sa logique étaient suspendus aux principes de sa physique et de sa métaphysique. Après lui s'est effacée l'intelligence de la connexion entre le syllogisme et l'ontologie; la logique est devenue une déduction rigoureusement formelle où la seule expression verbale suffisait à justifier les conclusions; on a cru lui donner ainsi la valeur d'une science autonome et positive, tandis qu'on ne faisait qu'obscurcir l'idée véritable de la science.

1. Cf. notre étude sur la *Modalité du Jugement*, 1897, p. 45.

2. *Système de Logique* (1843), tr. Louis Peisse t. I, 4e édit., 1896, p. 165.

3. *La Logique symbolique et ses Applications* in Bibliothèque du Congrès de Philosophie (Paris, 1900), t. III, 1901, p. 152 et Revue de Métaphysique, 1900, p. 554. La découverte de Mac Coll avait été publiée pour la première fois dans les Proceedings of the London mathematical Society, t. IX, 13 juin 1878 : *The calculus of Equivalent Statements* (II), p. 184.

4. Couturat, l'*Algèbre universelle de M. Whitehead*, Revue de Métaphysique, 1900, p. 335.

CHAPITRE VI

LA GÉOMÉTRIE EUCLIDIENNE

49. — Dans l'étude historique des œuvres qui ont marqué leur empreinte sur la conception philosophique de la science, les *Éléments* d'Euclide se présentent immédiatement après les *Analytiques* d'Aristote. L'une et l'autre œuvre ont eu la même destinée ; elles ont traversé les siècles, détachées de ce qui pouvait les précéder et de ce qui pouvait les suivre, offrant le tableau d'une rigueur qui paraissait irréprochable, marquant un point de perfection que l'on désespérait de surpasser. Par elles, la raison antique a modelé, en quelque sorte, la pensée moderne. Euclide, pour les nombreuses générations qui se sont nourries de sa substance, a été moins peut-être un professeur de géométrie qu'un professeur de logique. La forme déductive des *Éléments* rend évidente et consacre l'universalité d'application dont la logique d'Aristote était capable.

Profond géomètre et profond logicien, Leibniz est le témoin qu'il convient de citer à l'appui de cette interprétation traditionnelle. Il écrit dans les *Nouveaux essais* : « Ce ne sont pas les figures qui donnent la preuve chez les géomètres... La force de la démonstration est indépendante de la figure tracée, qui n'est que pour faciliter l'intelligence de ce qu'on veut dire et fixer l'attention; ce sont les propositions universelles, c'est-à-dire les définitions, les axiomes, et les théorèmes déjà démontrés, qui font le raisonnement et le contiendraient quand la figure n'y serait pas. C'est pourquoi, ajoute Leibniz, un savant géomètre, comme Scheubelius [1], a donné les figures d'Euclide sans leurs lettres qui les puissent lier avec la démonstration qu'il y joint;

1. Sur cette édition voir Staigmuller, *Johannes Scheubel, Ein deutscher Algebraiker des XVI. Jahrhunderts.* Abhandlungen zur Geschichte der Mathematik, t. IX, 1895, p. 441, et suiv.

et un autre comme Herlinus[1], a réduit les mêmes démonstrations en syllogismes et prosyllogismes[2] » — et plus loin : « Il y a des exemples assez considérables de démonstration hors des mathématiques, et on peut dire qu'Aristote en a donné déjà dans ses *Premiers Analytiques*. En effet, la logique est aussi susceptible de démonstrations que la géométrie, et l'on peut dire que la logique des géomètres ou les manières d'argumenter qu'Euclide a expliquées et établies en parlant des propositions, sont une extension ou promotion particulière de la logique générale[3] »

50. — Mais cette perspective traditionnelle, où la logique euclidienne apparaît comme un cas particulier de la logique aristotélicienne, est rectifiée par la connaissance du développement de la pensée grecque. S'ils ont été composés longtemps après les *Analytiques* d'Aristote, les *Éléments* d'Euclide mettent à contribution l'œuvre des générations qui ont précédé Aristote, non pas seulement l'œuvre technique de découverte, mais l'œuvre méthodologique d'enchaînement et de démonstration qui, entreprise dans l'école de Pythagore, s'achève dans les écoles d'Eudoxe et de Platon. En fait, quand l'on extrait des écrits d'Aristote les passages contenant des emprunts ou des allusions à la terminologie des mathématiciens, reproduisant leurs conceptions systématiques des axiomes et des définitions[4], on se convainc que la théorie de la science à laquelle se rattache la forme euclidienne était, dès cette époque, arrivée à maturité, qu'elle était capable de suggérer l'idée d'une *Combinatoire* logique, et de fournir les moyens pour la réaliser immédiatement en toute perfection[5]. La logique d'Aristote et la géométrie d'Euclide s'éclaireront donc mutuellement, sans que la seconde en date procède nécessairement de la première. Toutes deux, elles sont issues d'une même race et d'un même esprit[6]; en toutes deux le génie grec a inscrit avec un tel succès son idéal d'harmonie interne qu'il leur est arrivé d'apparaître à travers les siècles comme déracinées de leurs origines historiques, sous l'aspect de la vérité éternelle : κτῆμα ἐς ἀεί.

1. L'édition de Christian Herlinus et Conrad Dasypodius parut à Strasbourg de 1564 à 1566, Cantor, II², (1900) p. 553.
2. Livr. IV, chap. I, § 9 *sub fine*.
3. *Ibid.*, chap. II, § 9.
4. Heiberg, *Mathematisches zu Aristoteles*, Abhandlungen zur Geschichte der mathematischen Wissenschaften, Cahier XVIII, 1904, p. 4 et suiv.
5. Gomperz, *Les penseurs de la Grèce*, t. III, tr. Reymond, 1910, p. 51. Cf. Vailati, *La méthode déductive comme instrument de recherche*, Revue de Métaphysique et de Morale, 1898, p. 683, n. 1.
6. Cf. Hankel, *op. cit.*, p. 148.

LES DÉFINITIONS D'EUCLIDE

51. — Les *Éléments* d'Euclide commencent par une série de *définitions*; mais, si les définitions sont les principes de la géométrie, ce n'est pas au sens fort du mot *principe*; elles n'expriment pas les essences des choses, elles ne correspondent pas à des synthèses d'éléments intelligibles. On ne trouve pas chez Euclide la *définition réelle* qui, selon l'expression classique de Leibniz, « fait voir la possibilité du défini »[1]. Les définitions euclidiennes sont des « définitions *nominales* », formées avec le seul souci d'apporter le maximum de clarté dans le langage, en se rapprochant des données élémentaires de l'expérience.

Ainsi, c'est un fait naturel qu'il y a une limite à partir de laquelle la division ne correspondrait plus à aucun progrès appréciable; c'est ce que le « physiologue » appelait l'*atome*, ce que le géomètre appelle le *point*. Le point est ce dont il n'y a pas de partie : Σημεῖόν ἐστιν, οὗ μέρος οὐθέν (l. I. déf. I.). De même qu'on conçoit le point, c'est-à-dire un élément qui n'a pas de longueur, on conçoit une longueur qui n'a pas de largeur (déf. II), ou une surface qui n'a que longueur et largeur (déf. V). Les points sont alors considérés comme les extrémités des lignes (déf. III), et les lignes comme les extrémités des surfaces (déf. VI).

Les définitions de la ligne droite et de la surface plane ont pu passer, à titre égal, pour des énigmes insolubles ou des merveilles de profondeur. La ligne droite est celle qui est *ex æquo* en tous ses points : Εὐθεῖα γραμμή ἐστιν, ἥτις ἐξ ἴσου τοῖς ἐφ' ἑαυτῆς σημείοις κεῖται (déf. IV). — Le plan est la surface qui est *ex æquo* pour toutes les droites qui y sont situées : Ἐπίπεδος ἐπιφάνειά ἐστιν, ἥτις ἐξ ἴσου ταῖς ἐφ' ἑαυτῆς εὐθείαις κεῖται (déf. VII). En fait, dit Paul Tannery, « ces définitions paraissent provenir de la technique de l'art de bâtir, et n'avoir dès lors qu'une portée empirique[2] ».

1. *Nouveaux Essais*, liv. III, chap. III, § 19. Cf. la note de Heath. *op. cit.*, t. I, p. 144 et suiv.

2. *Apud Histoire des mathématiques* de Zeuthen tr. Mascart, p. 94, n. 2. La suggestion de Paul Tannery invite à penser que ces idées de ligne droite et de surface plane ont été acquises par des procédés de comparaison : en aucun point de la ligne construite, sur aucune direction de la surface construite, on ne constate un défaut de coïncidence entre ce qu'on a construit et l'instrument qu'on a choisi pour le contrôle. Ces deux notions : *vérification* et *négation de différence*, impliquées dans la définition de la ligne droite, sont celles qui se retrouvent à l'analyse comme les conditions nécessaires à l'introduction

Dans les autres définitions du premier livre la tendance se manifeste à disposer les notions suivant une hiérarchie de *genres* et d'*espèces*, qui rappelle exactement la classification aristotélicienne. Du *genre* angle plan (déf. VIII), Euclide passe à l'*espèce* des angles rectilignes (déf. IX); les angles rectilignes seront à leur tour ou droits ou obtus ou aigus (déf. X, XI, XII). Pour les figures une hiérarchie du même ordre s'établit; l'élément logique tiré par abstraction de la considération des lignes ou des espaces s'appelle ici le *terme*. Le terme est ce qui est la limite de quelque chose : ὅρος ἐστίν, ὅ τινός ἐστι πέρας (déf. XIII). Tout ce qui est enfermé dans un ou plusieurs termes est une figure (déf. XIV). Il y a une figure plane qui est comprise sous une seule ligne, toutes les droites qui sont menées sur cette ligne d'un point intérieur de la figure sont égales entre elles; la figure est le cercle et le point intérieur est le centre du cercle : κύκλος ἐστὶ σχῆμα ἐπίπεδον ὑπὸ μιᾶς γραμμῆς περιεχόμενον, πρὸς ἣν ἀφ' ἑνὸς σημείου τῶν ἐντὸς τοῦ σχήματος κειμένων πᾶσαι αἱ προσπίπτουσαι εὐθεῖαι ἴσαι ἀλλήλαις εἰσίν. Κέντρον δὲ τοῦ κύκλου τὸ σημεῖον καλεῖται (déf. XV-XVI)[1]. D'autre part les figures rectilignes sont à trois côtés, à quatre côtés, etc. (déf. XIX). Les trilatères sont ou équilatéraux ou isoscèles ou scalènes (déf. XX). Autre principe de division pour les trilatères, la considération de l'angle : trilatères rectangles, trilatères obtusangles, trilatères acutangles (déf. XXI).

LES AXIOMES

52. — Plusieurs des définitions du premier livre d'Euclide sont donc exactement du type qu'Aristote préconise, elles se font par le genre et par la différence[2]. Le syllogisme d'Aristote pourrait donc s'y appliquer tel quel ; on atteindrait ainsi une série de propositions où l'on transporterait à l'espèce des angles obtus les propriétés génériques des angles, où l'on transformerait en connaissances explicites les vérités implicitement contenues dans une affirmation générale. A des données empi-

des éléments fondamentaux dans la science. Mais à l'époque où Euclide écrit, on ne tient plus compte de ce travail de l'esprit, qui est devenu inconscient; on retire en quelque sorte l'instrument de contrôle, et l'on ne conserve que la régularité du tracé.

1. Cf. Platon, *Parménide*, 137 E : Στρογγύλον γέ πού ἐστι τοῦτο, οὗ ἂν τὰ ἔσχατα πανταχῇ ἀπὸ τοῦ μέσου ἴσον ἀπέχῃ.

2. Voir en particulier *Topic.*, I, 8-103b 15 : ὁ ὁρισμὸς ἐκ γένους καὶ διαφορῶν ἐστίν.

riques telles que les définitions euclidiennes, ne peut s'appliquer, en effet, que la logique des classes, et la logique des classes ne peut que suivre en sens inverse le chemin que l'abstraction avait d'abord parcouru. La comparaison d'Aristote et d'Euclide sert donc à préciser les termes du problème qui se pose à partir des définitions. Pour passer de la logique des classes à la géométrie, il faudra procéder à une double élaboration, l'une portant sur le mode de déduction, l'autre sur les objets même de la science; et c'est à quoi serviront les deux ordres de principes que nous allons voir successivement à l'œuvre : axiomes, κοιναὶ ἔννοιαι, et postulats, αἰτήματα.

Le premier *axiome* d'Euclide pourrait être appelé le principe du syllogisme mathématique : Τὰ τῷ αὐτῷ ἴσα καὶ ἀλλήλοις ἐστὶν ἴσα. Les choses (nous introduisons cette expression afin de respecter le vague de la formule grecque) égales à une même chose sont égales entre elles. L'axiome peut s'expliciter sous la forme d'un syllogisme :

$$A = B$$
$$B = C$$
$$C = A.$$

Mais à ce syllogisme ne serait-il pas possible de donner une forme dont la vérité fût évidente et dont nous pussions faire dépendre l'axiome euclidien d'égalité? C'est ce qu'a pensé Apollonius, et voici comment il raisonnait : puisque A égal à B comprend le même lieu que lui, et puisque B égal à C comprend le même lieu que lui, A comprend aussi le même lieu que C, et par conséquent A et C sont égaux[1]. A quoi Proclus, qui nous a conservé ce raisonnement, faisait observer déjà que, sans s'en apercevoir, Apollonius glisse dans sa démonstration deux hypothèses : à savoir que les figures qui comprennent le même lieu sont égales entre elles, et que les figures qui comprennent le même lieu qu'une autre sont égales entre elles. En d'autres termes, Apollonius a déplacé le champ de l'évidence; il ramène l'égalité à l'identité de mesure spatiale alors que précisément c'est une question de savoir si l'identité de mesure spatiale peut être assimilée à l'identité logique. Par suite, lorsqu'on tranche cette question par l'affirmative, on se trouve

1. Proclus, *Commentaire sur le premier livre d'Euclide*, éd. Friedlein, 1873, p. 194. Cf. Paul Tannery, *Apollonius de Perge*. Bulletin des Sciences mathématiques, 1881, p. 126.

invoquer un axiome qui sera dans une terminologie différente l'équivalent de l'axiome d'Euclide. Nous nous rendons facilement compte que si Apollonius n'a pas senti la nécessité d'expliciter cet axiome, c'est qu'il se fiait à son intuition de géomètre pour substituer directement les unes aux autres les lignes ou les surfaces de mesure identique, et tirer de cette substitution une définition générale de l'égalité. Nous apprécions d'autant mieux le procédé contraire d'Euclide, qui consiste suivant la distinction de Félix Klein à transformer par une élaboration savante l'*intuition naïve* en *intuition raffinée*[1]. Euclide utilise d'abord la notion abstraite d'égalité afin de constituer le cadre logique dans lequel il devra faire rentrer les raisonnements de la géométrie. Puis il détermine la condition qui permettra d'adapter à ce cadre les grandeurs qui sont l'objet propre de la science géométrique. *Axiome V* : deux grandeurs qui peuvent s'appliquer l'une sur l'autre, qui sont congruentes, sont égales entre elles. Καὶ τὰ ἐφαρμόζοντα ἐπ' ἄλληλα ἴσα ἀλλήλοις ἐστίν.

De même qu'à la forme parfaite et scientifique du syllogisme, immédiatement fondée sur l'évidence du lien entre termes de propositions universelles affirmatives, l'analytique aristotélicienne rattache une série de formes indirectes, de même, au principe de l'égalité directe, les axiomes II et III ajoutent les cas d'égalité qui résultent de l'addition ou de la soustraction d'éléments égaux à des éléments déjà égaux entre eux[2].

D'autre part l'axiome VIII : *le tout est plus grand que la partie*, introduit la considération de l'inégalité; sur cette inégalité se fonde une série d'axiomes, où l'on a soupçonné des additions postérieures à la rédaction primitive des *Éléments* par les successeurs d'Euclide, et qui constituent un corps de doctrine, une véritable *Analytique* de la géométrie parallèle à l'*Analytique* de la Logique formelle.

LES POSTULATS

53. — Si telle doit être la Logique de la Géométrie, il faudra que les objets géométriques, préalablement définis, subissent pour la plupart un traitement qui les rende maniables par cette logique, et c'est à quoi sont destinées les trois premières

1. *Conférences sur les Mathématiques* (Chicago, 1893), trad. Laugel, 1898, p. 41.

2. Καὶ ἐὰν ἴσοις ἴσα προστεθῇ, τὰ ὅλα ἐστὶν ἴσα. Καὶ ἐὰν ἀπὸ ἴσων ἴσα ἀφαιρεθῇ, τὰ καταλειπόμενά ἐστιν ἴσα. Il est à remarquer que la formule est déjà dans Aristote, 1 *An.* I, 24-41^{b} 21 (Heiberg, *op. cit.*, p. 5) : ἀπὸ τῶν ἴσων ἴσων ἀφαιρουμένων ἴσα λείπεσθαι; cf. *Met.* K, 4, 1061^{b} 20.

demandes, dont la simplicité risque de dissimuler l'importance.

I. — Qu'il soit demandé de mener d'un point quelconque à un point quelconque une ligne droite.

II. — Qu'il soit demandé de prolonger en ligne droite et en continuité une droite limitée.

III. — Qu'il soit demandé de décrire un cercle de centre quelconque et de distance [*c'est-à-dire de rayon*] quelconque.

Par le premier postulat, et bien qu'à vrai dire Euclide n'ait pas explicité l'*unicité* de la droite qui joint deux points donnés[1], la droite devient la distance entre deux points de telle sorte que la congruence des deux extrémités permettra de poser l'égalité des deux droites.

Par le second postulat est rendue possible l'addition de deux éléments géométriques.

Le troisième a une double portée : il établit l'existence de la figure circulaire dont la définition indiquait seulement cette propriété d'avoir tous les points de sa périphérie à égale distance du centre ; et de cette propriété il tire l'instrument par excellence de l'activité scientifique. En traçant d'un point donné une circonférence, on obtient dans toutes les directions que l'on voudra une ligne égale ; on peut ainsi substituer à l'égalité statique de superposition l'égalité mouvante du rayon.

Que ces postulats soient la cheville ouvrière de la science euclidienne, c'est ce que manifeste déjà la première proposition des *Éléments*. Cette proposition est un problème : *sur une droite donnée construire un triangle équilatéral*. La solution du problème est immédiate si de chacune des extrémités de la droite on décrit un cercle ayant pour rayon la longueur même de cette droite. Alors on voit sur la figure, du moins Euclide admet sans autre explication[2], que les deux cercles se rencontrent ; si, en

1. « Euclide, faute d'une idée distinctement exprimée, c'est-à-dire d'une définition de la ligne droite (car celle qu'il donne en attendant est obscure, et ne lui sert point dans les démonstrations), a été obligé de revenir à deux axiomes, qui lui ont tenu lieu de définition et qu'il emploie dans ses démonstrations ; l'un que deux droites n'ont point de partie commune, l'autre qu'elles ne comprennent point d'espace. » (Leibniz, *Nouveaux Essais*, IV, chap. 12, § 6.) Ces deux prétendus axiomes qui appartiennent à la « *Vulgate* » des *Éléments* sont regardés aujourd'hui comme des interpolations dans la rédaction originale d'Euclide. Le 2ᵉ axiome est emprunté au texte de la démonstration donnée pour le théorème IV du 1ᵉʳ livre : δύο εὐθεῖαι χωρίον περιέξουσιν· ὅπερ ἐστὶν ἀδύνατον. Ed. Heiberg, t. I, 1883, p, 18 ; il a été aussi considéré comme postulat, et, à ce titre, il devait jouer un rôle considérable dans le développement de la géométrie *non euclidienne* (*vide infra*, § 191).

2. Cette lacune a été signalée peut-être pour la première fois par Leibniz. Parmi les « endroits » que Clavius a omis de corriger chez Euclide « un des

vertu du postulat premier, on joint l'un des points de rencontre aux extrémités de la droite donnée, on obtient un triangle qui satisfait aux conditions du problème. La possibilité du triangle équilatéral est donc démontrée. En termes modernes, nous dirons qu'à la description logique énonçant le genre et l'espèce nous avons ajouté un théorème d'existence.

Or le procédé est absolument général [1]; il est fondé sur la méthodologie propre à la mathématique suivant les anciens. Aristote disait : le géomètre suppose la signification du triangle, mais il en fait voir l'existence : τί μὲν γὰρ σημαίνει τὸ τρίγωνον, ἔλαβεν ὁ γεωμέτρης, ὅτι δ'ἔστιν δείκνυσιν [2]. Ainsi, sans recourir à l'hypothèse ontologique qui était la vertu occulte, ou le vice caché, de la logique aristotélicienne, la géométrie est capable de conférer à ses définitions *nominales* la valeur d'une définition *réelle* [3]; c'est par là qu'elle est autre chose que l'instrument d'un raisonnement formel, elle devient une science véritable.

plus remarquables et des moins remarqués se rencontre d'abord dans la démonstration de la première proposition du premier livre, où il suppose tacitement que les deux cercles qui servent à la construction d'un triangle équilatère, se doivent rencontrer quelque part, quoiqu'on sache que quelques cercles ne se sauraient jamais rencontrer ». (Gerhardt, *Phil. Schr.*, t. VII, Berlin, 1890, p. 166.)

1. Zeuthen, *Die geometrische Construction als « Existenzbeweis » in der antiken Geometrie.* Mathematische Annalen, t. XLVII, 1896, p. 222 et suiv.

2. II An. II, 7-92b 15 (Heiberg, *op. cit.*, p. 7). Cf. Pascal : *Lettre à M. le Pailleur* (1648). « Il est évident qu'il n'y a point de liaison nécessaire entre la définition d'une chose et l'assurance de son être; et que l'on peut aussi bien définir une chose impossible qu'une véritable. Ainsi on peut appeler un triangle rectiligne et rectangle celui qu'on s'imaginerait avoir deux angles droits, et montrer ensuite qu'un tel triangle est impossible; ainsi Euclide définit d'abord les parallèles, et montre après qu'il y en peut avoir, et la définition du cercle précède le *postulat* qui en propose la possibilité. » *Œuvres*, éd. L. Brunschvicg et P. Boutroux, t. II, 1908, p. 185.

3. Hobbes avait fort bien compris la signification des postulats euclidiens : « ea quæ postulata et petitiones appellantur, principia quidem revera sunt, non tamen demonstrationis, sed constructionis, id est non scientiæ, sed potentiæ; sive quod idem est, non theorematum quæ sunt speculationes, sed problematum quæ ad praxim et opus aliquod faciendum pertinent. » (*De Corpore*, chap. VI, § 13, *Op. latina*, Ed. Molesworth, Londres, t. I, 1839, p. 72.) Corrélativement à cette conception, il distingue deux ordres de définitions : celles qui évoquent dans l'esprit l'idée de la chose désignée par le mot, celles qui, portant sur le nom des choses susceptibles d'avoir une cause, contiennent ou leur cause ou, tout au moins, leur mode de génération : « veluti cum circulum definimus esse figuram natam ex circumlatione lineæ rectæ in plano. » (*Ibid.*) Cette conception, conforme à des indications de Descartes (*infra*, § 70), est aussi celle qui se retrouvera dans le *Tractatus de Reformatione intellectus* de Spinoza (*infra*, § 90; cf. *Lettre à Tschirnhaus*, LX (64), éd. von Vloten et Land, t. II, La Haye, 1883, p. 212), et il est permis de soupçonner un lien d'influence directe (Cassirer, *Das Erkenntnisproblem in der Philosophie und Wissenschaft der neueren Zeit*, t. II, 2e édit., Berlin, 1911, p. 98). De là, elle a passé chez

54. — Ce n'est pas tout encore : dans le développement de la géométrie métrique, Euclide rencontre deux notions qui sont nécessaires pour édifier le système de la géométrie plane et qui ne peuvent pas être considérées, du moins avec leurs caractères utiles pour le géomètre, comme conséquences de vérités déjà acquises; ces notions sont celles de *perpendiculaires* et de *parallèles*. Plus exactement, aux deux notions de perpendiculaires et de parallèles se rattachent deux *faits géométriques* qui ne sont pas susceptibles de démonstration, qui doivent être introduits à titre de données naturelles, et qui fourniront deux nouveaux *postulats*.

Le premier concerne les perpendiculaires : *tous les angles droits sont égaux*. A vrai dire, il peut paraître étrange qu'Euclide formule une pareille proposition, après avoir défini l'angle droit à l'aide de la construction qui, faisant tomber une droite sur une autre, détermine deux angles adjacents égaux; c'est par l'égalité de ces deux angles qu'il arrive à concevoir le caractère spécifique de l'angle droit. Mais si, comme le demande Zeuthen, on porte son attention sur l'application qui est faite de ce postulat[1], on comprend que dans la pensée d'Euclide il a pour signification d'énoncer la *réciproque* de la définition, c'est-à-dire que, si deux angles droits sont adjacents, les droites situées de part et d'autre du côté commun sont sur le prolongement l'une de l'autre. La condition d'unicité, qui avait été sous-entendue dans la conception de la ligne droite, est ici explicitée.

A la définition des parallèles se rattache de la même manière un postulat. Pour Euclide des lignes droites sont parallèles lorsque, situées dans un même plan et prolongées de part et d'autre à l'infini, elles ne se rencontrent d'aucun côté; définition singulière, si même elle n'est pas contradictoire, puisqu'elle repose sur une propriété qui est par sa nature à la fois relative à l'intuition et placée au delà des limites de toute intuition effective. Mais cette définition, qui est manifestement un essai de description, une formule de dictionnaire, ne comporte aucun usage géométrique. Suivant la conception que Zeuthen a si net-

Leibniz : « notio circuli ab Euclide proposita quod sit figura descripta motu rectæ in plano circa extremum immotum, definitionem præbet realem, patet enim talem figuram esse possibilem. » (*De Synthesi et Analysi universali, seu Arte inveniendi et judicandi*. Gerhardt *Phil. Schr.*, t. VII, Berlin, 1890, p. 294.) Il est à remarquer d'ailleurs que Leibniz trouvait dans cette conception de la *définition réelle* la réfutation du nominalisme absolu, tel qu'il croyait le rencontrer chez Hobbes (*Ibid.*; cf. Couturat, *La Logique de Leibniz*, 1901, p. 190, n. 2).

1. Prop. XIV du livre I; cf. Zeuthen, *op. cit.*, tr. Mascart, p. 101.

tement mise en lumière[1], les Grecs, pour fonder d'une façon positive les raisonnements relatifs aux parallèles, ont besoin d'une proposition d'*existence*; or le postulat des parallèles chez Euclide est un théorème indiquant les conditions dans lesquelles il *existe* un point d'intersection entre deux droites rencontrées par une troisième : « Qu'il soit demandé que si une droite rencontrant deux droites (situées dans un même plan) fait d'un même côté des angles intérieurs dont la somme soit moindre que deux droits, les deux droites prolongées indéfiniment se rencontrent du côté dont la somme est inférieure à deux droits[2] ».

LA PORTÉE PHILOSOPHIQUE DES « ÉLÉMENTS »

55. — Les *postulats* sont des faits naturels; et, du moins dans les quatre premiers livres des *Éléments*, la géométrie a le caractère d'une *science naturelle*, selon l'expression employée par Auguste Comte. Les deux premiers livres ont pour instrument la construction des figures et leur transformation par des tracés auxiliaires, pour but la démonstration de l'égalité de surfaces différentes : *rectangles*, *parallélogrammes* ou *triangles*, le troisième et le quatrième étudient le cercle, et l'inscription des polygones réguliers dans le cercle.

Avec le cinquième livre il semble qu'une science nouvelle commence, qui a pour objet la comparaison des grandeurs prises en général. L'élément est alors le *rapport* des grandeurs[3], et les jugements constitutifs de la science sont ceux qui posent la *similitude* (nous dirions aujourd'hui l'*égalité*) des rapports entre deux grandeurs, c'est-à-dire qui définissent des *proportions*. La théorie des proportions a ses origines dans la similitude géométrique. Le *manuel* d'Ahmès montre comment, sans énoncer de doctrines générales, les Égyptiens s'inspiraient dans la pratique du sentiment de la similitude[4]. Mais nous savons que dès le IVe siècle Eudoxe de Cnide, dans le dessein sans doute d'échapper aux embarras que la découverte des incom-

1. Art. cité, p. 225 et suiv.

2. Postulat V, Καὶ ἐὰν εἰς δύο εὐθείας εὐθεῖα ἐμπίπτουσα τὰς ἐντὸς καὶ ἐπὶ τὰ αὐτὰ μέρη γωνίας δύο ὀρθῶν ἐλάσσονας ποιῇ, ἐκβαλλομένας τὰς δύο εὐθείας ἐπ' ἄπειρον συμπίπτειν, ἐφ' ἃ μέρη εἰσὶν αἱ τῶν δύο ὀρθῶν ἐλάσσονες.

3. Def., III, Λόγος ἐστὶ δύο μεγεθῶν ὁμογενῶν ἡ κατὰ πηλικότητά ποια σχέσις.

4. Cantor, I[3], p. 55. Cf. P. Tannery, *La Géométrie grecque*, 1887, p. 92, et Zeuthen, *Histoire des Mathématiques dans l'Antiquité*, tr. Mascart, p. 4.

mensurables avait entraînés, se donna la tâche d'extraire de l'ensemble des vérités alors connues de la géométrie les éléments de la théorie des proportions, et de les réunir en un corps de doctrine autonome[1]. L'œuvre d'Eudoxe explique l'ordonnance des *Éléments*. Euclide sépare avec soin, du moins dans l'exposition de la géométrie plane, ce que nous appellerons la géométrie métrique directe, et la théorie des proportions. D'une part dans les quatre premiers livres il s'est interdit tout mode de démonstration qui impliquerait un appel à la similitude géométrique; il a refait, à ce point de vue, la démonstration traditionnelle du théorème de Pythagore[2]. D'autre part, en réservant la similitude des triangles, des parallélogrammes, etc., pour le livre VI, qui suit immédiatement le livre sur les proportions, il semble faire de cette étude purement géométrique l'application d'une science de la proportionnalité en général. Ce n'est pas tout : au livre V, les termes des proportions étaient figurés par des lignes, sans qu'il fût tenu compte de la différence entre grandeurs commensurables et grandeurs incommensurables. Au livre VII, l'étude des proportions est reprise, mais sur le terrain proprement numérique : « les propositions sur les proportions y prennent un nouveau sens parce que ici il ne s'agit pas seulement de l'égalité des rapports, mais aussi de la possibilité de les réduire aux mêmes plus petits termes[3] ».

Avec le livre X, Euclide aborde les incommensurables; il expose le classement des irrationnelles fournies « par les constructions géométriques... avec leurs propriétés non seulement pour l'équation du second degré et pour l'équation bi-carrée à coefficients rationnels, mais même en partie pour l'équation tricarrée[4] ». Cette étude est comme une introduction pour la géométrie dans l'espace, à laquelle sont consacrés les livres suivants. La détermination des éléments des polyèdres réguliers au livre XIII, fournira l'application de la théorie des irrationnelles, qui a été posée au livre X[5].

56. — Sous le désordre apparent de l'exposition, la science euclidienne implique une théorie générale des grandeurs, une

1. Cantor, I³, p. 238 et suiv.
2. Proclus, *éd. cit.*, *ad.* I, 47, p. 426. Cf. Zeuthen, *Mémoire* au second Congrès international de Philosophie, p. 848.
3. Zeuthen, *Sur la constitution des livres arithmétiques des Éléments d'Euclide*, Bulletin de l'Académie de Danemark, 1910, p. 402.
4. Paul Tannery, *La Géométrie grecque*, p. 101.
5. *Ibid.*

arithmétique universelle. Si donc nous prolongeons par la pensée l'histoire dans le sens où, suivant nos idées modernes, elle nous paraît naturellement orientée, nous attendrions que le développement de la science euclidienne eût pour conséquence la réaction de la forme rationnelle et déductive sur le contenu encore inorganique. Non seulement les théories analogues de la géométrie plane et de la géométrie dans l'espace auraient naturellement dû être rapprochées. Mais surtout, de ces livres qui traitent successivement des similitudes géométriques, des rapports numériques, des grandeurs incommensurables, devait se dégager explicitement l'unité dont l'auteur des *Éléments* ne pouvait pas ne pas prendre conscience au moment où il les disposait à la suite les uns des autres. En d'autres termes, la matière d'une *logique des relations* se trouve rassemblée dans les *Éléments* d'Euclide; et puisque nous avons relevé, dans le choix des principes et des méthodes, leur parenté intellectuelle avec les *Analytiques* d'Aristote, il semble qu'en face de l'œuvre où la *logique des classes* se trouve constituée sur ses bases définitives, il appartenait aux continuateurs d'Euclide d'établir sous sa forme propre la *logique des relations.*

En fait le désordre qui nous choque aujourd'hui dans l'œuvre d'Euclide[1], a passé inaperçu pendant des siècles. Les *Éléments*, où nous démêlons comme dans les cathédrales du moyen âge, l'apport successif des générations et la diversité des styles, ont donné l'impression de l'œuvre homogène par excellence. Il faut aller jusqu'au XVIIe siècle avant de rencontrer une tentative pour réorganiser les *Éléments* suivant le vrai sens de la Logique. Dans les *Nouveaux Éléments de Géométrie* qui ont été publiés en 1667, et qui sont l'œuvre d'Arnauld[2], le livre premier est consacré aux « grandeurs en général » et aux quatre opérations. Au livre cinquième seulement Arnauld commence à parler de l'étendue, de la ligne droite et circulaire, etc. Or, comme le montre le livre IV de la *Logique* où des extraits du *Discours de la méthode* (et, à partir de la seconde édition, des *Regulæ*) servent d'introduction et de base à la critique de l'ordre suivi par Euclide dans les *Éléments*, la refonte de la géométrie élémentaire est, dans l'esprit d'Arnauld, la conséquence de la révolution cartésienne.

1. Voir dans L'Enseignement mathématique du 15 mars 1904 l'article intitulé : *Justification des procédés et de l'ordonnance de mes Nouveaux Éléments de Géométrie* par Ch. Méray, p. 90 et suiv.

2. Voir l'analyse détaillée de Karl Bopp, *Antoine Arnauld, der grosse Arnauld, als Mathematiker*, Abhandlungen zur Geschichte der Mathematik, Leipzig, Fascicule XIV, 1902, p. 235 et suiv.

Ainsi, quoique les *Éléments* (et cela deviendra plus manifeste encore par l'*Esthétique transcendantale* de Kant, qui se meut tout entière dans les limites de la science euclidienne) soient gros d'une philosophie de la mathématique, l'antiquité n'a pas effectivement dégagé cette philosophie. La mathématique est demeurée dans l'état de transition et d'hétérogénéité où Euclide l'avait laissée. Des découvertes admirables qui devaient faire d'Euclide, d'Archimède, d'Apollonius, de Diophante, les initiateurs de la renaissance scientifique et les éducateurs de la pensée moderne, l'antiquité ne s'est pas souciée de rechercher l'extension à la science universelle de la nature ou à l'analyse de la pensée humaine. Respectueuse des cadres tracés par Aristote, sa curiosité spéculative se bornait à définir la *catégorie* à laquelle ressortissait l'objet de ces recherches. A cet égard, rien n'est plus significatif que la discussion, conservée dans les commentaires de Proclus, sur la nature de l'angle[1]. Euclide était considéré comme rattachant l'angle à la catégorie de *relation*, parce qu'il le définissait l'*inclinaison d'une ligne ou d'une surface par rapport à une autre ligne ou par rapport à une autre surface*. Eudème, philosophe péripatéticien, y voyait une *qualité* : *l'affection de la surface ou du solide consistant dans la rectitude ou dans l'obliquité*. Enfin, pour Plutarque, pour Apollonius, pour Carpus d'Antioche, c'était une *quantité* (*soit surface, soit solide*) *comprise sous une ligne ou une surface réfléchie autour d'un point, mesurant en quelque sorte la distance des deux parties de cette ligne ou de cette surface*[2]. Proclus, fidèle à l'enseignement de Syrianus, et en bon néo-platonicien, synthétisait toutes ces définitions et faisait participer l'angle à la nature des diverses catégories.

57. Une telle cristallisation, une telle stérilisation de la pensée géométrique nous paraît aujourd'hui singulière. C'est qu'en réalité nous sommes pour les Grecs plus ambitieux qu'ils ne l'ont été eux-mêmes. L'idée d'une logique qui ferait sortir de l'esprit humain la connaissance des choses, qui engendrerait la vérité par ratiocination pure, a pu, dès la fin du moyen âge, être suggérée par le crédit de l'*organum* aristotélicien; nous avons vu qu'elle est étrangère à la pensée d'Aristote lui-même. C'est sur les données des classifications naturelles, érigées sans doute en entités métaphysiques, que la logique d'Aristote s'est constituée; elle aura la prétention de mettre de l'ordre dans ces

1. Proclus, p. 123. Cf. Heath, t. I, p. 177.
2. Traduction résumée de Vincent, *op. cit.*, p. 2 et suiv.

données, d'en dégager par la vertu du mécanisme déductif tout ce qui s'y trouvait implicitement contenu ; mais d'ajouter à ces données, ce n'est nullement en dispenser.

La géométrie grecque, qui a pu être prise pour modèle dans la constitution des *Analytiques*, conserve vis-à-vis de la réalité extérieure la même attitude que la syllogistique. Elle ne prétend pas opérer sur les données immédiates de l'expérience une sorte de transmutation qui les rendrait semblables à la nature de l'activité intellectuelle; une telle opération serait en contradiction avec le réalisme de la science antique, qui subordonne toujours les caractères de la science à la nature de l'objet, qui ne connaît rien de tel que la forme pure de la pensée. L'élaboration des principes de la géométrie consiste seulement à trouver un point d'équilibre où la simplicité de la représentation spatiale et la clarté de l'enchaînement logique se rencontrent, où l'harmonie s'établisse comme d'elle-même entre la fonction d'imagination et la fonction d'intelligence, où l'esprit soit dans cet état de grâce esthétique dont Kant a si finement analysé les conditions dans la *Critique du jugement de beauté*.

La géométrie des anciens demeure donc ce que nous appellerions une étude qualitative de la quantité ; il est naturel qu'elle ne conduise pas à l'étude quantitative des qualités, qui est le principe de la science moderne. L'analogie de la logique formelle et de la déduction euclidienne, l'introduction dans les *Éléments* de théorèmes sur les proportions, sur la théorie des nombres, sur les grandeurs irrationnelles, enfin la correspondance des relations géométriques avec les relations d'ordre mécanique ou astronomique, nous font pressentir, à nous qui la connaissons par ailleurs, la conception cartésienne de la science une et universelle; elles n'ont pas suffi cependant pour qu'après l'échec du platonisme cette conception surgît de nouveau à la lumière de la réflexion, et s'imposât à la conscience intellectuelle des Grecs.

De là enfin le peu d'influence que la géométrie est alors capable d'exercer sur la physique. Les catégories du physicien sont hiérarchiquement supérieures à celles du mathématicien. Le mathématicien se contente de dessiner la configuration des mouvements, en suivant les apparences et sans avoir à décider lesquelles de ces apparences sont conformes à la réalité; une telle décision relève du physicien. La tâche de l'un ne saurait empiéter sur le domaine de l'autre : le mathématicien se meut dans les *hypothèses*, les *principes* appartiennent au physicien [1].

1. Ὅλως γὰρ οὐκ ἔστιν ἀστρολόγου τὸ γνῶναι, τί ἠρεμαῖον ἐστι τῇ φύσει καὶ

Cette restriction de l'horizon mathématique est un des traits qui marquent le mieux le caractère de la science ancienne par opposition à la science moderne. Mais l'opposition apparaîtra dans une lumière plus vive encore, une fois que nous aurons déterminé, en face de la mathématique euclidienne, la physionomie de la mathématique, telle qu'elle s'est présentée au XVIIe siècle dans l'école cartésienne : une logique universelle appelée à remplacer la logique aristotélicienne des classes et à restaurer le platonisme sur une base positive. La comparaison sera d'ailleurs d'autant plus facile que la mathématique cartésienne se présente, du moins au premier abord, comme étant essentiellement une géométrie.

ποῖα τὰ κινητὰ, ἀλλὰ ὑποθέσεις εἰσηγούμενος τῶν μὲν μενόντων, τῶν δὲ κινουμένων, σκοπεῖ τίσιν ὑποθέσεσιν ἀκολουθήσει τὰ κατὰ τὸν οὐρανὸν φαινόμενα. Ληπτέον δὲ αὐτῷ ἀρχὰς παρὰ τοῦ φυσικοῦ... Commentaire de Simplicius à la Physique d'Aristote, II, 2, 193[b] 23. Ed. Diels, Berlin, 1882., p. 292; cf. Duhem, Σώζειν τὰ φαινόμενα, *Essai sur la notion de théorie physique de Platon à Galilée*, Annales de philosophie chrétienne, mai 1908, p. 122.

CHAPITRE VII

LA GÉOMÉTRIE ANALYTIQUE

58. — En franchissant des siècles qui sont demeurés stériles, non certes pour la science elle-même, mais pour les idées constitutives d'une philosophie mathématique, en abordant la révolution de pensée qui se rattache au nom de Descartes, nous devons marquer le caractère nouveau que nos études vont prendre. L'historien n'est plus en présence de documents fragmentaires qui servent de matière pour reconstituer la physionomie des œuvres, la filiation des idées, l'influence réciproque des philosophes et des savants. Désormais les écrits originaux lui sont directement accessibles; il connaît les dates des publications, souvent les dates des découvertes; il est informé des communications de travaux et des influences d'idées qui expliquent la succession des œuvres. Les recherches destinées à éclaircir les problèmes de la philosophie mathématique sont susceptibles d'une précision et d'une objectivité auxquelles nous n'avions pu viser dans nos chapitres précédents; et, si nous ne nous faisons illusion, c'est ce qui commencera d'apparaître dans l'étude de la période qui se rattache à l'établissement de la géométrie analytique.

Voici tout d'abord une rencontre d'un intérêt singulier pour notre objet : le système de traduction qui permet de ramener les questions de la géométrie à la solution d'équations algébriques a été systématiquement employé par Fermat dans un écrit qui est antérieur à la publication de la *Géométrie* de Descartes. Nous devons chercher à dégager l'enseignement que comporte la simultanéité de ces découvertes, toutes voisines par leur contenu technique, aussi différentes qu'il est possible si l'on considère l'orientation générale de l'esprit des inventeurs.

SECTION A. — Fermat.

L' « ISAGOGE AD LOCOS PLANOS ET SOLIDOS »

59. — L'auteur (sans doute Carcavi) de l'*Eloge* qui parut au lendemain de la mort de Fermat, signalait parmi ses *œuvres* « une introduction aux lieux, plans et solides, qui est un traité analytique concernant la solution des problèmes plans et solides qui avait été vu devant que M. Descartes eût rien publié sur ce sujet [1] ». Et, en effet, l'*Isagoge ad locos planos et solidos* contient le principe de la géométrie analytique, énoncé sous la forme la plus nette qui puisse être souhaitée [2] : « Commode autem institui possunt æquationes, si duas quantitates ignotas ad datum angulum constituamus (quem ut plurimum rectum sumemus), et alterius ex illis positione datæ terminus unus sit datus [3]. » On y trouve, non seulement la définition des courbes principales du second degré, mais encore l'équation de la ligne droite [4], qu'on chercherait vainement dans le *Géométrie* de 1637 et dans les écrits de ses premiers commentateurs, jusqu'aux *Elementa curvarum linearum* de Jean de Witt [5]. De même qu'il remonte jus-

1. *Éloge de M. de Fermat, conseiller au Parlement de Toulouse*, Journal des savants, lundi 9 février 1665. Le passage est confirmé par une lettre à Mersenne, de février 1638, où Fermat écrit : « Je serai bien aise de savoir le jugement de MM. de Roberval et de Pascal sur mon *Isagoge topique* et sur l'*Appendix*, s'ils ont vu l'un et l'autre. » *Œuvres de Fermat*, édit. *Paul Tannery-Charles Henry*, que nous désignons dans la suite par *TH*, t. II, p. 134.

2. « Nulle part, dit Cantor, Descartes n'a décrit l'établissement de l'équation d'un lieu géométrique avec autant de clarté que Fermat au commencement de son *Isagoge* » (II², p. 817). Cf. Milhaud *Descartes et la géométrie analytique*, Revue générale des sciences, 1906, t. I, p. 73 et *Nouvelles Études*, 1911, p. 157.

3. *TH*, t. I, 1891, p. 92.

4. *Ibid.*, p. 95. Fermat, écrit Brassine (*Précis des Œuvres mathématiques de Pierre Fermat et de l'Arithmétique de Diophante*, Toulouse, 1843, p. 11), considère une droite indéfinie sur laquelle il prend un point fixe N. (fig. 4). Il suppose qu'un point I est déterminé de position par la relation constante $d.\ x = b.\ y$; les quantités d, b sont des lignes données ; le segment NZ représenté par x, et la perpendiculaire IZ à NM représentée par y sont des quantités variables. Or, si on joint IN, comme d'après la relation établie le rapport y/x est constant pour toutes les positions du point I, il en résultera que l'angle N ne variant pas, le lieu du point I sera la droite NI. » (Cf. Bordas-Demoulin, *Le Cartésianisme ou la véritable rénovation des sciences*, t. II, 1843, p. 13.)

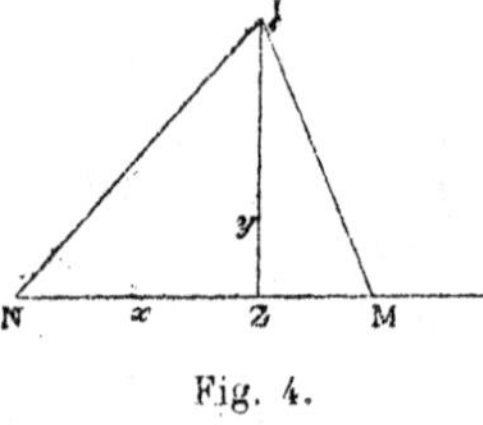

Fig. 4.

5. *R. Cartesii Geometria*, 2e édit. t. II, 1659, p. 244, et suiv.

qu'à l'expression la plus simple de la correspondance entre la forme algébrique et la forme géométrique, Fermat est capable de compléter (sinon, comme il écrit, de corriger) l'œuvre de Descartes. En 1660, il a montré la possibilité de réduire les problèmes du septième ou huitième degré à des courbes du quatrième, les problèmes du neuvième ou du dixième à des courbes du sixième, tandis que Descartes exigeait des courbes du cinquième ou du sixième pour le premier problème, du septième ou du huitième pour le second[1].

LES ORIGINES DE L' « ISAGOGE »

60. — Si donc on fait cette hypothèse que Descartes n'a pas écrit la *Géométrie*, on peut conjecturer que selon toute vraisemblance l'évolution de la mathématique n'en aurait pas été profondément modifiée ; mais il est difficile de croire que le développement de la philosophie au XVIIe siècle n'en eût pas été affecté, qu'en particulier les doctrines de Malebranche et de Spinoza eussent présenté la rigueur systématique que nous y retrouverons. C'est que la *Géométrie* est l'œuvre d'un *méthodique*, qui procède d'une conception universelle de la science et qui lègue à ses successeurs une notion originale de la vérité scientifique. L'*Isagoge*, par contre, est l'œuvre d'un technicien, qui est en même temps un érudit, qui reprend et qui approfondit les procédés pratiqués avant lui pour les porter à leur plus haut point d'élégance et de simplicité.

Fermat a été en particulier le commentateur, l'exégète d'Apollonius de Perga et de Diophante d'Alexandrie.

61. — Lorsque, instruit des procédés analytiques des modernes, l'historien considère les travaux d'Apollonius sur les *sections coniques*, il est frappé d'y retrouver les traits constitutifs d'une algèbre géométrique qui, à l'aide de formes différentes de langage et de représentation, suit un cours parallèle à celui de la géométrie analytique[2]. Voici, pour prendre l'exemple le plus simple, l'ordre de considération auquel Apollonius a recours pour introduire les différentes espèces de sections coniques, dans le théorème fondamental du premier livre (prop. XIII). Soit une ellipse (fig. 5) ; soit un *diamètre* AB de longueur 2 a, un segment AC pris sur ce diamètre, et une corde conju-

1. *TH*; t. I, p. 120.
2. Chasles, *Aperçu historique sur l'origine et le développement des méthodes en géométrie*, Bruxelles (1837) 2e édit. 1875, p. 18.

guée CD; la caractéristique de la figure, ce sera le rapport constant $\frac{p}{a}$ entre le carré de la corde CD, et le produit des deux segments AC et CB du diamètre [1]. La méthode d'Apollonius consiste à représenter cette relation, que nous traduirons aujourd'hui en termes algébriques, par la construction d'une figure auxiliaire. J'élève en A et en C les perpendiculaires au diamètre, je donne à AE la longueur 2 p, je joins E à B; EB coupe en F la perpendiculaire élevée en C. La similitude des deux triangles AEB, CFB me donne la proportion :

$$\frac{CF}{CB}=\frac{AE}{AB}=\frac{2p}{2a}$$

d'où :

$$CF=\frac{p}{a}CB.$$

L'équation $$CD^2=\frac{p}{a}AC.CB$$

prendra donc la forme : $CD^2=AC.CF$

On voit immédiatement que la corde CD et le segment AC qu'elle détermine sur le diamètre sont les éléments variables d'une relation qui est générale et qui s'exprime par l'équivalence du rectangle AC. CF au carré ayant pour côté la corde CD. Or, comme Apollonius applique cette relation, *mutatis mutandis*, à l'hyperbole et à la parabole, on est autorisé à dire qu'il a tracé la figure convenant à la représentation et à la solution de l'équation du second degré; nous pouvons attribuer aux éléments qui servent de point de départ à cette relation, corde conjuguée et segment pris sur le diamètre, le rôle de véritables coordonnées.

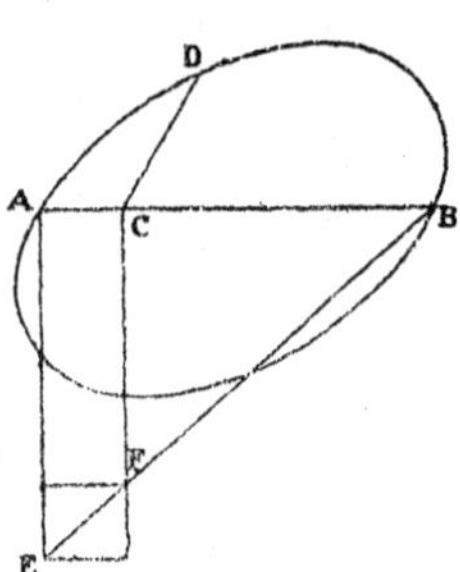

Fig. 5.

62. — Seulement, si la généralité de cette relation est aperçue aussi nettement qu'il est possible, elle n'est pas dégagée sous une forme explicite; la construction auxiliaire, le rectangle de référence, demeurent des parties intégrantes de la solution; de sorte qu'il faut un théorème distinct pour chaque cas particulier, et que d'autre part des combinaisons multiples s'établissent suivant les expressions de Zeuthen [2], entre le *moyen* et l'*objet* de

1. Voir Zeuthen, tr. Mascart., p. 167 et fig. 20.
2. *Ibid.*, p. 169.

la représentation géométrique; d'où la complication et la difficulté de la science apollonienne[1].

Aussi ce fut-il un trait de génie que de donner à l'usage des coordonnées la forme la plus simple possible en n'employant que des coordonnées rectangulaires, et d'autre part de mettre en évidence la nature auxiliaire et méthodique de ces coordonnées en les appliquant à des sortes de grandeurs qui ne pouvaient se confondre avec leur représentation géométrique, telle que par exemple la chaleur. L'honneur en paraît appartenir à un savant français du XIVe siècle, Nicolas Oresme. Le *Tractatus de latitudinibus formarum* (dont l'influence fut grande et durable à ce point que, dès la découverte de l'imprimerie, quatre éditions s'en succédèrent, de 1442 à 1515), enseigne à représenter les variations de quelque grandeur que ce soit en transportant sur une surface plane les lignes de repère qui avaient été jusque-là tracées sur une sphère. Les degrés du phénomène naturel se figurent par l'ordonnée, et constituent ainsi ce que Nicolas Oresme appelle *latitude de la forme*; la *longitude*, c'est-à-dire la ligne des abscisses, figure les temps correspondants. La courbe déterminée par les points d'intersection est le graphique des variations d'intensité que le phénomène a subies en fonction du temps[2].

63. — De même, nous qui sommes avertis par la constitution de l'algèbre, nous reconnaissons dans l'arithmétique de Diophante d'Alexandrie quelques-uns des traits essentiels du symbolisme opératoire. Les abréviations utilisées pour la désignation de l'inconnue et de ses puissances, la mise en équation de la relation entre cette inconnue et les quantités déterminées du problème, l'indépendance à l'égard des représentations géométriques, l'emploi systématique de ce qu'on appellera la règle de fausse position[3], suggèrent l'idée d'une science qui se constitue sous une forme abstraite et tend à des solutions générales.

1. « Ce qui manque aux Mathématiques grecques, dit Paul Tannery (dans une remarque sur l'*Arithmétique pythagoricienne*, que Zeuthen a prise pour épigraphe de son ouvrage *Die Lehre von den Kegelschnitten im Altertum*. (éd. allemande. Copenhague 1886), ce sont moins les méthodes... que des formules propres à l'exposition des méthodes. » Bulletin des sciences mathématiques, 1885, p. 86.

2. Cantor, II^2, p. 130. Voir les premières lignes du manuscrit de Thorn : *De latitudine formarum* magistri Nicholai Horen, étudié par Maximilian Curtze, Zeitschrift für Mathematik und Physik, t. XIII, *Suppl.*, p. 92 : « Quia formarum latitudines multipliciter variantur et multiplicitas difficillime discernitur nisi ad figuras geometricas consideratio referatur. Ideo premissis quibusdam latitudinum divisionibus cum suis diffitionibus infinitas species earundem demum ad infinitas species figurarum applicatio ... clarius apparebit. »

3. *Vide supra*, § 17, et Zeuthen, *op. cit.*, tr. Mascart, p. 206, et suiv.

Mais il restait un pas décisif à franchir : il fallait débarrasser ces procédés opératoires de la restriction qui leur était imposée par la nécessité de l'application numérique. Et c'est à quoi on parvient grâce à l'usage des signes littéraux pour désigner les notions indéterminées sur lesquelles porte le raisonnement. On retrouve ainsi, avec le procédé qui était constant dans les *Analytiques* d'Aristote[1], la conception philosophique qui s'y trouve associée. L'*arithmétique*, dit Viète, est une méthode opératoire sur les nombres : *Logistica numerosa*; l'*Algèbre* est une méthode opératoire sur les *espèces* ou *formes* des choses : *Logistica speciosa*[2]. Seulement, tandis que dans la logique formelle, dans la *logique* des espèces, cet usage demeurait passif et inerte, puisque les choses signifiées, individus ou substances, possèdent en propre des qualités qui ne peuvent passer dans les signes pour les représenter, il devient dynamique et fécond dans la « *logistique* des espèces»; les lettres expriment des quantités dont la nature ne consiste qu'à se combiner suivant les lois de la mathématique. Tous les procédés dus aux algébristes du moyen âge et du XVIe siècle, recueillis et étendus par Viète, viendront se ranger sous les lois de l'*analyse spécieuse*, sans que Viète pourtant ait disposé d'un langage suffisamment général pour réduire les différentes particularités d'une équation d'un même degré à la forme d'une équation type[3], sans qu'il ait tiré de ses découvertes et de ses théories « un corps parfait[4] ».

64. — Assurément la découverte de la géométrie analytique n'appartient ni à Oresme ni à Viète, bien que le premier ait inventé la méthode des *graphiques*, bien que le second se soit perpétuellement servi de son algèbre pour résoudre des problèmes de géométrie et qu'il ait ainsi pratiqué ce qui littéralement mériterait mieux que l'*Isagoge ad locos*, ou que la *Géométrie* de 1637, le nom de *géométrie analytique*. Du moins

1. Cf. Paul Tannery : *Sur l'Arithmétique pythagoricienne, art. cit.*, Bulletin des sciences mathématiques, 1885, p. 86 : « Quand on étudie dans Aristote le symbolisme des lettres employées pour représenter des objets de la pensée, on doit se dire qu'il ne fallait alors qu'un pas aux Grecs pour arriver à l'algorithme de Viète ».

2. *In artem analyticam Isagoge*, 1591, § 4, Ed. Schooten, Leyde 1646, p. 4.

3. Cf. Liard, *Descartes*, 1882, p. 58, et Pierre Boutroux, *L'imagination et les mathématiques selon Descartes*, Bibliothèque de la Faculté des lettres de l'université de Paris, X, 1900. App. I. *L'analyse de Viète et celle de Descartes au point de vue du rôle de l'imagination*, p. 37 et suiv.

4. Descartes, *Lettre* de juin 1645, *Edit. Charles Adam et Paul Tannery* (que nous désignerons dans la suite par *AT*), t. IV, p. 228.

ont-ils porté les matériaux de la science nouvelle à un tel degré de perfection que l'avènement en a pris un caractère de nécessité logique. Du moment que les Grecs avaient su se servir de la géométrie métrique pour déterminer des types de relations générales entre les grandeurs, la découverte de Fermat devait se produire, comme les pratiques des astronomes grecs devaient conduire à l'emploi systématique de la trigonométrie, comme l'étude simultanée de la progression arithmétique et de la progression géométrique impliquait le calcul logarithmique. Et les trois disciplines auront à peu près la même portée : elles apparaîtront comme le complément, comme la définitive mise au point, de procédés lentement élaborés. En terminant l'*Isagoge,* Fermat qui avait « rétabli et démontré *les deux livres d'Apollonius Pergæus des lieux plans* » exprime le regret de n'avoir pas disposé à ce moment d'une méthode qui lui eût donné sans doute le moyen de rendre plus élégantes les constructions de ces lieux géométriques[1]. En fait la géométrie analytique a servi surtout à perfectionner la théorie des sections coniques jusqu'au moment où le progrès des recherches infinitésimales a permis de transporter sur un nouveau terrain le principe de la correspondance entre les courbes et les équations, et d'en étendre ainsi la fécondité.

SECTION B. — La mathématique universelle de Descartes et la Physique.

L'IDÉE DE LA MATHÉMATIQUE UNIVERSELLE

65. — La genèse de la géométrie analytique de Fermat éclaire dans une certaine mesure la philosophie mathématique de Descartes. Suivant, en effet, la quatrième des *Regulæ ad directionem ingenii*[2] et la seconde partie du *Discours de la Méthode*[3], deux disciplines sont exceptées de la fin de non-recevoir que Descartes oppose systématiquement à la philosophie et à la science telles qu'elles lui avaient été enseignées; c'est l'arithmétique et la géométrie. Sous leur forme élémentaire : *arithmétique de Pythagore* et *géométrie d'Euclide*, ces sciences sont les

1. Paragraphe final de l'*Isagoge* : « Hæc inventio si libros duos *de locis planis* a nobis dudum restitutos præcessisset, elegantiores sane evasissent localium theorematum constructiones. » *TH*, t. I, p. 103.
2. *AT*, X, 373.
3. *AT*, VI, 17 et suiv.

modèles de la logique véritable : « Arithmetica et Geometria... circa objectum ita purum et simplex versantur, ut nihil plane supponant, quod experientia reddiderit incertum, sed totæ consistunt in consequentiis rationabiliter deducendis[1] ». Sous la forme supérieure que leur ont donnée Apollonius et Viète (Descartes dit « Pappus et Diophante[2] ») elles manifestent leur fécondité en engendrant, celle-ci, « une certaine analyse que les Géomètres anciens avaient pratiquée quoiqu'ils eussent refusé d'en livrer le secret, celle-là un certain genre d'arithmétique qu'on appelle algèbre et qui permet d'opérer sur les nombres comme les anciens faisaient sur les figures[3] ». Mais l'analyse des anciens et l'algèbre des modernes avaient sacrifié à l'ampleur des résultats la simplicité et la pureté des principes; elles doivent se réorganiser, elles se fondront de manière à constituer une méthode universelle. Le principe de cette méthode consiste à s'élever au-dessus de la représentation des figures, et à dégager ce qui est commun à « toutes ces sciences particulières qu'on nomme communément Mathématiques... Encore que leurs objets soient différents, elles ne laissent pas de s'accorder toutes, en ce qu'elles n'y considèrent autre chose que les divers rapports ou proportions qui s'y trouvent[4] ».

Dans une telle conception la géométrie conserve un rôle : pour examiner « ces proportions en général », il convient de les « supposer... dans les sujets qui serviraient à en rendre la connaissance plus aisée »; ces *sujets*, c'est-à-dire les termes particuliers destinés à être le support des relations générales, devront, remarque Descartes, être des lignes parce qu'il n'y aurait « rien de plus simple ni que je pusse plus distinctement représenter à mon imagination et à mes sens ». Mais la relation qui s'ajoute aux termes » pour les retenir ou les comprendre plusieurs ensemble », et qui est l'objet propre de la mathématique universelle, n'est pas assujettie à la nature géométrique des lignes; elle s'explique « par quelques chiffres, les plus courts qu'il serait possible. Par ce moyen, conclut Descartes, j'emprunterais tout le meilleur de l'Analyse géométrique et de l'Algèbre, et corrigerais tous les défauts de l'une par l'autre[5]. »

66. — Ainsi, suivant le *Discours de la Méthode*, une inspiration, qui rappelle de près l'*Isagoge* de Fermat, expliquerait la

1. *Reg.*, II, *AT*, X, 365.
2. *Ibid.*, IV, *AT*, X, 376.
3. *Ibid.*, X, 373.
4. *AT*, VI, 19.
5. *Ibid.*, VI, 20.

genèse de la *mathématique universelle*. Il reste à savoir quelle est exactement, à la prendre en elle-même, la portée de cette mathématique universelle.

A cette question la réponse sera différente, suivant que l'on considérera l'œuvre de Descartes dans la philosophie générale, c'est-à-dire l'extension de la méthode mathématique à l'universalité des problèmes cosmologiques, ou que l'on s'attachera seulement à l'œuvre que Descartes accomplit dans le domaine propre de la mathématique par la réduction des problèmes de la géométrie aux problèmes de l'algèbre. Que les deux entreprises procèdent d'un même esprit, la chose n'est, certes, pas douteuse; elles sont connexes, il serait pourtant inexact d'en conclure qu'elles puissent se ramener l'une à l'autre. La première est une réforme de la physique par les mathématiques, mais qui n'emprunte rien à la technique de la géométrie nouvelle, tandis que la seconde est une réforme de la mathématique elle-même. Ce qui a donné occasion de les confondre, et qui a rendu parfois inextricable l'interprétation de la pensée cartésienne, c'est que l'une et l'autre œuvre ont pour base la notion de l'espace. Or, il importe de le dire tout de suite, afin d'orienter le lecteur dans notre double exposé : l'espace joue dans la physique de Descartes et dans la géométrie de Descartes deux personnages bien différents. Dans la physique la réduction de la qualité à la quantité consiste à ne retenir des phénomènes sensibles que des déterminations mesurables à l'aide des dimensions de l'étendue. Dans la géométrie au contraire les figures spatiales apparaissent comme des sortes de qualités, qui seront ramenées aux formes purement abstraites et intellectuelles de la quantité, aux degrés de l'équation. Bref les *Principes de la Philosophie* sont une physique de géomètre; la *Géométrie* est une géométrie d'analyste. Ainsi s'explique qu'en suivant les directions que dessinent l'un et l'autre ouvrage on arrive à deux conceptions nettement distinctes de la philosophie mathématique.

LES DIVERSES FONCTIONS DE L'ESPACE DANS LES « REGULÆ

67. — La première de ces conceptions apparaît dès les *Regulæ*, qui probablement remontent aux environs de l'année 1628[1]. L'idée fondamentale est que la science est essen-

1. Note de l'édition Adam-Tannery, X, 485, et suiv.

tiellement unité, parce qu'elle est l'intelligence humaine à l'œuvre et qu'il n'y a qu'une façon de comprendre[1]. La méthode est unique pour disposer les données complexes d'un problème suivant un ordre intelligible, de façon à ne plus avoir qu'une chaîne de relations simples entre éléments simples : « Soit par exemple 3 et 6 les deux premiers termes d'une progression géométrique; rien n'est plus simple que d'en déterminer le troisième par déduction; il suffit de noter que 6 est le double de 3 et de trouver le double de 6 qui est 12[2] ». Une série de relations se constitue qui fournira autant de termes que l'on voudra. La solution du problème est parfaite quand la série a un ordre, c'est-à-dire quand on peut, comme dans le cas de la progression géométrique, passer d'un élément à l'autre grâce à un « mouvement continu et ininterrompu de l'esprit », en se fondant sur une relation initiale qui peut être saisie dans l'acte un et indivisible de l'intuition, en partant du simple ou, comme dit Descartes, de l'*absolu*. On le voit par cet exemple, la mathématique est la science de l'*ordre* aussi bien que la science de la *mesure*; et elle comprend, en outre de l'arithmétique (ou algèbre) et de la géométrie, l'astronomie, la musique, l'optique, la mécanique[3].

68. — Pour la constitution de l'ordre, Descartes, d'une façon générale, recommande de mettre à profit la simplicité des images spatiales[4]. Mais la portée de cette prescription varie du tout au tout suivant l'application qu'on en fera.

Ainsi, les *Regulæ* envisagent le cas où la représentation géométrique n'est guère plus qu'un schème conventionnel. « On peut supposer que la couleur est tout ce qu'on voudra, on ne niera pourtant pas qu'elle soit étendue et par conséquent qu'elle ait une figure. Quel inconvénient y aurait-il donc à procéder de la façon suivante? sans admettre inutilement ou forger à la légère une nouvelle essence, sans rien nier non plus des opinions des autres, nous nous contenterons de ne retenir que ce qui a la nature de la figure, et nous concevrons la diversité qui est entre le *blanc*, le *bleu*, le *rouge*, etc., comme celle qui existe entre telles figures que celles-ci [*Voir ci-contre*, fig. 6].

Et on peut en dire autant de toutes choses puisqu'il est cer-

1. *Reg.*, I. *AT*, X, 360.
2. Hannequin, *La méthode de Descartes*, *Études d'histoire des sciences et d'histoire de la philosophie*, t. I, 1908, p. 222 (Paris, F. Alcan), d'après la *Reg.* VI, *AT*, X, p. 384 et suiv.
3. *Reg.*, IV, *AT*, X, 377 et suiv.
4. *Reg.*, XIV, *AT*, X, 441.

tain que la multitude infinie des figures suffit pour exprimer toutes les différences sensibles[1]. »

Sous cette forme, l'introduction de la notion d'espace n'aurait qu'une valeur méthodologique[2]. Elle signifierait seulement que, pour imaginer clairement et distinctement les différences qui lui sont données comme qualitatives, le savant a besoin de leur

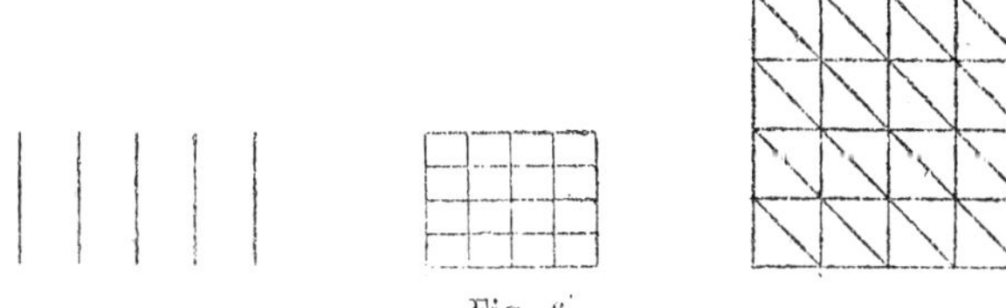

Fig. 6.

faire correspondre des graphiques suivant la méthode pratique que Nicolas Oresme avait inventée et rendue populaire. Si on opérait sur ces symboles, comme on opérerait sur les couleurs elles-mêmes, afin de saisir les conséquences qu'entraîne leur diversité, on n'aurait qu'une série d'hypothèses, dépourvues de consistance intrinsèque, destinées surtout, comme le voulaient les astronomes grecs, à *maintenir* les phénomènes, à coordonner les apparences[3].

69. — Mais si Descartes a nettement marqué le rôle que l'espace serait capable de remplir comme schème arbitraire qui suppléerait aux connexions véritables des phénomènes, il n'est pas douteux que le mécanisme cartésien a une tout autre ambition. Descartes ne critique-t-il pas le mathématisme expérimental de Galilée, précisément parce que Galilée se borne, ainsi que fera plus tard Newton, à rechercher par induction la formule des lois naturelles? Ce n'est pas assez de connaître « les raisons de quelques effets particuliers »; on bâtit « sans fondement », tant que l'on n'a point considéré « les premières causes de la nature[4] ». En d'autres termes, comme Descartes

1. *Reg.*, XII, *AT*, X, 413. Cf. Berthet, *La méthode de Descartes avant le Discours*, Revue de Métaphysique, 1896; p. 409 et suiv.

2. Il est à noter que dans le *Valerius Terminus of the Interpretation of Nature*, (qui n'a été, il est vrai, publié qu'en 1734), Bacon employait des symboles analogues. (Lalande, *Sur quelques textes de Bacon et de Descartes*, Revue de Métaphysique, 1911, p. 309 et 311, avec référence à Bacon. Ed. Ellis, Spedding et Heath, t. III, Londres, 1876; p. 237.)

3. Voir la *Note* de M. Mentré : *La théorie physique d'après Descartes*. Revue de Philosophie, août 1904, p. 218 et suiv.

4. Cf. *lettre à Mersenne* du 11 octobre 1638, *AT*, II, 380.

lui-même a distingué une morale « par provision » de ce qui aurait, au terme de sa philosophie, constitué sa morale définitive, il y a lieu de distinguer une *méthode par provision*, c'est-à-dire un artifice destiné à transposer les problèmes quels qu'ils soient dans un cadre adapté aux fonctions de l'esprit, et une méthode définitive, appuyée sur la relation générale de l'esprit avec les choses, et qui implique suivant Descartes une théorie exacte de Dieu.

Cette méthode définitive se fonde sur l'espace en tant que l'espace est adéquat à la réalité des choses. Or cette adéquation sera obtenue effectivement, à la condition que l'espace ait subi une élaboration qui en simplifie et en généralise la notion. L'espace, tel que l'avaient envisagé les géomètres anciens, est un système de figures susceptibles d'être mesurées suivant trois dimensions; grâce à l'énumération de ces dimensions les problèmes de la géométrie sont aisés à déterminer facilement. D'autre part, les grandeurs dans l'espace représentent les trois premiers degrés des grandeurs arithmétiques ou algébriques : « la quantité simple [dite du premier degré dans l'algèbre moderne] s'appelle *racine*; la seconde s'appelle *carré*; la troisième *cube*, la quatrième *bi-carré*, etc. [1] » La simplicité imaginative de cette correspondance est séduisante, et Descartes avoue en avoir été lui-même dupe pendant longtemps. Pourtant elle est trompeuse. En effet les degrés des grandeurs ne sont jamais que des relations à une unité donnée; la quantité du premier degré, « la racine, est une première proportionnelle; le carré est une seconde proportionnelle, etc. » Or, suivant la *Règle* XV, l'unité peut être à volonté ou *surface* ou *longueur* ou *point*. L'essentiel, c'est la représentation d'un élément étendu qui se prête dans tous les sens à une extension illimitée [2].

Descartes, il est vrai, n'ajoute pas ici, ce qu'on attend qu'il dise, et ce qu'il dit de fait dans la *Géométrie*, que la composi-

1. *Reg.* XVI, *AT*, X, 456.

2. *AT*, X, 453 : « primo unitatem pingemus tribus modis, nempe per quadratum, □, si attendamus ad illam ut longam et latam, vel per lineam, ——, si consideremus tantum ut longam, vel denique per punctum, , si non aliud spectemus quam quod ex illa componatur multitudo; at quocumque modo pingatur et concipiatur, intelligemus semper eamdem esse subjectum omnimode extensum et infinitarum dimensionum capax. » Ce passage permet d'expliquer le début de la *Reg.* XVI, où Descartes recommande de remplacer les figures entières par des signes très courts, *per brevissimas notas*. Ces signes ne sont pas nécessairement des « chiffres », comme dans le passage correspondant du *Discours de la Méthode* (Cf. Hamelin : *Le système de Descartes*, 1910, p. 68, n. 2); ils peuvent être des *points*.

tion de ces degrés peut se faire à l'intérieur d'une seule dimension spatiale, que le produit de deux ou plusieurs longueurs peut encore être représenté par une longueur. Ne faut-il voir dans cette réserve que son éternel parti pris de prudence et de méfiance? ou faut-il croire que dans les *Regulæ*, il n'avait pas encore amené les principes de la géométrie analytique à l'état de méthode claire et distincte? En tout cas, ce qu'on doit retenir de ces *Règles* XIV et XVI, c'est que la pensée de Descartes tourne autour de la dimension spatiale. L'élément de *dimension spatiale* est la longueur; on peut partir de la longueur pour reconstituer la réalité spatiale, comme multiplicité à trois dimensions. Mais ce mode de composition n'est, aux yeux de Descartes, qu'un cas particulier dans le mode de composition des grandeurs; tout élément analogue à la longueur peut être considéré comme une dimension, et on introduira dans un problème autant de dimensions qu'on voudra. Dès lors la *représentation spatiale* de la dimension ne dépend plus de la *nature spatiale* de la dimension : « non seulement, dit Descartes, la longueur, la largeur et la profondeur sont des dimensions, mais en outre la pesanteur est la dimension suivant laquelle les choses sont pesées; la vitesse est la dimension du mouvement, et ainsi pour une infinité de dimensions semblables. Tout mode de division en parties égales, qu'il soit effectif ou intellectuel, constitue une dimension suivant laquelle se fait la numeration[1] ». Autant de dimensions dans un problème, autant d'éléments quantitatifs dont la mesure peut être naturellement indiquée par une représentation spatiale.

70. — Cette généralisation de la notion de dimension est le point capital des *Regulæ*; elle explique comment la représentation spatiale peut acquérir une valeur tout autre que celle d'un symbolisme arbitraire, et conduire à une science effective de l'univers. En effet entre la diversité des couleurs et la diversité des schèmes spatiaux que l'on convenait de leur faire correspondre, il n'y avait qu'une analogie extérieure; les raisons hypothétiques que l'on enchaînait en théorie simplement parce que la méthode enjoint de supposer « même de l'ordre entre [*les objets*] qui ne se précèdent point naturellement les uns les autres[2] », étaient propres à recouvrir plutôt qu'à manifester la réalité véritable des phénomènes. La notion de dimension généralisée permet de substituer à l'analogie extérieure la réso-

1. *Reg.* XIV, *AT*, X, 447.
2. *AT*, VI, 18.

lution interne. Traiter un problème suivant l'ordre de la raison et suivant la nature des choses, ainsi que l'a fait Descartes dans la découverte fondamentale des lois de la réfraction, c'est le ramener à un nombre déterminé de dimensions élémentaires, c'est rechercher les relations qui correspondent à ces diverses dimensions et à leurs rapports réciproques, jusqu'à ce que le système de ces relations soit compris dans une énumération exhaustive, et que l'on puisse conclure de la solution particulière de chacune des difficultés à la solution totale du problème.

La réforme de la philosophie par les mathématiques sera donc accomplie si l'étude de tous les phénomènes peut être réduite à des mesures de dimensions. Ce but, Descartes l'atteint par la refonte de la notion du *mouvement*. Pour Aristote, le mouvement est l'*acte d'un être en puissance en tant qu'il est en puissance*; sous cette définition générale « les Philosophes » conçoivent « plusieurs mouvements qu'ils pensent pouvoir être faits sans qu'aucun corps change de place, comme ceux qu'ils appellent *motus ad formam*, *motus ad calorem*, *motus ad quantitatem*. Et moi, continue Descartes au chapitre VII du *Monde*, je n'en connais aucun que celui... qui fait que les corps passent d'un lieu en un autre, et occupent successivement tous les espaces qui sont entre deux [1] ». La notion d'un tel mouvement rentre dans le cadre des notions géométriques ; on pourrait même dire qu'elle est à la base de la géométrie. « La nature du mouvement duquel j'entends ici parler, est si facile à connaître que les Géomètres mêmes, qui entre tous les hommes se sont le plus étudié à concevoir bien distinctement les choses qu'ils ont considérées, l'ont jugée plus simple et plus intelligible que celle de leurs superficies et de leurs lignes ; ainsi qu'il paraît en ce qu'ils ont expliqué la ligne par le mouvement d'un point, et la superficie par celui d'une ligne » [2]. Seules les notions « des figures, des grandeurs et des mouvements » constituent les idées « claires et distinctes qui peuvent être en notre entendement touchant les choses matérielles » [3]. La science de l'univers devra donc se traiter uniquement en termes d'*étendue* et de *mouvement*, suivant « les principes de la Géométrie et des Mécaniques » ; — les

1. *AT*, XI, 39.

2. *Ibid.* Cf. Arist. de *An.*, 409ª 4. (Ed. Rodier, t. I, p. 44.) ... Ἐπεί φασι κινηθεῖσαν γραμμὴν ἐπίπεδον ποιεῖν, στιγμὴν δὲ γραμμήν. Voir aussi Proclus, *op. cit.*, p. 97 : οἱ μὲν [τὴν γραμμὴν] ῥύσιν σημείου λέγοντες, et le texte des *Reg.* XIV, *AT.*, X, 450 : « idem erit cum puncto Geometrarum, dum ex ejus fluxu lineam componunt. »

3. *Pr. Phil.* IV, § 203, *AT*, VIII, (1), 326, et trad. franç., IX, (2), 321.

principes des *mécaniques* étant homogènes à ceux de la Géométrie, puisque l'idée de mouvement ne contient aucun élément qui ne soit impliqué dans l'idée de l'espace.

Telle est la forme de la *mathématique universelle*, que le *mécanisme* cartésien va remplir. La matière se définit ce qui est étendu en longueur, largeur et profondeur [1]; mais les trois dimensions n'épuisent pas les éléments spatiaux qui peuvent se combiner pour rendre compte des phénomènes de l'univers. Le mouvement est une grandeur susceptible de dimension comme la figure; la mesure du mouvement s'ajoute à la mesure du volume pour constituer les quantités qui entrent dans les équations fondamentales de la mécanique. Si on peut ainsi par des modifications de situation et de vitesse rendre compte de tout « ce que nous pouvons apercevoir par l'entremise des sens », et le « dénombrement » de nos sens est « très facile », on a prouvé par là-même « qu'il n'y a rien en tout ce monde visible, en tant qu'il est seulement visible ou sensible, sinon les choses qu'[*on*]y [*a*] expliquées », et conclure « qu'il n'y a aucun phénomène en la nature dont l'explication ait été omise [2] ».

SECTION C. — La Géométrie de 1637.

LES « REGULÆ » ET LA « GÉOMÉTRIE »

71. — L'élément mathématique sur lequel s'appuie le système cosmologique de Descartes n'est autre que la dimension spatiale; il participe aux caractères de l'étendue, et les caractères de l'étendue sont de ceux qui en raison de leur irréductibilité à l'esprit attestent l'existence d'un ordre de substances distinct de l'ordre des substances spirituelles; la dimension spatiale est un objet que l'intelligence se représente comme lui étant extérieur et qui s'accompagne naturellement d'un effort de l'imagination. En ce sens la mathématique universelle est une extension des méthodes géométriques à l'universalité des problèmes de la mécanique, de la physique, de la biologie ou de la psycho-physiologie. Mais il est clair qu'en elle-même, cette extension peut ne rien changer à l'idée qu'on se formait de la technique propre à la mathématique.

1. « Revera extensio in longum, latum et profundum quæ spatium constituit eadem plane est cum illa quæ constituit corpus. » *Principia Philosophiæ* II, § 10, *AT*, VIII, (1), 45.
2. *Ibid.*, IV, § 199. *AT*, VIII, (1), 323, (2); tr. franç. t. IX, p. 317.

Au contraire la *Géométrie* de 1637 opère une transformation des méthodes techniques de la Géométrie et de l'Algèbre. Quel a été le trait essentiel de cette transformation au jugement de Leibniz, le critique certes le moins indulgent, le plus enclin même à restreindre la portée de la révolution cartésienne, à tourner en accusations injustes de plagiat les inévitables ressemblances que l'œuvre d'un grand mathématicien peut offrir avec les idées partielles de ses prédécesseurs ou de ses rivaux? La réponse précise à cette question est dans une lettre, vraisemblablement destinée au *Journal des Savants* : « Ceux qui sont assez entrés dans l'intérieur de l'Analyse et de la Géométrie savent que Descartes n'a rien découvert de conséquence dans l'Algèbre, la spécieuse en elle-même étant de Viète, les résolutions des équations cubiques et quarrées-quarrées étant de Scipion du Fer et de Louys de Ferrare[1], la genèse des Équations par la multiplicité des équations égales à rien étant de Harriot Anglais, et la méthode des tangentes ou *de maximis et de minimis* étant de M. Fermat, de sorte qu'il ne lui reste que d'avoir appliqué les équations aux lignes de Géométrie des degrés supérieurs, que Viète, prévenu par les anciens qui ne les tenaient pas pour assez géométriques, avait négligés[2]. »

Dès le premier livre de la *Géométrie*, Descartes dégage de la façon la plus claire cette conception originale : « Il est à remarquer que par a^2 ou b^3 ou semblables, je ne conçois ordinairement que des lignes toutes simples, encore que pour me servir des noms usités en Algèbre, je les nomme ou des carrés ou des cubes, etc. »

72. — Cette conception se rattache assurément à l'idée de la mathématique universelle qu'exposent les *Regulæ*; mais, chose curieuse, elle n'est pas formellement exprimée dans les *Regulæ*. Il est même à remarquer que dans les dernières pages qu'il en a rédigées, Descartes semble tourner le dos à cette conception : il « propose dans la règle XVIII, de figurer par la surface d'un rectangle le produit de deux facteurs »[3]. Pourtant, il n'est guère douteux que Descartes n'ait pratiqué, dès les premiers temps de son activité intellectuelle les procédés dont devait sortir la géométrie analytique; la découverte de ces procédés devait entrer pour une bonne part dans l'enthou-

1. Sur les travaux de Scipione del Ferro et Lodovico Ferrari, voir Cantor II², 482 et 490. Descartes rappelle le nom et l'invention de « Scipio Ferreus » au IIIᵉ livre de la *Géométrie* (*AT*, VI, 472).

2. Gerhardt, *Phil. Schr.*, IV, 347.

3. P. Boutroux, *op. cit.*, p. 43.

siasme dont l'invention de la méthode s'accompagna[1], de même que le succès de leur application systématiquement poursuivie pendant une période d'épreuve qui dura neuf ans, explique la confiance de Descartes dans la valeur et dans la fécondité de la méthode.

Mais dans les *Regulæ* déjà s'affirme un trait qui est caractéristique de la physionomie intellectuelle de Descartes : son éloignement, nuancé de quelque dédain, pour les recherches de la mathématique abstraite : « Neque enim magni facerem has regulas, si non sufficerent nisi ad inania problemata resolvenda quibus Logistæ vel Geometræ otiosi ludere consueverunt[2] ». « Pour des problèmes, écrit-il à Mersenne vers la même époque, je suis si las des mathématiques et en fais maintenant si peu d'état que je ne saurais plus prendre la peine de les soudre moi-même[3]. » Les mathématiques des techniciens, les mathématiques « vulgaires », sont l'enveloppe plutôt que les parties constitutives de la *mathématique universelle*[4]. La préoccupation constante de Descartes dans les *Regulæ*, c'est de briser l'enveloppe pour mieux faire apparaître la portée de l'application aux sciences du concret. Il semble bien que, si une sollicitation extérieure n'avait pas conduit Descartes à composer la *Géométrie*, il n'aurait tiré du concours de l'algèbre et de la géométrie que des procédés techniques à son usage personnel. La chose du moins semble s'être passée ainsi pour le calcul des indivisibles : Descartes, suivant les conjectures très plausibles de Paul Tannery, disposait pour son compte de méthodes équivalentes à celles de Cavalieri ou de Roberval[5]; il s'abstint pourtant d'en rien faire connaître, faute peut-être d'en pouvoir donner une justification suffisamment rationnelle à son gré, abandonnant à ses émules l'honneur de l'invention.

Ainsi s'expliquerait sans doute la situation singulière de la *Géométrie* vis-à-vis des *Regulæ* qui lui sont probablement antérieures d'une dizaine d'années : Descartes dans la *Géométrie* revient sur un stade de sa pensée qu'il croyait avoir définitivement dépassé. Or, en approfondissant ce qui devait ne servir

1. Dans ses *Specimina Philosophiæ Cartesianæ*, Leyde, 1656, p. 79, Lipstorp, cité par Baillet (*Vie de M. Descartes*, t. I, 1691, p. 70) fait remonter jusqu'à cette période où se préparait la découverte de la méthode (1619-1620), « la solution générale, à l'aide d'une parabole, des problèmes solides, ramenés à une équation du troisième ou du quatrième degré.

2. *Reg.* IV, *AT*, X, 373.

3. *Lettre* du 15 avril 1630, *AT*, I, 139.

4. *Reg.*, IV, *AT*, X, 374.

5. *AT*, I, 75.

que d'introduction et de préparation à sa philosophie de l'univers, il a créé une œuvre qui devait modifier la signification de la science mathématique au XVIIe siècle et le cours de la philosophie mathématique.

L'ANALYSE CARTÉSIENNE

73. — Leibniz nous a conservé les circonstances de cet accident heureux : « Au sujet de la Géométrie de M. Descartes, il est bon de savoir que ce fut M. Golius qui fournit l'occasion à la faire naître, et qui contribua aux ouvertures qu'il eut sur cette science. Car M. Golius était très versé dans la Géométrie profonde des anciens qui avait été comme oubliée depuis. Et comme M. Descartes faisait sonner fort haut sa méthode et la facilité qu'elle donnait de résoudre des problèmes, M. Golius lui indiqua le grand problème des anciens rapporté par Pappus, qui consiste dans un certain dénombrement des lignes courbes par les lieux. Ce problème coûta six semaines à M. Descartes, et fait presque tout le premier livre de la Géométrie... J'ai cela de M. Hardy qui me l'a conté autrefois à Paris [1]. » C'est vers la fin de 1631 [2] que Descartes paraît avoir envoyé à Golius « professeur aux mathématiques et aux langues orientales à Leyden » la solution de ce problème.

En langage moderne le problème de Pappus s'énonce sous cette forme très simple : « étant données $2n$ droites, trouver le lieu d'un point tel que le produit de ses distances à n de ces droites soit dans un rapport déterminé au produit de ses distances aux n autres [3]. » Ce problème se rattache à l'œuvre d'Apollonius; c'est suivant la méthode des anciens que Fermat l'aborde : « sa solution, très élégante, pour les lieux à trois droites, se trouve seule conservée [4] ». En 1640, Roberval, à qui Descartes avait conseillé que l'on posât à son tour le problème de Pappus [5], dit avoir restitué intégralement les lieux solides à trois ou quatre

1. *Remarques sur l'abrégé de la vie de Mons. des Cartes* (Gehrardt, *Philosophische Schriften*, t. IV, p. 316).
2. Voir la *lettre* adressée, suivant Adam et Tannery, à Golius, en Janvier 1632, t. I, p. 232.
3. Tannery, in *Œuvres de Descartes*, t. I, p. 235.
4. *Ibid.*, t. VI, p. 723. Cf. Fermat, *TH*, II, 105.
5. « Pour le candidatus de la chaire de Ramus, je voudrais bien qu'on lui eût proposé quelque question un peu plus difficile, pour voir s'il en aurait pu venir à bout : comme par exemple celle de Pappus, qui me fut proposée il y a près de trois ans par M. Golius. » *Lettre à Mersenne* d'avril 1634, *AT*, I, 288. Cf. *Lettre au même* de juin 1632, *AT*, I, 256.

lignes [1]. Or à cette méthode des anciens, et sur le terrain choisi par Golius, devait s'opposer la méthode nouvelle que Descartes présentait comme le secret de son génie, et à laquelle d'ailleurs il avait été théoriquement conduit, à laquelle il s'était pratiquement initié, par l'étude de la mathématique abstraite.

74. — La méthode des anciens est la *synthèse*. Descartes, dans un passage fort significatif de ses *Réponses aux secondes objections faites sur les Méditations métaphysiques*, la caractérise comme « examinant les causes par leurs effets (bien que la preuve qu'elle contient soit souvent aussi des effets par les causes) » [2]. Une telle conception de la synthèse est assurément paradoxale, et la réserve exprimée dans la parenthèse prouve que Descartes en a le sentiment. Elle s'explique pourtant sur l'exemple même du problème de Pappus. En effet, la méthode synthétique raisonne directement sur les lignes qui composent les figures, et cherche suivant quel procédé elles peuvent être tracées de façon à satisfaire aux conditions du problème. Or ces lignes, qui sont pour l'imagination les termes élémentaires du problème et qui représentent naturellement l'*absolu*, sont en réalité des *effets*, puisqu'elles dépendent des relations métriques qui sont contenues dans l'énoncé du problème ; ce sont les relations métriques, et non les lignes, qui sont le véritable *absolu*, si nous entendons par *absolu*, non pas l'objet qui semble se détacher pour les yeux avec une apparence d'indépendance, mais le principe simple, la *cause*, ce qui pour l'esprit commande et engendre un ensemble de déterminations [3]. Ainsi compris, l'*absolu* peut être, comme l'indiquent les *Regulæ*, une relation : par exemple la relation qui définit une proportion géométrique et qui en est appelée à bon droit la *raison*. Cette relation doit être exprimée en elle-même et pour elle-même ; en cela consiste l'attitude de l'analyse : « l'analyse montre la vraie voie par laquelle une chose a été méthodiquement inventée, et fait voir comment les effets dépendent des causes [4] ». Or, ici, les

1. *Lettre à Fermat*, *TH*, II, 140.

2. *AT*, IX (1), 122. Quelques lignes plus bas Descartes ajoute : « Les anciens Géomètres avaient coutume de se servir seulement de cette synthèse dans leurs écrits, non qu'ils ignorassent entièrement l'analyse, mais, à mon avis, parce qu'ils en faisaient tant d'état qu'ils la réservaient pour eux seuls, comme un secret d'importance. »

3. *Reg.*, VI, *AT*, X, 381 : « Absolutum voco, quidquid in se continet naturam puram et simplicem, de qua est quæstio ; ut omne id quod consideratur quasi independens, causa, simplex, universale, unum, æquale, simile, rectum, vel alia hujus modi. » Cf. Hannequin, *op. cit.*, p. 220 et suiv.

4. *Rép. aux 2es objections*, *AT*, IX (1), 121.

causes, ce sont les rapports de grandeurs qui rendent compte de la position des lignes ; il est par conséquent nécessaire de pouvoir les dégager des données du problème en éliminant les circonstances qui tiennent à la configuration des lignes, en particulier à la distinction des lignes supposées connues et des lignes supposées inconnues, et qui conféraient aux procédés employés par les anciens leur allure d'énigmes, de tours de force[1].

Telle est la méthode à laquelle Descartes donne le nom d'analyse bien qu'elle comporte, à coup sûr, un travail de composition après le travail de résolution. La méthode analytique sera, non pas celle qui exclut la synthèse, mais celle qui ne fait intervenir la synthèse que lorsque la résolution a été poussée jusqu'au bout; c'est l'*intégralité* de l'analyse qui nous paraît être caractéristique et décisive.

75. — Appliquée au problème de Pappus, la résolution fait correspondre à chacun des éléments linéaires un « chiffre », de façon à obtenir une équation algébrique. « Voulant résoudre quelque problème, on doit d'abord le considérer comme déjà fait, et donner des noms à toutes les lignes qui semblent nécessaires pour le construire, aussi bien à celles qui sont inconnues qu'aux autres. Puis, sans considérer aucune différence entre ces lignes connues et inconnues, on doit parcourir la difficulté selon l'ordre, qui montre, le plus naturellement de tous, en quelle sorte elles dépendent mutuellement les unes des autres, jusques à ce qu'on ait trouvé moyen d'exprimer une même quantité en deux façons : ce qui se nomme une Équation, car les termes de l'une de ces deux façons sont égaux à ceux de l'autre. Et on doit trouver autant de telles Équations qu'on a supposé de lignes qui étaient inconnues[2]. » Les expressions de Descartes rappellent de très près, suivant l'observation intéressante de M. Gibson[3], les pages où s'est arrêtée la rédaction des *Regulæ*. La *Règle* XIX se formule ainsi : « quærendæ sunt tot magnitudines duobus modis differentibus expressæ, quot ad difficultatem directe percurrendam terminos incognitos pro cognitis supponimus : ita enim tot comparationes inter duo æqualia habebuntur[4] ». Mais cette règle, dont nous n'avons que l'énoncé, pouvait ne

1. Voir sur ce point les réflexions de Cournot, *Considérations sur la marche des idées et des événements dans les temps modernes*, t. I, 1872, p. 265.

2. VI, 372.

3. *La Géométrie de Descartes au point de vue de sa méthode*, Revue de Métaphysique, année 1896, p. 395.

4. *AT*, X, 468.

s'appliquer encore qu'à la formation des équations proprement géométriques, tandis que la méthode de la *Géométrie* prescrit d'exprimer les relations géométriques en équations algébriques, et c'est cette expression qui est le point capital.

Pour obtenir une telle expression, la *Géométrie* utilise le système de coordonnées le plus simple, celui qu'Oresme employait en vue de représentations purement graphiques comme les symboles auxquels dans les *Regulæ* Descartes recommandait d'avoir recours : système des coordonnées rectangulaires qui sont appelées aussi coordonnées cartésiennes. La démarche méthodique de Descartes le conduit donc au procédé même que pratiquait Fermat. D'une part la résolution du problème de Pappus se fait sur le terrain de l'algèbre de Viète; par exemple, « l'analyse du lieu à quatre droites » est « présentée sous forme d'une discussion générale de l'équation du second degré à deux inconnues[1]. » D'autre part la considération des conditions générales du problème mène à envisager la nature des lignes courbes, et à en fonder la classification sur le degré de leur équation : « Lorsque cette équation ne monte que jusques au rectangle de deux quantités indéterminées, ou bien au carré d'une même, la ligne courbe est du premier et plus simple genre, dans lequel il n'y a que le cercle, la parabole, l'hyperbole et l'ellipse qui soient compris. Mais... lorsque l'équation monte jusques à la trois ou quatrième dimension des deux ou de l'une des deux quantités indéterminées : car il en faut deux pour expliquer ici le rapport d'un point à un autre : elle est du second. Et... lorsque l'équation monte jusques à la 5 ou sixième dimension elle est du troisième : et ainsi des autres à l'infini[2]. »

LA PORTÉE DE LA GÉOMÉTRIE CARTÉSIENNE

76. — La pensée cartésienne, pénétrée de la notion de l'unité de la science humaine, retenant comme matériaux l'analyse géométrique d'Apollonius et l'analyse algébrique de Viète, a engendré une discipline nouvelle dont le principe est, suivant l'expression de Florimond de Beaune, « la relation et la convenance mutuelles de l'arithmétique et de la géométrie[3] ».

Du point de vue technique, cette corrélation entre l'algèbre

1. Note de Paul Tannery, *AT*, VI, p. 725

2. Liv. II, § intitulé : *La façon de distinguer toutes les lignes courbes en certains genres, et de connaître le rapport qu'ont tous leurs points à ceux des lignes droites. AT*, VI, p. 392.

3. *Geometria*, éd. Schooten, 1649, p. 140 (*ad pag.* 93).

et la géométrie, donne lieu à deux pratiques différentes. On peut se servir des propriétés géométriques des courbes et, par exemple, « construire » les racines communes des équations en déterminant les points d'intersection des courbes correspondantes. On peut partir des équations des courbes et, par exemple, obtenir leurs points d'intersection par le calcul de leurs racines communes. Dans un cas on fait de l algèbre à l'aide de la géométrie; dans l'autre on fait de la géométrie à l'aide de l'algèbre.

Les deux procédés se sont montrés d'une égale fécondité pour l'extension de la science; la géométrie analytique est indifféremment l'application de l'algèbre à la géométrie, ou l'interprétation de l'algèbre par la géométrie. Mais les deux façons de faire cessent d'être équivalentes si l'on se préoccupe de dégager de la science nouvelle une conception théorique. La résolution des équations algébriques à l'aide de constructions géométriques est un procédé d'induction qui va au-devant des causes par les effets; la doctrine qui porte directement sur la constitution des équations algébriques, satisfait aux exigences de la méthode analytique, dont la démarche essentielle est ainsi formulée dans le *Discours* : « conduire par ordre mes pensées, en commençant par les objets les plus simples et les plus aisés à connaître, pour monter peu à peu, comme par degrés, jusques à la connaissance des plus composés. » C'est à cette pratique intellectuelle que se conforment les *Méditations métaphysiques*: Descartes déclare expressément, dans les *Réponses aux deuxièmes objections*, y avoir suivi « la voie analytique... pour ce qu'elle [*lui*] semble être la plus vraie et la plus propre pour enseigner. » Et c'est de cette pratique intellectuelle qu'est issue la *théorie des équations*, qui ouvre le troisième livre de la *Géométrie* : « Il faut, écrit Descartes, que je die quelque chose en général de la nature des Équations : c'est-à-dire des sommes composées de plusieurs termes, partie connus et partie inconnus; dont les uns sont égaux aux autres, ou, plutôt, qui, considérés tous ensemble, sont égaux à rien; car ce sera souvent le meilleur de les considérer en cette sorte [1]. »

Malgré le désordre apparent de la *Géométrie*, qui est un effet de l'art, ou tout au moins qui cache une intention de défi [2], cette théorie est dans la pensée de Descartes, et elle fut pour les contemporains, la partie maîtresse de la mathématique cartésienne. L'équation algébrique exprime la relation fondamentale

1. *AT*, VI, 444.
2. Liard, *op. cit.*, p. 48.

qui constitue la grandeur; elle est l'*absolu*. Traiter des équations algébriques suivant la méthode de l'analyse, c'est assister à la génération des équations à l'aide de leurs formes les plus simples; c'est faire voir comment la notion de racine procède de l'équation, mise sous une forme telle que le second membre soit nul, et pourquoi la découverte des racines est une résolution de l'équation : « Sachez donc qu'en chaque Équation, autant que la quantité inconnue a de dimensions, autant peut-il y avoir de diverses racines, c'est-à-dire de valeurs de cette quantité : car, par exemple, si on suppose x égal à 2 ou bien $x-2$ égal à rien, et derechef, $x=3$, ou bien $x-3=0$; en multipliant ces deux équations,

$$x-2=0 \quad \text{et} \quad x-3=0,$$

l'une par l'autre, on aura

$$x^2-5x+6=0, \quad \text{ou bien} \quad x^2=5x-6$$

qui est une équation en laquelle la quantité x vaut 2, et tout ensemble vaut 3 [1]. »

77. — Sans avoir besoin de rappeler le détail des lois qui concernent les opérations sur les racines et la transformation des équations, nous pouvons apercevoir comment cette théorie de la nature des équations accomplit un tel progrès dans la réduction des « difficultés », qu'elle transforme la conception de la mathématique pure et la notion fondamentale de *quantité*.

Les *Regulæ* partaient de la mathématique proprement dite pour étendre à l'ensemble des problèmes qui pouvaient se poser à l'homme la méthode de la résolution dont cette science avait, seule jusqu'ici, donné l'exemple. L'arithmétique et la géométrie y sont juxtaposées comme satisfaisant également aux exigences de l'ordre et de la mesure. Avec la *Géométrie*, la juxtaposition se change en hiérarchie; la quantité soumise à la restriction que lui impose la représentation spatiale devient quelque chose de composé par rapport à la quantité définie uniquement au moyen des opérations de l'arithmétique, exprimée à l'aide des systèmes symboliques de l'algèbre.

De là cette conséquence que les limites de la science algébrique déterminent les limites de la science géométrique. Vers la fin du troisième livre, après avoir indiqué la méthode pour la résolution des équations du quatrième degré, Descartes ajoute qu'il ne sait « rien de plus à désirer, en cette matière... : Il est

1. Livre III, *AT*, VI, 444.

vrai que je n'ai pas encore dit sur quelles raisons je me fonde, pour oser ainsi assurer si une chose est possible ou ne l'est pas. Mais, si on prend garde comment, par la méthode dont je me sers, tout ce qui tombe sous la considération des Géomètres se réduit à un même genre de Problèmes, qui est de chercher la valeur des racines de quelque Équation, on jugera bien qu'il n'est pas malaisé de faire un dénombrement de toutes les voies par lesquelles on les peut trouver, qui soit suffisant pour démontrer qu'on a choisi la plus générale et le plus simple [1]. »

78. — La conclusion de la *Géométrie* est donc analogue à la conclusion des *Principes de la Philosophie*; toutes deux s'inspirent du même principe formulé dès les *Regulæ*. La Règle VII prescrit, pour l'achèvement de la science, de prendre un à un les éléments du problème et de les parcourir tous d'un mouvement continu, nulle part interrompu, de la pensée, de façon à pouvoir les comprendre dans une énumération suffisante et méthodique. Or l'application de cette règle permet souvent cette « audacieuse » conclusion, que « si aucune des voies accessibles aux hommes ne conduit à la découverte de la solution, la connaissance en est placée au-dessus de la portée de l'intelligence humaine [2] ». La doctrine s'applique naturellement à la géométrie : le mouvement non interrompu de l'esprit, tel qu'il apparaît dans l'algèbre, trouve une matière pour s'exercer sur les lignes géométriques « pourvu qu'on les puisse imaginer être décrites par un mouvement continu, ou par plusieurs qui s'entre-suivent et dont les derniers soient entièrement réglés par ceux qui les précèdent [3] ». Les lignes qui ne satisfont pas à cette condition sont au delà du domaine de la résolution algébrique et, par là-même, au delà de la connaissance humaine : les lignes géométriques sont par définition celles qui tombent sous quelque mesure bien déterminée [4]. Descartes écarte les « lignes qui semblent à des cordes, c'est-à-dire qui deviennent tantôt droites et tantôt courbes, à cause que la proportion qui est entre les droites et les courbes n'étant pas connue et même, je crois, ne le pouvant être par les hommes, on ne pourrait rien conclure de là qui fut exact et assuré [5] ».

De telles paroles ont été jugées sévèrement : Leibniz ne manquera guère l'occasion de rappeler qu'en déclarant impossible la rectification d'une courbe, Descartes « s'est trompé par

1. *AT*, VI, 475.
2. *AT*, X, 389; cf. X, 393.
3. *AT*, VI, 390.
4. *AT*, VI, 392.
5. *AT*, VI, 412.

une trop grande présomption... mesurant les forces de toute la postérité par les siennes[1] ». Mais il faut voir là des paroles de philosophe plutôt que de technicien; et c'est ce qui en fait pour nous l'intérêt. La constitution de la géométrie cartésienne est comme « subsumée » sous une certaine philosophie, et à cette philosophie elle a dû de marquer une date décisive dans l'histoire de la pensée. Cela même qui est pour Fermat un procédé admirable d' « élégance » et de « commodité », devient aux yeux de Descartes une méthode fondée dans la nature des choses. La facilité et la simplicité des solutions ne sont plus des avantages qui mettent en lumière l'invention heureuse d'un savant : ce sont les marques et les conséquences de la pénétration du penseur dont la méditation est capable d'atteindre la dernière profondeur de la réalité. Par là se dégage sous un jour tout nouveau la notion d'équation algébrique. Elle était un moyen approprié à la résolution des problèmes géométriques; elle apparaît désormais comme la raison des déterminations de l'étendue.

Avec la *Géométrie*, l'idée cartésienne de la mathématique acquiert une portée que le reste de l'œuvre cartésienne ne permettait guère de préciser. Dans sa forme initiale, la mathématique universelle paraissait avoir surtout en vue l'extension de la géométrie à l'univers; l'élément était la dimension spatiale, qui servait de modèle à toute mesure et à toute combinaison des éléments du monde physique. La *Géométrie* donne pour base à la mathématique la résolution intellectuelle de la donnée géométrique; la dimension spatiale, fournie par une sorte d'imagination *a priori*, n'est plus qu'un appui extérieur pour une conception dont la valeur essentielle est indépendante de toute représentation imaginative. Dès lors, l'idée de la science mathématique est transformée : la quantité n'est plus, comme chez Euclide, une détermination tirée par abstraction de l'observation des objets; la science de la quantité n'est plus comparable à une science naturelle. La notion de quantité est purement intellectuelle; elle s'établit *a priori* par la seule capacité qu'a l'esprit de conduire et de poursuivre à l'infini de « longues chaînes de raisons ».

Cette conception nouvelle de la mathématique entraînait une conception nouvelle de la philosophie, qui devait prendre corps dans les systèmes de Malebranche et de Spinoza et déterminer une étape essentielle dans le développement de la philosophie mathématique.

1. *Lettre à Philippi*, de janvier 1680, Gerhardt. *Ph. Schr.*, IV, 285.

CHAPITRE VIII

LA PHILOSOPHIE MATHÉMATIQUE DES CARTÉSIENS

SECTION A. — Les problèmes du cartésianisme.

LA PLACE DE LA « GÉOMÉTRIE » DANS L'ŒUVRE DE DESCARTES

79. — La philosophie mathématique de Descartes, si nous l'avons bien interprétée, est une philosophie de « géomètre », mais qui partant de la géométrie s'avance dans deux directions différentes. Étendre la géométrie proprement dite aux problèmes de la cosmologie, et réduire les problèmes de la géométrie à l'algèbre ; généraliser la science d'Euclide de façon à y ramener la mécanique, la physique, la biologie même, et intellectualiser la science d'Euclide de façon à la ramener à l'algèbre — les deux tâches non seulement ne se confondent pas, mais elles paraissent inverses l'une de l'autre. Il est vrai, pourtant, qu'elles sont issues d'une même inspiration méthodique. Logiquement l'unité doit s'établir entre ces deux parties de la mathématique : *mathématique pure* qui procède de l'analyse proprement algébrique, *mathématique universelle* qui procède de la synthèse proprement géométrique. Et l'unité s'établit en effet; seulement ce ne fut pas dans l'œuvre de Descartes lui-même, ce fut grâce aux commentateurs de la *Géométrie*, et par les systèmes des philosophes à qui les commentateurs livraient sous leur forme explicite les principes de la science nouvelle.

En effet la *Géométrie* ne fut qu'un épisode dans la carrière philosophique de Descartes. Au lendemain de la publication de ces trois livres dont l'excellence lui arrachait un cri d'orgueil [1], il renouvelle les déclarations qu'il faisait au lendemain des

1. *Lettre à Mersenne*, de la fin de 1637, *AT*, I, 478.

Regulæ; il écrit à Mersenne : « N'attendez plus rien de moi, s'il vous plaît, en Géométrie : car vous savez qu'il y a longtemps que je proteste de ne m'y vouloir plus exercer : et je pense pouvoir honnêtement y mettre fin[1]. » Mais il y a plus : dans la rédaction de la *Géométrie*, Descartes dissimule avec soin la pensée philosophique qui en était l'âme; la théorie générale des équations ne forme, suivant l'expression de M. Pierre Boutroux, qu'une parenthèse[2]. Et lorsqu'un lecteur pénétrant des *Essais* croit avoir rencontré dans la *Géométrie* cette mathématique pure et universelle dont la seconde partie du *Discours de la Méthode* contenait l'annonce, reprochant même à Descartes de l'avoir reléguée à la fin de ses *Essais*[3], il est significatif que Descartes fasse la sourde oreille, et interprète la généralité au sens vulgaire d'une revue générale des diverses parties de la mathématique : « nihil enim ibi eorum, quæ ad Arithmeticam proprie pertinent, explicui, nec ullam solvi ex iis quæstionibus in quibus ordo simul cum mensura spectatur, quarum exempla habentur in Diophanto[4] ». Il est significatif qu'il ajoute encore, trahissant sa préoccupation constante : « Sed præterea nihil etiam docui de motu, in quo tamen examinando Mathematica pura, ea saltem quam excolui, præcipue versatur[5]. »

L'élan de pensée qui entraînait Descartes le pousse à « cultiver une autre sorte de Géométrie, qui se propose pour questions l'explication des phénomènes de la nature »; afin d'en avoir le loisir, il a « résolu de quitter... la Géométrie abstraite, c'est-à-dire la recherche des questions qui ne servent qu'à exercer l'esprit[6] ». Dix ans plus tard, Descartes a une velléité de retour; renouvelant l'aveu de l'obscurité systématique qu'il a laissée planer sur la Géométrie, il en exprime comme un regret, sous cette forme originale : « Ma Géométrie est comme elle doit être pour empêcher que le Rob. [*Roberval*] et ses semblables n'en puissent médire sans que cela tourne à leur confusion; car ils ne

1. *Lettre* du 12 septembre 1638. *AT*, II, 361; cf. *Lettre à Mersenne*, du 31 mars 1638 : « Vous savez qu'il y a déjà plus de quinze ans que je fais profession de négliger la Géométrie, et de ne m'arrêter jamais à la solution d'aucun problème qu'à la prière de quelque ami. » II, 95.

2. *Op. cit.*, p. 29.

3. « Mathematica tamen pura, potius quam Geometrica, dici mallem, quod non magis Geometricæ, quam Arithmeticæ, cæterisque omnibus scientiis Mathematicis, communia sunt. » *Lettre* (attribuée au P. Ciermans) vers mars 1638, *AT*, II, 56.

4. *Réponse du 23 mars*, *AT*, II, 70.

5. *Ibid.*, II, 71.

6. *Lettre à Mersenne* du 27 juillet 1638, *AT*, II, 268.

sont pas capables de l'entendre, et je l'ai composée ainsi tout à dessein, en y omettant ce qui était le plus facile, et n'y mettant que les choses qui en valaient le plus la peine[1]. Mais je vous avoue que, sans la considération de ces esprits malins, je l'aurais écrite tout autrement que je n'ai fait, et l'aurais rendue beaucoup plus claire; ce que je ferai peut-être encore quelque jour, si je vois que ces monstres soient assez vaincus ou abaissés[2]. »

LES COMMENTATEURS DE LA « GÉOMÉTRIE »

80. — Descartes mourut deux ans après ce singulier aveu, et sans avoir rien entrepris; mais déjà les disciples avaient suppléé au silence du maître. Quelques-uns des premiers lecteurs et des premiers admirateurs de la *Géométrie* avaient su en donner l'interprétation abstraite et universelle qu'elle comportait; et ils assuraient à cette interprétation la possession des esprits par la traduction latine du livre, par la publication des commentaires et des traités annexes dans ces éditions successives où les générations nouvelles devaient naturellement chercher le secret de la science cartésienne.

Dès le début de 1639, Florimond de Beaune rédige des *Notes sur la Géométrie de Descartes*[3]. Il part de la notion de l'algèbre spécieuse, et il fait voir à quel point s'étend la science nouvelle, qui comprend non seulement l'algèbre numérique et l'analyse géométrique des anciens, mais encore tout ce qui a quelque relation ou quelque proportion, suivant la conception qu'il emprunte au *Discours de la méthode*. « J'ai admiré, lui écrit Descartes[4], que vous ayez pu reconnaître des choses que je n'y ai mises qu'obscurément comme en ce qui regarde la généralité de la méthode... »

En 1649, les *Notes* seront imprimées à la suite de la traduction latine de la *Géométrie*, accompagnées d'un commentaire plus complet de François de Schooten, et de deux lettres importantes de Jean Hudde, bourgmestre d'Amsterdam et correspondant de Spinoza : l'une sur la réduction des équations, l'autre sur la méthode *de maximis et minimis*.

En 1659, ce premier recueil s'augmente d'un nouveau volume,

1. Cf. *Lettre à M. de Beaune*, 20 février 1639; *AT*, II, 511 et suiv.
2. *Lettre à Mersenne* du 4 avril 1648; *AT*, V, 142.
3. Voir la traduction latine de ces notes dans l'édition latine de la *Géométrie*, 1649, p. 140. (1659, t. I, p. 107.)
4. *Lettre* du 20 février 1639, *AT*, II, 510. Cf. Liard, *op. cit.*, p. 53.

qui achève de caractériser la physionomie sous laquelle le XVIIe siècle a connu la *Géométrie* de Descartes. Le titre du premier opuscule est particulièrement expressif : *Principia matheseos universalis seu introductio ad Geometriæ methodum Renati Des Cartes.* L'auteur, Erasme Bartholin, y expose une théorie générale des opérations, une *logistique*, en l'appliquant successivement aux quantités simples, aux quantités composées (c'est-à-dire, aux fractions résultant d'une division imparfaite), aux quantités *sourdes* (c'est-à-dire, aux irrationnelles résultant de l'extraction des racines appliquée aux quantités qui n'ont pas de racines [1]). Cette introduction est suivie d'ouvrages qui développent les deux aspects complémentaires de la science cartésienne, remontant aux principes et déroulant méthodiquement la chaîne des conséquences : d'une part les écrits posthumes de Florimond de Beaune sur la *nature et la constitution des équations*, sur *les limites entre lesquelles des équations comportent des racines « vraies »*; d'autre part les *Éléments des lignes courbes*, rédigés par Jean de Witt, protecteur de Hollande, dont Spinoza fut l'ami personnel. Dans ces *Éléments*, premier traité systématique de géométrie analytique, on retrouve l'équation de la droite, que Fermat avait donnée; on y rencontre aussi une étude des courbes de « degré » quelconque, traitées suivant l'ordre de leur génération. Jean de Witt dans sa *Préface* oppose la simplicité lumineuse de cette méthode à l'opération complexe et obscure qui avait amené les anciens à traiter les courbes du second degré comme sections de cône.

La disposition générale des deux recueils suffit pour attester que les commentateurs de la *Géométrie* ont dégagé l'esprit de la *Mathématique universelle*, impliqué dans les formules concises et presque énigmatiques de la seconde partie du *Discours de la Méthode*, dissimulé sous le désordre volontaire de la *Géométrie*. Il nous autorise à nous demander comment cet esprit, transmis aux philosophes de la génération nouvelle, aux Malebranche et aux Spinoza, devait leur permettre de résoudre les questions philosophiques que Descartes laissait en suspens.

LES DIFFICULTÉS PHILOSOPHIQUES DU CARTÉSIANISME

81. — Le cartésianisme est souvent considéré comme le modèle de la philosophie systématique chez les modernes, et rien ne paraît plus légitime. Pour l'historien de la mathématique,

1. Éd. citée, t. II, p. 29.

le caractère propre de la géométrie cartésienne sera, ordinairement, le système de *parallélisme* qui fait correspondre les équations aux courbes, et ramène les problèmes de la géométrie aux problèmes de l'algèbre. Pour l'historien de la mécanique et de la physique, le caractère propre de la science cartésienne sera la considération systématique du mouvement dans l'étendue à trois dimensions comme suffisant à déterminer ce qu'il y a d'objectif dans les phénomènes, et comme fournissant la base de toutes les explications qui peuvent être vraies. Pour l'historien de la métaphysique enfin, le caractère propre à la réflexion cartésienne sera la liaison systématique qui fait dépendre les unes des autres les thèses relatives à l'être pensant, à l'existence de Dieu, à la réalité des choses matérielles.

Il semblerait donc naturel d'attendre qu'on ne rencontre aucune difficulté à réunir dans un même corps de doctrine ces trois principales « chaînes de raisons », et à reconstituer l'unité de la philosophie cartésienne. Pourtant il n'en est pas ainsi. Qu'il s'agisse de mettre en connexion la science de l'étendue et la connaissance de l'esprit; qu'il s'agisse, à l'intérieur de la science, de préciser le lien entre la mathématique pure, qui renouvelle la géométrie par l'emploi de la méthode analytique, et la mathématique appliquée où l'étendue est naturellement envisagée sous son aspect synthétique, la continuité de la doctrine se trouve en défaut.

De fait, Descartes prétend faire sortir de l'action purement mécanique qu'il attribue aux particules de la matière jusqu'aux mouvements intérieurs des appétits et des passions, jusqu'aux impressions produites par les idées des qualités sensibles dans l'organe du sens commun et de l'imagination, jusqu'à la *rétention* ou *empreinte* de ces idées dans la mémoire. Or, si une telle action est capable de pareils effets, d'où vient que chez l'homme interviennent pour se composer avec elle, une intelligence et une volonté qui sont d'une tout autre essence, incomparable et incompatible? Et comment concevoir une aussi étrange composition? La philosophie de Descartes n'est pas ici simplement gênée par la complexité et par l'obscurité de la réalité psycho-physiologique, qu'elle pouvait d'ailleurs se contenter d'enregistrer comme « notion primitive », unique de son espèce[1]; c'est dans l'intelligence de la méthode scientifique qu'elle se heurte à une dualité susceptible de compromettre l'équilibre et la solidité de l'édifice. Pour que la pensée constitue la science de la nature

1. *Lettre à la Princesse Elisabeth*, du 21 mai 1643, *AT*, III, 665.

selon l'ordre même de la nature, il faut qu'elle puisse, en suivant la connexion de ses idées, dérouler l'enchaînement des choses; il faut donc que la pensée comprenne, comme appartenant au domaine de son activité, cette même notion de l'étendue, tellement distincte pourtant de la notion de la pensée que l'attribut de l'étendue et l'attribut de la pensée marquent deux sortes différentes de substances[1]. La difficulté fondamentale du cartésianisme déborde ainsi le problème particulier de l'union de l'âme et du corps; elle est dans le rapport de la pensée et de l'étendue, considéré même hors de cette région obscure du psycho-physique; elle est de justifier une science qui, ayant sa valeur intrinsèque dans sa conformité stricte à l'ordre de la pensée, puisse s'appliquer d'une façon directe à un univers complètement dépourvu de pensée.

82. — A cette difficulté fondamentale répondront en même temps les doctrines philosophiques de Malebranche et de Spinoza. Mais la diversité même de leurs réponses montrent qu'ils obéissent à une inspiration qui est étrangère au cartésianisme, dont il conviendrait sans doute de rechercher la source dans la particularité de leur génie religieux. Pour Malebranche, le dogme catholique est vrai, d'une vérité littérale; la philosophie, est justifiée par la religion, en même temps qu'elle éclaire cette religion par l'intelligence. Les questions que la philosophie pose sans les résoudre sont précisément celles dont la parole révélée contient le secret : transcendance de Dieu par rapport à l'homme, dualité radicale dans le sujet divin de la sagesse éternelle et de la puissance créatrice, médiation du *Verbe* entre l'infini et le fini. Au contraire, l'élan qui vient à Spinoza de la tradition juive du moyen âge et des spéculations cosmologiques de la Renaissance emporte sa pensée au delà de toute formule dogmatique; il lui interdit de se reposer ailleurs que dans l'unité exclusive de toute limitation et de toute multiplicité, exclusive de la numération même, et le fait remonter à son insu jusqu'à la spiritualité pure de Platon.

Mais plus est nettement marquée l'opposition des caractères profonds qui définissent l' « équation personnelle » de Malebranche et de Spinoza, plus il y a d'intérêt à rechercher comment l'un et l'autre ont mis au service de ces inspirations antagonistes une même conception de la science, que la méthode cartésienne leur apportait, ou plus exactement comment cette conception de la science a si bien organisé l'ensemble de leurs

1. Cf. Hamelin, *op. cit.* chap. XII, *La pensée selon Descartes.*

doctrines qu'elles ont pu se présenter dans l'histoire comme des promotions de la mathématique, comme réalisant mieux que la philosophie propre de Descartes le type intégral d'une philosophie mathématique.

SECTION B. — La philosophie mathématique de Malebranche.

LES NOMBRES NOMBRANTS ET L'ÉTENDUE INTELLIGIBLE

83. — Que la géométrie de Descartes, dans ce qu'elle a de spécifique, soit perpétuellement présente à la pensée de Malebranche, on en a la preuve dans le chapitre v du livre VI de la *Recherche de la Vérité* où se trouve un parallèle remarquable entre la géométrie ordinaire et l'arithmétique ou l'algèbre. « La Géométrie ordinaire, dit Malebranche, ne perfectionne pas tant l'esprit que l'imagination... L'on connaît plus exactement $\sqrt{8}$ ou $\sqrt{20}$ qu'une ligne que l'on s'imagine ou que l'on décrit sur le papier, pour servir de sous-tendue à un angle droit dont les côtés sont 2, ou dont un côté est 2 et l'autre 4... Mais parce qu'on se plaît beaucoup plus à faire usage de son imagination que de son esprit, les personnes d'étude ont d'ordinaire plus d'estime pour la Géométrie que pour l'Arithmétique et pour l'Algèbre. » Or, selon Malebranche, « l'Arithmétique et l'Algèbre sont ensemble la véritable logique qui sert à découvrir la vérité[1]. » Et « la vérité n'est rien autre chose qu'un rapport réel, soit d'égalité, soit d'inégalité[2] ». Un nombre est un rapport : « Tous les nombres entiers, écrit Malebranche, sont même des rapports aussi véritablement que les nombres rompus, ou que les nombres comparés à un autre, ou divisés par quelqu'autre; quoique l'on puisse n'y pas faire de réflexion, à cause que ces nombres entiers peuvent s'exprimer par un seul chiffre. 4 par exemple ou $\frac{8}{2}$ est un rapport aussi véritablement que $\frac{1}{4}$ ou $\frac{2}{8}$. L'unité à laquelle 4 a rapport n'est pas exprimée, mais elle est sous entendue, car 4 est un rapport aussi bien que $\frac{4}{1}$ ou $\frac{8}{2}$, puisque 4 est égal à $\frac{4}{1}$ ou à $\frac{8}{2}$ [3] ».

1. *Recherche de la Vérité*, liv. VI, chap. v. (t. II, 1675, p. 305.)
2. *Ibid.*, p. 300 ; cf. *Entretiens d'un philosophe chrétien avec un philosophe chinois* : « Faites attention que ce mot *vérité* ne signifie que rapport. »
3. *Ibid.* p. 303.

Cette interprétation d'une clarté, d'une profondeur saisissante, est universelle. Malebranche poursuit immédiatement après : « Toute grandeur étant donc un rapport, ou tout rapport une grandeur, il est visible qu'on peut exprimer tous les rapports par des chiffres, et les représenter à l'imagination par des lignes. » Seulement ces moyens d'expression et de représentation ont créé une équivoque : les chiffres sont naturellement employés à compter les choses, comme les figures géométriques se lisent dans la forme des objets; les nombres et l'étendue ne sont-ils pas, demande un Arnauld, des abstractions tirées de la perception sensible? A quoi Malebranche répond, armé contre son adversaire de l'autorité de Saint Augustin : « Est-ce que les yeux nous apprennent la différence qu'il y a entre une somme de cent écus et une autre de cent un?... Ce n'est donc pas la vue sensible des choses nombrées qui nous sert à former les nombres nombrants; mais c'est par eux que nous comptons le nombre de nos perceptions sensibles. C'est par ces nombres *immuables* et *divins*, présents à toutes les intelligences, que les Arithméticiens s'instruisent, et que les Marchands se rendent compte. Et quand l'esprit fait abstraction des choses nombrées, c'est qu'il tourne son esprit vers les nombres immuables et éternels [1]. »

84. — Les vérités de l'Arithmétique sont « des rapports réels et intelligibles [2] »; et de même les vérités de la géométrie. « L'objet des mathématiques pures, c'est la grandeur en général, qui comprend : 1° les nombres *nombrants* avec leurs propriétés, 2° l'*étendue intelligible* avec toutes les lignes et les figures qu'on y peut découvrir [3]. » « Le rapport d'égalité entre 2 fois 2 et 4 est une vérité éternelle, immuable, nécessaire, écrit Malebranche dans les *Méditations chrétiennes* [4]. » Ce sont les mêmes expressions, qu'il appliquera dans le premier des *Entretiens métaphysiques* à « l'idée de l'espace ou de l'étendue, d'un espace, dis-je, qui n'a point de bornes : cette idée est nécessaire, éternelle, immuable, commune à tous les esprits, aux

1. *Réponse du P. Malebranche à la troisième lettre de M. Arnauld*. Recueil de 1709, t. IV, p. 60. — Il est remarquable que cette doctrine de Malebranche est en contradiction directe avec un texte des *Regulæ* (*AT*, X, 445), où Descartes se moque de ceux qui confèrent aux nombres des attributs mystérieux et purement chimériques; ce qui ne leur arriverait pas s'ils ne séparaient les nombres des choses nombrées : « nisi numerum a rebus numeratis distinctum esse conciperent. »

2. *Médit. Chrét.* IV, 4.

3. *Réponse à la troisième lettre d'Arnauld*, *op. cit.*, p. 53.

4. IV, 5.

hommes, aux anges, à Dieu même[1] ». La relation de l'étendue intelligible aux corps étendus est exactement la relation des nombres nombrants aux nombres nombrés : « L'étendue intelligible par exemple, représente les corps ; c'est leur archétype ou leur idée. Mais quoique cette étendue n'occupe aucun lieu, les corps sont étendus localement... Ainsi l'étendue intelligible représente des espaces infinis, mais n'en remplit aucun : et quoiqu'elle remplisse pour ainsi dire tous les esprits, et se découvre à eux, il ne s'ensuit nullement que notre esprit soit spacieux. Il faudrait qu'il le fût infiniment pour voir des espaces infinis s'il les voyait par une union locale à des espaces localement étendus[2]. » La correspondance avec Dortous de Mairan n'est pas moins explicite : « L'étendue intelligible n'est point localement étendue et n'a point de parties étendues[3] ».

Dans sa conception de l'étendue, Descartes n'avait pas réalisé cette élimination complète de l'imagination, à laquelle sa méthode tendait manifestement[4] ; il pose, et il maintiendra en dépit de l'insistance de Morus, que l'étendue et la division en parties sont des notions indissolublement liées[5]. Avec Malebranche le pas est franchi ; la géométrie cartésienne devient, non plus *application de l'algèbre à la géométrie*, mais *réduction de la géométrie à l'algèbre*. Grâce à une telle réduction, il pouvait sembler que la mathématique eût atteint son équilibre définitif, qu'elle eût réalisé en quelque sorte l'absolu de la science ; elle était à la fois par son objet capable d'égaler, sinon de dépasser, l'univers, et par sa méthode *adéquate* à la pure forme de l'intelligence.

1. § 8. Plus loin, à propos de l'*idée générale* du cercle, Malebranche soutient que l'idée même du cercle, en tant qu'elle est distincte de « l'assemblage confus des cercles » que l'on a vus, implique « l'idée de l'infini » qui possède seule « assez de réalité pour donner de la généralité [*aux*] idées » (II, 9).

2. *Entret.* II, 6.

3. *Lettre* du 12 juin 1714. Éd. Cousin, *Fragments de philosophie cartésienne*, 1852, p. 310.

4. Pierre Boutroux, *op. cit.*, p. 25 et 35.

5. « Per ens extensum communiter omnes intelligunt aliquid imaginabile..., atque in hoc ente varias partes determinatæ magnitudinis et figuræ, quarum una nullo modo alia sit, possunt imaginatione distinguere, unasque in locum aliarum possunt etiam imaginatione transferre, sed non duas simul in uno et eodem loco imaginari » *Lettre* du 5 février 1649. *AT*, V, 270. Cf. *ibid.* « Revera nihil sub imaginationem cadit, quod non sit aliquo modo extensum. »

LA PÉRIODE DE L'ALGÈBRE

85. — L'existence d'une telle période dans l'histoire de la mathématique serait confirmée, s'il en était besoin, par le témoignage de Leibniz. Bodemann a publié en 1889 une lettre que Leibniz adressait à Tschirnhaus : « Il y a quantité de jolies pensées dans la *Recherche de la Vérité*, mais il s'en faut beaucoup que l'Auteur ait pénétré bien avant dans l'analyse et généralement dans l'art d'inventer, et je ne pouvais m'empêcher de rire, quand je voyais qu'il croit l'algèbre la première et la plus sublime des sciences, et que la vérité n'est qu'un rapport d'égalité et d'inégalité,... que l'arithmétique et que l'algèbre sont ensemble la véritable logique[1]. » La critique de la Géométrie cartésienne deviendra l'un des principaux « motifs » de sa correspondance. « J'ai même osé, écrit-il au P. Verjus, attaquer les Cartésiens dans leur fort, en montrant combien la géométrie de M. Descartes est bornée[2]. » D'une part, « les problèmes les plus importants ne dépendent point des équations, auxquelles se réduit toute la géométrie de M. Descartes[3] ». D'autre part la science des équations n'a par elle-même aucune signification géométrique ; il faut une traduction pour l'appliquer aux relations spatiales : « disant que $x^2 + y^2 = a^2$ est l'équation du cercle, il faut expliquer par la figure ce que c'est que ce x et y, c'est-à-dire que ce sont des lignes droites, *etc.*[4] ». La conclusion sera donc de reconnaître que la « synthèse des Géomètres n'a pu être changée encore en analyse » ; mais Leibniz ajoute que cette conclusion va contre l'opinion commune de ses contemporains. « On s'étonnera peut-être de ce que je dis ici, mais il faut savoir que [l'algèbre], l'analyse de Viete et Descartes est plutôt l'analyse des nombres que des lignes, quoiqu'on y réduise la géométrie indirectement, en tant que toutes les grandeurs peuvent être exprimées par nombres[5] ».

1. Écrite après 1679, *Der Briefwechsel von Leibniz*, Hanovre, p. 348. Cf. *Briefwechsel mit Mathematikern*, Éd. Gerhardt, t. I, 1899, p. 465. D'ailleurs il est à remarquer que Malebranche introduira plus tard, à la fin du chapitre qui avait soulevé la critique de Leibniz (liv. VI. chap. v), l'éloge de « l'invention du calcul différentiel et du calcul intégral » qui « a donné à l'analyse une étendue sans bornes, pour ainsi dire ».
2. Bodemann, *Briefwechsel*, p. 356.
3. Gerhardt, *Phil. Schr.* IV, 291 ; cf. 347.
4. *Lettre à Huygens*, Gerhardt *Math. Schr.* II, 30. *Briefwechsel*, éd. Gerhardt, I, 580.
5. *Opusc. et fragm. inédits* de Leibniz, édit. Louis Couturat, 1903, p. 181.

En opposant les relations spatiales aux relations purement abstraites de l'équation, Leibniz soulève un problème nouveau, problème redoutable dans sa propre philosophie, dont la discussion occupera les derniers moments de son activité intellectuelle et dont l'étude suggérera plus tard à Kant les idées maîtresses de la *Critique de la Raison pure*. Mais par là il nous avertit que pour ses prédécesseurs immédiats les termes du problème étaient différents; l'espace leur paraissait présenté par la science analytique de Descartes à titre de réalité intellectuelle, et c'est à partir de l'intellectualité pure de l'espace qu'ils formulaient les questions d'ordre philosophique.

L'ÉTENDUE INTELLIGIBLE ET L'ÉTENDUE RÉELLE

86. — Le meilleur moyen de pénétrer la pensée de Malebranche sous le biais où nous avons à l'envisager, nous semble être de mettre en regard deux passages tirés, l'un des *Entretiens*, l'autre des *Méditations*. Dans l'un, Malebranche écrit : « Non, Ariste, il n'y a point de deux sortes d'étendues, ni de deux sortes d'idées qui les représentent. Et si cette étendue à laquelle vous pensez vous touchait, ou modifiait votre âme par quelque sentiment, d'intelligible qu'elle est, elle vous paraîtrait sensible [1]. » Dans l'autre, il fait grief au « misérable Spinosa » de n'avoir pas su distinguer « deux espèces d'étendues, l'une intelligible, l'autre matérielle [2] ». Dans le premier cas Malebranche parle en géomètre; la géométrie a pour objet l'idée de l'étendue, et toutes les déterminations spatiales qui se présentent dans le monde sensible ont leurs raisons dans l'essence intelligible de l'étendue; et tel est le principe où Malebranche s'accorde avec Spinoza. « Je trouve, Monsieur, écrit-il à Dortous de Mairan, que l'auteur est plein d'équivoques et qu'il ne prouve que cette vérité, que l'idée d'une étendue infinie est présente à l'esprit en sorte que l'esprit ne peut l'épuiser, et cette vérité encore qu'il n'y a point deux sortes d'idées d'étendues [3]. » En passant de la science géométrique à l'univers donné on ne rencontrera donc aucune propriété spatiale dont l'étendue intelligible ne permette de rendre compte. Mais cela ne signifie nullement que l'existence même de l'univers soit une conséquence nécessaire de cette essence intelligible; et c'est ici qu'au jugement de Malebranche

1. II, 12.
2. IX, 9.
3. *Lettre du 12 juin 1714*. Éd. Cousin, p. 312.

Spinoza s'égare : « il confond l'idée de l'étendue avec le monde[1] », c'est-à-dire que prenant « les idées des corps pour les corps » et supposant « qu'on les voit en eux-mêmes... il confond Dieu ou la souveraine Raison, qui renferme les idées qui éclairent nos esprits, avec l'ouvrage que les idées représentent[2] ».

Le début du VIe des *Entretiens sur la Métaphysique* remonte au principe de cette confusion : il distingue radicalement deux ordres de sciences : « les sciences exactes, telles que sont l'arithmétique et la géométrie... et d'un autre côté la physique, la morale et les autres sciences qui dépendent souvent d'expériences et de phénomènes assez incertains ». Les premières, « dont les démonstrations contentent admirablement notre vaine curiosité », n'atteignent que « les rapports des idées entre elles », tandis que nous nous engageons dans les autres par « le désir de connaître... les rapports qu'ont entre eux et avec nous les ouvrages de Dieu parmi lesquels nous vivons ».

Dès lors, s'il n'y a qu'une idée unique de l'étendue, elle comporte une double relation à l'affirmation du réel. A l'*idée* correspond une réalité intelligible, ou plus exactement l'idée est cette réalité intelligible. De l'argumentation, maintes fois reproduite par Malebranche, l'*Entretien d'un philosophe chrétien avec un philosophe chinois* présente cette formule particulièrement saisissante : « Rien de fini ne contenant l'infini, de cela seul que nous apercevons l'infini, il faut qu'il soit[3]. » Ce qui atteste la réalité de l'étendue intelligible, c'est donc sa disproportion à l'état dont nous avons conscience lorsque nous contemplons les rapports idéaux de grandeur et de distance. Mais lorsque nous percevons cette même étendue à l'aide d'impressions sensibles, sous la forme concrète de la couleur, de la saveur ou de la résistance, nous sommes en présence de modifications qui trouvent naturellement leur place dans le cadre de l'activité humaine; nous ne pouvons plus voir en elles que des *modalités* de l'âme, et il faudrait que les représentations fussent autre chose pour acquérir quelque valeur de vérité. Considérée comme intelligible, l'idée de l'étendue se détache nécessairement de son support psychologique, et d'elle-même elle pose son éternelle réalité. Considérée comme sensible, elle est au contraire enfermée dans la subjectivité du psychique, et elle requiert l'existence d'un *ideatum* extérieur comme une exi-

1. *Ibid.*
2. *Lettre du 29 sept. 1713*. Éd. Cousin, p. 272.
3. Cf. *Entretiens sur la Métaphysique*, II, 5.

gence à laquelle en même temps elle est incapable de satisfaire : « L'idée de l'étendue est infinie, écrit Malebranche à Dortous de Mairan ; mais son *ideatum* ne l'est peut-être pas. Peut-être n'y a-t-il actuellement aucun *ideatum*. Je ne vois immédiatement que l'idée, et non l'*ideatum* : et je suis persuadé que l'idée a été une éternité sans *ideatum*. L'idée est éternelle, infinie, nécessaire et efficace même, car il n'y a que l'idée qui agisse sur les esprits, qui les éclaire et qui puisse les rendre heureux ou malheureux. Mais je ne vois point immédiatement l'*ideatum*[1]. »

Chacune de ces deux façons d'envisager le rapport de l'idée au réel peut servir à définir une forme de l'*idéalisme* : idéalisme absolu où l'idée constitue la réalité par excellence, et dont Malebranche recueille l'inspiration platonicienne à travers Saint-Augustin ; idéalisme sceptique où la présence de l'idée exclut l'existence de l'objet en tant qu'extérieur à l'idée, et qui ferait de Malebranche le précurseur de Berkeley ou de Hume. La tentation est donc grande de faire entrer la pensée de Malebranche dans le courant de la philosophie idéaliste. Mais précisément, et de quelque manière qu'on interprète l'idéalisme, on ne peut enfermer le malebranchisme dans cette interprétation parce qu'il faudrait y joindre l'interprétation opposée. L'originalité de Malebranche est d'avoir aperçu que partant des conditions de la connaissance humaine on arrivait à deux formes d'idéalisme : idéalisme de la science exacte, idéalisme de l'impression subjective, d'en avoir aperçu l'incompatibilité naturelle, et de les avoir conciliées en les suspendant à une notion *réaliste* de Dieu[2].

LE DUALISME DE MALEBRANCHE

87. — Nous pouvons rattacher le rythme propre de la pensée de Malebranche à l'exigence cartésienne des idées claires et distinctes. Les seules idées qui se détachent devant l'esprit sont les idées de la mathématique pure, le nombre et l'étendue. Or, la clarté de ces idées, leur immutabilité et leur infinité, font contraste avec l'obscurité, avec le caractère fugitif et limité de la qualité sensible, telle qu'elle est donnée dans la conscience. Descartes, dissociant la forme et le contenu du jugement, avait montré que le *Cogito* affirmait la certitude immédiate de l'acte

1. Lettre du 6 sept. 1714. Éd. Cousin, p. 343.
2. Cf. *Spinoza et ses contemporains*, Revue de Métaphysique 1905, p. 698 et suiv.

de la pensée, en laissant dans le doute l'existence même de son objet : l'âme est plus aisée à connaître que le corps, c'est-à-dire plus aisée à déterminer comme réalité substantielle. Malebranche interprète la même dissociation dans un tout autre sens : le contenu de la pensée est clair, la forme en est obscure. Si la connaissance signifie compréhension intégrale, l'étendue est plus aisée à connaître que l'âme; la géométrie peut devenir une science de l'intelligible, et non la psychologie. La clarté concentrée sur la mathématique a donc ce résultat final de mieux faire ressortir la confusion qui pèse sur le domaine du sensible, qu'il s'agisse des représentations du monde matériel, ou des sentiments que nous éprouvons directement de notre être propre. L'obscurité est en l'homme; en Dieu seul est la lumière.

Mais ce n'est pas tout, et cette lumière elle-même est double. Dieu est d'abord le support, le *sujet*, de *l'étendue intelligible* : « Cette étendue intelligible est sagesse, est puissance, est infiniment parfaite; non selon qu'elle est représentative du corps, non selon que nous la voyons, non en tant qu'idée éternelle des créatures, mais selon la substance que nous ne voyons pas en elle-même. Car tout ce qui est en Dieu est Dieu tout entier pour parler ainsi. Sa substance n'est point divisible et quoi qu'il y ait dans l'étendue intelligible des parties intelligibles, des figures intelligibles, et toutes les vérités géométriques, Dieu est un être simple, indivisible, et immuable[1]. » La spiritualité de l'espace permet d'affirmer l'étendue de Dieu. « L'étendue, Ariste, est une réalité, et dans l'infini toutes les réalités s'y trouvent. Dieu est donc étendu, aussi bien que les corps, puisque Dieu possède toutes les réalités absolues, ou toutes les perfections. Mais Dieu n'est pas étendu comme les corps; car, comme je viens de vous dire, il n'a pas les limitations et les imperfections de ses créatures[2]. » De cela même résulte qu'on ne trouvera pas dans la contemplation de l'étendue intelligible, le secret des limitations et des imperfections que présente l'univers matériel; la raison divine ne contient pas la volonté de *créer* : « La volonté de créer des corps n'est point nécessairement renfermée dans la notion de l'Être infiniment parfait, de l'Être qui se suffit pleinement à lui-même. Bien loin de là, cette notion semble exclure de Dieu une telle volonté[3]. » La science de l'*existence* est incommensurable à la

1. *Réponse au traité des vraies et des fausses idées*, 1684, chap. XVI. (Ed. 1709, p. 186.)
2. *Entretiens*, VIII, 7.
3. *Ibid.* VI, 5.

science de l'*essence*; elle repose sur la révélation, non sur l'intelligence : « Certainement il n'y a que la Foi qui puisse nous convaincre qu'il y a effectivement des corps... Il n'est pas même possible de connaître avec une entière évidence si Dieu est ou n'est pas véritablement Créateur du monde matériel et sensible; car une telle évidence ne se rencontre que dans les rapports nécessaires, et il n'y a point de rapport nécessaire entre Dieu et un tel monde [1]. »

La conclusion à laquelle conduit toute la doctrine spéculative de Malebranche, c'est la nécessité d'appuyer au Dieu de l'Évangile, au *Verbe médiateur*, la dualité de la mathématique et de la physique. D'une part, les mathématiques pures ont leur siège en Dieu; elles font connaître ce que Dieu nous laisse voir de son *essence*, et c'est pourquoi « l'application à ces sciences est l'application de l'esprit à Dieu [2] ». D'autre part, la mécanique, la physique ont un contenu proprement contingent; car la communication des mouvements, l'union de l'âme et du corps, sont des relations en soi inexplicables qui manifestent seulement le décret d'une volonté toute-puissante et libre; si elles retiennent un caractère scientifique, c'est par la généralité que Dieu s'est plu à leur imprimer, afin de manifester sa gloire. Il n'y a rien de commun entre les vérités immuables, nécessaires et éternelles, qui constituent le monde intelligible du *mathématisme*, et les lois procédant de l'acte arbitraire et gracieux du Créateur, qui commandent le monde sensible du *mécanisme*.

Section C. — La philosophie mathématique de Spinoza.

L'INTUITION SPINOZISTE ET L'INTUITION CARTÉSIENNE

88. — La philosophie de Spinoza prétend, comme celle de Malebranche, satisfaire à l'exigence des idées claires et distinctes, mais suivant un rythme tout autre de pensée. La lumière qu'apportait avec elle la géométrie cartésienne, et que Malebranche concentrait sur l'objet, sur le siège de la science, Spinoza la réfléchit vers la source dont procède la vérité de la science.

Le caractère de la géométrie cartésienne, c'est qu'elle applique une méthode originale à des problèmes qui avaient été, ou qui auraient pu déjà être, résolus par le raisonnement

1. *Recherche de la vérité, 6e éclaircissement.*
2. *Rech. de la vérité*, l. V, chap. v.

synthétique des anciens. Sans modifier à proprement parler la réalité sur laquelle porte la mathématique, elle transforme le mode d'application de l'esprit à cette réalité; elle restreint la part de l'imagination, elle met en jeu l'activité de l'intelligence. La méditation de la science cartésienne conduit à dégager une hiérarchie de fonctions spirituelles, qui se succèdent pour la solution d'un même problème.

Sur ce point, du *Court traité* à l'*Éthique*, les textes se correspondent d'une façon remarquable. Supposons, lit-on au début de la deuxième partie du *Court traité*, qu'il y ait lieu d' « appliquer la *règle de trois*; l'un dirigera son travail d'après une indication recueillie au cours d'une conversation; un autre vérifiera l'exactitude de la règle par le calcul de quelques cas particuliers — méthodes trompeuses qui correspondent à ce que Spinoza dans l'*Éthique* appelle *connaissance du premier genre*. Celui qui possède une règle universelle raisonne en s'appuyant sur les propriétés des nombres proportionnels. Un quatrième, enfin, n'a besoin ni de l'autorité, ni de l'expérience, ni même de l'art de conclure : « par son intuition claire, il aperçoit aussitôt la proportionnalité dans tous les calculs[1]. » La différence de ces deux derniers degrés, qui constituent dans l'*Éthique* la *connaissance du second genre* et la *connaissance du troisième genre*, est précisée dans le traité inachevé de la *Réforme de l'entendement* et dans la deuxième partie de l'*Éthique*. En ces deux endroits Spinoza renvoie à Euclide. « Les Mathématiciens (écrit-il dans le *Traité*) s'appuyant sur la démonstration d'Euclide (proposition 19, livre VII), savent quels nombres sont proportionnels entre eux : ils le concluent de la nature de la proportion, et de cette propriété lui appartenant que le produit du premier terme et du quatrième égale le produit du second et du troisième; ils ne voient pas toutefois adéquatement la proportionnalité des nombres donnés, ou s'ils la voient, ce n'est point par la vertu de la proposition d'Euclide, mais intuitivement, sans faire aucune opération[2]. » L'*Éthique* est plus explicite encore : « On donne, par exemple, trois nombres pour obtenir un quatrième qui soit au troisième comme le second au premier. Des marchands n'hésiteront pas à multiplier le second par le troisième et à diviser le produit par le premier; parce qu'ils n'ont pas encore laissé tomber dans l'oubli

1. *Court Traité de Dieu, de l'homme et de la santé de son âme*, II, 1; éd. Van Vloten et Land (à laquelle nous renvoyons dans la suite), La Haye, 1882-83, t. II, p. 303; tr. Appuhn, 1907, p. 102.

2. § 16. I, 9; trad. Appuhn, p. 234.

ce qu'ils ont appris de leurs maîtres sans aucune démonstration, ou parce qu'ils ont expérimenté ce procédé souvent dans le cas de nombres très simples, ou par la force de la démonstration de la proposition 19, livre VII d'Euclide, c'est-à-dire par la propriété commune des nombres proportionnels. Mais pour les nombres les plus simples, aucun de ces moyens n'est nécessaire. Étant donnés, par exemple, les nombres 1, 2, 3, il n'est personne qui ne voie que le quatrième proportionnel est 6, et cela beaucoup plus clairement, parce que de la relation même, que nous voyons d'un regard qu'a le premier avec le second, nous concluons le quatrième[1]. »

89. — La science euclidienne a donc une fonction nettement définie : elle cherche à saisir les relations rationnelles par le détour de la généralité; elle s'exerce sur des concepts. Elle marque ainsi l'étape intermédiaire, la *ligne de partage*, entre deux plans d'intuition : l'un auquel correspond la connaissance purement imaginative, l'autre auquel correspond la connaissance purement intellectuelle. Il est à remarquer d'autre part que les deux formes d'intuition ont le même domaine. A dessein peut-être, Spinoza se sert de l'expression : *in numeris simplicissimis*, pour désigner et l'objet auquel les marchands appliquent leurs procédés de vérification empirique, et celui sur lequel porte l'aperception immédiate et adéquate de la proportionnalité. Le contraste des deux modes d'intuition résidera dans l'attitude du sujet pensant. Par une vue de la raison, immanente à la constitution même du nombre 6, la science intuitive fournit directement la solution, qui chez Euclide apparaissait comme la résultante d'une série de démonstrations. A l'intuition sensible, faculté réceptive qui a pour contenu des images, l'idée s'oppose chez Spinoza parce qu'elle est un acte de l'esprit, c'est-à-dire l'établissement d'une relation, une mise en équation. L'intuition n'est pas une forme supérieure de représentation par laquelle l'esprit communiquerait avec une chose en soi, et affirmerait la réalité transcendante de l'objet; elle est l'intellection pure qui réunit dans un acte indivisible de connexion une diversité d'idées distinctes, et affirme leur unité comme vérité d'évidence; ce n'est pas une faculté métaphysique, c'est le principe d'une science parvenue à son plus haut degré de clarté et d'intelligibilité.

Que cette doctrine de l'intuition procède de l'esprit cartésien, cela n'est pas douteux. Le lien se précise même à l'aide des

1. *Part.* II, *prop.* 40, *Sch.* II, I, 110; trad. Appuhn, 1909, p. 212.

Regulæ, dont nous savons que la copie était conservée en Hollande dans le cercle des initiés au spinozisme[1], des Schüller et des Glazemaker. C'est une des conceptions les plus originales des *Regulæ* que l'intuition y est définie comme un *acte* de l'esprit, comme l'intelligence immédiate d'une relation[2]. Descartes ajoute que l'évidence et la certitude de l'intuition peuvent se transférer des simples énonciations à des discours quelconques; l'objet de l'intuition, ce n'est pas seulement $2+2=4$ ou $3+1=4$, mais c'est encore la nécessité d'en conclure que $2+2=3+1$[3]. Il n'y a donc pas de différence de nature entre l'intuition et la déduction; la déduction est comme la promotion de cette évidence qui est liée à la nécessité de l'intelligible, l'extension de la certitude à la série de plus en plus éloignée des conséquences. Aussi les anneaux, successivement forgés par cette pensée dont l'office propre est l'intuition singulière, peuvent-ils être rassemblés dans une conception totale où la chaîne est parcourue entière et d'un mouvement assez rapide pour que la fonction de la mémoire puisse être considérée comme éliminée. Pratiquement au moins, la synthèse déductive finit par équivaloir à la simplicité de l'acte intuitif[4].

LA CONCEPTION SPINOZISTE DE LA VÉRITÉ

90. — Avec Spinoza, et grâce au succès de la géométrie cartésienne, la transformation de la déduction en intuition prend une portée à laquelle l'auteur des *Regulæ* ne songeait peut-être pas. L'intuition n'est plus un accident dans l'histoire de la pensée individuelle, un effort passager pour maintenir sous la simultanéité du regard intellectuel les moments distincts du raisonnement. La science intuitive se suffit à elle-même; elle est le développement du dynamisme interne qui fait la nature de la pensée, la marque de l'*automatisme spirituel*, pour

1. *Note* de M. Adam dans l'édition des *Œuvres* de Descartes, X, 353. — L'exemple de la proportionnalité numérique sur lequel Spinoza ne manque pas d'insister est fondamental dans les *Regulæ* (*supra*, § 67); voir également Hamelin, *op. cit.* p. 106.

2. « Ita unusquisque animo potest intueri, se existere, se cogitare, triangulum terminari tribus lineis tantum, globum unica superficie... » *Reg.* III, *AT*, X, 368; cf. *Reg.* IX, *AT*, X, 401 : « veritatem... unico et distincto actu comprehendunt ».

3. *Ibid.*, X, 369.

4. *Reg.*, VII, *AT*, X, 388 et suiv.

reprendre l'expression remarquable du traité de la *Réforme de l'Entendement*[1].

La conséquence, — et qui fait l'originalité radicale de Spinoza, non seulement par rapport aux penseurs qui l'ont précédé, mais encore par rapport à ceux qui devaient le suivre, jusqu'à nos jours même — c'est que seul il a été capable de pousser jusqu'au bout l'exclusion de la notion scolastique de *faculté*. L'intelligence est une activité coextensive à la vie de l'homme; elle est *jugement* et *volonté*. Toute idée s'affirme elle-même, et produit d'elle-même ses conséquences. La vérification n'est autre chose que la conscience de la puissance synthétique qui établit la coordination et la connexion des idées. « Par exemple, pour former le concept d'une sphère, je forge une cause à volonté, à savoir qu'un demi-cercle tourne autour d'un centre, et qu'une sphère est comme engendrée par cette rotation. Certes, cette idée est vraie, et bien que nous sachions que nulle sphère n'a jamais été engendrée de la sorte dans la nature, c'est là cependant une perception vraie et le moyen le plus aisé de former le concept d'une sphère[2] ».

La vérité est bien, comme le voulait la définition traditionnelle, convenance de l'idée et de l'objet : *Idea vera debet cum suo ideato convenire*[3]; seulement cette convenance est un effet, non un principe. Dans l'adéquation externe de la chose à l'idée il faut voir le corollaire de cette adéquation interne qui égale aux produits idéaux l'activité déployée pour les produire : « Per ideam adæquatam intelligo ideam, quae, quatenus in se sine relatione ad objectum consideratur, omnes veræ ideæ proprietates sive denominationes intrinsecas habet[4]. »

1. § 46, I, 29; tr. Appuhn, p. 266; cf. notre étude sur *Spinoza*, 2e édit. 1906, chap. II, *La méthode*.

2. *Ibid.*, § 41, p. 24; tr. Appuhn, p. 258. « Cette perception, continue Spinoza, affirme la rotation du demi-cercle; affirmation qui serait fausse si elle n'était pas jointe au concept de la sphère ou à celui de la cause déterminant le mouvement, c'est-à-dire, parlant absolument, si elle était isolée; car l'esprit en pareil cas se bornerait à affirmer le mouvement du demi-cercle, ce mouvement n'étant ni contenu dans le concept du demi-cercle ni issu de celui de la cause déterminant le mouvement. » — *Vide supra*, § 53.

3. *Part.* I, *Ax.* VI; cf. Freudenthal, *Spinoza und die Scholastik*, Philosophische Aufsätze Eduard Zeller gewidmet, Leipzig, 1887, p. 128.

4. *Part.* II, *def.* IV, cf. *Lettre* IX (64) à Tschirnhaus (II, 212). Voir *La révolution cartésienne et la notion spinoziste de la substance*, Revue de Métaphysique 1904, p. 772.

LE PASSAGE DU MÉCANISME AU MATHÉMATISME

91. — Cette conception purement spirituelle de la vérité a une portée universelle ; il n'y a pas de *faculté*, au sens réaliste du mot, qui soit capable de limiter du dehors l'action de l'intelligence. L'intuition sensible, la représentation imaginative ne porte pas sur un domaine qui soit distinct du domaine de la science intuitive ; c'est une vue partielle, discontinue, des choses, qui par le seul progrès de la puissance pensante se résout dans une aperception de la continuité une et infinie. Par suite il n'y a pas de place dans le spinozisme pour la distinction malebranchiste entre un monde de vérités proprement intelligibles et nécessaires, qui serait l'objet de la mathématique abstraite — algèbre ou géométrie —, et un monde d'existences créées par la volonté arbitraire de Dieu et proposées par lui à la sensibilité de l'homme, auquel s'appliqueraient les lois de la communication du mouvement. A l'opposition du *mécanisme* et du *mathématisme*, Spinoza substitue une hiérarchie de méthodes pour l'intelligence d'un même univers, comparable à la hiérarchie de la géométrie euclidienne et de la géométrie cartésienne.

Le mécanisme a pour fonction de ramener tous les changements de l'univers à des phénomènes du mouvement, et d'étudier les phénomènes du mouvement à l'aide de leur image spatiale. Tant que cette image spatiale demeure le terme ultime de la réduction scientifique, l'univers est un ensemble de réalités définies par la figure qu'elles découpent dans l'étendue, et reliées les unes aux autres par la loi de leurs déplacements simultanés ou successifs. Le rapport du tout de la nature à chacune de ses parties est alors un rapport de nécessité externe ; c'est pourquoi dans la IVe partie de l'*Éthique* la servitude morale apparaît comme le corollaire du mécanisme géométrique.

Or, ce point de vue est celui de la *pluralité*, que Spinoza ne manque jamais de dénoncer comme abstrait et superficiel. L'existence indépendante des parties, la multiplicité en soi ne tiennent pas à l'essence de la quantité ; elles expriment une propriété de l'imagination qui traduit et réfracte, qui crée la divisibilité par cette réfraction même [1]. Prise dans la pureté originelle de sa notion, la quantité est une idée *absolue* qui exprime l'infinité [2]. « Si cependant vous demandez pourquoi nous

1. *Ref. Int.* § 67, I, 36 ; tr. Appuhn., p. 277.
2. *Ibid.*, § 65, I, 35 ; p. 276.

sommes naturellement portés à diviser la substance étendue, je réponds à cette question que nous avons deux façons de concevoir la quantité : l'une abstraite et superficielle consiste à imaginer la quantité avec le secours des sens; l'autre consiste à concevoir la quantité comme substance, ce qui ressortit à l'intelligence. C'est pourquoi, si nous tournons notre attention vers la quantité, telle qu'elle est dans l'imagination, ce qui arrive le plus souvent et ce qui est plus facile, nous la trouverons divisible, finie, composée de parties, et multiple. Mais, si nous nous référons à la même quantité, telle qu'elle est dans l'intelligence, si nous percevons la réalité telle qu'elle est en soi, ce qui est très malaisé, alors, comme je l'ai démontré, nous la trouvons infinie, indivisible et unique[1] .»

Grâce à cette transfiguration intellectuelle de la quantité, Spinoza, comme Malebranche, « admet... une étendue objet de l'entendement qui, à la différence de la fausse étendue de l'imagination, ne se laisse point couper en parties; ce qui revient à reconnaître quelque chose comme l'unité spirituelle au fond de l'étendue[2] ». En d'autres termes le parallélisme de l'idée et de l'*idéat*, de l'équation et de la courbe, conduit à dépasser le champ de la représentation spatiale. On conçoit bien qu'à un cercle particulier, tracé avec une grandeur déterminée, correspond une idée; mais il faut aussi qu'à la formule algébrique, qui est l'idée du cercle en tant que cercle, quelle que soit la longueur assignée au rayon, corresponde une réalité, une essence dans l'ordre de l'étendue, « essence particulière affirmative[3] », mais indépendante de telle détermination spatiale comme de telle détermination temporelle que l'on voudra. Dans le *Scholie* à la proposition VIII de la partie II de l'*Éthique*, Spinoza parle de l'équation $dd' = ee'$ entre les segments d et d', e et e' des sécantes D et E tracées dans un cercle, comme d'une relation qui convient également à toutes les sécantes, qu'elles soient effectivement menées ou idéalement conçues. Et il ajoute qu'il recourt à cet exemple pour « illustrer » le rapport des essences éternelles à leur réalisation temporelle, pour permettre d'entrevoir le grand secret de l'*Éthique* : comment, en dépit des transformations apparentes de la personnalité et en dépit de la mort même[4], un principe d'éternité se constitue,

1. *Lettre* XII (29) *à Louis Meyer*, du 20 avril 1663, II, 42; cf. *Éth.* I, 15, *Sch.* I, 52; tr. Appuhn, p. 57.
2. Hamelin, *op. cit.*, p. 172.
3. *Ref. Int.* § 60, I, 32; tr. Appuhn., p. 269.
4. *Éth.* IV, 39, *Schol.* I, 218; tr. Appuhn., p. 501.

fondement de l'être dans tout ce qui est, et dont il appartient au sage d'approfondir le sentiment, de conquérir la jouissance intellectuelle[1].

Le corps — qui pour l'imagination sensible est un individu distinct et indépendant de tout autre individu — qui pour la science abstraite, pour le mécanisme, est un cas singulier de la loi qui régit en général les relations du mouvement — est dans sa réalité une « essence intelligible », fondée dans le système total des « essences intelligibles[2] ».

92. — De ce point de vue, les paradoxes auxquels la philosophie de la nature s'est heurtée jusque-là, peuvent être éliminés. La ligne n'est pas composée de points; la durée n'est pas composée d'éléments temporels; l'eau elle-même, prise dans sa substance, n'est pas composée de particules qui se forment et se dissolvent[3]. L'unité de la ligne est dans le mouvement intellectuel qui l'engendre tout entière par sa définition même; l'unité de la durée dans la « tendance à persévérer dans l'être » qui est l'essence de chaque chose, parce qu'elle est la marque de sa participation à la vie éternelle de l'Être unique[4]; l'unité de l'eau enfin dans la loi unique et universelle qui rend la matière indivisible[5] et fait du déplacement de chaque particule la conséquence nécessaire des mouvements de l'ensemble.

On voit à quel point, trompés par le mot de substance, les critiques de l'*Éthique* depuis Bayle jusqu'à Renouvier ont égaré leurs coups sur une caricature du spinozisme. Ce qui condamne le substantialisme vulgaire à n'être qu'une philosophie de l'imagination, ce n'est pas la notion de substance en tant que telle, c'est l'affirmation d'une *pluralité* de substances. Comment concevoir une pluralité sans imaginer derrière chaque série de phénomènes un *substrat* invisible, autour de chaque groupe fini une clôture infranchissable, enfin entre ces diverses réalités un lieu de contact et un mode de communication? De toutes ces imaginations la mathématique nouvelle affranchit la philosophie, elle constitue la science de l'univers par le libre jeu de l'activité intellectuelle; elle fait correspondre à l'idée

1. *Éth.* V, 23, *Schol.*, I, 266 et suiv.; tr. Appuhn., p. 628.
2. *Éth.* V, 22, I, 266; tr. Appuhn., p. 626. Cf. *Spinoza et ses contemporains*, Revue de Métaphysique, 1906, p. 40.
3. *Éth.* I, 15, *Sch.* et *Lettre* XII (29) (*loc. cit.*).
4. *Lettre* XII (29) et *Éth.* III, 8, I, 132; tr. Appuhn., p. 271.
5. *Éth.* I, 15, *Sch.*, I, 53 « materia ubique eadem est, nec partes in eadem distinguuntur, nisi quatenus materiam diversimode affectam esse concipimus; unde ejus partes modaliter tantum distinguuntur non autem realiter ». Cf. *Lettre* IV, à H. Oldenburg; II, 11.

simple la définition première, qui est un point de départ pour une synthèse nouvelle, d'où dérive un système plus étendu de définitions, jusqu'à ce que le tout de la réalité puisse être ramené à l'unité[1]. La juxtaposition des êtres matériels à travers les différentes parties de l'espace, qui servait de base au *mécanisme*, se résout donc dans l'intuition du *mathématisme*, c'est-à-dire, dans leur connexion intime au sein d'une étendue indivisible qui est l'essence intelligible, l'*attribut*, de la substance divine.

Par la substance de Spinoza il ne faudra donc rien entendre d'autre que la réalité même, prise dans son intégralité et dans son unité. L'unité de la substance garantit que nul obstacle ni dans la nature des choses ni dans la nature de l'esprit ne surgira pour arrêter l'essor de la science intellectuelle. L'univers tout entier est intérieur à chaque intelligence; chaque intelligence porte en elle, comme la loi constitutive de son activité, le principe de l'adéquation entre l'idée et l'*idéat*; il suffit de réfléchir sur la vérité même de la connaissance pour apercevoir que la fécondité de la méthode s'étend à l'infini, que l'homme est capable de se joindre du dedans à la totalité de la nature, à l'unité de Dieu. Le mathématisme intellectuel de Spinoza conduit à ce résultat que l'*Éthique* s'achève avec l'affirmation absolue de la liberté.

LE MONISME DE SPINOZA

93. — Nous pouvons conclure : chez Spinoza comme chez Malebranche, le cartésianisme aboutit à une liaison étroite de la mathématique et de la théologie; mais cette liaison a chez l'un et chez l'autre une signification toute différente. Déjà, Descartes avait compris qu'une science où l'expérience ne servait qu'à poser les problèmes et à suggérer les solutions, où l'établissement définitif de la vérité était réservé au seul développement de l'activité intellectuelle, réclamait la garantie d'un Être qui fût à la fois la raison parfaite et la puisssance infinie, qui pût ainsi avoir adapté à l'univers créé les facultés naturelles de la créature. Seulement, il s'était trop souvent contenté d'invoquer

1. *Ref. Int.* § 49, I, 30; tr. Appuhn., p. 268 : « Scopus... est claras et distinctas habere ideas, tales videlicet, quæ ex pura mente, et non ex fortuitis motibus corporis factæ sint. Deinde omnes ideæ ad unam ut redigantur, conabimur eas tali modo concatenare et ordinare, ut mens nostra, quoad ejus fieri potest, referat objective formalitatem naturæ, quoad totam et quoad ejus partes ».

les qualités que l'on ne peut manquer de conférer au Dieu des religions traditionnelles[1]. Au jugement de Spinoza « le Dieu d'Abraham, d'Isaac et de Jacob », celui qui communiquait avec Moïse *face à face*, est le Dieu de l'imagination. Le Dieu, qui parle *esprit à esprit* comme il parlait au Christ[2], est (pour reprendre encore les expressions du *Mémorial* de Pascal) le Dieu « des philosophes et des savants ». Il se définit par l'exigence dont la science et la philosophie ont fait la condition même de la vérité; il est la source commune d'où dérivent à la fois le système total des idées, et l'objet de ce système total; il est l'unité radicale de l'intelligence infinie qui est l'intégralité du savoir, et du mouvement infini qui maintient à travers les incessantes transformations des phénomènes, l'identité d'aspect de l'univers; il est la *productivité* éternelle de cette infinité d'essences qui expriment la réalité, qui débordent de toutes parts les limites de notre horizon humain — productivité à laquelle pourtant il nous a été donné de participer en quelque mesure puisque nous sommes capables de poser le parallélisme de l'*attribut-pensée* et de l'*attribut-étendue*. Et c'est pourquoi, au lieu d'intervenir comme le Dieu de Malebranche afin de justifier du dehors la dualité irréductible entre la science des essences intelligibles et la science de l'univers réel, le Dieu de Spinoza permet d'approfondir et de confirmer du dedans la perfection et l'unité de la science humaine.

En définitive, par delà l'inspiration de Descartes, par delà les dogmes de la théologie, l'intellectualisme de Spinoza tend à réaliser le rêve que faisait Platon lorsqu'il demandait à l'âme de se faire tout entière intelligence pour recevoir la vérité, comme le corps doit se redresser tout entier pour que l'œil reçoive la lumière. Au-dessus du *discours* auquel étaient asservis le calcul, ou la géométrie prise dans son sens « ordinaire », au-dessus de la διάνοια, Platon plaçait le domaine de l'intelligence pure, la νόησις. Mais, en voulant s'affranchir des hypothèses sur lesquelles s'appuient les disciplines particulières, la νόησις platonicienne dépassait les limites de la science positive, et retournait aux spéculations méta-mathématiques des Pythagoriciens.

La *Géométrie* de 1637 offre au rationalisme la base technique que le platonisme ne possédait pas[3]. Dans l'*Éthique* la science

1. Hamelin, *op. cit.* chap. xv : *Les attributs de Dieu*, p. 217 et suiv.

2. *Theol. Pol.* I; I, 383.

3. Peipers a remarqué que, pour la détermination purement intellectuelle des figures géométriques, telle que Platon paraît l'avoir conçue, les meil-

de l'étendue, à la fois développée jusqu'à devenir la science de la réalité et spiritualisée jusqu'à devenir une science d'idées pures, est capable d'élever l'homme qui la conçoit et qui la pratique au sommet de cette « vie unitive », dont on faisait le privilège des âmes extraordinaires aux heures rares de l'enthousiasme et du ravissement, qui apparaît maintenant fondée dans l'expérience et dans l'intelligence de l'univers total, qui participe à la solidité et à la continuité de la pensée mathématique.

LA LIMITATION TECHNIQUE DU SPINOZISME

94. — M. Grosjean cite un jugement remarquable d'Arthur Hannequin sur Spinoza : « C'est peut-être le seul exemple d'une doctrine religieuse que n'ébranle en rien la ruine de toute la construction métaphysique qui l'enveloppe[1]. » Ce qui est vrai de la doctrine religieuse est vrai aussi de la doctrine scientifique, pour cette raison même que science et religion s'identifient suivant Spinoza dans l'unité de l'esprit. Jamais philosophie ne se refusa plus que ne le fit l'*Éthique* à l'imagination des hypothèses qui combleraient les lacunes du savoir; jamais philosophie ne fit un tel effort pour ne rien retenir que l'organisation effective de la pensée. Le système des relations intelligibles est unique par cela seul qu'il est total, et il constitue ainsi l'unique et totale réalité.

Or, ce qui a permis au spinozisme d'atteindre à une telle conception de la vérité, c'est qu'il est appuyé sur une technique qui semblait parfaitement transparente à l'intelligence et capable en même temps d'épuiser la réalité. Seulement, les remarques critiques de Leibniz l'ont déjà fait pressentir, ces caractères sont, aussi pour une part, liés à l'étroitesse de la base que fournissait la géométrie analytique. Dans l'évolution de la philosophie mathématique le moment du spinozisme mérite plus que tout autre de retenir notre attention, parce que l'intellectualisme de la pensée moderne s'y dégage avec ses traits essentiels de liberté et de fécondité illimitées. Il s'explique pourtant que ce ne soit qu'un moment, qu'après Spinoza des problèmes nou-

leurs exemples seraient fournis par la géométrie analytique de Descartes, *Die Erkenntnisstheorie Plato's*, Leipzig, 1874, p. 594, n. 1. Cf. Gomperz, *Les Penseurs de la Grèce*, tr. Reymond, t. II, p. 505, et Natorp, *Platos Ideeenlehre*, 1903, p. 420.

1. *Études*, t. I, *Introduction*, p. XXXIII.

veaux se soient posés, auxquels le spinozisme n'apportait pas de solution.

De ces problèmes nouveaux, on trouverait facilement l'indication dans l'*Éthique* elle-même. En effet, c'est un caractère dominant du spinozisme, comme du malebranchisme, que l'intellectualité de l'étendue conduit à Dieu, parce que l'étendue est une totalité infinie de relations intérieures. Mais l'infinie grandeur de l'espace a pour contre-partie l'infinie petitesse de ses éléments, et Spinoza entrevoit cette conséquence : suivant le *Scholie* du *lemme* VII de la deuxième partie de l'*Éthique*, un individu quelconque, et la nature entière dans son individualité, comporte une infinité de degrés de composition[1]. Quelles seront alors les parties élémentaires qui constituent l'individu? sur ce point, Spinoza se dérobe : « Atque haec, si animus fuisset de corpore ex professo agere, prolixius explicare et demonstrare debuissem[2]. » Les allusions contenues dans sa correspondance avec Tschirnhaus[3], permettent de présumer que sa doctrine de la matière et du mouvement n'a jamais été complètement arrêtée. Peut-être cherchait-il, comme faisait Leibniz vers la même époque, dans des conceptions inspirées par le *conatus* de Hobbes[4], le moyen de comprendre la résolution d'un système naturel en une infinité de parties. Mais précisément l'instrument technique lui manquait, qui a manqué à Hobbes, que Leibniz devait conquérir par la suite et employer pour la rénovation de la philosophie universelle.

Peut-être même, cette limitation des ressources scientifiques, qui marque la date du spinozisme dans l'évolution de la philosophie mathématique, s'explique-t-elle si l'on fait état de la position singulière que Hobbes occupe à cet égard. Avec la notion du *conatus*, Hobbes saisit le mouvement à l'état naissant, c'est-à-dire sur un espace et dans un temps les plus petits qui soient donnés; il lui assigne une situation et un nombre, et le représente par un point[5]; il paraît devancer ainsi les conceptions les plus profondes de la mécanique moderne[6]. Mais cette anticipation, si elle fait honneur à la perspicacité du philosophe,

1. I, 91; tr. Appuhn., p. 162.
2. *Ibid.*, p. 92 et 162.
3. Lettre LX (64), II, 213; et LXXXIII (72), du 15 juillet 1676, II, 257.
4. Lasswitz, *Geschichte der Atomistik vom Mittelalter bis Newton*, Hambourg et Leipzig, t. II, 1890, p. 466 et suiv., et Hannequin, *La première philosophie de Leibniz. Études*, t. II, 1908, p. 81.
5. *De corp.* II, et 15 § 2, éd. Molesworth, *op. lat.*, t. I, 1836, p. 177.
6. Cf. Lasswitz, *op. cit.*, t. II, p. 214 et suiv.

n'entraîne aucun progrès pour la science elle-même; le *conatus* est simplement ce qu'il n'y a pas d'intérêt à diviser, parce qu'au-dessous de cette limite on n'a plus à tenir compte de la quantité. Pour que l'intuition du *conatus* fût susceptible d'être mathématiquement maniée, pour que le rapport entre l'élément de temps et l'élément d'espace pût être déterminé, nous savons par l'histoire ultérieure qu'il fallait s'engager plus avant dans la voie que l'école de Galilée avait frayée, et chercher une expression analytique des relations entre infiniments petits. Dans ce sens, l'*Arithmetica infinitorum* de Wallis, publiée en 1655, réalisait un progrès important. Or, Hobbes lut, étudia l'ouvrage. Mais, les dissentiments personnels ajoutant à sa prévention naturelle[1], il ne vit rien dans l'œuvre de Wallis sinon un défi aux lois de la logique : puisque l'induction exige l'énumération préalable de tous les cas particuliers[2], elle est incapable de s'étendre à une série illimitée de termes; en raisonnant par induction sur l'infini, Wallis ajoute de nouvelles absurdités à toutes celles dont l'infini avait été déjà l'occasion. Personne, ose écrire Hobbes en 1660, n'a rien vu de plus honteux que l'*Arithmétique des Infinis*[3].

La même absence d'intérêt à l'égard du calcul nouveau se rencontre chez Spinoza, et cela est d'autant plus remarquable qu'il n'appartient pas à la même génération que Hobbes. Disciple et non rival de Descartes, il est affranchi du préjugé qui avait fait méconnaître à Hobbes la portée de la *Géométrie* de 1637, et maintenir la supériorité de la géométrie synthétique sur l'arithmétique et sur l'algèbre[4]. Seulement en vertu même de l'intellectualité de l'algèbre il se croira tenu de renfermer le domaine de la pure intelligibilité mathématique dans les bornes de l'analyse proprement algébrique; et c'est pourquoi, pas plus que Descartes ou que Malebranche, il n'arrive à faire descendre l'infini du ciel sur la terre. Quand Spinoza insiste, particulièrement dans la lettre à Louis Meyer[5], sur l'existence des grandeurs incommensurables, son but est uniquement de rabaisser

1. Köhler, *Studien zur Naturphilosophie des Th. Hobbes*, Archiv für Geschichte der Philosophie, t. XVI, 1903, p. 79.

2. « Inductione autem demonstrare non est, nisi ubi particularia omnia enumerantur, quod hic est impossibile. *Examinatio et emendatio. Mathematicæ hodiernæ, Dial.* VI, éd. Molesworth, *Op. lat.*, t. IV. 1845, p. 179. Cf. Cassirer. *Das Erkenntnisproblem*, 2e édit. p. 54 et suiv.

3. *Ibid.*, p. 178 et suiv. — Pour l'œuvre de Wallis, *vide infra*, § 109.

4. *Examinatio, Dial.* III. Cf. Hannequin, *La philosophie de Hobbes*, *Études* t. I, 1908, p. 141 et suiv.

5. *Lettre* XII (29), II, 44.

le nombre à n'être, comme la mesure et comme le temps, qu'un auxiliaire de l'imagination, et d'écarter ainsi les objections classiques contre l'infini actuel. La relation de l'incommensurabilité et de l'infinité ne conduit à aucune étude directe et positive. Comme on le voit dans la seconde partie de l'*Éthique*, Spinoza, se bornant à retenir la constance des rapports de juxtaposition spatiale, la constance des rapports de vitesse ou de mouvement, définit la permanence de l'individualité par la *similitude* de soi-même à soi-même[1], sans mettre cette relativité de la forme en connexion avec la conception que l'on doit se faire de l'étendue élémentaire.

Une lacune demeure dans le système ; et, pour que cette lacune soit comblée, il faudra que la pensée humaine franchisse une étape nouvelle, qu'elle agrège l'*infinitésimal* au domaine de la science exacte.

1. *Lemme* à la suite de la *prop. XIII*, particulièrement le *lemme* V, I, 90; et tr. Appuhn., p. 159.

LIVRE III

ANALYSE INFINITÉSIMALE

CHAPITRE IX

LA DÉCOUVERTE DU CALCUL INFINITÉSIMAL

SECTION A : L'antiquité.

ZÉNON D'ÉLÉE ET ARISTOTE

95. — Il est remarquable que, pour retrouver la plus ancienne trace de la pensée infinitésimale, nous devions nous adresser, dans l'état actuel de notre information, non aux mathématiciens chez qui elle paraît avoir été présente — soit Démocrite qui a le premier énoncé le théorème de relation entre le volume du cône et celui du cylindre [1], soit les Pythagoriciens qui ont découvert et manié les grandeurs irrationnelles — mais au penseur qui semble bien avoir été l'adversaire de ces mathématiciens, à Zénon d'Élée. Lorsque Zénon formule l'argument de la *dichotomie*, lorsqu'il fait ressortir la nécessité pour le mobile de parcourir avant la ligne tout entière la moitié de cette ligne, puis la moitié de cette moitié, et ainsi de suite à l'infini [2], il conçoit suivant l'observation de Zeuthen [3], la série

$$1 = \frac{1}{2} + \left(\frac{1}{2}\right)^2 + \left(\frac{1}{2}\right)^3 + \ldots;$$

1. Cf. *Un traité de géométrie inédit d'Archimède*, trad. Th. Reinach, préambule, Rev. Gén. des Sciences, 30 novembre 1907, p. 614.

2. Πρῶτος [λόγος] ὁ περὶ τοῦ μὴ κινεῖσθαι διὰ τὸ πρότερον εἰς τὸ ἥμισυ δεῖν ἀφικέσθαι τὸ φερόμενον ἢ πρὸς τὸ τέλος. (Arist., *Phys.*, VI, 9, 239b 11.)

3. *Histoire des mathématiques dans l'antiquité et le moyen âge*, trad. Mascart, p. 54.

il applique à une longueur quelconque prise comme unité l'opération mentale qui est constitutive de cette série.

Que d'ailleurs une pareille opération soit toute naturelle, qu'elle manifeste la loi de l'activité rationnelle, c'est ce qui ne fait plus de doute depuis le XVIIe siècle. À Bayle qui aiguise l'ironie de son bon sens au spectacle des paradoxes de la géométrie des indivisibles, tels que la découverte de figures d'une longueur infinie égales à des espaces finis, Leibniz répond : « Il n'y a rien de plus extraordinaire en cela que dans les Séries infinies, où l'on fait voir que

$$\frac{1}{2}+\frac{1}{4}+\frac{1}{8}+\frac{1}{16}+\frac{1}{32}, \text{ etc.}$$

est égal à l'unité[1]. »

Aussi rien n'atteste mieux la différence de structure entre la pensée antique et la pensée moderne que l'usage fait par Zénon d'Élée de cette même série qui était destinée à devenir le modèle de la clarté intellectuelle. Entre ses mains, elle est une arme dialectique et destructive; elle met en déroute les premières spéculations des mathématiciens sur les relations dans l'espace ou dans le temps, en interdisant à l'esprit humain d'obtenir l'intelligence d'une quantité totale par la mesure de ses parties. Et en effet pour le réalisme d'un Éléate c'est la représentation de la totalité des termes, et non la régularité de la loi de formation, qui peut assurer l'existence de la série. Il faudrait donc expliciter et saisir dans l'intuition spatiale tous les membres de la progression géométrique dont la somme équivaut à la ligne tout entière. Or les ressources de l'imagination s'épuisent à la poursuite de cette représentation ultime qui serait nécessaire pour parfaire la ligne à décomposer. Un mobile qui aurait à parcourir toutes les divisions d'une ligne n'arrivera jamais à la parcourir tout entière.

96. — De cette proposition peuvent se tirer deux conséquences contradictoires, qui ont été toutes deux attribuées à Zénon d'Élée :

1. *Philos. Schr.*, Gerhardt (que nous désignerons dans la suite par *G*), t. IV. p. 570. Voir aussi *Lettre à Foucher*, de janvier 1692 : (*G.*, I, 403). « Le P. Grégoire de S. Vincent, traitant de la somme d'une multitude infinie des grandeurs qui sont en progression géométrique décroissante, a montré fort pertinemment autant que je m'en puis souvenir, par la supposition même de la divisibilité à l'infini, combien Achille doit avancer plus que la tortue, ou en quel temps il la devrait joindre si elle avait pris les devants. » Cf. *Opus geometricum quadraturæ circuli et sectionum coni*, Anvers, 1647. Lib. II, *De progressionibus geometricis*, Scholie de la prop. 87, p. 101 et suiv.

l'une que le mouvement n'existe pas, l'autre que l'existence du mouvement réfute l'hypothèse d'une pluralité discontinue d'éléments. Mais nous laisserons de côté, comme inutile à notre objet, le problème délicat de choisir, en l'absence de témoignages péremptoires, entre ces deux interprétations. Nous n'en retiendrons que l'élément commun, le principe en qui se résume l'argument de la *dichotomie*, c'est-à-dire la séparation radicale de deux formes d'intuition qui paraissaient inséparablement unies dans la notion de l'espace : d'une part la représentation de la ligne totale, d'autre part la représentation des parties élémentaires. L'expérience spatiale apprend à passer des parties qui sont données au tout qui est à reconstituer, en juxtaposant un nombre fini de lignes finies; elle nous enseigne ainsi les lois de la mesure. Mais la réciproque de cette opération, qui semble la plus aisée et la plus naturelle du monde, se trouve n'être pas vraie dans les conditions où les anciens posaient le problème ; il est impossible, en partant de la connaissance d'une ligne donnée et à l'aide d'un procédé aussi simple que la dichotomie, de terminer la résolution en parties élémentaires.

La dissymétrie surprenante qui éclate ainsi au cœur de l'intuition spatiale marque les bornes de la logique des anciens, qui appuie toujours le raisonnement sur la nature de l'objet représenté. Aussi le prétendu sophisme de Zénon ne sera-t-il jamais réfuté. Aristote ne comblera pas le fossé creusé par la dialectique de l'éléatisme; il se contentera d'en parcourir les deux bords. D'un côté, puisqu'il n'est pas possible à l'esprit de parcourir une infinité de termes, il professera que la constitution de la science est liée à la position d'une limite. D'un autre côté, à la science en *acte* de l'univers en *acte* il opposera la *virtualité* d'un devenir qui apparaît indéterminé et illimité. De ce dernier point de vue s'expliquent les « locutions toutes modernes » que Moritz Cantor relève chez Aristote : « L'infini n'est pas un état stable, mais la croissance elle-même, et le continu c'est la qualité des parties consécutives de posséder l'une et l'autre le même aboutissant par lequel elles se touchent[1] ». Moritz Cantor ajoute : « Ne croirait-on pas se trouver en face de l'introduction d'un traité de calcul infinitésimal? » Seulement il faut bien voir que ces formules ne sont d'aucun usage pour les mathématiques, ni même pour une science positive ; elles appartiennent à un traité de *physique* qui porte au plus haut point le caractère d'une méta-

1. Bibliothèque du Congrès international de Philosophie, t. III, 1901, p. 6. Cf. *Cantor*, I³, p. 204.

physique. La divination d'Aristote, qui aurait donné le moyen de poser le problème scientifique, ne sert en fait qu'à montrer l'impossibilité de le résoudre. S'il y a lieu de faire intervenir la pensée d'Aristote dans le domaine de l'infinitésimal, c'est que l'autorité de son génie encyclopédique et classificateur consacre pour des siècles le traité de partage qui abandonne le discret et le fini aux combinaisons de la science, qui réserve aux spéculations de la métaphysique la *virtualité* du continu et de l'infini.

ARCHIMÈDE

97. — D'autant que la géométrie grecque demeure assujettie dans la théorie à la loi de cette équilibre, il est plus instructif de suivre dans la pratique le mouvement de l'intelligence pour tourner cet obstacle factice. Déjà ce mouvement était dessiné dans les premières tentatives pour résoudre le problème de la *quadrature du cercle*. Assurément Bryson d'Héraclée avait tort de croire qu'il suffisait de constater que la surface du cercle est intermédiaire entre le polygone inscrit et le polygone circonscrit, pour conclure que la surface du cercle est la *moyenne arithmétique* de ces deux surfaces[1]. Mais que l'on prenne pour ce qu'elles valent les considérations dont procède cette conclusion, et le passage va s'ouvrir d'une argumentation suspecte de sophistique à la mathématique proprement dite. On ne traitera plus comme équivalentes toutes les grandeurs intermédiaires entre deux figures données; on mesurera l'écart de ces figures, on le fera diminuer progressivement. Si on double sans cesse le nombre des côtés des polygones réguliers qui sont ou *inscrits* ou *circonscrits* au cercle, leur surface se rapproche sans cesse de la surface du cercle, et la différence devient plus petite que n'importe quelle quantité donnée.

Ainsi se constituera une science nouvelle, qui à l'aide d'inégalités décroissantes fournit de l'égalité une approximation aussi étroite que l'on voudra. Ainsi se constituera une *logique de l'inégalité*, dont les géomètres du ve siècle ont dégagé les principes avec une irréprochable netteté. Leur méthode, appelée *méthode d'exhaustion*, est exprimée dans le premier théorème du Xe livre des *Éléments* : « Étant données deux grandeurs inégales, si on retranche plus de la moitié de la plus grande, puis plus de la moitié de la quantité restante, et toujours ainsi, le reste de la

1. Voir les textes recueillis par Brandis *Scholia in Aristotelem* (1836), 211^b 9 et suiv. et 306^a 5. Cf. *Cantor*. I^3, p. 203.

plus grande des quantités données sera plus petit que la plus petite de ces quantités[1]. » La démonstration du théorème repose sur une très remarquable propriété introduite à titre de définition dans le ve livre des *Eléments*, et qui joue, comme Hilbert l'a fait voir[2], un rôle fondamental dans la structure de la géométrie : « Deux grandeurs sont dites comporter un rapport lorsque, étant multipliées, elles peuvent se dépasser l'une l'autre Λόγον ἔχειν πρὸς ἄλληλα μεγέθη λέγεται, ἃ δύναται πολλαπλασιαζόμενα ἀλλήλων ὑπερέχειν[3].

La subtilité logique des Grecs semble ainsi avoir triomphé des obstacles que leur rigueur logique avait suscités. Grâce à une ruse tactique le sens et la portée de l'argument ont été comme retournés. Pour recomposer un mouvement total, il fallait posséder un élément initial, et la *dichotomie* montrait l'impossibilité de fixer cet élément initial. Au contraire, que l'on ait devant soi une différence entre deux grandeurs données, que l'on enlève à cette différence sa majeure partie, puis au reste sa majeure partie, suivant un rythme visiblement imité du procédé de la *dichotomie*, la répétition illimitée de l'opération permettra d'approcher autant que l'on voudra d'une solution exacte du problème. La même démarche de pulvérisation intellectuelle, qui avait créé un abîme entre l'intuition du mouvement total et l'intuition des parties de l'étendue, apporte une justification logique à la série des théorèmes qui concernent les *surfaces circulaires* ou les *corps ronds*.

98. — Mais il faut comprendre de quel prix la victoire devait être achetée. L'artifice par lequel les créateurs de la méthode d'exhaustion, Antiphon et Eudoxe, avaient réussi à adapter la dialectique discursive de Zénon à l'exposition des découvertes qui étaient nées du développement direct de la science mathématique, détourne l'attention du progrès intérieur de l'esprit pour la porter sur la forme externe de l'exposition. L'inconvénient n'était pas seulement de superposer au problème résolu par l'intelligence un second problème qui ne concernait que le *discours* ; il était encore, sinon pour les maîtres eux-mêmes, du moins pour les disciples qui s'initiaient à la recherche par l'étude de leurs œuvres, de subordonner nettement l'intelligence au discours.

De là les deux aspects sous lesquels il convient d'envisager la

1. Cf. Heiberg, *Euclidis Elementa*, t. III, 1886, p. 4.
2. Voir le « *groupe V d'axiomes : axiomes de la continuité* (*axiome d'Archimède*). » *Les principes fondamentaux de la géométrie*, trad. Laugel, 1900, p. 24.
3. Déf. IV, *ibid.*, t. II, 1884, p. 2.

pensée d'Archimède. Nul, certes, ne porte plus haut la puissance de l'abstraction intellectuelle. Archimède ramène les problèmes de *quadrature* ou de *cubature* à la détermination d'une aire ou d'un volume compris entre deux sommations de surfaces ou de volumes élémentaires. Ces sommations elles-mêmes, il les fait reposer sur des relations qui, prises en soi, sont d'ordre analytique. C'est ainsi par exemple que dans le *Traité des Conoïdes et des Sphéroïdes*[1] il fait intervenir l'inégalité suivante, tirée des propriétés depuis longtemps connues des progressions arithmétiques,

$$\frac{n^2}{2}h < h + 2h + 3h + \ldots + nh < \frac{(n+l)^2}{2}h.$$

Une telle formule ouvre la voie à ce que Zeuthen appelle une *intégration véritable*[2]. Si on fait tourner une parabole autour de son axe, on engendre le corps qu'Archimède nommait *conoïde parabolique*. Je trace des plans perpendiculaires à l'axe et équidistants, je détermine une série de volumes élémentaires auxquels je peux inscrire ou circonscrire une série de cylindres de même hauteur. Le volume du conoïde parabolique sera compris entre deux sommes de cylindres, les uns circonscrits, les autres inscrits; il est loisible de faire en sorte que la différence de ces deux sommes soit équivalente au plus grand cylindre circonscrit, et, la hauteur de ce cylindre étant d'ailleurs indéterminée, il peut devenir plus petit qu'une quantité donnée[3].

Ce n'est là qu'un premier pas : dans le traité de la *Quadrature de la Parabole*, Archimède substitue à cet élément qui demeure homogène à la figure totale un élément qui a une dimension de moins que le tout; l'étude d'une surface se ramène alors à la considération des lignes que l'on peut tracer dans cette surface. Ayant ainsi franchi les bornes de l'intuition géométrique, Archimède dépasse le domaine de la géométrie elle-même. Pour résoudre un problème de quadrature, il fait appel à des considérations de statique, « d'une statique tout intellectuelle » suivant l'expression curieuse qu'emploie ici Montucla[4]. Il a, par exemple, à comparer un segment parabolique

1. *Archimedis Opera*, Éd. Heiberg, t. I, 1880, p. 290. Voir l'étude de Heiberg sur les progressions arithmétiques chez Archimède, dans les *Quæstiones Archimedeæ*, 1879, p. 51 et suiv.
2. *Op. cit.*, p. 149.
3. Voir dans Montucla *Histoire des Mathématiques*, Part. I., liv. IV, la note E.; Éd. de 1799, t. I, p. 282.
4. *Ibid.*, p. 235.

et un triangle; il conçoit un *levier idéal* dont le point fixe est choisi de telle manière que chacune des droites tracées dans le triangle suivant une certaine direction fasse équilibre à chacune des droites parallèles prises dans le segment et supposées transportées à une distance déterminée du point fixe. La somme de ces droites équivaudra de part et d'autre aux figures qu'il s'agit de comparer; la distance respective de leurs centres de gravité au point fixe du levier permettra de mesurer le rapport des surfaces [1]. Il serait difficile de pousser plus loin le génie inventif, et Archimède a pleine conscience que sa méthode n'est pas un expédient de fortune, qu'elle est un procédé général de découverte. Après la publication du *Traité de la Quadrature de la Parabole*, qui en avait fourni pourtant un exemple probant, il écrit un nouveau traité — celui qui vient d'être retrouvé par Schöne et Heiberg — afin de mieux faire comprendre la fécondité de la méthode, afin de la recommander aux savants « actuels ou futurs [2] ».

Mais le tableau a sa contre-partie : dans la *Préface* du *Traité de la Méthode*, Archimède semble refuser à la méthode qu'il a préconisée pour l'invention la vertu démonstrative. Il promet de reprendre, à l'aide de la « méthode géométrique » et montrant en détail qu'à chaque théorème les procédés de l'exhaustion peuvent s'appliquer, les propositions dont la « méthode mécanique » lui avait pourtant fait apercevoir la vérité avec certitude. Et ce contraste est plus accentué encore dans la partie de l'œuvre qui était connue au moyen âge et dont l'influence s'est exercée directement pour la renaissance de la mathématique moderne, en particulier dans le *Traité de la Quadrature de la Parabole* : la méthode d'invention y est nettement subordonnée à la méthode d'exposition, le souci d'éclairer, comme dit Lacroix [3], à celui de convaincre. De sorte qu'à travers tout le cours du XVIIe siècle, ceux qui s'ouvriront la « voie véritablement royale [4] » de l'intégration se heurteront à l'autorité du nom d'Archimède, comme au dogme officiel d'une Église.

1. Éd. Heiberg, t. II, 1881, p. 300 et suiv. Voir l'exposition de Milhaud, *Le traité de la méthode d'Archimède*, Revue scientifique, 3 octobre 1908, p. 418, et *Nouvelles Études...*, p. 138.

2. Revue générale des Sciences, 30 novembre 1907, p. 916.

3. *Préface* du *Traité du calcul différentiel et intégral*, 2e édit., 1810, t. I, p. 2. Cf. la *Logique de Port-Royal* (1662), IV, IX, *Premier défaut* [de la méthode des géomètres] : *Avoir plus de soin de la certitude que de l'évidence, et de convaincre l'esprit que de l'éclairer.*

4. C'est l'expression que Torricelli applique à la méthode de Cavalieri dans le *De dimensione parabolæ*, p. 56. *Opera geometrica*, Florence, 1644.

Section B. — La géométrie des indivisibles et l'algorithme leibnizien.

VIÈTE ET KEPLER

99. — L'examen des œuvres de Viète, de Kepler, de Cavalieri montre par quels degrés la pensée des modernes a repris possession de la pensée directrice d'Archimède. Viète se borne à une suggestion, profonde dans sa concision, mais qui demeure perdue pour les contemporains. Au chapitre XVIII du recueil *Variorum de rebus mathematicis responsorum*, intitulé : *Polygonorum circulo ordinate inscriptorum ratio* [1], Viète, sans prétendre dissiper les difficultés philosophiques de la quadrature du cercle, étend nettement aux rapports d'ordre irrationnel la considération de l'infini qu'Archimède avait appliquée dans l'ordre rationnel à la quadrature de la parabole. Nous ne retiendrons ici que le résultat auquel il arrive [2], et qui consiste à donner l'expression de $\frac{2}{\pi}$ par le produit infini

$$\cos\frac{90^\circ}{2} \,.\, \cos\frac{90^\circ}{4} \,.\, \cos\frac{90^\circ}{8} \ldots$$

c'est-à-dire

$$\sqrt{\frac{1}{2}}\sqrt{\frac{1}{2}\left(1+\sqrt{\frac{1}{2}}\right)}\sqrt{\frac{1}{2}\left(1+\sqrt{\frac{1}{2}\left(1+\sqrt{\frac{1}{2}}\right)}\right)} \ldots$$

Kepler, dans la *Nova stereometria doliorum vinariorum* (1615), ne se propose qu'un problème de géométrie pratique : déterminer la forme des tonneaux qui ont pour une même ligne de jauge la capacité *maxima*. Pour la solution de ce problème il reprend la géométrie des *corps ronds*; mais il ajoute aux solides connus des anciens une série de corps nouveaux, qui sont engendrés par la révolution d'une section unique autour d'une ligne quelconque relative à la courbe, et qu'il désigne par les expressions familières de *pommes*, de *citrons*, etc. La caractéristique de cet ouvrage, c'est l'usage de la méthode directe; délibérément Kepler la substitue à la méthode d'Archimède,

1. Tours, 1593, f° 29.
2. Zeuthen, *Geschichte der Mathematik in XVI und XVII Jahrhundert*, Leipzig, 1903, p. 121.

qui est à ses yeux une méthode de réduction à l'absurde. Dès le début il voit dans le cercle une infinité de triangles qui ont chacun pour base un point de cette circonférence : *Circuli B G circumferentia partes habet totidem, quot puncta, puta infinitas*[1] ; la quadrature du cercle consistera donc à déterminer la surface du triangle total qui a pour base le nombre infini des points de la circonférence. C'est de là qu'il s'élèvera par intuition à la solution approximative de problèmes de plus en plus compliqués, indiquant au passage, et sans démonstration, quelques-uns des principes les plus féconds de la mathématique infinitésimale; en particulier cette proposition, connue déjà de Nicolas Oresme au xvie siècle[2], qu'aux environs de leur *maximum* les variations des grandeurs sont insensibles : *Circa maximam vero utrinque circumstantes decrementa habent initio insensibilia*[3].

On comprend que la hardiesse de Kepler à s'autoriser des résultats obtenus par Archimède pour rompre avec la philosophie classique de la science, ait déconcerté les géomètres formés à l'école des anciens. Anderson, qui fut l'éditeur d'un ouvrage posthume de Viète, répondit au *Supplementum ad Archimedem* par les *Vindiciæ Archimedis* (1616). Il n'admet pas que Kepler prenne pour point de départ ce qu'Archimède a mis tout son génie à établir au terme d'une démonstration laborieuse. On peut conclure l'équivalence d'une courbe comme la circonférence avec une droite de longueur déterminée; mais on ne peut pas identifier dès le début d'une recherche un cercle et une infinité de triangles, sans contredire aux lois de l'intelligence : *Quæ mens capiat hujusmodi Metamorphoses*[4] ?

Il convient d'ajouter que cette fin de non-recevoir semblait confirmée par les approximations, les aveux de lacunes dans la démonstration, que Kepler multipliait au cours de sa *Nova stereometria*. C'est pourtant à la *Nova stereometria* que se rattache le traité systématique où un savant tout nourri de l'esprit de Galilée prétend, non plus ajouter aux résultats connus d'Archimède, mais « promouvoir » la géométrie elle-même : *Geometria indivisibilibus continuorum nova quadam ratione promota* (Bologne, 1635).

1. *Stereometria Archimedæa Th.* II, *Opera omnia*, éd. Fritsch, t. IV, Francfort 1863, p. 557.
2. Voir *Cantor*, II², p. 131.
3. Kepler, *Stereometria dolii Austriaci*, Th. V, Cor. II, *éd. cit.*, p. 612.
4. *Vindiciæ*, p. 3.

CAVALIERI

100. — Il y a une grande difficulté à suivre les détails techniques d'un ouvrage où l'auteur posait des problèmes nouveaux, et les étudiait à l'aide d'une méthode nouvelle, créant un langage sans y joindre d'ailleurs de symboles appropriés. « Si l'on donnait des prix d'obscurité, dit Maximilien Marie[1], Cavalieri aurait dû emporter sans conteste le premier. » Pour ce qui concerne du moins la pensée fondamentale de la géométrie des indivisibles, dont nous avons à nous occuper ici, les quelques explications qui vont suivre permettent d'en appeler de la sévérité de ce jugement.

Les méditations de Cavalieri ont leur origine dans une réflexion théorique sur la genèse des figures géométriques. Du point de vue où l'on se place d'ordinaire, le cylindre est engendré par un parallélogramme, le cône par un triangle. Mais alors une anomalie se présente : la surface du triangle est la moitié de la surface du parallélogramme de même base et de même hauteur, le volume du cône est le tiers du volume du cylindre. Pour résoudre la difficulté qu'il a découverte, Cavalieri propose une nouvelle conception de la génération des solides, toute conforme à l'esprit qui dominait les recherches infinitésimales d'Archimède. Le cylindre et le cône auront même proportion que leurs éléments générateurs si, au lieu de les considérer comme coupés en hauteur suivant l'axe, on les considère comme coupés parallèlement à la base par des plans équidistants[2].

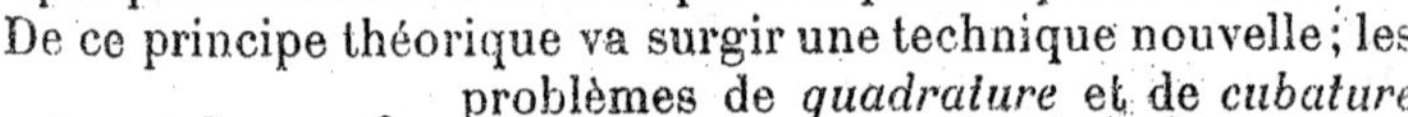
De ce principe théorique va surgir une technique nouvelle; les problèmes de *quadrature* et de *cubature* consisteront à composer les surfaces ou les solides à l'aide de ces éléments caractéristiques qui sont fournis par les sections parallèles à la base, et à déterminer ainsi le rapport de grandeurs inconnues à des grandeurs connues. Prenons l'exemple classique de la proposition XXIV du livre II[3]. Dans le parallélogramme AC EG (fig. 7) nous menons la diagonale EC; nous allons considérer d'une part dans le triangle AEC les

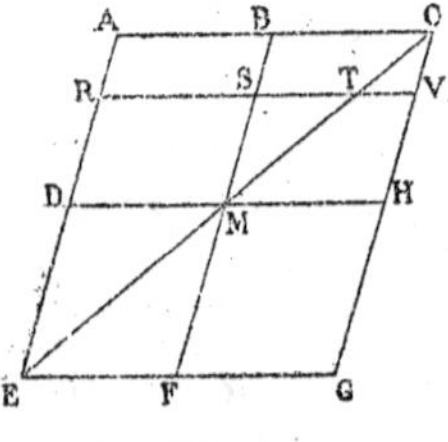

Fig. 7.

1. *Histoire des Sciences mathématiques*, t. IV, 1884, p. 90; cf. Cantor, Bibliothèque du Congrès de 1900, *op. cit.*, p. 14.
2. Préface de la *Geometria*.
3. P. 78, cf. Zeuthen, *op. cit.*, p. 260.

droites parallèles à AC telles que RT, d'autre part les transversales du parallélogramme telles que RV; nous cherchons à déterminer le rapport entre les carrés respectifs de toutes ces droites prises ensemble. Traçons la médiane BF; pour abréger, désignons, comme le fait Zeuthen, RT par x, TV par y, AC par a ou $2b$, ST par z. Nous avons

$$x = b + z, \quad y = b - z; \quad x^2 + y^2 \text{ sera } 2b^2 + 2z^2.$$

Or voici la remarque fondamentale du calcul des *indivisibles* : les x constituent le triangle ACE ; les y constituent le triangle CEG, les z constituent les deux triangles BCM et EFM, les b le parallélogramme ABEF. Si nous désignons les carrés des x par le symbole [ACE], les carrés des y par [CEG], les carrés des z par [BCM] + [FEM], les carrés des b par [ABEF], nous obtenons pour $x^2 + y^2 = 2b^2 + 2z^2$ la forme suivante :

$$[ACE] + [GEC] = 2[ABFE] + 2[BCM] + 2[FEM]$$

qui se réduit à : $2[ACE] = 2[ABFE] + 4[BCM]$

$$\text{ou } [ACE] = [ABFE] + 2[BCM].$$

ABFE étant la moitié du parallélogramme ACGE,

$$[ABFE] = \frac{1}{4}[ACGE];$$

d'autre part, le triangle BCM étant semblable au triangle ACE de côtés doubles, le rapport de [BCM] et de [ACE] est exprimé par la puissance troisième de 2; $[ACE] = 8[BCM]$. De l'équation $[ACE] = \frac{1}{4}[ACGE] + \frac{1}{4}[ACE]$ va se tirer l'expression finale :

$$[ACE] = \frac{1}{3}[ACGE].$$

Cette expression, qui fournit la démonstration d'un théorème d'énoncé purement géométrique, donne la forme de l'*intégrale définie* :

$$\int_0^a x^2 dx = \frac{1}{3}a^3.$$

Mais cette forme ne se trouve naturellement pas dans la *Geometria promota*. Cavalieri n'aborde pas d'une façon directe le problème de l'intégration, en ce sens qu'il ne détermine pas une grandeur totale par rapport à ses parties élémentaires : *infiniment petits* ou, comme dit Cavalieri, *indivisibles*. Au contraire, et suivant les expressions de M. Marie, « l'évaluation d'une somme finie d'éléments infiniment petits se trouve remplacée par celle du rapport de deux sommes infinies d'éléments finis, en nombre illimité ». M. Marie ajoute : « cette préférence s'explique aisément... ; les éléments finis des termes du rapport peuvent être figurés, tandis que les éléments infiniment petits de la somme ne pourraient pas l'être[1] ». La remarque est importante pour nous, parce qu'elle indique à merveille ce qui faisait la valeur proprement scientifique de la géométrie nouvelle, et ce qui devait donner prise aux critiques du dogmatisme philosophique.

La méthode de comparaison permet d'éliminer dans les calculs la considération de l'infini, qui a été utilisée pour poser les termes du problème. Cavalieri s'exprime sur ce point avec une netteté parfaite : « Dum considero omnes lineas, vel omnia plana alicujus figuræ, me non numerum ipsarum comparare, quem ignoramus, sed tantum magnitudinem quæ adæquatur spatio ab eisdem lineis occupato, cum illi congruat, et quoniam illud spatium terminis comprehenditur, ideo et earum magnitudo est terminis eisdem comprehensa, quapropter illi potest fieri additio, vel subtractio, licet numerum earumdem ignoremus; quod sufficere dico, ut illa sint ad invicem comparabilia[2]. »

Mais comme, faute de posséder l'instrument analytique qui l'en eût pu libérer, Cavalieri s'est maintenu sur le terrain de l'intuition géométrique, inévitablement il soulevait le problème dont il voulait écarter la considération. L'imagination ne peut pas s'arrêter sur ces éléments de comparaison, sans chercher à se représenter, en même temps que ces éléments, la figure totale qu'ils composent, sans exiger de voir comment ces éléments se comportent par rapport au tout qu'ils constituent. La question classique de la *composition du continu* s'impose donc à Cavalieri, malgré Cavalieri lui-même. De là le spectacle singulier que présente la *Préface* du VIIe livre. Après avoir protesté encore une fois que sa méthode ne l'oblige nullement à composer le continu à l'aide d'indivisibles, Cavalieri reconnaît que son langage n'est pas exempt d'obscurité; il lui applique même l'épithète de *durior*, que Newton rendra fameuse en la reproduisant dans ses *Principes*; et, pour rassurer la conscience des techni-

1. *Op. cit.*, t. IV, p. 53.
2. Liv. II, p. 17.

ciens qui le lisent, il introduit une méthode nouvelle, affranchie de toute considération d'infini, en ce sens que les indivisibles seront pris non plus *collectivement*, mais *distributivement*[1].

101. — La dualité, d'ailleurs tout extérieure et tout apparente de ces exposés, manifestait l'instabilité de l'équilibre où se tenait encore la géométrie nouvelle; elle augmentait ainsi les scrupules des philosophes. Guldin, qui appliquait avec succès les méthodes d'Archimède sur le terrain de la mécanique, est sûr d'avoir le bon sens pour lui, quand il reproche à Cavalieri d'avoir « renversé », au lieu de l'étendre, la Géométrie des Anciens. Il lui suffit d'invoquer en quelques brèves formules la notion fondamentale de l'homogénéité, qui ne permet pas de composer la moindre surface avec une multitude de lignes, si grande soit-elle, qui interdit également le passage du fini à l'infini[2].

La réponse de Cavalieri était techniquement la meilleure de toutes, puisqu'il apportait, comme le fait observer Marie[3], la solution des difficultés qui avaient arrêté Guldin. Philosophiquement elle eût été satisfaisante si Cavalieri s'était borné à confronter avec les objections de Guldin la clarté intrinsèque de ses propres principes. Malheureusement, il n'a pas résisté à la tentation de se placer, lui aussi, sur le terrain de l'imagination vulgaire, sans prendre garde que la grossièreté et l'inexactitude évidente des comparaisons auraient nécessairement pour effet de rendre suspecte la légitimité du calcul des indivisibles. Si l'on nous dit que les *surfaces* sont comme *des toiles formées de fils parallèles*, les *solides* comme des *livres formés* de *feuilles parallèles*[4], comment n'apercevrions-nous pas que l'on contredit deux fois à la réalité, en dépouillant ces fils ou ces feuilles de leur épaisseur, et d'autre part en en réunissant une infinité dans une portion finie de l'espace?

1. « Quoad continui autem compositionem manifestum est ex præostensis ad ipsum ex indivisibilibus componendum nos minime cogi, solum enim continua sequi indivisibilium proportionem, et e converso, probare intentum fuit... Tandem vero dicta indivisibilium aggregata non ita pertractavimus ut infinitatis rationem, propter infinitas lineas, seu plana, subire videntur, sed quatenus finitatis quandam conditionem et naturam sortiuntur, ut propterea et augeri et diminui possint... si ita prout diffinita sunt accipiantur. Sed his nihilominus forte obstrepent Philosophi, reclamabuntque Geometræ, qui purissimos veritatis latices ex clarissimis haurire fontibus consuescunt sic objicientes : Hic dicendi modus adhuc videtur subobscurus, durior quam par est evadit hic omnium linearum seu omnium planorum conceptus. »

2. Voir dans la seconde partie de la *Centrobarytica* publiée à Vienne en 1642, les pages 340-342.

3. *Op. cit.*, IV, 70.

4. *Exercitationes geometricæ sex*, Bologne, 1647, I, IV et V, p. 3-4.

Les difficultés que nous soulèverions ainsi n'atteindraient pourtant pas la vraie pensée de Cavalieri; car il a toujours repoussé l'interprétation dogmatique du calcul des indivisibles, où la totalité des plans serait identifiée sans réserve au solide. La représentation de l'infinité des indivisibles est, pratiquement, pour la technique de la géométrie, équivalente à la représentation du continu; mais, si l'on insiste, si l'on prétend qu'il y a autre chose dans le continu que dans la somme des indivisibles, il suffira, pour résoudre la difficulté, de passer du point de vue *statique* au point de vue *dynamique*, comme Souvey venait déjà de le faire dans son *Tractatus de Curvi et recti proportione* (Padoue, 1630)[1]. Que l'on considère le mouvement par lequel une ligne droite tourne autour d'une de ses extrémités, on obtiendra pour chaque instant du temps la description d'un point de la circonférence, pour la totalité des instants la totalité des points, pour la totalité du mouvement la totalité de la ligne[2].

De quelque façon d'ailleurs que l'on se représente la connexité manifestée par l'intuition entre les indivisibles, linéaires ou superficiels, et la figure totale à deux ou trois dimensions, il demeure que dans le maniement du calcul des indivisibles le mathématicien n'a nullement à faire intervenir l'infini sous une forme positive et métaphysique. L'essentiel de la méthode est dans la comparaison des éléments générateurs, qui permet de traiter chaque figure, plane ou solide, « in ratione omnium suorum indivisibilium collective et (si in iisdem reperiatur una quædam communis ratio) distributive ad invicem comparatorum[3] ». Si l'on fait de plus appel à la considération de leur infinité, c'est uniquement afin de ne pas avoir à tenir compte de leur nombre. L'infini serait donc pour Cavalieri une considération d'ordre négatif; il joue dans la géométrie nouvelle le rôle d'auxiliaire que les algébristes attribuent aux racines « inexprimables » de leurs équations, sur lesquelles ils effectuent des multiplications et des divisions[4].

1. Voir la page de Souvey, cités par Vivanti dans *Il concetto d'infinitesimo e la sua applicazione alla matematica*, Mantoue, 1894, p. 92 et suiv.

2. *Ex.* III, p. 199.

3. *Ex.* I, p, 6.

4. *Ex.* III, p. 202 : Cf., entre autre passages de Leibniz, la lettre à Varignon publiée dans le Journal des Savants en 1702 : « Si quelqu'un n'admet point des lignes infinies et infiniment petites à la rigueur métaphysique et comme des choses réelles, il peut s'en servir sûrement comme des notions idéales, qui abrègent le raisonnement, semblables à ce qu'on appelle racines imaginaires dans l'Analyse commune ». *Math. Schr.*, Ed. Gerhardt (que nous désignerons dans la suite par *M*) IV, 92.

Le dernier mot de Cavalieri consiste à séparer les problèmes techniques dont ses différentes méthodes ont apporté la solution, et les questions philosophiques sur lesquelles il peut y avoir lieu à discussion et à polémique; il écrit avec quelque mélancolie : « in his enim jurgiis, et disputationibus potius philosophicis quam geometricis mihi fere semper ægrotanti, nequaquam quod superest tempus inaniter terendum esse censeo[1] ».

PASCAL

102. — Ainsi, c'est une légende de faire naître les recherches infinitésimales parmi les brouillards d'une métaphysique impénétrable; au contraire l'avènement de la géométrie de Cavalieri marque une victoire de ce qu'il faut appeler déjà l'*esprit positif*. Les mathématiciens n'ont plus d'hésitation sur la légitimité du calcul des indivisibles ni sur la vérité de ses conclusions. Que l'on ouvre le *de Dimensione parabolæ* et le *de Solido acuto hyperbolico* de Torricelli, on y verra se mêler à la pitié pour la pauvreté et la stérilité de la méthode des anciens l'enthousiasme pour la méthode nouvelle, « méthode véritable de la démonstration scientifique, apparentée à la nature elle-même » : *Verus est demonstrandi modus scientificus, semper directus et ipsi naturæ germanus*[2]. La fécondité de l'abstraction intellectuelle se manifeste par les conclusions inattendues qui en ressortent. Aux dernières pages de ses *Exercitationes*[3], Cavalieri avait résolu le problème suivant : « Solidum infinite longum æquale finito per indivisibilia facile exhibere. » A son tour Torricelli reprend la démonstration de Cavalieri : « Non solum ipsum Theorema inexcogitatum et, ut ita dicam, paradoxicum erit, sed etiam demonstrandi ratio inusitata, et penitus nova[4]. »

Or, chose remarquable, ces paradoxes de la géométrie nouvelle soulèveront la résistance des penseurs qui ont été, eux aussi, les précurseurs du positivisme, mais peut-être en ce sens surtout qu'ils en ont devancé la défiance systématique à l'égard des théories novatrices. Gassendi multiplie les sarcasmes à l'égard de Cavalieri et de Torricelli, de ces abstracteurs qui se croient tout permis : « Profecto proinde, ut suum illud Regnum, in quo tam miranda, jucundaque excogitant, tueantur, id

1. *Ex.* III, p, 241.
2. *Opera Geometrica*, 1644, *de Dimensione*, etc., p. 94.
3. *Ex.* VII, p. 536.
4. *Op. cit.*, p. 6.

cavent ne aut materiæ quidpiam intermisceant... aut admittant continuum ex indivisibilibus quasi ex quibusdam partibus numero finitis componi[1]. » Dans les notes de son article sur *Zénon de Sidon*, Bayle relève l' « observation ingénieuse » de Gassendi, et l'exemple qu'il a donné « de la vanité des prétendues démonstrations des mathématiciens », pour en faire un des points d'appui de son scepticisme mathématique. Il y joint de longs extraits de la lettre contre la Géométrie des indivisibles, adressée par le chevalier de Méré à Blaise Pascal.

L'article de Bayle, les autorités qu'il invoque, déterminent le caractère de la crise que le calcul des indivisibles ouvre dans la pensée du XVIIe siècle, et dont Pascal a été le théoricien. Il ne s'agit pas de prendre parti pour ou contre la raison; c'est, au contraire, après qu'on a rejeté l'idéal scolastique de déduction universelle, après qu'on a montré l'impuissance de l'homme à réaliser l'idéal de la méthode parfaite où toutes les notions seraient définies, où tous les principes seraient démontrés, que l'on se heurte, sur le terrain même que l'on a choisi, au mépris et à l'ironie de l' « esprit fort ». Voici l'accueil que Méré fait aux idées de Pascal sur l'*infini de petitesse* : « Ce que vous m'en écrivez me paraît encore plus éloigné du bon sens que tout ce que vous m'en dîtes dans notre dispute... Je vous apprends que, dès qu'il entre tant soit peu d'infini dans une question, elle devient inexplicable, parce que l'esprit se trouble et se confond. De sorte qu'on en trouve mieux la vérité par le sentiment naturel que par vos démonstrations[2]. » Or, selon Méré, plus atomiste que Gassendi lui-même, le sentiment naturel n'accorde aucune place à l'abstraction mathématique distincte de la réalité physique. Pascal ne commence-t-il pas par reconnaître que « quelque petit que soit un espace, on peut encore en considérer un moindre, et toujours à l'infini, sans jamais arriver à un indivisible qui n'ait plus aucune étendue[3] »? Dès lors, si le géomètre pose, comme élément de son calcul, un *indivisible*, il n'a pas le droit de le traiter comme un *minimum*, à plus forte raison comme un néant d'existence. Le bon sens de Méré rejettera donc tout ce qui dans le calcul des indivisibles est en opposition, soit avec les règles ordinaires de l'arithmétique, par exemple cette proposition qu' « un indivisible multiplié autant de fois qu'on voudra est si éloigné de pouvoir surpasser

1. *Phys. Op.*, Lyon, 1658, t. I, p. 264.
2. *Œuvres*, t. II, Amsterdam, 1692, p. 61.
3. *Réflexions sur l'esprit géométrique*, Pensées et opuscules, 5e édit., 1909, p. 174.

une étendue, qu'il ne peut former qu'un seul et unique indivisible[1] » — soit avec les lois de la représentation spatiale, par exemple « ce langage des indivisibles, *la somme des lignes* ou *la somme des plans*... qui semble ne pas être géométrique à ceux qui n'entendent pas la doctrine des indivisibles, et qui s'imaginent que c'est pécher contre la géométrie, que d'exprimer un plan par un nombre indéfini de lignes[2] ».

A quoi Pascal répond par une sorte de raisonnement expérimental : « S'il était véritable que l'espace fût composé d'un certain nombre fini d'indivisibles, il s'ensuivrait que deux espaces, dont chacun serait carré, c'est-à-dire égal et pareil de tous côtés, étant doubles l'un de l'autre, l'un contiendrait un nombre de ces indivisibles double du nombre des indivisibles de l'autre. Qu'ils retiennent bien cette conséquence, dit Pascal à ses adversaires, et qu'ils s'exercent ensuite à ranger des points en carrés jusqu'à ce qu'ils en aient rencontré deux dont l'un ait le double des points de l'autre, et alors je leur ferai céder tout ce qu'il y a de géomètres au monde[3]. »

103. — La raison intervient donc ici pour établir la contradiction inhérente à l'atomisme géométrique; mais cette fonction toute négative épuise ses ressources. De deux notions qui lui sont également inaccessibles, elle en discerne une qui est contradictoire et par conséquent fausse, elle ne sera pas capable de démontrer que l'autre est nécessairement vraie. Seule une expérience spécifique, comparable à l'œuvre expérimentale du physicien ou encore au sentiment du chrétien sous l'action de la grâce, permet de rétablir les vrais principes de la science dans une sphère supérieure au domaine de la raison. Et de là, dans la philosophie mathématique de Pascal, l'alliance d'un certain positivisme et d'un certain mysticisme, qui a séduit plus d'un de nos contemporains. Une division infinie est chose incompréhensible puisqu'elle échappe à toute représentation directe ; pourtant il est vrai de dire qu' « il n'y a point de géomètre qui ne croie l'espace divisible à l'infini. On ne peut non plus l'être sans ce principe qu'être homme sans âme[4] ».

La notion mathématique de l'indivisible n'est pas, à propre-

1. P. 182. *L'indivisible* est, en raison de cette propriété, assimilé au *zéro* de l'arithmétique qui est, dit Pascal « un véritable indivisible de nombre comme l'indivisible est un véritable zéro d'étendue » (p. 183).

2. *Lettre de M. Dettonville à M. de Carcavi* du 10 décembre 1659, Ed. Bossut, La Haye, 1779, t. V, p. 247.

3. *Réflexions*, p. 179.

4. *Ibid.*, p. 178.

ment parler une *idée*; elle est, si l'on ose ainsi parler, une *pensée du cœur*. « Nous connaissons la vérité, non seulement par la raison, mais encore par le cœur; c'est de cette dernière sorte que nous connaissons les premiers principes, et c'est en vain que le raisonnement qui n'y a point de part, essaye de les combattre... Et c'est sur ces connaissances du cœur et de l'instinct qu'il faut que la raison s'appuie, et qu'elle y fonde tout son discours. (Le cœur sent qu'il y a trois dimensions dans l'espace, et que les nombres sont infinis; et la raison démontre ensuite qu'il n'y a point deux nombres carrés dont l'un soit double de l'autre)[1]. » Dans l'application de la notion d'*indivisible* aux problèmes d'intégration le *cœur* intervient encore — ou ce qu'on appelle aujourd'hui l'*intuition* quand on entend désigner une vue implicite et synthétique, par opposition à la représentation intuitive proprement dite qui s'exerce directement sur l'objet donné dans l'expérience. Tandis que la méthode d'exhaustion, pratiquée par les anciens dans l'exposé démonstratif de leurs découvertes infinitésimales, porte sur les figures elles-mêmes, telles qu'elles s'offrent au regard, la méthode des indivisibles substitue à une figure donnée une somme d'une infinité d'éléments qui ont une dimension de moins. Cette substitution, scandaleuse pour ceux qui sont profanes ou hérétiques en matière de géométrie, paraît toute simple et naturelle à ceux qui ont l'intelligence de la géométrie; ils n'aperçoivent entre la méthode des anciens et la méthode de Cavalieri (ou de Roberval) d'autre différence que la façon de parler. La première représente et exprime complètement la chose; la seconde use de sous-entendus : « Quand on parle de *la somme d'une multitude indéfinie de lignes*, on a toujours égard à une certaine droite, par les portions égales et indéfinies[2] de laquelle elles soient multipliées. Mais quand on n'exprime point cette droite (par les portions égales de laquelle on entend qu'elles soient multipliées), il faut sous-entendre que c'est celle des divisions de laquelle elles sont nées, comme en l'exemple... où les ordonnées ZM du demi-cercle étant nées des divisions égales du diamètre, lorsqu'on dit simplement *la somme des lignes* ZM, sans exprimer quelle est la droite par les portions de laquelle on les veut multiplier, on doit entendre que c'est le diamètre même, parce que c'est le naturel : et si on les voulait multiplier par les portions d'une autre ligne, il le faudrait alors exprimer[3]. » Ce sous-entendu « qui ne peut blesser les per-

1. *Pensées*, f° 191. Sect. IV, f° 282.
2. *Indéfinies*, c'est-à-dire *indéterminées*.
3. *Lettre de M. Dettonville*, *loc. cit.* p. 247.

sonnes raisonnables quand on les a une fois averties » suffit pour dégager la pratique géométrique de l'embarras où la « timidité » des anciens l'avait jetée, pour constituer une méthode de découverte directe et féconde; il permet à Pascal de résoudre des problèmes qui supposeraient chez un savant moderne l'usage d'*intégrales doubles*[1].

Enfin, si l'on a, suivant l'expression remarquable de Pascal dans l'*Art de Persuader*, assez d'imagination pour comprendre les hypothèses de la géométrie, la démonstration suit, et les conséquences qui en découlent doivent être acceptées, quelque répugnance qu'y éprouvent notre prétendu bons sens et notre prétendue nature. Le parallélisme est étroit entre les paradoxes de la géométrie nouvelle et les absurdités apparentes du christianisme. Immédiatement après s'être mis à genoux, avoir prié Dieu de lui soumettre l'esprit et le cœur du libertin, Pascal écrit : « L'unité jointe à l'infini ne l'augmente de rien, non plus qu'un pied à une mesure infinie. Le fini s'anéantit en présence de l'infini, et devient un pur néant. Ainsi notre esprit devant Dieu; ainsi notre justice devant la justice divine. Il n'y a pas si grande disproportion entre notre justice et celle de Dieu, qu'entre l'unité et l'infini[2]. » Dans les notes jetées pour une *conférence* à Port-Royal, on trouve cette suite d'idées : « Incompréhensible. — Tout ce qui est incompréhensible ne laisse pas d'être. Le nombre infini. Un espace infini, égal au fini. — Incroyable que Dieu s'unisse à nous[3]. »

LA DÉCOUVERTE LEIBNIZIENNE

104. — L'exemple de la géométrie des indivisibles, qui est le calcul infinitésimal à sa naissance, permet au génie de Pascal de dégager une thèse que la philosophie actuelle nous a rendue familière; le conflit à l'intérieur de la pensée est entre des *facultés* qui sont également étrangères à la raison : d'une part, « puissances trompeuses » des sens, de l'imagination, de la coutume: d'autre part, puissances supérieures de l'instinct, du sentiment, de la foi. L'étude du moment historique auquel appartient la philosophie mathématique de Pascal est donc importante pour l'éclaircissement de questions qui sont discutées aujourd'hui. Le finitisme de Renouvier, qui reprend à plus de vingt siècles

1. Voir Marie, *op. cit.*, IV, 189 et suiv., particulièrement p. 225.
2. *Pensées*, f° 3, sect. III, fr. 233.
3. *Ibid.*, f° 322, sect. VII, fr. 430. Cf. Revue de Métaphysique, 1905, p. 680.

de distance l'argumentation de Zénon d'Elée, n'est-il pas de nature à montrer la fixité, mais aussi la fragilité, des bornes que le *bon sens*, l'exigence du donné représentatif, prétendent imposer à l'essor scientifique? Par contre, l'*Intuition*, qui refuse de se laisser enfermer dans les cadres du discours explicite, qui anticipe sur l'analyse et sur la logique, n'a-t-elle pas seule le pouvoir d'assurer l'équilibre de la science parce que seule elle a le privilège de maintenir le contact entre le progrès de la pensée et la nature des choses?

Techniquement, la question se pose de la façon suivante : la divination qui permet de substituer un élément linéaire à un élément superficiel, de traiter une aire comme une somme de droites, renferme-t-elle ce qu'il y a de proprement éclairant et agissant dans les principes du calcul infinitésimal? les formes directes et abrégées de la géométrie des indivisibles empruntées par Pascal à Cavalieri ne diffèrent-elles de ce qui deviendra l'expression des notions fondamentales dans le discours de la science achevée que par des abréviations conventionnelles du langage? ou au contraire le parti pris de dégager tout ce qui est impliqué dans une vue synthétique de l'esprit, si directe et si féconde qu'elle apparaisse à celui qui s'y appuie, d'expliciter chaque élément et de lui trouver une expression adéquate, ne va-t-il pas avoir pour conséquence de reculer les limites de la science, et ne tendrait-il pas à établir qu'il appartient à l'intelligence de libérer le dynamisme intérieur de la pensée sur lequel les sous-entendus de l'anticipation intuitive avaient laissé un voile, de lui restituer toute sa capacité de progrès?

A cette question, que l'histoire pose, la réponse est d'une singulière précision.

Une dizaine d'années après la mort de Pascal, Huygens prêtait les écrits de Dettonville à un jeune Allemand qui venait d'arriver à Paris, Gottfried Wilhelm Leibniz. En lisant le *Traité des sinus du quart de cercle*, raconte plus tard Leibniz, « j'y trouvai une lumière que l'auteur n'avait point vue [1] ». Voici le passage qui fut l'occasion de cette illumination, où est l'origine du calcul différentiel. Pascal énonce la proposition suivante : « *Soit* ABC *un quart de cercle* (fig. 8), *dont le rayon* AB *soit considéré comme axe, et le rayon perpendiculaire* AC *comme base; soit* D *un point quelconque dans l'arc, duquel soit mené le sinus* DI *sur le rayon*

1. Fragment destiné au marquis de l'Hospital. *M*, II, 259. Cf. *Historia et origo calculi differentialis* 1754, *M*, V, 399. Les principaux textes relatifs à l'influence de Pascal sur Leibniz ont été réunis par Gerhardt (C. R. de l'Acad. des Sc. de Berlin, 1891, p. 1053 et suiv.).

AC; *et la touchante* DE, *dans laquelle soient pris les points* E *où l'on voudra, d'où soient menées les perpendiculaires* ER *sur le rayon* AC : *je dis que le rectangle compris du sinus* DI *et de la touchante* EE, *est égal au rectangle compris de la portion de la base (enfermée entre les parallèles) et du rayon* AB. » La démonstration est immédiate si l'on considère les « triangles rectangles et semblables DIA, EKE, l'angle EEK ou EDI étant égal à l'angle DAI[1] ». Seulement la proposition ainsi démontrée n'est, aux yeux de Pascal, qu'un *lemme* destiné à établir ce théorème que « la somme » des perpendiculaires élevées sur la base, ou, comme dit Pascal, « des *sinus* d'un arc quelconque du quart de cercle, est égale à la portion de la base comprise entre les *sinus* extrêmes multipliée par le rayon ». La considération du triangle EKE n'est donc qu'un emprunt de la géométrie des indivisibles à la géométrie ordinaire, un moment de la preuve qui ne survit pas à l'achèvement de la démonstration.

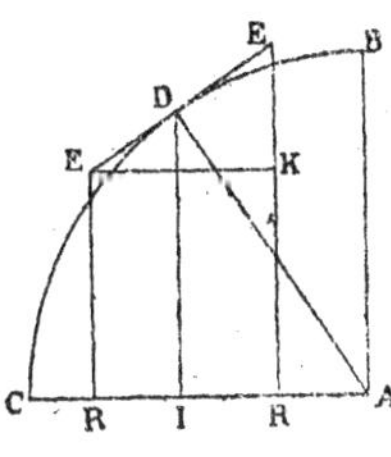

Fig. 8.

Au contraire Leibniz considère ce triangle EKE pour lui-même. Les points E ayant été pris « où l'on voudra », les côtés du triangle peuvent devenir aussi petits que l'on voudra; mais, alors même qu'ils deviennent *inassignables*, ils demeurent parfaitement déterminés par la similitude du triangle *inassignable* EKE au triangle *assignable* DIA. Or cette détermination subsistera, en dehors du cas particulièrement simple où la normale au point de contact est un rayon du cercle. Il suffit d'expliciter les éléments des deux triangles, *inassignable* et *assignable*, pour apercevoir ce qui était demeuré caché à Pascal « les yeux fermés par une espèce de sort[2] » : la possibilité de traiter comme un élément *caractéristique* de la courbe le triangle constitué par une partie infiniment petite de la tangente, et les portions infiniment petites des parallèles à l'abscisse et à l'ordonnée. La considération du « triangle caractéristique » est le premier pas fait par Leibniz en dehors de la méthode vulgaire des indivisibles. Au point de vue théorique cette considération permet de rétablir l'homogénéité, rompue en apparence par les sous-entendus de Cavalieri, entre les éléments des sommes et les sommes elles-mêmes; la surface sera composée de petites

1. Ed. Bossut, t. V, p. 331.
2. Brouillon de lettre pour Jacques Bernoulli, 1703. *M*, III, p. 72 et suiv.

surfaces, comme la ligne de « petites lignes », ou le corps de *corpuscules*. En même temps s'introduit dans le domaine de l'infiniment petit la notion du rapport; or, tandis que l'image de l'indivisible est incapable d'exactitude, la forme de similitude, n'étant nullement liée à telle ou telle grandeur donnée, se conserve dans le passage du fini à l'infinitésimal, comme elle subsistait dans le passage du rationnel à l'irrationnel[1]. De là résulte la fécondité technique de la méthode; il est à noter seulement que les résultats obtenus alors par Leibniz étaient déjà connus de Huygens, et qu'on les trouvait pour la plupart dans l'exposition de la *méthode des tangentes* que Barrow avait publiée en 1670 sur les instances d'un ami qui paraît n'avoir été autre qu'Isaac Newton[2].

A ce premier progrès s'en relie naturellement un second; puisque le passage est ouvert de l'*élément différentiel* à la somme totale, il peut indifféremment s'effectuer dans un sens ou dans l'autre. Leibniz rencontre ainsi le problème dont l'indication était donnée au troisième volume des *Lettres* de Descartes[3] : le problème de de Beaune ou *problème inverse des tangentes*; il reconnaît du même coup l'analogie de ce problème avec les problèmes soit de *quadrature*, soit de *rectification de courbes*, auxquels s'étaient appliquées jusqu'ici les méthodes d'intégration.

105. — Ces vues générales ne sont encore que des préparations à l'étape décisive. La représentation spatiale à laquelle était astreinte la méthode de Barrow pour les tangentes répugne au génie de Leibniz qui se porte irrésistiblement vers ce qui est le plus général et le plus clair. Les éléments nouveaux qui ont été introduits dans la mathématique devront recevoir une traduction logique, suivant le plan de *Caractéristique universelle* qui est le motif conducteur de la carrière philosophique de Leibniz[4]. Or l'instrument de la traduction se trouvait ici tout forgé : c'est cette géométrie cartésienne dont les Roberval et les Pascal paraissaient avoir si singulièrement méconnu la portée. « Il est bien remarquable, écrit Comte, que des hommes tels que Pascal, aient fait aussi peu d'attention à la conception fondamentale de

1. Lettre à Tschirnhaus, *in Briefwechsel mit Mathematikern*, Ed. Gerhardt, 1899, t. I, p. 408.

2. Cf. *Lectiones Geometricæ*, Londres, 10e leçon p. 80.

3. Ed. Clerselier, 1667. *Lettre LXXI*, du 20 février 1639 à M. de Beaune, p. 412. (*AT*, II, 514). Voir l'écrit de juillet 1676, intitulé *Methodus tangentium inversa*, in *Briefwechsel*, éd. Gerhardt, t. I, p. 201.)

4. Voir sur ce point la *Logique de Leibniz*, par Louis Couturat, 1901, notamment p. 84 et suiv.

Descartes, sans pressentir nullement la révolution générale qu'elle était nécessairement destinée à produire dans le système entier de la science mathématique. Cela est venu de ce que, sans le secours de l'analyse transcendante, cette admirable méthode ne pouvait réellement encore conduire à des résultats essentiels, qui ne pussent être obtenus presqu'aussi bien par la méthode géométrique des anciens[1]. » L'exemple de Leibniz permet de compléter, et jusqu'à un certain point, de retourner la remarque de Comte : pour que l'analyse transcendante pût se constituer, il fallait commencer par se mettre à l'école de Descartes ; et c'est ce que Leibniz déclare expressément avoir fait sur le conseil de Huygens. La connexion entre l'algèbre et la géométrie élémentaire lui servit de modèle pour l'*intellectualisation* de la géométrie infinitésimale : « Ce que j'aime le plus dans ce calcul, écrit-il à Huygens, c'est qu'il nous donne le même avantage sur les anciens dans la géométrie d'Archimède, que Viète et Descartes nous ont donné dans la géométrie d'Euclide ou d'Apollonius, en nous dispensant de travailler avec l'imagination[2]. »

De fait, dans la *Nova methodus pro maximis et minimis* de 1684, Leibniz paraît bien avoir voulu imiter la simplicité et la généralité des pages où Descartes expose au troisième livre de la *Géométrie* la théorie générale des équations. Le trait distinctif de la méthode nouvelle est d'avoir exprimé sous forme analytique tous les éléments du problème de façon à faire correspondre au rapport $\frac{\mathrm{D}x}{\mathrm{D}y}$ des quantités finies le rapport $\frac{dx}{dy}$ des quantités infinitésimales, et à obtenir ainsi le passage intelligible d'une équation ordinaire à l'*équation différentielle* : « Editæ vero hactenus methodi talem transitum non habent, adhibent enim plerumque rectam ut dx vel aliam hujusmodi, non vero rectam dy quæ ipsis DX, DY, dx est quarta proportionalis, quod omnia turbat... » L'explicitation de tous ces éléments permet d'établir un *calcul de différences et de sommes*, dont Leibniz énonce les règles dans l'ordre même où l'on expose les règles de l'algèbre : *Règles pour les quatre opérations de l'arithmétique, interprétation des signes, différenciation des puissances et des racines*. La conclusion est l'avènement d'une science générale : « Ex cognito hoc velut *Algorithmo*, ut ita dicam, calculi hujus, quem voco *differentialem*, omnes aliæ æquationes differentiales inveniri

1. *Cours de philosophie positive*, 6e leçon, t. I, 1830, p. 237, *note*.
2. *Lettre* du 29 décembre 1691. *M*, II, 123 et *Briefwechsel*, t. I, p. 683.

possunt per calculum communem, maximæque et minimæ, itemque tangentes haberi, ita ut opus non sit tolli fractas, aut irrationales, aut alia vincula, quod tamen faciendum fuit secundum methodos hactenus editas[1]. »

La crise ouverte dans la pensée du XVIIe siècle par la géométrie des indivisibles est résolue, mais dans un sens opposé à celui qu'avait indiqué Pascal. Au lieu de faire de la crise elle-même une sorte d'état chronique, de prétendre justifier la rupture d'équilibre qu'une invention audacieuse a introduite dans la structure de la science par un appel à des facultés d'ordre mystérieux et transcendant, Leibniz compte sur l'intelligence elle-même pour compléter son œuvre, pour dégager et mettre en pleine clarté les points que les rapides et fugitives illuminations du génie ont d'abord laissés dans l'ombre, pour réunir enfin toutes les articulations du système dans le courant continu et intégral de la pensée. C'est à cette conception philosophique que Leibniz doit d'avoir posé le problème de l'*algorithme* nouveau, puis, une fois résolues les difficultés techniques, d'avoir créé pour exprimer la solution une notation excellente, plus complète que celle de Newton, enfin d'avoir dégagé la portée de l'invention avec une netteté qui paraît irréprochable tant du moins qu'il ne s'est pas soucié d'adapter son langage au réalisme irréductible de sa métaphysique : « Au lieu de prendre les grandeurs infinitésimales pour 0, comme MM. *Fermat*, *Descartes*, et même *Newton* et tous les autres ont fait, avant que mon *Algorithme des incomparables* ait paru dans les *Actes de Leipzig*, il faut supposer que les grandeurs sont quelque chose, qu'elles diffèrent entre elles, et qu'elles soient marquées de différentes manières dans l'analyse nouvelle ; car elles seraient confondues, si elles étaient prises pour des zéros. Je les prends donc, non

1. *M*, V. 222. Cf. l'article de 1686 : *de Geometria recondita et analysi indivisibilium atque infinitorum*, *ibid.*, 226 et suiv. ; et celui de 1692 sur la *Chaînette* (Journal des Savants) : « ... l'*Analyse des Infinis*, qui est entièrement différente de la Géométrie des indivisibles de Cavaleri et de l'Arithmétique des infinis de M. Wallis. Car cette géométrie de Cavaleri, qui est très bornée d'ailleurs, est attachée aux figures où elle cherche les sommes des ordonnées ; et M. Wallis, pour faciliter cette recherche, nous donne par induction les sommes de certains rangs de nombres : au lieu que l'analyse nouvelle des infinis ne regarde ni les figures, ni les nombres, mais les grandeurs en général, comme fait la spécieuse ordinaire. Elle montre un algorithme nouveau » ; en particulier « au lieu des puissances ou des racines, elle se sert d'une nouvelle affection des grandeurs variables, qui est la variation même, marquée par certains caractères et qui consiste dans les différences, ou dans les différences des différences de plusieurs degrés, auxquelles les sommes sont réciproques, comme les racines le sont aux puissances. » *M*, V. 259.

pas comme des riens, ni même pour des infiniment petits à la rigueur, mais pour des quantités incomparablement ou indéfiniment petites, et plus que d'une grandeur donnée, ou assignable, inférieures à d'autres dont elles font les différences, ce qui rend l'erreur moindre qu'aucune erreur assignable ou donnée et par conséquent elle est nulle [1]. »

Mais pour expliquer comment les difficultés techniques ont été surmontées effectivement, avec quelle rapidité Leibniz a passé de ses premières réflexions théoriques à la découverte triomphale de 1675, nous ne pouvons nous contenter d'opposer philosophie à philosophie; nous devons insister sur un double progrès scientifique, dont Leibniz s'est trouvé le bénéficiaire. L'un, auquel nous avons eu occasion de faire allusion en parlant de la *méthode des tangentes* de Barrow, a été accompli par les mathématiciens français de la génération au milieu de laquelle Pascal avait grandi; l'autre, dû en particulier aux mathématiciens qui travaillaient en Angleterre, est l'extension de travaux arithmétiques dont Pascal avait marqué la connexion avec le calcul des indivisibles dans une page qui fut publiée en 1665 [2]. Nous avons donc à entreprendre une double étude : l'une sur l'invention des *méthodes pour les tangentes*, l'autre sur les opérations relatives aux *séries infinies*. Et, en même temps, comme il se trouve qu'historiquement cette étude conduit aussi bien à la *méthode des fluxions* qu'au *calcul différentiel*, elle aura l'avantage de mettre en évidence le caractère collectif de la pensée dont nous voulons suivre ici les étapes. La nécessité qui s'impose de décrire deux fois la genèse du calcul infinitésimal, comme celle de la géométrie analytique, est d'un singulier appui pour l'objectivité de cette psychologie de l'intelligence dont l'étude du développement scientifique doit préparer la constitution.

SECTION C. — De Fermat à Newton.

LES MÉTHODES POUR LES TANGENTES

106. — Peu de lignes sont aussi fameuses dans l'histoire de la pensée humaine que le court écrit envoyé par Fermat à Descartes au lendemain de la publication de la *Géométrie* : *Methodus ad disquirendam maximam et minimam* [3]. En voici le contenu : Je

1. *Lettre au P. Tournemire* du 28 octobre 1714. Ed. Dutens, 1768, t. III, p. 442.
2. *Œuvres*, 1908, t. III, p. 366, et la *note* de Pierre Boutroux. *Vide infra*, § 272.
3. Fermat, *Œuvres*. Ed. P. Tannery-Ch. Henry, 1891, t. I, p. 133.

pose l'équation du problème, je suppose que dans cette équation une quantité A est augmentée d'une certaine quantité que je représente par E: et je forme l'équation en A + E. Le secret de la méthode est d'égaler alors ou, selon l'expression remarquable employée par Fermat, d'*adégaler*[1] l'équation en A et l'équation en A + E. Après réduction, on annule la quantité auxiliaire E; et l'on obtient l'expression de A qui fournit le *maximum* ou le *minimum* cherché.

Soit une droite AC à diviser en un point B de telle manière que le rectangle dont AB et BC sont les côtés ait une aire *maxima*; ou, comme nous dirions aujourd'hui, soit un nombre à partager en deux nombres dont le produit soit *maximum*. Soit A une de ces parties, B leur somme; leur produit sera A (B — A) = AB — A². Je substitue A + E à A; j'obtiens l'équation

$$(A + E)(B - A - E) = AB - A^2 - 2AE + EB - E^2.$$

Je pose comme équivalents les seconds termes des équations précédentes :

$$AB - A^2 = AB - A^2 - 2AE + EB - E^2$$
$$EB = 2AE + E^2$$
$$B = 2A + E$$

L'annulation de E fournit le résultat cherché; le produit *maximum* des deux parties de la quantité B est $\frac{B^2}{4}$. Méthode infaillible, ajoute Fermat, et susceptible d'être étendue à la plupart des plus belles questions. Il sera facile, en particulier, d'y ramener la détermination des tangentes des lignes courbes; dans un second écrit qu'il envoie à Descartes, il prend pour exemple la tangente à la parabole qui est menée d'un point de l'axe, en la considérant comme la distance *maxima* entre ce point et la parabole.

Si Fermat a eu la conscience la plus nette de la simplicité et

1. Cf. *Ad eamdem methodum. Ibid.* p. 140. « Id comparo primo solido

Aq. in B — Ac.

tanquam essent æqualia, licet revera æqualia non sint, et hujusmodi comparationem vocavi adæqualitatem, ut loquitur Diophantus (sic enim interpretari possum græcam vocem παρισότης qua ille utitur). » — Paul Tannery, *loc. cit.*, p. 133, n. 1, fait remarquer que Xylander et Bachet emploient l'expression *adæqualitas* pour traduire παρισότης, qui signifie égalité approximative; il traduira lui-même d'ailleurs par *appropinquatio*. Diophant., *Arithm.*, V, 14, Leipzig t. I, 1883, p. 151.

de la généralité de sa méthode, l'avenir a justifié sa confiance plus encore qu'il ne pouvait le soupçonner lui-même. Certes, et malgré l'autorité de juges tels que Lagrange, il y a exagération et injustice à considérer Fermat comme « le premier inventeur des nouveaux calculs[1] ». Sa méthode est loin de couvrir le champ des opérations qui procèdent des algorithmes de Leibniz ou de Newton. Du moins la pensée différentielle est-elle tout entière dans la conception de ce symbole auxiliaire E qui intervient pour fournir une seconde expression du rapport des grandeurs correspondant au problème, qui pourtant n'est pas, à proprement parler, une grandeur déterminée, qui finalement est supprimé comme étant un *zéro*. Et cette pensée différentielle se livre à nous dans sa nudité, elle ne se réfère à aucune forme de la logique traditionnelle; l'*adégalité* déborde le cadre rigide du principe d'identité. Au moment même où elle retrouve des résultats rappelant les divinations d'Oresme et de Kepler sur les variations insensibles des augmentations ou des diminutions aux environs du *maximum*, la pensée de Fermat ne cherche pas d'appui dans une intuition spatiale; notamment, elle est tout à fait indépendante de la considération du mouvement et du temps où l'on a voulu voir l'origine des notions différentielles. Elle est née sur le terrain de l'algèbre, elle procède de l'œuvre de Viète; elle applique aux problèmes de *maximum* ou de *minimum* transmis par Pappus les lois de la transformation des équations[2]. Elle est une pensée abstraite qui suit le développement intérieur de l'intelligence et qui justifie la loi de ce développement par la solution des difficultés posées.

107. — L'originalité de la conception de Fermat est encore accentuée par la résistance de Descartes. L'auteur des *Regulæ ad directionem ingenii* cherche en vain l'*absolu* auquel il pourra rattacher comme à sa raison le procédé inventé par Fermat, la « notion claire et distincte » par laquelle se fera l'union de l'intelligence et de l'intuition. L'universalité à laquelle Fermat prétendait, il l'interprète dans un sens purement scolastique comme si la formule de la tangente à la parabole devait être la formule de la tangente à une courbe quelconque. Et même, dans le cas où la méthode de Fermat réussit à ses yeux, il n'y veut voir qu'un expédient, une application de la *règle de fausse*

1. *Leçons sur le calcul des fonctions* (1799-1801). *Œuvres*, Éd. Serret, t. X, 1884, p. 294. Cf. Marie, *op. cit.*, IV, 93.

2. *Œuvres*, t. I, p. 147. Cf. C. R. Wallner, *Entwickelungsgeschichtliche Momente bei Enstehung der Infinitesimalrechnung*, Bibliotheca Mathematica, IIIe série, t. V, 1904, p. 121.

position, « fondée sur la façon de démontrer qui réduit à l'impossible, et qui est la moins estimée et la moins ingénieuse de toutes celles dont on se sert en mathématiques[1] ».

Selon Descartes la véritable méthode pour la résolution du problème est *a priori*; elle se déduit de la conception générale qui a inspiré la géométrie, comme un cas particulier de la *conjonction* entre la nature de la courbe et la forme de l'expression algébrique. Si l'on procède par ordre, si l'on considère la courbe la plus simple, qui est la circonférence, on s'aperçoit que la tangente y est déterminée d'une façon uniforme comme perpendiculaire au rayon. Or, conformément à cette « métaphysique de la géométrie[2] », que Descartes avait malencontreusement appliquée à la règle de Fermat, mais qui demeure pour lui le secret de l'invention mathématique, cette caractéristique de la tangente à la circonférence sera universalisée. La détermination de la tangente aux courbes en général se ramène à donner « la façon de tirer des lignes droites qui tombent à angles droits sur tel ou tel de leurs points qu'on voudra choisir. Et j'ose dire, ajoute Descartes, que c'est ceci le problème le plus utile et le plus général, non seulement que je sache, mais même que j'aie désiré de savoir en géométrie[3] ».

La méthode générale de la solution est contenue dans la position même des termes du problème. Une courbe quelconque étant donnée, traçons d'un point intérieur à la courbe un cercle qui la rencontre au moins en deux points. A la courbe donnée et au cercle auxiliaire correspondent analytiquement deux équations; rapportées à un même système de coordonnées, elles auront au moins deux racines communes. Faisons décroître maintenant le rayon du cercle, deux des points d'intersection vont se rapprocher jusqu'à ce qu'enfin ils coïncident en un seul; en ce point le rayon sera perpendiculaire à la courbe et à la tangente par rapport à la courbe. Ce point de coïncidence joue donc le rôle de *point limite*; mais il est déterminé indépendamment de toute considération infinitésimale : c'est celui pour lequel les valeurs communes à l'équation de la circonférence sont égales, et la *méthode des coefficients indéterminés* fournira la solution algébrique du problème.

Ainsi pas un seul instant la pensée de Descartes ne s'est aventurée hors du domaine où intelligence et intuition se prêtent un

1. *Lettre à Mersenne*, datée approximativement de janvier 1638, *AT*, t. I, p. 490.
2. Cf. *Lettre à Mersenne*, du 9 janvier 1639, *AT*, II, 490.
3. *AT*, VI, 413.

mutuel appui, où la correspondance est manifeste et littérale en quelque sorte entre l'algèbre et la géométrie. Mais précisément parce qu'elle est assujettie aux lois de cette correspondance, l'application de la méthode demeure, de l'aveu final de Descartes lui-même, restreinte et pénible.

108. — La même simplicité dans les principes, la même complication à pousser un peu loin les applications, apparaissent dans la *méthode mécanique* que Roberval développait, concuremment d'ailleurs avec Torricelli. Voici comment, dans l'écrit rédigé sous son inspiration, *Observations sur la composition des mouvements et sur les moyens de trouver les touchantes des lignes courbes*, est présenté « l'axiome du principe d'invention » sur lequel repose la méthode de Roberval : « La direction du mouvement d'un point qui décrit une ligne courbe, est la touchante de la ligne courbe en chaque position de ce point-là. » A quoi sont ajoutés ces simples mots : « Le principe est assez intelligible, et on l'accordera facilement dès qu'on l'aura considéré avec un peu d'attention. » De ce principe découle « la règle générale » que Roberval appliquera successivement aux « touchantes » des sections coniques, et à diverses lignes nouvelles : « Par les propriétés spécifiques de la courbe (qui vous seront données) examinez les divers mouvements qu'a le point qui la décrit à l'endroit où vous voulez mener la touchante : de tous les mouvements composés en un seul, tirez la ligne de direction du mouvement composé, vous aurez la touchante de la ligne courbe[1]. »

Descartes qui réduisait l'intuition mécanique à l'intuition géométrique, ne voulut voir dans la méthode de Roberval qu'un déguisement de la sienne[2] ; il méconnut ainsi l'élément nouveau qu'ajoute à la considération du problème la décomposition du mouvement dont le mobile est supposé animé, en mouvements plus simples, et différant non seulement de direction, mais de vitesse. Que cette décomposition mécanique ne soit pas moins féconde pour le développement des procédés de différenciation que le rapprochement graduel des points d'intersection, c'est ce que l'exemple de Barrow et de Newton suffirait à prouver. Pour nous, du point de vue où nous sommes actuellement placés, elle apparaît surtout capable de faire mieux ressortir la connexion de cette pensée différentielle, qui se retrouve explicite ou voilée dans chacune des trois méthodes rivales, avec le cours même de

1. Mémoires de l'Académie Royale des Sciences, t. VI, 1730, p. 25-25.
2. *Lettre à Mersenne* du 15 novembre 1638, *AT*, II, 434.

la nature. Roberval a eu le sentiment de cette connexion dans le passage même où il semble s'excuser d'avoir transporté le problème des tangentes hors du domaine de la mathématique proprement dite. « Elle n'est pas, écrivait-il à Fermat en parlant de sa méthode, inventée avec une si subtile et si profonde géométrie que la vôtre ou celle de M. Descartes et, partant, elle paraît avec moins d'artifice; en récompense elle me semble plus simple, plus naturelle et plus courte[1]. »

Dans son étude, *das Princip der Infinitesimal-Methode und seine Geschichte*, Hermann Cohen a signalé[2] un passage fort remarquable d'une lettre que Laplace écrivait à Lacroix en 1792, sur l'exposition synthétique des diverses méthodes de calcul infinitésimal : « Le rapprochement des méthodes que vous comptez faire, sert à les éclairer mutuellement, et ce qu'elles ont de commun renferme le plus souvent leur vraie métaphysique; voilà pourquoi cette métaphysique est presque toujours la dernière chose que l'on découvre[3]. » La réflexion de Laplace s'applique avec d'autant plus de précision aux méthodes pour les tangentes que l'élément « commun » en est plus éloigné des données de la représentation. Dans la coïncidence des deux points où se coupent les courbes de Descartes, dans la détermination par Roberval de la direction de la vitesse des mouvements en un point donné, comme dans la notion de l'*adégalité* qui est due à Fermat, c'est un même processus dynamique de l'intelligence qui est engagé; c'est le principe d'une logique nouvelle, que Leibniz portera à son plus haut degré de clarté et de généralité lorsque dans sa *Justification du calcul des infinitésimales par celui de l'Algèbre ordinaire* (1702), il fera de la relation fondamentale mathématique, de l'égalité « un cas particulier de l'inégalité[4]. L'inégalité (infiniment petite), écrit-il à Arnauld, devient égalité[5] ».

LES SÉRIES INFINIES

109. — Du moins, par l'attention qu'ils ont portée au problème des tangentes, les mathématiciens français ont-ils aperçu nettement une relation essentielle pour la constitution du calcul

1. *Lettre* du 4 août 1640 *apud* Fermat, *op. cit.* II, 201. — Cf. Chaslès, *Aperçu historique*, éd. citée, p. 61.
2. Berlin, 1883, p. 97.
3. Lacroix, *op. cit.*, p. XIX.
4. *M*, IV, 105.
5. 1er août 1687. *G*, II, 105.

infinitésimal, celle même où on a cru voir quelquefois le secret de la découverte de Newton et de Leibniz. Le rapport entre ce qui sera le calcul différentiel et ce qui sera le calcul intégral est marqué par la recherche d'une « converse » pour la règle des tangentes[1]. Et ainsi, quoique les opérations équivalentes à l'intégration eussent été pratiquées dans l'antiquité, c'est la voie menant de la différenciation à l'intégration qui a été reconnue la première.

Il est vrai que les mathématiciens français n'ont pas réussi à parcourir effectivement cette voie. Il leur eût fallu pour cela poser sur le terrain de l'analyse abstraite les problèmes qui jusqu'ici avaient été résolus par les méthodes mécaniques ou géométriques d'intégration. Or cela dépassait les ressources des savants de la première moitié du XVIIe siècle; ils ne soupçonnaient pas, en effet, que la connaissance des fonctions transcendantes était en réalité acquise à la science depuis la découverte des logarithmes; ils ne voyaient dans les tables de Neper ou de Briggs qu'un travail de praticien, une technique utilitaire, comparable à ce qu'était au temps de Pythagore la *logistique* pour les théoriciens de l'arithmétique, destinée à demeurer dans l'ombre alors même qu'elle a été utilisée pour la découverte ou la vérification.

Voilà pourquoi l'étude des séries infinies se trouva décisive pour la découverte du calcul infinitésimal. Non que la sommation d'une série infinie constitue déjà une intégration. — « J'ai observé, écrit Leibniz à Fontenelle, qu'il y a deux manières de venir aux sommes des aires ou aux rectifications des courbes par l'infini : l'une par les infiniment petits, ou quantités élémentaires, dont on cherche la somme; l'autre par une progression des termes ordinaires dont on cherche ou la somme ou la terminaison lorsqu'elle se termine enfin dans ce qui enveloppe l'infini..., et cette méthode diffère *toto genere* de notre calcul des différences, des sommes[2]. » — Mais la méthode par les séries apportait aux mathématiciens la certitude que l'infini était susceptible d'être manié sans qu'on eût à passer par le détour de l'image spatiale : « Nous pouvons certainement concevoir aujourd'hui, dit Paul Tannery, la notation de Leibniz développée et appliquée sans l'emploi des séries; mais au XVIIe siècle la chose n'était pas possible, parce que le concept général de fonction

1. *Loc. cit. AT*, II, 514.
2. *Lettre* du 12 juillet 1702. *Lettres et opuscules inédits*, publiés par Foucher de Careil, 1854. p. 213.

faisait défaut, et qu'il ne pouvait pas s'introduire tant que les relations non algébriques ne pouvaient être figurées que géométriquement ou mécaniquement[1] ». C'est précisément cette lacune que Wallis commença de combler par la pratique de l'*induction* — non pas de « l'induction complète » qui est une forme spécifique de la déduction mathématique[2] — mais de l'induction entendue au sens strict des physiciens.

L'induction de Wallis porte directement sur la réalité, elle tire de l'observation de cas particuliers une règle universelle : « Simplicissimus investigandi modus, remarque Wallis dès la première proposition de l'*Arithmetica Infinitorum* (1655), est rem ipsam aliquousque præstare, et rationes prodeuntes observare atque invicem comparare ; ut inductione tandem universalis propositio innotescat. » Or la réalité qui, excluant toute équivoque et toute indétermination, devient la matière privilégiée de cette observation méthodique, ce sont les relations numériques. Wallis traduit en termes arithmétiques les problèmes géométriques de quadrature ; selon l'heureuse expression de Buffon, il applique réellement l'Arithmétique aux idées de l'Infini. Prenons l'exemple le plus simple. Soit une série de fractions dont le numérateur est la somme des carrés des nombres naturels écrits à partir de zéro, dont le dénominateur est le dernier des termes du numérateur multiplié par le nombre de ces termes :

$$\frac{0+1}{1\times 2};\quad \frac{0+1+4}{4\times 3};\quad \frac{0+1+4+9}{9\times 4};\quad \frac{0+1+4+9+16}{16\times 5}.$$

Les diverses fractions équivalent respectivement à

$$\frac{1}{3}+\frac{1}{6};\quad \frac{1}{3}+\frac{1}{12};\quad \frac{1}{3}+\frac{1}{18};\quad \frac{1}{3}+\frac{1}{24}.$$

La considération de ces résultats permet de dégager une règle qui fournit les sommes de fractions formées successivement suivant le même procédé. A mesure que le nombre des termes augmente, l'excès de ces sommes sur $\frac{1}{3}$ diminue suivant une loi régulière ; d'où l'on peut conclure que si le numérateur et le dénominateur comportent une infinité de termes posés suivant la loi régulière qui vient d'être indiquée, leur rapport sera exprimé par la fraction $\frac{1}{3}$. « Facto enim experimento, dit Wallis,

1. Bulletin des Sciences mathématiques, 1886, p. 281.
2. *Vide infra*, § 298.

patebit rationes inductione repertas ad has [*c'est-à-dire aux valeurs limites*] continue propius accedere, ita ut differentia tandem evadat, quavis assignabili minor; adeoque in infinitum continuata evanescet[1]. »

110. — Ainsi se retrouve au cœur de la méthode arithmétique ce même procédé de passage à la limite qui était l'essence des méthodes géométriques. Et puisque techniquement il s'agissait seulement de résoudre des problèmes posés en termes géométriques, on s'explique que Fermat, si enclin pourtant à pratiquer l'induction comme moyen de découverte, n'ait vu dans l'*Arithmétique des Infinis* qu'une inutile complication. Il écrit à propos de Wallis : « Sa façon de démontrer, qui est fondée sur induction plutôt que sur un raisonnement à la mode d'Archimède, fera quelque peine aux novices, qui veulent des syllogismes démonstratifs depuis le commencement jusqu'à la fin. Ce n'est pas que je ne l'approuve; mais, toutes ses propositions pouvant être démontrées *via ordinaria*, *legitima*, *et Archimedea* en beaucoup moins de paroles que n'en contient son livre, je ne sais pas pourquoi il a préféré cette manière par notes algébriques à l'ancienne, qui est et plus convaincante et plus élégante[2]. » Pour le moment, Fermat a raison : Wallis n'a fait que déplacer le terrain sur lequel portaient les considérations infinitésimales d'Archimède ou de Cavalieri. Mais à ce déplacement de terrain correspond pour la théorie un progrès, de la nature de celui que Fermat lui-même avait accompli lorsqu'il avait appuyé sur un algorithme d'ordre analytique la résolution du problème des tangentes. Grâce à ce progrès, il sera possible de rattacher au processus abstrait de l'intelligence, les problèmes de *quadrature* qui avaient été jusque-là traités avec l'aide, mais aussi à travers le voile, de l'intuition géométrique.

Cette conclusion apparaîtra plus clairement dans un passage célèbre de la *Logarithmo-technia* de Nicolas Mercator (Londres, 1668). Cherchant la *quadrature* de l'hyperbole, c'est-à-dire la surface du segment compris entre l'hyperbole équilatère et ses asymptotes, Mercator est amené par le choix qu'il fait des coordonnées à exprimer l'ordonnée par la fraction $\frac{1}{1+a}$. Or il

1. *Op.* t. I (1695) p. 383.

2. *Lettre à Digby*, du 15 août 1657, *TH*, II, 343. — Il n'est peut-être pas sans intérêt de rappeler que le P. Gratry, dans une *Introduction* ajoutée à sa Logique a repris l'étude de ces textes pour y appuyer sa conception de l'induction comme procédé *transcendant* de passage à l'infini métaphysique. (*Logique*, 5e édit. t. I, 1868, p. 46 et suiv.)

effectue directement suivant les règles ordinaires du calcul la division du numérateur par le dénominateur; il obtient, par la continuation de l'opération, une série infinie : « Ita, continuata operatione, $\frac{1}{1+a} = 1 - a + aa - a^3 + a^4$ (etc.)[1] ». Avec cette formule nous passons en quelque sorte de l'*arithmétique* de l'infini à l'*algèbre* de l'infini; au lieu de manier des quantités déterminées pour en observer du dehors les propriétés, Mercator donne directement la loi de formation d'où dérive une suite infinie de quantités. La régularité de cette formation suffit pour exprimer l'infinité de ces quantités; la *fraction* $\frac{1}{1+a}$ est le point de départ, au point d'arrivée est la *série infinie*. Dans le cas où a est plus petit que l'unité, — remarque que nous ne trouvons pas, il est vrai, dans l'œuvre de Mercator; mais la notion et l'expression de *convergence* figurent, appliquées au rapport des polygones inscrits et du cercle, dans un écrit de James Gregory publié à Padoue en 1667 : la *Vera circuli et hyperbolæ quadratura* — il n'y a pas de différence appréciable entre la fraction qui représente les deux termes de la division et le quotient exprimé par la série. La notion de l'infini prise sous sa forme analytique acquiert droit de cité dans la science, à titre d'expression exacte et intelligible; le paradoxe de Zénon d'Élée est définitivement résolu pour l'esprit humain[2]. La voie est ouverte aux représentations de fonctions par les séries, qui implicitement ou explicitement sont appelées à jouer dans l'analyse un rôle prépondérant. Et voilà pourquoi la *naïveté* qui, suivant l'expression curieuse de Cantor, caractérise l'opération de Mercator, est bien celle où l'on reconnaît le plus sûrement la marque du génie.

111. — Historiquement la portée immédiate de la *Logarithmotechnia* se trouve soulignée par un incident significatif : l'inquiétude que Barrow conçut de la publication de Mercator au sujet

1. Prop. XV, p. 30.

2. Par exemple, dit Leibniz dans le *De vera proportione circuli ad quadratum circumscriptum in numeris rationalibus* (1682), si le diamètre est pris pour unité, l'aire du cercle est $\frac{1}{1} - \frac{1}{3} + \frac{1}{5} - \frac{1}{7} + \frac{1}{9} - \frac{1}{11} + \frac{1}{13} - \ldots$: « Tota ergo series continet omnes appropinquationes simul sive valores justo majores et justo minores : prout enim longe continuata intelligitur, erit error minor fractione data, ac proinde et minor data quavis quantitate. Quare tota series exactum exprimit valorem. Et licet uno numero summa ejus seriei exprimi non possit, et series in infinitum producatur, quoniam tamen una lege progressionis constat, tota satis mente percipitur. » *M*, V, 120.

de son élève Newton qui avait obtenu suivant une méthode semblable des résultats plus généraux, et l'envoi qu'il fit aussitôt à Collins du traité *De Analysi per æquationes numero terminorum infinitas* (31 juillet 1669)[1].

Comme la quadrature de l'hyperbole de Mercator, les premiers travaux de Newton dérivent de l'*Arithmétique des Infinis*. La genèse de ces travaux a été retracée par Newton lui-même dans une lettre écrite à Oldenburg pour Leibniz, du 24 octobre 1676. Il commença par reprendre les méthodes d'*intercalation* exposées par Wallis; il considérait le développement en série des expressions telles que

$$(1-x^2)^{\frac{1}{2}} \quad (1-x^2)^{\frac{2}{2}} \quad (1-x^2)^{\frac{3}{2}} \quad (1-x^2)^{\frac{4}{2}} \quad (1-x^2)^{\frac{5}{2}},$$

et en cherchant les relations qui unissent les termes de même rang, il obtenait une loi générale de formation pour les coefficients successifs du développement de binômes semblables. Par exemple,

$$(1-x^2)^{\frac{1}{2}} = 1 - \frac{1}{2}x^2 - \frac{1}{8}x^4 - \frac{1}{16}x^6, \text{ etc.},$$

$$(1-x^2)^{\frac{3}{2}} = 1 - \frac{3}{2}x^2 + \frac{3}{8}x^4 + \frac{1}{16}x^6, \text{ etc.},$$

$$(1-x^2)^{\frac{1}{3}} = 1 - \frac{1}{3}x^2 - \frac{1}{9}x^4 - \frac{5}{81}x^6, \text{ etc.}$$

Ces résultats suggèrent naturellement l'idée d'une vérification à l'aide de l'Arithmétique vulgaire. Multiplions par elle-même la série équivalente à $(1-x^2)^{\frac{1}{2}}$; il ne subsiste plus que les deux termes 1 et $-x^2$; tous les autres termes sont éliminés par l'application des règles ordinaires du calcul. Il en sera de même pour la série $(1-x^2)^{\frac{1}{3}}$ élevée à la troisième puissance. Dès lors, puisque l'élévation aux puissances réussit, l'extraction des racines réussira également; ce qui était moyen de contrôle ouvre la voie à l'opération directe qui dispense de l'analogie et de l'induction. Newton retrouve la division de Mercator; mais il ne se contente plus de l'appliquer au succès d'une quadrature, il en fait une méthode générale appuyée sur la connexion des différents procédés qui ont été employés dans le calcul abstrait: il la présente comme la base originale, *fundamenta magis*

1. Voir Rosenberger, *Isaac Newton und seine physikalischen Principien*, Leipzig, 1895, p. 433.

genuina, d'une analyse nouvelle où les opérations sur les séries infinies acquièrent la même facilité pratique et la même clarté intrinsèque que les opérations sur un nombre fini de termes.

L'ANALYSE NEWTONIENNE

112. — La considération des séries infinies, qui a préparé les mathématiciens du XVIIe siècle à l'étude directe du problème infinitésimal, permet de recueillir, dès la première démarche de son génie, le trait caractéristique de la pensée de Newton : attachée à la pratique et à la réalité, débutant par l'examen de cas particuliers, mais s'imposant, dès qu'elle anticipe sur les résultats obtenus pour formuler une loi générale, de vérifier la généralisation par des procédés qui dans un autre domaine ont été mis en dehors de toute contestation. L'édifice bâti pourra paraître du dehors entièrement nouveau, à ce point qu'on réclamera pour lui un nouveau fondement ; en fait il comprendra sur un plan élargi les bâtiments anciens, il aura pour garantie de sa solidité l'épreuve qu'ils ont déjà subie.

Telle est bien la nature du progrès de pensée qui apparaît à travers l'*Analysis per æquationes infinitas* où se trouve déjà — d'après la *Recensio* mise en tête de la publication du *Commercium epistolicum de Analysi promota* (1712), — la technique du calcul infinitésimal. Le point de départ est la proposition LIX de l'*Arithmétique des Infinis*. Soit (fig. 9) x l'abcisse AB, et y l'ordonnée BD d'une courbe dont l'équation est $ax^{\frac{m}{n}} = y$, m et n étant des nombres entiers : l'aire ABD est donnée par la formule

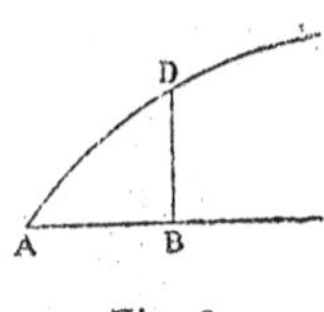

Fig. 9.

$$\frac{an}{m+n} x^{\frac{m+n}{n}}$$

Le point d'arrivée sera la démonstration générale de cette même relation par la méthode des *moments*. Le *moment* — désigné par la lettre o suivant une notation empruntée à Gregory [1] — est ici l'accroissement d'une quantité quelconque dont on suppose la croissance uniforme, ligne ou surface ; sur l'équation du problème on substituera donc à la quantité initiale la somme de cette quantité et de son *moment* en opérant avec toute

1. *Note* de Cantor, III[2] (1901), p. 157.

l'exactitude que les anciens avaient apportée dans la géométrie du fini, sans aucune approximation. C'est seulement dans la seconde partie du raisonnement, après toutes les réductions faites sur l'équation, que le moment pourra décroître à l'infini et s'évanouir. Mais dans l'*Analysis* qui, d'après la *Recensio*, suit une méthode d'investigation plutôt que de démonstration [1], et afin d'abréger, Newton suppose le moment infiniment petit, il le néglige dans les écritures et se sert de tous les modes d'approximation qu'il sait n'entraîner aucune erreur dans la conclusion.

Voici la forme que revêt la démonstration, allant cette fois, de la mesure de l'aire à la détermination de y. Posons $\frac{na}{m+n}=c$, $m+n=p$; nous avons alors $cx^{\frac{p}{n}}=z$, ou $c^n x^p = z^n$. Substituons maintenant d'une part $x+o$ à x; d'autre part $z+ov$, ou ce qui revient au même, dit Newton [2], $z+oy$ à z. Nous sommes en présence de l'équation $c^n(x+o)^p=(z+oy)^n$, dont le *théorème du binôme* nous fournira le développement. En laissant de côté les termes contenant les puissances de o, qui devront finalement s'évanouir quand on posera $o=0$, il reste

$$c^n x^p + c^n pox^{p-1} = z^n + noyz^{n-1}$$

ou, puisque les deux premiers termes de chaque membre sont égaux,

$$c^n px^{p-1} = nz^{n-1}y.$$

Nous obtenons ainsi [3] une expression qui permet les transformations suivantes :

$$y=\frac{c^n px^{p-1}}{nz^{n-1}}=\frac{c^n px^{p-1}z}{nz^n}=\frac{c^n px^{p-1}z}{nc^n x^p}=\frac{pz}{nx}=\frac{pcx^{\frac{p}{n}}}{nx};$$

et si nous rétablissons les signes initiaux

$$y=(m+n)\frac{na}{m+n}\,\frac{x^{\frac{m+n}{n}}}{nx} \text{ ou encore } ax^{\frac{m}{n}}.$$

1. M. Mansion a attiré l'attention sur le passage de la *Recensio* (Edit. Biot et Lefort, 1856, p. 18), dans le très substantiel *Appendice* à son *Résumé du cours d'analyse infinitésimale de l'Université de Gand*, 1887, p. 210, *note* 18.

2. Cette substitution est conforme à la dernière règle de la méthode *des tangentes* de Barrow. « Quod si calculum ingrediatur curvæ cujuspiam indefinita particula : substituatur ejus loco tangentis particula rite sumpta ; vel ei quævis (ob indefinitam curvi parvitatem) æquipollens recta. » (*Lectiones geometricæ* 1670, p. 81).

3. Cf. Cantor, III², p. 157.

Ce que Newton ajoutait à Wallis apparaît clairement, c'est la considération de l'*élément d'accroissement*, du *moment o*, pris comme unité analytique; c'est par suite la voie de retour qui permettra de constituer la méthode d'intégration comme inverse d'une méthode de différenciation; c'est enfin l'idée qui est implicite encore dans l'*Analysis per æquationes infinitas*, mais qui sera développée dans la *Methodus fluxionum* constituée vers les années 1670-1671 et que Newton retiendra comme une des marques distinctives de son invention : « l'idée de la génération des quantités [1] ».

113. — A en juger par les *Lectiones geometricæ* publiées en 1670, ces conceptions se rencontraient dans l'enseignement de Barrow. Nous n'avons pas besoin, après ce que nous avons dit des *méthodes pour les tangentes* de Fermat et de Roberval, après surtout ce que nous avons eu l'occasion de dire du *triangle caractéristique*, de revenir à nouveau sur cette méthode des tangentes qui, en partant de considérations à la fois mécaniques et géométriques, en explicitant tous les éléments du problème, marquait nettement la connexité du problème des tangentes et du problème inverse. Nous nous bornerons à signaler la première *Leçon* où Barrow expose une théorie du temps comme grandeur mathématique caractérisée par l'uniformité de son cours. De la possibilité de considérer l'instant comme une particule indéfiniment petite, Barrow conclut à la possibilité de reconstituer le temps, soit par la simple sommation des moments successifs, soit par le flux pour ainsi dire continuel d'un seul moment : *velut ex simplici supervenientium momentorum additamento vel ex unius momenti quasi continuo fluxu* [2].

Or, ces idées exprimées déjà dans un langage qui demeurera le sien, Newton les coordonne aux travaux de Wallis; il confère aux éléments différentiels que Barrow avait représentés à l'aide de déterminations mécaniques ou géométriques, une expression analytique qui en fait un objet indépendant pour l'intelligence;

1. Addition de la seconde édition des *Principes*, 1713, au fameux *Scholie* concernant Leibniz.

2. (p. 6). Newton lui-même avait indirectement soulevé la question de l'influence décisive de Barrow lorsque dans sa lettre du 26 février 1716 à l'abbé Conti il accusait « la méthode différentielle pour les tangentes » de n'être qu'un déguisement de « celle qui avait été publiée par M. Barrow en 1670 ». Cf. Leibniz, *Briefwechsel*, etc. Éd. Gerhardt, I, 273. A quoi Leibniz répondait : « Si quelqu'un a profité de M. Barrow, ce sera plutôt M. Newton qui a étudié sous lui. » (9 avril 1716), *ibid.*, p. 281. — Voir sur la portée générale des travaux de Barrow les ouvrages cités d'Hermann Cohen (§ 46, p. 42 et suiv.), et de Zeuthen (III, 6 et 7; p. 351 et suiv).

la différenciation devient alors une opération élémentaire comme elle l'était pour Fermat. Seulement, en raison des progrès accomplis par la pensée mathématique au cours des trente dernières années, cette opération élémentaire, au lieu d'être appliquée uniquement à la résolution de questions particulières, devient la base du processus intellectuel qui est engagé dans les questions de *quadrature*, ou de *rectification de courbes*, et qui est le processus de l'intégration. Le *calcul infinitésimal* est constitué, c'est-à-dire que non seulement la connexion est établie entre les méthodes inverses que les mathématiciens avaient découvertes, mais encore que l'identité fondamentale est reconnue entre les divers domaines auxquels ces méthodes étaient appliquées : arithmétique ou algèbre, géométrie, mécanique. L'analyse newtonienne, située au point de convergence des différentes disciplines de la mathématique, est indivisiblement, comme l'analyse leibnizienne, une promotion de la science tout entière.

De là résulte la forme que prend chez Newton l'exposé des principes du calcul infinitésimal. Newton ne se renferme pas dans un domaine particulier, il ne s'astreint pas à un langage fixe. Dans l'*Introductio ad quadraturam curvarum* (1704), il part de considérations sur la genèse des quantités mathématiques, qu'il rattache aux constructions géométriques des anciens : « Lineæ describuntur ac describendo generantur non per appositionem partium, sed per motum continuum punctorum... Hæ geneses in rerum natura locum vere habent et in motu corporum quotidie cernuntur[1]. » L'élément de génération, ce sera donc la vitesse du mouvement de croissance; il est aisé de saisir cet élément, et de l'introduire dans le calcul, en prenant l'accroissement de la grandeur pendant un intervalle de temps aussi court que possible et en déterminant le « premier rapport » de cet accroissement « naissant » à l'intervalle minimum du temps considéré comme variable indépendante. La grandeur ainsi engendrée est celle qui est communément donnée dans l'expérience; aussi, tandis que Leibniz invente pour ses *sommes* le signe de l'intégrale, Newton se contente-t-il pour cette grandeur engendrée, ou *fluente*, des signes ordinaires de l'algèbre. L'élément générateur, ou *fluxion*, est désigné par un point au-dessus de la lettre — notation choisie de façon à permettre de constituer des *fluxions* de *fluxions*, et à faire apparaître, par la suite des symboles indiquant nettement les combinaisons dont ils

1. Ed. Amsterdam, 1723, p. 44.

procèdent, le degré d'approximation auquel le calcul parvient; ce qui est le trait essentiel de la *méthode des fluxions* comme Newton l'avait indiqué, et comme M. Bloch l'a montré avec beaucoup de force dans son remarquable ouvrage sur la *Philosophie de Newton*[1].

Fluente et *fluxion* sont des notions corrélatives. Le calcul infinitésimal sera déterminé comme un calcul des relations, à ce point que les notions mêmes de fluxion et de fluente peuvent ne pas être explicitées. Dans les *Philosophiæ naturalis Principia mathematica* (1687), Newton expose les règles du calcul, sans prononcer le mot de *fluxion*, sans employer l'*algorithme* nouveau. Il ne se propose que d'éviter la complication des démonstrations par l'absurde que les anciens employaient, et de remédier à la « dureté » de l'hypothèse des indivisibles. Il substitue donc aux indivisibles des quantités évanouissantes, de façon à considérer, non plus les sommes et les rapports de quantités déterminées, mais les limites que l'on peut assigner aux sommes et aux rapports de ces quantités, lorsqu'on les considère à leur état de naissance ou d'évanouissement[2]. Les quantités qui sont les termes mis en relation dans les expressions de ces limites, et qui constituent les éléments infinitésimaux des quantités finies, sont appelées par Newton des *moments*; ce n'est pas la grandeur de ces moments qui intervient dans le calcul, c'est leur première proportion à la naissance : « Neque enim spectatur in hoc Lemmate magnitudo momentorum, sed prima nascentium proportio[3]. »

114. — Sans faire intervenir les polémiques personnelles qui devaient entraîner par exemple Jean Bernoulli à nier que Newton possédât son *calcul des fluxions* lorsqu'il composait les *Principes*[4], on pressent ce que la concision et la diversité apparente de ces énoncés devaient soulever de difficultés pour l'interprétation de l'analyse nouvelle. Sur ce qu'on a pris au XVIIIe siècle l'habitude d'appeler la *métaphysique* du calcul infinitésimal, Newton, comme Leibniz d'ailleurs, n'est parvenu ni à se faire comprendre tout à fait, ni peut-être à s'expliquer tout à fait. Et, en effet, la philosophie traditionnelle n'avait pas de cadre pour recevoir la forme de pensée que l'humanité venait de conquérir. Elle ne connaissait guère que l'opposition du

1. 1908, p. 61 et suiv.
2. *Part.* I, *Schol.* V, du *Lem.* XI. Ed. 1723, p. 33.
3. *Part.* II, *Lem.* II, *ibid.*, p. 224.
4. Voir l'édit. Biot et Lefort du *Commercium epistolicum* (1856), p. 185 et 243.

rationalisme et de *l'empirisme*, et elle définissait le rationalisme par une exigence réaliste qui fait de la notion *a priori* un objet d'intuition intellectuelle. A cette exigence le rationalisme de Descartes avait satisfait; par opposition à Descartes se caractérisait la méthode newtonienne qui prend pour point de départ le résidu de l'analyse effectuée sur les données de l'expérience, et non les natures simples affirmées *a priori*, qui substitue le réel à l'hypothétique. Une association d'idées presque inévitable devait conduire à interpréter la victoire de l'esprit newtonien, dans le domaine de la mathématique et dans le domaine de la physique, comme marquant l'avènement de l'empirisme.

Il semble que nous puissions, au terme de cette étude, apporter quelque correction à cette simplification traditionnelle. Que les *Principes mathématiques de la Philosophie naturelle* aient trouvé le cartésianisme en possession de la majeure partie des esprits, cela n'est pas douteux; mais il n'en demeure pas moins vrai qu'en détruisant le prestige des *Principes de la philosophie* et en reléguant les tourbillons au pays des romans, ils n'ont fait que remettre le monde intellectuel dans l'attitude où il n'avait pas cessé d'être dans la première moitié du XVIIe siècle. De son vivant, Descartes n'avait guère été prophète en son pays. Les savants qui y faisaient autorité dans les Académies, autour de Mersenne : Fermat, Roberval, Gassendi, Étienne et Blaise Pascal, furent résolument *anti-cartésiens*, critiquant la géométrie et la physique de Descartes tout autant que la métaphysique elle-même et pour les mêmes raisons, parce que le cartésianisme leur paraissait la confusion perpétuelle de la déduction abstraite et de la vérification concrète. Même sur le terrain de la mathématique, comme on le voit par la nature de leurs méthodes, depuis la théorie des nombres jusqu'à la détermination mécanique de la tangente, ces savants furent préoccupés d'emprunter à l'expérience les ressources nécessaires pour dépasser l'expérience; ils font de l'induction la préface du raisonnement déductif. En d'autres termes, et l'échange actif de relations scientifiques qui s'établit entre la France et l'Italie tendrait à confirmer ce rapprochement, ils se rattachent au *mathématisme expérimental* de Galilée qu'ils opposent au *mathématisme métaphysique* de Descartes. C'est la tradition de ce mathématisme expérimental que Newton renoue avec éclat, et la remarque est essentielle pour l'évolution de la philosophie scientifique, en particulier pour la formation de la critique kantienne. Or, *mathématisme expérimental*, c'est tout autre chose qu'*empirisme mathématique*. En dépit de la vivacité des polémiques entre cartésiens et newtoniens, et surtout si nous substituons au Descartes schématique de la légende le Descartes vrai, si nous songeons à la place que la méthode cartésienne réservait pour la régression analytique, au souci perpétuel de l'expérience que Descartes a manifesté[1], la distance est infiniment moins grande du mathématisme newtonien au mathématisme cartésien qu'à l'empirisme proprement dit.

115. — Pour que ce dernier point puisse être établi objectivement, il faut que l'histoire nous permette de confronter la mathématique newtonienne avec une interprétation authentique de l'empirisme. Ici les circonstances nous servent à souhait. Dans une intention pieuse, afin de détruire l'effet que pouvaient produire les déclarations d'incrédulité attribuées à l'astronome Halley[2], Berkeley a soumis à son examen le calcul infinitésimal de Newton, où il n'hésite pas à voir la clé pour la conquête scientifique de l'univers. Voici comment il aborde le problème au § VIII de son opuscule : *The Analyst, or, A discourse addressed to an infidel mathematician* (1734) : « Rien de plus facile que de choisir des expressions ou des notations pour des fluxions et des infinitésimales d'ordre premier, second, troisième, quatrième et suivant, le progrès se poursuivant dans la même forme régulière sans fin ou sans limite... Mais si nous écartons le voile pour regarder par derrière, si, laissant de côté les expressions, nous nous mettons à considérer les choses elles-mêmes qui sont supposées être exprimées ou indiquées par elles, nous découvrirons une série d'inanités, d'obscurités, de confusions; même, si je ne m'abuse, d'impossibilités directes et de contradictions[3]. »

Le problème est ainsi posé, et il ne pouvait l'être autrement par l'empirisme qui est nécessairement une philosophie de la donnée immédiate, de l'objet représenté : la mathématique nouvelle ne sera justifiée que si les symboles correspondent au contenu de l'expérience concrète, aux images sensibles[4]. Or,

1. Cf. Liard. *Descartes*, 1882; chap. IV, *Du rôle de l'expérience dans la physique cartésienne* (Paris, F. Alcan).

2. Voir la page ironique de Buffon dans sa *Préface* à la traduction de la *Méthode des fluxions* (1740) : « Ce Docteur monte en chaire pour apprendre aux fidèles que la Géométrie est contraire à la Religion... Selon lui le calcul de l'infini est un mystère plus grand que tous les mystères de la religion » (p. XXV).

3. *Works*, Éd. Campbell Fraser, t. IV, 1909, p. 22.

4. Cf. *Commonplace Book* (1705-1708). « We cannot imagine a line or space infinitely great, therefore absurd to talk or make propositions about it... No reasoning about things whereof we have no ideas, therefore no reasoning about

de ce point de vue, et en raison de ce point de vue, les difficultés et les impossibilités vont se multiplier. Une *fluxion* est une *vitessse*; on ne saurait concevoir une vitesse sans temps et sans espace, par conséquence sans une longueur finie et une durée finie. Ainsi déjà les premières fluxions semblent dépasser la capacité de l'homme à comprendre, puisqu'elles sont en dehors du domaine du fini. « Et si la première fluxion est incompréhensible, que dirons-nous de la seconde ou de la troisième? Qui peut concevoir le commencement d'un commencement, la fin d'une fin [1]? »

Ou bien soutiendrait-on avec les *Principes* qu'il ne s'agit que de déterminer la limite des rapports qui existent entre les accroissements de ces quantités données? Assurément, tant que les accroissements existent, ils sont mesurables, et ils ont une proportion déterminée; mais ce n'est pas encore la limite considérée par Newton; cette limite sera atteinte quand les accroissements s'évanouiront. « Et, certainement, observe Berkeley, en supposant que les accroissements s'évanouissent, nous devons supposer que leurs proportions, leurs expressions, et tout ce qui est dérivé de la supposition de leur existence, s'évanouit avec eux. [2] »

De ces impossibilités logiques Berkeley ne conclut pas à la condamnation du calcul nouveau, et par là il est strictement fidèle à l'inspiration profonde de l'empirisme. Ce qu'il conteste c'est le droit que s'est attribué Newton d'écrire dans son *Introduction* à la *Quadrature des Courbes : In rebus mathematicis errores quam minimi non sunt contemnendi* [3], axiome auquel il oppose le caractère paradoxal ou défectueux de certains théorèmes de Newton et les variations de son langage. Il lui suffit que les mathématiciens abdiquent leur prétention à l'évidence dans les principes, à la rigueur dans les démonstrations, qu'ils renoncent à vouloir régenter les profanes au nom de leur infaillibilité; il reconnaîtra la valeur pratique du nouveau calcul en même temps qu'il en indiquera la véritable nature. Tout l'artifice de l'analyse infinitésimale consiste à négliger certains éléments dans les quantités qu'elle considère, et, en mettant en rapport

infinitesimals. » (*Life and Letters*, ed. Fraser, 1871, p. 421; trad. Raymond Gourg, 1908, p. 88) — et plus loin : « The folly of the mathematicians in not judging of sensations by their senses. Reason was given us for nobler uses. *Ibid.*, p. 497, et *Gourg*, p. 158. » Voir pour ces textes, Cassirer, *op. cit.* II, 302 et suiv.

1. *The Analyst*, § XLIV, *ibid.*, p. 48.
2. § XIII, p. 25.
3. *Éd. cit.*, p. 44.

ces valeurs approchées les unes avec les autres, à s'arranger de telle manière que les erreurs dues à l'approximation se neutralisent. Berkeley partage ainsi — avec Leibniz qui avait cru devoir proposer une théorie de ce genre dans une lettre destinée à présenter l'analyse infinitésimale sous une forme accessible au vulgaire[1] — l'honneur d'avoir formulé la théorie des *erreurs compensées*, que Carnot devait découvrir à nouveau et rendre populaire en 1797 dans ses *Réflexions sur la métaphysique du calcul infinitésimal*. Quelle qu'en fût la faiblesse philosophique, l'ouvrage de Carnot eut du moins l'avantage de mettre fin aux discussions théoriques sur le fondement de calcul infinitésimal, qui encombrèrent le XVIIIe siècle. Il justifie rétrospectivement, en même temps que l'exposé populaire de Leibniz, l'attitude « pragmatique » que Berkeley avait adoptée; il met en lumière la pénétration à laquelle Berkeley avait atteint dans l'expression de la philosophie empiriste.

1. Voir en particulier la lettre à Varignon, publiée en 1702 dans le Journal des Savants, (*supra*, § 101), qui a provoqué les observations sévères de Comte. *Cours*, t. I, 1830 p. 242.

CHAPITRE X

LA PHILOSOPHIE MATHÉMATIQUE DE LEIBNIZ

Section A. — Le fondement.

116. — Comme la géométrie analytique, le calcul infinitésimal a été inventé deux fois. Même, quelques traits de l'opposition que nous avons signalée entre la découverte de Fermat et la découverte de Descartes se retrouvent dans la comparaison de Newton et de Leibniz. Newton veut n'être qu'un *praticien*. En étendant le domaine de la méthode mathématique, il cherche surtout à multiplier les moyens dont la science de la nature peut disposer. Non seulement l'école de Newton cultivera les procédés techniques, hérités du maître, dans un esprit de conservatisme qui n'était pas exempt de chauvinisme; mais encore on peut dire que l'influence des *Principes mathématiques de la science de la nature* sur la spéculation proprement philosophique du XVIIIe siècle s'exerce en dépit, pour ainsi dire, de leur caractère mathématique. Par exemple, si l'ouvrage de Newton est, pour Hume, le type accompli de la science, ce n'est nullement en raison de la précision qu'y apporte l'emploi des formules et des relations géométriques, c'est parce que l'image unique de l'*attraction* y est employée pour rassembler dans le cadre d'un système les phénomènes les plus variés de l'univers physique. C'est l'élément *métaphorique*, et non l'élément *mathématique*, qui fait à ses yeux la valeur de la mécanique newtonienne. Par là s'explique la prétention de comparer à la théorie de l'attraction des théories métaphysiques comme celles de l'associationisme, prétention qui se retrouvera encore au commencement du XIXe siècle dans les ouvrages où un Charles Fourier imagine, à l'imitation de Newton, les lois de l' « attraction industrielle ».

Au contraire, l'invention leibnizienne procède d'une conception philosophique, et devient la base d'un système général des choses : « Fortasse non inutile erit, écrit-il à Fardella, ut non nihil... attingas de nostra hac analysi infiniti, ex intimo philosophiæ fonte derivata, qua mathesis ipsa ultra hactenus consuetas notiones, id est ultra imaginabilia, sese attollit, quibus pene solis hactenus geometria et analysis immergebantur. Et hæc nova inventa mathematica partim lucem accipient a nostris philosophematibus, partim rursus ipsis auctoritatem dabunt[1] ».

Après le pythagorisme, fondé sur la notion de nombre, et le platonisme, lié à la découverte des irrationnelles, après le malebranchisme et le spinozisme qui sont deux interprétations divergentes de la géométrie cartésienne, le leibnizianisme, procédant de l'analyse infinitésimale, paraît devoir marquer une étape nouvelle de la philosophie mathématique.

POSITION DU PROBLÈME : LOGIQUE ET MATHÉMATIQUE

117. — A vrai dire, la tâche n'est pas sans difficulté de fixer objectivement l'idée de la philosophie mathématique chez Leibniz, tant en raison des circonstances matérielles de l'œuvre que de l'ampleur de génie dont elle témoigne.

Tout d'abord, Leibniz n'a pas composé le grand ouvrage *De la science de l'Infini* qu'il avait promis tant de fois à ses contemporains, et où ils auraient trouvé non seulement l'exposé définitif des méthodes de l'analyse infinitésimale, mais encore la théorie générale qui, fondant l'algorithme nouveau sur les liaisons de notions claires et distinctes, en aurait fait en même temps une introduction à la métaphysique. Les idées de Leibniz ont été livrées au public du XVIIe siècle sous la forme d'articles dont les formules brèves et frappantes ne révélaient qu'à demi leur véritable sens; ou bien elles apparaissent dans des lettres, traduites dans le langage que Leibniz supposait le plus approprié à la physionomie particulière de son correspondant; ou encore elles sont indiquées à l'état de notes et de projets dans la masse d'écrits qui sont conservés à la *Bibliothèque Royale* de Hanovre, et dont on entreprend seulement maintenant de publier un inventaire exhaustif.

Non seulement la « notion complète » de la philosophie leibnizienne est devant l'historien comme un idéal dont il pourra tout au plus espérer s'approcher par degrés; mais c'est une question

1. Lettre du 3-13 septembre 1696. *Nouvelles lettres et opuscules*, Ed. Foucher de Careil, 1857, p. 327.

préalable à toute étude du leibnizianisme que de déterminer un « centre de perspective » tel que le progrès de cette étude n'en soit pas arrêté. Jusqu'à la fin du XIXe siècle le leibnizianisme avait été interprété en général comme une philosophie du type mathématique. Pour MM. Russell et Couturat, qui ont publié presque simultanément le résultat de recherches indépendantes [1], ce serait une philosophie de type logique, comme celle d'Aristote ou de la scolastique.

En effet, Leibniz n'envisage pas l'arithmétique et l'algèbre comme des disciplines autonomes; ce ne sont que des « échantillons » d'une science plus générale, ou plutôt de la science universelle, la *Symbolique* ou la *Caractéristique* [2]. C'est de cette science que dépendrait alors le développement des différentes parties de la mathématique. Ainsi, le retard de la géométrie sur l'arithmétique et sur l'algèbre viendrait de ce qu'elle ne possédait pas encore une notation symbolique qui ait été constituée uniquement pour elle, et qui lui soit exactement appropriée; le génie de Leibniz s'efforce de combler cette lacune par la création de ce qu'il appelait l'*Analysis situs* [3]. D'autre part, si la découverte du calcul différentiel a reculé les limites de « l'art d'inventer », c'est que, chez Leibniz du moins, elle s'inspire du dessein de la *caractéristique universelle*, et qu'elle apporte un algorithme adéquat aux notions impliquées dans les processus de la différenciation et de l'intégration. La mathématique est donc une application de la logique. Par suite, le passage ne se fait pas directement chez Leibniz de la mathématique à la philosophie. Entre les deux s'interpose la logique, logique qui pour être renouvelée par l'usage d'algorithmes précis et par un système rigoureux de *combinatoire*, pour paraître susceptible d'être étendue à la totalité du monde intellectuel, n'en repose pas moins sur les catégories fondamentales de la métaphysique aristotélicienne. Le problème de la connexion entre la science leibnizienne et la philosophie leibnizienne s'exprimera donc dans les termes correspondant aux préoccupations des péripa-

1. *La philosophie de Leibniz, Exposé critique*, Cambridge, 1900 (tr. fr. de Jean et Renée-J. Ray, Paris, F. Alcan, 1908), et *La Logique de Leibniz* d'après des documents inédits, 1901 (Paris, F. Alcan).

2. Voir *lettre à Tschirnhaus*, 1684, *M.* IV, 465 — Leibniz dira de même, à Bayle, vers 1698. *G.*, IV, 571 : « J'ai insinué ailleurs qu'il y a un calcul plus important que ceux de l'Arithmétique et de la Géométrie, et qui dépend de l'Analyse des idées. Ce serait une Caractéristique universelle dont la formation me paraît une des plus importantes choses qu'on pourrait entreprendre. »

3. Voir dans l'ouvrage de M. Couturat, *La Logique de Leibniz*, le chapitre IX, consacré au *Calcul géométrique*, p. 388 et suiv.

téticiens et des scolastiques; il tournera autour de la relation d'inhérence entre le *prédicat* et le *sujet* : « Toujours dans toute proposition affirmative véritable, nécessaire ou contingente, universelle ou singulière, la notion du prédicat est comprise en quelque façon dans celle du sujet, *prædicatum inest subjecto*; ou bien je ne sais ce que c'est que la vérité[1]. »

118. — Il n'est pas douteux que cette interprétation du leibnizianisme n'ait une attache solide dans les textes, soit dans la *Correspondance avec Arnauld* et dans le *Discours de Métaphysique*, soit dans une série d'écrits et de notes dont nous devons à M. Couturat la publication méthodique. D'une part, aux environs de l'année 1686, Leibniz a cru qu'il pourrait, en demeurant à l'intérieur de la logique traditionnelle, rallier des penseurs autorisés, tels qu'Arnauld, à ses vues personnelles sur l'individualité des substances et sur l' « harmonie préétablie ». D'autre part, à travers toute sa carrière il n'a cessé d'ébaucher des plans et de construire des fragments d'édifice pour l'élargissement de la syllogistique aristotélicienne, qui avait été déjà le but de sa première dissertation *de Arte Combinatoria* (1666), et pour l'établissement de la *Caractéristique universelle*. La persistance et la multitude de ces tentatives, dont Gerhardt et surtout M. Couturat ont recueilli les traces, nous obligent à réserver, dans l'examen du leibnizianisme effectif, les droits d'un leibnizianisme idéal, qui ne parvient sans doute pas à prendre corps dans un système définitif, mais qui ne cesse de projeter son ombre sur les thèses que Leibniz a réellement soutenues[2]. Peut-être, quand nous aurons à expliquer l'échec final de l'intellectualisme mathématique chez Leibniz, sera-t-il nécessaire de faire appel à l'autorité inavouée de ces cadres logiques que l'analyse infinitésimale aurait dû avoir pour effet d'élargir ou de supplanter.

Il n'est pas douteux non plus que la considération de ces écrits n'ait renouvelé l'intérêt des études leibniziennes. En prenant pour centre de ses critiques la relation du sujet au prédicat, peut-être est-il arrivé à M. Russell d'introduire dans son exposé du leibnizianisme quelques-unes des difficultés mêmes

1. A Arnauld, juin 1686, *G*, II, 56. Cf. *Initia et specimina Scientiæ Generalis*. *G*, VII, 62. «... De re aliqua nihil [*a*] nobis demonstrari potest ne ab Angelo quidem, nisi quatenus requisita ejus rei intelligimus. Jam in omni veritate omnia requisita prædicati continentur in requisitis subjecti, et requisita effectus qui quæritur continent artificia necessaria ad eum producendum.

2. Cf. Hannequin. *La philosophie de Leibniz et les lois du mouvement*, dans *Études d'histoire des sciences et d'histoire de la philosophie*, t. II, 1908, p. 240, et suiv.

que Leibniz se proposait d'écarter par l'invention de la logique infinitésimale[1]; il est sûr, en tout cas, qu'il a réussi à mettre définitivement hors de toute contestation les contradictions qu'entraînait la conception leibnizienne de l'espace[2].

D'autre part, comme l'a montré M. Couturat, il se dégage des esquisses logiques de Leibniz le plan idéal d'une construction dont un Boole ou un Grassmann ont eu la gloire d'édifier certaines parties, qui a trouvé avec un Peano et un Whitehead son achèvement systématique[3]; et il est arrivé ainsi à Leibniz, ce qui est arrivé à Pascal, d'agir au début du XXe siècle comme un contemporain agit sur des contemporains : de même qu'on a demandé à Pascal un secours contre la doctrine rationnelle de la vérité, on a demandé à Leibniz de réfuter la théorie kantienne des jugements synthétiques *a priori*.

119. — Ces points accordés — et ils ont pour l'intelligence comme pour l'appréciation du leibnizianisme une importance capitale — nous avons à nous demander si, en fait, la pensée de Leibniz ne s'est pas infléchie sous la pression de ses découvertes scientifiques. Malgré lui peut-être, et sans oser d'ailleurs pousser complètement à bout les dernières conséquences de cette substitution, Leibniz a substitué à la syllogistique d'Aristote, qui repose sur une division exacte d'un concept dans les éléments de sa matière, la méthode propre à la science infinitésimale; l'application de ce processus tout mathématique aux divers problèmes de la mécanique, de la psychologie, de la métaphysique paraît bien avoir constitué la partie solide et directement féconde de la doctrine.

Il suffira de considérer à cet égard la formule même où M. Couturat résume son interprétation du leibnizianisme[4] : « ... toute vérité est formellement ou virtuellement identique, ou comme dira KANT, *analytique*, et par conséquent doit pouvoir se démontrer *a priori* au moyen des définitions et du principe d'identité[5] » — et M. Russell, dans la *Préface* de la traduction française

1. *Vide infra*, § 128.
2. *Ibid.*, § 138.
3. *Ibid.*, § 224 et 225.
4. *Op. cit.*, p. 210.
5. «... Hinc nascitur axioma receptum, *nihil esse sine ratione seu nullum effectum esse absque causa*. Alioqui veritas daretur quæ non posset probari *a priori* seu quæ non resolveretur in identicas quod est contra naturam veritatis, quæ semper vel expresse vel implicite identica est. » Texte publié par Couturat, dans la Revue de métaphysique, 1902, p. 3, et dans *Opuscules et fragments inédits de Leibniz*. Extraits des manuscrits de la Bibliothèque Royale de Hanovre, 1903, p. 519.

de son ouvrage sur la *philosophie de Leibniz*[1], se rallie à cette interprétation —. Il est trop clair qu'une telle formule contient dans son expression même la difficulté qu'elle prétend résoudre. Que signifie l'identité *virtuelle*? Si l'on entendait par là que la proposition est démontrable à l'aide d'un nombre fini d'opérations logiques[2], alors il faudrait dire que toutes les vérités sont justiciables de la logique au sens aristotélicien du terme, qu'elles sont *analytiques* au sens kantien; le *virtuel* rentrerait dans le *formel*; les deux mots *ou virtuellement* pourraient être supprimés sans inconvénient. Mais en fait cette suppression trahirait la pensée de Leibniz : entre la *formalité* et la *virtualité* il y a la distance du fini à l'infini. « L'analyse des nécessaires, qui est celle des essences, allant *a natura posterioribus ad natura priora*, se termine dans les notions primitives, et c'est ainsi que les nombres se résolvent en unités. Mais dans les contingents ou existences, cette analyse *a natura posterioribus ad natura priora* va à l'infini, sans qu'on puisse jamais la réduire à des éléments primitifs[3]. » Il faut donc, si l'on ne veut pas brouiller les termes et, comme dit Pascal quelque part, mépriser ses propres idées, reconnaître que l'analyse leibnizienne prend le contre-pied de la logique de l'École, pour qui la « régression à l'infini » est un type de démonstration sophistique : ce que Leibniz appelle l'analyse constitue évidemment, dans la terminologie de Kant, un processus de nature synthétique.

Sans doute le *principe de raison* est le principe de la *démonstrabilité universelle*; mais cette *démonstrabilité* comporte une acception toute différente, suivant qu'il s'agit des vérités universelles et éternelles dont la preuve peut être faite à l'aide d'un nombre fini de propositions, ou des vérités singulières, qui enveloppent l'infini. Dans le premier cas, la proposition à démontrer peut être ramenée par la méthode de la « substitution des équivalents » à une proposition justiciable du principe de contradiction; nul doute que dans ce domaine la science ne revête aux yeux de Leibniz cette forme analytique que Hobbes lui reconnaissait déjà; le *principe de raison* se confond avec le

1. P. IV.

2. « Manifestumque est omnes propositiones necessarias sive æternæ veritatis esse virtualiter identicas. » *G*, VII, 300. Cf. *ibid.* p. 200 : « Quæcumque igitur veritas analyseos est incapax demonstrarique ex rationibus suis non potest, sed ex sola divina mente rationem ultimam ac necessitatem capit, necessaria non est. »

3. *Lettre à Bourguet* du 5 août 1715, *G*, III, 582.

principe d'identité. Dans le second cas, au contraire, le principe de raison est le point de départ d'une recherche qui dépasse les forces humaines. « Non datur progressus in infinitum in rationibus universalium seu æternarum veritatum, datur tamen in rationibus singularium. Ideo singularia a mente creata perfecte explicari aut capi non possunt, quia infinitum involvunt[1] ». Il appartient à Dieu seul d'entendre comment le fait peut être déduit du principe[2]. Seul Dieu est capable d'apercevoir l'infinité des termes dont la connexion permet de poser l'unité du réel, et de rétablir l'homogénéité de la science; Dieu est « prophète » aussi facilement qu'il est « géomètre[3] ».

Il ne serait pas tout à fait exact de dire avec M. Couturat[4] que chez Leibniz « le principe de raison, purement logique à l'origine, revêt un caractère métaphysique et théologique ». Ou du moins on ne traduirait ainsi qu'une sorte de ruse diplomatique à laquelle Leibniz recourait dans l'expression de sa pensée : « Un de mes grands principes est que rien ne se fait sans raison, c'est un principe de philosophie. Cependant dans le fonds ce n'est autre chose que l'aveu de la sagesse divine, quoique je n'en parle pas d'abord[5]. »

120. — En résumé, le principe de raison a chez Leibniz une tout autre portée que le principe d'identité. Les formes de la logique traditionnelle, constituées par la considération du fini et renfermées avec soin dans le cadre du fini, ne sauraient sans contradiction s'étendre à l'infini. Si tout *actuel* est fini, comme le pensait Aristote, l'infini est une *virtualité*, mais dans le sens tout négatif du mot, qui signifie l'impuissance à se réaliser. Pour que la *virtualité* de l'infini devienne capacité illimitée de réalisation, il faut qu'elle se rattache à l'*actualité* de l'infini, et, par là, l'intervention de Dieu est nécessaire. Parce que tout est démontré en Dieu, il est assuré que l'homme, engagé dans une résolution de notions qui doit se poursuivre à

1. *Lettre à des Bosses*, du 1er février 1706. *G*, II, 300. Cf. VII, 200.

2. Voir *Nouveaux Essais sur l'entendement humain*, 1704 (L'ouvrage sera désigné dans la suite par *N. E.*) L. IV, ch. XVII, § 23.

3. Cf. *Remarques sur la lettre de M. Arnauld, touchant ma proposition : que la notion individuelle de chaque personne enferme une fois pour toutes ce qui lui arrivera à jamais* (1686) : « Quoiqu'il soit aisé de juger que le nombre des pieds du diamètre n'est pas enfermé dans la notion de la sphère en général, il n'est pas si aisé de juger, si le voyage que j'ai dessein de faire est enfermé dans ma notion : autrement il nous serait aussi aisé d'être prophètes que d'être géomètres. » *G*, II, 45.

4. *Op. cit.* p. 221.

5. Bodemann, *Die Leibniz-Handschriften*, Hanovre, 1895, p. 58 (*Phil.*, I, 39).

l'infini, ne trouvera jamais dans la nature des choses un obstacle qui le condamnerait à s'arrêter définitivement, qu'il ne se heurtera nulle part à une irrationalité radicale et irréductible. « Dieu, comme l'a dit fortement M. E. Boutroux, est le garant de la généralisation du calcul infinitésimal[1]. »

On comprend que Leibniz se soit cru autorisé à tirer de la *progression de l'infini* une règle de démonstration et un *criterium* de vérité : « Quod si... continuata resolutione prædicati et continuata resolutione subjecti nunquam quidem demonstrari possit coincidentia, sed ex continuata resolutione et inde nata progressione ejusque regula saltem appareat nunquam orituram contradictionem, propositio est possibilis. Quod si appareat ex regula progressionis in resolvendo eo rem reduci, ut differentia inter ea quæ coincidere debent, sit minus qualibet data, demonstratum erit propositionem esse veram[2]. » Mais on comprend aussi, qu'il ait également reconnu, et *dans le même opuscule*, que cette règle ne constitue pas une démonstration *achevée* : « Petri notio est completa, adeoque infinita involvit, ideo nunquam perveniri potest ad perfectam demonstrationem, attamen semper magis magisque acceditur, ut differentia sit minor quavis data[3]. »

Nous n'avons donc pas le droit de dire que la philosophie de Leibniz soit proprement, sans équivoque et sans arrière-pensée, un *panlogisme*; car il faudrait que la relation du prédicat au sujet satisfît aux exigences de la démonstration *achevée*. En fait « les principes de la logique réelle, ou d'une certaine analyse générale indépendante de l'Algèbre, » dont Leibniz parlait à Malebranche[4], nous renvoient de la logique traditionnelle au calcul infinitésimal[5]. Que d'ailleurs ce second terme de l'alternative ait jamais satisfait à l'ambition philosophique de Leibniz, que dans le calcul infinitésimal, comme Descartes dans sa *Géométrie*, Leibniz n'ait vu que l' « échantillon » le plus probant de sa méthode, et qu'il n'ait pas renoncé au système de logique universelle où la mathématique nouvelle rentrerait à titre de cas

1. *Introduction à l'Étude des Nouveaux Essais*, Paris, 1885, p. 71. Cf. *G*, VII, 200., « Ipse progressus in infinitum habet rationis locum, quod, suo quodam modo, extra seriem, in Deo rerum autore, poterat statim ab initio intelligi. »

2. *Generales Inquisitiones de Analysi notionum et veritatum* 1686, § 66. Couturat *Opuscules*, etc., p. 374.

3. *Ibid.* § 74, p. 376.

4. *G*, I, 349.

5. Voir l'Opuscule qui porte ce titre : *Origo veritatum contingentium ex processu in infinitum ad exemplum Proportionum inter quantitates incommensurabiles*. Theol., VI, 2 f. 11. éd. Couturat, p. 1.

particulier, cela est hors de doute; mais cela ne concerne, encore une fois, que le rêve du leibnizianisme par Leibniz, rêve destiné à se perdre dans les nuages d'une imagination inlassable, et que pendant deux siècles on a pu croire stérile. La base historique du leibnizianisme doit être cherchée là où la *caractéristique* a immédiatement réussi à manifester sa vitalité et sa fécondité, c'est-à-dire dans l'établissement de l'*Algorithme différentiel*. Toutes les intuitions infinitésimales qui ont animé la pensée de Leibniz dans la période antérieure au voyage de Paris (intuitions empruntées à Cavalieri et à Hobbes qui, l'un sur le terrain de la mathématique pure, l'autre sur celui de la philosophie mécanique, avaient développé les germes jetés par Galilée [1]), reçoivent de l'algorithme découvert par Leibniz leur pleine clarté intellectuelle, tandis que les découvertes microscopiques de Leeuvenhœk paraissaient leur apporter une confirmation expérimentale [2]. Autour de la mathématique nouvelle va donc s'organiser le système de la philosophie leibnizienne, comme l'a vu M. Cassirer dans un ouvrage dont il nous semble que MM. Russell et Couturat ont contesté à tort l'exactitude fondamentale et la profondeur [3] : « Ma métaphysique, écrivait Leibniz, est toute mathématique, pour dire ainsi, ou la pourrait devenir [4]. »

L'ALGÈBRE ET L'ANALYSE

121. — Dans un de ses premiers écrits scientifiques, *Meditatio juridico-mathematica de interusurio simplice* (1683), Leibniz indique sur un exemple très simple la conception originale de la science, qui s'appuie sur la logique de l'infinitésimal.

Supposons que j'aie à payer, dans un certain temps, par exemple dans une année, une certaine somme d'argent, qui sera prise ici pour unité. Mon créancier me demande de la payer immédiatement. Le droit exige qu'il ne la reçoive pas tout entière; il faut défalquer l'intérêt que l'argent aurait produit pendant cette année, s'il était resté dans mes mains. Comment calculer cette défalcation, ce *rabat*? Mon premier mouvement sera de soustraire l'intérêt pour une année de la somme que j'avais à payer; je paierais, au taux de $\frac{1}{v}$, $1 - \frac{1}{v}$ ou $\frac{v-1}{v}$. Mais si je m'en

1. Voir dans les *Études* posthumes d'Hannequin la rédaction française de la thèse latine de 1896 sur *La première philosophie de Leibniz*, t. II, p. 74 et suiv.
2. *Lettre à Arnauld*, septembre ou octobre 1687, *G*, II. p. 122.
3. *Leibniz'System in seinen wissenschaftlichen Grundlagen*, Marbourg, 1902.
4. *Lettre à l'Hôpital*, du 27 décembre 1694. *M*, II, 258.

tenais à ce calcul, je ferais tort à mon créancier. Je retrancherais, en effet, l'intérêt de la somme d'argent telle qu'elle sera due dans un an, alors que je n'ai à tenir compte que de la somme telle qu'elle est due actuellement. La différence des deux sommes est précisément dans le montant de l'intérêt pour un an; il faut donc que je rétablisse la balance en portant au compte du créancier l'intérêt du montant de l'intérêt, ou $\frac{1}{v} \times \frac{1}{v}$. Seulement, si j'arrêtais là l'opération je commettrais de nouveau une erreur, cette fois à mon désavantage, puisque l'intérêt de l'intérêt est encore calculé sur la somme totale à payer dans un an; il faut que j'en *rabatte*, à mon profit, la portion afférente à l'intérêt de l'argent pendant l'année en cours : $\left(\frac{1}{v}\right)^2 \times \frac{1}{v}$. A ce second *rabat* s'appliquera d'ailleurs un raisonnement de même ordre; il donnera lieu à une seconde *ristourne* au profit du créancier, qui elle-même donnera lieu à un nouveau *rabat* en ma faveur, et ainsi de suite à l'infini. La somme que je devrais payer sera exprimée exactement par la série infinie :

$$1 - \frac{1}{v} + \frac{1}{v^2} - \frac{1}{v^3} + \frac{1}{v^4} - \frac{1}{v^5}, \text{ etc.}$$

La somme de cette série peut être déterminée, elle aussi, avec exactitude; elle est égale à la fraction $\frac{v}{v+1}$; car il est facile de voir que la multiplication de la série par $v+1$ ne laisse subsister qu'un seul terme : v. Le problème est donc résolu par l'*analyse de l'infini*.

Mais au terme de cette longue démonstration nous ne faisons que retrouver une valeur que l'algèbre pouvait nous fournir de la façon la plus simple et la plus élégante; ne suffit-il pas de poser directement l'équation du problème

$$x + \frac{x}{v} = 1$$

pour obtenir presque immmédiatement la valeur de x? L'équation équivaut à $vx + x = v$; ce qui donne $x = \frac{v}{v+1}$.

Le contraste technique des deux méthodes souligne l'intérêt du jugement que porte Leibniz : « Quoique la seconde soit dans ce cas plus facile que la première, cependant j'estime que la première a une grande portée, parce qu'elle fournit l'exemple d'une analyse remarquable et différant en cela de l'algèbre que l'algèbre... considère comme connue la quantité inconnue, et part de là pour l'égaler avec les connues, et en chercher la valeur; au contraire l'analyse, procédant uniquement à l'aide de quantités connues, obtient directement l'inconnue. Ce qui, ajoute Leibniz, est d'un grand usage : lorsqu'il est impossible d'obtenir par l'algèbre la valeur rationnelle de l'inconnue, on peut y arriver néanmoins grâce à cette méthode, en faisant intervenir une série infinie[1]. »

Ces réflexions suffisent à mettre déjà dans un relief saisissant la différence du *mathématisme* leibnizien et du *mathématisme* cartésien. La raison, chez Descartes, repose sur un fond d'évidence et de simplicité. Le philosophe définit ce qui est absolument clair en soi, ce qui présente le *maximum* de simplicité; il pose le type de la relation intelligible : mesure des dimensions analogues aux dimensions spatiales, ou transformation des équations algébriques; il constitue la science par la combinaison de ces relations intelligibles. Les problèmes qui ne rentrent pas dans les cadres de ces relations échappent aux prises de la raison humaine; Descartes n'hésite guère, on l'a vu, à les croire à jamais insolubles. Une telle conception rappelle le dogmatisme de l'antiquité; c'est ainsi que la spéculation pythagoricienne avait commencé par identifier la raison universelle avec la pensée proprement arithmétique, au risque de se heurter aux paradoxes et aux contradictions nées de la découverte des irrationnelles. C'est ainsi qu'avec le système classique de Ptolémée l'astronomie hellénique procède du principe que tout mouvement céleste est nécessairement circulaire, jusqu'à ce qu'elle se perde dans l'enchevêtrement des *cycles* et des *épicycles*.

Les embarras qui ont entraîné l'échec, ou tout au moins limité la portée, de ces diverses doctrines décèlent la faiblesse du préjugé dogmatique. La meilleure méthode pour l'intelligence mathématique de l'univers n'est nullement celle qui, dans certains cas élémentaires, présente l'application la plus facile; car cette facilité même, de nature à séduire le philosophe, paralyse le savant en présence des problèmes complexes que la réalité ne peut manquer de poser. C'est celle qui dans l'apparence du simple sait déjà discerner la complexité, l' « immense subtilité », caractéristique du réel; les principes n'y sont plus des formes déterminées et closes, destinées à opérer la cristal-

1. *M*, VII, 129.

lisation du système scientifique ; ce sont des ressorts d'action, des armes pour l'extension illimitée du savoir positif. Descartes, comme les Grecs, se meut dans le domaine du fini ; Leibniz fait intervenir l'infini dans la génération du fini. La science de l'infini sert à trouver les quantités finies : « Itaque *Matheseos universalis* pars superior nihil aliud est quam Scientia infiniti, quatenus ad inveniendas finitas quantitates prodest[1]. »

LE DYNAMISME INTELLECTUEL

122. — L'explication universelle repose donc sur le processus dynamique qui constitue les séries infinies convergentes, comme la série alternante à termes décroissants que nous avons eue à considérer

$$1 - \frac{1}{v} + \frac{1}{v^2} - \frac{1}{v^3} + \dots \quad v > 1$$

ou, pour prendre l'exemple le plus simple qui est aussi l'exemple favori de Leibniz, la série

$$\frac{1}{2} + \frac{1}{4} + \frac{1}{8} + \frac{1}{16} + \dots \text{ etc.}$$

La différence

$$1 - \left(\frac{1}{2} + \frac{1}{4} + \frac{1}{8} + \frac{1}{16} + \dots\right)$$

est plus petite que toute quantité donnée, sans cependant être nulle. Elle n'empêchera pas de poser

$$1 = \frac{1}{2} + \frac{1}{4} + \frac{1}{8} + \frac{1}{16} + \dots$$

à la condition seulement de substituer à l'égalité statique des Cartésiens l'égalité dynamique, celle que Fermat avait envisagée sous le nom d'*adégalité*. « L'égalité peut être considérée comme une inégalité infiniment petite, et on peut faire approcher l'inégalité de l'égalité autant qu'on veut[2]. »

Nous sommes ainsi conduits par le mouvement de l'intelli-

1. *Mathesis universalis. M.* VII, 69.

2. *Lettre de M. L. sur un principe général, utile à l'explication des lois de la nature par la considération de la sagesse divine.* G. IV, 53. Cf. Cohen, *op cit.*, p. 58, et suiv. *vide supra*, § 108.

gence à concevoir une *différence* qui ne résulte pas d'une soustraction dans le sens arithmétique du mot, qui correspond, selon l'heureuse expression de M. Milhaud, au « moment infinitésimal de tout devenir[1] ». De la *différentielle*, à laquelle il se flatte d'avoir le premier donné un état civil, le génie de Leibniz a réussi à faire, nous l'avons montré, la base d'une science nouvelle, où la sommation s'effectue sans addition proprement dite, et qui rivalise en abstraction et en généralité avec l'algèbre. Le « calcul infinitésimal, ou des différences et des sommes porte sa démonstration avec soi[2] » : il ne réclame pas de principe qui lui soit spécial et qui soit destiné à en justifier la légitimité; car ce qu'il suppose, c'est précisément que l'intelligence soit conçue dès l'abord comme capable d'une extension illimitée, qu'on ne lui oppose pas d'exception, mais qu'on fasse rentrer sous la règle générale le cas particulier de l'évanouissement : *ut casus specialis rei evanescentis contineatur sub regula generali*[3].

Il arrivera d'ailleurs à Leibniz d'énoncer cette conception du dynamisme intellectuel sous la forme de principes : *principe de l'ordre général — datis ordinatis etiam quæsita sunt ordinata* — dont dépend le *principe de continuité* : « Lorsque la différence de deux cas peut être diminuée au-dessous de toute grandeur donnée *in datis* ou dans ce qui est posé, il faut qu'elle se puisse trouver aussi diminuée au-dessous de toute grandeur donnée *in quæsitis* ou dans tout ce qui en résulte[4]. » Mais il convient de ne pas chercher dans ces formules une sorte d'appui destiné à soutenir du dehors les méthodes de l'analyse intellectuelle. Leur office est d'enregistrer, à titre de loi de la pensée, l'expansion spontanée dont l'analyse infinitésimale est la manifestation. Le principe de continuité « a son origine de l'*infini*[5] ». La réalité ultime chez Leibniz, c'est la raison conçue comme le progrès illimité d'un développement ordonné; et avec cette conception l'intellectualisme achève de prendre conscience de lui-même.

123. — Descartes avait posé en principe que l'unité de l'intelligence et la continuité de son mouvement sont les conditions

1. *Note sur les origines du calcul infinitésimal*, Congrès de 1900, *loc. cit.*, p. 46.
2. *Réponse aux réflexions de Bayle*, *G*, VI, 569.
3. *Lettre à Jean Bernoulli*, du 27 juin 1708, *M*, III, 836.
4. *G*, *loc. cit.*, III, 52. Cf. *Principium quoddam generale*, etc., *M*, VI, 129, et *Specimen dynamicum*, part. II : « Huic legi continuationis a mutatione saltum excludentis etiam illud consentaneum est, ut casus quietis haberi possit pro speciali casu motus, scilicet pro motu evanescente seu minimo, et ut casus æqualitatis haberi possit pro casu inæqualitatis evanescentis. » *M*, VI, 249.
5. *G*, III, 52.

de la science parfaite; mais il avait appliqué ce principe à un type déterminé d'idées claires et distinctes, d'essences librement créées par Dieu, ce qui dès le début imposait une borne extérieure au progrès de l'intelligence. En distinguant dans la connaissance de l'univers des degrés auxquels correspond la transformation parallèle de l'objet à connaître, en les reliant par un progrès intérieur qui conduit à l'unification spirituelle du tout, Spinoza affranchit l'intelligence de la relativité qui la frappait chez Descartes; il lui assure une puissance d'expansion infinie. Mais il n'a pas réalisé cette puissance sous une forme précise et scientifique, propre à manifester dans une intelligence limitée l'immanence du Dieu infini; et c'est à quoi parvient enfin Leibniz grâce à la découverte ou, plus exactement, grâce à l'*intellectualisation*, de l'analyse infinitésimale.

Nous pouvons dire alors que l'intellectualisme moderne est constitué sous sa forme historique et authentique; le fait ne sera pas indifférent, lorsque nous essaierons de déterminer la signification objective du débat ouvert aujourd'hui entre l'*intellectualisme* et le *pragmatisme*. Leibniz a de fortes paroles contre le mépris où le commencement du XVIIIe siècle, semblable au commencement du XXe siècle, affectait de tenir la raison : « Il y a des gens aujourd'hui qui croient qu'il est du bel esprit de déclamer contre la raison et de la traiter de pédante incommode. Je vois de petits livrets, des discours de rien qui s'en font fête, et même je vois quelquefois des vers trop beaux pour être employés à de si fausses pensées. En effet, si ceux qui se moquent de la raison parlaient tout de bon, ce serait une extravagance d'une nouvelle espèce, inconnue aux siècles passés. Parler contre la raison, c'est parler contre la vérité, car la raison est un enchaînement de vérités. C'est parler contre soi-même, contre son bien, puisque le point principal de la raison consiste à la connaître et à la suivre[1]. » Ce qui fait la portée de ces remarques — et ce que l'*accident Renouvier*, qui commande à son tour l'*accident William James*, a fait perdre de vue à trop de nos contemporains — c'est le principe leibnizien, que la raison est la source de l'infini et du continu, c'est l'application du principe à travers tout le système, qui en atteste « pragmatiquement » la fécondité, c'est l'élan de pensée qui conduit le philosophe de la spéculation sur l'étendue à la spéculation sur Dieu, par le seul élargissement d'un thème initial emprunté à la logique de la mathématique nouvelle : « Le fond est par-

1. *N. E.* II, ch. XXI, § 50.

tout le même, ce qui est maxime fondamentale chez moi, et qui règne dans toute ma philosophie. Et je ne conçois les choses inconnues ou confusément connues que de la manière de celles qui nous sont distinctement connues; ce qui rend la philosophie bien aisée, et je crois même qu'il en faut user ainsi; mais si cette philosophie est la plus simple dans le fond, elle est aussi la plus riche dans les manières, parce que la nature les peut varier à l'infini, comme elle le fait aussi avec autant d'abondance, d'ordre et d'ornements qu'il est possible de se figurer[1]. »

SECTION B — Les applications.

L'INFINI ET L'ÉTENDUE

124. — Une première application du dynamisme intellectuel permet de résoudre l'énigme, où les Cartésiens s'étaient embarrassés, des rapports entre l'infini et l'étendue. Précisément parce qu'il maintient, contre l'interprétation purement intellectuelle que Malebranche et Spinoza donnaient à la mathématique cartésienne, la nécessité d'une aperception synthétique à la base de la géométrie, Leibniz se refuse, comme Descartes lui-même, au paradoxe d'une étendue indivisible. « Il est étrange que Spinoza paraisse, dans le traité de la *Réforme de l'Entendement*[2], nier que l'étendue soit divisible en parties et composée de parties; ce qui n'a pas de sens, à moins qu'il ait fait de l'espace une chose qui ne serait pas divisible. — Mais l'espace et le temps sont ordres de choses, non choses[3]. »

Seulement il ne s'ensuit pas de là que nous devions revenir à l'alternative où nous enfermerait la logique toujours trop simple et trop étroite, la logique par *oui* et par *non*, d'un Descartes. Selon Descartes, on peut « acquérir » par la méditation — ou plus exactement peut-être on s'aperçoit par la méditation que l'on possède — « une connaissance très claire, et, si j'ose ainsi parler intuitive, de la nature intellectuelle en général, l'idée de laquelle, étant considérée sans limitation, est celle qui nous représente

1. *N. E.* IV, chap. XVII, § 16.

2. Leibniz renvoie à la page 385 de l'édition originale, où Spinoza cite comme exemple d'erreurs dues à l'imagination : que l'étendue doit être dans un lieu; qu'elle doit être finie, avec une distinction réelle des parties : *quod extensio debeat esse in loco, debeat esse finita, cujus partes ab invicem distinguantur realiter*, § 46, I, 29; tr. Appuhn, p. 266.

3. *Anidmadversiones ad Joh. Georg. Wachteri librum de recondita Hebræorum philosophia*, publiées par Foucher de Careil sous le titre de *Réfutation inédite de Spinoza par Leibniz*, 1854, p. 34.

Dieu, et limitée, est celle d'un ange ou d'une âme humaine [1] ». La notion de l'infini ou notion générale de l'être [2] est primitive; « la limitation par laquelle le fini diffère de l'infini est un non être ou une négation d'être [3] ». Dès lors en partant du fini, en juxtaposant les parties de l'étendue, on n'obtiendra qu'une image *indéterminée* [4] d'ordre tout « négatif », pour laquelle Descartes réserve le nom d'*indéfini* [5].

En réaction contre les Cartésiens, Leibniz revient aux principes de Descartes. D'une part « le vrai infini, à la rigueur, n'est que dans l'absolu, qui est antérieur à toute composition et n'est point formé par l'addition des parties [6] ». D'autre part « on se trompe en voulant imaginer un espace absolu, qui soit un tout infini, composé de parties. Il n'y a rien de tel [7] ». Mais entre la pure idée métaphysique qui est d'ordre transcendant et la représentation statique qui implique contradiction, ne peut-on insérer le processus dynamique de l'intelligence, et lui conférer une valeur positive?

« Prenons une ligne droite, et prolongeons-la, en sorte qu'elle soit double de la première. Or, il est clair que la seconde, étant parfaitement semblable à la première, peut être doublée de même pour avoir la troisième qui est encore semblable aux précédentes; et la même raison ayant toujours lieu, il n'est jamais possible qu'on soit arrêté; ainsi la ligne peut être prolongée à l'infini; de sorte que la considération de l'infini vient de celle de la similitude ou de la même raison, et son origine est la même avec celle des vérités universelles et nécessaires [8] ». Sans doute l'image spatiale demeure toujours inadéquate à l'idée pure de l'infini; mais aussi bien ce n'est pas sur l'image spatiale que s'appuie la réalité de l'infini, c'est sur le processus de l'intelligence, dont les Cartésiens ne s'étaient servis que pour prouver l'existence d'une infinité transcendante à la puissance proprement humaine, et que l'originalité de Leibniz est de considérer

1. *Lettre*, écrite vers mars 1637, *AT*, I, 353.
2. *Lettre à Clerselier*, du 23 avril 1649. *AT*, V. 356.
3. *Lettre*, d'août 1641, *AT*, III, 427.
4. *Lettre à Morus*, du 15 avril 1649; *AT*, V, 344 : « Dico... mundum esse indeterminatum vel indefinitum, quia nullos in eo terminos agnosco; sed non ausim vocare infinitum, quia percipio Deum esse mundo majorem, non ratione extensionis, quam, ut sæpe dixi, nullam propriam in Deo agnosco, sed ratione perfectionis. »
5. *Lettre à Clerselier*, du 23 avril 1649, *AT*, V, 356; Cf. *Principia Philosophiæ*, I § 27.
6. *N. E.* II, ch. XVII § 1.
7. *Ibid.* § 4.
8. *Ibid.*

pour elle-même : « L'auteur (t. I, p. 307, dit Leibniz à propos du P. du Tertre, qui venait de publier une *Réfutation* du système de Malebranche) ajoute que dans la prétendue connaissance de l'Infini, l'esprit voit seulement que les longueurs peuvent être mises bout à bout et répétées tant que l'on voudra. Fort bien; mais cet auteur pouvait considérer que c'est déjà connaître l'infini que de connaître que cette répétition se peut toujours faire [1]. »

LE CALCUL INFINITÉSIMAL ET LA GÉOMÉTRIE

125. — Dans l'ordre de l'accroissement, ce processus de répétition illimitée ne conduit pas, du temps de Leibniz du moins, à une notion dont la science positive ait su se rendre maîtresse. Mais il en va tout autrement dans l'ordre de la diminution; l'idée de l'infini permet ici de renouveler quelques-unes des idées fondamentales de la géométrie, et donne naissance à des méthodes qui, transportées du domaine de la géométrie dans celui de la dynamique et de la psychologie, serviront de base au spiritualisme de Leibniz.

En un sens, la géométrie peut traiter la réalité continue en se dispensant de la considération de l'infini, en recourant à l'unique principe d'identité. Un passage entre autres, tiré de la correspondance avec Clarke, est formel : «Ce seul principe suffit pour démontrer toute l'arithmétique et toute la géométrie, c'est-à-dire tous les principes mathématiques. Mais pour passer de la mathématique à la physique, ajoute-t-il, il faut encore un autre principe [2]. » En un autre sens, la considération de l'infini est essentielle à la géométrie; le texte des *Nouveaux Essais* est également formel : « Les figures géométriques paraissent plus simples que les choses morales; mais elles ne le sont pas, parce que le continu enveloppe l'infini [3] ». C'est que la science de la réalité continue peut être traitée de deux façons, suivant qu'elle est fondée sur le « principe de position : *le tout équivaut aux parties* », et elle est alors « science du fini » — ou bien sur le « principe de transition ou loi de continuité », et elle est dans ce cas « science de l'infini [4] ».

Ces deux conceptions de la géométrie s'opposent l'une à l'autre, exactement comme nous avons vu que s'opposaient

1. *Lettre à Remond*, du 4 novembre, 1715, *G*, III, 658.
2. *G*, VII, 355.
3. *N. E*, IV, chap. III § 20.
4. Couturat, *Opuscules*, etc., p. 525.

l'algèbre cartésienne et l'analyse infinitésimale. Que l'on considère la circonférence du cercle : dans le domaine du fini, elle offre le type de la construction simple et uniforme; en prenant le centre du cercle pour origine des coordonnées rectangulaires, on obtient comme conséquence immédiate du théorème de Pythagore l'équation $x^2 + y^2 = R^2$. Il y a pourtant avantage à envisager le cercle comme polygone d'une infinité de côtés. Cette définition, qui paraît inutilement compliquée tant qu'on s'en tient aux propriétés élémentaires, est, en réalité, la seule qui assure le progrès de la science. Déjà il est nécessaire d'y faire appel pour calculer la longueur de la circonférence[1]. Mais surtout la considération de cet élément différentiel, qui n'est simple que par accident dans le cercle, parce que la courbure du cercle est constante, permet la généralisation de l'analyse géométrique. Dans une courbe en général, il y a lieu de distinguer deux ordres de rapport : le rapport de la courbe à la direction, prise entre deux points infiniment voisins, c'est-à-dire à la tangente, et le rapport de cette tangente elle-même à un nouvel élément différentiel, à celui qui exprime le changement de la direction : « Dans les parties infiniment petites d'une ligne quelconque, on peut considérer non seulement la direction, *declivitas aut inclinatio*, comme il a été fait jusqu'ici, mais aussi le changement de direction, la courbure, *flexura*; et de même que les Géomètres ont mesuré la direction par la ligne la plus simple qui aurait en un point de la courbe la même direction qu'elle, c'est-à-dire par la droite tangente, je mesure la courbure par la ligne la plus simple qui aurait au même point non seulement la même direction, mais aussi la même courbure, c'est-à-dire par le cercle qui non seulement touche, mais ce qui est plus embrasse la courbe proposée[2]. » La suite de cette *Méditation* a pour objet de montrer comment, au moyen de la détermination des *angles de contingence* ou des *angles d'osculation*, que les

1. Voir la note des *Acta Eruditorum* de Leipzig (1684) : *De dimensionibus curvilineorum, additio ad schedam de dimensionibus figurarum inveniendis*, où Leibniz rappelle ce principe : « quod figura curvilinea censenda sit æquipollere polygono infinitorum laterum » et il ajoute : « unde sequitur, quidquid de tali polygono demonstrari potest, sive ita ut nullus habeatur ad numerum laterum respectus, sive ita ut tanto magis verificetur quanto major sumitur laterum numerus, ita ut error tandem fiat quovis dato minor; id de curva posse pronuntiari. Unde duæ oriuntur methodorum species, ex quibus meo judicio pendet quidquid vel hactenus inventum est circa dimensiones curvilineorum, vel imposterum poterit inveniri ». *M*, V., 126,

2. *Meditatio nova de natura anguli contactus et osculi, horumque usu in practica Mathesi ad figuras faciliores succedaneas difficilioribus substituendas*, Acta Eruditorum Lipsiensorum, 1686. *M*, VII, 32.

Géomètres de la génération précédente avaient employée à titre d'expédient, on peut retrouver dans l'analyse d'une courbe quelconque une hiérarchie de grandeurs incomparables les unes aux autres, comme la ligne l'est déjà par rapport à la surface ou la surface par rappport au corps lui-même.

Les degrés successifs de différenciation créés par l'algorithme de l'analyse de l'infini sont donc tout autre chose qu'un jeu d'écriture symbolique; ils constituent une méthode véritable d'explication, qui, à l'épreuve, va se révéler universelle. Le principe de continuité, dit Leibniz « est absolument nécessaire dans la géométrie, mais il réussit encore dans la physique[1]. » De fait, la réforme de la mécanique cartésienne, que Leibniz accomplissait dans cette même année 1686, ne pourra s'expliquer complètement sans l'intervention de concepts que seule l'analyse infinitésimale pouvait fournir[2].

LE CALCUL INFINITÉSIMAL ET LA MÉCANIQUE

126. — Le problème était posé par la découverte des lois relatives à la chute des corps. Pour passer de la formule qui donne les vitesses, à la formule qui donne les espaces parcourus, il y avait une véritable intégration à opérer, que Galilée, et indépendamment de lui Descartes, avaient effectuée à l'aide de considérations purement géométriques[3].

Cette intégration implique un élément qui est, sous une forme intuitive, l'équivalent de la *différentielle*; Galilée ne s'y est pas trompé d'ailleurs. Dans le mouvement accéléré, ou retardé, le corps qui sort du repos ou qui y retourne, passe, dans un espace de temps qui, si petit qu'il soit, contient une infinité d'instants, par une infinité de degrés de vitesse[4]. De fait, nous l'avons vu, les intuitions mécaniques de Galilée ont

1. *G*, III, 52.

2. Cf. *Considérations sur la différence qu'il y a entre l'analyse ordinaire et le nouveau calcul des transcendantes* (Journal des Savants, 1694) : « Notre méthode étant proprement cette partie de la Mathématique générale qui traite de l'infini, c'est ce qui fait qu'on en a fort besoin, en appliquant les Mathématiques à la Physique, parce que le caractère de l'Auteur infini entre ordinairement dans les opérations de la nature. » *M*, V, 308.

3. Duhem, *De l'accélération produite par une force constante. Notes pour servir à l'histoire de la dynamique*. Deuxième congrès international de Philosophie, IIe session, Genève, 1904, Rapports et Comptes rendus, p. 906.

4. *Discorsi e dimostrazioni matematiche intorno à due nuove scienze attenenti alla Mecanica e i movimenti locali*, Leyde, 1638. Troisième journée. Edition nationale t. VIII, Florence, 1898, p. 201. Cf. Cohen *op. cit.*, p. 44, et suiv.

inspiré la renaissance du calcul intégral avec Cavalieri et Torricelli, comme elles ont inspiré, à travers Hobbes, les premières hypothèses de Leibniz sur le *mouvement abstrait ou concret*.

Descartes a eu les mêmes intuitions. Non seulement dans sa tentative, d'ailleurs manquée, pour obtenir la loi des espaces, il employait un procédé qui était, comme le dit, Paul Tannery, « tout à fait analogue à celui de la méthode des indivisibles (ainsi bien avant Cavalieri) [1] ». Mais encore ses réflexions sur la statique montrent qu'il a « saisi et marqué nettement le caractère infinitésimal du *principe des déplacements virtuels*[2] »; il écrivait à Mersenne, le 13 juillet 1638 : « La pesanteur relative de chaque corps ou, ce qui est le même, la force qu'il faut employer pour le soutenir et empêcher qu'il ne descende, lorsqu'il est en certaine position, se doit mesurer par le commencement du mouvement que devrait faire la puissance qui le soutient, tant pour le hausser que pour le suivre s'il s'abaissait [3] ».

Mais Descartes est aussi un dogmatique, qui tient à faire rentrer la déduction scientifique dans les cadres d'une logique rationnelle. Or la logique rationnelle n'avait pas encore de place pour l'infiniment petit. Descartes hésite à professer avec Galilée « que les corps qui descendent passent par tous les degrés de vitesse [4] ». Et Mariotte, renchérissant, comme dit M. Bouasse [5], sur les dires du maître écarte, par le souvenir des arguments de Zénon d'Elée, les raisonnements de Galilée « pour prouver qu'au premier moment qu'un poids commence à tomber, sa vitesse est plus petite qu'aucune qu'on puisse déterminer [6] ».

Descartes s'était donné la tâche de constituer la mécanique, comme la mathématique abstraite et la géométrie, en se plaçant exclusivement sur le terrain du fini; par là il s'exposait à se mettre en contradiction directe avec les exigences de la continuité. Ainsi, selon l'expression de la première loi du choc « deux corps... exactement égaux et se [*mouvant*] d'égale vitesse en ligne droite l'un vers l'autre... rejailliraient tous deux également, et retourneraient chacun vers le côté d'où il serait venu, sans perdre rien de leur vitesse [7] ». Mais que l'on

1. *Note* de la correspondance *AT*, I., 75.
2. Duhem, *les Origines de la statique* chap. XIV, t. I., 1905, p. 350, cf. p. 337.
3. *AT*, II, 229.
4. *Lettre à Mersenne* 11 octobre 1638, *AT.*, II, 399.
5. *Introduction à l'étude des théories de la mécanique*, 1895, p. 219.
6. *De la percussion ou choc des corps*, 1673, p. 248.
7. *Principes*, II, § 46.

suppose l'un d'eux « tant soit peu plus grand » ou ayant « tant soit peu plus de vitesse », la seconde et la troisième loi portent que le plus petit ou le plus lent rejaillirait seul, et ils iraient désormais tous deux dans la même direction[1]. « De la sorte, fait observer Leibniz, deux cas qui, suivant les hypothèses ou données, auraient une différence infiniment petite (ou qui pourrait être prise inférieure à toute différence donnée), auraient cependant, dans les conséquences, une différence très grande et très notable... La règle de l'égalité, c'est-à-dire de l'inégalité infiniment petite, ne pourrait pas être comprise sous la règle générale de l'inégalité[2]. » Une telle incohérence est une condamnation formelle aux yeux de Leibniz : la loi de continuité est un *criterium* général[3], une pierre de touche irrésistible. « Il ne se peut pas que la conséquence de l'inégalité évanouissante ne s'évanouisse pas de façon à rejoindre la conséquence de l'égalité[4]. »

127. — Il faut réformer la mécanique cartésienne. Le principe de la réforme leibnizienne est assurément dans l'expérience. Mais il est remarquable que l'interprétation de l'expérience conduise à des résultats que Descartes ou tout autre savant de sa génération, en possession des résultats fournis par les observations physiques de Galilée, eût dû apercevoir s'il avait disposé d'une forme mathématique capable de pénétrer plus profondément le cours de la réalité.

Archimède avait établi dans le *Traité de l'équilibre des plans ou de leurs centres de gravité* la loi de l'équilibre : « Prop. VI. Des grandeurs commensurables [GG'] sont en équilibre lorsqu'elles sont réciproquement proportionnelles aux longueurs [LL'], auxquelles ces grandeurs sont suspendues » :

$$GL = G'L'.$$

Tout en refusant de s'appuyer sur l'exemple du levier, Descartes retrouve la même forme de relation dans le « principe, qui est le fondement général de toute la Statique... (par exemple... la force qui peut lever un poids [P] de 100 livres à la hauteur [H] de deux pieds, en peut aussi lever un de 200 livres [P'] à la hauteur [H'] d'un pied...[5]) » :

$$HP = H'P'$$

1. *Principes*, 47-48.
2. *Adnimadversiones in Principia*, ad II, 47, *G*, IV, 377.
3. *Ibid.* ad II, 45, *G*, IV, 375.
4. Ad II, 48, IV, 378.
5. *Lettre* du 13 juillet 1638, *AT*, II, p. 228.

— et dans la loi fondamentale de la conservation du mouvement : « Lorsqu'une partie de la matière se meut deux fois plus vite qu'une autre, et que cette autre est deux fois plus grande que la première, nous devons penser qu'il y a tout autant de mouvement dans la plus petite que dans la plus grande[1]. »

$$MV = M'V'$$

Or, les lois de la chute des corps, que Galilée a tirées de l'observation et de l'expérience, démentent la formule de la conservation du mouvement[2]. Descartes s'est trompé, et il a été trompé par cette tendance constante de son esprit à généraliser la solution du cas le plus simple, celle dont on peut se faire une idée tout à fait claire et distincte[3]. Au principe cartésien, Leibniz substituera cette « loi de la nature, que je tiens, écrit-il, la plus universelle et la plus inviolable, *savoir qu'il y a toujours une parfaite équation entre la cause pleine et l'effet entier*... Et quoique cet axiome soit tout à fait métaphysique, il ne laisse pas d'être des plus utiles qu'on puisse employer en physique et il donne le moyen de réduire les forces à un calcul de géométrie[4] ».

De fait, dans sa première *lettre* à de Volder, du début de 1699, Leibniz montre comment « la nature a ménagé une

1. *Principes*, II, § 36.

2. De cette démonstration, que Leibniz a répétée à maintes reprises, nous empruntons le résumé à une note parue dans les Nouvelles de la République des Lettres (février 1687) : *Réplique de M. G. G. Leibniz à M. l'abbé de Conti.* « Si le corps de 4 livres avec sa vitesse d'un degré, qu'il a dans un plan horizontal, allant s'engager par rencontre au bout d'un pendule ou fil perpendiculaire, monte à une hauteur de 1 pied ; celui de 1 livre aura une vitesse de 2 degrés, afin de pouvoir (en cas d'un pareil engagement) monter jusqu'à 4 pieds. Car il faut la même force pour élever 4 livres à 1 pied et 1 livre à 4 pieds. Mais si le corps d'une livre devait recevoir 4 degrés de vitesse, suivant Descartes, il pourrait monter à la hauteur de 16 pieds. Et, par conséquent, la même force qui pouvait élever 4 livres à 1 pied, transférée sur 1 livre, la pourrait élever à 16 pieds. Ce qui est impossible, car l'effet est quadruple, ainsi on aurait gagné et tiré de rien le triple de la force qu'il y avait auparavant. » G, III, 45.

3. Cf. la *Réplique à l'abbé de Conti*, G, III, 48 : « Ce qui peut avoir séduit des auteurs si excellents, et qui a le plus embrouillé cette matière, est qu'on a vu que des corps dont les vitesses sont réciproques aux étendues, s'arrêtent l'un l'autre, soit dans une balance, soit hors d'une balance. C'est pourquoi on a cru que leurs forces étaient égales, *d'autant plus qu'on ne remarquait rien dans les corps que la vitesse et l'étendue*... La force ne se doit pas estimer par la composition de la vitesse et de la grandeur, mais par l'effet futur ». Thèse liée à la distinction « entre la force absolue qu'il faut pour faire quelque effet subsistant (par exemple pour élever un tel poids à une telle hauteur, ou pour bander un tel ressort à un tel degré) et entre la force d'avancer d'un certain côté, ou de conserver sa direction. »

4. G, III, 45.

conciliation très élégante entre la loi d'équilibre des corps en conflit, qui est relative, et la loi d'équivalence des causes et des effets, qui est absolue, et cela au moyen de la loi de transition graduelle qui évite toute espèce de saut[1] ». La *loi d'équilibre* s'applique « à la cause qui s'épuise dans l'instant où elle agit et qui peut alors être considérée comme proportionnelle à son effet », à la *force morte*, comme dit Leibniz. Nous pourrons donc la retenir dans le problème général de la dynamique, en la supposant vraie en un moment infinitésimal, pour le premier *élan* que le grave reçoit en descendant, ou pour celui qu'il acquiert à chaque instant en cours de chute. La vitesse proprement dite, qui manifeste la *force vive*, est constituée par l'accumulation de ces élans ou sollicitations élémentaires; or, la vitesse est à la *sollicitation nue* comme l'infini au fini, ou comme dans nos différentielles la ligne à ses éléments[2]. Ainsi, les notions fondamentales de la mécanique leibnizienne seront liées aux modes de relation et de calcul dont la pensée humaine est redevable à l'analyse infinitésimale. L'argumentation de Leibniz s'achève par une formule lumineuse : Selon l'analogie de la géométrie ou de notre analyse, les *sollicitations* ou *accélérations*, seront comme dx, les *vitesses* comme x, les *forces* comme x ou $\int xdx$[3].

LA SUBSTANCE

128. — Si bref que soit l'exposé qui précède, il suffit à montrer que la notion leibnizienne de force n'entre pas dans la mécanique du dehors, par une intuition immédiate ou par analogie avec

1. *G*, IV, 154.

2. Cf. *Tentamen de motuum cœlestium causis*, 1689 : « Nec... mirum est quod voluit Galilæus, percussionem esse infinitam comparatione gravitatis nudæ, seu, ut ego loquor, simplicis conatus, cujus *vim* ego *mortuam* vocare soleo, quæ agendo demum concipiens impetum repetitis impressionibus *viva* redditur. » *M*, VI, 53.

3. *G*, II, 156 « Ut ita secundum analogiam geometriæ seu analysis nostræ sollicitationes sint ut dx, celeritates, ut x, vires ut xx seu ut $\int xdx$ ». Cf. *Tentamen de motuum Cœlestium causis*. « Et infiniti sunt gradus tam infinitorum, quam infinite parvorum. Et possunt adhiberi triangula communia *inassignabilibus* illis similia, quæ in Tangentibus, Maximisque et Minimis, et explicanda curvedine linearum usum habent maximum; item in omni pene translatione Geometriæ ad naturam, nam si motus exponatur per lineam communem, quam dato tempore mobile absolvit, impetus seu velocitas exponetur per lineam infinite parvam, et ipsum elementum velocitatis, quale est gravitatis sollicitatio, vel conatus centrifugus, per lineam infinities infinite parvam. » (Act. Erud. t. Lip. 1689, *M*, VI, 151).

l'effort intérieur; elle naît sur le terrain de la science, comme un *requisit* des expériences de Galilée sur la chute des corps[1].

Mais cette notion, si elle n'est pas d'origine métaphysique, a, du moins dans la pensée de Leibniz, une portée métaphysique; la conception originale du rapport entre la force totale et la vitesse du mouvement en un point donné, et entre cette vitesse elle-même et l'accélération, sert de prototype au rapport que la *substance* soutient avec ses accidents.

A cet égard, une remarque de M. Russell sur un passage important de la correspondance avec de Volder fournit une sorte d'*experimentum crucis.* M. Russell a certes fort bien vu qu'il était essentiel à la philosophie de Leibniz de conférer à la distinction des substances un fondement intrinsèque : deux substances dont les prédicats seraient les mêmes se confondraient, et c'est la doctrine même de l' « identité des indiscernables[2] ». Mais en même temps, comme il enferme la métaphysique de Leibniz dans le cadre de la logique scolastique, il veut y trouver l'affirmation opposée, que les substances ne sauraient se ramener à la somme de leurs prédicats; et il cite à l'appui ce texte, tiré d'une *lettre à de Volder* du 21 janvier 1704 : « Substantiæ non tota sunt quæ contineant partes formaliter, sed res totales quæ partiales continent eminenter[3]. »

Et en effet, il faudrait bien admettre que le philosophe s'est grossièrement contredit sur la conception fondamentale de la substance... si le rapport de sujet à prédicat ne pouvait être interprété que suivant le modèle de la logique aristotélicienne. Dans cette logique, en effet, il n'y a pas de milieu : du moment que le tout n'est pas *formellement* la somme de ses parties, il est *ontologiquement* autre que ses parties; derrière les attributs, il y a un *substratum*, un *suppôt* qui est, par rapport à ces attributs, une réalité métaphysiquement transcendante. Mais la conclusion ne vaut plus si la logique leibnizienne est d'un type que ni Aristote ni Descartes n'ont connu, du type infinitésimal. Alors le rapport d'*éminence*, ou de *transcendance mathématique*, entre le tout et les parties n'est pas incompatible avec une doctrine d'*immanence métaphysique*. Une série infinie, une chose totale est *plus* que chacun des termes successifs ou qu'une quantité déterminée de termes; ce qui ne veut pas dire qu'elle doive *en soi* être autre chose. La substance pourrait être alors

1. Voir en particulier Couturat, *Sur la Métaphysique de Leibniz*, Revue de Métaphysique, janvier 1902, p. 20.

2. *Op. cit.*, chap. IV, tr. Ray. p. 54, et chap. VI, p. 64.

3. *G*, II, 263.

la loi unique dont dérive la multiplicité des prédicats, et c'est ce que Leibniz affirme expressément *dans cette même lettre à de Volder* où M. Russell croyait le saisir en flagrant délit de contradiction avec la doctrine de l'*identité des indiscernables* : « Legem quamdam esse persistentem quæ involvat futuros ejus quod ut idem concipimus status, id ipsum est quod substantiam eamdem constituere dico[1]. »

129. — L'évolution de pensée qui devait conduire Leibniz à sa notion définitive de la substance, a pour pivot la conception technique du calcul infinitésimal. Dans sa première philosophie, Leibniz s'appuie directement sur les indivisibles de Cavalieri; ces indivisibles ne sauraient être dans l'espace; l'idée d'un *minimum* étendu implique contradiction : « Ce à quoi ne peut être enlevée aucune parcelle d'étendue, est inétendu; donc le commencement du corps, de l'espace, du mouvement, du temps (c'est-à-dire le point, l'effort ou *conatus*, l'instant) ou est nul, ce qui est absurde, ou est inétendu, ce qu'il fallait démontrer[2]. » Or ce *point* et cet *effort*, éléments d'ordre infinitésimal par rapport à l'espace et au mouvement[3], sont aussi des éléments spirituels : « Il y a bien des années, écrit Leibniz en 1709, lorsque ma philosophie n'était pas encore parvenue à sa maturité, je logeais les Ames dans des points[4]. »

Mais dans la philosophie ultérieure de Leibniz on ne va pas de l'unité à l'infini, on ne compose pas à l'aide du point ou de l'effort indivisible l'espace ou le mouvement; au contraire, c'est de l'espace et du mouvement, tels qu'ils sont donnés, que part le processus de divisibilité, sans jamais aboutir à une résolution complète[5]. Le 5 août 1715 Leibniz écrit ces lignes bien significatives : « Quand j'ai dit que l'unité n'est plus résoluble, j'entends qu'elle ne saurait avoir des parties dont la notion soit plus simple qu'elle. L'unité est divisible, mais elle n'est pas résoluble; car les fractions qui sont les parties de l'unité, ont des notions moins simples parce que les nombres entiers (moins

1. *G*, II, 264.
2. *Theoria motus abstracti*, 1671, *G*, IV, 229.
3. Cf. *ibid.* « Conatus est ad motum, ut punctum ad spatium seu ut unum ad infinitum. »
4. *P. S.* d'une *Lettre à des Bosses*, 27 avril, *G*, II, 372.
5. Cf. *Lettre à de Volder* : « Numerus, Hora, Linea, Motus, seu gradus velocitatis, et alia hujusmodi Quanta idealia seu entia mathematica revera non sunt aggregata ex partibus, cum plane indefinitum sit quo in illis modo quis partes assignari velit, quod vel ideo sic intelligi necesse est, cum nihil aliud significent quam illam ipsam meram possibilitatem partes quotcumque assignandi ». *G*, II., 276.

simples que l'unité), entrent toujours dans les notions des fractions. Plusieurs qui ont philosophé en mathématique sur le point et sur l'unité se sont embrouillés, faute de distinguer entre la résolution en notions et la division en parties. Les parties ne sont pas toujours plus simples que le tout, quoiqu'elles soient toujours moindres que le tout[1]. »

Si le spirituel est l'unité du matériel, ce n'est donc plus en tant qu'élément constitutif, car cela le retenait malgré tout à l'intérieur de l'étendue, c'est en tant que principe total dont dérive la multiplicité des phénomènes étendus. Ce qui permet de concilier dans les âmes l'unité et la multiplicité, ce n'est pas le rapport géométrique de quantité, c'est la « force primitive d'agir ou... loi de la [*suite*] des changements comme la nature de la série dans les nombres[2] ».

LA MONADE

130. — L'application directe du calcul infinitésimal a permis de pénétrer la nature de la substance ; l'analogie du calcul infinitésimal va fournir le moyen de suivre le progrès et la diversité des formes de la substance, de passer de la *monade-matière* à la *monade-vie* et à la *monade-esprit*.

Suivant une pensée que Leibniz rapporte lui-même aux conceptions de sa première jeunesse[3], une âme ou un esprit « ne garde pas seulement sa direction, comme fait l'atome, mais encore la loi des changements de direction ou la loi des courbures, ce que l'atome n'est point capable de faire ». Par cette remarque se résolvent les cas qui au premier abord paraîtraient mettre en échec la loi de continuité : « Comme dans une ligne de géométrie, il y a certains points distingués, qu'on appelle sommets, points d'inflexion, points de rebroussement ou autrement, et comme il y a des lignes qui en ont d'une infinité, c'est ainsi qu'il faut concevoir dans la vie d'un animal ou d'une personne

1. *G*, III, 583.

2. *Suite* nous paraît être la vraie leçon, au lieu de *sorte*. — *Notes sur la critique de la Recherche de la vérité par Foucher*, *Lettres*, etc. Ed. Foucher de Careil, p. 303. Cf. *Lettre à de Volder*, du 21 janvier 1704. « Vis autem derivativa est ipse status præsens dum tendit ad sequentem seu sequentem præinvolvit, uti omne præsens gravidum est futuro. Sed ipsum persistens, quatenus involvit casus omnes, primitivam vim habet, ut vis primitiva sit velut determinatio quæ terminum aliquem in serie designat. » (*G*, II, 262).

3. *Eclaircissements des difficultés que M. Bayle a trouvées dans le système nouveau de l'union de l'âme et du corps* (1698). *G*, II., 544. Cf. Hannequin, *op. cit.*, II, 162, et suiv.

les temps d'un changement extraordinaire, qui ne laissent pas d'être dans la règle générale : de même que les points distingués dans la courbe se peuvent déterminer par sa nature générale ou son équation[1]. »

La délicatesse et la rigueur de ce parallélisme conduisent à l'analyse la plus subtile, la plus profonde qui ait jamais été faite de la conscience et de la pensée. Tout d'abord, le calcul de l'infini, sous la forme de la différenciation ou sous la forme des séries infinies à termes décroissants, donne droit de cité dans la philosophie à cette notion paradoxale de l'inconscient, que la psychologie mettra deux cents ans à s'assimiler, tant l'inconscient contredit à la spécificité de sa méthode, et qui domine aujourd'hui la conception de la vie spirituelle. Sans doute, cette notion était déjà connue du XVIIe siècle. Elle est essentielle au cartésianisme; et, dès avant son séjour à Paris, Leibniz s'était attaché à démontrer la thèse fameuse que l'*âme pense toujours*[2]. De cette thèse Malebranche et Spinoza s'étaient tous deux inspirés; mais des notions comme le « sentiment confus » que l'âme a de soi, ou la « conscience inadéquate » dans la *connaissance du premier genre*, ont un aspect encore abstrait et schématique, tandis que la théorie leibnizienne des « petites perceptions » emprunte à l'analogie de la mathématique nouvelle et de la mécanique une précision et une extension inattendues. Qu'il s'agisse d'une multitude d'impressions infinitésimales, qui s'agrègent pour constituer un état défini[3], ou d'une série ordonnée qui du centre de la réflexion consciente, de l'aperception claire, plonge ses racines (ou est destinée à se perdre) dans la pénombre et la confusion des sensations ou des souvenirs[4], chaque moment de la vie consciente est, en dépit de son apparence simple, la *sommation* d'une infinité d'éléments.

1. *Lettre à Remond*, du 11 février 1715. G, III, 635. Cf. *Théodicée*, III, § 242.

2. « Cum enim sit a me demonstratum, locum verum mentis nostræ esse punctum quoddam seu centrum, ex eo deduxi consequentias quasdam mirabiles de mentis incorruptibilitate, de impossibilitate quiescendi a cogitando, de impossibilitate obliviscendi... » (*Lettre à Arnauld*, G, I, 72).

3. « Pour entendre ce bruit [*de la mer*], il faut bien qu'on entende les parties qui composent ce tout, c'est-à-dire les bruits de chaque vague... autrement on n'aurait pas [*la perception*] de cent mille vagues, puisque cent mille riens ne sauraient faire quelque chose. » *Avant-propos des nouveaux Essais sur l'Entendement humain*.

4. « On ne serait jamais éveillé par le plus grand bruit du monde, si on n'avait quelque perception de son commencement, qui est petit; comme on ne romprait jamais une corde par le plus grand effort du monde, si elle n'était tendue et allongée un peu par de moindres efforts, quoique cette petite extension qu'ils font ne paraisse pas. » (*Ibid.*)

Cette *somme* est à son tour élément d'une somme nouvelle. De même que le mouvement se ramène à un acte de différenciation qui fait le passage d'une manifestation de la force à une autre manifestation de la force[1], de même un moment de la vie consciente implique une tendance à un nouvel état; il est un terme dans une série dont l'unité forme le cours de la vie consciente : « Et cum Monades nihil aliud sint quam repræsentationes phænomenorum cum transitu ad nova phænomena, patet in iis ob repræsentationem esse perceptionem, ob transitum esse appetitionem[2]. »

131. — Enfin l'analogie du calcul infinitésimal va permettre de pousser plus loin encore l'analyse métaphysique, et de rendre raison de la représentation elle-même : « La représentation a un rapport naturel à ce qui doit être représenté[3]. » Or, ce rapport est exactement celui de l'unité à l'infini. Même lorsque Leibniz définissait l'âme comme un *point*, il y voyait, non un élément, mais un *centre* où concouraient tous les rayons de l'action universelle[4]. La notion se précise dans la philosophie définitive où l'unité peut être la somme d'une infinité de termes si ces termes sont ou infiniment petits par rapport à cette unité, ou ordonnés en série indéfiniment décroissante : une multitude d'impressions confuses s'intègre dans l'unité d'une perception consciente : « Une substance qui est d'une étendue infinie, en tant qu'elle exprime tout, devient limitée par la manière de son expression plus ou moins parfaite[5]. »

Le trait le plus original du leibnizianisme, son apport, comme l'a bien montré M. Cassirer, à la pensée de l'humanité, c'est que la conscience individuelle, approfondie sans être élargie, y apparaît équivalente à l'univers de la représentation : « Chaque âme représente exactement l'univers tout entier[6] »; mais elle « représente finiment l'infinité[7] »; elle est une somme où entre la tota-

1. Cf. *Specimen dynamicum* : « Nam motus (perinde ac tempus) nunquam existit si rem ad ἀκρίβειαν revoces, quia nunquam totus existit, quando partes coexistentes non habet. Nihilque adeo in ipso reale est, quam momentaneum illud quod in vi ad mutationem nitente constitui debet. » *M*, VI. 235.

2. *Lettre à des Bosses*, du 23 août 1713; *G*, II, 481.

3. *Théodicée*, Part. III, § 356.

4. Hannequin *op. cit.*, t. II, p. 163. Cf. *Lettre à la princesse Sophie*, du 4 novembre 1696 : « Les unités, quoiqu'elles soient indivisibles et sans parties, ne laissent de représenter les multitudes, à peu près comme toutes les lignes de la circonférence se réunissent dans le centre. » *G*, VII, 542.

5. *Discours de métaphysique*, XV, *G*, IV, 440, Ed. Lestienne, 1907, p. 51.

6. *Lettre à la princesse Sophie*, *G*, VII, 542.

7. *Réponse aux réflexions de M. Bayle*, *G*, IV, 562.

lité des éléments universels, et pourtant cette somme est une partie : *pars totalis* [1].

LA MONADOLOGIE

132. — Ce n'est pas tout : la conception du rapport entre l'unité du représentant et la multitude du représenté implique la solution du problème général de la communication des substances : « Les unités ne sont jamais seules et sans compagnie; car autrement elles seraient sans fonction et n'auraient rien à représenter [2]. »

Comment les différentes monades se représentent-elles les unes les autres? Sans doute on peut répondre en général : « c'est l'expression de la cause commune qui fait l'accord des effets [3]. » Mais, si l'on veut préciser, on est encore ramené à l'analogie des formules mathématiques. Le premier résultat important que Leibniz ait obtenu pendant sa période d'initiation à la haute mathématique, ce fut, en 1674, la découverte de la série infinie qui permet la *quadrature arithmétique* du cercle : « Le rayon du cercle étant l'unité, et la tangente BC de la moitié BD d'un arc donné BDE étant appelée b, la grandeur de l'arc sera $\frac{b}{1} - \frac{b^3}{3} + \frac{b^5}{5} - \frac{b^7}{7} + \frac{b^9}{9} - \frac{b^{11}}{11}$, etc. Or les arcs étant trouvés, il est aisé de retrouver les espaces; et le corollaire de ce théorème est que, le diamètre et son carré étant 1, le cercle est

$$1 - \frac{1}{3} + \frac{1}{5} - \frac{1}{7} + \frac{1}{9} - \frac{1}{11}, \text{ etc.}$$ [4]. »

Et, cette formule, Leibniz la rattache à la *quadrature* de l'hyperbole que Mercator avait publiée en 1670 : « M. de Leibniz écrivait-il plus tard à Hugoni, trouva dans le cercle ce qui répondait à la découverte faite sur l'hyperbole [5]. » En tant qu'elle manifeste les « merveilleuses harmonies » du cercle et de l'hyperbole [6], la doctrine des séries fournit une résolution analytique des relations spatiales.

Or, et précisément au début de sa réflexion philosophique, Leibniz avait remarqué comme les jeux de la perspective per-

1. *De rerum originatione radicali*, 23 novembre 1697, *G*, VII, 307.
2. *Lettre à la princesse Sophie*; *G*, VII, 556.
3. *Système nouveau de la communication des substances*, 1695, *G*, IV, 475.
4. *M*, V. 88. Cf. *De vera proportione circuli*, 1682; *M*, V, 118.
5. Bodemann, *Die Leibniz — Handschriften*, 1895, p. 308.
6. *Lettre à Oldenbourg*, de Paris, 16 octobre 1674, *Briefw.*, 1895, p. 107.

mettent d'illustrer la diversité des représentations que nous nous faisons d'une même réalité : « Uti enim eadem civitas aliam sui faciem offert, si a turri in media urbe despicias (*in Grund gelegt*), quod perinde est ac si essentiam ipsam intueare; aliter apparet, si extrinsecus accedas, quod perinde est ac si corporis qualitates percipias; et ut ipse civitatis externus aspectus variat, prout a latere orientali aut occcidentali dis-accedis, ita similiter pro varietate organorum variant qualitates[1]. » Grâce à la découverte de la quadrature des courbes, il est possible de passer de la relation purement externe entre figures spatiales à la relation intellectuelle entre les termes des séries, et d'apporter ainsi à l'explication du rapport entre les monades un sens plus intérieur et plus profond.

Les monades s'expriment les unes les autres en ce sens « qu'il y a un rapport constant et réglé entre ce qui se peut dire de l'une et de l'autre. C'est ainsi qu'une projection de perspective exprime son géométral[2] ». Or, dans l'ordre de la métaphysique comme dans l'ordre de la géométrie, la correspondance terme à terme sera la source de l'harmonie. « Les perceptions qui se trouvent ensemble dans une même âme en même temps, enveloppant une multitude véritablement infinie de petits sentiments indistinguables, que la suite doit développer, il ne faut point s'étonner de la variété infinie de ce qui en doit résulter avec le temps. Tout cela n'est qu'une conséquence de la nature représentative de l'âme, qui doit exprimer ce qui se passe, et même ce qui se passera dans son corps et en quelque façon dans tous les autres, par la connexion ou correspondance de toutes les parties du monde[3]. »

133. — Le parallélisme de la mathématique et de la métaphysique apparaît plus étroit encore, si l'on se reporte aux travaux de Leibniz dans les années qui précèdent la publication du *Système nouveau de la nature et de la communication des substances*. En 1692 et en 1694, Leibniz fit paraître dans les *Acta eruditorum* de Leipzig, deux mémoires où il introduit dans la géométrie deux notions d'une importance décisive, les coordonnées curvilignes et les lignes enveloppes[4] : *de Linea ex Lineis numero infinitis ordinatim ductis inter se concurrentibus formata, easque omnes tangente, ac de novo in ea re Analysis infinitorum usu*; et la *Nova calculi differentialis applicatio et usus, ad multi-*

1. *Lettre à Thomasius*, d'avril, 1669; *G*, I, 19. Cf. Hannequin, *op. cit.*, II, 48.
2. *Lettre à Arnauld*, septembre 1687; *G*. II, 112.
3. *Eclaircissements des difficultés que M. Bayle*, etc, ; *G*, IV, 523.
4. Cantor, III², 211 et 215.

plicem linearum constructionem, ex data tangentium conditione.

Leibniz commence par rappeler les travaux de Desargues[1]; au lieu de s'appuyer sur les coordonnées rectangulaires de Descartes, Desargues part de la considération de la *convergence* et de la *divergence* des droites et il fait rentrer le parallélisme dans le cadre de la convergence, en supposant que les droites parallèles ont un point de concours à l'infini. Sur le modèle d'une semblable généralisation, il est possible de concevoir entre des lignes une infinité de relations de position, qui seront susceptibles d'être interprétées par de nouveaux systèmes de calcul pourvu seulement qu'il y ait une loi faisant correspondre à chacune de ces lignes un élément géométrique déterminé. Par exemple l'observation des *caustiques de réflexion* suggère que l'on peut former un système de lignes qui ne constituent pas, à proprement parler, un faisceau convergent, mais qui est pourtant un système régulier : deux lignes très voisines, c'est-à-dire, suivant les expressions employées par Leibniz, différant infiniment peu ou ayant une distance infiniment petite, sont *convergentes*, et le point de convergence peut être assigné. L'ordre de tous ces points de convergence engendre une ligne de convergence qui est le lieu commun de tous les points de convergence des lignes voisines, et offre cette particularité remarquable d'être tangente à toutes les droites dont les intersections mutuelles le constituent.

La description de ces relations géométriques montre avec quelle facilité le calcul infinitésimal en fournira l'interprétation analytique : le passage d'un point de la tangente à un point infiniment voisin correspond à la différenciation. En comparant les équations qui expriment deux lignes de la série, nous pourrons séparer les coefficients *constants* et les coefficients *variables* des équations; les premiers constituent des paramètres *indifférentiables* qui correspondent aux conditions générales des lignes; les seconds constituent les éléments *différentiables* qui permettent de passer d'une ligne particulière à la ligne voisine.

Cette méthode, tirée de l'observation d'une famille de droites peut être étendue à une famille de courbes. Leibniz en précise l'application dans son mémoire de **1694**. Il appelle « équation primaire » celle qui donne la *loi de série* des courbes et qui en explique la nature commune; il apprend à former à côté d'elle les « équations accessoires » qui traduisent la dépendance réciproque des coefficients variables, et qui donnent le moyen

1. *M*, V, 266 et suiv.

d'établir le passage de courbe à courbe : *transitum de curva in curvam*. Par exemple, $(x-b)^2+y^2=ab$ est l'équation d'un cercle où b est un *paramètre* variable. L'équation peut se mettre sous la forme $b^2=(a+2x)b-x^2-y^2$. La différenciation suivant b conduit à la relation $b=x+\frac{a}{2}$; introduite dans l'équation du cercle, cette relation donne $y^2=a\left(x+\frac{a}{4}\right)$, c'est-à-dire que l'*enveloppe* de la série des cercles est une parabole[1].

Le succès de ces inventions mathématiques éclaire l'invention de la métaphysique leibnizienne ; la relation entre l'équation particulière d'une courbe et l'équation générale de la famille, c'est, d'une façon très précise, la relation d'une monade particulière au système général des monades. Leibniz le reconnaît dans la conclusion de ses *Remarques* en réponse aux objections de Bayle, où il résume tout le développement de sa spéculation métaphysique : « Lorsqu'on dit que chaque Monade, Ame, Esprit, a reçu une loi particulière, il faut ajouter qu'elle n'est qu'une variation de la loi générale qui règle l'univers; et que c'est comme une même ville paraît différente selon les différents points de vue dont on la regarde. Ainsi... le monde ayant déjà une variété infinie en lui-même et étant varié tel qu'il est et exprimé diversement par une infinité de représentations différentes, il en reçoit une infinité d'infinités[2]. »

La conception philosophique qui procède de l'idée mathématique des « lois de série » est donc d'une portée absolument générale[3]; elle donne ouverture enfin pour découvrir en Dieu le principe géométrique qui a présidé à la création de l'univers. L'unité de la loi suivant laquelle procèdent les termes de la série manifeste l'*ordre*; l'infinité des termes qui en procèdent manifeste la *richesse*.

De l'infinité des combinaisons infinies que Leibniz attribue à la « sagesse de Dieu[4] », sort un univers dont le « progrès ordonné[5] » satisfait aussi exactement que la géométrie à la loi

1. *M*, V, 305; et Cantor III², 215.
2. *Remarques sur le Dictionnaire de Bayle; G*, IV, 553.
3. Cf. *Lettre à de Volder*, du 10 novembre 1703; *G*, II, 258 : « Concipe igitur in primitivis tendentiis, quod agnoscere oportet in derivativis. Et res se habet velut in legibus serierum aut naturis linearum ubi in ipso initio sufficiente progressus omnes continentur. Talemque oportet esse totam naturam, alioqui inepta foret et indigna sapiente. Neque ego vel speciem video rationis dubitandi, nisi quod inassuetis absterrentur. »
4. *Théodicée, Part* II, § 225. Cf. *Réponse aux réflexions de Bayle G*, IV, 556.
5. Cf. *Animadversiones ad principia*, II, § 45 : « ... Ut Parabola considerari possit

de continuité : « Je pense donc avoir de bonnes raisons, écrit Leibniz dans la lettre publiée par S. König au cours d'une polémique avec Maupertuis (1752), pour croire que toutes les différentes classes des êtres, dont l'assemblage forme l'univers ne sont dans les idées de Dieu, qui connaît distinctement leur gradation essentielle, que comme autant d'ordonnées d'une même courbe dont l'union ne souffre pas qu'on en place d'autres entre deux, à cause que cela marquerait du désordre et de l'imperfection. Les hommes tiennent donc aux animaux, ceux-ci aux plantes et celles-ci derechef aux fossiles, qui se lieront à leur tour aux corps que les sens et l'imagination nous représentent comme parfaitement morts et informes[1]. »

tanquam Ellipsis, cujus alter focus infinite absit; adeoque omnes proprietates Ellipseos in genere etiam de Parabola tanquam tali Ellipsi verificentur. Et hujusmodi quidem exemplorum plena est Geometria : sed natura, cujus sapientissimus Auctor perfectissimam Geometriam exercet, idem observat, alioqui nullus in ea progressus ordinatus servaretur. » *G*, IV, 375.

1. *Apud* Guhrauer, *G. W. Leibniz*, t. I, 1846, *Remarques*, p. 32.

CHAPITRE XI

L'IDÉALITÉ MATHÉMATIQUE ET LE RÉALISME MÉTAPHYSIQUE

134. — La philosophie mathématique de Leibniz offre, pour l'objet que nous nous proposons, un intérêt capital. Il fallait en suivre la marche pour voir de quel rayonnement l'intellectualité moderne est capable. Le *mathématisme*, que volontiers on se figure réduisant les divers aspects des choses à la monotonie d'une abstraction unique, s'adresse en fait à la discipline la plus exacte et la plus profonde qui soit, dans le dessein de surprendre la nature à la source de son infinité, d'égaler l' « immense subtilité » du mouvement universel. S'inspirant du principe spinoziste que l'intelligence est essentiellement mouvement et vie, mais renouvelant l'application de ce principe par les inventions de son génie mathématique, Leibniz aborde et prétend résoudre la totalité des problèmes que la philosophie peut rencontrer, depuis la détermination de la somme due pour un remboursement anticipé, jusqu'au secret du calcul par lequel Dieu a conçu les plans de la création et choisi celui qui joint le *maximum* d'ordre au *maximum* de variété. La hardiesse de la pensée métaphysique, qui ne connaît ni limites, ni obstacles, s'appuie avec une précision et une ingéniosité admirables sur l'analogie des découvertes techniques. Après le pythagorisme et le platonisme, après les systèmes des Cartésiens, le leibnizianisme offre une forme nouvelle, non moins féconde, non moins complète, de la philosophie mathématique.

Pourtant, pas plus qu'aux doctrines antérieures, il n'est arrivé à la philosophie mathématique de Leibniz d'imposer sa vérité aux générations qui suivirent; bien plus, il semble qu'elle n'ait pas réussi à se définir elle-même et à se fixer dans sa vérité intrinsèque.

Quelles sont les raisons d'un tel échec, aussi considérable pour la philosophie moderne que l'échec du platonisme a pu l'être dans l'antiquité? dans quelle mesure sont-elles liées aux bases scientifiques de la doctrine? et la richesse extraordinaire dont témoigne la spéculation leibnizienne, n'a-t-elle pas été achetée au détriment de l'homogénéité structurale?

Peut-être, en réfléchissant sur la façon dont Leibniz fait servir les procédés qui réussissent dans la science à l'éclaircissement des problèmes métaphysiques, est-on conduit à distinguer deux *motifs* logiques, *motif* de l'*actuel* et *motif* de l'*idéal*, dont Leibniz a marqué avec netteté l'opposition: « In actualibus simplicia sunt anteriora aggregatis, in idealibus totum est prius parte[1] » — et peut-être y a t-il lieu de se demander si la difficulté essentielle du système, comme aussi son originalité, ne vient pas du perpétuel enchevêtrement de ces deux motifs.

LA LOGIQUE DE L'IDÉAL

135. — Quels sont les rapports entre la logique de l'*actuel* et la logique de l'*idéal*? En un sens celle-ci est d'un ordre plus élevé que celle-là. L'arithmétique et la géométrie élémentaires ne connaissent que les procédés vulgaires de l'addition et de la soustraction; mais la science générale des grandeurs, à laquelle on doit le calcul des fractions, ou l'« analyse de l'infini », suit une marche inverse : « Unitatemque esse principium numeri, si rationés spectes, seu prioritatem naturæ, non si magnitudinem, nam habemus fractiones, unitate utique minores in infinitum[2]. »

Dans des *Remarques* de 1695 *sur les objections de M. Foucher* (contre le nouveau système de la communication des substances[3]), Leibniz décrit avec précision cet ordre idéal : « Le nombre $\frac{1}{2}$ en abstrait est un rapport tout simple », c'est-à-dire qu'il n'est « nullement formé par la composition d'autres fractions » comme $\frac{1}{4}$ ou $\frac{1}{8}$ qui représentent cependant ses parties. On ne pourra « venir aux plus petites fractions, ou concevoir le nombre comme un tout formé par l'assemblage des derniers éléments; il en est de même d'une ligne qu'on peut diviser, tout comme un nombre ». Ainsi « l'étendue ou l'espace et les surfaces, lignes et points, qu'on y peut concevoir... n'ont point de principes composants, non plus que le nombre ».

1. *Lettre à des Bosses*, du 31 juillet 1706; *G*, II, 379.
2. *Lettre* au même du 14 février 1706; *G*, II, 300.
3. *G*, IV, 491 et suiv.

Le développement de la mathématique se fait donc par une génération de rapports; mais ces rapports ne sont point des choses chimériques; [*ils*] renferment des vérités éternelles, sur lesquelles se règlent les phénomènes de la nature[1]. » L'*idéal* est la forme du sensible, le critère du réel : « La trop grande multitude des compositions infinies fait à la vérité que nous nous perdons enfin, et sommes obligés de nous arrêter dans l'application des règles de la métaphysique aussi bien que dans les applications des mathématiques à la physique; cependant jamais ces applications ne trompent, et quand il y a du mécompte après un raisonnement exact, c'est qu'on ne saurait assez éplucher le fait, et qu'il y a imperfection dans la supposition. On est même d'autant plus capable d'aller loin dans cette application, qu'on est plus capable de ménager la considération de l'infini, comme nos dernières méthodes l'ont fait voir. Ainsi, quoique les méditations mathématiques soient idéales, cela ne diminue rien de leur utilité, parce que les choses actuelles ne sauraient s'écarter de leurs règles; et on peut dire, en effet, que c'est en cela que consiste la réalité des phénomènes, qui les distingue des songes[2]. » C'est pourquoi il est inutile, il serait même absurde, de prétendre réaliser dans l'intuition les idées que l'analyse infinitésimale met en jeu : « Le principe de continuité... pourrait servir à plusieurs vérités importantes dans la véritable Philosophie, laquelle s'élevant au-dessus des sens et de l'imagination, cherche l'origine des phénomènes dans les régions intellectuelles[3]. »

136. — Dès lors, on peut affirmer que « toute la continuité est une chose idéale[4] » sans affaiblir, je ne dis pas la valeur intrinsèque du calcul infinitésimal, mais même la portée de son utilisation métaphysique. En effet, Leibniz a dû, malgré lui ou tout au moins contre son attente[5], demander à la science de l'infini le secret de l'union entre l'âme et le corps :

1. *G*, IV, 491 et suiv.

2. *Réponse aux réflexions de Bayle*, *G*, IV, 569. Cf. *NE.*, IV, § 5 : « Le fondement de la vérité des choses contingentes et singulières est dans le succès qui fait que les phénomènes des sens sont liés justement comme les vérités intelligibles le demandent. »

3. Gurhauer, *loc. cit.*, p. 33.

4. *Lettre à Varignon*, publiée dans le Journal des Savants de 1702; *M*, IV, 93.

5. Il écrit à propos du problème de la liberté : « Tandem nova quædam atque inexpectata lux oborta est unde minime sperabam : ex considerationibus scilicet mathematicis de natura infiniti. Duo sunt nimirum labyrinthi humanæ mentis, unus circa compositionem continui, alter circa naturam libertatis, et ex eodem fonte infiniti oriuntur. » *De libertate*, Ed. Foucher de Careil, *Nouvelles lettres*, 1857, p. 179. Cf. Couturat, *op. cit.*, p. 210.

« Mes méditations fondamentales, écrit-il à l'Électrice Sophie, roulent sur deux choses, savoir sur l'unité et sur l'infini. Les âmes sont des unités, et les corps sont des multitudes[1]. » Or, l'âme unité n'est pas l'élément du corps multitude; au contraire, la multitude étalée dans l'étendue est relative à l'unité du sujet qui est le centre de la perception.

La logique de l'*idéal*, en tant qu'elle contredit l'ordre des sens et de la matière, en tant qu'elle va de la multitude à l'unité, non de l'unité à la multitude, est donc impliquée dans la solution que Leibniz donne au problème fondamental des rapports entre le corps et l'âme. Elle permet à la fois de fonder la théorie de la monade sur la continuité de la vie intérieure, et d'égaler cette vie intérieure à la vie universelle. L'espace, au lieu d'être intellectuel, mais réel, comme le voulait Descartes, devient chose « véritable mais idéale[2] ». Il ne peut plus prétendre à la dignité de la substance; il est un « ordre de simultanéité », extrait par la réflexion de l'ensemble des perceptions, relatif à l'existence originelle de la monade en qui l'univers est compris. Au réalisme de Newton, qu'il soupçonne de favoriser les tendances matérialistes, Leibniz opposera l'*idéalité* de l'espace, et l'*idéalité* corrélative du temps, comme les bases de l'affirmation spiritualiste : « La source de nos embarras sur la composition du continu vient de ce que nous concevons la matière et l'espace comme des substances, au lieu que les choses matérielles en elles-mêmes ne sont que des phénomènes bien réglés : *Spatium nihil aliud est præcise quam ordo coexistendi, ut Tempus est ordo existendi, sed non simul.* Les parties autant qu'elles ne sont point marquées dans l'étendue par des phénomènes effectifs, ne consistent que dans la possibilité, et ne sont dans la ligne que comme les fractions sont dans l'unité[3]. »

LE RÉALISME SPATIAL

137. — Ainsi la logique de l'*idéal* correspond non pas seulement à un idéalisme mathématique, mais à un idéalisme métaphysique, dont Leibniz aperçoit les conséquences avec autant de netteté que les principes. Le bienfait de l'idéalisme, c'est d'écarter, dès leur énoncé même, les problèmes insolubles aux-

1. *Lettre* du 4 novembre 1696, *G*, VII, 542.
2. Cf. *Apostille d'une lettre à l'abbé de Conti, Briefwechsel*, éd. Gerhardt, I, 265. L'espace et le temps « sont des choses véritables, mais idéales, comme les nombres ».
3. *Lettre à Remond*, du 14 mars 1714, *G*, III, 612.

quels se heurtait le réalisme ontologique. Par exemple, remarque Leibniz dans le *quatrième écrit contre Clarke*, « si l'espace et le temps étaient quelque chose d'absolu », il y aurait lieu de se demander pourquoi Dieu fait avancer l'univers dans telle direction, ou pourquoi il l'a créé à telle époque; sinon les questions elles-mêmes correspondent à des « fictions impossibles », et elles s'évanouissent [1].

Mais cet avertissement que Leibniz, à la fin de sa carrière, donnait à Clarke, il est possible qu'il ne l'ait pas toujours entendu pour son propre compte. Fidèle à l'ambition qui avait inspiré ses premiers écrits philosophiques, il n'a vu qu'une sorte de pis aller dans l'idéalité de ce processus infinitésimal, auquel il a dû cependant tant de découvertes inattendues. Pour passer de la théorie de la monade, considérée comme « monde à part [2] » et se suffisant à soi-même, au système des monades ou *monadologie* proprement dite, il lui est arrivé d'abandonner la logique de l'*idéal* ou du rapport intellectuel, et de revenir à la logique de l'addition et de la juxtaposition spatiale, à la logique de l'*actuel*.

Leibniz emprunte à Spinoza la conception spirituelle de la substance, activité spontanée, excluant tout rapport d'extériorité : rien n'est donné hors de la monade, comme rien n'est donné en dehors de la substance [3]. Seulement la proposition spinoziste est véritablement une proposition ultime, il n'y a pas un au-delà de la substance, tandis que pour Leibniz la monade, en tant qu'existence singulière, est l'élément d'une construction métaphysique, destinée à déterminer les rapports d'une pluralité de monades : « Par les âmes, comme par autant de miroirs, l'Auteur des choses a trouvé le moyen de multiplier l'univers même pour ainsi dire, c'est-à-dire d'en varier les vues, comme une même ville paraît différemment selon des différents endroits dont on la regarde » [4].

Reste-t-il possible alors de maintenir cette idéalité de l'espace, qui était la base du spiritualisme leibnizien? L'espace était relatif au point de vue sous lequel la monade envisage

1. § 13-16. *G*, VII, 373.

2. *Discours de métaphysique*, XIV; *G*, IV, 439. Éd. Lestienne, p. 49.

3. « Naturellement rien ne nous entre dans l'esprit par le dehors, et c'est une mauvaise habitude que nous avons de penser comme si notre âme recevait quelques espèces messagères, et comme si elle avait des portes et des fenêtres. » *Ibid.*, XXVI. *G*, IV, 451. Éd. Lestienne, p. 73.

4. *Lettre à l'électrice Sophie* du 31 octobre 1705. *G*, VII, 567. Cf. *Lettre à la reine Sophie-Charlotte*, du 8 mai 1704, *G*, III, 347.

l'univers; voici maintenant que les divers points de vue des diverses monades sont donnés simultanément; il existe un *lieu des points de vue*, un ordre spatial, mais auquel cette fois les monades sont relatives, et qui acquiert la valeur métaphysique d'un absolu : « Chaque âme est un monde en raccourci, représentant les choses du[1] dehors selon son point de vue, et confusément ou distinctement selon les organes qui l'accompagnent, au lieu que Dieu renferme tout distinctement et éminemment[2]. »

138. — Sans doute, comme l'a suggéré M. Russell, dont les critiques acérées portent ici à plein[3], faut-il voir dans cette doctrine un résidu de la première philosophie de Leibniz où la liaison de l'âme et du lieu s'opère grâce au moyen terme du *point* indivisible et inétendu. Leibniz ne se serait pas aperçu qu'il réintroduisait effectivement la réalité de l'espace dans une philosophie qui en avait proclamé l'idéalité, parce qu'il ne s'agissait pas là pour lui d'une opération positive : il n'avait pas à démontrer la réalité objective de l'espace, lieu géométrique des points de vue de chaque monade; mais simplement il ne poussait pas jusqu'au bout la réduction idéaliste des notions spatiales. Il laissait se glisser dans la pénombre, sous la forme adoucie d'une métaphore, cette connexion de l'âme et du point dont il avait aperçu, et dénoncé, l'insuffisance scientifique et le caractère matérialiste : « Les points physiques, écrit-il en 1695, ne sont indivisibles qu'en apparence : les points mathématiques sont exacts, mais ce ne sont que des modalités : il n'y a que les points métaphysiques ou de substance (constitués par les formes ou âmes) qui soient exacts et réels, et sans eux il n'y aurait rien de réel, puisque sans les véritables unités il n'y aurait point de multitude[4] ».

En tout cas il est inévitable que le problème se pose au cœur du leibnizianisme : comment traiter ces points métaphysiques sans subordonner, dans les procédés que suggère l'analogie du calcul infinitésimal, l'analyse à la géométrie, le devenir intellectuel à la représentation spatiale? Or, nous l'avons vu, lorsqu'il s'est proposé d'expliquer non plus la substance et la monade, mais la pluralité des substances et des monades, Leibniz emprunte à ses recherches sur les séries infinies, l'idée de *correspondance* ou *d'expression*. L'harmonie établie par le Créateur entre les différentes créatures est du même ordre que l'harmonie établie

1. Au lieu de *au*, leçon de Gerhardt.
2. *Lettre à la princesse Sophie*, 6 février 1706. *G*, VII, 566.
3. *Op. cit.* § 69 et suiv.; tr. Ray., p. 136 suiv.
4. *Système nouveau*, *G*, IV, 483.

entre les différentes courbes grâce à la connexion de leurs déterminations analytiques. Les monades sont des « fulgurations[1] » de Dieu, qui se correspondent nécessairement entre elles puisqu'elles représentent toutes une même réalité comme diverses projections représentent un même *géométral*. Sans doute Leibniz s'efforce de diminuer la distance entre ces courbes, de telle façon qu'elles semblent se toucher; il supposera la différence entre deux monades plus petite que toute quantité donnée, et l'assemblage de la multitude aura l'apparence extérieure de la continuité interne. Mais la difficulté initiale demeure : la pluralité des termes doit être posée antérieurement au processus analytique qui permet de les relier; elle implique un rapport de simultanéité qui, sous une forme aussi épurée, aussi sublimée que l'on voudra, retiendra pourtant le caractère essentiel de la spatialité, et qui par suite, Leibniz y a fortement insisté, demeure irréductible à la pure intellectualité[2].

139. — Si l'espace est l'ordre des coexistences, la création ne s'imagine que dans l'espace; elle conduit à concevoir un Dieu qui imagine dans l'espace : « Or, il est premièrement très manifeste que les substances créées dépendent de Dieu qui les conserve et même qui les produit continuellement par une manière d'émanation, comme nous produisons nos pensées. Car, Dieu tournant pour ainsi dire de tous côtés et de toutes les façons le système général des phénomènes qu'il trouve bon de produire pour manifester sa gloire, et regardant toutes les faces du monde de toutes les manières possibles, puisqu'il n'y a pas de rapport qui échappe à son omniscience; le résultat de chaque vue de l'univers, comme regardé d'un certain endroit, est une substance qui exprime l'univers conformément à cette vue, si Dieu trouve bon de rendre sa pensée effective et de produire cette substance[3]. »

1. *Monadologie* 1714, § 47.

2. Cf. J. Lachelier, Bulletin de la Société française de philosophie, 1902, p. 85.

3. *Discours de métaphysique*, XIV. *G*, IV, 439. Édit. Lestienne, p. 46. Dans une *lettre à l'électrice Sophie*, qui reproduit à plus de trente ans de distance la comparaison de la *lettre à Thomasius*, citée § 132, Leibniz écrit : « [*Dieu*] est le centre universel, et il voit le monde comme je verrais la ville d'une tour [et non *d'une cour*, comme écrit Gerhardt] qui y est, c'est-à-dire bien; nous ne sommes que des centres particuliers, et ne voyons le monde présentement que par deux trous de notre tête, ou comme je verrais une ville de côté. » *G*, VII, 556. Ailleurs Leibniz attribue à Dieu ces visions particulières : « Mundus unus et tamen mentes diversæ. Mens igitur fit non per ideam corporis, sed qui a variis modis *Deus* mundum intuetur, ut ego urbem ». (*Ad Ethicam*, II.

Dès lors, tout le spiritualisme de Leibniz, lié à l'idéalité de l'espace, va se trouver vidé de sa signification originale et univoque ; une sorte de fatalité condamne l'auteur de la *Monadologie* à placer, en face de chacune de ses thèses sur l'immatérialité et sur l'autonomie de la monade, l'affirmation directement contraire. « Chaque âme est un miroir vivant représentant l'univers suivant son point de vue, et surtout par rapport à son corps[1] ». Et le corps lui-même se résout dans le système des relations qui rendent notre situation particulière solidaire de l'ensemble de l'univers : « Etiam quæ loco differunt, oportet locum suum, id est ambientia exprimere, atque adeo non tantum loco seu sola extrinseca denominatione distingui, ut vulgo talia concipiunt[2]. »

La réduction que Leibniz croyait avoir opérée, des dénominations extrinsèques dans l'espace et le temps aux déterminations intrinsèques de la substance est donc illusoire. Approfondir une substance particulière, c'est y retrouver la totalité des conditions universelles qui pèsent sur elle comme une contrainte extérieure, et y introduisent la limitation de la matière métaphysique : « Je ne pense pas, écrit-il, à de Volder, qu'il y ait aucune substance qui n'enveloppe une relation à toutes les perfections de chacune des autres[3]. » La « parfaite spontanéité » de l'âme « à l'égard d'elle-même », ne doit s'entendre que sous réserve d'une « parfaite conformité aux choses de dehors[4] ». « Cette loi de l'ordre, qui fait l'individualité de chaque substance particulière, a un rapport exact à ce qui arrive dans toute autre substance, et dans l'univers tout entier[5]. »

G, I, 151). Enfin à cette multiplicité d'intuitions qui engendre la diversité des êtres, il semble que Leibniz fasse correspondre une multitude de conceptions successives en Dieu, qui engendrerait la diversité des moments (passage d'autant plus remarquable qu'il se rattache dans la pensée de Leibniz à la démonstration de l'idéalité du temps). « L'on peut conclure aussi que la durée des choses, ou la multitude des états momentanés, est l'amas d'une infinité d'éclats de la Divinité, dont chacun, à chaque instant, est une création ou reproduction de toutes choses, n'y ayant point de passage continuel, à proprement parler, d'un état à l'autre prochain ». *Lettre à l'électrice Sophie*, du 31 octobre 1705, *G*, VII, 562.

1. *Remarques sur Bayle*, *G*, IV, 532.
2. *Lettre à de Volder*, 1703, *G*, II, 250.
3. *Lettre* d'avril 1702 : « Ego vero nullam esse substantiam censeo quæ non relationem involvat ad perfectiones omnes quarumcumque aliarum ». *G*, II, 239. Cf. *Lettre à des Bosses*, du 29 mai 1716, *G*, II, 516.
4. *Système nouveau*, *G*, IV. 484.
5. *Eclaircissement des difficultés de Bayle*, *G*, IV, 518.

LA LOGIQUE DE L'ACTUEL

140. — Il semble donc qu'à un moment donné il s'introduise dans la substructure logique du leibnizianisme une diversité de rythme et d'orientation, qui devait en compromettre l'équilibre. Ce serait, selon nous, lorsque délaissant le point de vue de la *monade* où l'univers se projette sous la forme de la continuité intérieure et de l'idéalité, Leibniz se place au point de vue de la *monadologie* qui exige que l'on confère aux monades un ordre de coexistence, qui implique par conséquent, et qui rétablit devant le regard de Dieu même; la réalité du milieu spatial. A ce moment, l'unité cesse d'exprimer la double infinité de l'étendue et de la durée; elle redevient l'élément simple de Pythagore et de Démocrite. L'univers se constitue suivant l'ordre de l'arithmétisme ou de l'atomisme.

La publication de la *Monadologie* (dans une traduction latine, 1721) fixe les traits populaires du système : « La monade dont nous parlerons ici, n'est autre chose qu'une substance simple, qui entre dans les composés; simple, c'est-à-dire sans parties. Et il faut qu'il y ait des substances simples, puisqu'il y a des composés; car le composé n'est autre chose qu'un amas ou *aggregatum* des simples. Or, là où il n'y a point de parties, il n'y a ni étendue, ni figure, ni divisibilité possible. Et ces monades sont les véritables atomes de la Nature, et, en un mot, les éléments des choses. »

L'imagination métaphysique paraît aller, comme l'intuition sensible, en sens inverse de la logique de l'idéal. Si, dans les *Remarques* écrites en réponse à Foucher, Leibniz a dénoncé « la confusion de l'idéal et de l'actuel », c'est pour réfuter, non seulement « ceux qui [*composant*] la ligne de points, ont cherché des premiers éléments dans les choses idéales ou rapports tout autrement qu'il ne fallait », mais aussi « ceux qui ont trouvé que les rapports comme le nombre ou l'espace (qui comprend l'ordre ou rapport des choses coexistentes possibles) ne sauraient être formés par l'assemblage des points; [*ils*] ont eu tort pour la plupart de nier les premiers éléments des réalités substantielles, [*comme*] si elles n'avaient point d'unités primitives, ou comme s'il n'y avait point de substances simples[1] ».

En d'autres termes, la suprématie des relations intellectuelles sur la représentation matérielle n'empêche pas ces relations

1. *G*, IV, p. 491.

intellectuelles d'être ensuite subordonnées aux exigences d'une composition qui se fait dans le domaine de l'absolu comme elle se fait pour la perception vulgaire. Telle sera la conclusion des *Remarques* de 1695 : « Le rapport total $\frac{1}{2}$ est antérieur (dans le signe de la raison, comme parlent les Scolastiques) au rapport partial $\frac{1}{4}$, puisque c'est par la sous-division du demi qu'on en vient au quatrième, en considérant l'ordre idéal ; et il est de même de la ligne, où le tout est antérieur à la partie parce que cette partie n'est que possible et idéale. Mais dans les réalités où il n'entre que des divisions faites actuellement, le tout n'est qu'un résultat ou un assemblage, comme un troupeau de moutons[1]. » L'idéalité de la mathématique avait donné le moyen de résoudre l'*actualité* apparente de la représentation sensible; elle est tenue en échec par l'*actualité* de la composition métaphysique. Elle dépasse l'arithmétique et la géométrie de l'homme, qui aboutissent à la monade; elle est dépassée par l'arithmétique et la géométrie de Dieu, où la monade est un élément. Bref, Leibniz est capable de trancher le conflit de l'idéal et de l'actuel tant qu'il n'est en présence que de deux termes : *actualité sensible* et *idéalité intelligible*; mais son système en exige trois : *actualité sensible*, *idéalité intelligible*, *actualité métaphysique*; et c'est pourquoi les efforts tentés pour dissiper la confusion ne font que mettre en évidence l'inextricable embarras de la doctrine.

1. *Ibid.*, IV, 492. Leibniz ajoute ces quelques lignes qui montrent bien comment, au terme de la doctrine son réalisme ramène les « innombrables difficultés » que contenait, comme il l'écrira plus tard à des Bosses (*P.-S.* cité, § 129, *G*, II, 372), sa doctrine primitive des âmes-points : « Il est vrai que le nombre des substances simples qui entrent dans une masse quelque petite qu'elle soit, est infini, puisqu'outre l'âme qui fait l'unité réelle de l'animal, le corps du mouton (par exemple) est sous-divisé actuellement, c'est-à-dire qu'il est encore un assemblage d'animaux ou de plantes invisibles, composés de même outre ce qui fait aussi leur unité réelle; et quoique cela aille à l'infini, il est manifeste qu'au bout du compte, tout revient à ces unités, le reste ou les résultats n'étant que des phénomènes bien fondés. » Or il semble bien que Leibniz mêle deux problèmes différents : compter les éléments du *troupeau*, et compter les éléments du *mouton*. La réponse de Leibniz est en dernier lieu relative au second problème, la logique de l'*idéal* permet de concevoir l'infinité de l'univers comme immanente à l'*unité monade*; mais il avait posé le premier problème, où les *unités monades* entrent dans la composition de l'univers, suivant la logique de l'actuel.

LE CONFLIT DE L'IDÉAL ET DE L'ACTUEL

141. — L'opposition des deux motifs logiques trouvera sa confirmation, et comme sa justification historique, dans la doctrine des antinomies kantiennes. La logique de l'*actuel* inspire les *thèses*; la logique de l'*idéal* inspire les *antithèses*. Toutes deux apparaîtront ainsi comme exprimant des exigences également fondées dans la nature de la pensée humaine; en s'affrontant pour le progrès de la critique philosophique, elles manifesteront, par leur contradiction profonde, les conditions qui sont faites à l'esprit individuel : en tant qu'esprit, il est capable de se former une idée totale de l'univers à travers la double infinité de l'espace et du temps; en tant qu'individu, il subit la double détermination qui s'attache à chaque endroit de l'espace et à chaque moment du temps. L'univers que l'homme connaît est en lui; l'homme vit dans l'univers.

Mais, en attendant que Kant vînt s'y appuyer pour changer l'orientation de la réflexion philosophique, il était inévitable que le conflit de l'*idéal* et de l'*actuel*, latent à travers tout le leibnizianisme, en compromît le succès immédiat. D'une part, les métaphysiciens qui se réclament de Leibniz, se donnent pour tâche de faire rentrer les doctrines de la *Monadologie* dans les cadres d'un rationalisme purement logique, sans maintenir le contact immédiat avec le dynamisme de l'intelligence mathématique, qui avait été le moteur effectif de la pensée leibnizienne. D'autre part, les mathématiciens de l'école leibnizienne sont éloignés des principes philosophiques qui avaient inspiré, et qui étaient capables de justifier, l'analyse infinitésimale, par le discrédit dont le maître s'était plu à frapper sa propre conception de l'*idéalité*.

Il semble que nous touchions ici à l'un des plus grands paradoxes de l'histoire, au paradoxe central dans l'évolution de la philosophie mathématique chez les modernes. Nul n'a mieux que Leibniz compris comment l'intellectualité du processus infinitésimal, permettant d'entendre « par l'infiniment petit l'état de l'évanouissement ou du commencement d'une grandeur, conçus à l'imitation des grandeurs déjà formées[1] », fondait rigoureusement la légitimité de l'analyse nouvelle.

1. *Théodicée, Discours de la conformité de la Foi avec la Raison*, § 70. Par ce qui précède, on voit que Leibniz oppose cette conception à l'interprétation réaliste : « On conçoit un dernier terme, un nombre infini, ou infiniment petit; mais tout cela ne sont que des fictions. »

Et pourtant ce même Leibniz, qui, se comparant à Newton, se flattait d'avoir « été plus heureux en disciples[1] », ne réussit pas à leur livrer le secret de son idéalisme, à leur faire prendre l'attitude requise pour qu'ils pénètrent la rationalité du calcul infinitésimal. S'il proteste contre l'imagination de l'infiniment grand, ou de l'infiniment petit, ce n'est point parce que l'on y subordonne l'intelligence d'un rapport idéal aux exigences de l'intuition réaliste; il ne condamne pas le principe du réalisme. Tout au contraire, il invoque l'impossibilité d'actualiser l'infini pour reléguer les notions fondamentales de son analyse au rang d'hypothèses sans consistance intrinsèque, en contradiction même avec les conditions évidentes de la réalité, mais qui, à défaut d'exactitude théorique, se justifient par le succès de l'application[2]. La *lettre à Varignon* qu'il publie dans le *Journal des Savants*, en 1702, ne se terminera-t-elle pas de la façon suivante? « On peut dire en général que toute la continuité est une chose idéale, et qu'il n'y a jamais rien dans la nature qui ait des parties parfaitement uniformes; mais en récompense le réel ne laisse pas de se gouverner parfaitement par l'idéal et l'abstrait; et il se trouve que les règles du fini réussissent dans l'infini, comme s'il y avait des atomes (c'est-à-dire des éléments assignables de la nature) quoiqu'il n'y en ait point, la matière étant actuellement sous-divisée sans fin; et que *vice versa* les règles de l'infini réussissent dans le fini, comme s'il y avait des infiniment petits métaphysiques, quoiqu'on n'en ait point besoin, et que la division de la matière ne parvienne jamais à des parcelles infiniment petites[3]. »

142. — A peine si le langage de Leibniz diffère ici de celui de Berkeley. Loin d'être cette forme authentique et féconde de l'intellectualisme qui avait dicté l'algorithme du calcul différentiel, provoqué la réforme de la dynamique par la notion de *force vive* et la réforme de la psychologie par la notion des « petites perceptions », l'idéalisme de Leibniz, tel qu'il le pré-

1. *Apostille d'une lettre à M. l'abbé de Conti* (1715) : « Je m'étonne que les sectateurs de M. Newton ne donnent rien qui marque que leur maître leur a communiqué une bonne méthode. J'ai été plus heureux en disciples. » *Briefwechsel*, éd. Gerhardt. I, 266.

2. Voir la correspondance avec Jean Bernoulli (lettre du 7 juin 1698. *M*, III, 499) et avec Fontenelle (Foucher de Careil, *Lettres et opuscules*, 1854, p. 215). Dans la note 6 de son étude déjà citée, *Il concetto d'infinitesimo*, Mantoue, 1894, M. Vivanti a réuni les principaux textes qui ont permis de présenter Leibniz soit comme un *adversaire*, soit comme un *partisan* de l'infiniment petit actuel. p. 67 et suiv.

3. *M*, IV, 93.

sente à ses contemporains, prend l'aspect d'un relativisme sceptique, dont on conçoit qu'ils se soient scandalisés.

Dans une lettre écrite, quelques semaines avant sa mort, Leibniz fait un récit bien instructif à cet égard : « Quand [*nos amis*] disputèrent en France..., je leur témoignai que je ne croyais point qu'il y eût des grandeurs véritablement infinies ni véritablement infinitésimales, que ce n'étaient que des fictions, mais des fictions utiles pour abréger et pour parler universellement, comme les racines imaginaires dans l'algèbre telles que $\sqrt{-1}$, qu'il faut concevoir, par exemple, 1° le diamètre d'un petit élément d'un grain de sable, 2° le diamètre du grain de sable même, 3° celui du globe de la Terre, 4° la distance d'une fixe de nous, 5° la grandeur de tout le système des fixes, comme 1° une différentielle du second degré, 2° une différence du premier degré, 3° une ligne ordinaire assignable, 4° une ligne infinie, 5° une ligne infiniment infinie. Et plus on faisait la proportion ou l'intervalle grand entre ces degrés, plus on approchait de l'exactitude, et plus on pouvait rendre l'erreur petite et même la retrancher tout d'un coup par la fiction d'un intervalle infini, qui pouvait toujours être réalisée à la façon de démontrer d'*Archimède*. Mais comme M. le Marquis de l'Hospital croyait que par là je trahissais la cause, ils me prièrent de n'en rien dire, outre ce que j'en avais dit dans un endroit des actes de Leipzic, et il me fut aisé de déférer à leurs prières[1] ».

L'année suivante, dans l'*Éloge* de Leibniz qu'il prononçait à l'*Académie des Sciences* de Paris, Fontenelle s'exprimait ainsi : « Il ne faut pas dissimuler ici une chose assez singulière. Si M. Leibnitz n'est pas de son côté, aussi bien que M. Newton, l'inventeur du système des Infiniment petits, il s'en faut infiniment peu. Il a connu cette infinité d'ordres d'infiniment petits toujours infiniment plus petits les uns que les autres, et cela dans la rigueur géométrique; et les plus grands géomètres ont adopté cette idée dans toute cette rigueur. Il semble cependant qu'il en ait ensuite été effrayé lui-même, et qu'il ait cru que ces différents ordres d'infiniment petits n'étaient que des grandeurs *incomparables*, à cause de leur extrême inégalité, comme le seraient un grain de sable et le globe de la terre, la terre et la sphère qui comprend les planètes, etc. Or, ce ne serait là qu'une grande inégalité, mais non pas infinie, telle

1. *Lettre à M. Dangicourt*, écrite en septembre 1716, Dutens, III, 500. Cf. *Lettre à Pinson* du 29 août 1701, *M*, IV, p. 95, et *Lettre à Varignon* du 2 février 1702, *M*. IV, p. 91.

qu'on l'établit dans ce système. Aussi ceux-mêmes qui l'ont pris de lui, n'ont-ils pas pris cet adoucissement qui gâterait tout. Un architecte a fait un bâtiment si hardi qu'il n'ose lui-même y loger; et il se trouve des gens qui se fient plus que lui à sa solidité, qui y logent sans crainte et, qui plus est, sans accident. Mais, peut-être, l'adoucissement n'était-il qu'une condescendance pour ceux dont l'imagination se serait révoltée. S'il faut tempérer la vérité en géométrie, que sera-ce en d'autres matières?[1] »

LA « MÉTAPHYSIQUE » DU CALCUL INFINITÉSIMAL

143. — L'effort pour déterminer la place que le leibnizianisme occupe dans l'évolution de la philosophie mathématique, aboutit à une conclusion qui est d'apparence déconcertante. Le dessein initial de la doctrine avait été de faire reposer sur la découverte de nouvelles méthodes intellectuelles le renouvellement de la spéculation philosophique; la destinée finale a été de jeter le soupçon, presque le discrédit, sur le fondement philosophique des méthodes elles-mêmes. Les disciples de Leibniz, au lieu d'être affranchis par leur maître du préjugé réaliste, se sont crus astreints à justifier dans l'intuition l'existence d'éléments infinitésimaux. Ils se sont engagés ainsi dans les aventures d'une métaphysique sans issue, dont les obscurités et les contradictions, rendues plus choquantes encore par la solidité et la fécondité des résultats techniques, furent le scandale du XVIIIe siècle.

Le premier trait, le plus frappant peut-être, de ce tableau est fourni par l'ouvrage où ce même Fontenelle, que Leibniz avait averti de ne point « pousser au delà du bon sens[2] », se flatte de surmonter les faiblesses et les timidités de l'exposition leibnizienne : « De quel poids, écrit-il en 1727 dans la *Préface* aux *Éléments de la Géométrie de l'Infini*, ne doit pas être l'autorité de l'Inventeur contre l'invention? Malgré tout cela l'Infini a triomphé, et s'est emparé de toutes les hautes spéculations des Géomètres. Les Infinis ou Infiniment petits de tous les ordres sont aujourd'hui également établis, il n'y a plus deux partis dans l'Académie, et si M. Leibnits a chancelé on se fie plus aux lumières qu'on tient de lui, qu'à son autorité même. »

La philosophie mathématique de Fontenelle est un dogmatisme

1. *Éloges* (éd. 1766). Tome I, p. 481.
2. *Lettres et opuscules*, éd. Foucher de Careil, 1854, p. 234.

absolu : « La Géométrie est toute intellectuelle, indépendante de la description actuelle et de l'existence des Figures dont elle découvre les propriétés. Tout ce qu'elle conçoit nécessaire est réel de la réalité qu'elle suppose dans son objet. L'Infini qu'elle démontre est donc aussi réel que le fini, et l'idée qu'elle en a n'est point plus que toutes les autres, une idée de supposition, qui ne soit que commode, et qui doive disparaître dès qu'on en a fait usage. »

La réalité de l'infiniment petit est liée à la réalité de l'infiniment grand, qui, elle-même, est immédiatement donnée par la « suite naturelle » des nombres entiers. « Dans la suite naturelle chaque terme est égal au nombre des termes qui sont depuis 1 jusqu'à lui inclusivement. Donc, puisque le nombre de tous ses termes est infini, elle a un dernier terme qui est ce même infini. On l'exprime par le caractère ∞.[1] » La conclusion est évidente, quoique le passage à l'infini ne puisse être l'objet d'une représentation claire : « Il est inconcevable comment la Suite naturelle passe du Fini à l'Infini, c'est-à-dire comment après avoir eu des termes finis elle vient à en avoir un infini. Cependant cela doit être, ou bien il faut absolument abandonner toute idée de l'Infini, et n'en prononcer jamais le nom, ce qui ferait périr la plus grande et la plus noble partie des Mathématiques. Je suppose donc que c'est là un fait certain, quoi qu'incompréhensible, et je prends la grandeur qui doit être infinie, non comme étant dans ce passage obscur du fini à l'infini, mais comme l'ayant franchi entièrement, et ayant passé par les degrés nécessaires, quels qu'ils soient, si ce n'est que je puisse quelquefois entrevoir quelque lumière sur la nature de ces degrés[2]. »

Les contradictions apparentes du calcul de l'infini seront donc résolues par la distinction entre le dynamisme obscur du passage à l'infini et la clarté inhérente à l'idée statique de l'infini. Ainsi du premier point de vue, il est vrai[3] que, a étant un nombre fini, $\infty + a = \infty$, tandis que[4] « par la raison des contraires, et encore plus par la nature même de la chose, je puis dire $\infty + \infty$ ou $2\ \infty$ ». De même, si je considère la suite A des nombres naturels, et la suite A^2 de leurs carrés — « il est visible, ajoute Fontenelle, que A^2 a autant de termes que A » — je dois admettre que le passage à l'infini se fait plutôt en A^2 qu'en A : car n^2 est évidemment moins loin de l'infini que n ; il y aura une

1. N° 85, p. 30.
2. N° 86, p. 30.
3. N° 88, p. 31.
4. N° 90, p. 31.

série de « finis indéterminables[1] » dont les carrés seront infinis dans la série des A^2.

144. — De ce calcul de l'infini on pourrait dire, avec Renouvier, qu'il « ressemble à une gageure ridicule[2] », si de nos jours Georg Cantor n'avait restauré la doctrine en corrigeant, il est vrai, Fontenelle sur un point essentiel[3]. On comprend du moins que les savants du XVIIIe siècle, dont Fontenelle escomptait l'adhésion unanime, aient souri de cette assurance initiale suivie de tant d'aveux d'irrémédiable obscurité.

En fait, si l'infini est ce qui est plus grand que toute grandeur finie, le contraire de l'infini ne saurait être l'infiniment petit, considéré comme une grandeur distincte d'une grandeur finie. Puisque le véritable infini est pour Fontenelle au delà du passage entre le fini et l'infini, l'infiniment petit doit être en deçà du passage entre l'infiniment petit et le *zéro*. Telle est la conception qu'Euler appuie de son autorité dans ses *Institutiones calculi differentialis* : « Une quantité infiniment petite n'est rien d'autre qu'une quantité évanouissante, et c'est pourquoi en réalité elle sera égale à 0.[4] » Mais entre quantités infiniment petites il y a un rapport, lequel s'approche d'une *limite* déterminée par la variation graduelle de ces quantités; la limite est rigoureusement atteinte quand les quantités elles-mêmes sont tout à fait anéanties. Cette limite, qui constitue le rapport ultime de ces variations, est le véritable objet du calcul différentiel[5]. Suivant la formule ingénieuse de M. Mansion « le calcul infinitésimal, dans cette manière de voir, est un calcul sur des zéros, mais sur *des zéros qui gardent la trace de leur origine*, si l'on peut ainsi parler[6] ».

Cette formule même fait apparaître l'embarras que les mathématiciens du XVIIIe siècle ont éprouvé à réaliser l'idée d'Euler. « Quoiqu'on conçoive toujours bien, écrit Lagrange, le rapport de deux quantités tant qu'elles demeurent finies, ce rapport n'offre plus à l'esprit une idée claire et précise, aussitôt que ces deux termes deviennent l'un et l'autre nuls à la fois[7] ».

1. N° 198, p. 66.
2. Critique philosophique, VIe année, 1877, t. I, p. 30.
3. *Vide infra*, § 228.
4. Saint-Pétersbourg, 1755, p. 77.
5. *Préface*, p. 14.
6. *Résumé du cours d'analyse infinitésimale de l'Université de Gand*, 1887, p. 213. M. Vivanti en a rapproché ce texte de Leibniz (Lettre à Grandi, 6 sept. 1713, *M*, IV, 218). « Infinite parva concipimus, non ut nihila simpliciter et absolute, sed ut *nihila respectiva*..., id est ut evanescentia quidem in nihilum, retinentia tamen characterem ejus quod evanescit. » *Il concetto*, note 211, p. 130.
7. *Théorie des fonctions analytiques*, 1797, *Œuvres*, Éd. Serret, t. IX, 1881, p. 18. Voir l'*Analyst* de Berkeley, cité plus haut § 115, et cette réflexion de d'Alembert :

145. — On comprend comment, désespérant de fonder sur des principes intrinsèques et autonomes le calcul de l'infini, les mathématiciens du XVIIIe siècle se sont repliés sur les notions plus simples de la géométrie et de l'algèbre.

D'Alembert fait appel à l'image géométrique de la limite; mais, outre la difficulté d'appliquer exactement dans tous les cas le langage de la géométrie[1], on s'expose en prenant cette notion telle qu'elle est présentée par l'imagination à introduire dans l'exposé du principe sinon la contradiction du moins une réserve qui en affaiblit singulièrement la portée : « l'*infini* tel que l'analyse le considère est proprement la *limite* du fini, c'est-à-dire le terme auquel le fini tend toujours sans jamais y arriver, mais dont on peut supposer qu'il approche toujours de plus en plus, quoiqu'il n'y atteigne jamais[2]. »

146. — Lagrange recourt aux opérations de l'algèbre. Brook Taylor avait fait connaître, dans sa *Methodus Incrementorum directa et inversa*[3], l'égalité fournissant ce qu'on appellera plus tard le développement *en série de Taylor*; ξ étant l'accroissement d'une variable x, on a l'expression suivante pour $f(x+\xi)$:

$$f(x+\xi) = f(x) + \frac{1}{\xi} f'(x) + \frac{1.2}{\xi^2} f''(x) + \dots$$
$$+ \frac{\xi^{m-1}}{1.2\dots(m-1)} f^{m-1}(x) + \frac{\xi^m}{1.2\dots m} f^m(x) + \dots$$

où les fonctions successives de x, $f'(x)$, $f''(x)$, etc. (auxquelles Lagrange donnera les noms de *dérivée première*, *dérivée seconde*, etc.) sont obtenues par un procédé régulier de formation. Or, la fonction f' n'est pas autre chose que la limite de la fraction $\frac{f(x+\xi) - fx}{\xi}$ pour $\xi = 0$. Elle marque la limite de l'accroissement d'une fonction par rapport à l'accroissement de la variable, c'est-à-dire qu'elle est le *quotient différentiel*.

On pourra donc, à l'aide des seules lois de l'algèbre, définir les

« Une quantité est quelque chose ou rien; si elle est quelque chose, elle n'est pas encore évanouie, si elle n'est rien elle est évanouie tout à fait. » *Éclaircissements sur les éléments de philosophie*, XIV. *Mélanges de littérature, d'histoire et de philosophie*, t. V, 1767, p. 249.

1. « La sous-tangente, remarque à ce propos Lagrange, n'est pas à la rigueur la limite des sous-sécantes, parce que rien n'empêche la sous-sécante de croître encore lorsqu'elle est devenue sous-tangente. » *Œuvres*, Éd. Serret, t. VII, 1877, p. 324.

2. *Op. cit.*, p. 240.

3. Londres. 1715, prop. VII, Théor. III, p. 21.

opérations fondamentales de l'analyse infinitésimale. En 1772, dans un *Mémoire* à l'*Académie des Sciences de Berlin : Sur une nouvelle espèce de calcul relatif à la différenciation et à l'intégration des quantités variables*[1], Lagrange écrit : « Le calcul différentiel, considéré dans toute sa généralité, consiste à trouver directement, et par des procédés simples et faciles, les fonctions $p, p', p'', \ldots q, q', q''$, etc., r, r', r'', etc., dérivées de la fonction u ; et le calcul intégral consiste à retrouver la fonction u par le moyen de ces dernières fonctions. Cette notion des calculs différentiel et intégral me paraît la plus claire et la plus simple qu'on ait encore donnée ; elle est, comme on voit, indépendante de toute métaphysique et de toute théorie des quantités infiniment petites ou évanouissantes[1]. »

En 1797, il publie une *Théorie des fonctions analytiques contenant les principes du calcul différentiel, dégagés de toute considération d'infiniment petits ou d'évanouissants, de limites et de fluxions, et réduits à l'analyse algébrique des quantités finies.* Dans cette œuvre, les mathématiciens modernes admireront « le merveilleux pressentiment du rôle que devaient jouer les fonctions... représentées par une série de puissances, ou séries de Taylor[2] ». Mais ils feront toutes réserves sur la valeur probante de la méthode suivie dans l'établissement des notions fondamentales. En regardant « comme déterminée la somme des termes que renfermerait une série quelconque prolongée à l'infini[3] », Lagrange suppose résolue la question capitale de la convergence des séries, dont Cauchy et Abel ont montré que l'étude préalable était nécessaire pour la justification rigoureuse des méthodes de l'analyse.

Ainsi, et cette conclusion sera confirmée par l'examen de la *Mécanique Analytique*[4], il semble que Lagrange se place à un point de vue « pragmatique[5] » : le développement en séries

1. *Œuvres*, III, p. 443.
2. Picard, *La science moderne et son état actuel*, 1905, p. 25.
3. Cauchy, *Sept leçons de physique générale*, rédigées par l'abbé Moigno, 1868, 3e leçon, p. 25.
4. *Vide infra*, § 174.
5. Cf. les réflexions de Mach à propos du *calcul des variations* que Lagrange a définitivement introduit dans l'analyse : « Lagrange n'a pas donné et n'a même jamais cherché à donner de preuve ultérieure de sa méthode, qui s'est montrée d'une très grande fertilité. Son travail est entièrement original. Avec une perspicacité dont la valeur économique est très grande, il aperçoit les bases qui lui paraissent suffisamment certaines et utilisables pour que l'on puisse édifier sur elles. Les principes fondamentaux se justifient d'eux-mêmes par leur efficacité. Au lieu de se préoccuper d'en donner une démonstration,

de Taylor est un procédé simple et élégant qui est légitime puisqu'il réussit pour toutes les fonctions connues. La *Théorie des fonctions analytiques* ne pouvait donc pas mettre fin aux difficultés et aux incertitudes théoriques dont le XVIIIe siècle s'est embarrassé. Au contraire, elle achève de faire comprendre le retour des mathématiciens à la théorie des *erreurs compensées*, que déjà Berkeley avait imaginée en opposition aux spéculations newtonniennes et dont Leibniz avait esquissé une forme populaire. Les *Réflexions* de Carnot *sur la métaphysique du Calcul infinitésimal* (1797), qui déchargeaient l'analyse infinitésimale de l'obligation de faire la preuve directe de sa propre vérité, et qui, par suite, écartaient de la recherche scientifique tout danger de controverse philosophique, conquirent l'autorité d'un ouvrage classique[1].

147. — Au terme de cette étude, on s'explique que l'apport de la science du XVIIIe siècle à la réflexion proprement philosophique ait paru consister, non dans les notions fondamentales de l'analyse que les mathématiciens eux-mêmes avaient renoncé à présenter comme idées claires et distinctes, mais bien plutôt dans le succès de son application à l'étude des phénomènes astronomiques et physiques. Les grands géomètres du XVIIIe siècle, ont rempli le programme tracé par les *Principes mathématiques de la philosophie naturelle*. Ils n'ont pas élucidé ces Principes, considérés dans leur signification intrinsèque; mais ils les ont vérifiés, à titre de formules soumises au contrôle de l'expérience. Grâce à eux, ce qui était pour les premiers lecteurs de Newton le système d'un homme se dressant en face du système d'un autre homme, se heurtant par exemple aux conceptions métaphysiques d'un Descartes ou d'un Leibniz, devient la science impersonnelle que l'effort progressif des générations impose à l'adhésion unanime : « Je suis fâché, écrivait Voltaire à Clairaut, que vous désigniez par newtoniens ceux qui ont reconnu la vérité des découvertes de Newton. C'est comme si on appelait les géomètres euclidiens; la vérité n'a point de nom de parti. L'erreur peut admettre des mots de ralliement, les sectes ont des

Lagrange montra avec quel succès on peut les employer. » (*La mécanique, exposé historique et critique de son développement*, tr. Bertrand, 1904, p. 411.)

1. Dans une *Note sur la métaphysique du calcul infinitésimal*, que Carnot n'a peut-être pas connue, Lagrange lui-même avait, plus de trente ans auparavant, rappelé cette interprétation. Selon la *méthode des infiniment petits*, qu'il attribue à Leibniz, et qu'il oppose à la méthode newtonienne des *premières* ou *dernières raisons*, « le calcul redresse de lui-même les fausses hypothèses qu'on y fait », Miscellanea Taurinensia, t. II, 1760-1761. *Œuvres* de Lagrange, ed. cit., t. VII, 1877, p. 598.

noms et la vérité est la vérité[1]. » Kant ne reconnaît ni *Psychologie rationnelle* ni *Cosmologie rationnelle*; la *Physique rationnelle* est pour lui la science rationnelle par excellence; la partie positive de la *Critique de la Raison pure* a pour corollaire les *Premiers Principes métaphysiques de la science de la nature*; les deux ouvrages tendent vers le même but, justifier *a priori* la forme mathématique dont est revêtue la connaissance scientifique de l'univers. Il n'en sera pas autrement pour Auguste Comte : la *Mécanique analytique* de Lagrange a réuni la mécanique au corps des mathématiques, tandis que la *Mécanique céleste* de Laplace en a définitivement établi le succès dans le domaine du réel; Mathématique et Astronomie permettent de fixer les caractères de la science positive.

Les deux grandes disciplines qui ont contribué à poser les problèmes de la philosophie sous l'aspect propre au XIXe siècle, le kantisme et le positivisme, cherchent le centre de gravité de la science moins dans les parties proprement abstraites et intellectuelles que dans leur application à la nature. De là le caractère nouveau conféré à la philosophie mathématique qui joue un rôle décisif dans l'élaboration de l'un et de l'autre système, qui occupe la première place aussi bien dans la *Critique de la Raison pure* que dans le *Cours de philosophie positive*.

1. *Lettre* de 1759, publiée à la Haye en 1772, réimprimée par M. Dauphin Meunier, Supplément littéraire du *Figaro*, 21 mai 1910.

DEUXIÈME PARTIE

PÉRIODE MODERNE

LIVRE IV

LA PHILOSOPHIE CRITIQUE ET LE POSITIVISME

CHAPITRE XII

LA PHILOSOPHIE MATHÉMATIQUE DE KANT

LA POSITION DU PROBLÈME

148. — L'importance que Kant attachait à la philosophie mathématique, le caractère de la théorie qu'il en a proposée, seraient difficiles à comprendre si l'on ne se référait au problème qu'avait soulevé, dès l'avènement de la pensée moderne, la constitution d'une science rationnelle de la nature. La physique mathématique s'est développée sous deux formes différentes qui avaient mis aux prises, d'abord l'école française de Descartes et l'école italienne de Galilée et de Torricelli, puis les partisans de Leibniz et les partisans de Newton : les uns, géomètres purs qui procédaient par déduction *a priori*, les autres, observateurs avant tout, qui prétendaient ne relever que de l'expérience.

L'opposition de ces deux tendances avait, de bonne heure, attiré l'attention de Kant, témoin le début de la *Metaphysicæ cum geometria junctæ usus in philosophia naturali, cujus specimen primum continet Monadologiam physicam* (1756), où l'on entrevoit comme dans son germe le tour d'esprit original dont procède la doctrine des *antinomies*. « Il est plus facile d'atteler ensemble chevaux et griffons que la philosophie transcendentale et la géométrie. Tandis que l'une nie absolument la divisibilité de l'espace à l'infini, l'autre l'affirme avec son assurance habituelle. L'une réclame le vide comme nécessaire à la liberté du mouvement; l'autre le bannit. L'une montre que l'attraction ou gravitation universelle n'est guère explicable par les causes mécaniques; elle la dérive de forces inhérentes aux corps en repos et agissant à distance, forces que l'autre relègue parmi les chimères de l'imagination[1]. »

En 1756 d'ailleurs, Kant estime qu'il est possible de concilier les deux thèses en demeurant sur le terrain du dogmatisme, en transposant les conceptions newtoniennes dans le langage leibnizien, en douant les monades d'une force attractive qui s'ajoute à l'impénétrabilité de l'étendue cartésienne, c'est-à-dire en esquissant, trois ans avant Boscovich, le plan d'une *atomistique dynamique*[2]. Le progrès de sa méditation l'amène à reconnaître peu à peu que le conflit n'est pas seulement une opposition de fait entre des résultats obtenus par des méthodes différentes, qu'il met en cause deux types de vérité, dont il faut approfondir la source et la portée : le type de vérité mathématique et le type de vérité physique.

149. — Suivant Descartes et suivant Leibniz, la physique est une extension de la mathématique. Descartes substitue brutalement à l'ensemble des représentations sensibles, à l'univers de l'imagination, un monde qui, pris dans sa réalité, n'est autre chose que « l'objet de la géométrie spéculative ». Leibniz, qui pense avoir trouvé dans l'analyse de l'infini le moyen d'atteindre mathématiquement la multitude fugitive des mouvements dont les qualités sensibles sont la manifestation, demande à l'ordre des vérités abstraites le principe du discernement entre les données illusoires et les « phénomènes bien fondés ». Or, une philosophie qui prétend ainsi procéder de principes *a priori*, est tenue de justifier non seulement l'accord de l'intelligible et du sensible, mais encore l'existence du sensible. Si le confus est posé, on comprend bien qu'il s'explique par le clair, en remontant dans l'ordre de l'*Idealgrund*; par contre, si le clair est posé d'abord, comme il doit l'être dans l'ordre du *Realgrund*, on ne comprend pas le mouvement qui s'éloigne de la lumière, la déchéance dans l'obscurité[3].

1. Éd. de l'Académie de Berlin (que nous désignons par *AKB*), t. I, 1902, p. 475.

2. Riehl, *der Philosophische Kriticismus*, I, 2e édit. Leipsig, 1908, p. 332.

3. En 1791, dans l'écrit inachevé *Sur les progrès de la métaphysique depuis l'époque de Leibniz et de Wolff*, Kant trouvera pour sa pensée une formule saisissante qui fait pénétrer jusque dans sa dernière profondeur l'opposition des deux génies philosophiques : « Ainsi en unissant tout le mal appelé métaphysique au bien métaphysique, Leibniz composait un monde de pure lumière et

La « philosophie expérimentale » de Newton conçoit d'une tout autre façon l'alliance des mathématiques et de l'expérience. C'est à l'expérience qu'il appartient de fonder et de justifier les formules mathématiques de la physique; et la valeur de l'expérience est précisément qu'elle fait éclater les cadres trop étroits de l'évidence métaphysique, qu'elle établit des types de relations auxquels le raisonnement pur n'aurait pas conduit. Quelles sont alors pour le dogmatisme rationaliste les conséquences d'un semblable principe? A la lecture des *Essais de Hume concernant l'entendement humain* (1749; la traduction allemande est de 1756), elles se manifestent aux yeux de Kant sous la forme suivante[1] : il est possible que des connexions d'idées, résultant d'une démonstration en règle, participent à la nécessité de cette démonstration et qu'elles conservent leur rigueur quelque application qui en soit faite; mais *nécessité* et *universalité* sont dépourvues de toute signification intrinsèque lorsqu'il s'agit de successions de fait, enregistrées telles quelles, dans un moment déterminé et avec les circonstances particulières dont elles sont inséparables. La forme primordiale de la relation, c'est l'*association* entre états de conscience, reposant sur des conditions de lieu, de temps, etc., qui sont extérieures à la nature de ces états, et à qui l'habitude communique la force d'engendrer des croyances en apparence naturelles.

La philosophie de Hume serait ainsi la doctrine de l'attraction, ramenée de son application cosmologique à sa source psychologique, dépouillée de la forme quantitative d'où elle tenait son caractère de science exacte, et ne comportant plus que des relations qualitatives, d'apparence contingente et particulière[2]; de telle sorte que par une conséquence étrange, l'extension de la science newtonienne au domaine de l'esprit avait pour résultat de mettre en doute la capacité même de l'homme à établir une science, et par suite, ébranlait la base

d'ombre, sans considérer que pour placer une partie de l'espace dans l'ombre il était nécessaire d'y introduire un corps, c'est-à-dire quelque chose de réel qui résiste à la lumière. » (Édit. Hartenstein, t. VIII, 1868, p. 544.)

1. Cf. Delacroix, *David Hume et la philosophie critique*, Bibliothèque du Congrès International de philosophie (Paris 1900), t. IV, 1902 p. 349 et suiv.

2. Cf. *Traité de la nature humaine* (1739-1740) *de l'entendement* Part. 1, sect. IV. « C'est là une espèce d'*attraction* qui, dans le monde mental, se trouve avoir des effets aussi extraordinaires que celle du monde naturel, et qui se présente sous des formes aussi nombreuses que variées. Ses effets sont partout manifestes; mais, quant à ses causes, elles sont en grande partie inconnues et doivent être ramenées à des qualités *originelles* de la nature humaine que je ne prétends pas expliquer. » Édit. Green-Grose, Londres, t. I, 1874, p. 321 et tr. Renouvier-Pillon, 1878, p. 23.

même de l'édifice newtonien. Ce que Kant retiendra des *Essais* de Hume, c'est la séparation radicale entre les *vérités de raison* et les *vérités de fait*. « L'usage logique de la raison » consiste à enchaîner les unes aux autres les relations d'idées, à l'aide d'une substitution de termes qui est purement analytique. L'expérience, entendue dans ce sens psychologique où Leibniz la prenait déjà lorsqu'il faisait du *Cogito* la première « vérité de fait », est incapable de fournir autre chose que des impressions toutes subjectives et toutes passagères[1].

150. — Dans ces conditions, entre le domaine de la pure logique et le domaine de la pure sensation, il n'y aurait plus de place pour la science proprement dite, celle par laquelle les règles de la pensée s'appliquent aux données de la perception ; la justification de la physique rationnelle paraît désespérée. C'est à ce moment que la théorie de la connaissance mathématique entre en jeu. Tout au moins dans la période d'élaboration comprise entre la *Dissertation* de 1770 : *de Mundi sensibilis atque intelligibilis forma et principiis*, et la publication de la *Critique de la Raison pure* (1781), Kant s'avisa que la solution du problème relatif à la science de la nature était comme le corollaire de la solution d'un problème analogue qui, au lieu de porter sur la physique, c'est-à-dire sur l'application de la mathématique à l'expérience, serait intérieur à la mathématique elle-même. Or, en face des mathématiques, le doute sceptique de Hume qui pouvait assez légitimement paraître lié à l'analyse de la causalité, revêtirait un caractère de paradoxe dont Kant suppose que le sage auteur des *Essais* eût été effrayé : « David Hume, écrit-il dans la seconde édition de la *Critique*, qui de tous les philosophes s'est le plus approché du problème [*Comment sont possibles des jugements synthétiques a priori?*], est pourtant loin de l'avoir conçu d'une façon suffisamment déterminée et dans son universalité... car il aurait aperçu que, suivant son argumentation, il ne pouvait pas y avoir non plus de mathématique pure... affirmation contre laquelle son bon sens l'aurait bien mis en garde[2]. »

1. Cf. *Reflexionen Kants zur Kritik der reinen Vernunft*, n° 500 (Benno Erdmann, 1884, p. 155). « Alle analytischen Urtheile sind rational und umgekehrt : alle synthetischen Urtheile sind empirisch und umgekehrt. »

2. Introduction IV, B, 19. *AKB*, III, 40, tr. Barni, désignée ultérieurement par *Ba*, 1869, I, 63, et Tremesaygues et Pacaud, désignée par *TP*, 1905, p. 53. Voir *Critique de la raison pratique*, Préface *AKB*, V, 1908, p. 13, Picavet, 1888, p. 18.

LA CONCEPTION TECHNIQUE DES MATHÉMATIQUES

151. — La transposition à laquelle nous venons de faire allusion, explique comment la philosophie mathématique est devenue la pierre angulaire de la *Critique de la Raison pure.* Elle explique en même temps comment la philosophie mathématique chez Kant ne sera nullement comparable à celle que nous avons vue, dans le cartésianisme et dans le leibnizianisme, jaillir de progrès techniques, capables de renouveler l'idée que l'esprit se fait de lui-même et de son aptitude à prendre possession de l'univers. Kant ne s'adresse pas aux méthodes originales de la mathématique moderne pour qu'elles lui suggèrent une vision plus profonde de l'intelligence humaine. Sa méditation se concentre sur les parties élémentaires, dont la vérité se trouve depuis des siècles unanimement reconnue et qui retiennent la pensée dans un horizon bien délimité. L'addition des nombres entiers ou les premières propositions d'Euclide lui fournissent ses types habituels de référence : *7 + 5 = 12*, ou *la somme des angles d'un triangle est égale à deux droits*. Pour lui l'arithmétique et la géométrie ont le même caractère de perfection qu'il reconnaissait à la logique d'Aristote. Le raisonnement les constitue, conférant à toutes les parties de la théorie une valeur incontestable de nécessité et d'universalité; et le raisonnement y est d'autant plus assuré de lui-même qu'il a, au même titre que le syllogisme d'Aristote, la certitude de rencontrer dans l'expérience la représentation de chacun de ses éléments, la confirmation de chacune de ses articulations [1].

Il faudrait même aller plus loin : la formation « fragmentaire » de la philosophie critique donne le moyen d'apercevoir comment sous l'influence de cette physique newtonienne, dont elle devait plus tard servir à justifier la valeur rationnelle, l'idée de la mathématique a subi chez Kant une sorte de glisse-

1. Le processus de la pensée kantienne est, nous semble-t-il, éclairé par la remarque suivante qu'on trouve dans les *Nouveaux Essais* de Leibniz (IV, 2 § 9) : « Ce qui a fait qu'il a été plus aisé de raisonner démonstrativement en mathématiques, c'est en bonne partie parce que l'expérience y peut garantir le raisonnement à tout moment, comme il arrive aussi dans les figures des syllogismes. Mais dans la métaphysique et dans la morale, ce parallélisme des raisons et des expériences ne se trouve plus; et dans la physique, les expériences demandent de la peine et de la dépense. » Cf. Cournot, *Traité de l'Enchaînement des Idées fondamentales dans les sciences et dans l'histoire* (1861) § 5. « La logique aristotélicienne, à cause de sa nature purement formelle, comporte bien, comme les mathématiques, une sorte de vérification expérimentale. » 2e édition, 1911, p. 6.

ment inconscient, qui a eu pour résultat de faire porter les démonstrations de l'arithmétique ou de la géométrie directement sur les choses nombrées ou sur les figures tracées. Plus tard sans doute, lorsqu'il compose la *Critique* ou les *Prolégomènes*, Kant croira qu'il va de la « mathématique pure » à la physique; mais la question est de savoir s'il n'a pas commencé par substituer à la notion de la mathématique pure une conception de l'*arithmétique appliquée* et de la *géométrie appliquée*, de telle sorte que le passage de l'arithmétique ou de la géométrie à la physique ne sera en fait que le passage d'une forme simple à une forme plus complexe de la mathématique appliquée.

152. — A cet égard, on peut relever comme caractéristique l'écrit important de 1763, qui marque la rupture décisive de Kant avec la logique mathématique de Leibniz : *Versuch den Begriff der negativen Grössen in die Weltweisheit einzuführen.* Si nous considérons une série de grandeurs qui vont en décroissant à partir d'une quantité positive quelconque, nous obtenons la *grandeur négative* par une marche linéaire de l'esprit, ou, comme dira Kant, en 1791, par une simple dégradation de lumière. Mais nous ne possédons alors qu'une représentation statique de la grandeur négative; or, si les grandeurs négatives interviennent dans un calcul pour modifier le résultat total, c'est qu'elles sont autre chose qu'une absence de grandeur positive [1], c'est qu'elles ont une efficacité d'opposition, qu'elles exercent une action positive, comme un écran est un obstacle positif à la transmission de la lumière. Les exemples que Kant présente à l'appui de sa thèse sont particulièrement significatifs. Un navire va du Portugal au Brésil; en sept jours il gagne 19 milles; il se peut que les vents aient contrarié sa marche, qu'ils l'aient ramené pendant un certain temps de l'ouest vers l'est, de telle manière que pour mesurer le gain final de 19 milles, il ait fallu faire la différence entre le parcours direct qui rapproche le navire de son but, et le parcours inverse qui l'en éloigne. Supposons qu'il ait dû ainsi effectuer 8 milles à rebours, on comprend que ce chemin doive entrer dans l'équation à titre de grandeur négative; le navire aura fait 27 milles dans la direction de l'ouest, nous écrirons : $27 - 8 = 19$. [2] Mais la traduction mathématique de l'écriture et la

1. Cf. Wolff, *Elementa analyseos mathematicæ*, Halle, 1717, Part. I, § 19 et 20. « Sunt ideo quantitates privatæ verarum, per quas intelliguntur, defectus; consequenter non quantitates veræ. Defectum per eam quantitatem metimur quæ deficit, et sic intelligibilis evadit. »
2. *AKB*, II, 172 et suiv.

forme conventionnelle des signes ne sauraient nous dissimuler le caractère des grandeurs qu'ils figurent; les milles de sens négatif correspondent à un chemin réellement effectué, aussi bien que les milles de sens positif. Il n'en est pas autrement pour les dettes d'un commerçant; elles sont soustraites de son avoir, et suivant une remarque que les Hindous avaient déjà faite et utilisée pour l'extension du calcul arithmétique [1], elles doivent entrer avec le signe *moins* dans le calcul de la fortune définitive de ce commerçant. Mais il serait ridicule d'en conclure qu'elles ne sont rien qu'un manque de possession, d'assimiler la différence du créancier et du débiteur à une simple opposition logique, tandis qu'elle est en réalité le conflit de deux réalités concrètes et agissant en sens contraire comme font l'attraction et la répulsion.

Ces considérations d'apparence si simple impliquent une substitution dont la hardiesse demeura peut-être ignorée de Kant, mais dont les conséquences devaient dominer la révolution critique. L'arithmétique n'est plus la science des nombres en tant qu'objets idéaux; elle est la science des *choses nombrées*, et c'est la nature des relations entre les choses elles-mêmes qui décide des relations entre les nombres. De fait, si dans la *Dissertation* de 1770 : *De mundi sensibilis atque intelligibilis forma et principiis*, Kant présente le *nombre* comme « un concept intellectuel en soi », c'est pour ajouter immédiatement qu'il ne s'actualise dans le concret qu'à l'aide des notions du temps et de l'espace [2]; doctrine qui contient en germe l'idée du *schème transcendental*.

153. — D'autre part, il ne semble pas que Kant ait jamais considéré l'analyse infinitésimale à titre de discipline autonome. En 1763, dans l'*Essai sur les grandeurs négatives*, il se contente de la rattacher à la continuité du temps et du mouvement [3]. Si la notion de l'infiniment petit est introduite dans les *Premiers Principes métaphysiques de la science de la nature* (1786) à un moment important de la dialectique, Kant insiste aussitôt sur le caractère proprement métaphysique de la notion, pour la

1. *Vyaganita*, Part. II. *Rina* ou *csaya* = moins, littéralement *dette* ou *perte*, quantité négative ; *d'hana* ou *swa* = *plus*, littéralement *richesse* ou *propriété*, quantité affirmative ou positive. Voir Colebrooke, *Algebra... of Brahmegupta and Bhascara*, Londres 1817, p. 131, note 1.

2. « Hinc MATHESIS PURA *spatium* considerat in GEOMETRIA, tempus in MECHANICA pura. Accedit hisce conceptus quidam, in se quidem intellectualis, sed cuius tamen actuatio in concreto exigit opitulantes notiones temporis et spatii (successive addendo plura et juxta se simul ponendo), qui est conceptus numeri, quem tractat ARITHMETICA. » § 12, *AKB*, II, 397.

3. *Préface*, *AKB*, t. II, p. 168.

dégager des difficultés dont l'application mathématique a pu se trouver entourée[1]. La véritable auxiliaire de la mécanique demeure, à ses yeux, la géométrie synthétique des Anciens; paradoxe qui s'explique par la forme même que Newton s'est plu à donner aux *Principes mathématiques de la philosophie naturelle*. « Le livre qui avait pu réaliser aux yeux de Kant la mathématique la plus réelle, la plus féconde, la plus parfaite, procédait par la représentation de l'intuition concrète et non point par les abstractions de l'analyse[2] ».

154. — A l'égard de la Géométrie enfin, la même préoccupation se retrouve chez Kant. On relève bien dans l'écrit de 1747 : *Gedanken von der wahren Schätzung der lebendigen Kräfte*, un passage que le développement de sa propre philosophie et le développement de la géométrie moderne devaient contribuer également à rendre fameux : « une science de toutes les espèces possibles d'espaces serait sans aucun doute la plus haute géométrie que pût entreprendre une intelligence finie[3]. » Mais il faut voir aussi pourquoi Kant écarte cette conception abstraite, et relègue la quatrième dimension au rang des fictions pures (*Unding*)[4]. Ce n'est pas en raison des caractères intrinsèques qui appartiendraient à la notion d'espace en tant qu'élément logique ou tout au moins purement géométrique; c'est parce que l'espace est sous la dépendance de conditions physiques, parce qu'il est lié au système des forces et à leur mode d'action réciproque. Dans un monde où les corps s'attireraient en proportion inverse du cube des distances, notre sensibilité recevrait du monde extérieur d'autres impressions, et le nombre des dimensions serait changé.

En 1764, dans son écrit : *Untersuchung über die Deutlichkeit der Grundsätze der natürlichen Theologie und der Moral*, où il se propose de délimiter avec exactitude les conditions de la certitude, et d'emprunter à la méthode pratiquée par Newton dans la science de la nature un modèle utile pour la métaphysique,

1. *Ch. II. Th. VIII, Sch.* II, *AKB*, IV, 522; trad. Andler et Chavannes, 1891, p. 55 et suiv. Cf. *Introduction* d'Andler, p. XLV.

2. Milhaud. *La connaissance mathématique et l'idéalisme transcendental.* Revue de métaphysique, 1904, p. 395. Les *Éléments de philosophie* de d'Alembert contiennent à cet égard des remarques curieuses contre « les Anglais, grands partisans de la géométrie ancienne, sur la foi de Newton, qui la louait, et qui s'en servait pour cacher sa route, en employant l'analyse pour se conduire lui-même. » (*Mélanges*, t. IV, 1759, p. 176). Voir aussi Laplace, *Exposition du système du monde*, 6e édit., 1835, in *Œuvres*, t. VI, 1884, p. 465.

3. § 10. *AKB*, I, 24.

4. *Ibid.* § 9. *AKB*, I, 23.

Kant insiste, d'une part, sur le processus synthétique qui permet à la mathématique de parvenir à ses définitions. D'autre part, il met en lumière l'objectivité concrète sur laquelle repose sa méthode de démonstration. Ainsi, pour établir la divisibilité indéfinie de l'espace, le géomètre recourt à une construction; suivant l'exemple indiqué par Kant[1] (fig. 10), il trace une droite AB perpendiculaire à deux parallèles CAD, EBF; d'un point C de l'une de ces parallèles, il trace des droites qui coupent la perpendiculaire et l'autre parallèle. Cette parallèle EBF pouvant être prolongée à l'infini, on peut mener autant de sécantes que l'on voudra, de telle sorte que le segment fini AB apparaît susceptible d'être divisé en une infinité de parties. « A ce symbole, conclut Kant, le géomètre reconnaît avec la plus grande certitude que la division devrait se prolonger sans fin[2]. »

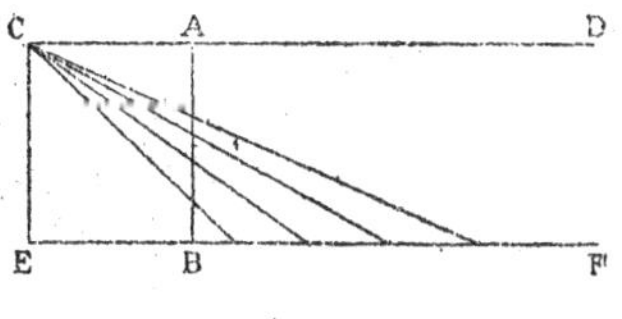

Fig. 10.

La curiosité philosophique de Kant le pousse à examiner de plus près la nature de cet objet, qui est ainsi capable de répondre de lui-même aux questions du mathématicien. En 1768, il fait une remarque qui paraît très particulière, mais à laquelle il attacha une importance décisive, puisqu'il en fit l'objet d'un article : *Von dem ersten Grunde des Unterschiedes der Gegenden im Raume*. Il s'agit des notions de *droite* et de *gauche* : il n'y a guère de notion qui au premier abord ne paraisse mieux répondre à l'idée que nous nous faisons de notions réciproques et susceptibles d'interversion, qui ne paraisse mieux justifier la conception leibnizienne d'un ordre *idéal* de coexistence. Voici pourtant un fait qui dément cette conception : « Un triangle sphérique peut être tout à fait égal et semblable à un autre sans le recouvrir cependant[3]. » De même pour la main droite et pour la main gauche. De tels exemples sont suffisants pour faire entendre la possibilité d'espaces tout à fait semblables et égaux, et cependant *incongruents*[4].

1. *ABK*, II, 279. La démonstration était indiquée sous forme de théorème dans la *Monadologia physica*, sect. I, part, III, *AKB*, I, p. 478. Voir la discussion d'Evellin, *La raison pure et les antinomies, Essai critique sur la philosophie Kantienne*, 1907, p. 107.

2. *Ibid.* Cf. Dissertation de 1770 : « Geometria propositiones suas universales non demonstrat objectum cogitando per conceptum universalem, quod fit in rationalibus, sed illud oculis subiiciendo per intuitum singularem, quod fit in sensitivis ». § 15, C, *AKB*, II, 403.

3. *AKB*, II, 381.

4. *Ibid.* II, 382. Cf. la Dissertation de 1770, § 15, D., *AKB*, II, 403.

Entre les théories de Leibniz et de Newton, qui se sont heurtées avec tant de netteté dans la polémique de 1716 avec Clarke, et dont les mathématiciens du XVIIIe siècle n'avaient cessé de poursuivre l'examen [1], le « paradoxe des objets symétriques », constitue une sorte d'*experimentum crucis*. La nature intrinsèque de l'espace, telle qu'elle se manifeste dans la géométrie à trois dimensions, ne permet pas de le transposer en un système de relations purement intellectuelles, et de le ramener à l'ordre abstrait des places; il y a en lui quelque chose d'inhérent au *donné* de l'univers, qui apparaît lié aux parties de notre corps, qui atteste au fond une relation à l'espace absolu et originel [2].

LES FORMES DE L'ESPACE ET DU TEMPS

155. — Avec l'article de 1768 s'achève pour Kant l'investigation directe de la science mathématique. Désormais les propositions de l'arithmétique élémentaire ou de la géométrie euclidienne ne serviront plus que de références pour l'établissement d'une théorie de la connaissance scientifique. Encore la pensée de Kant a-t-elle passé par deux phases bien distinctes. En 1770, la découverte des « intuitions pures » du temps et de l'espace a pour conséquence de restreindre au monde sensible l'application de la mécanique et de la géométrie; elle laisse le champ du monde intelligible ouvert aux concepts de l'entendement pur. En 1781 au contraire, c'est la restriction posée par la forme *a priori* de l'intuition sensible, qui fonde l'application effective des concepts de l'entendement, qui assure la « positivité » de toute science rationnelle. En ajoutant à l'*Esthétique transcendentale*, qui reproduit les formules essentielles de la *Dissertation* de 1770, l'*Analytique transcendentale*, Kant présente les jugements synthétiques *a priori* de la mathématique comme exactement parallèles dans l'ordre de la quantité à ce que peuvent être les jugements synthétiques *a priori* dans l'ordre de la relation. La théorie de la connaissance mathématique est, dans la *Critique de la Raison pure*, remaniée et réajustée suivant les exigences d'un système nouveau ; de là le caractère de complication qu'elle offre, en contraste singulier avec la simplicité presque rudimentaire des exemples invoqués par Kant.

156. — Quoique dans la *Dissertation* de 1770, l'exposition

1. Voir dans l'important ouvrage de Cassirer, auquel nous avons souvent renvoyé (*Das Erkenntnisproblem*, etc.), le livre VII, *Von Newton zu Kant*, chap II, *Raum und Zeit*.

2. *AKB* II, 383.

relative au temps précède l'exposition relative à l'espace, il semble bien que ce soit le désir de résoudre les difficultés propres à la justification de la géométrie, qui ait suscité la solution kantienne. S'il est établi en effet, par l'article de 1768, que l'espace est un *absolu*, en ce sens qu'il est irréductible à un système idéal, il ne s'ensuit nullement que l'on puisse détacher les relations spatiales des termes réels entre lesquels elles sont établies; pris dans sa nature intrinsèque, l'espace est un *non être*[1]. Kant reprend dans la *Critique*, pour l'appliquer à l'objet de la géométrie euclidienne, cette même expression de *Unding*, qu'il avait employée trente ans auparavant pour désigner l'espace à plus de trois dimensions. D'autre part, l'espace n'est pas un *concept*. Outre que si l'espace était abstrait de l'expérience sensible on contredirait à la nécessité et à l'universalité des propositions géométriques, — « il faudrait, par exemple, se borner à dire que, autant qu'on a pu jusqu'à présent faire d'observations, on n'a pas encore trouvé d'espace ayant plus de trois dimensions[2] » — rien ne répugne plus à la nature de l'espace que la fonction propre du *concept*, au sens où Kant emploie le mot et qu'il précise par les épithètes de *discursif* et d'*universel*[3]. Les déterminations de l'espace sont ses parties, et non ses spécifications ; il n'y a donc qu'un espace, en qui est comprise la totalité des choses[4].

L'antithèse traditionnelle de la donnée empirique et du concept abstrait laisse donc échapper la nature de l'espace ; il faut créer pour lui une forme nouvelle d'état civil; et c'est à quoi parvient Kant, dans cette année 1769 « qui lui apporta une grande lumière[5] », par la méditation simultanée de la doctrine newtonienne et de la doctrine leibnizienne.

157. — Suivant Newton, écrivait Kant lui-même, l espace est *sensorium omnipræsentiæ divinæ*[6]. Or, dans cette notion du *sensorium Dei*, est impliqué un dogmatisme métaphysique qu'il

1. *A*, 39. *AKB*, IV, 41. *Ba*, I, 95 et *TP*, 79, Cf. *Diss*. 15 D. *AKB*, II. 403.

2. *Exposition métaphysique de l'espace*, § 3 (dans la première édition seulement). A. 24. *AKB*, IV, 32. *Ba*, I, 78 et *TP*, 67. Cf. *Diss*. 15, D. *AKB*, II, 404.

3. *Ibid*. § 4. A, 24, *AKB*, IV 32 tr. *Ba*, I, 78 *T.P*. 67.

4. Cf. *Diss*. 15, B, *AKB*, II, 402 : « *Conceptus spatii est singularis repræsentatio* omnia *in se* comprehendens, non *sub se* continens notio abstracta et communis. » A l'appui de cette opposition entre le *Worin* et le *Worunter*, Vaihinger cite dans son *Commentaire*, II, 212 une formule frappante de l'ouvrage posthume (Reicke, Altpreussiche Monatschrift, 1884, XXI, 587 et suiv. « La grandeur illimitée de l'intuition spatiale est non l'*Allgemeinheit* (*universalitas*, c'est-à-dire *omnitudo conceptus*), mais l'*Allheit*, (*universitas* c'est-à-dire *omnitudo complexus*) »

5. Benno Erdmann, *Reflexionen*, n° 4 *op. cit*., p. 4.

6. *Löse Blätter aus Kant's Nachlass*, ed. Reicke. I. 1. Königsberg. 1889, p. 250

est difficile de vérifier, peut-être même de concevoir avec clarté. Mais Leibniz, qui a critiqué les formules newtoniennes de Clarke, fournit par ailleurs le moyen de ramener la notion du *sensorium Dei* à ce qui en a été nécessairement la donnée initiale, c'est-à-dire au *sensorium hominis*. En tant que monade, l'esprit de l'homme est coextensif à l'univers de la représentation ; ne sera-t-il pas capable de soutenir avec les images des choses, cette relation d'*omniprésence* que Newton attribue à Dieu vis-à-vis de la réalité des choses? La *Dissertation* de 1770 répond avec clarté : « spatium, quod est condicio universalis et necessaria compresentiæ sensitive cognitæ, dici potest *Omnipræsentia Phænomenon*[1]. »

L'analogie des expressions marque la parenté des conceptions, qui n'avait d'ailleurs pas échappé aux contemporains de Kant : Schwab écrivait déjà, dans un article relevé par Vaihinger[2], que Kant paraissait avoir formé son concept de l'espace en transportant le *sensorium* newtonien de Dieu à l'esprit humain. Parce qu'entre l'immensité de Dieu et la limitation de la créature dans l'espace le leibnizianisme a inséré la conception de la monade, *pars totalis*, il est possible de dire que l'espace est, suivant l'expression leibnizienne que Kant reproduit dans la *Critique de la Raison pure*, relatif au point de vue de l'homme[3]. Mais aussi parce que la considération de l'espace est ramenée de l'ordre de l'absolu à l'ordre du relatif, du domaine de la réalité au domaine de la représentation, il est possible de concevoir la constitution de l'espace par l'homme sur le modèle qu'offrait la constitution newtonienne de l'espace par Dieu. D'un même coup se trouvent assurées les conditions nécessaires, sinon suffisantes encore, pour établir l'*a priorité* des propositions mathématiques et leur application aux phénomènes de l'univers.

Tel est l'effort de pensée qui est recueilli dès 1770 dans les formules qui définissent (parallèlement avec le temps, fondement de la mécanique) l'espace, fondement de la géométrie : « *Conceptus spatii... est intuitus purus*, cum sit conceptus singularis, sensationibus non conflatus, sed omnis sensationis externæ forma fundamentalis... *Spatium non est aliquid obiectivi* et realis, nec substantia, nec accidens, nec relatio ; sed *subiectivum*

1. § 22. Sch. *AKB.* II, 410.
2. *Eberhard's Philosophisches Magazin*, III, 132, *apud* Vaihinger, *Comm.* II, 426. n. 3.
3. « Wir können demnach nur aus dem Standpunkte eines Menschen vom Raum, von ausgedehnten Wesen u. reden. » A. 26. *AKB*, IV, 33 tr. *Ba*, I, 82 et *TP.*, 69.

et ideale et e natura mentis stabili lege profisciscens veluti schema omnia omnino externe sensa sibi coordinandi[1]. »

LA DÉDUCTION TRANSCENDENTALE ET LE SCHÉMATISME

158. — Les formules qui terminent la *Dissertation* de 1770, et l'*Esthétique transcendentale*, ne résolvent pas entièrement le problème de la science mathématique. Autre chose en effet est d'avoir démontré que les formes de l'intuition sensible sont *a priori* en ce sens qu'elles précèdent et qu'elles rendent possible l'expérience; autre chose est de faire voir comment elles deviennent matière d'intuition *a priori*, comment elles apportent son objet à une science qui se passerait de l'expérience[2].

A cette seconde question, l'*Analytique transcendentale* répond par une théorie de la spontanéité intellectuelle, qui est calquée sur la théorie de la réceptivité sensible dans l'*Esthétique transcendentale*. L'*Esthétique* avait mis en évidence la relativité, la *phénoménalité*, qui sont inhérentes au monde de l'expérience; l'*Analytique* s'appuie sur cette phénoménalité pour en fonder la rationalité, la *législativité*; elle fait comprendre ainsi que l'esprit humain puisse déterminer de lui-même le principe de l'ordre auquel la science soumettra les données de la sensibilité. Là est le secret de la *Critique*, qui échappait à l'empirisme de Locke et de Hume, mais qui échappait aussi à l'intellectualisme pur de Leibniz[3]. Seul, en effet, l'établissement d'une différence radicale, d'une différence de nature, entre le phénomène et l'être considéré dans l'absolu, permet d'affranchir le sujet pensant de toute relation à autre chose que soi, et de chercher dans la structure de ses fonctions ce qui justifie la valeur et le contenu même des axiomes scientifiques.

Une telle recherche n'aura rien de commun avec la psychologie ordinaire, qui se borne à l'observation de la conscience individuelle; son but est de déterminer les conditions de droit qui sont impliquées dans le fait de la science rationnelle. Elle a pour objet (suivant une conception où il convient de relever l'influence des *Nouveaux Essais sur l'Entendement*, publiés en 1765), une activité commune à tous les esprits, antérieure en chacun d'eux à l'éveil de la perception et de l'intelligence réfléchie, une activité *a priori, transcendentale,* qui marque de

1. § 15 C et D. *AKB*, II, 402.
2. Cf. Vaihinger, *Comm.* II, 268.
3. *Amphibologie des concepts de la Réflexion*, A, 267, *AKB*, t. IV, 173, *Ba*, I, 332 et *TP.*, 273.

son empreinte « intemporelle » les destinées spéculatives de l'humanité.

Le domaine de cette activité inconsciente s'étend de la matière du *divers*, que fournit l'intuition, à l'unité de la raison. Tout acte de pensée suppose « l'unité synthétique et originaire de l'aperception », grâce à laquelle les termes d'un jugement sont rassemblés dans une même conscience et font partie d'un acte unique d'affirmation. Dans l'application, cette unité synthétique revêtira différents aspects selon la nature du *concept* qui préside à la liaison des termes dans le jugement : $7+5=12$ implique le concept de la *quantité*, comme l'affirmation que *le soleil échauffe la pierre* implique le concept de la *causalité*. Malheureusement, quand il s'agit de tirer parti de cette notion et de dresser le tableau systématique des *catégories*, Kant recourt à la tradition de la logique formelle, dont ses écrits de 1763 et de 1764 avaient pourtant dénoncé l'incompatibilité radicale avec les procédés féconds de la science rationnelle ; il fait reposer la distinction et la nature des catégories sur « les fonctions logiques de la pensée dans le jugement ». De là, une véritable interruption dans le courant de la réflexion critique. Pour ce qui concerne les mathématiques par exemple, les catégories de la quantité : *unité, pluralité, totalité*, correspondront aux espèces différentes de la quantité logique : jugements *généraux, particuliers, singuliers*. Mais il est difficile d'apercevoir entre ces deux idées de la *quantité* un autre lien qu'une simple coïncidence verbale.

Aux yeux de Kant, la question essentielle sera, d'ailleurs, non de déterminer les modes d'unification réelle, mais d'en établir l'objectivité. Comment les catégories sont-elles susceptibles d'avoir un objet? Comment s'opère le rapprochement de l'unité conceptuelle et de la diversité sensible? Pour répondre à ces questions, Kant introduit une fonction intermédiaire qui s'empare de la matière à unifier, et lui communique la possibilité d'unification intellectuelle ; cette fonction, participant à la fois de l'activité *a priori* qui appartient à l'intelligence et de l'*intuitivite* qui appartient à la sensibilité, n'est autre que l'imagination. Entre « la synthèse de l'appréhension dans l'intuition », qui permet d'obtenir la matière du *divers*, et « la synthèse de la recognition dans le concept » où se manifeste l'unité de l'aperception transcendentale, Kant insère « la synthèse de la reproduction dans l'imagination[1] » Et ainsi faisant passer du plan de la psycho-

1. « Il est manifeste que si je tire une ligne par la pensée ou que je veuille concevoir le temps d'un midi à un autre, ou seulement me représen-

logie empirique dans le plan de la « logique transcendentale » les remarques des psychologues allemands tels que Georg Friedrich Meier et surtout Tetens[1], sur le rôle de l'imagination dans la production des concepts scientifiques, rejoignant plus visiblement encore la conception cartésienne de l'imagination intellectuelle, Kant fait naître la réalité mathématique d' « une fonction pure de l'imagination productrice » qui subordonne sous les concepts de quantité les formes de l'espace et du temps.

159. — Kant précise le mécanisme de cette fonction en marquant la part qui revient à l'espace et la part qui revient au temps. Le « jeu des formes[2] » se déploie dans l'espace. Afin de se présenter comme image proprement dite, d'être prêt à devenir le réceptacle de la réalité qui pénètre d'abord dans la conscience sous l'espèce de l'étendue, le temps revêtira la forme de l'espace : « Pour que nous puissions concevoir des changements intérieurs, il faut que nous nous représentions d'une manière figurée le temps, considéré comme forme du sens intime, par une ligne[3]. » Mais, si au lieu d'envisager le résultat de l'imagination pure, nous nous attachons à la fonction productive elle-même, le temps acquiert une situation privilégiée. En fait, Kant a été peut-être conduit à cette conception, qui est fondamentale

ter un certain nombre, il faut nécessairement que je commence par saisir une à une dans ma pensée ces diverses représentations. Si je laissais toujours échapper de ma pensée les représentations antérieures (les premières parties de la ligne, les parties précédentes du temps, ou les unités représentées successivement), et si je ne les reproduisais pas à mesure que j'arrive aux suivantes, jamais une représentation totale ne pourrait avoir lieu, ni aucune des pensées dont je viens de parler, pas même les plus pures et toutes premières représentations fondamentales d'espace et de temps. La synthèse d'appréhension est donc inséparablement liée à la synthèse de reproduction. Et puisque cette synthèse d'appréhension constitue le fondement transcendental de la possibilité de toutes les connaissances en général (non seulement des connaissances empiriques, mais aussi des connaissances pures *a priori*), la synthèse reproductive de l'imagination appartient aux actes transcendentaux de l'esprit, et par rapport à ces actes nous donnerons à cette fonction de synthèse le nom de fonction transcendentale de l'imagination », A. 102. *AKB*, IV, 78. *Ba*, II. 416, *TP.*, 134.

1. Les textes essentiels empruntés à la *Metaphysik* de l'un (3e partie, *Psychologie*, Halle, 1757), et aux *Philosophische Versuche über die menschliche Natur und ihre Entwicklung*, de l'autre (Riga, 1777), se trouvent en particulier chez Cassirer, *ed. cit.*, t. II, 567 et suiv.

2. « Die Zeit [*ist*] die Bedingung des Spiels der Empfindung, der Raum aber des Spiels der Gestalten. » Benno Erdmann, *Mittheilungen über Kant's metaphysischen Standpunkt in der Zeit um 1774*, Philosophische Monatshefte, t. XX, 1884, p. 76.

3. B. 292, *AKB*, III, p. 200. *Ba*, I, 302; *TP.*, p. 248. Cf. *Diss.* (1770) *AKB*, II, 405. « Spatium *temporis* ipsius conceptui ceu typus adhibetur, repraesentando hoc per *lineam* eiusque terminos (momenta) per puncta.

dans l'*Analytique transcendentale*, par les conditions particulièr
au problème de la causalité ; l'application de la catégorie de ca
salité aux phénomènes de la nature implique la propriété spéc
fique du temps, l'irréversibilité. En droit, il invoque pour la ju
tifier l'universalité du sens intérieur dont la forme est le temp
par rapport au sens extérieur dont la forme est l'espace[1]. « I
mouvement, en tant qu'acte du sujet (et non en tant que déte
mination d'un objet), par suite la synthèse du divers da
l'espace, en faisant abstraction de cet espace et en considéra
seulement l'acte par lequel nous déterminons le *sens inter*
selon sa forme, produit avant tout le concept de succession[2]
En d'autres termes, les représentations statiques qui s'étale
dans l'espace sont issues d'une fonction dynamique, qui s'exer
dans le temps : « Quand je place, répond Kant, à la suite les u
des autres cinq points....., c'est là, une image du nombre cin
Au contraire, quand je ne fais que penser un nombre en généra
qui peut être ou cinq ou cent, cette pensée représente une métho
pour présenter dans une image conformément à un certai
concept un ensemble par exemple mille, plutôt que cette imag
elle-même, difficile à parcourir des yeux et à comparer avec u
concept. C'est cette représentation d'un procédé général d
l'imagination pour fournir à un concept son image que j'appel
schème pour ce concept[3]. » La notion de nombre n'est do
pas à proprement parler un *concept*; elle est un « mon
gramme de l'imagination pure *a priori* », un *schème*.

Mais la pensée de Kant va encore plus loin, le nombre n'e
pas seulement un exemple de *schème*; il est, dans l'ordre de l
quantité, le *schème* unique. Du moment, en effet, que le sch
matisme est un processus dynamique, capable de s'appliquer
la représentation spatiale, mais en soi indépendant de l'espac
il trouve son expression quantitative dans le nombre, qui tie
bien son origine empirique de la figuration spatiale[4], mais q

1. « L'image pure de toutes les grandeurs (*quantorum*) devant le se externe, c'est l'espace ; de tous les objets des sens en général, c'est le temps. A. 142, *AKB*, IV, 102, *Ba*, I, 203 et *T.P.*, 178. Cf. *Diss*, 1770, II, 405 : « Temp autem *universali* atque *rationali conceptui* magis *appropinquat*, complectend omnia omnino suis respectibus, nempe spatium ipsum et præterea accidenti quæ in relationibus spatii comprehensa non sunt, uti cogitationes animi. »

2. B. 154. *AKB*, III, 121, *Ba*, I, 180, *T.P.*, 154.

3. A. 140, *AKB*, IV, 100 ; tr. *Ba*, I, 201 et *T.P.*, 177. Cf. R. Pr. V, 68, t Picavet, p. 121.

4. « Le concept de la quantité cherche son soutien et sa signification dar le nombre, et celui-ci à son tour dans les doigts, les boules du tableau à ca culer, les traits ou les points, qui peuvent être placés devant les yeux. » A, 24 *AKB*, IV, 158, *Ba*, I, 308 et *T.P.*, p. 252.

ıns sa production « transcendentale » se définit par le temps ıul. « Le pur schème de la grandeur (*quantitas*) en tant qu'elle ıt un concept de l'entendement est le nombre qui est une représ ıntation embrassant l'addition successive de l'unité à une unité ıomogène). Ainsi le nombre n'est rien d'autre que l'unité de la ınthèse du divers d'une intuition homogène en général, étant ınné que je produis le temps lui-même dans l'appréhension de ntuition[1]. »

De là on ne peut pas conclure que l'arithmétique soit la science ı temps comme la géométrie est la science de l'espace. e temps n'est pas un *objet*; il est une condition de l'arithétique, ou plus exactement de la mathématique en génél[2]. Il reste toutefois que l'arithmétique jouit de ce *primat* ıe Kant accorde au temps : le schème temporel, le nombre, ıut aussi pour la géométrie. Dans l'intervalle qui sépare les rmes pures de la connaissance et les données empiriques, où telligence et imagination se rencontrent dans une « harmonie ırmale[3] », l'arithmétique et la géométrie occupent deux places ıfférentes : la première, tournée vers l'activité interne, vers le *pense*, est plus intellectuelle; la seconde, tournée vers la « synèse figurative », est plus imaginative.

LA RELATIVITÉ DE LA CONNAISSANCE MATHÉMATIQUE

160. — La doctrine du schématisme montre à quelle profonur l'idée de la synthèse *a priori* a pénétré la philosophie ıthématique de Kant. Cette philosophie ne consistera pas ılement à opposer l'intuitivité des formes de la sensibilité à rdre abstrait de simultanéité ou de succession que Leibniz ait conçu, à faire valoir par exemple contre l'intellectualité de ıpace le « paradoxe des objets symétriques » : ce paradoxe, r lequel Kant insistera de nouveau dans l'exposé qu'il voudrait pulaire des *Prolégomènes*, est passé sous silence dans la *itique de la Raison pure*. Elle ne résultera pas non plus d'une mparaison extérieure entre la forme des jugements logiques

. A 142, *AKB*, IV, 102, *Ba*, I, 203 et *TP*., p. 178.

. Cf. *Lettre à Schultz*, du 15 novembre 1788. *AKB*, t. X, 1900, p. 530 : « Le ıps... n'a pas d'influence sur les propriétés des nombres (comme pures déterıations des grandeurs), ni en général sur la propriété d'un changement ılconque (en tant que *quantum*), quoique cette variation ne soit possible ı par rapport à une essence spécifique du sens interne et de sa forme st-à-dire du temps). »

. Basch, *Du rôle de l'imagination dans la théorie kantienne de la connaissance* . de Métaph. 1904, p. 438.

et la forme des jugements mathématiques. Il est clair, trop clair même, que si on conserve les cadres du rationalisme wolffien, si le leibnizianisme est interprété comme un *panlogisme* au sens le plus étroit du mot, il n'y aura de jugement proprement *analytique* que par l'inhérence immédiate du prédicat dans le sujet; les propositions les plus élémentaires de la mathématique ne seront pas ramenées au type analytique : la somme arithmétique *12* n'est pas un prédicat dont les parties 7 et 5 seraient le sujet. Mais que les jugements d'équivalence ne rentrent pas d'eux-mêmes dans les cadres de l'inclusion logique, c'est là un fait d'une portée toute négative et dont l'usage essentiel est de définir le problème.

La solution a une tout autre signification. Pour la préciser, on peut se reporter aux questions posées par d'Alembert, dans le *Discours préliminaire sur l'Encyclopédie*, (et dont Condillac. donnera le développement dans sa *Logique*, 1776) : « Qu'est-ce que la plupart de ces axiomes dont la Géométrie est si orgueilleuse, si ce n'est l'expression d'une même idée simple par deux signes ou mots différents? Celui qui dit que *deux et deux font quatre* a-t-il une connaissance de plus que celui qui se contenterait de dire que *deux et deux font deux et deux*? [1] » Il est visible que Kant pourrait donner gain de cause à d'Alembert sans ébranler dans ses racines la thèse fondamentale de la *Critique*. Si de *2 + 2* ou de *7 + 5* on passe *analytiquement* à *4* ou à *12*, il faudra modifier sans doute certains détails de l'exposition kantienne, où se mêlent dans un désordre inextricable le langage de la logique formelle et le langage de la science positive; mais, au fond, cela laisse intact le problème critique. La place de la synthèse *a priori* n'est pas dans la liaison des termes du jugement, ou dans la démonstration de telle ou telle « formule numérique » particulière; elle est dans le processus général dont dérive tout nombre particulier, dans la création des notions elles-mêmes. A cet égard les premières pages de la *Discipline de la Raison pure dans l'usage dogmatique* sont explicites et décisives : si « les mathématiques fournissent le plus éclatant exemple d'une raison pure qui réussit à s'étendre d'elle-même sans les secours de l'expérience », c'est que « la connaissance mathématique est la connaissance rationnelle par construction des concepts [2] ». Que 4 soit *construit* quand le groupe (2 + 2) est donné, cela pourrait sans doute se démontrer; mais ce qui

1. 1751, p. VIII, *Mélanges*, t. I, 1759, p. 46.
2. A. 740 et suiv. *AKB*, III. 468; *Ba*, II, 286. *TP*., 567.

est en réalité *à construire*, c'est le groupe (2 + 2), irréductible à la simple conception de 2 d'une part et de 2 de l'autre; ce qui est à établir, c'est la possibilité de réunir dans une même notion les unités homogènes qui se succèdent dans le temps. Or pour cela il ne faut rien de moins que la déduction transcendentale; l'intuition *a priori* a pour condition une imagination *a priori*, qui est elle-même sous la dépendance de l'unité synthétique de l'entendement. En d'autres termes — et l'originalité de cette formule explique assurément tous les malentendus et toutes les controverses auxquels devait donner lieu la philosophie mathématique de Kant, — c'est pour rendre raison du signe +, de la *constante* et, comme diront les logisticiens contemporains, que Kant a donné ce génial *coup de sonde* dans le schématisme, « art caché dans les profondeurs de l'âme humaine, et dont il sera toujours difficile d'arracher à la nature le vrai mécanisme pour l'exposer à découvert devant les yeux[1] ».

161. — Nous pouvons maintenant déterminer la portée de la philosophie mathématique de Kant. A coup sûr, si l'on exige que la philosophie d'une science se transporte à l'avant-garde de cette science, qu'elle tranche les débats qui divisent les techniciens, qu'elle éclaire et qu'elle stimule leur marche vers de nouvelles conquêtes, nous dirons qu'il n'y a pas grand fond à faire sur la *Critique de la Raison pure*. Mais si on maintient le problème de la philosophie mathématique dans les limites et sur le terrain où l'intention de Kant a été de le placer, si on demande à l'intelligence de la mathématique de définir un nouveau type de connexion entre la déduction rationnelle et le contenu de l'expérience, c'est-à-dire un nouveau type de vérité, nous trouvons dans la *Critique* une philosophie mathématique, et qui marque une date décisive dans l'histoire de la pensée humaine.

Pour la première fois, en effet, avec la doctrine de Kant sur les mathématiques, la théorie de la science n'est, par rapport à la science elle-même, ni *au delà* (comme la métaphysique des cartésiens et des leibniziens, qui suspendait les principes de la raison à une théologie), ni *en deçà* (comme l'empirisme anglais, qui ne voyait dans les notions de la mathématique qu'une approximation de l'expérience); la théorie kantienne de la science est exactement au niveau de la science elle-même.

162. — De ce point de vue, les faiblesses apparentes du kantisme seront peut-être des forces. Les problèmes que la théorie kantienne de la mathématique ne résout pas sont ceux dont il

1. A. 141, *AKB*, IV, 101, *Ba*, I, 202 et *TP*., 178.

importait de montrer qu'ils ne comportent pas de solution positive, afin de tirer de cette impossibilité toutes ses conséquences philosophiques.

Voici en effet la grave difficulté qui est inhérente aux formules de Kant : si le nombre est le schème de la quantité en général, comment concevoir le rapport du *fini* et du *discontinu* qui sont les caractères apparents du nombre, avec l'*infini* et le *continu* qui sont les caractères apparents de la quantité?

La question n'est pas traitée pour elle-même dans la *Critique*; les indications que l'on peut recueillir indirectement témoignent d'une grande incertitude, ou d'une grande indifférence. Tout d'abord, suivant la doctrine de l'*Esthétique transcendentale*, « l'espace », ainsi que le temps d'ailleurs, est représenté comme « une grandeur infinie », et Kant dira même dans la seconde édition, comme « une grandeur infinie donnée[1] »; les parties de l'espace ou du temps ne constituent pas l'espace ou le temps par leur assemblage; au contraire, elles ne peuvent être conçues qu'en lui. Mais si ces formes sont toutes prêtes dans l'esprit, pour recevoir ou l'expérience qui vient des objets réels ou l'expérience idéale qui constitue le jeu de l'imagination *a priori*, elles ne sont, prises en elles-mêmes, que des *virtualités*[2].

Dans l'*Analytique transcendentale* cette double *virtualité* s'actualise à l'aide de synthèses mentales qui forment une série finie de termes discrets : « Je ne puis pas, écrit Kant dans l'exposé des *Axiomes de l'intuition*, me représenter une ligne, si petite qu'elle soit, sans la tirer par la pensée, c'est-à-dire sans en produire successivement toutes les parties d'un point à un autre, et sans en retracer enfin de la sorte toute l'intuition. Il en est ainsi de toute portion du temps, même de la plus petite[1] ». Les quantités extensives que le mathématicien construit *a priori* dans l'espace et dans le temps, se définissent ici par un caractère contraire au caractère essentiel que l'*Esthétique transcendentale* reconnaissait à l'espace et au temps. « J'appelle quantité extensive celle où la représentation des parties rend possible la

1. A, 25, B, 39, *AKB*, IV, 32, et III, 53; *Ba.* I, 79 et *TP.*, 67. Cf. Van Biéma, *L'espace et le temps chez Leibniz et chez Kant*, 1908, p. 234.

2. « La simple forme de l'intuition sans substance, n'est pas un objet en soi, mais la condition simplement formelle de cet objet (en tant que phénomène), comme l'espace pur et le temps pur, qui sont à la vérité quelque chose comme formes d'intuition, mais qui ne sont pas eux-mêmes des objets d'intuition (*ens imaginarium*). » *Amphibologie des concepts de réflexion*, A. 291, *AKB*, t. IV, 186, *Ba.* I, 352 et *TP.*, 288.

3. A. 162, *AKB*, T. IV, 113, *Ba*, I, 222 et *TP.*, 192.

représentation du tout (et par conséquent la précède nécessairement)[1]. »

L'opposition, presque littérale, des formules souligne l'inadéquation essentielle entre les formes d'intuition qui servent seulement de réceptacle aux constructions de la mathématique, qui sont des données d'ordre métaphysique[2], et le processus de l'imagination pure par lequel l'objet de la science se réalise effectivement.

163. — Le problème de la continuité se présente sous une forme moins aiguë : l'espace et le temps sont essentiellement « des grandeurs *fluentes*, c'est-à-dire que dans leur production la synthèse (de l'imagination productrice) est une progression dans le temps dont on a l'habitude de désigner la continuité par l'expression d'écoulement[3] ». Tout ce qui est mesuré dans l'espace et dans le temps participe donc à ce caractère de continuité; même lorsqu'on dit que 13 thalers sont une quantité d'argent, Kant veut que l'on retrouve derrière l'agrégat discret des pièces de monnaie, la quantité continue du métal, divisible en autant d'unités que l'on voudra[4]. Dès lors, le schème proprement numérique, où le caractère essentiel de la continuité se trouve relégué au second plan et demeure latent, ne donnera pas l'idée complète de la quantité. A côté des quantités extensives qui sont liées aux *axiomes de l'intuition*, les principes synthétiques de l'entendement pur dans l'ordre de la qualité, les *anticipations de la perception*, font une place à la notion de la quantité intensive ; « Toute sensation, par suite, toute réalité dans le phénomène, si petite même soit-elle, a un degré, c'est-à-dire une grandeur intensive qui peut toujours être diminuée ; et entre la réalité et la négation, il y a un enchaînement continu de réalités possibles et de perceptions plus petites encore possibles[5]. »

Il semble ainsi qu'à l'arithmétique et à la géométrie se juxtapose une mathématique de la qualité sensible. Seulement, faute d'avoir aperçu ou la fécondité, ou la clarté intrinsèque, d'une semblable discipline, qui se rattacherait à l'analyse infinitésimale

1. A. 162, *AKB*, T. IV, 113, *Ba*, I, 222 et *TP*, 192.
2. Cf. *Diss.*, 1770, *sect.* III, *Cor.*, II, *ABK*, II, 405 : « Nonnisi dato infinito tam spatio quam tempore, spatium et tempus quodlibet definitum *limitando* est assignabile. » Voir les remarques de Kant sur les articles de Kästner (1790), *apud* Dilthey, Archiv für Geschichte der Philosophie, t. III, 1890, p. 87. Cf. *ibid.*, p. 275 et suiv.
3. A. 170, *AKB*, IV, 117. *Ba*, I, 230 et *TP*, 197.
4. A. 170, *AKB*, IV, 118, *Ba*, I, 231, et *TP*, 197.
5. A. 169, *AKB*, IV, 117, *Ba*, I, 229 et *TP*, 197.

de Leibniz et de Newton, Kant ne la constitue pas en partie autonome des mathématiques; de telle sorte que, par une singularité assurément étrange chez un penseur si épris de classifications systématiques, il ne réussit pas à organiser d'une façon définitive le plan de la mathématique. Pour déterminer la science du temps, il hésite entre la mécanique et l'arithmétique, comme en témoigne la formule oscillante des *Prolégomènes* : « La géométrie prend pour base l'intuition pure de l'espace. L'arithmétique produit elle-même ses concepts de nombre dans le temps par l'addition successive des unités; mais surtout la mécanique pure ne peut produire ses concepts de mouvement qu'au moyen de la représentation du temps [1]. »

164. — Assurément, d'un point de vue dogmatique, toutes ces indécisions apparaissent ruineuses; la finité et la discontinuité de la synthèse numérique sont incompatibles avec l'infinité et la continuité de la grandeur spatiale; de là, selon l'expression favorite de Renouvier, un *dilemme* que le philosophe devrait trancher sous peine de mort. Mais la pensée critique a cet avantage qu'elle n'oblige nullement Kant à supprimer l'un des termes d'une opposition qu'il considère comme essentielle à la nature de l'esprit humain, comme en caractérisant la physionomie. Au contraire, si l'évolution de Kant fut constamment dominée, comme il le dit lui-même, par l'idée de l'*antinomie* [2], c'est que l'intelligence de cette opposition devait servir à découvrir la « ligne de partage » entre le domaine de la science positive et le domaine de la métaphysique. La science positive échappe à la nécessité de *choisir*, en vertu de cette relativité qui, la restreignant au domaine du sensible, en fonde la rationalité. L'arithméticien pourra prolonger indéfiniment son procédé de numération sans se soucier d'épuiser la totalité des termes successifs, puisqu'il n'a pas besoin de faire du temps une réalité: de même, le géomètre ne supprimera pas la simultanéité des objets spatiaux parce qu'il constitue à l'aide de la synthèse successive les lignes et les surfaces. C'est la métaphysique seule, c'est la « cosmologie rationnelle » considérée comme partie de la métaphysique, qui apporte avec elle l'exigence d'un *choix*; car l'espace et le temps doivent être alors, sinon des choses, du moins le cadre des choses. Entre le fini et l'infini, entre le discontinu et le continu, il deviendra nécessaire, et cependant il

1. § 10. *AKB*, IV, 283. Cf. Couturat, *La philosophie des mathématiques de Kant*, Rev. de mét. 1904, p. 337, et *Les principes des mathématiques*, 1905. App. p. 253.
2. *Lettre à Garve*, du 21 septembre 1798, *AKB*, t. XII, 1902, p. 255.

apparaît impossible, de trancher l'alternative. Toute position d'objet absolu implique une détermination relative à l'espace et au temps; pour que l'univers soit réel, il faut que la synthèse qui le constitue partie par partie puisse être achevée, que la série des choses forme un certain *quantum* dans l'ordre du temps et dans l'ordre de l'espace. Or l'idéalité de l'espace et du temps interdit que l'esprit s'arrête quelque part dans la formation de ce *quantum*; qu'il s'agisse d'embrasser la totalité de l'être ou d'atteindre l'élément simple, il ne peut y avoir de détermination ultime dans l'espace et dans le temps, puisque toute détermination est nécessairement relative à une nouvelle détermination qui prolonge la série dans l'espace et dans le temps. L'*idéalisme* de l'antithèse tient en échec le *dogmatisme* de la thèse.

165. — Telle est, à la prendre en son thème initial, la doctrine des *antinomies*, destinée à consommer la ruine de toute « cosmologie rationnelle ». Le *mathématisme* d'un Spinoza s'y trouve réfuté; mais par un retour d'idées, curieux ici à observer, l'argumentation de Kant est inverse de celle que Leibniz faisait valoir. Au monisme de l'*Éthique* qui implique une interprétation intellectuelle de l'espace, la *Monadologie* opposait la pluralité des substances. Leibniz écrit à Bourguet, en parlant de Spinoza : « Il aurait raison, s'il n'y avait point de monades; alors tout, hors de Dieu, serait passager et s'évanouirait en simples accidents ou modifications puisqu'il n'y aurait point la base des substances dans les choses, laquelle consiste dans l'existence des *Monades* [1] ». Or, avec la pluralité des substances, qui ne peuvent pas ne pas coexister dans un milieu d'extériorité mutuelle, Leibniz faisait renaître toutes les difficultés inhérentes au réalisme spatial. Suivant Kant au contraire, ce qui interdit de poser l'unité de la substance, c'est la découverte de l'*Esthétique transcendentale* : l'espace et le temps, n'étant pas d'ordre intellectuel, ne sauraient exprimer l'être en soi; et il écrit dans la *Critique de la Raison pratique* : « Si l'on n'admet pas cette idéalité du temps et de l'espace, il ne reste plus que le Spinozisme, dans lequel l'espace et le temps sont des déterminations essentielles de l'Être lui-même [2]. »

Désormais, Spinoza et Leibniz seront également hors de jeu; les philosophes ne sauraient dépasser effectivement le point de vue de l'homme pour s'unir à l'*intellectus archetypus* du Créateur, et assister à cette création même dont nous sommes le

1. Déc. 1714. G, III, 575
2. *ABC*, V, 101; tr. Picavet, p. 184.

produit[1]. L'élan est brisé qui, pendant tout le XVIIe siècle, avait conduit de la science à l'absolu, qui avait permis d'ériger l'application aux mathématiques pures en une application de l'esprit à Dieu[2]. Les conditions qui permettent de fonder *a priori* la science de l'univers, sont celles mêmes qui interdisent la connaissance spéculative d'une réalité en soi. Les principes qui légitiment les raisonnements de la mathématique permettent de dénoncer les *sophismes* dissimulés dans les preuves de l'existence de Dieu, en particulier dans cet argument ontologique auquel Descartes s'était flatté d'avoir apporté l'exactitude et la rigueur d'une démonstration géométrique.

LES MATHÉMATIQUES ET LA MÉTAPHYSIQUE DE LA NATURE

166. — Par cette condamnation de la métaphysique antérieure, la philosophie kantienne de la mathématique a déjà un caractère *positif*; mais elle est encore positive en un autre sens, qu'Auguste Comte nous a rendu familier, en ce sens qu'elle a pour résultat de délimiter le domaine proprement scientifique, et d'établir *a priori* les cadres généraux dans lesquels la science, même la science de l'avenir, est appelée à rentrer.

La conception cartésienne de la mathématique avait permis de suivre à travers la hiérarchie des formes de la connaissance le développement parallèle d'une « adéquation » interne et d'une réalité externe. La conception kantienne, en intercalant entre la pensée pure et les données extérieures une double forme médiatrice qui est *subsumée* sous la catégorie de l'entendement et sous laquelle à leur tour seront *subsumés* les phénomènes sensibles, exclut toute égalité de niveau, toute correspondance exacte, entre l'idée et l'*idéat*. Mais, en même temps, elle permet de déterminer une forme nouvelle de liaison entre l'intelligence et l'imagination, entre la forme de la déduction et l'application immédiate au réel, de créer, comme nous l'avons dit, un nouveau type de vérité. La vérité doit se définir, en régime d'*inadéquation* essentielle, par une sorte de « compromis » entre deux

1. « Unsere Vernunft ist ja kein Urbild sondern ein Ektypon, » *apud* Benno Erdmann, *in* Philosophische Monatshefte (1884), art. cité, p. 91.

2. Voir Malebranche, texte cité, § 87, et ce passage significatif d'une *lettre* de Leibniz à Burnett, vers 1701, *G*, III, 279 : « Il me semble qu'on écrit trop de livres chez vous pour prouver la vérité de la religion. C'est une mauvaise marque... Je voudrais qu'on s'attachât à faire connaître la sagesse de Dieu par la physique et mathématique, en découvrant de plus en plus les merveilles de la nature. C'est là le vrai moyen de convaincre les profanes, et doit être le but de la philosophie. »

ordres de réalités hétérogènes, par une limitation et par un ajustement réciproques dont la *Critique de la Raison pure* avait pour objet de déterminer la base juridique : à la *possibilité logique*, définie en soi, par le principe de contradiction, elle oppose et substitue la *possibilité mathématique*, définie en connexion avec la réalité empirique.

167. — En pesant la portée de cette substitution, Kant pouvait légitimement comparer l'avénement de la philosophie critique à la révolution opérée par le système astronomique de Copernic. En effet, le principe de contradiction ne fournit à aucun degré le critère entre la relation d'ordre scientifique et la relation d'ordre non scientifique; il suffit d'ailleurs de se rappeler que l'explicitation du principe de contradiction est contemporaine d'une métaphysique de la substance et de la finalité. La science d'Aristote est une science du *général*, qui, dans sa définition même, réserve la part de l'exception, du hasard, de la volonté transcendante.

Avec Galilée et Descartes, ce n'est plus la combinaison syllogistique, c'est la mesure dans l'espace et dans le temps, qui est l'instrument du savoir scientifique. Peut-on lui demander d'en être aussi la limite? Peut-on exclure les faits prétendus qui contrediraient aux conditions suivant lesquelles s'établit la connexion dans l'espace et dans le temps? La réponse des Cartésiens n'est pas douteuse, mais elle est *surabondante*; car elle implique une doctrine de la sagesse de Dieu : « la constatation d'un miracle, dit Spinoza, qui exprime sans aucune réserve la tendance de l'École, serait la démonstration irréfutable de l'athéisme[1] ».

La réponse de Hume n'est pas douteuse non plus; mais il est visible qu'elle pèche *par défaut*. En critiquant la prétention de la raison à la vérité, Hume s'est retranché la faculté de discuter en droit. Il lui restera la ressource d' « éplucher le fait », pour reprendre un mot de Leibniz : il invoquera des règles de prudence historique, ou de l'uniformité du cours de la nature il tirera une sorte de « preuve » contre la réalité de l'événement qui dérogerait à l'ordre coutumier[2]. Mais il est clair que la

1. « Si quid igitur in natura fieret, quod ex ipsius legibus non sequeretur, id necessario ordini, quem Deus in æternum per leges naturæ universales in natura statuit, repugnaret, adeoque id contra naturam ejusque leges esset, et consequenter ejus fides nos de omnibus dubitare faceret, et ad atheismum duceret. » *Tr. Theol. Pol. Ch.* VI, *ed. cit.*, I, 449.

2. Voir les *Essais philosophiques sur l'entendement humain, dixième Essai : Des Miracles*, éd. Green-Grose, t. II, 1875, p. 93, trad. Renouvier-Pillon, p. 513.

possibilité du miracle n'est pas exclue. La confiance de Hume dans l'uniformité de l'expérience pourrait être seulement le produit d'une observation superficielle, qu'une application plus profonde à l'expérience elle-même donnerait moyen de démentir; ce serait une impression subjective, attestant la variation dans ces croyances collectives qui avaient autrefois accrédité le miracle, l'ascendant du rationalisme cher au XVIIIe siècle sur celui-là même qui en avait le mieux dénoncé la fragilité. Et en effet, si le préjugé de la « connexion nécessaire » est véritablement renversé, il n'y a plus de fond à faire sur la vague généralité qui naît de l'habitude, sur l'uniformité approximative qu'offrent les successions naturelles. Les partisans des miracles ne s'y sont d'ailleurs pas trompés, et ils s'accordent dans un même jugement : celui qui nie sans principe est moins éloigné d'eux que celui qui nie par principe. Pascal admirait l'ironie de Montaigne contre les *douteurs de miracles*[1]; et l'on verra de nos jours William James traiter Hume avec la même clairvoyance intéressée. Pour se donner la liberté de professer des doctrines toutes proches de la mystique de Swedenborg, James rompt avec les méthodes et avec les exigences de la *Critique*. Contre la science rationnelle dont la mathématique est la forme[2], il cherche son appui dans le retour à la tradition anglo-saxonne de cet *empirisme radical*, selon lequel rien ne peut être *a priori* considéré comme contraire aux lois de l'univers, selon lequel « n'importe quoi peut produire n'importe quoi[3] ».

Certes il demeure permis de prétendre, suivant la formule tant de fois débattue, que Kant n'a pas répondu à Hume; il est sûr du moins qu'après Hume une réponse était à faire, qu'intermédiaire entre la théologie du cartésianisme et la dissolution phénoméniste une place était à prendre pour l'établissement d'une doctrine de la science positive; et cette place, Kant a cru s'en emparer grâce à la réforme de la notion de possibilité.

168. — A cet égard, la tendance originale de son esprit se manifeste dès ses premiers écrits. Le réel n'est pas, comme le voulait Wolff, le « complément du possible ». Le principe de contradiction n'est qu'un principe logique; or, la possibilité interne suppose un *Realgrund*, qui est une réalité[4]. De cette vue

1. *Pensées*, f° 453, fr. 813.
2. *Le pragmatisme*, Revue de philosophie, 1906, p. 484.
3. *Traité de la nature humaine, De l'entendement*, Part. III, sect. XV, éd. Green, p. 436 (tr. Renouvier-Pillon, p. 229). « Any thing may produce any thing. »
4. *Der einzig mögliche Beweisgrund zu einer Demonstration des Daseins Gottes*,

initiale dérive la doctrine des *Postulats de la pensée empirique* : il n'y a pas de concepts auxquels le seul examen de leurs propriétés intrinsèques permette de conférer la *possibilité* dans la signification pleine et objective du mot. Le concept du triangle est assurément indépendant de l'expérience; mais une construction formelle ne suffit pas à mettre hors de doute l'existence de l'objet correspondant. Il faut autre chose : il faut établir « que l'espace est une condition formelle *a priori* des expériences externes, que cette synthèse figurante par laquelle nous construisons dans l'imagination un triangle est absolument identique à celle qui s'exerce dans l'appréhension d'un phénomène pour nous en apporter un concept empirique [1] ».

Si la considération de l'expérience achève seule de donner toute leur portée aux notions mathématiques, à plus forte raison cette considération sera-t-elle requise pour les concepts d'ordre physique : *substances*, *forces*, *actions réciproques*. On peut imaginer « une substance qui serait constamment présente dans l'espace, sans cependant le remplir (comme cet intermédiaire entre la matière et l'être pensant que quelques-uns ont voulu introduire), ou une faculté particulière qu'aurait notre esprit de *voir* déjà l'avenir (et non pas simplement de le conclure), ou enfin la faculté qu'il aurait d'être en commerce avec d'autres hommes, quelque éloignés qu'ils fussent. » Mais si on n'a point « emprunté à l'expérience même l'exemple de leur liaison », on n'a pas le droit de dire que ces concepts soient possibles : « Ou leur possibilité doit être connue *a posteriori* et empiriquement, ou elle ne peut l'être du tout [2]. »

La conclusion de l'empirisme est justifiée, sans que pourtant l'empirisme ait gain de cause. L'effort original de la *Critique* a été en effet de faire voir que la possibilité *a posteriori* n'est nullement, comme elle doit l'être chez l'empirisme, une possibilité indéterminée qui réserverait l'avenir mystérieux, les apparitions singulières, les créations inattendues. C'est une possibilité qui, destinée à se manifester dans l'espace et dans le temps, est sujette aux conditions de l'intuition dans l'espace et dans le temps. Dès lors, si des liaisons sont imaginées en con-

1763, II, § 4. *AKB*, II, p. 79. Cf. *Principiorum primorum cognitionis metaphysicæ nova dilucidatio* (1755) sect. III, prop. VII : « Sequitur quod nihil tanquam possibile concipi possit, nisi, quidquid est in omni possibili notione reale exsistat. » *AKB*, t. I, p. 395, voir Delbos, *Sur la formation de l'idée des jugements synthétiques a priori chez Kant*, L'année philosophique (1909) 1910, p. 18 et suiv.

1. A. 222. *AKB*, t. IV, 147, tr. *Ba*, I. 281 et *TP*, p. 235.

2. *Ibid.*

tradiction avec la nécessité de cette intuition, il est impossible *a priori* qu'elles deviennent possibles *a posteriori*.

Le *réalisme empirique* est une pièce essentielle de la doctrine kantienne; mais il ne s'applique qu'à l'ordre de l'acquisition de la connaissance, à l'ordre de l'*Idealgrund*. Suivant l'ordre véritable, l'ordre du *Realgrund*, le réalisme empirique implique l'*idéalisme transcendental*. La pensée n'a d'autre objet effectif que le phénomène des choses; mais le phénomène des choses est en même temps son propre phénomène. Si les données empiriques sont aptes à constituer une expérience dans le sens scientifique du mot, c'est qu'au moment même où elles se présentent à la conscience du sujet pensant, elles ont déjà subi une élaboration inconsciente qui les a rendues justiciables des « principes de l'entendement pur ». Les formes de l'espace et du temps, qui offrent un théâtre au jeu de l'imagination productrice, ne sont pas *constitutives* de la réalité prise en soi; mais, en tant qu'elles déterminent les conditions auxquelles la représentation de l'univers doit obéir, elles sont *régulatrices* de la réalité empirique.

Du point de vue transcendental, « l'intuition et le concept », en tant qu'ils expriment les conditions formelles de l'expérience, définissent le *possible*[1]. La métaphysique kantienne ira de nouveau, comme le faisait le dogmatisme wolffien, du possible au réel; mais c'est que le *possible logique*, le possible en *extension* qui embrasse une sphère plus vaste que le domaine du réel, a cédé la place au *possible mathématique*, possible en *compréhension* qui détermine le cadre exact de la réalité.

169. — Kant pourra donc effectuer ce qui avait été son premier rêve philosophique; il achèvera l'œuvre que les *Principes mathématiques de la Philosophie naturelle* n'avaient pu réussir à terminer complètement. En 1755 il s'était placé sur le terrain de la science même, et il s'était efforcé de reconstituer la formation du système cosmique. A l'antériorité chronologique, la *Critique* substitue l'origine *transcendentale*, c'est-à-dire en dernière analyse les conditions qui permettent d'appliquer les formes de la mathématique à la science des mouvements célestes ou terrestres : « Une philosophie pure de la nature absolument parlant, c'est-à-dire celle qui recherche seulement ce qui constitue le concept d'une nature en général, serait, à la

1. « Ce qui s'accorde avec les conditions formelles de l'expérience (suivant l'intuition et les concepts) est possible. » A. 218, *AKB*, IV, 145, *Ba*, I, 278 et *TP*, 232.

vérité, possible sans mathématiques; mais une théorie pure de la nature, portant sur des objets naturels *déterminés* (théorie des corps et théorie de l'âme) n'est possible qu'au moyen de mathématiques; et comme dans toute théorie de la nature il n'y a de science véritable qu'autant qu'il s'y trouve de connaissance *a priori*, la théorie de la nature ne contiendra donc de science proprement dite que dans la mesure où les mathématiques pourront y être appliquées[1]. » Or la continuité du sens intime ne suffit pas pour fonder une connaissance mathématique, c'est-à-dire scientifique au sens propre du mot, de l'âme. Seules les notions de matière et de mouvement peuvent recevoir la détermination mathématique. Sous quelle forme, nous pouvons le savoir *a priori* en appliquant le tableau des catégories, qui a été posé dans la *Critique de la Raison pure*. Dans les divisions logiques : *quantité*, *qualité*, *relation*, *modalité*, rentreront tour à tour les principes de la *phoronomie*, de la *dynamique*, de la *mécanique*, de la *phénoménologie*[2].

En fondant la connaissance scientifique de l'univers sur les lois de la pensée, la *Critique* astreint cette connaissance à des bornes immuables. Aux yeux de Kant, la logique d'Aristote épuisait la science des combinaisons formelles; et de même, il semble que l'arithmétique de Pythagore, la géométrie d'Euclide, la physique de Newton épuisent la science rationnelle de la nature, comme si, pour légitimer le savoir, il était nécessaire, non seulement de le rattacher à l'esprit du *droit*, mais encore de l'enfermer dans la lettre d'un *Code*.

1. *AKB*, IV. 470, tr. Andler et Chavannes, p. 6.
2. *Ibid.*, p. 477 et 12.

CHAPITRE XIII

LA PHILOSOPHIE MATHÉMATIQUE D'AUGUSTE COMTE

DE KANT A COMTE

170. — Nous avons étudié la *Critique de la Raison pure* comme *Prolégomènes* à la *Métaphysique de la Nature*. Mais, en vertu du relativisme essentiel dont l'*Esthétique transcendentale* est la base, la *Critique* prépare aussi à une spéculation d'un ordre tout différent, qui substitue « la croyance au savoir[1] ». Par delà le domaine de l'expérience positive, Kant prétend maintenir tout leur crédit aux idées supra-naturelles de la religion. Au terme de la *Dialectique transcendentale*, il subsiste un ordre supérieur de vérités; mais le propre de ces vérités est qu'elles échappent à toute tentative de vérification, tandis qu'au contraire ce qui se vérifie n'est vrai que d'une vérité empirique et phénoménale, subordonnée à la notion, ou au mirage, de la réalité en soi.

Cet équilibre paradoxal était-il stable? entre la philosophie de la nature et la philosophie de l'esprit la distance est-elle infranchissable? L'élan imprimé par Kant à la méditation métaphysique, — et dont la *Critique de la Faculté de juger* était un premier témoignage, — était trop vigoureux pour que la question demeurât sans réponse. Dès 1794, dans la *Wissenschaftslehre*, Fichte rétablissait l'unité en faisant de la théorie de la nature un degré et comme une condition élémentaire de la théorie de l'esprit.

Seulement, — et c'est ici que peut se mesurer toute la portée de l'échec subi par la philosophie mathématique de Leibniz, — il manque à Fichte, peut-être d'une façon générale a-t-il manqué aux post-kantiens, d'avoir tenu leur doctrine de la mathématique en contact étroit avec le cours de la science vivante et

1. Cf. B. XXX. *AKB*, III, 19; *Ba*, I, 34 et *TP*, 28.

conquérante. Ils se sont contentés d'envisager le savoir humain comme une vaste encyclopédie, régulièrement distribuée en une série de cadres auxquels la philosophie avait pour fonction d'assigner un nom et de marquer une place précise dans le système universel des choses; de telle sorte qu'à ce mouvement admirable dans l'ordre de la pure spéculation métaphysique nous n'avons pas le moyen de faire correspondre une étape spéciale dans l'évolution de la philosophie mathématique.

Du point de vue où nous nous plaçons, l'héritier de Kant ne serait ni Fichte, ni Hegel, ni Schopenhauer; ce serait Auguste Comte.

La *Critique de la Raison pure* est établie sur deux postulats. D'une part, la science est en possession d'une certitude interne, c'est-à-dire qu'elle est capable de faire le départ entre les énoncés vrais et les énoncés faux. D'autre part, la science est en possession d'une constitution définitive, c'est-à-dire que le système des principes est établi *ne varietur*; le progrès de la technique aura pour effet d'augmenter le nombre des conséquences, mais non de changer la nature des propositions initiales. Le rôle propre de la critique est de rechercher les conditions d'existence qui sont impliquées dans le développement organique de la science, et, rattachant ces conditions d'existence aux *formes* et aux *catégories* qui dessinent la structure mentale de l'homme, d'ajouter à la donnée de fait une sorte de légitimation juridique.

Pour Auguste Comte, comme pour Kant, la vérité est intérieure à la science, sans qu'il y ait lieu de pratiquer de séparation entre la méthode de démonstration et le contenu des connaissances techniques, sans qu'il y ait lieu de suspendre la certitude des notions fondamentales à l'issue d'une discussion dialectique. Pour Auguste Comte, comme pour Kant, la mathématique est une discipline constituée, dont la physionomie générale est tellement accusée qu'il n'y a plus à craindre de transformation ou d'altération; la mathématique fournit au philosophe le type définitif du savoir.

Par ces postulats communs, l'œuvre de Comte se relie à celle de Kant; mais de ces postulats communs, il arrive que Comte ne tire pas les mêmes conséquences que Kant : il refuse de poser la question de *droit*, il se borne à enregistrer le *fait*.

171. — Cette opposition initiale d'attitude, qui modifie l'objet et la fonction de la philosophie scientifique, a donné lieu à des jugements fort sévères pour Auguste Comte. Il peut sembler, en effet, que le positivisme écarte par une fin de non-recevoir à la fois brutale et injustifiée le problème qu'il appartient au phi losophe de traiter, et que cet abandon le condamne à retombe nécessairement dans les errements du dogmatisme. Le positi visme serait, suivant la formule de M. Liard, « un dogmatism sans critique[1] ».

Or, selon la méthode que nous avons pratiquée jusqu'ici, u jugement de cette nature nous paraît soulever une questio préalable. La philosophie mathématique de Kant et la philosc phie mathématique de Comte ne seraient directement compa rables, ne relèveraient en quelque sorte d'un même système d mesure, que si la mathématique était encore à la veille d *Cours de philosophie positive* ce qu'elle était à l'époque de l *Critique de la Raison pure*, si des œuvres capitales n'avaient pa été publiées qui avaient eu pour effet de modifier, je ne dis pa les solutions de la philosophie mathématique, mais les prc blèmes eux-mêmes.

Les maîtres de la génération à laquelle appartenait August Comte sont, pour la mathématique, Lagrange et Laplace, hér tiers de la pensée des *Encyclopédistes*, et qui eurent, ave Monge, l'initiative de la réorganisation de l'enseignement scier tifique en France, qui, en particulier, furent parmi les premier professeurs de l'*École polytechnique*.

La *Mécanique céleste* de Laplace est à la fois une traductio des *Principes* de Newton dans la langue de l'analyse modern et une vérification de la loi de la gravitation par l'accord de se conséquences avec les observations les plus précises, par l connexion étroite et perpétuelle de l'astronomie mathématiqu et de l'astronomie physique. Suivant l'expression remarquabl de Fourier, auquel Auguste Comte était intimement attach Laplace « a, pour ainsi dire terminé[2] » les grandes questior dont la discussion et l'approfondissement avaient rempli tout l XVIIIe siècle. Étant ainsi *terminée*, l'astronomie est un modè de *positivité*; Auguste Comte consacre « l'une des rares inte mittences de [*sa*] grande élaboration philosophique » à la publ cation de son cours public d'astronomie populaire. Son objet e

1. *La science positive et la métaphysique*, 2e édit. 1883, p. 72. Cf. Hannequi *Préface à la traduction Tremesaygues-Pacaud de la Critique de la Raison pu* (1905), p. III : « On étonnerait... beaucoup la plupart des savants français, gagn en grande majorité à un positivisme sans critique si on leur apprenait que *Critique de la Raison pure* a posé, dès 1781, c'est-à-dire soixante ans avant publication du *Cours de philosophie positive*, les fondements d'un *positivisn* rigoureux ».

2. *Éloge historique de M. le marquis de Laplace* (1829), Mémoires de l'Académ des Sciences (t. X, 1831, p. xc).

de récrire l'*Exposition du système du Monde* qui n'est pas l'œuvre d'un philosophe, qui est « à proprement parler une table des matières d'un traité mathématique [1] ». En caractérisant « chaque transformation essentielle des questions célestes en recherches géométriques ou mécaniques », en communiquant à ses lecteurs le « sentiment profond de la vraie filiation nécessaire des diverses conceptions et études astronomiques », Comte a l'intention de constituer « un préambule indispensable ou plutôt un premier degré normal de l'établissement prochain d'un nouveau système philosophique pleinement homogène, seul susceptible désormais d'organiser des convictions durables et unanimes [2] ».

Déjà donc, si le problème de la philosophie consistait pour Kant à établir en droit les conditions d'existence de la science newtonienne, l'œuvre technique de Laplace aurait eu pour effet de changer les termes du problème. Mais l'œuvre de Lagrange est, à cet égard, beaucoup plus significative que celle même de Laplace. Kant allait au devant des *Principes* de Newton avec les seules armes de l'arithmétique et de la géométrie; tout l'intervalle devait être comblé à l'aide des ressources que la théorie de la connaissance pouvait fournir. Or, si une semblable construction, qui servira de modèle à la dialectique imaginative des post-kantiens, paraît à Comte superflue ou dangereuse, il ne suffit pas d'invoquer pour le comprendre un parti-pris anti-métaphysique; il faut prendre acte d'un fait : la tâche que Kant avait assumée, Auguste Comte la trouvait déjà tout accomplie à l'intérieur de la science, dans un ouvrage qui parut quelques années après la *Critique de la Raison pure*, dans la *Mécanique analytique* de Lagrange (1788). Le philosophe n'avait plus à chercher dans ses propres méditations le secret de la *Théorie et Histoire du Ciel*, du moment qu'il avait lu la *Mécanique céleste* de Laplace. Il n'avait plus à fonder spéculativement les *Premiers Principes métaphysiques de la science de la nature*, une fois qu'il connaissait la *Mécanique Analytique* de Lagrange. Ici encore on trouvera chez Fourier le mot décisif. Dans l'*Éloge de Laplace* où Lagrange est exalté avec une préférence si manifeste sur le héros officiel du discours, il dit de la *Mécanique analytique* qu'elle pourrait être nommée la *Mécanique philosophique* [3]. Expliquer cette parole, ce ne sera pas

1. Fourier, *ibid.*, p. XCVIII. Dans la *Préface* de son *Traité philosophique d'astronomie populaire* (1844), Comte renvoie à l'appréciation de Fourier, p. IX.
2. *Préface*, p. IX.
3. *Op. cit.*, p. LXXXV.

seulement préciser une relation d'influence entre Lagrange et Comte; ce sera peut-être aussi établir une liaison nécessaire entre la philosophie mathématique qui est à la base du *positivisme*, et la période de l'histoire de la science qui est dominée par l'œuvre mathématique de Lagrange.

LA MÉCANIQUE ANALYTIQUE

172. — Ce qui est caractéristique du premier volume du *Cours de philosophie positive*, ce n'est pas que la mécanique rationnelle y soit, au même titre que la géométrie, considérée comme une partie de la mathématique; c'est qu'elle puisse, indépendamment de la géométrie, se rattacher à la partie purement abstraite de la mathématique, et y marquer ainsi d'une façon frappante la liaison entre les sciences de la nature et l'instrument logique que la mathématique constitue.

Or cette idée de la mécanique rationnelle est due à Lagrange; il écrivait dans l'*Avertissement* de la *Mécanique Analytique* : « On ne trouvera point de figures dans cet ouvrage; les méthodes que j'y expose ne demandent ni constructions, ni raisonnements géométriques ou mécaniques, mais seulement des opérations algébriques, assujetties à une marche régulière et uniforme. Ceux qui aiment l'Analyse verront avec plaisir la Mécanique en devenir une nouvelle branche, et me sauront gré d'en avoir étendu ainsi le domaine [1]. »

Voici, d'autre part, qui ne sera pas moins important pour rendre compte de la conception d'Auguste Comte, et de nos propres conceptions contemporaines : la réduction de la mécanique à un système de déductions abstraites n'est pas rattachée par Lagrange à une vue *a priori*; au contraire elle va résulter de l'histoire elle-même, du travail de simplification progressive qui s'accomplit à mesure que s'étend l'horizon des recherches scientifiques; la *philosophie* de la mécanique reposera sur l'*histoire* de la mécanique. Dès les premières pages de la *Mécanique Analytique* se manifeste, dit Auguste Comte, « l'éminente supériorité philosophique de Lagrange sur tous les géomètres postérieurs à Descartes et à Leibnitz »; la preuve la plus décisive en est, dit-il, dans « ces sublimes chapitres préliminaires des diverses sections... En exposant cette admirable filiation des principales conceptions de l'esprit humain, relativement à la mécanique rationnelle, depuis l'origine de la science jusqu'à

1. *Œuvres de Lagrange*, édit. Serret-Darboux, t. XI, 1888, p. XII.

nos jours, le génie de Lagrange a certainement pressenti le véritable esprit général de la méthode historique, par cela seul qu'il a choisi une telle appréciation fondamentale pour base préliminaire de l'ensemble de ses propres spéculations scientifiques[1]. »

173. — De cette histoire un trait est essentiel à retenir pour comprendre la connexion entre l'œuvre de Lagrange et l'œuvre de Comte, la fortune du *principe des vitesses virtuelles* : « On doit entendre, écrit Lagrange dans la première section de la Statique, par *vitesse virtuelle* celle qu'un corps en équilibre est disposé à recevoir, en cas que l'équilibre vienne à être rompu, c'est-à-dire la vitesse que le corps prendrait réellement dans le premier instant de son mouvement; et le principe dont il s'agit consiste en ce que des puissances sont en équilibre quand elles sont en raison inverse de leurs vitesses virtuelles, estimées suivant les directions de ces puissances[2]. » Selon Lagrange, les Anciens ne l'auraient pas connu; il apparaît dans la *Statique* avec Galilée. Il marque l'avènement d'un nouveau mode d'interprétation : il s'agit, en effet, de substituer, à la décomposition élémentaire et presque matérielle dont les Anciens se sont presque toujours contentés, une analyse *idéale*, d'introduire dans le repos même, et pour en fixer les conditions, la notion d'un déplacement infiniment petit. Nous avons vu naître cette conception sous une forme intuitive chez Galilée et chez Descartes[3]; elle trouve son expression adéquate dans l'algorithme différentiel. Le *principe des vitesses virtuelles* fournit donc la possibilité d'appliquer à l'étude de l'équilibre les ressources de la mathématique moderne.

Lagrange applique ce principe aux problèmes de la *dynamique*. Pour cela, il utilise une proposition capitale que d'Alembert avait énoncée, en 1743, dans son *Traité de dynamique*. D'Alembert l'avait présentée comme un « principe général pour trouver le mouvement de plusieurs corps qui agissent les uns sur les autres d'une manière quelconque. » Mais en dépit de cette dénomination de *principe*, il s'agit, ici encore, moins d'une vérité première, que d'une méthode de décomposition idéale. Lagrange l'a d'ailleurs éclairée dans l'énoncé qu'il en donne, avec son incomparable concision : « Si l'on imprime à plusieurs corps des mouvements qu'ils soient forcés de changer à cause

1. *Cours de philosophie positive*, t. IV, 1839, p. 531. Cf. t. VI, 1842, p. 446.
2. *Œuvres*, t. XI, p. 19.
3. Voir à ce sujet Duhem, *Les Origines de la Statique*, t. I, 1905, p. 8, n° 2.
4. *Vide supra*, § 126.

de leur action mutuelle, il est clair qu'on peut regarder ces mouvements comme composés de ceux que les corps prendront réellement, et d'autres mouvements qui sont détruits; d'où il suit que ces derniers doivent être tels, que les corps animés de ces seuls mouvements se fassent équilibre [1]. »

« Ce principe si simple, qui réduisait à la considération de l'équilibre toutes les lois du mouvement, a été, dit Condorcet dans l'*Éloge de d'Alembert*, l'époque d'une grande révolution dans les sciences physico-mathématiques [2]. » Et cette révolution aboutit à l'œuvre de Lagrange qui « choisissant [3] » suivant le mot curieux d'Auguste Comte, le *principe des vitesses virtuelles* comme loi primitive de la mécanique tout entière, communiquait à l'ensemble de cette science « un caractère d'unité désormais irrévocable [4] ».

174. — Nous avons insisté sur le rôle primordial qui est réservé dans la *Mécanique analytique* au *principe des vitesses virtuelles*, parce qu'il nous fournit le moyen de préciser les conditions dans lesquelles s'est dégagée et constituée la conception proprement positiviste de la mathématique.

Non seulement, en effet, Lagrange écarte d'une façon définitive le problème toujours en suspens depuis Descartes et Leibniz du rapport entre la mécanique et la théologie [5]. Mais il pose sous un jour nouveau la question du rapport entre la science et la métaphysique. En même temps qu'il « choisit » le *principe des vitesses virtuelles* pour organiser sur un plan commun la *statique* et la *dynamique*, Lagrange convient que le principe des

1. *Op. cit.* p. 255.
2. *Œuvres*, t. III, 1847, p. 58. — Peut-être n'est-il pas sans intérêt de rappeler que c'est à l'imitation du *principe de d'Alembert* que Comte déclare expressément avoir procédé à l'établissement de son système sociologique : « Les plus nobles phénomènes permettent aussi, d'après une marche analogue, une équivalente réduction des conceptions dynamiques aux notions statiques. C'est ainsi que j'ai construit le grand aphorisme sociologique (*le progrès est le développement de l'ordre*) sur lequel repose tout ce traité. » *Système de politique positive*, t. I (1851), 3e édition, 1890, p. 494.
3. *Cours de philosophie positive*, t. I, 1830, p. 603.
4. *Ibid.*
5. « Vers la fin du XVIIIe siècle, on est frappé par un revirement en apparence tout à fait subit... Lagrange, après avoir, dans une œuvre de jeunesse, voulu baser toute la mécanique sur le principe de la moindre action d'Euler, reprit à nouveau le même sujet et déclara qu'il voulait s'abstenir entièrement de toutes spéculations théologiques, comme très *nuisibles* et absolument étrangères à la science. Il reconstruisit la mécanique sur d'autres bases, et aucun esprit compétent ne peut nier la supériorité du nouvel exposé. Après Lagrange, tous les hommes de science adoptèrent sa manière de voir, et c'est ainsi que fut déterminée, dans son principe, la position actuelle de la physique vis-à-vis de la théologie. » (Mach., *La mécanique*, p. 427.)

vitesses virtuelles n'est pas assez évident par lui-même pour pouvoir être érigé en principe primitif; il cherche donc à en donner la démonstration. Mais sa méthode n'est pas, en apparence, moins *singulière*, pour reprendre l'expression de M. Picard, que celle à laquelle il a eu recours au début du *Traité des fonctions analytiques* [1].

Voici en effet ce que Lagrange demande de concevoir : des machines qui sont des combinaisons d'une moufle fixe et d'une moufle mobile, autour desquelles s'enroule une corde, fixement attachée à l'une de ses extrémités, supportant un poids à l'autre extrémité. En multipliant les moufles fixes et les moufles mobiles, on obtient un système de « puissances » que l'on peut imaginer remplacées par un poids unique. Pour exprimer la condition d'équilibre relative à l'ensemble de ces moufles, on supposera un déplacement infiniment petit quelconque du système : « Désignons par α, β, γ,... les espaces infiniment petits que ce déplacement ferait parcourir aux différents points du système suivant la direction des puissances qui les tirent, et par P, Q, R... le nombre des cordons des moufles appliquées à ces points pour produire ces mêmes puissances; il est visible que les espaces α, β, γ,... seraient aussi ceux par lesquels les moufles mobiles se rapprocheraient des moufles fixes qui leur répondent, et que ces rapprochements diminueraient la longueur de la corde qui les embrasse des quantités $P\alpha$, $Q\beta$, $R\gamma$,... de sorte qu'à cause de la longueur invariable de la corde, le poids descendrait de l'espace $P\alpha + Q\beta + R\gamma + \ldots$ Donc il faudra, pour l'équilibre des puissances représentées par les nombres P, Q, R,..., que l'on ait l'équation

$$P\alpha + Q\beta + R\gamma + \ldots = 0,$$

ce qui est l'expression analytique du principe général des vitesses virtuelles [2] ».

Une telle démonstration revêt l'aspect d'un paradoxe. D'une part elle se place délibérément en dehors des conditions effectives de l'observation, comme le fait par définition même la mécanique rationnelle; et Lagrange note, au début même de son argumentation, qu'il fait « abstraction du frottement et de la roideur de la corde ». Mais, d'autre part, elle introduit dans le rai-

1. *Op. cit.* p. 25. Cf. p. 104. l'appréciation de la démonstration donnée par Lagrange du *principe des vitesses virtuelles* : « C'est un semblant de preuve, mais combien lumineux. »
2. *Edit. cit.* p. 24.

sonnement un postulat qui ne peut être assimilé aux principes *a priori* de la raison, où l'on reconnaît au contraire, comme le fait remarquer M. Bouasse, une « conséquence immédiate » du principe des vitesses virtuelles[1]. « Il est évident, dit Lagrange, que pour que le système... demeure en équilibre, il faut que le poids ne puisse pas descendre par un déplacement quelconque infiniment petit des points du système; car, le poids tendant toujours à descendre, s'il y a un déplacement du système qui lui permette de descendre, il descendra nécessairement et produira ce déplacement dans le système[2] ».

L'évidence, si évidence il y a, ne saurait être que d'ordre physique; elle est liée à l'étude expérimentale de la pesanteur, et il est à présumer que Lagrange l'entend ainsi d'ailleurs. La proposition dont la généralisation est à justifier, il commence par l'établir dans un domaine défini où il est possible d'obtenir une entière certitude. Une fois installé sur le terrain de la vérité, il lui suffit de faire voir que l'extension du procédé ne soulève aucune objection théorique, pour ouvrir la voie à la déduction scientifique dont le succès manifestera définitivement la légitimité. Telle du moins nous apparaît la méthode suivie par Lagrange, aussi bien pour le développement des fonctions en séries de Taylor, où il passait des opérations algébriques aux opérations proprement analytiques, que pour le *principe des vitesses virtuelles*, où il passe du domaine de la pesanteur au domaine universel de la mécanique.

175. — Nous avons appris, aujourd'hui, à reconnaître la valeur pratique et la fécondité d'une semblable méthode. Nous comprenons d'autant mieux à quel point elle s'éloignait radicalement de l'idée que les contemporains de Lagrange pouvaient se faire de la démonstration d'un principe, et pourquoi elle ne leur semblait guère capable de résoudre la « crise » ouverte depuis près de deux siècles dans la philosophie de la mécanique.

En quels termes cette « crise » s'est-elle précisée pour la génération de savants qui prend place entre Lagrange et Auguste Comte? Et comment a-t-elle contribué à former les vues spéculatives qui sont à la base du positivisme?

Nous avons la bonne fortune de pouvoir invoquer ici un témoin d'une merveilleuse lucidité, Poinsot. Le début du Mémoire sur la *Théorie générale de l'équilibre et du mouvement des sys-*

1. *Introduction à l'étude des théories de la mécanique*, 1895, p. 63.
2. *Edit. cit.* p. 24.

tèmes est un examen magistral de la *Mécanique analytique*[1]. « Ce fut alors une heureuse idée de partir sur le champ du principe des vitesses virtuelles, comme d'un *axiome*, et, sans s'arrêter davantage à le considérer en lui-même, de ne songer qu'à en tirer une méthode uniforme de calcul pour former les équations de l'équilibre et du mouvement dans tous les systèmes possibles. On franchit par là toutes les difficultés de la Mécanique : évitant, pour ainsi dire, de faire la science elle-même, on la transforme en une question de calcul ; et cette transformation, l'objet et le résultat de la *Mécanique analytique*, parut comme un exemple frappant de la puissance de l'Analyse. Cependant comme dans cet Ouvrage, on ne fut d'abord attentif qu'à considérer ce beau développement de la Mécanique qui semblait sortir tout entière d'une seule et même formule, on crut naturellement que la science était faite et qu'il ne restait plus qu'à chercher la démonstration du principe des vitesses virtuelles. Mais cette recherche ramena toutes les difficultés qu'on avait franchies par le principe même. Cette loi si générale, où se mêlent des idées vagues et étrangères de mouvements infiniment petits et de perturbation d'équilibre, ne fit, en quelque sorte, que s'obscurcir à l'examen ; et le livre de Lagrange n'offrant plus alors rien de clair que la marche des calculs, on vit bien que les nuages n'avaient paru levés sur le cours de la Mécanique, que parce qu'ils étaient, pour ainsi dire, rassemblés à l'origine même de cette science[2]. »

Y a-t-il lieu d'essayer de chercher à dissiper ces nuages, « soit en trouvant quelque loi aussi féconde, mais plus claire, soit en fondant sur les principes ordinaires une théorie générale de l'équilibre, dont la propriété des vitesses virtuelles ne devient plus alors qu'un simple corollaire »? Poinsot le pense : à la base de la science, les *preuves* ne suffisent pas, il faut une « véritable *démonstration*[3] ». Aussi conçoit-il une mécanique logiquement achevée et irréprochable, et il l'oppose à la science constituée

1. Le *Mémoire* avait paru d'abord dans le Journal de l'École polytechnique, t. VI, (1806), p. 206, n° 1. En le réimprimant à la suite de ses *Éléments de Statique*, Poinsot en a notablement développé les premières pages. Nous le citons d'après la *huitième édition* de la *Statique* (18[illegible]).

2. *Théorie* in *Éléments de statique*, *éd. cit.*, p. 422.

3. *Ibid.* Dans un *Mémoire sur la Statique contenant la démonstration du principe des vitesses virtuelles et la théorie des moments*, Fourier écrivait de même : « Maintenant que l'importance du théorème est bien établie, il est temps de suppléer au silence de l'inventeur, et de reconnaître si le principe des vitesses virtuelles peut être fondé sur des preuves générales, exemptes d'obscurité et d'incertitude. » Journal de l'École polytechnique, 1798, p. 20 (*Œuvres*, éd. Darboux, II, 1890, 478).

par Lagrange. « La *Mécanique analytique*, telle que l'auteur l'a conçue, est au fond ce qu'elle doit être : et la démonstration du principe des vitesses virtuelles n'y *manque* point, puisque, si l'on essayait de la mettre à la tête de ce livre d'une manière générale et bien développée, l'ouvrage se trouverait fait deux fois; je veux dire que cette démonstration comprendrait déjà toute la mécanique. On doit donc considérer que Lagrange s'est placé tout d'un coup sur un des points élevés de la science, afin de découvrir quelque règle générale pour résoudre, ou du moins pour mettre en équations, tous les problèmes de la Mécanique; et cet objet est parfaitement rempli. Mais pour former la science elle-même, il faut élever une théorie qui domine également tous les points de vue d'où l'on peut l'envisager. Il faut aller directement, non pas au principe obscur des vitesses virtuelles, mais à cette règle claire qu'on en a su tirer pour la solution des problèmes[1]. »

176. — On ne saurait souhaiter langage plus profond et plus précis. Comte n'a eu qu'à trancher dans le sens contraire à Poinsot l'alternative que Poinsot avait posée, pour définir l'interprétation *positiviste*, on serait presque tenté de dire *pragmatiste*, de la science. Dans la seizième leçon du *Cours de Philosophie positive* il écarte toutes les tentatives faites pour compléter l'œuvre de Lagrange par une démonstration directe du *théorème des vitesses virtuelles*, ou par la substitution à ce théorème de principes plus généraux. De telles tentatives ne pourraient avoir qu'une seule utilité effective, ce serait « de simplifier considérablement les recherches analytiques auxquelles la science est maintenant réduite; ce qui, ajoute Comte, doit paraître presque impossible, quand on envisage avec quelle admirable facilité le principe des vitesses virtuelles a été adapté par Lagrange à l'application uniforme de l'analyse mathématique. » Il n'y a donc pas à espérer de perfectionner « le caractère philosophique fondamental de la mécanique rationnelle, qui, dans le traité de Lagrange, est aussi fortement coordonnée qu'elle puisse jamais l'être[2]. »

Les « nuages » que l'on avait cru apercevoir à l'origine de la *Mécanique Analytique* sont dus à une illusion de l'imagination métaphysique; on a imposé à l'œuvre de Lagrange l'idéal d'une philosophie qu'elle a pour effet d'exclure et de rejeter dans le passé. Il suffit, au contraire, de prendre cette œuvre telle

1. *Op. cit.*, p. 423.
2. *Cours*, t. I, p. 609.

qu'elle est, pour comprendre le caractère véritable de la *Mécanique rationnelle*. La *Mécanique rationnelle* se déduit tout entière du *théorème des vitesses virtuelles*; ce théorème général est une conséquence nécessaire des lois fondamentales du mouvement : *inertie, égalité de l'action et de la réaction, indépendance ou coexistence des mouvements*, et les lois fondamentales à leur tour « doivent être envisagées comme de simples résultats de l'observation, dont il est absurde de vouloir établir *a priori* la réalité, bien qu'on l'ait tenté fréquemment[1]. Ce qui établit la réalité de la mécanique rationnelle, c'est... d'être fondée sur quelques faits généraux, immédiatement fournis par l'observation, et que tout philosophe vraiment positif doit envisager, ce me semble, comme n'étant susceptibles d'aucune explication quelconque[2]. »

Ainsi toute l'œuvre spéculative dont la mécanique a été l'objet depuis les *Principes de la Philosophie* jusqu'aux *Premiers Principes métaphysiques de la science de la Nature* se trouve désormais périmée ; la métaphysique n'est d'aucun secours, d'aucune portée, pour l'établissement de la science. L'empirisme a gain de cause, mais sans pour cela que la science soit purement empirique. Les *faits généraux* que fournit l'observation immédiate sont, en effet, d'une telle simplicité qu'ils se traduisent en relations mathématiques et qu'ils permettent la constitution d'une discipline abstraite, qui a tous les caractères d'une « logique ».

LA GÉOMÉTRIE ANALYTIQUE ET LA THERMOLOGIE ANALYTIQUE

177. — « La révolution éminemment philosophique exécutée par Lagrange dans son admirable traité de *Mécanique analytique*[3] » est, à nos yeux, le « fait nouveau » qui a décidé de la conception positiviste des mathématiques. Mais ce fait nouveau rejoint un fait ancien qui n'avait pas sans doute dans l'esprit de Comte une portée moindre : la constitution de la *Géométrie analytique*. L'œuvre de Descartes, qui a fait de la géométrie une science de pur calcul, est le prototype de celle que Lagrange effectue pour la mécanique.

« La transformation des considérations géométriques en considérations analytiques équivalentes... caractérise avec une parfaite évidence la méthode générale à employer pour orga-

1. *Cours*, I, 557.
2. *Ibid.*, 542.
3. *Ibid.*, I, 603.

niser les relations de l'abstrait au concret en mathématiques, par la représentation analytique des phénomènes naturels. Il n'y a point, dans la philosophie mathématique, de pensée qui mérite davantage de fixer toute notre attention[1]. » On sait avec quelle insistance Auguste Comte rappelle, on pourrait presque dire révèle, à ses contemporains qui semblaient malgré les travaux de Monge en avoir laissé échapper le sens, la « grande idée mère de Descartes », destinée à « diriger indéfiniment toutes les spéculations géométriques[2] ». Il profite de l' « intermittence philosophique » qui lui laissait une sorte de loisir très passager entre l'achèvement du *Cours de Philosophie* et l'élaboration du *Système politique*, pour « publier au moins la partie de [ses] leçons qui se rapporte au degré le plus important, le plus difficile, et le plus imparfait de l'initiation mathématique[3] ».

« Cette double relation alternative entre l'abstrait et le concret, dont la pensée cartésienne constitue le principe fondamental[4] », ou, comme dit encore Comte, « l'intime harmonie naturelle... entre les idées de ligne et les idées d'équation[5] » suggère et vérifie si bien l'idée d'une « harmonie nécessaire[6] » qu'on a fini par perdre « de vue le caractère de *science naturelle* nécessairement inhérent à la géométrie[7]. »

Mais précisément, en établissant « la possibilité constante d'une... co-relation[8] » entre les considérations géométriques et les considérations analytiques, Descartes n'a fait que porter à son plus haut point l'unité des deux caractères qui constituent la mathématique comme science : c'est-à-dire la clarté intrinsèque du calcul et l'application directe au réel. Dès lors, dit Auguste Comte, « plus nous devons ici considérer la géométrie comme étant aujourd'hui essentiellement analytique, plus il était nécessaire de prémunir les esprits contre cette exagération abusive de l'analyse mathématique, suivant laquelle on prétendrait se dispenser de toute observation géométrique proprement dite, en établissant sur de pures abstractions algébriques les fondements mêmes de cette science naturelle[9] ».

178. — Déjà les mathématiciens du XVIIIe siècle, en particulier

1. *Cours*, I, 429.
2. *Ibid.*, I, 603.
3. *Traité élémentaire de géométrie analytique à deux et à trois dimensions*, 1843, p. VI.
4. *Ibid.*, p. 22.
5. *Ibid.*, p. 21.
6. *Ibid.*, t. I, p. 735.
7. *Ibid.*, p. 406.
8. *Ibid.*, p. 429.
9. *Ibid.*, p. 405.

d'Alembert, dont Auguste Comte a fortement subi l'influence[1], avaient protesté contre l'effort inutile et stérile de ratiocination auquel avaient été soumises les propositions fondamentales de la géométrie. « La définition et les propriétés de la ligne droite, ainsi que des lignes parallèles, sont l'écueil et, pour ainsi dire, le scandale des éléments de Géométrie[2] ». Pourtant Legendre se propose encore de trancher le problème contre l'empirisme, et l'on suit à travers les diverses éditions de son traité classique la série de ces tentatives pour venir à bout du postulat relatif aux parallèles. Dans ces tentatives, qui ont la prétention de « perfectionner véritablement le caractère philosophique » de la géométrie, Comte signale « un retour vers l'état métaphysique[3] » Le calcul est un *moyen*, non un *fondement*; « de simples abstractions logiques » ne peuvent fournir « des connaissances réelles[4] », et ne sauraient éviter de recourir à l'observation immédiate.

Il n'y aura donc pas plus de mystère à l'origine de la géométrie qu'à l'origine de la mécanique. Une fois dissipé le « nuage ontologique[5] » dont on les enveloppe ordinairement, les notions premières de la géométrie se ramènent aisément à des faits d'expérience. La notion de l'espace « nous est naturellement suggérée par l'observation, quand nous pensons à l'*empreinte* que laisserait un corps dans un fluide où il aurait été placé[6] ». De même, « les surfaces et les lignes sont... réellement toujours conçues avec trois dimensions; il serait, en effet, impossible de se représenter une surface autrement que comme une plaque extrêmement mince et une ligne autrement que comme un fil infiniment délié[7] ».

Entre la géométrie ainsi conçue, et la mécanique, il y a donc parallélisme ou, mieux encore, il y a continuité. « On peut, écrit Lagrange dans la *Théorie des fonctions analytiques*, regarder la mécanique comme une géométrie à quatre dimensions, et l'analyse mécanique comme une extension de l'analyse géométrique[8] ».

On peut aller plus loin encore. Dans le *Discours préliminaire à la théorie analytique de la chaleur*, Fourier disait : « Les

1. Lévy-Bruhl, *La philosophie d'Auguste Comte*, 1900, p. 152 (Paris, F. Alcan).
2. D'Alembert, Eléments de philosophie. *Eclaircissements*, § 11. *Mélanges* V, 1767, p. 206.
3. *Cours*, t. I, p. 404.
4. *Ibid.*
5. *Ibid.*, I, 357.
6. *Ibid.*, p. 352.
7. *Ibid.*, p. 357.
8. *Œuvres*, IX, 337.

équations analytiques, ignorées des anciens géomètres, que Descartes a introduites le premier dans l'étude des courbes et des surfaces, ne sont pas restreintes aux propriétés des figures et à celles qui sont l'objet de la Mécanique rationnelle; elles s'étendent à tous les phénomènes généraux[1] ». De cette proposition Fourier fournit une démonstration partielle, mais singulièrement éclatante, en réduisant, suivant sa propre expression, toutes les recherches physiques sur la propagation de la chaleur à des questions de calcul intégral dont les éléments sont donnés par l'expérience[2]. Rien n'achève mieux de faire comprendre la notion positiviste de la mathématique que cette note de la *Troisième leçon* : « Je n'aurais pas hésité dès à présent à traiter la thermologie, ainsi conçue, comme une troisième branche principale de la mathématique concrète, si je n'avais craint de diminuer l'utilité de cet ouvrage en m'écartant trop des habitudes ordinaires[3]. »

LA MATHÉMATIQUE ABSTRAITE

179. — Ainsi, pour Auguste Comte, la mathématique concrète est le « centre de gravité » du système des mathématiques. Que l'on consulte à cet égard le *Discours préliminaire* où Fourier célèbre les vertus de l'analyse : « On y voit, comme dit M. Émile Picard, percer la tendance qui fait uniquement de l'analyse, l'auxiliaire, si incomparable qu'il soit, des sciences de la nature[4] ». Les recherches suscitées par les travaux même de Fourier devaient fournir à Comte l'occasion d'accentuer ces tendances. Dans le second volume du *Cours de philosophie positive* (1835), au créateur de génie, au grand Fourier, il oppose les géomètres contemporains qui, pour la plupart, et Poisson à leur tête, « n'ont vu essentiellement encore, en de telles recherches, qu'un nouveau champ d'exercices analytiques... Ces travaux secondaires n'indiquent pas, le plus souvent, ce sentiment profond de la vraie philosophie mathématique, dont Fourier fut peut-être plus éminemment pénétré qu'aucun

1. *Œuvres*, éd. Darboux, t. I, 1888, p. XXIII.

2. « Les principes de cette théorie sont déduits, comme ceux de la Mécanique rationnelle, d'un très petit nombre de faits primordiaux, dont les géomètres ne considèrent point la cause, mais qu'ils admettent comme résultant des observations communes et confirmées par toutes les expériences. » *Œuvres* de Fourier, édit. citée, t. I, p. XXI.

3. *Cours*, I, p. 142. Cf. pp. 351 et 737.

4. *La science moderne*, p. 27. Cf. Fourier, *op. cit.*, p. XXII. « L'étude approfondie de la nature est la source la plus féconde des découvertes mathématiques. »

autre grand géomètre, et qui consiste surtout dans la relation intime et continue de l'abstrait au concret, comme je me suis tant efforcé de l'établir nettement[1] ».

La mathématique abstraite s'est donc constituée en vue de résoudre les équations fournies par les différentes branches de la mathématique concrète. Elle est un calcul, et elle a pour base le calcul des valeurs numériques, l'arithmétique. Mais l'évaluation numérique ne peut pas en général s'opérer sans une transformation préalable des équations; l'étude de ces transformations va donner lieu à une extension indéfinie de la mathématique abstraite : calcul des *fonctions directes*, qui est l'algèbre; calcul des *fonctions indirectes*, qui est l'*analyse transcendante*.

Une telle conception de la mathématique abstraite permet de restituer la clarté propre à l'analyse mathématique; car, remarque Comte avec profondeur, l'analyse « est par sa nature, beaucoup plus claire... que ne le croient communément les géomètres eux-mêmes, égarés par les objections vicieuses des métaphysiciens[2] ». Aucune difficulté sérieuse à introduire les *quantités négatives* dans l'algèbre, une fois qu'on a soigneusement distingué de l'interprétation concrète la signification abstraite, et qu'on a vu dans l'emploi de quantités affectées du signe *moins* un « artifice analytique pour rendre les formules plus étendues[3] ». Aucune difficulté non plus dans l'utilisation de « symboles singuliers » comme les expressions dites *imaginaires* dès qu'on a su « envisager ces résultats anormaux sous leur vrai point de vue, comme de simples faits analytiques. En les concevant ainsi, il est aisé de reconnaître, en thèse générale, que l'esprit de l'analyse mathématique consistant à considérer les grandeurs sous le seul point de vue de leurs relations, et indépendamment de toute idée de valeur déterminée, il en résulte nécessairement pour

1. P. 585. On peut comparer à ce texte le passage correspondant de l'*Introduction fondamentale* (*Système de politique positive*, I, 524). Comte y revient sur l'étude des lois de l'équilibre et du mouvement des températures, qui « sous les prétendus successeurs de Fourier, n'a guère servi qu'à multiplier de vains exercices algébriques, où l'on ne trouve point ce sentiment de la vraie subordination de l'abstrait au concret, qui caractérisa surtout l'immortel fondateur de la thermologie mathématique ». La *corrélation* est devenue *subordination*. Il y a également lieu de noter que cette *subordination* est envisagée par Comte dans un sens inverse de celle qui avait servi, huit ans plutôt, à définir la géométrie analytique aux premières lignes de son *Traité élémentaire*. « La *géométrie analytique* telle que Descartes l'a fondée est essentiellement destinée à généraliser le plus possible les diverses théories géométriques, d'après leur intime subordination à des conceptions analytiques. »

2. *Ibid.*

3. *Cours*, t. I, p. 216.

les analystes l'obligation constante d'admettre indifféremment toutes les sortes d'expressions quelconques que pourront engendrer les combinaisons algébriques[1] ».

Aucune difficulté enfin dans l'établissement de l'analyse transcendante en dépit de la diversité des procédés d'exposition ou d'introduction, en particulier de la divergence des méthodes dues à Leibniz, à Newton et à Lagrange; car « ces trois méthodes quant à leur destination effective, indépendamment des idées préliminaires... consistent toutes en un même artifice logique général... : l'introduction d'un certain système des grandeurs auxiliaires, uniformément corrélatives à celles qui sont l'objet propre de la question, et qu'on leur substitue expressément pour faciliter l'expression analytique des lois mathématiques des phénomènes, quoiqu'elles doivent être finalement éliminées, à l'aide d'un calcul spécial. C'est, ajoute Comte, ce qui m'a déterminé à définir régulièrement l'analyse transcendante *le calcul des fonctions indirectes*, afin de marquer son vrai caractère philosophique, en écartant toute discussion sur la manière la plus convenable de la concevoir et de l'appliquer. L'effet général de cette analyse, quelle que soit la méthode employée, est donc de faire rentrer beaucoup plus promptement chaque question mathématique dans le domaine du *calcul*, et de diminuer ainsi considérablement la difficulté capitale que présente ordinairement le passage du concret à l'abstrait[2] ».

La nécessité où est la mathématique abstraite de s'appuyer sur la mathématique concrète ne rompt donc nullement l'homogénéité de la science. Au contraire, et c'est en particulier le résultat des « derniers perfectionnements capitaux éprouvés par la science mathématique[3] », elle contribue à lui imprimer un caractère d'unité « suivant l'esprit des travaux de l'immortel auteur de la *Théorie des Fonctions* et de la *Mécanique analytique*[4] ». La mathématique n'est certes pas la science intégrale, il s'en faut presque du tout au tout, et dès le premier volume du *Cours de Philosophie positive*, Comte proteste contre ce qu'il appelle déjà les « aberrations » de l'esprit mathématique[5]. Mais la mathématique est la science type; elle offre l'exemplaire accompli de la *rationalité positive*. C'est d'elle que nous vient la méthode. « C'est donc par l'étude des mathématiques, et seule-

1. *Cours*, t. I, p. 214.
2. *Ibid.*, p. 259.
3. *Ibid.*, p. 118.
4. *Ibid.*, p. 119.
5. *Ibid.*, p. 153.

ment par elle, que l'on peut se faire une idée juste et approfondie de ce que c'est qu'une *science*[2]. »

LA MATHÉMATIQUE DANS LE POSITIVISME

180. — La philosophie mathématique de Comte prélude, non à une métaphysique qui pourrait se présenter comme science[1], mais à l'organisation spirituelle de l'humanité dans l'ère positive. En appuyant son système général sur l'interprétation de la mathématique, Comte espérait meltre un lerme aux contradictions qui avaient jusque-là réduit la pensée philosophique à l'impuissance. Comme Kant, il opérait la synthèse des tendances antagonistes qu'avait manifestées le débat séculaire de l'empirisme et du rationalisme. Seulement, alors que Kant avait intégré à la critique les doutes sceptiques de Hume afin de consolider définitivement le rationalisme qu'il avait hérité de Leibniz et de Wolff, c'est l'école de Diderot et de Hume qui est l'élément positif de la synthèse comtiste, le principe de la « régénération occidentale... A cette grande souche historique, écrit-il dans la *Préface* du *Catéchisme positiviste*, j'ai constamment rattaché ce qu'offrirent de vraiment éminent nos derniers adversaires, soit théologiques, soit métaphysiques. Tandis que Hume constitue mon principal précurseur philosophique, Kant s'y trouve accessoirement lié; sa conception fondamentale ne fut vraiment systématisée et développée que par le positivisme. » En d'autres termes, Kant a nettement aperçu la forme relative du savoir humain, et il a déterminé que cette relation consistait dans la connexion constante, dans l'implication mutuelle, du subjectif et de l'objectif, des lois logiques et des lois physiques. Il reste cependant que Kant est un métaphysicien, que l'expérience chez lui se subordonne à l'*a priori*, que la physique se constitue en remplissant les cadres que la mathématique lui impose.

Pour triompher de cette métaphysique, il fallait que l'empirisme se rendît maître de la mathématique, qu'au lieu d'y voir avec Hobbes ou Condiliac un jeu de transformations nominales, ou avec Hume une approximation toujours incertaine de la réalité donnée, il réussît à en faire des « sciences naturelles[2] » qui, tout en se développant avec une rigueur irréprochable, fussent appuyées sur l'observation de *faits généraux*.

Or, en substituant aux formes *a priori* les *faits généraux*, le positivisme change du tout au tout le rapport de la mathéma-

1. *Cours*, t. I, p. 132.
2. *Ibid.*, t. II, p. 25.

tique avec le système des sciences. Il est clair en effet que si la valeur de vérité que les mathématiques possèdent est liée à la fixité des cadres qui sont virtuellement dessinés dans les formes congénitales de l'espace et du temps, la science semble s'arrêter là précisément où les mesures spatiales ou temporelles ne peuvent plus s'introduire, où aucun contenu ne s'offre pour les formes mathématiques. *Pure* ou *appliquée*, la mathématique épuise le domaine des propositions nécessaires et universelles, et elle permet de déterminer les domaines limitrophes. A la frontière inférieure un amas de faits particuliers qui ne comportent ni régularité ni prévisibilité : l'empirisme de la chimie, de l'histoire, ou de la psychologie descriptive. A la frontière supérieure : des affirmations d'ordre moral ou religieux qui, certes, ne sont nullement étrangères à la raison, mais qui ne relèvent ni d'une méthode définie pour la construction des concepts, ni d'un contrôle positif dans l'expérience, qui demeurent objets de *croyance* et non de *savoir*.

Pour le positivisme, du moment que le principe de la science est dans l'observation des *faits généraux*, le succès de la mathématique a une tout autre signification, une signification historique et non plus une signification éternelle. Le *calcul* a été le moyen d'étude qui a été le plus tôt perfectionné par l'homme ; il a le premier permis la constitution d'une science positive, parce que le calcul est particulièrement adapté à la connaissance des faits les plus simples, géométriques ou mécaniques ou astronomiques. Mais, puisque le calcul n'est qu'un moyen pour obtenir la liaison des faits, à des faits d'une autre nature pourront correspondre d'autres moyens logiques : et c'est ce qui arrive en effet. Déjà, si l'on passe du domaine astronomique au domaine physique, la méthode scientifique ne se réduit plus à l'union de l'observation et du calcul ; ce qui caractérise les diverses branches de la physique c'est la place qu'elles font au procédé de l'expérimentation. A plus forte raison, les lois des phénomènes organiques ou des phénomènes sociaux s'établissent-elles par la prédominance de méthodes spécifiques : méthode *comparative* en biologie, méthode *historique* en sociologie.

De là cette conséquence capitale que le positivisme ne consistera nullement à enregistrer l'avènement de l'âge positif, dont le pressentiment scientifique remonte au temps des Thalès et des Pythagore. Le rôle de la philosophie positive est *actif* et non *passif* ; il est d'opérer au sein même de l'âge positif un transfert d'hégémonie, de substituer au positivisme mathématique le positivisme sociologique. La dernière *leçon* du *Cours de Philo-*

sophie positive est significative : « Au lieu de chercher aveuglément une stérile unité scientifique, aussi oppressive que chimérique, dans la vicieuse réduction de tous les phénomènes quelconques à un seul ordre de lois, l'esprit humain regardera finalement les diverses classes d'événements comme ayant leurs lois spéciales, d'ailleurs inévitablement convergentes, et même, à quelques égards, analogues[1]. »

Ainsi s'achève le mouvement de réaction que Kant avait déjà dessiné contre la philosophie cartésienne du XVIIe siècle. Pour les Cartésiens, la mathématique impliquait la spiritualité. Comte, au contraire, fondera un *spiritualisme nouveau* sur la spécificité, sur l'irréductibilité des diverses disciplines scientifiques : « Un vrai philosophe reconnaît autant le matérialisme dans la tendance du vulgaire des mathématiciens actuels à absorber la géométrie ou la mécanique par le calcul, que dans l'usurpation plus prononcée de la physique par l'ensemble de la mathématique, ou de la chimie par la physique, surtout de la biologie par la chimie, et enfin dans la disposition constante des plus éminents biologistes à concevoir la science sociale comme un simple corollaire ou appendice de la leur. C'est partout le même vice radical, l'abus de la logique déductive ; et le même résultat nécessaire, l'imminente désorganisation des études supérieures sous l'aveugle domination des inférieures[2]. » L'œuvre du positivisme fut, en définitive, la réorganisation de ces *études supérieures*. L'influence de Comte est immédiate chez les savants qui se groupèrent pour fonder la *Société de Biologie*[3], comme elle s'exerça plus tard pour la rénovation de la psychologie avec M. Ribot, de la sociologie avec M. Durkheim.

1. t. VI, p. 845. Pour se convaincre que cette vue ne marque pas chez Auguste Comte une orientation nouvelle de la pensée philosophique, il suffit de se reporter à la critique de Condorcet, qui se trouve dans le *Plan des travaux scientifiques nécessaires pour réorganiser la société* (mai 1822) : « Le projet de traiter la science sociale comme une application des mathématiques, afin de la rendre positive, a pris sa source dans le préjugé métaphysique que, hors des mathématiques, il ne peut exister de véritable certitude. Ce préjugé était naturel à l'époque où tout ce qui était positif se trouvait être du domaine des mathématiques appliquées, et où, par conséquent, tout ce qu'elles n'embrassaient pas était vague et conjectural. Mais depuis la formation de deux grandes sciences positives, la chimie et la physiologie surtout, dans lesquelles l'analyse mathématique ne joue aucun rôle, et qui n'en sont pas moins reconnues aussi certaines que les autres, un tel préjugé serait absolument inexcusable. » *Système de politique positive*, 3e édit. t. IV, 1895. *App.*, p. 123.

2. *Système*, t. I, p. 51.

3. Gley, *Essais de philosophie et d'histoire de la biologie*, 1900, p. 101 ; et Paul Tannery, *Auguste Comte et l'histoire des sciences*, Revue générale des sciences, 1905, p. 411^b.

CHAPITRE XIV

TRANSFORMATION DES BASES SCIENTIFIQUES

181. — Avec les Pythagoriciens, avec les Cartésiens, avec Leibniz, la philosophie mathématique était un *mathématisme*, c'est-à-dire un effort pour constituer le système de la vérité universelle sur le modèle et dans les cadres que fournissait la science vivante et féconde par excellence. A lire la *Critique de la Raison pure* ou le *Cours de philosophie positive*, on dirait au contraire que le rôle historique de la mathématique est terminé. Elle demeure un instrument puissant pour l'établissement des lois naturelles ; mais l'usage de l'instrument importe plus au philosophe que l'instrument lui-même, et, plus encore peut-être que l'usage, la limitation qu'il y a lieu d'y apporter. Ce n'est pas du progrès de la technique mathématique que Kant ou Auguste Comte attendaient le progrès des spéculations philosophiques. Il y avait plutôt intérêt pour eux à ce que la mathématique fût enfermée dans son rôle d'auxiliaire, qu'elle ne franchît pas les bornes assignées soit par les procédés synthétiques de calcul que Newton utilisait dans l'exposition des *Principia mathematica*, soit par les formules analytiques dont Lagrange avait accrédité l'emploi. Sans doute, le premier soin des deux penseurs avait été de déterminer les conditions qui font l'exactitude de la science mathématique ; mais c'était, semble-t-il, afin que les générations suivantes n'eussent plus à y revenir. Le centre de leurs préoccupations philosophiques était ailleurs, dans les disciplines qui en contraste avec les déterminations abstraites de l'objet mathématique s'attachent aux données les plus profondes et les plus complexes de la nature, à la réalité morale ou sociale, caractéristique de l'humanité.

Cette conception explique l'attitude qu'ont prise les successeurs de Kant ou de Comte. Qu'ils recourent à la dialectique, ou qu'ils se réclament de la méthode positive, ils se sont imposé de parcourir le système général des sciences. Ayant à déterminer les principes qui conviennent à chacune d'elles et les rapports qu'elles soutiennent les unes avec les autres, ils ont rencontré les problèmes qui concernent particulièrement les sciences mathématiques; ils ont traité des catégories telles que la quantité ou l'espace ou le temps, ils ont défini les démarches du raisonnement mathématique par opposition aux recherches expérimentales dont s'occupent les autres sciences. L'historien de la philosophie générale au XIXe siècle ne saurait donner trop d'attention à cet effort soutenu et continu qui de nos jours aboutit à des œuvres comme l'*Essai sur les éléments principaux de la représentation* d'Hamelin, ou *Die logischen Grundlagen der exakten Wissenschaften* de Natorp. Toutefois, du point de vue où nous sommes placé dans ce travail, nous ne pouvons pas poser le problème moderne de la philosophie mathématique tout à fait dans les mêmes termes. Nos études antérieures nous ont fait voir à quel point les systèmes philosophiques sont liés au progrès de la science elle-même; par là elles nous amènent à prendre garde qu'une fois détachés de cette base technique et érigés en disciplines autonomes les systèmes ne s'attardent à traduire l'état déterminé de la science qui les avait d'abord justifiés, et qui serait désormais dépassé.

Chez Kant et chez Auguste Comte, la distinction de la philosophie mathématique et de la mathématique proprement dite correspond à une séparation entre la forme et la matière de la science, entre les résultats généraux et les recherches spéciales. En raison de cette séparation, il paraissait légitime de retenir comme l'objet de la réflexion philosophique la considération de principes qui surplombent en quelque sorte les vérités de détail et que les recherches particulières des techniciens n'auront pas le pouvoir d'ébranler: en définissant la méthode, en délimitant le domaine d'une science, le philosophe en fixait la destinée. Par suite il lui était loisible de se servir de la mathématique comme d'un point de repère pour caractériser les autres sciences — sciences de l'univers physique ou de la réalité sociale — et pour montrer ce qu'elles ajoutent de connaissances positives et concrètes aux abstractions formelles de la mathématique.

Mais si nous avons expliqué, en les rapportant à leur date, soit la séparation kantienne de la forme et de la matière, soit la séparation comtiste de la généralité et de la spécialité, nous sommes conduit à poser, devant tout effort philosophique qui s'appuie sur les postulats de la *Critique* ou du positivisme.

une sorte de question préalable : Est-ce que la notion de la forme en tant que forme, de la généralité en tant que généralité, exprime encore avec exactitude l'état de la science actuelle?

Dans les années mêmes qui précèdent l'apparition du premier volume du *Cours de Philosophie positive*, Cauchy[1], Lobatschewsky[2], Sadi Carnot[3] ont déposé le germe de transformations profondes dans la technique de la mathématique abstraite, de la géométrie classique, de la mécanique générale. Et nous croyons que ces transformations ont rompu l'équilibre qui permettait à Kant et à Auguste Comte de faire entrer ces diverses disciplines dans l'unité d'un système, et d'assurer le passage du raisonnement mathématique au contenu de l'expérience. Par là même elles ont remis en question, je ne dis pas tel ou tel principe de la mathématique, mais l'idée même qu'on se faisait des principes, la simplicité et l'universalité des prétendues données premières sur lesquelles la science s'appuyait pour le déroulement de conséquences purement logiques. Nous ne dirons certes pas qu'elles ont entraîné la ruine de l'inspiration critique ou de l'esprit positif; mais nous avons à montrer comment elles ont marqué la fin de la période où la philosophie mathématique pouvait prendre pour base objective de discussion la doctrine de l'*Esthétique* et de l'*Analytique transcendentale*, ou le premier volume du *Cours de Philosophie positive*.

SECTION A. — La conception de la mécanique rationnelle.

182. — Au *premier Congrès international de Philosophie* (Paris 1900), M. Henri Poincaré écrivait, en tête de son Mémoire sur *les principes de la mécanique* : « Les Anglais enseignent la mécanique comme une science expérimentale; sur le continent, on l'expose toujours plus ou moins comme une science déductive et *a priori*. Ce sont les Anglais qui ont raison; cela va sans dire; mais comment a-t-on pu persévérer si longtemps dans d'autres errements[4]? » Assurément, ni dans la pensée de Kant, ni dans la pensée de Comte, la mécanique n'était sans connexion avec l'expérience; mais c'est dans un tout autre sens que l'on entend aujourd'hui la science expéri-

1. *Cours d'analyse algébrique*, 1821.

2. La première publication de Lobatschewsky relative à la *Géométrie imaginaire* est de 1829, dans le *Messager de Kazan*.

3. *Réflexions sur la puissance motrice du feu*, 1824.

4. Bibliothèque du Congrès, t. III (1901), p. 457. Cf. Duhem, Bulletin des sciences mathématiques, 1910, p. 151.

mentale. Il ne suffit pas que l'on justifie l'accord des principes de la science avec la matière de l'expérience, en montrant, comme a fait Kant, que les principes de la science sont les conditions de l'expérience; il faut dire que la science expérimentale reçoit ses principes de l'expérience. Il faut même ajouter, et ceci à l'adresse de Comte, que ces principes demeurent, comme cette expérience elle-même, sujets à caution et à revision; nous n'aurons jamais le droit de les énoncer à titre définitif comme s'ils comportaient en eux-mêmes leur justification et leur légitimité; ce sont des résidus d'ordre tout négatif, les limites d'une régression qui porte sur les données concrètes, et les ramène par voie d'analyse à des éléments maniables pour la synthèse déductive; ce sont des hypothèses dont le savant devra, dans le laboratoire, éprouver et vérifier les conséquences : la dépendance perpétuelle des principes à l'égard d'un tel contrôle est la marque d'une science expérimentale. Tel est le problème qui nous paraît posé par la déclaration de M. Poincaré. Ici nous n'avons pas à envisager ce problème dans sa généralité; pour fixer la place que la mécanique rationnelle peut occuper entre les sciences d'ordre proprement mathématique et les sciences d'ordre proprement physique, il faudrait sortir des limites que nous nous sommes assignées. Ce qui nous intéresse, c'est uniquement de savoir si la mécanique rationnelle est encore capable de jouer dans l'établissement de la philosophie mathématique le rôle que Kant et Auguste Comte lui avaient attribué.

Sans doute, il existe une discipline mécanique qui peut être enseignée comme partie intégrante de la mathématique : « En dehors de ses applications, écrit Jules Tannery, la mécanique rationnelle peut être... regardée comme un chapitre spécial de la science du nombre, comme l'étude d'un certain système d'équations différentielles. Plus particulièrement encore, la mécanique céleste traite des cas où les forces que l'on considère obéissent à la loi de Newton; elle a affaire à un système d'équations différentielles plus particulier[1]. » En raison de cette transparence complète à la forme mathématique, la *mécanique rationnelle* et la *mécanique céleste* seront les modèles de ce que peut devenir une science achevée de l'univers; il ne s'ensuit nullement qu'elles soient indépendantes de la science générale de l'univers. Les principes peuvent en être *mathématiquement*

1. *Du rôle du nombre dans les sciences*, Revue de Paris, 2e année (1895), t. IV, p. 197, et *Science et philosophie*, 1912, p. 24.

énoncés, mais ils ne peuvent pas être *philosophiquement* conçus, abstraction faite de l'application au réel. Bref, la mécanique est la partie de la physique qui a la première atteint son point de perfection; on ne conçoit plus entre la philosophie de la mécanique et la philosophie de la mathématique cette liaison intime qui pourrait donner l'espoir d'éclairer celle-ci au moyen de celle-là.

183. — A l'appui de cette conclusion, il suffira de rappeler brièvement les grandes lignes de l'évolution des sciences mécanophysiques au cours des cent dernières années. On peut dire encore ici que le problème est posé par Lagrange et par Poinsot. En dissociant la forme toute mathématique de la déduction, et le contenu des principes que l'expérience seule a suggérés, Lagrange a rompu l'unité que la représentation géométrique et proprement mécaniste conférait à la mécanique rationnelle. La simplicité apparente des principes évoqués par Lagrange avait pu faire illusion à Auguste Comte; mais un Poinsot ne s'y était pas trompé : « L'œuvre de Poinsot, dit Hannequin, est en réaction sur l'œuvre de Lagrange, et tend à substituer aux équations pour ainsi dire abstraites de la mécanique analytique des conditions concrètes et intuitives de l'équilibre et du mouvement[1]. »

Or il est facile de comprendre qu'une semblable tendance préjuge en un certain sens la forme que revêtira l'application de la mathématique à l'univers; la relation d'égalité est, en effet, celle qui permettra le mieux au géomètre de retrouver exactement ce qu'il avait eu sous les yeux à un moment antérieur[2]. Avec la netteté lumineuse qui lui est propre, Poinsot écrit au début de son *Mémoire* sur la *théorie et détermination de l'équateur du système solaire* : « Nous ne connaissons en toute lumière qu'une seule loi : c'est celle de la constance et de l'uniformité... Quand nous étudions les choses qui changent pour découvrir ce qu'on appelle la loi de leurs variations, notre unique objet est de trouver ce qu'il peut y avoir d'uniforme et de constant au milieu de ces choses qui varient. Que si, avec le temps

1. *Étude d'histoire des sciences*, etc. t. I, p. 56.

2. Cf. *La théorie nouvelle de la rotation des corps* (1834) : « On peut bien, par ces calculs, plus ou moins longs et compliqués, parvenir à déterminer le lieu où se trouvera le corps au bout d'un temps donné; mais on ne voit point du tout comment le corps y arrive; on le perd entièrement de vue, tandis qu'on voudrait l'observer et le suivre, pour ainsi dire, des yeux, dans tout le cours de sa rotation... » *In Éléments de statique*, 8e édit., 1842, p. 486. Voir Joseph Bertrand, *Éloge de Louis Poinsot* (29 décembre 1890), *Nouvelle série d'Éloges académiques*, 1902, p. 21.

et par un nouvel examen, nous venons à reconnaître que des rapports qui nous avaient paru constants sont eux-mêmes variables, il nous faut faire un nouveau pas : mais notre marche est toujours la même; car alors ce n'est plus dans ces rapports, mais dans quelque autre forme de leur combinaison, que notre esprit va rechercher cette loi de constance qui avait, pour ainsi dire, échappé à ses premières conclusions. Tel est, je crois, le mouvement naturel de l'esprit humain, mouvement qu'on pourrait même remarquer dans la géométrie et dans l'analyse[1]. » Ainsi, par l'intermédiaire du mécanisme géométrique, la mécanique rationnelle se prolongerait et s'étendrait, pour devenir la science de l'univers entier. Entre les années 1842 et 1847 la découverte de la *conservation de l'énergie*, qui en dépit des prévisions et des interdictions d'Auguste Comte dotait enfin la physique de son unité, apportait à ces vues une confirmation singulièrement précieuse.

Mais ce triomphe du mécanisme pur qui devait, dans la période qui s'étend entre 1860 et 1890, donner lieu à une renaissance du monisme matérialiste, n'était, et ne pouvait guère être, qu'un accident. Il s'est trouvé en effet que des deux principes fondamentaux de la thermodynamique, principe de la *conservation* de l'énergie, et principe de Carnot ou principe de la *dégradation* de l'énergie, un seul avait passé dans la circulation générale, sans doute par ce qu'il se prêtait mieux aux aspirations d'une certaine philosophie populaire qui se fondait sur l'unité et sur l'éternité de la matière[2].

Or, à prendre la thermodynamique dans l'intégralité de son développement technique, on voit se dessiner une opposition entre le mécanisme géométrique, et l'usage des méthodes analytiques, au sens *économique* et *pragmatique* où nous avons dit que Lagrange les entendait. Par exemple, un physicien comme Gibbs « est essentiellement algébriste. Il l'est, ajoute M. Duhem, alors même qu'on pourrait s'attendre à le trouver géomètre. Dans les deux *Mémoires* où il étudie les divers diagrammes propres à représenter les propriétés thermodynamiques des fluides et leurs transformations, les démonstrations géométriques ne jouent à peu près aucun rôle; c'est par des considérations d'analyse algébrique que sont établies la plupart des

1. Apud *Éléments de statique*, p. 382.
2. Voir le texte de Rankine (1867), cité par Bernard Brunhes, *La dégradation de l'énergie*, 1908, p. 378, et *La diversité de fortune des deux principes de la Thermodynamique*, Scientia, 1910, t. VII, p. 7 et suiv.

propriétés de ces diagrammes[1]. » La science moderne, ainsi conçue, abandonne comme un « faux idéal » la tentative de réduire à la figure et au mouvement toutes les propriétés des corps. Par là sans doute elle n'entend nullement renoncer à la constitution d'une physique mathématique[2] : si elle se prive des facilités offertes par la représentation géométrique, c'est pour étendre, là même où les images spatiales ne pourraient plus s'offrir à nous, le rôle des symboles algébriques. Seulement, il est clair que, dans une telle conception, la mécanique cesse d'être une introduction nécessaire à la connaissance de l'univers, fondée sur les formes *a priori* de l'esprit ou liée aux *faits généraux* de la nature; elle est seulement un cas abstrait et particulier d'une *physique analytique* qui doit être prise dans son ensemble pour avoir toute sa valeur de science.

184. — Le problème que soulève l'opposition de la *mécanique énergétique* et du *mécanisme géométrique* n'est pas tranché à l'heure actuelle. Par un de ces *renversements du pour au contre*, qui semblent essentiels au rythme du progrès humain, voici qu'au lendemain du jour où M. Ostwald célébrait *la déroute de l'atomisme contemporain*[3], d'éclatantes découvertes dans le domaine de l'électro magnétisme conduisaient à chercher la raison des phénomènes physiques, chimiques, gravifiques même, dans la décomposition de la molécule en particules qui seraient chargées d'électricité, soit positive, soit négative. Peut-être le problème ne doit-il pas être définitivement tranché. Il se peut que, suivant les conditions du problème, le physicien utilise tour à tour les ressources du symbole algébrique et de l'intuition géométrique, sans se préoccuper d'une philosophie qui lui imposerait de choisir, en faisant comparaître devant lui comme devant un « tribunal » l'énergétique et le mécanisme.

Mais ce qui dès maintenant peut être considéré comme acquis, c'est que la science ne reviendra pas en arrière. De quelque manière qu'elle conçoive la liaison de la mécanique à la physique, elle débordera les catégories *a priori* du criticisme comme elle a brisé les cadres prétendus immuables du positivisme.

Certes, il est utile de remarquer que le principe de Carnot-Clausius donne à l'*énergétique* la physionomie que Kant avait prévue pour la science de la nature lorsqu'il avait lié le principe

1. Bulletin des sciences mathématiques, 1907, p. 190.

2. Duhem, *L'évolution de la mécanique. V. Les fondements de la thermodynamique*, Revue générale des sciences, 1903, p. 301[b].

3. Revue générale des sciences, 1895, p. 953.

de causalité à l'irréversibilité du temps[1]; et c'est là un argument important pour décider de la portée rationaliste ou antirationaliste du principe. Mais il serait dangereux d'aller plus loin, de prétendre établir un lien de justification réciproque entre une conception philosophique qui exprimerait une exigence nécessaire de la raison, et un principe qui est manifestement issu de l'expérience, dont les physiciens discutent encore aujourd'hui et l'extension au problème général de l'univers et la relation aux principes du mécanisme[2].

De même, si la mécanique nouvelle issue de la théorie des *électrons* ramène au premier plan de l'exposition physique les notions d'attraction et de répulsion, et se conforme ainsi au programme que Kant traçait dans les *Premiers Principes métaphysiques de la science de la nature*, ne suffit-il pas, pour limiter la portée de ce fait, d'ajouter qu'elle arrive à mettre en question la constance de la *masse*, c'est-à-dire le principe qui paraissait satisfaire de la façon la plus simple à l'idée d'une vérité intelligible, et se démontrer le plus facilement à l'aide des catégories de l'entendement pur?

De toutes façons, par conséquent, nous savons que nous n'avons plus à faire fond sur la législation rationnelle de la physique, sur la systématisation abstraite de la mécanique, pour apporter un centre de stabilité au corps des mathématiques, et assurer la connexion entre les sciences de raisonnement et les sciences d'expérimentation. La nature mixte de la *mécanique rationnelle*, loin d'apporter par elle-même une solution aux difficultés de la philosophie scientifique, soulève des problèmes qui ne sont ni préliminaires ni simples, puisqu'en dehors même de leur application au réel elle met nécessairement en cause la valeur des notions et des méthodes que la mécanique rationnelle, en tant qu'analyse ou géométrie prolongée, reçoit de la mathématique proprement dite.

Si nous avons rencontré des thèses contraires dans le kantisme et dans le positivisme, nous pouvons les considérer comme résolues par la méthode historique, c'est-à-dire rapportées à un état particulier de la science qui en légitime l'apparition, mais auquel néanmoins elles ne sont pas destinées à survivre. Il a

1. Cf. Lasswitz, *Die moderne Energetik in ihrer Bedeutung für die Erkenntniss-Kritik*, Philosophische Monatshefte, t. XXIX, 1893, p. 17; et Hannequin, Revue de métaphysique, 1904, p. 448.

2. Voir Boltzmann, *Leçons sur la théorie des gaz*, tr. Gallotti et Bénard, t. II, 1905, p. 250 et suiv.; et Seeliger, *Ueber die Anwendung der Naturgesetze auf das Universum*, Scientia, t. VI, p. 240 et tr. fr., p. 103.

existé une étape de la philosophie mathématique où les considérations de statique et de dynamique, utilisées depuis Archimède et Galilée comme auxiliaires, comme motrices pour la découverte, se sont introduites dans l'interprétation de la science constituée. Cette étape semble aujourd'hui définitivement franchie grâce à l'intervention de l'expérience dont l'importance primordiale n'avait certes échappé ni à Kant ni à Comte, mais dont ils n'avaient pas prévu suffisamment, semble-t-il, la complexité croissant avec le progrès des instruments techniques, ni la radicale plasticité.

SECTION B. — Les géométries non euclidiennes.

185. — C'est la méditation de la géométrie euclidienne qui a conduit Kant à la doctrine de l'*Esthétique transcendentale* et qui lui a permis d'insérer les formes d'intuition comme médiatrices entre les catégories du jugement et les principes de la physique rationnelle. De même, on peut soupçonner que la géométrie de Descartes a servi de prototype à la mécanique de Lagrange, et que, par là, Comte fut amené à les considérer toutes deux comme étant au même titre des branches de la mathématique. La philosophie mathématique, dans cette période où la science tendait à se constituer sous une forme positive et organique, supposait à titre de postulat la simplicité de la notion d'espace, qui manifestait d'une façon irrécusable l'unité de l'intelligible et du réel.

Or, à l'étonnement, au scandale, des générations de penseurs qui faisaient fond sur cette simplicité, la physionomie de la géométrie s'est transformée radicalement au cours du XIXe siècle, par la multiplicité des méthodes géométriques, par la constitution des *géométries non euclidiennes*, par la conception de la *Géométrie générale*.

Quelle est, du point de vue proprement scientifique, la portée de cette transformation? La géométrie classique est-elle devenue, comme la mécanique rationnelle, l' « amorce » d'une science expérimentale? ou la géométrie classique a-t-elle simplement changé de situation, de la façon dont la perspective d'un monument ancien vient à être modifiée par la construction d'édifices modernes dans le voisinage, sans que la structure ou la solidité en soient altérées le moins du monde? Bien plus, n'est-on pas autorisé à dire que dans le plan initial de la géométrie classique ces constructions étaient prévues, tout au moins qu'une place leur était réservée dès le moment où l'on cherchait à organiser la science des relations géométriques suivant un idéal de déduction *a priori?*

Telle est la question que nous devons soumettre à l'examen des faits. Déjà, nous avons eu l'occasion de considérer la constitution des *Éléments* d'Euclide, et nous avons reconnu qu'en dépit de la rationalité de la forme, ils répondent, comme les *Analytiques* d'Aristote eux-mêmes, au type de ce que Comte appelait une science naturelle. Dans l'une et dans l'autre œuvre, une place est faite aux lois physiques qui expriment soit la classification des caractères biologiques, soit l'intuition des rapports spatiaux : elles ne sont pas entièrement fondues dans les *lois logiques*; elles demeurent présentes, et nécessairement présentes dans leur spécificité irréductible, afin d'imprimer un mouvement et une orientation au mécanisme indifférent de la transformation logique. Seulement ce qui était chez les créateurs l'équilibre harmonieux du physique et du logique, est interprété par les disciples dans le sens d'une homogénéité complète. Le syllogisme devient la méthode capable d'engendrer de soi la science universelle; et de même, la rigueur que l'on rencontre dans le détail des démonstrations euclidiennes, fait conclure à une sorte de démonstration totale où les notions constitutives du savoir seraient, aussi bien que les principes régulateurs du raisonnement, des éléments purement logiques, attestant dans l'esprit un pouvoir de création absolue.

Or un semblable idéal, suggéré par la forme des *Éléments*, dépassait naturellement le degré de perfection que les *Éléments* avaient atteint en effet; la probité scrupuleuse de l'exposition euclidienne mettait d'ailleurs en lumière les points qui d'eux-mêmes s'offraient à la critique. Les *axiomes* pouvaient paraître justifiés par leur évidence intrinsèque, et comme les conditions de l'activité intellectuelle; les *définitions* pouvaient être introduites à titre de produits légitimes de la pensée géométrique. Mais les *postulats* étaient des affirmations analogues par le contenu aux théorèmes, et sollicitant par conséquent le même effort de démonstration. De là l'inévitable réaction de l'idéal suggéré par Euclide sur la science même telle qu'Euclide l'a constituée; de là le problème auquel donnera lieu, en particulier, le postulat relatif aux parallèles. Si la géométrie doit être réputée l'art de tout prouver, il est inadmissible que l'on *demande* d'accorder ce qui doit être conquis par la démonstration. De fait, les successeurs d'Euclide, par exemple Geminus, s'appuient sur l'autorité de Platon et d'Aristote pour chasser de la géométrie tout appel à la vraisemblance et à la probabilité[1]. Et, dès le second siècle de l'ère chrétienne, avec l'ouvrage de Ptolémée dont Proclus nous a conservé une fort intéressante analyse[2], se manifeste un effort méthodique pour combler cette lacune capitale de la démonstration euclidienne, et faire entrer le postulat d'Euclide dans le tissu des théorèmes.

Le problème qui va se poser n'est donc pas de ceux où serait engagée, ainsi qu'on l'a cru quelquefois, la destinée de la science euclidienne. En réalité le débat est entre la géométrie, telle qu'elle est chez Euclide, et la géométrie telle qu'elle devrait être suivant certains disciples plus logiciens que le maître. Il est clair, en effet, que si la géométrie doit apparaître capable de rendre raison de tout, même de son propre point de départ, s'il faut n'introduire aucun terme qui ne soit strictement réductible à des termes déjà définis, aucune proposition qui ne soit la conséquence logique de propositions déjà démontrées, l'attribution aux parallèles de propriétés qui ne résultent pas de leur définition, sous quelque forme qu'elle soit donnée, est une proposition qu'il est nécessaire de vérifier, sous peine de faire peser le soupçon d'incertitude sur tout le corps de doctrine qui est suspendu à cette proposition initiale. S'il se trouve, au contraire, que cette réduction intégrale est impossible en fait, sinon en droit, si, pour parler avec Pascal, « ce qui passe la géométrie nous surpasse », alors Euclide a raison : il fallait « s'arrêter quelque part », et, à l'aide des *demandes* euclidiennes ou par d'autres énoncés équivalents, placer en tête de la science quelques propositions qui marquent explicitement la connexion entre la forme abstraite du raisonnement et l'objet même auquel cette forme doit s'appliquer.

Voilà, exprimée en ses termes historiques, l'alternative que l'histoire avait à trancher. Or il semble que la solution de l'histoire ne laisse place à aucun doute, à aucune équivoque. La constitution des géométries *non euclidiennes* a confirmé d'une façon définitive la conception proprement « euclidienne » de la géométrie : les propositions qu'Euclide a eu la sagesse d'admettre sans démonstration sont, effectivement, indémontrables.

1. Ὁ Γεμῖνος ὀρθῶς ἀπήντησε λέγων ὅτι παρ' αὐτῶν ἐμάθομεν τῶν τῆς ἐπιστήμης ταύτης ἡγεμόνων μὴ πάνυ προσέχειν τὸν νοῦν ταῖς πιθαναῖς φαντασίαις εἰς τὴν τῶν λόγων τῶν ἐν γεωμετρίᾳ παραδοχήν. Proclus *in Eucl.* éd. Friedlein, 1873, p. 192. Le passage de Proclus est traduit dans Vincent, *Sur un point de l'histoire de la géométrie chez les Grecs et sur les principes philosophiques de cette science*, 1857, p. 10.

2. *Ibid.*, p. 362. Cf. Vincent, *op. cit.*, p. 15-21, et Heath, *The thirteen Books of Euclid's Elements*, t. I, 1908, p. 204 et suiv.

LES PRÉCURSEURS DE SACCHERI

186. — Les considérations précédentes, l'apparence de paradoxe qu'une terminologie confuse donne à leurs conclusions, font prévoir à travers quelles équivoques devait se dégager la véritable portée des géométries non euclidiennes, de quelles illusions de perspective les Lobatschewsky, les Bolyai, et leurs premiers commentateurs, ont pu être les victimes, comme il a dû arriver souvent aux initiateurs ou aux contemporains d'une grande découverte.

Lorsque l'œuvre à laquelle Lobatschewsky en particulier avait consacré sa vie, fut connue, et agrégée au domaine commun de la science, lorsqu'il fut admis qu'un système cohérent de propositions géométriques pouvait être développé dans lequel la somme des angles d'un triangle rectiligne fût moindre que deux angles droits, cette découverte fut regardée naturellement comme marquant une rupture avec le passé. La géométrie d'Euclide avait, jusque-là, semblé si profondément gravée dans la nature de l'esprit humain, elle dessinait si nettement la figure immuable des choses, qu'elle délimitait à l'avance l'horizon de la recherche scientifique ; or, voici qu'une bifurcation apparaît brusquement à un détour de la route, et l'effort de l'investigation scientifique s'engage pour une autre destinée. La géométrie où la somme des angles d'un triangle est moindre que deux droits a été appelée, par celui-là même qui l'a constituée, *géométrie imaginaire* ; la géométrie où la somme des angles du triangle est égale à deux droits, la géométrie d'Euclide, est déchue du monopole séculaire qui lui avait été reconnu ; elle prend place à côté de la géométrie de Lobatschewsky, et il semblait que par cette juxtaposition même, elle dût être rabaissée au niveau de celle-ci, qu'elle perdît sa valeur de réalité pour devenir, sinon « imaginaire », du moins hypothétique.

Les études historiques que devait provoquer le succès même de la géométrie non euclidienne, conduisent à présenter les choses sous un jour différent. L'avènement de la géométrie lobatschewskienne est moins un point de départ qu'un point d'arrivée. Elle est le dénoûment de la crise ouverte dès l'antiquité et au cours de laquelle se sont lentement élaborées les notions qui devaient présider à la géométrie non euclidienne.

Au cours de ce travail, un premier résultat fut acquis : on reconnut que la forme sous laquelle Euclide introduit le postulat ne correspond pas à un fait unique et hors de pair. La formule employée par Euclide peut être remplacée par d'autres formules, capables de mettre davantage en lumière les propriétés caractéristiques des parallèles euclidiennes et de l'espace auquel elles se rapportent. A cet égard, les traits les plus significatifs sont peut-être ceux qu'on relève aux deux extrémités de cette évolution : au Ier siècle av. J.-C., la définition des parallèles que Posidonius substitue à la définition d'Euclide; au XVIIe siècle, la proposition que Wallis invoque pour la démonstration du postulat d'Euclide.

187. — Pour Posidonius, deux parallèles sont deux droites toujours *équidistantes*. Et Proclus, qui nous a transmis cette définition[1], la défend en insistant sur le « paradoxe géométrique » qu'a signalé Geminus : l'existence de droites *asymptotes* à l'hyperbole ou à la conchoïde. Puisque deux lignes peuvent ne pas se rencontrer, sans pourtant être parallèles, la liaison de fait qu'Euclide a marquée pour les droites entre l'*asymptotie* et le parallélisme n'est pas un rapport essentiel; la définition des parallèles doit être fondée sur un caractère positif, qui explique l'importance décisive de la théorie dans le développement de la géométrie.

D'autre part, poursuivant l'effort ininterrompu, grâce aux écoles de mathématiciens arabes, pour parvenir à la démonstration du postulat euclidien, Wallis dégage, comme une des conditions requises pour la rigueur de la démonstration, ce *lemme* fondamental que pour toute figure il existe une figure semblable de grandeur arbitraire[2]. Wallis fait remarquer que le postulat III d'Euclide : *Qu'il soit demandé de décrire un cercle de centre quelconque*, est un cas particulier du théorème général de similitude; et il réclame le droit de présenter le théorème comme une « notion commune », fondée sur la « nature de la quantité » : il est de l'essence de la quantité, que toute figure soit, sans perdre la qualité spécifique de sa figure, susceptible d'être augmentée ou diminuée, *majorée*, ou *minorée*, comme dira Delbœuf[3]. Ainsi, avec l'instinct d'un mathématicien de race,

1. *Op. cit.*, p. 176.

2. « Præsumo tandem (ex præsupposita rationum natura tanquam cognita et figurarum similium definitione), ut communem notionem, *datæ cuicunque figuræ, similem aliam cujuscunque magnitudinis possibilem esse.* Hoc enim (propter quantitates continuas in infinitum divisibiles, pariter atque in infinitum augibiles), videtur ex ipsa quantitatis natura fluere; figuram scilicet quamlibet continue posse (retenta figuræ specie) tum minui, tum augeri in infinitum. *Demonstratio postulati quinti Euclidis* (1663), prop. VIII, *Opera*, t. II, Oxford, 1693, p. 676.

3. *Prolégomènes philosophiques de la géométrie et solutions des postulats*, Liége,

Wallis a mis en lumière le caractère qui, après la constitution des géométries non euclidiennes, devait maintenir à la géométrie euclidienne un privilège de simplicité où quelques-uns ont vu un degré supérieur de rationalité.

Mais, pour conférer à cette vue intuitive sa juste valeur, en dissipant toute illusion d'évidence intellectuelle, il fallait se rendre capable de concevoir différents types possibles d'espaces, entre lesquels la comparaison pût être instituée, et se terminât au profit de l'espace euclidien ; il fallait préparer le terrain où s'établiraient les géométries non euclidiennes.

LE P. SACCHERI

188. — Telle fut l'œuvre, décisive du point de vue où nous sommes placé, que Saccheri accomplit. Comme l'a excellemment montré Vailati[1], le P. Saccheri procède en logicien. Il applique d'une façon systématique à la démonstration des principes un raisonnement que l'on trouve déjà dans la théorie euclidienne des nombres[2], et qui est une élaboration subtile de la *réduction à l'absurde*. On y suppose fausse la proposition que l'on veut établir, et l'on fait voir qu'elle se retrouve vraie dans l'hypothèse même qui en avait posé la fausseté. La méthode réussit dans la logique formelle. Pour reprendre l'exemple élégant que Saccheri donne de cette méthode dans sa *Logica demonstrativa* (1697), soient les deux propositions suivantes :

Tout A *est* B,
Nul C *n'est* A ;

de ces deux propositions, on ne peut rien tirer parce que dans le syllogisme où le moyen terme est sujet de la majeure et prédicat de la mineure, c'est-à-dire dans le syllogisme de la première figure, la mineure est toujours affirmative. Or cette règle

1860, p. 132. Cf. Cournot, *Essai sur les fondements de nos connaissances et sur les caractères de la critique philosophique*, § 234, t. II, 1851, p. 55, n. 1. « Il ne faut que de médiocres connaissances en géométrie élémentaire, et un peu de réflexion, pour se convaincre que l'*imperfection* de la théorie des parallèles (pour employer le mot consacré) tient au refus d'admettre comme notion naturelle et primitive, la notion de la similitude ou l'idée qu'une figure étant donnée on peut toujours en imaginer une autre qui ne diffère de la figure primitive que parce qu'on a changé l'échelle de construction, ou parce que toutes les lignes de la figure ont crû ou décrû proportionnellement. »

1. *Sur une classe remarquable de raisonnements par réduction à l'absurde*, Revue de métaphysique, 1904, p. 799 et suiv.

2. *Éléments*, IX, 12. Ed. Heiberg, II, p. 362 et suiv.

scolastique, que dans le syllogisme de la première figure la mineure ne doit jamais être négative, peut-elle être établie? Il suffit de supposer que la règle est fausse; les deux propositions deviennent alors les prémisses d'un raisonnement, que nous appellerons, pour la commodité du discours, *pseudo-syllogisme*, et qui prendra la forme suivante :

> *Tout* A *est* B,
> *Nul* C *n'est* A,
> *Donc nul* C *n'est* B.

Si la règle à démontrer est niée, le type de ce pseudo-syllogisme devient légitime. Mais si le type est légitime, il est possible de construire un raisonnement où, les deux prémisses étant vraies, la conclusion serait précisément la règle scolastique à laquelle le pseudo-syllogisme prétendait contredire.

Voici, en effet, la connexion qu'obtient Saccheri. D'une part, les deux propositions évidentes : *Tout syllogisme de la première figure ayant les deux prémisses universelles affirmatives est valide. Nul syllogisme de la première figure ayant une mineure négative n'est un syllogisme de la première figure ayant les deux prémisses universelles affirmatives.* D'autre part, la conclusion : *Nul syllogisme de la première figure ayant l'une des deux prémisses négative n'est valide.* De deux choses l'une, dira Saccheri : « Ou vous accordez, ou vous niez la conclusion. Si vous l'accordez, le but est atteint. Sinon, en refusant la conclusion après avoir accordé les prémisses, vous avouez qu'il n'est pas légitime de tirer de deux prémisses de cette forme la conclusion visée[1]. » La démonstration est donc aussi rigoureuse qu'on peut la souhaiter; la vérité de la règle scolastique s'impose irrésistiblement à l'esprit humain, parce que, comme la vérité du *Cogito* cartésien, elle s'affirme dans sa négation même.

189. — L'effort de Saccheri va être maintenant de transporter en géométrie le procédé qui a fait ses preuves pour la logique formelle. L'effort est destiné sans doute à échouer; mais en raison des difficultés qu'il rencontre, il se révèle d'une fécondité inattendue. En effet, conformément à la marche que nous l'avons vu suivre dans sa *Logica deductiva*, Saccheri va constituer des types de géométries où, le postulat d'Euclide étant supposé faux, l'hypothèse de la fausseté aurait pour conséquence de ramener à ce postulat, ou du moins à une proposition équivalente.

1. *Logica demonstrativa*, p. 132, *apud* Vailati, art. cit., p. 805.

La création de ces *pseudo-géométries*, parallèles aux pseudo-syllogismes dont nous venons de parler, anticipe, en dépit des intentions de Saccheri, l'œuvre des Lobatschewsky et des Riemann.

Avec une pénétration tout à fait remarquable, il prend pour base la considération du quadrilatère birectangle isoscèle AB CD ou mieux du quadrilatère trirectangle LMBD. Les angles L,M,B étant droits, D peut être *droit* (fig. 11) (et c'est le postulat d'Euclide, sous la forme que déjà lui avait donnée au XIIIe siècle le commentateur persan Nasr Eddin-al-Tusi [1]), ou bien soit *obtus* soit *aigu* — deux hypothèses dont il s'agit de suivre les conséquences jusqu'à ce qu'y apparaisse une contradiction formelle : l'élimination de ces hypothèses apporterait alors une valeur apodictique à la thèse euclidienne.

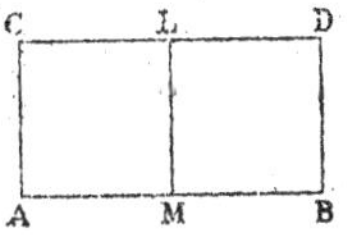

C L D
A M B

Fig. 11.

A l'épreuve, les deux hypothèses témoignent d'une dissymétrie curieuse. Saccheri croit pouvoir faire la preuve que l'hypothèse de l'angle *obtus* est absolument contradictoire. Il lui suffit de quelques propositions pour démontrer que l'hypothèse conduit à concevoir deux droites distinctes ayant deux points communs; ce qui la met, suivant Saccheri, en contradiction avec une propriété essentielle de l'espace, celle qui, dans la *Vulgate* des *Éléments*, forme le postulat VI. Il y a donc clarté parfaite [2].

Au contraire, Saccheri ne parvient à dévoiler de contradiction dans l'hypothèse de l'angle *aigu* qu'au prix de déductions laborieuses et dont il n'est pas lui-même entièrement satisfait; il réussit seulement à montrer que dans l'hypothèse de l'angle aigu, on arriverait à concevoir deux lignes qui ont une perpendiculaire commune et un point commun. Cela est, ajoute-t-il, contraire à la nature de la ligne droite [3]. Mais de cette assertion, qui conserve une forme métaphysique, peut-on conclure à une contradiction formelle? Saccheri ne regarde pas son œuvre comme la solution définitive du débat [4]. Il avait, semble-t-il, retardé autant qu'il était possible, la publication de son *Euclides*

1. Cf. Bonola (tr. Liebmann), *Die Nichteuklidische Geometrie*, Leipzig, 1908, p. 13.

2. *Euclides ab omni nævo vindicatus sive : Conatus geometricus quo stabiliuntur prima ipsæ universæ geometriæ principia*, Milan, 1733, prop., XIV; p. 19. Cf. Mansion, Annales de la Société scientifique de Bruxelles, t. XIV, 1889-1890, p. 35 et suiv.

3. *Prop.*, XXXIII, p. 70.

4. *Prop.*, XXXIX, *Schol.*, p. 98.

ab omni nævo vindicatus, qui ne parut qu'en 1732, à la veille de sa mort, et trente-cinq ans après la *Logica demonstrativa*. Il invite ses successeurs à perfectionner, suivant la méthode dont sa *Logique* a tracé le modèle [1], la réduction à l'absurde de l'hypothèse de l'angle aigu.

Seulement si ces tentatives sont destinées à échouer finalement, l'application de la méthode se retournera contre le dessein de son promoteur; l'hypothèse, dont on ne peut démontrer qu'elle est contradictoire, méritera d'être retenue, au même titre que la thèse euclidienne. Lobatschewsky, concurremment avec Bolyai, a constitué, d'une façon positive, cette géométrie non euclidienne dont Saccheri, et après lui Lambert, avaient, sous une forme négative, dessiné à l'avance les traits essentiels.

LOBATSCHEWSKY ET RIEMANN

190. — Rien n'est plus clair que la marche des idées de Lobatschewsky, telle qu'elle ressort, par exemple, de la *Pangéométrie* de 1855. La définition des parallèles, dans la géométrie classique, est insuffisante pour caractériser une seule ligne droite; et il n'y a rien qui empêche d'étendre la notion de parallèle à deux droites qui comprennent un faisceau de droites non sécantes : « Étant donné une droite et un point dans un plan, écrira Lobatschewsky, j'appelle parallèle à la droite donnée, menée par le point donné, la droite limite entre celles des droites menées dans le même plan par le même point et prolongées d'un côté de la perpendiculaire abaissée de ce point sur la droite donnée, qui la coupent, et celles qui ne la coupent pas [2]. »

Les conséquences de cette conception peuvent être développées, sans qu'une contradiction apparaisse; il y a donc une géométrie différente de la géométrie ordinaire. Cette géométrie est-elle vraie? Pour répondre à la question, il faut réfléchir aux conditions qui nous ont permis d'attribuer la vérité à la proposition où l'on peut voir la marque spécifique de la géométrie classique : *la somme des angles d'un triangle rectiligne est égale à deux droits*. Ce théorème se trouve démontré par les seules « notions fondamentales, c'est-à-dire les seules données d'évidence rationnelle ou intuitive »; si personne jusqu'à présent n'en a mis en doute la vérité, c'est, dit Lobatschewsky,

1. *Prop.*, XXXIX, *Schol.*, p. 99.

2. *Pangéométrie, ou précis de géométrie fondée sur une théorie générale et rigoureuse des parallèles* (Collection des travaux géométriques de Lobatschewsky, Vol. II, p. 618).

« parce qu'on ne rencontre aucune contradiction dans les conséquences qu'on en a déduites; et que les mesures directes des angles des triangles rectilignes s'accordent, dans les limites des erreurs des mesures les plus parfaites, avec ce théorème[1]. »

A la première condition satisfera également le système de géométrie où la somme des angles d'un triangle rectiligne est moindre que deux droits; reste donc le critère de l'expérience qui pourrait, suivant Lobatschewsky, devenir décisif si l'on considérait dans l'espace des triangles dont les côtés soient très grands[2].

En attendant, et du point de vue logique, la géométrie euclidienne et la géométrie nouvelle doivent être retenues toutes deux. Lobatschewsky abandonne la première dénomination de *géométrie imaginaire*, qui avait l'inconvénient de paraître aux yeux des philosophes reléguer dans le domaine des fictions la science naissante, en même temps que pour les mathématiciens elle évoquait les problèmes d'apparence inextricable auxquels ils se heurtaient alors pour l'introduction des quantités imaginaires. Il substitue à la géométrie imaginaire la *Pangéométrie*, c'est-à-dire l'idée d'une « théorie géométrique générale qui comprend la géométrie ordinaire comme cas particulier[3] ».

191. — La *Pangéométrie* ne comporte pas de place pour le système où la somme des angles du triangle rectiligne surpasserait deux droits; Lobatschewsky croit même l'avoir exclu par une démonstration formelle[4]. C'est que, conformément d'ailleurs à ce que pouvaient faire prévoir les recherches de Saccheri qui en jugeait la réfutation plus aisée, l'hypothèse de l'angle *obtus* devait être plus difficile à réaliser. L'effort d'abstraction est tout autre, du moins pour le géomètre, puisqu'il demande de mettre en question non plus une propriété déterminée et indémontrable des parallèles, mais l'existence même des parallèles. Il faut concevoir une surface plane où les droites peuvent avoir deux points communs, comme les arcs des grands cercles tracés sur une surface sphérique; alors que la proposition contraire, introduite comme postulat dans les *Éléments* d'Euclide[5], avait toujours paru à l'abri de la contestation. Le mémoire de Riemann, *Ueber die Hypothesen welche der Geo-*

1. *Ibid.*, p. 617.
2. *Ibid.*, p. 678.
3. *Ibid.*, p. 619.
4. *Recherches géométriques sur la théorie des parallèles*, *proposition* n° 19, tr. Hoüel, 1895, p. 7.
5. *Vide supra*, § 53.

metrie zu Grunde liegen (1854), montre comment s'est accomplie la dissociation entre éléments jusque là indissolublement unis.

Riemann part de notions purement *analytiques*; il cherche à construire le concept le plus général de l'espace en déterminant les diverses formes de relations métriques susceptibles de s'établir entre des multiplicités d'éléments, et qui caractériseront chaque espèce de multiplicité. Ainsi on peut faire intervenir d'abord le nombre des dimensions. Il s'agira de pousser plus loin la discrimination des types spatiaux : le procédé de Riemann consiste à considérer l'espace dans l'infiniment petit, au lieu de se donner d'un coup l'espace infini. Il prend pour base l'élément de distance linéaire, « qu'il suppose exprimable sous la forme $ds = \sqrt{\Sigma d_{ik} dx_i dx_k}$; [1] » de sorte que le problème de la constitution d'une géométrie métrique se pose alors dans les termes suivants : à quelle condition la mesure de distance demeure-t-elle la même, quel que soit le lieu où elle s'opère? Pour le résoudre, Riemann introduit la notion de la *courbure de l'espace* — notion originale sans doute, mais dont la constitution a été rendue possible par les travaux de Gauss sur la courbure propre des surfaces [2]. En généralisant cette notion, en l'appliquant à l'espace, et en particulier à notre espace à trois dimensions, Riemann est en possession des *relations métriques intrinsèques* qui rendent possible le déplacement d'une figure sans déformation, qui satisfont à ce qu'Helmholtz appellera plus tard l'*axiome*

1. Klein, *Conférences sur les Mathématiques* (Chicago, 1893), tr. Laugel, 1898, p. 86.

2. *Disquisitiones generales circa superficies curvas*, (1827). *Œuvres*, IV, 219 et suiv. Voici comment on peut, avec M. Lechalas, présenter l'idée de la courbure propre : « Si, sur une surface, on limite une région par une courbe fermée quelconque et si, par le centre d'une sphère de rayon 1, on mène des parallèles aux normales ou des perpendiculaires aux plans tangents à la surface aux divers points de la courbe, la surface de la région découpée sur la sphère par l'ensemble de ces droites est [*par rapport à la portion de surface comprise à l'intérieur de la courbe*] ce que Gauss appelle la courbure intégrale de la région considérée sur la surface donnée. Si maintenant cette région se resserre indéfiniment autour d'un point M, la limite vers laquelle tend cette courbure intégrale, limite indépendante de la loi suivant laquelle s'évanouit la région considérée, est la courbure de la surface au point M, sa courbure totale, pour employer l'expression généralement adoptée. On sait que, parmi toutes les courbes tracées sur la surface par le point M, il en est deux, rectangulaires l'une à l'autre, dont les rayons de courbure, dits principaux, sont l'un maximum et l'autre minimum. Si donc on considère un élément de surface rectangulaire, ayant ses côtés parallèles aux directions principales, on voit que la courbure totale est égale à l'inverse du produit des deux rayons de courbure principaux. Suivant que ces deux rayons sont de même sens ou de sens opposés, la courbure est positive ou négative. » *La courbure et la distance en géométrie générale*, Revue de métaphysique, 1896, p. 195.

de libre mobilité. Or ces relations correspondent à un cadre plus large que le type euclidien de l'espace : dans la géométrie euclidienne la courbure de l'espace est *partout nulle*, il suffit à l'existence d'une géométrie métrique que l'espace ait une courbure *partout constante*. Riemann conclut donc : « les multiplicités dont la courbure est partout égale à *zéro*, peuvent être considérées comme un cas particulier des multiplicités de courbure partout constante[1] ». Dans ces espaces la somme des angles d'un triangle rectiligne ne sera pas égale à deux droits ; mais elle est déterminée en fonction de la surface pour tout triangle quand elle l'est dans un seul. Si la courbure constante est négative, la somme des angles du triangle est plus petite que deux droits, et l'on retrouve ainsi, comme Beltrami l'a fait voir[2], la géométrie dont Lobatschewsky et Bolyai avaient étudié les propriétés. Si la courbure est positive, la somme est plus grande que deux droits ; on obtient une géométrie où les triangles jouissent de propriétés analogues aux triangles sphériques, où les lignes géodésiques ont deux points communs, comme les arcs des grands cercles sur une sphère, où l'espace enfin est illimité sans être infini ; et ce sera la géométrie de Riemann.

LES MÉTAGÉOMÉTRIES

192. — L'établissement de la géométrie riemannienne achève de remplir le programme que la logique rigoureuse de Saccheri avait tracé. Du même coup, il fait évanouir le rêve qui avait été celui de Saccheri et de tous les *méta-euclidiens* si nous entendons par là ceux qui, poussant plus loin qu'Euclide l'œuvre de réduction logique, prétendaient rendre raison de tout et même des principes de la géométrie. Il justifie définitivement Euclide et les Euclidiens. Nous pouvons même ajouter qu'il justifie une des thèses essentielles du kantisme. M. Mansion, qui considère la géométrie non euclidienne comme une réfutation par le fait de la *Critique de la raison pure*, remarque pourtant qu'il est arrivé à Kant de parler le langage du pur riemannien[3] : dans les *Postulats de la pensée empirique*, Kant fait observer qu'il n'y a aucune contradiction dans le concept d'une figure comprise

1. *Werke*, 2e édit. 1892, p. 282, tr. Laugel, 1898, p. 292.
2. *Essai d'interprétation de la géométrie non euclidienne*, tr. Houel, Annales scientifiques de l'École normale supérieure, t. VI, 1869, p. 251 et suiv. Cf. Helmholtz, *Les axiomes de la géométrie, leur origine et leur signification*, Revue des cours scientifiques, deuxième série, t. XII, 1877, p. 1201.
3. Revue Néo-scolastique, Louvain, 1896, p. 253.

entre deux lignes droites[1]. Il a donc nettement aperçu que la géométrie réclamait une addition à la pure logique. Il est vrai pourtant que cet élément ajouté à la logique reçoit une détermination trop simple parce qu'il est enfermé dans les bornes de la géométrie euclidienne. La forme d'intuition *a priori* est conçue sur le modèle de la catégorie logique, c'est-à-dire qu'elle est exclusive de la détermination opposée.

Tout en plaçant les principes de la géométrie en dehors du domaine de l'entendement pur, Kant les avait retenus sous l'empire de la contradiction. Ce qui était différent de l'espace euclidien, pour n'être pas contradictoire en soi, n'en était pas moins contradictoire avec les formes nécessaires de la représentation, « incompossible » pour l'humanité. La *Critique* en arrive à cette conclusion singulière que, tout entière fondée sur la distinction radicale des jugements analytiques et des jugements synthétiques, elle restituait aux jugements synthétiques *a priori* la caractéristique essentielle des jugements analytiques, à savoir que le contraire en était inadmissible.

Or, ce que la géométrie non euclidienne a ruiné, c'est l'assimilation qui subsiste chez Kant entre les formes d'intuition et les formes logiques. Le jeu de l'imagination constructive dont la théorie du schématisme avait révélé le mécanisme recouvre une liberté, une plasticité que Kant était loin d'avoir soupçonnées.

Et en effet, du moment que le postulat des parallèles, où les mathématiciens avaient depuis l'antiquité reconnu le défaut de la cuirasse euclidienne, n'est pas le seul dont on puisse écarter la nécessité, il semble qu'il n'y ait plus de limite à l'audace de la critique non euclidienne. Chose curieuse, Renouvier prend acte de cette liberté illimitée pour réduire à l'absurde la géométrie non euclidienne : « La géométrie non euclidienne a sa raison d'être ou son prétexte détruits, dès qu'il paraît clair que le postulat des parallèles n'est ni plus ni moins démontrable — ou indémontrable — que d'autres propositions premières en dehors desquelles on ne peut asseoir *aucune* géométrie[2]. »

193. — Mais il est bien téméraire de vouloir arrêter le mouvement de l'esprit humain, en se faisant contre lui une arme de son succès même. La conclusion la plus logique ne serait-elle pas au contraire de n'admettre la nécessité intrinsèque d'aucune

1. A, 220. *AKB*, IV, 146. *Ba*, I, 280 et *TP*, 233.
2. *La philosophie de la règle et du compas, théorie logique du jugement dans ses rapports et ses applications aux idées géométriques et à la méthode des géomètres*, Année philosophique, 2e année (1891), 1892, p. 22.

proposition première? On se fera une loi d'analyser tous les éléments dont se compose l'intuition spatiale, et de les soumettre à la même épreuve que l'idée des parallèles; on se demandera quels axiomes correspondent dans la géométrie classique à chacun de ces éléments; et, excluant par l'hypothèse tel ou tel de ces axiomes, on étudiera le système de relations qu'il est possible de constituer encore dans cette hypothèse. C'est ainsi que, pour M. Hilbert, la *géométrie générale*, dont Lobatschewsky croyait avoir atteint le terme, que l'on a ensuite étendue à la considération des trois types d'espaces métriques, doit épuiser toutes les relations dont la géométrie a le devoir de donner « une description exacte et complète », relations « désignées par des mots tels que *sont situés*, *entre*, *parallèles*, *congruent*, *continu*[1] ».

Les géométries non euclidiennes déjà constituées ne sont donc que des cas particuliers de la *métagéométrie*. Par exemple, pour prendre la tentative la plus audacieuse de M. Hilbert, on pourra écarter du groupe des axiomes fondamentaux l'*axiome d'Archimède* auquel M. Hilbert donne aussi le nom d'*axiome de continuité*[2] : soit un segment linéaire AB et un segment AA_1 pris sur la même droite, A_1 étant entre A et B, il est toujours possible d'obtenir par l'addition de segments égaux A_1, A_2, A_3, *etc.* l'inégalité $A\,A_n > AB$. M. Hilbert conçoit un système numérique complexe (t), dont deux nombres 1 et t, tous deux > 0, « jouissent de cette propriété qu'un multiple quelconque du premier sera plus petit que le second de ces nombres[3] ». En faisant correspondre à ce système de nombres complexes des convention « relatives à la distribution des éléments ainsi qu'au déplacement des segments et des angles », on arrive à concevoir entre un segment t et un segment 1 une relation telle qu'on puisse faire « glisser le segment 1 bout à bout une infinité de fois sans jamais arriver à atteindre l'extrémité du segment t; or, cela est en contradiction avec l'axiome d'Archimède[4] ».

La dissociation pourrait difficilement être poussée plus loin. Il convient seulement de prendre garde à en apprécier exactement la portée. Il n'est pas sûr que l'évocation idéale d'un sys-

1. *Les principes fondamentaux de la géométrie*, tr. Laugel, 1900, p. 24.

2. A l'égard de cette dénomination il n'est pas inutile de rappeler cette remarque importante de M. Veronese que, pour rendre complètement compte de la continuité géométrique, il faut introduire encore un autre postulat, de la forme suivante : « Tout segment, même variable, contient un point distinct de ses extrémités. » *Les postulats de la géométrie dans l'enseignement*, Congrès des mathématiciens, Paris, 1900, p. 449.

3. Trad. Laugel, p. 33.

4. *Ibid.*

tème spatial que l'on dérive de la constitution artificielle d'un domaine algébrique, suffise pour apporter une solution positive aux problèmes de la philosophie ; et les mathématiciens ne le prétendent assurément pas. M. Mansion, qui a tant de fois invoqué contre Kant l'autorité de Gauss, de Lobatschewsky, de Riemann, refuse à la géométrie non archimédienne de M. Hilbert la dénomination de géométrie : « Supposer que les distances ne sont pas des grandeurs, c'est supprimer la géométrie[1]. »

La difficulté que signale M. Mansion ne saurait être tranchée par des considérations purement techniques. D'une part, on voudrait demander aux recherches de la métagéométrie de nous instruire sur la nature de l'espace ; d'autre part, pour savoir dans quel cas ces recherches demeurent à l'intérieur du domaine de la géométrie et dans quel cas elles en sortent, il faut déjà posséder une notion de l'espace.

Mais ce qu'il est permis d'affirmer à titre définitif, c'est le caractère complexe de cette science euclidienne où l'on s'est plu pendant des siècles à voir le modèle de l'homogénéité rationnelle. Elle unit en elle les deux éléments d'*ordre* et de *mesure* que Descartes proposait comme objets à la mathématique. Chacun de ces éléments peut être cultivé à part, et donner naissance à des disciplines particulières.

Sans que nous devions suivre ici le développement de ces disciplines, il suffira pour notre objet de rappeler que, si avec Kant, on insiste sur l'intuition originale de l'espace comme déterminant la nature spécifique de la géométrie, il convient de faire une place aux différents types de géométrie non métrique : *géométrie projective* qui considère entre les éléments spatiaux les liaisons de direction et d'intersection, — *géométrie de position* ou *Analysis situs* qui ne retient que l'ordre de distribution, la relation d'*entre*. D'autre part, si avec Comte on voit dans la réduction des relations spatiales aux relations abstraites de l'algèbre la marque de la généralité dont la géométrie est susceptible, il convient de tenir compte de nouveaux types de calcul géométrique, tels que la théorie des *quaternions* de Hamilton, ou le calcul de l'*extension* de Grassmann[2]

1. Annales de la Société scientifique de Bruxelles, t. XXIX, 1905, p. 200. Cf. Poincaré, Journal des Savants, 1902, p. 262 : « La géométrie non euclidienne respectait pour ainsi dire notre conception qualitative du continu géométrique tout en bouleversant nos idées sur la mesure de ce continu. La géométrie non archimédienne détruit cette conception ; elle dissèque le continu pour y introduire des éléments nouveaux. »

2. Macfarlane, *Les idées et les principes du calcul géométrique*, Bibliothèque du Congrès international de philosophie (Paris 1900) t. III, 1901, p. 405 et suiv.

SECTION C. — L'analyse et la continuité.

LE PROBLÈME AU XVIIIe SIÈCLE

184. — En ce qui concerne l'analyse, comme en ce qui concerne la mécanique rationnelle et la géométrie, nous chercherons à marquer les points de rupture entre les conceptions kantienne ou comtiste de la science, et la conception actuelle. Pour cela nous devrons nous attacher surtout à l'évolution de l'idée de continuité. Le spectacle est d'ailleurs l'un des plus instructifs que puisse fournir l'histoire de la pensée. Dans une science où il ne s'agit que d'idées pures, on voit une nécessité intrinsèque jaillir de la nature de ces idées, brisant les cadres que l'esprit s'était imposés à la suite de ses premiers succès, secouant la paresse dogmatique qui est l'attitude naturelle de l'homme, et par les difficultés mêmes qui sont nées du progrès scientifique contraignant de substituer aux synthèses confuses de l'intuition l'analyse claire et rigoureuse, fondement de la rationalité vraie.

Les mathématiciens du XVIIIe siècle s'étaient efforcés de fournir la justification métaphysique du calcul infinitésimal; et ils avaient échoué. Mais pratiquement ils se sentaient sur un terrain solide : ils étendaient au domaine transcendant la corrélation entre la formule analytique et la représentation géométrique, corrélation qui était le principe de la science cartésienne. D'une part, la solidarité de la fonction et de la variable, qui se manifeste dans l'ordre abstrait par la connexion entre les accroissements infiniment petits de celle-ci et les changements infiniment petits de celle-là, trouve sa confirmation et son illustration dans la continuité de l'espace et du temps. Réciproquement, la continuité spatiale s'éclaire, ou tout au moins elle se limite pour l'usage mathématique, si on lui impose d'exprimer l'unité d'une fonction. C'est ainsi qu'Euler considère comme *continues* les courbes qui se traduisent analytiquement à l'aide d'une seule et même fonction [1], c'est-à-dire qui obéissent à une loi constante. Lorsque les courbes sont telles que leurs différentes portions ont pour expressions des fonctions différentes de x, elles sont *discontinues*, c'est-à-dire « mixtes et irrégulières » ; elles échappent aux prises directes de l'analyse, qui est dès l'abord restreinte à la sphère de la continuité ainsi définie.

Cette conception d'Euler se précise si l'on se rapporte au

[1] *Introductio in Analysin infinitorum*, Lausanne, t. II, 1748, p. 6.

débat ouvert par les recherches de d'Alembert sur « la courbe que forme une corde tendue mise en vibration ». D'Alembert avait indiqué une solution « pour les cas où les différentes figures de la corde vibrante peuvent être renfermées dans une seule et même équation[1] ». Daniel Bernoulli, d'autre part, reprend l'examen synthétique de la question[2]; il s'attache particulièrement à l'expression mathématique du « mélange de vibrations » auquel correspond le phénomène des sons harmoniques, et il aboutit à cette conclusion que « la courbe de la corde vibrante est toujours une *trochoïde* [ou *sinusoïde*] allongée, ou un composé de pareilles trochoïdes, quelques figures initiales que l'on ait données à la courbe[3] ». Autrement dit « si au temps t les coordonnées (x, y) des points de la corde [*de longueur* λ] vérifient l'équation

$$\frac{\partial^2 y}{\partial t^2} = \mu^2 \frac{\partial^2 y}{\partial x^2} \text{ (}\mu\text{ constant).}$$

Bernoulli montra... que l'équation est satisfaite par des produits de *sinus* et de *cosinus*, ce qui l'amena à prendre comme intégrale générale la série

$$y = \sum_{n=1}^{\infty} \left(a_n \cos \frac{n\pi\mu t}{\lambda} + b_n \sin \frac{n\pi\mu t}{\lambda} \right) \sin \frac{n\pi x}{\lambda}.$$

Pour $t = o$, cette relation devait donner la position initiale de la corde. Cette position était arbitraire : une fonction arbitraire pouvait donc être représentée par une série trigonométrique[4] ».

Mais cette conclusion ne pouvait manquer de heurter les contemporains de Bernoulli : comment une série qui est une transcendante périodique, pourrait-elle représenter des fonctions non périodiques? Aux yeux d'Euler, « la solution tirée de la combinaison des trochoïdes ne saurait être regardée que comme très particulière[5] ». La condition nécessaire pour que l'on puisse comprendre une courbe dans une équation, c'est

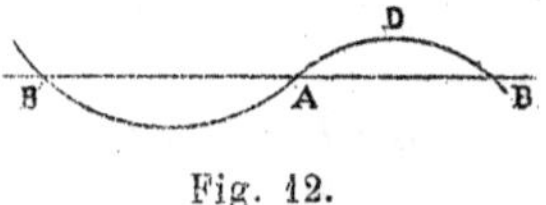

Fig. 12.

1. Mémoires de l'Académie de Berlin, 1750, p. 358.
2. Mémoires de l'Académie de Berlin, 1753, p. 148 : « Une analyse abstraite, qu'on écoute sans aucun examen synthétique de la question proposée, est sujette à nous surprendre plutôt qu'à nous éclairer. »
3. Montucla, *Histoire des mathématiques*, t. II, 1802, p. 662.
4. Fouët, *Leçons élémentaires sur la théorie des fonctions analytiques*, 2e édit., t. II, 1910, p. 94.
5. Euler, Mémoires de l'Académie de Berlin, 1753, p. 201.

« que la figure ADB (fig. 12) soit telle que sa continuation naturelle entraîne toutes les autres parties réitérées. » Or, la trochoïde de Bernoulli ne satisfait pas à cette condition : « Les différentes parties semblables de cette courbe ne sont liées entre elles par aucune loi de continuité, et ce n'est que par la description qu'elles sont jointes ensemble [1]. »

LA CONTINUITÉ CHEZ PONCELET

195. — Ainsi, et c'est tout ce que nous pouvons retenir du débat, les mathématiciens du XVIIIe siècle ont eu le sentiment que, fondée sur la notion tout intuitive de la continuité, l'analyse risquait de demeurer inadéquate à la complexité des phénomènes naturels; mais ils n'ont pas réussi à briser le cercle où ils étaient enfermés.

Il y a plus; et afin de saisir dans sa portée et dans son originalité l'idée qui a transformé la physionomie de l'analyse, il convient de s'arrêter encore au stade de la continuité intuitive, et d'insister sur le parti que Poncelet a su en tirer pour l'extension des méthodes géométriques. L'épisode est inattendu dans l'histoire de la science. L'analyse, au commencement du XIXe siècle, apparaît constituée sur la base de la continuité spatiale. Par un mouvement tournant d'une audace extrême, Poncelet va demander à l'analyse d'étendre et de féconder la science même de l'espace pour les cas particuliers où l'expérience spatiale de la continuité se dérobe; il emprunte à l'analyse la notion de la continuité *idéale*, qu'il substitue à la discontinuité réelle de certaines images spatiales, et il proclame ainsi un certain *axiome de continuité* qui lui permet de reprendre la géométrie descriptive de Monge, et de l'élargir jusqu'à en faire une science presque toute nouvelle : *la géométrie projective*.

La définition et la genèse de cet *axiome de continuité* sont indiquées avec la plus grande netteté dans une lettre de Poncelet à O. Terquem, du 23 novembre 1818 : « L'axiome jusqu'ici examiné n'est, au fond, quand on le considère sous un certain point de vue, que le *principe de permanence*, ou *continuité indéfinie des lois mathématiques des grandeurs variables par succession insensible*, continuité qui, pour certains états d'un même système ne subsiste souvent que d'une manière purement abstraite et idéale [2]. »

1. Euler, Mémoires de l'Académie de Berlin, 1753, p. 217.
2. *Applications d'analyse et de géométrie*, t. II, 1864, p. 533.

Ce principe est le fondement de *l'Algèbre pure*, fondement implicite, ajoute Poncelet, et « entièrement gratuit[1] puisqu'il revient en définitive à admettre que les opérations élémentaires de l'Algèbre s'étendent immédiatement à tous les états, même imaginaires, des lettres que ces opérations concernent. Or, on sait combien cette extension volontaire est jusqu'ici peu démontrée, et qu'elle n'a de certitude que celle que lui a imprimée l'expérience de deux siècles de découvertes et de travaux mathématiques[2]. » De là cette question générale : « On se demande pourquoi la géométrie est si restreinte dans ses conceptions, et s'il ne serait pas possible, jusqu'à un certain point, de la faire jouir des mêmes avantages que l'Analyse algébrique[3]. »

Pour remplir ce programme, pour atteindre à « ce caractère d'extension et de généralité dont les résultats de la géométrie pure sont naturellement dépourvus »[4], Poncelet transporte l'application des « propriétés découvertes pour la figure primitive... non seulement aux états d'une figure dont la corrélation avec la primitive est simplement indirecte et par conséquent réelle, mais encore à tous ceux où certaines parties de la figure sont devenues nulles, imaginaires, infinies, en perdant ainsi leur existence géométrique individuelle, c'est-à-dire à tous les états qui n'auraient plus conservé qu'une corrélation *idéale*[5] avec l'état primitif du système[6] ». Ainsi on dit, on conçoit que « le faisceau de plusieurs droites parallèles, situées ou non dans un même plan, a son point de concours placé à l'infini ». Et « par la même raison, on dit, on conçoit, que la distance du point de concours à un point quelconque *donné* dans l'espace est *infinie*, et cette distance se mesure évidemment sur une autre parallèle[7]. » De même, si nous considérons le mouvement d'une ligne droite qui coupe une courbe quelconque continue « il pourra arriver... que deux quelconques d'entre les points d'intersection réels se rapprochent continuellement et finissent par se confondre, en cessant par conséquent d'être distincts; leur distance mutuelle se sera alors évanouie et aura perdu toute

1. « Purement gratuite, inductionnelle, pour ainsi dire. » *Considérations philosophiques et techniques sur le principe de continuité dans les lois géométriques* (Hiver 1818-1819). *Applications d'analyse et de géométrie*, p. 320.
2. *Ibid.*, II, 533.
3. *Ibid.*, II, 531.
4. *Ibid.*, II, 319.
5. « Idéale, c'est-à-dire fictive et abstraite. » *Ibid.*, II, 519.
6. *Ibid.*, II, 319.
7. *Ibid.*, II, 347.

existence géométrique. Pour lui conserver, malgré cela, une existence au moins idéale, et, par suite, pour rendre les deux points d'intersection correspondants distincts dans la conception, comme ils l'étaient auparavant, on dit et l'on conçoit qu'ils sont à une distance *plus petite que toute distance donnée*, à une *distance infiniment petite*. » Supposons, enfin, que par la continuité du même mouvement « les deux points d'intersection que l'on considère en particulier, après s'être rapprochés à une distance infiniment petite, perdent tout à coup et simultanément leur existence géométrique, parce que la droite se sera détachée de la portion de courbe correspondante ; alors, pour leur conserver une existence de signe, au moins idéale, dans le discours et dans la conception, on dit que ces deux points sont devenus à la fois *imaginaires*, aussi bien que les distances qui les séparent de tout point réel donné ; et, ainsi s'établit l'idée d'une continuité indéfinie dans la commune intersection des deux lignes[1] ».

De ces conceptions, Poncelet fournit assurément la preuve la plus parfaite qui se puisse concevoir, au point de vue pragmatique, puisqu'il y rattache le développement régulier et systématique de ce qui est devenu la *géométrie moderne*.

Pourtant, lorsqu'il a communiqué à l'Académie des sciences son *Mémoire sur les propriétés projectives des sections coniques*, qui contenait quelques-uns de ses plus beaux résultats il trouva dans le *Rapport* de Cauchy une réserve très nette, et qui lui fut cruelle, sur la portée du *principe de continuité*. « Ce principe, écrit Cauchy, n'est, à proprement parler, qu'une forte induction, à l'aide de laquelle on étend des théorèmes établis d'abord à la faveur de certaines restrictions, aux cas où ces mêmes restrictions n'existent plus. Étant appliqué aux courbes du second degré, il a conduit l'auteur à des résultats exacts. Néanmoins, nous pensons qu'il ne saurait être admis généralement et appliqué indistinctement à toutes sortes de questions en géométrie, ni même en analyse. En lui accordant trop de confiance, on pourrait tomber quelquefois dans des erreurs manifestes. On sait, par exemple, que dans la détermination des intégrales définies, et, par suite, dans l'évaluation des longueurs, des surfaces et des volumes, on rencontre un grand nombre de formules qui ne sont vraies qu'autant que les valeurs des quantités qu'elles renferment restent comprises entre certaines limites[2] ».

1. *Applications d'analyse et de géométrie*, II, 349-350.
2. *Ibid.*, II, 557.

LA CONTINUITÉ CHEZ CAUCHY

196. — Il serait oiseux de prolonger la polémique lointaine que ces lignes ont soulevée; entre la géométrie projective et l'analyse, il n'est pas nécessaire d'opter. Du point de vue technique, les malentendus auxquels pouvaient donner lieu ou un énoncé trop bref du principe, ou une critique trop elliptique, sont faciles à dissiper : « Poncelet, écrit M. Darboux, lui faisait du tort en se refusant à le présenter comme une simple conséquence de l'analyse; et Cauchy, d'autre part, ne voulait pas reconnaître que ses propres objections, applicables sans doute à certaines figures transcendantes, demeuraient sans force dans les applications faites par l'auteur du *Traité des propriétés projectives*[1] ». Par les citations que nous avons faites, on aperçoit que dans la réalité Poncelet et Cauchy n'avaient pas été loin de satisfaire à ce double *desideratum*. Mais il reste qu'à travers deux hommes deux philosophies de la mathématique s'affrontent; ou d'une façon plus exacte, et pour nous plus instructive, à travers ces deux hommes le passage se laisse saisir de la philosophie qui avait inspiré la période classique des mathématiques à la philosophie de la période moderne.

Dans la période classique, la continuité apparaît comme la racine commune de l'analyse et de la géométrie. La formule abstraite et la représentation concrète, associées grâce à elle, se fécondent par leurs connexions réciproques, se dépassent tour à tour l'une l'autre, jouent alternativement le rôle de *prêteur* ou d'*emprunteur*. La géométrie ou la mécanique avaient fourni à l'analyse ses principes; c'est sur le crédit de l'analyse que Poncelet étendra les relations géométriques au delà des bornes de l'intuition.

Au contraire, Cauchy fonde la science moderne de l'analyse, en commençant par mettre en question l'évidence intuitive qui avait permis d'appuyer l'une sur l'autre la définition analytique de la fonction et la continuité de la courbe prise dans son ensemble. Par delà la généralisation géométrique de Poncelet, il récuse la généralisation algébrique qui avait inspiré la formule et l'usage nouveau du principe de continuité. Il faut, écrit-il dans l'*Introduction* du *Cours d'analyse algébrique*, s'imposer de « ne jamais recourir aux raisons tirées de la généralité de

1. *Étude sur le développement des méthodes géométriques*, Bulletin des sciences mathématiques, 1904, p. 239.

l'algèbre. Les raisons de cette espèce, quoique assez communément admises, surtout dans le passage des séries convergentes aux séries divergentes, et des quantités réelles aux expressions imaginaires, ne peuvent être considérées, ce me semble, que comme des inductions propres à faire pressentir quelquefois la vérité, mais qui s'accordent peu avec l'exactitude des sciences mathématiques. On doit même observer qu'elles tendent à faire attribuer aux formules algébriques une étendue indéfinie, tandis que dans la réalité la plupart de ces formules subsistent uniquement sous certaines conditions et pour certaines valeurs des quantités qu'elles renferment[1] ».

197. — Seulement il importe de ne pas faire Cauchy plus spéculatif, plus « philosophe » qu'il n'a prétendu l'être ; ce serait du même coup altérer la nature spécifique du progrès que nous cherchons à retracer. La réorganisation intellectuelle de l'analyse, dont le logicien est tenté de faire un point de départ absolu, marque effectivement ici l'achèvement d'une œuvre que l'observation de la nature a provoquée, qu'elle a rendue nécessaire. De même que la constitution par Newton et par Leibniz du calcul infinitésimal couronne une série d'efforts poursuivis sur le terrain de la mécanique et de la géométrie, de même la conception moderne de l'analyse est liée à des découvertes mathématiques que les problèmes de la physique avaient provoquées, et qui apportaient une solution aux questions laissées en suspens par le XVIIIe siècle.

La mise en équation des conditions de la propagation de la chaleur conduit Fourier à des formules analogues à celles qui régissent les vibrations des cordes vibrantes : « Les formules ne diffèrent que par la valeur d'une même indéterminée, qui est réelle dans un cas et imaginaire dans l'autre[2]. » Fourier part de la remarque, due à Euler[3], « que dans la série trigonométrique

$$f(x)=\begin{cases} a_1 \sin x + a_2 \sin 2x + \dots \\ + \frac{1}{2} b_0 + b_1 \cos x + b_2 \cos 2x + \dots \end{cases}$$

les coefficients se déterminent par les formules

$$a_n = \frac{1}{\pi}\int_{-\pi}^{\pi} f(x) \sin nx\,dx, \qquad b_n = \frac{1}{\pi}\int_{-\pi}^{\pi} f(x) \cos nx\,dx.$$

1. 1821. *Introduction*, p. II.

2. *Note relative aux vibrations des surfaces élastiques et au mouvement des ondes*, 1818, *Œuvres*, éd. Darboux, t. II, 1890, p. 261.

3. Cf. Sachse, *Essai historique sur la représentation d'une fonction arbitraire*

Il vit que cette détermination reste encore applicable lorsque la fonction $f(x)$ est donnée tout à fait arbitrairement; il substitua d'abord pour $f(x)$ une fonction dite « discontinue » (l'ordonnée d'une ligne présentant un point de rupture pour certaines valeurs de l'abscisse x) et il obtint ainsi une série qui, effectivement, donnait toujours la valeur de la fonction[1]. » Une fonction qui « graphiquement » serait donnée d'une façon *arbitraire*[2], c'est-à-dire dont la détermination dans un certain intervalle de la variable n'entraînerait pas la détermination dans un autre intervalle, serait représentable par une série trigonométrique.

La généralité que Fourier donnait à sa proposition devait être de la part de ses successeurs l'objet d'un examen attentif. En particulier, Lejeune-Dirichlet a posé le problème de fixer les conditions auxquelles la fonction devait satisfaire pour que l'on pût démontrer la convergence de la série qui la représente, convergence que Fourier avait seulement supposée[3]. Du moins Fourier a-t-il eu conscience d'avoir brisé le cadre où une notion trop étroite de la continuité (celle que l'on appellera désormais *continuité eulérienne*) avait tenu l'analyse[4]. Il a « formé » une méthode générale qui a pour « élément principal... l'expression analytique des *fonctions séparées*, ou des *parties de fonction*. Nous entendons par *fonction séparée*, ou *partie de fonction*, une fonction $f(x)$ qui a des valeurs subsistantes lorsque la variable

d'une seule variable par une série trigonométrique, trad. française, Bulletin des sciences mathématiques, 1880, p. 47.

1 Riemann, *Ueber die Darstellbarkeit einer Function durch eine trigonometrische Reihe* (1854), *Werke*, p. 232, tr. Laugel, p. 231.

2. Sur cette notion, il est intéressant de reproduire une réflexion de Kronecker : « La propriété qu'ont les séries de Fourier de représenter des fonctions arbitraires a extraordinairement frappé les mathématiciens. Il convient cependant d'observer que c'est seulement au sens mathématique que l'on doit entendre cette notion d'arbitraire; elle reste toujours plus soumise à une règle que la loi la plus précise de la pratique. L'arbitraire consiste en ceci que nous pouvons choisir différemment pour différentes valeurs de la fonction, la loi de parcours, qui demeure inconditionnellement prescrite à la fonction. » *Vorlesungen über die Theorie der einfachen und der vielfachen Integrale*, publiées par Netto, Leipzig, 1894, p. 94.

3. *Sur la convergence des séries trigonométriques, qui servent à représenter une fonction arbitraire entre les limites données*. Journal de Crelle, t. IV, Berlin, 1829, p. 157. Voir Fouët, *Leçons, éd. citée*, t. II, p. 97.

4. « Il est nécessaire d'admettre dans l'analyse des fonctions qui ont des valeurs égales, toutes les fois que la variable reçoit des valeurs quelconques comprises entre deux limites données, tandis qu'en substituant dans ces deux fonctions, au lieu de la variable, un nombre compris dans un autre intervalle les résultats des deux substitutions ne sont point les mêmes. Les fonctions qui jouissent de cette propriété sont représentées par des lignes différentes qui ne coïncident que dans une portion déterminée de leur cours et offrent une espèce d'osculation finie. » *Œuvres*, t. I, 1888, p. 224.

est comprise entre des limites données, et dont la valeur est toujours nulle si la variable n'est pas comprise entre ces limites. Cette fonction mesure l'ordonnée d'une ligne qui comprend un arc fini d'une forme arbitraire, et se confond avec l'axe des abscisses dans tout le reste de son cours [1] ».

198. — De ces conséquences pratiques, Cauchy dégagea un problème théorique : il remarqua, dit M. Lebesgue [2] « que les difficultés qui résultent des recherches de Fourier se présentent même lorsqu'on ne se sert que d'expressions très simples, c'est-à-dire que, suivant le procédé employé pour donner une fonction, elle apparaît comme continue ou non. Cauchy cite, comme exemple, la fonction égale à $+x$ pour x positif, à $-x$ pour x négatif. Cette fonction n'est pas continue, elle est formée de parties des deux fonctions continues $+x$ et $-x$; elle apparaît au contraire comme continue quand on la note $+\sqrt{x^2}$ ».

De là devait sortir la refonte de la notion de continuité. Au lieu d'être la propriété d'une courbe ou d'une fonction, prise dans son ensemble, un attribut inhérent à un sujet mathématique, la continuité devient une relation élémentaire, qui servira d'instrument pour l'étude d'une fonction : « Soit $f(x)$ une fonction de la variable x, et supposons que, pour chaque valeur de x intermédiaire entre deux limites données, cette fonction admette constamment une valeur unique et finie. Si, en partant d'une valeur de x comprise entre ces limites, on attribue à la variable x un accroissement infiniment petit a, la fonction elle-même recevra pour accroissement la différence

$$f(x+a)-f(x)$$

qui dépendra, en même temps, de la nouvelle variable a et de la valeur de x. Cela posé, la fonction $f(x)$ sera, entre les deux limites assignées à la variable x, fonction *continue* de cette variable, si, pour chaque valeur de x intermédiaire entre ces limites, la valeur numérique de la différence

$$f(x+a)-f(x)$$

décroît indéfiniment avec celle de a. En d'autres termes, la fonction $f(x)$ restera continue par rapport à x entre les limites données, si, entre ces limites, un accroissement infiniment petit de la variable produit toujours un accroissement infiniment petit

1. *Œuvres*, t. I, 1888, p. 330.
2. *Leçons sur l'intégration et la recherche des fonctions primitives*, 1904, p. 3.

de la fonction elle-même. On dit encore que la fonction $f(x)$ est, dans le voisinage d'une valeur particulière attribuée à la variable x, fonction continue de cette variable, toutes les fois qu'elle est continue entre deux limites de x, même très rapprochées, qui renferment la valeur dont il s'agit[1]. »

Ces définitions ont une importance capitale. La notion de *fonction* cesse d'être, au moins pour son usage analytique, subordonnée à l'hypothèse de la continuité; elle recouvre techniquement toute la généralité que théoriquement les mathématiciens lui avaient assignée déjà[2].

D'autre part, une fonction étant donnée, c'est un problème de décider si la continuité peut lui être attribuée, problème qui se résout grâce à une étude positive du cours de la fonction et par rapport à des intervalles définis de la variable. Ainsi, suivant Cauchy[3], la fonction ax est continue dans le voisinage de toute valeur finie attribuée à la variable x; $\frac{a}{x}$ est continue seulement entre les limites 1° $x = -\infty$, $x = o$ et 2° $x = o$, $x = +\infty$.

L'AUTONOMIE DE L'ANALYSE

199. — Que Cauchy ait renouvelé la conception philosophique de la continuité, il est facile de mettre ce point en évidence, si nous nous référons, selon notre procédé habituel, à une comparaison de textes. En 1847, Cournot écrivait : « C'est par une vue de la raison que l'idée de la continuité, et par suite l'idée de la grandeur continue, sont saisies dans leur rigueur absolue. Ainsi nous concevons nécessairement que la distance d'un corps mobile à un corps en repos, ou celle de deux corps mobiles, ne peuvent varier qu'en passant par tous les états intermédiaires de grandeur, en nombre illimité ou infini; et il en est de même

1. Cauchy, *op. cit.*, p. 34.

2. « Les anciens analystes comprenaient, en général, sous la dénomination de *fonctions* d'une quantité, toutes les puissances de cette quantité. Dans la suite, on a étendu le sens de ce mot, en l'appliquant aux résultats des diverses opérations algébriques : ainsi on a encore appelé *fonction* d'une ou de plusieurs quantités, toute expression algébrique renfermant, d'une manière quelconque, des sommes, des produits, des quotients, des puissances et des racines de ces quantités. Enfin de nouvelles idées, amenées par les progrès de l'analyse, ont donné lieu à la définition suivante des fonctions. *Toute quantité dont la valeur dépend d'une ou de plusieurs autres quantités, est dite* fonction *de ces dernières, soit qu'on sache ou qu'on ignore par quelles opérations il faut passer pour remonter de celles-ci à la première.* » (Lacroix, *Traité du calcul différentiel et du calcul intégral*, t. I, 1810, p. 1.)

3. *Op. cit.*, p. 36.

du temps qui s'écoule pendant le passage des corps d'un lieu à un autre[1]. »

En 1874, dans son *Mémoire sur les fonctions discontinues*, M. Darboux fait la remarque suivante : « Il existe des fonctions discontinues qui jouissent d'une propriété que l'on regarde quelquefois comme le caractère distinctif des fonctions continues, celle de ne pouvoir varier d'une valeur à une autre sans passer par toutes les valeurs intermédiaires[2]. » Ce sera pour prendre l'exemple le plus simple, « le cas de la fonction égale à $\sin \frac{1}{x}$ pour $x \neq 0$ et à n'importe quelle valeur de l'intervalle $(-1, +1)$ pour $x = 0$ »[3].

Il est incontestable que ce renouvellement de l'analyse apporte plus de précision dans le langage, plus de clarté dans les idées. Mais on voudrait savoir davantage; on voudrait savoir s'il correspond à une pénétration plus profonde de la réalité mathématique, s'il trouve sa consécration dans les *faits*. A cette question, qui pour le philosophe est la question capitale, l'évolution de la mathématique depuis Cauchy, fournit les éléments d'une réponse significative.

200. — Tout d'abord, il convient, en raison de son importance intrinsèque, d'insister sur l'extension que reçoit la notion de l'*intégration*, et sur la transformation dans la physionomie du calcul infinitésimal qui en est la conséquence. Avec Cauchy, l'intégrale définie, dont la représentation géométrique a provoqué les premières opérations d'intégration, reçoit une définition analytique : elle est « la somme des valeurs infiniment petites de l'expression différentielle placée sous le signe $\int$, qui correspondent aux diverses valeurs de la variable renfermée entre les limites dont il s'agit... Une semblable intégrale a une valeur unique et finie, toutes les fois que les deux limites de la variable étant des quantités finies, la fonction sous le signe de $\int$ demeure elle-même finie et continue dans tout l'intervalle compris entre ces limites[4]. »

Ce qui importe, c'est d'étendre la notion de l'intégrale définie hors du domaine de la continuité. Cauchy appelle *intégrale définie singulière*, « une intégrale prise relativement à une ou à

1. *De l'origine et des limites de la correspondance entre l'algèbre et la géométrie*, 1847, p. 23. Cf. *Essai*, chap. XIII : *de la Continuité*, t. I, p. 390.
2. Annales scientifiques de l'École normale supérieure, t. IV, 1875, p. 109.
3. Lebesgue, *op. cit.*, p. 90.
4. Journal de l'École polytechnique, t. XII, XIXe cahier, p. 571. *Œuvres*, 2e série, t. I, p. 333.

plusieurs variables entre des limites infiniment rapprochées de certaines valeurs attribuées à ces mêmes variables, savoir, de valeurs infiniment grandes, ou de valeurs pour lesquelles la fonction sous le signe $\int$ devient infinie ou indéterminée[1]. » Supposons, par exemple, qu'une fonction soit *continue* dans un intervalle (a, b) sauf en un point c; nous pouvons former les intégrales

$$\int_a^{c-h} f(x)\,dx \quad \text{et} \quad \int_{c+h}^{b} f(x)\,dx.$$

Si ces deux intégrales tendent vers des limites déterminées quand h tend vers zéro, la somme de ces limites représentera l'intégrale

$$\int_a^b f(x)\,dx,$$

et nous poserons l'équation :

$$\int_a^b f(x)\,dx = \lim_{h=0} \left[\int_a^{c-h} f(x)\,dx + \int_{c+h}^{b} f(x)\,dx\right]$$

On obtiendrait l'intégrale prise dans l'intervalle (a, b), alors même qu'il y a plusieurs *points de discontinuité*, en divisant l'intervalle (a, b) en intervalles partiels tels qu'il n'y existe plus qu'un point singulier, et en appliquant, s'il est possible, la méthode précédente.

Avec Riemann, qui pouvait puiser dans l'enseignement de Lejeune-Dirichlet ces considérations, la notion d'intégrale va recevoir une extension plus grande encore : « Riemann », dit M. Lebesgue dont nous suivons ici l'exposé, « porte son attention sur le procédé opératoire qui permet, dans le cas des fonctions continues, de calculer l'intégrale avec telle approximation que l'on veut, et il se demande dans quels cas ce procédé, appliqué à des fonctions discontinues, donne un nombre déterminé[2]. »

Considérons une fonction qui est déterminée et qui demeure bornée dans un intervalle donné, elle a une limite supérieure : L, et une limite inférieure : l. Nous pourrons donc partager l'intervalle en une série d'intervalles partiels :

$$(ax_1)\,(x_1x_2) \quad (x_{n-1}b) \quad x_1 < x_2 \ldots < x_{n-1}.$$

1. *Œuvres*, 2e série, t. I, p. 572, n. 2 ; et p. 335, n. 2.
2. *Op. cit.* p. 23.

Dans chaque intervalle la fonction a une limite supérieure ($L_1, L_2, \ldots L_{n-1}$) et une limite inférieure ($l_1, l_2, \ldots l_{n-1}$).
Nous obtiendrons donc les sommes :

$$S_n = (x_1 - a) L_1 + (x_2 - x_1) L_2 \ldots + (b - x_{n-1}) L_n.$$
$$s_n = (x_1 - a) l_1 + (x_2 - x_1) l_2 + \ldots + (b - x_{n-1}) l_n.$$

Nous formons ainsi les concepts d'une *limite supérieure* et d'une *limite inférieure* de la fonction de l'intervalle (a, b) — *intégrale par excès* et *intégrale par défaut*, suivant l'appellation de M. Darboux. Si ces deux limites ont même valeur, la valeur commune des limites est aussi, par définition, la valeur de l'intégrale.

201. — C'est ici que l'analyse retournera sur elle-même, pour produire le fait décisif : après avoir fait sortir l'intégration des bornes où la notion intuitive de la continuité l'avait tenue enfermée, elle va déceler dans cette notion une source d'illusion et de fausseté. En effet, s'il existe des fonctions discontinues susceptibles d'intégration, il y a des fonctions continues n'ayant pas de dérivées[1]. Or, que la continuité de la fonction entraînât l'existence de la dérivée, c'était une proposition fondamentale dans la conception intuitive du calcul infinitésimal.

Par exemple, dans un fragment de son *Cours à l'école polytechnique*, Poinsot établissait l'existence de la dérivée de la façon suivante : « On peut même dire que le rapport de deux choses homogènes ne dépendant ni de leur nature, ni de leurs grandeurs absolues, par la définition même du rapport, la quantité (Δy : Δx) a toujours une limite; et c'est ce que la considération d'une courbe et de sa tangente, dont l'existence n'est pas douteuse, fait voir d'ailleurs avec la dernière évidence[2]. »

Bien plus, dans son mémoire de 1806 intitulé : *Recherches sur quelques points de la théorie des fonctions dérivées*, etc., Ampère

1. Darboux, *op. cit.*, p. 58. « La tradition, dit M. Klein, nous apprend que plus tard Riemann lui-même indiquait à ses élèves le point suivant comme étant le résultat le plus merveilleux de la critique moderne : l'existence de fonctions continues qui ne sont, en aucun point, susceptibles de différenciation » *in* Riemann, *Œuvres mathématiques*, tr. Laugel, p. XXXIII. Voir le début de la note de Weierstrass : *Ueber continuirliche Funktionen eines reellen Arguments, die für keinen Werth des letzeren einen bestimmten Differentialquotienten besitzen* (1872). *Werke*, t. II, Berlin, 1895, p. 70.

2. *Des principes fondamentaux et des règles générales du calcul différentiel.* Correspondance sur l'École polytechnique, t. III, n° 2, mai 1815 p. 115, citée par M. Mansion, *Résumé du Cours d'analyse infinitésimale*, p. 291.

s'était flatté de démontrer [1] que la fonction de x et de i

$$\frac{f(x+i)-f(x)}{i}$$

« ne peut devenir ni nulle ni infinie pour toutes les valeurs de x, lorsqu'on fait $i=o$ ». Et l'on trouve dans le *Traité d'Algèbre* de Joseph Bertrand et Henri Garcet les lignes suivantes, qui sont empruntées à l'édition de 1878 : « On peut demander si une fonction continue quelconque a une dérivée. Nous répondrons d'abord qu'en fait nous allons trouver, dans les paragraphes suivants, les dérivées des principales fonctions; ce qui démontrera leur existence *a posteriori*. Nous ajouterons d'ailleurs que la fonction étant continue, l'équation : $y=f(x)$, représente une courbe plane continue, rapportée à deux axes rectangulaires; et l'on démontre, en géométrie analytique, que la dérivée représente la tangente trigonométrique de l'angle que fait avec l'axe Ox la tangente à la courbe au point (x, y). Comme en chaque point une courbe continue a une tangente bien déterminée, la fonction admet une dérivée [2] ».

Mais, dès 1872, Weierstrass avait communiqué à l'Académie des sciences de Berlin, l'exemple d'une fonction continue qui n'a pas de dérivée pour l'ensemble des valeurs de la variable comprises dans un certain intervalle.

La fonction dont il s'agit est représentée par la série $\cos \pi x + b \cos a \pi x + b^2 \cos a^2 \pi x + b^3 \cos a^3 \pi x + \dots$ où x est une variable réelle, a un nombre entier impair plus grand que 1, b une constante positive inférieure à l'unité. En d'autres termes, l'on a

$$F(x) = \sum_{n=0}^{n=\infty} b^n \cos(a^n \pi x).$$

La série converge *uniformément* (c'est-à-dire quel que soit l'ordre de ses termes); car ses termes ne surpassent pas ceux de la progression Σb^n; Fx est une fonction continue [3].

« Si l'on a $ab < 1$, $F(x)$ a pour dérivée la série

$$F'x = -\pi \sum_{n=0}^{n=\infty} (ab)^n \sin(a^n \pi x).$$

Mais si ab surpasse $1 + \frac{3\pi}{2}$, $F(x)$ n'a plus de dérivée. En effet.

1. Journal de l'École polytechnique, XIIIe cahier, p. 148.
2. 2e part., p. 94.
3. Fouët, *Leçons*, 2e édit., t. I, 1907, p. 10 et t. II, 1910, p. 55.

l'existence d'une dérivée exigerait que la fraction

$$\Delta = \left| \frac{F(x+h) - F(x)}{h} \right|$$

restât inférieure à ε pour toutes les valeurs $|h| < \delta$, ε étant arbitraire et δ un nombre déterminé. Or des transformations assez simples montrent que, dans le cas considéré, l'hypothèse

$$|h| < \frac{3}{2a^m}$$

entraîne
$$\Delta > \left(\frac{2}{3} - \frac{\pi}{ab-1}\right)(ab)^m.$$ [1] »

C'est-à-dire que, la valeur absolue de h tendant vers zéro, l'entier m augmente indéfiniment, et Δ avec lui; la fonction $F(x)$ n'a pas de dérivée, quel que soit x. [2]

La découverte de Weierstrass a la valeur d'un *experimentum crucis*. Elle consacre l'avènement de l'analyse comme discipline indépendante des formes de l'intuition spatiale ou de l'observation des faits généraux de la nature, ne revendiquant son autonomie que pour accroître la rigueur de ses méthodes suivant l'exigence que les recherches fondamentales d'Abel sur la convergence des séries entières avaient imposée en quelque sorte aux mathématiciens du XIXe siècle. Ainsi la conclusion à laquelle conduit l'évolution de l'analyse complète la conclusion que nous avait fournie l'examen des conceptions mécaniques et des méthodes géométriques. Tandis que celles-ci perdent la simplicité apparente et l'homogénéité sur lesquelles criticisme et positivisme avaient fait fond, l'analyse entreprend pour son propre compte la revision de ses principes, et elle aboutit à dépasser la sphère des vues immédiatement suggérées par les applications. Suivant le mot profond de Lejeune-Dirichlet, sa tendance est de substituer les *idées* au *calcul* [3].

En suivant, aussi près que possible des textes originaux, le mouvement de la mathématique moderne, nous nous sommes convaincu qu'il a ses racines dans la réalité des faits. L'orientation à laquelle il correspond s'est imposée aux géomètres et aux analystes presque en dépit d'eux-mêmes, en dépit de la tra-

1. Fouet, *Leçons*, 2e édit., t. I, 1907, p. 10.
2. Cf. Weierstrass, *op. cit.*, *Werke*, II, 74, traduit *apud* Mansion, *Résumé*, p. 249
3. *Apud* Jacobi, *Gesammelte Werke*, t. I, Berlin, 1881, p. 21, cité par Fouet, *Leçons*, t. II, 1904, p. 228, n° 1.

dition séculaire qu'ils avaient tendance à prendre pour intuition immédiate. Les résultats de ce développement ne peuvent manquer d'avoir leur répercussion sur la philosophie des mathématiques. Ils la mettent en face de ruptures décisives à l'intérieur d'idées autrefois impliquées les unes dans les autres[1], de *dissociations* définitives qui ne permettent plus de s'en tenir aux catégories simples, qui rejettent dans le passé la doctrine mathématique de la *Critique de la Raison pure*, ou du *Cours de philosophie positive.*

1. *Sur l'implication et la dissociation des notions*, communication au Congrès d'Heidelberg, Revue de métaphysique, 1908, p. 757, et *Bericht*, p. 463.

LIVRE V

L'ÉVOLUTION DE L'ARITHMÉTISME

202. — En retraçant les différentes étapes que la pensée antique a parcourues, nous avons assisté à la formation de trois édifices logiques qui ont attesté par leur persistance séculaire la solidité de leur structure : logique du nombre, logique des classes, logique des relations spatiales.

Sur la logique du nombre s'est établie la spéculation arithmético-géométrique des Pythagoriciens, qui fut compromise par la découverte des irrationnelles.

La logique des classes, calquée de près sur l'analyse des formes grammaticales et confirmée par le succès des premières classifications naturelles, fut interprétée comme une logique générale, qui planait au-dessus des sciences particulières et présidait à toutes les opérations de l'esprit humain.

La logique d'Euclide et d'Archimède, où l'intuition spatiale était utilisée pour la constitution des définitions initiales et pour la mise en forme des axiomes et des postulats, est celle dont les mathématiciens modernes reçurent l'héritage, dont ils cherchèrent à approfondir les principes, en les épurant et en les étendant tout à la fois. Du *Discours de la Méthode* au *Cours de philosophie positive* nous avons suivi les vicissitudes de cette logique. Nous avons montré comment elle avait survécu aux tentatives provoquées par la découverte du calcul infinitésimal en vue de constituer une logique de l'analyse mathématique, qui fût indépendante de l'intuition spatiale, de l'expérience de la continuité. L'espace demeure avec Kant le médiateur nécessaire, avec Comte un médiateur privilégié, pour la connexion des rapports abstraits qui constituent la science et des faits empiriques qui constituent la réalité.

Or les progrès de la science positive ont renversé ce qui était l'une des bases de la philosophie critique et du positivisme : la géométrie n'est pas la science d'un espace unique qui serait nécessairement le réceptacle des phénomènes; l'analyse mathématique a un objet qui ne se subordonne pas aux lois de la représentation spatiale; le mathématicien ne se confond plus avec le géomètre; la logique de l'espace ne suffit pas à porter le poids de la science.

Il était naturel dès lors que la philosophie mathématique se rejetât sur les positions que la pensée moderne avait abandonnées en croyant les avoir dépassées pour toujours, que la logique du nombre ou la logique des classes fussent invoquées à nouveau pour soutenir l'édifice de la mathématique. De là un spectacle paradoxal : les doctrines de philosophie mathématique qui, de nos jours, sont le plus fortement constituées, se présentent comme des restaurations ou des renaissances des métaphysiques antiques : *néo-pythagorisme* ou *néo-aristotélisme*.

Nous ne croyons pas que l'antiquité de cette originè suffise à créer un préjugé contre les doctrines que nous avons maintenant à examiner; elle serait au contraire de nature à mettre en lumière la permanence des notions fondamentales sur lesquelles ces doctrines s'appuient. Renouvier ou Méray justifient rétrospectivement Pythagore, et inversement ils sont justifiés par lui. De même M. Frege et M. Russell justifieront rétrospectivement Aristote, et ils seront justifiés par lui.

Il n'en est pas moins important d'avoir bien compris la genèse, et d'avoir retenu la date de naissance, des notions philosophiques auxquelles se réfèrent l'*arithmétisme* moderne ou la *logistique* contemporaine. Ces doctrines ont institué des rapprochements séduisants entre certaines théories nouvelles dans la science, telles que l'*arithmétisation* de l'analyse ou la *théorie des ensembles*, et certains principes consacrés dans la philosophie ancienne. Mais il pourra se faire qu'elles aient rencontré des difficultés dans l'extension et dans l'application de ces principes. Il pourra même arriver que ces difficultés soient celles-là mêmes auxquelles le dogmatisme arithmétiste des pythagoriciens ou le réalisme ontologique de la scolastique aristotélicienne s'étaient déjà heurtés. Dans ce cas, il nous sera plus facile de faire le départ entre les difficultés qui sont effectivement soulevées par la technique de la science actuelle, et celles qu'on a réintroduites dans la spéculation moderne parce qu'on a eu l'imprudence de reprendre les postulats du réalisme antique. Nous sommes donc avertis : lorsque Méray établit entre le calcul des nombres entiers et le calcul des nombres irrationnels une séparation radicale qui fait de l'un une science véritable, de l'autre une combinaison de symboles fictifs; lorsque le finitisme d'un Renouvier ou d'un Evellin renouvelle contre l'interprétation positive des mathématiques modernes toutes les subtilités et tous les paradoxes d'un Zénon d'Elée; ou encore, lorsque la combinatoire abstruse et profonde d'un Frege viendra échouer devant l'impossibilité de constituer une classe avec la totalité des classes, lorsque la dialectique d'un Russell aura pour résultat de réveiller Epiménide d'un sommeil qu'on pouvait croire éternel, et de lui faire débiter à nouveau le sorite du menteur, il y aura lieu de demander si les embarras inextricables auxquels ils s'exposent sont objectivement liés aux conquêtes de la science moderne, ou si ce n'est pas une nécessité logique, dont on peut déjà retrouver les traces dans l'histoire, qui fait surgir à nouveau les conséquences inhérentes à la métaphysique de l'antiquité.

Et l'avertissement aurait d'autant plus de portée qu'il atteindrait, en même temps que les disciples attardés de Pythagore ou d'Aristote, ceux de leurs adversaires qui ont accepté de discuter les problèmes dans les termes où pythagoriciens et aristotéliciens les posaient, qui, se soumettant à l'alternative d'où les écoles du moyen âge n'ont pu s'échapper, se sont crus tenus de répondre au dogmatisme et au réalisme par le nominalisme et par le scepticisme.

CHAPITRE XV

LE DOGMATISME DU NOMBRE

203. — Une théorie de la mathématique qui prend pour base l'idée du nombre entier positif peut avoir la prétention légitime de chasser des principes de la science toute obscurité et toute incertitude. Rien, en effet, ne répond mieux à l'idéal de la notion claire et distincte, de l'élément intellectuel simple : « Un nombre, dit Cournot, est une collection ou un groupe d'*unités*, décomposable en d'autres groupes, ou susceptible d'être formé de diverses manières par la réunion d'autres groupes. De là les idées de l'addition et de la soustraction des nombres, idées si simples qu'il suffit de les indiquer : de là ces jugements dont quelques-uns servent de citations proverbiales, et qui consistent à reconnaître l'identité des mêmes nombres obtenus de diverses manières, par l'addition ou la soustraction de nombres différents[1]. »

Cette remarque de Cournot est conforme à ce qu'on pourrait appeler le *sens commun des mathématiciens*; nous en retrouverions l'expression chez les mathématiciens les plus soucieux de pousser à sa perfection la rigueur logique de la science : « nous entendons clairement, dit G. Robin, ce que veut dire *compter* ou *dénombrer* des objets distincts[2]. » Dans une communication récente *Sur les fondements arithmétiques de la théorie des fonctions d'après Weierstrass*, Mittag-Leffler énonce une conviction du même ordre : « Il me semble que le point de départ des mathématiques comme, en effet, de toute pensée, c'est la notion de *nombre entier* et que, par conséquent, toute tentative de donner une définition au nombre entier par d'autres notions

1. *De l'origine, etc.*, p. 3.

2. *Théorie nouvelle des fonctions exclusivement fondée sur l'idée de nombre,* 1903, p. 2. Cf. Poincaré, *Science et méthode*, 1908, p. 141 : « On n'a pas à définir le nombre entier. »

considérées alors comme étant antérieures, est à regarder comme vaine[1]. »

De cette transparence de l'idée résulte l'impossibilité de mettre en doute l'existence des nombres entiers positifs et des relations dont ces nombres sont les termes. Le langage de M. Molk dans sa *Thèse* est trop caractéristique pour ne pas être reproduit ici : « L'arithmétique et l'algèbre ont... un domaine bien défini; les nombres entiers positifs, les systèmes de nombres entiers représentés par des fonctions entières à coefficients entiers, positifs, y sont considérés comme existant, comme le mouvement en cinématique et la matière dans les sciences naturelles[2]. »

Le lien de l'intelligible et du réel paraît, dans la notion de nombre, si évident que l'on est tenté de chercher dans le nombre entier positif la mesure, et l'unique mesure, de la réalité. Le pas a été franchi par le mathématicien qui a réorganisé la mathématique abstraite, en la rendant indépendante de l'intuition géométrique, par Cauchy.

LA « LOI DE NOMBRE »

204. — En 1833, dans ses *leçons de Turin* qui ont été conservées par l'abbé Moigno, on voit que Cauchy reprend une remarque de Galilée, dont nous avons retrouvé un écho dans la *Géométrie de l'infini* de Fontenelle; il compare la suite des nombres entiers positifs et la suite de leurs carrés : « Si la suite des nombres entiers pouvait être supposée actuellement prolongée à l'infini, les termes carrés y seraient en très grande minorité[3]. » La suite des nombres entiers est donc plus grande que la suite des nombres carrés, et pourtant les deux suites doivent être infinies, puisque tous les nombres entiers ont un carré. De là Galilée s'était borné à tirer cette conclusion toute négative que « les attributs d'*égal*, de *plus grand* ou de *plus petit*, ne conviennent pas aux infinis dont on ne peut pas dire que l'un soit, par rapport à l'autre, ou plus grand ou plus petit ou égal[4]. » Mais Cauchy conclut à une contradiction dans la

1. Compte rendu du Congrès des mathématiciens tenu à Stockholm, 22-25 septembre 1909, Leipzig et Berlin, 1910, p. 13.

2. Molk, *Sur la notion de divisibilité et sur la théorie générale de l'élimination*, Acta mathematica, t. VI, 1885, p. 3.

3. *Sept leçons de physique générale*, 1868, troisième leçon, p. 24. Cf. Couturat, *De l'Infini mathématique*, 1896, p. 480.

4. *Discorsi e Demostrazioni* (1638). Première journée, Édit. nationale, t. VIII, 1898, p. 78.

conception d'une suite infinie de nombres, et il confère à cette conclusion une portée positive et métaphysique : « On ne saurait admettre la supposition d'un nombre infini d'êtres, ou d'objets coexistants, sans tomber dans des contradictions manifestes. » C'est-à-dire que les lois relatives au calcul des nombres entiers positifs conviennent nécessairement aux choses données dans la nature, par exemple aux étoiles, qu'elles peuvent servir à en déterminer *a priori* les caractères, ce qui est en contradiction avec l'arithmétique des nombres finis devant être considéré comme contradictoire en soi.

Une telle conception introduit dans des raisonnements de forme arithmétique des postulats implicites qui débordent le cadre de la science dont Cauchy paraît invoquer l'autorité; elle se réfère, par conséquent, à une théorie de la connaissance, qu'il appartient au philosophe de dégager.

En 1854, dans son *Premier Essai de Critique générale*, Renouvier a présenté cette théorie sous une forme systématique; il l'a développée depuis, avec une patience, avec une passion inlassables; nous lui emprunterons les traits essentiels de ce qui constitue la philosophie arithmétiste.

205. — Renouvier définit la connaissance par la liaison de deux fonctions qui ne peuvent se développer que corrélativement et parallèlement l'une à l'autre : la fonction du *représentatif* (fonction *subjective* dans le langage ordinaire, fonction *objective* dans la terminologie de Renouvier); la fonction du *représenté* (fonction *objective* dans le langage ordinaire, fonction *subjective* dans la terminologie de Renouvier). « Nulle représentation n'est sans un représenté de la même réalité qu'elle, quoique irreprésentable et par conséquent inconnaissable en dehors de toute représentation[1]. » L'intelligibilité intrinsèque ne suffit donc pas pour conférer à la science une valeur de vérité; il faut y joindre un objet concret. La condition de la connaissance est la connexion et la réciprocité de la pensée pure et de l'intuition empirique : « Les données des sciences mathématiques sont à la fois représentées *a priori*, vérifiables et vérifiées *a posteriori*[2]. »

La nécessité de cette correspondance apporte une précision singulière à la thèse générale du relativisme; la relation fondamentale qui permet d'appuyer le cours de la pensée sur une

1. *Essai de Critique générale, premier essai. Traité de logique générale et de logique formelle*, 2e édit. (*augmentée*), t. I 1875, p. 38.
2. *Ibid.*, 171.

vue directe des choses est la relation de *composition*. Voici le texte décisif qui nous paraît impliquer, par voie de conséquence, la doctrine spéculative de Renouvier : « La composition et la relation sont deux propriétés qui s'accompagnent. On dit qu'il y a composition, quand la représentation d'une chose entraîne celle de certaines autres qui s'offrent comme ses parties, ses membres, ses éléments, ou réciproquement quand on ne comprend quelque chose que par la conception d'un tout où elle entre; et on dit d'une chose qu'elle est relative, quand on la comprend soit comme composée, soit comme composante à l'égard d'une certaine autre chose. L'idée de composition étant prise ainsi dans son acception la plus large, établir une relation, définir un rapport, c'est définir une chose à l'aide de la composition par laquelle elle se lie à d'autres [1]. »

Le rapport du tout aux parties donne immédiatement naissance à la notion du *nombre*. Le nombre, au sens où Renouvier l'entend, c'est-à-dire comme somme d'unités distinctes [2], n'est à aucun degré le produit d'une élaboration technique; ce n'est pas la première articulation d'un système de relations qui serait appelé à devenir de plus en plus complexe et de plus en plus subtil; c'est une condition spontanée et universelle de la connaissance des choses, de sorte que le seul rôle réservé à la réflexion, consiste à reconnaître que le nombre est un *terme* en même temps qu'un *principe*. Ce qui échappe au rapport fondamental du tout aux parties nous dépasse, et, puisque le nombre est « ouvrier de réalité », sort du domaine du *réel* : « La manière dont Pythagore a compris le nombre est la manière de tout le monde. Je ne vois pas comment il aurait eu besoin de l'élaborer en elle-même. Son travail a consisté à chercher comment toutes les essences déterminées pouvaient être identifiées avec les nombres, tels que chacun les entend, et il a donné le nom d'*infini* à ce qui est rebelle à l'application du nombre. Cette opposition est un trait de génie qui devrait faire réfléchir nos infinitistes entichés du rapprochement absurde des mots : *infini* et *nombre* [3]. »

La notion de nombre correspond à tout autre chose qu'à un

1. *Essai de Critique générale, premier essai. Traité de logique générale et de logique formelle*, 2e édit. (augmentée), t. I, 1875, p. 104.

2. Cf. *Remarques sur une proposition de M. Dauriac relative à la notion de nombre*. Critique philosophique, 11e année, nº 24 (15 juillet 1882) p. 369. « Si j'... avais connu un [*terme*] qui fût plus strictement limité à la pure conception du nombre arithmétique, discret, je l'aurais encore préféré. »

3 *Ibid.*, p. 371.

simple *impératif méthodologique*, elle a la valeur d'un *indicatif métaphysique*. Le principe du nombre signifie, non pas seulement qu'il faut compter pour comprendre les choses, mais que les choses ont effectivement un compte; elles sont constituées par des parties en deçà desquelles il n'y a plus de division, elles forment un tout au delà duquel il n'y a plus d'addition. Fidèle peut-être aux intentions de Kant, pour qui l'ordre des notions morales était intéressé à la limitation de l'univers dans l'espace et dans le temps[1], mais contrairement au résultat spéculatif de la *Critique* qui devait dispenser à jamais l'esprit humain de prendre parti entre des métaphysiques contradictoires, Renouvier édifie sur le principe du nombre un système *néo-criticiste*, dont les thèses essentielles seront la détermination du nombre des êtres, le commencement du monde, la discontinuité et la contingence des phénomènes.

LA THÉORIE DU SYMBOLISME

206. — En dégageant toutes les conséquences qui étaient impliquées dans un raisonnement tel que celui de Cauchy, la doctrine de Renouvier a ressuscité en plein XIXe siècle l'arithmétisme de Pythagore; elle en a exprimé, peut-on dire, toute la substance ontologique. La « hardiesse paradoxale[2] » de cette restauration devait séduire les esprits qui apportent dans la spéculation philosophique le goût des lignes nettes et tranchantes, des horizons clairs et bien définis. Mais, du point de vue scientifique, et en particulier pour l'interprétation des mathématiques, il était inévitable qu'elle soulevât des problèmes nouveaux, ou plus exactement qu'elle ramenât ceux qu'avait posés aux Grecs la découverte des irrationnelles, et qui avaient donné occasion à la dialectique de Zénon. Renouvier, avec sa connaissance approfondie de l'histoire, avec la forte probité de son esprit, ne dissimule pas qu'à ses yeux cette dialectique subsiste inébranlable, qu'elle est en définitive un corollaire de la loi de nombre : « Les arguments de Zénon sont nombreux et de différentes formes ingénieuses; au fond, ils reviennent à un seul qui est extrêmement simple et ne laisse pas la moindre échappatoire : la numération interminable ne saurait aboutir, et, par conséquent, rien de ce qui se compte *in infinitum*, ne

1. Cf. Delbos, *La philosophie pratique de Kant*, 1905, p. 240.
2. Cf. Séailles, *La philosophie de Renouvier*, 1905, chap. IV, *La loi du nombre et ses conséquences*, p. 69 (Paris, F. Alcan).

peut s'épuiser, se déterminer finalement et s'accomplir [1]. »

Seulement le développement des mathématiques modernes ne permet plus que l'on arrête là le débat; on se condamnerait soi-même si on opposait une brutale fin de non-recevoir aux parties de la science qui dépassent les vérités de l'arithmétique élémentaire, et qui se sont manifestées d'autant plus précieuses et d'autant plus fécondes. L'*antinomie*, que par un brusque retour au dogmatisme de l'antiquité le néo-criticisme avait chassée de la métaphysique, reparaît alors au cœur de la science. D'une part, selon Renouvier, « les relations qui appartiennent à la science de la quantité et de la mesure sont toujours dans le fond des relations numériques : elles sont exprimées par des équations entre des quantités évaluées, ou rapportées à leurs unités respectives, c'est-à-dire entre des nombres [2] ». Et d'autre part, « l'espace et le temps sont des fonctions générales de tous les phénomènes en tant que sujets à des lois de quantité. C'est par l'intermédiaire de ces fonctions que certains autres peuvent se présenter, sous un certain point de vue, comme des fonctions mathématiques [3] ».

Si l'antinomie doit être résolue, il faut que les quantités d'ordre numérique, qui sont discrètes et les quantités d'ordre spatial ou temporel, qui sont continues, n'appartiennent pas au même plan de vérité. La connexion entre le représentatif et le représenté ne s'y fait pas de la même façon. « C'est la représentation actuelle qui borne la division, tandis que la divisibilité répond seulement à la représentation possible [4]. »

207. — La science de la quantité a donc un double caractère. Tant qu'elle se maintient dans le domaine du nombre, elle est à la fois objective et subjective, elle est la science dans la pleine acception du terme. Au delà elle n'est plus que subjective (ou *objective* suivant la terminologie de Renouvier) : « Voulons-nous parler des quantités? si elles sont discrètes, la division s'arrête à l'unité, qui, sous ce point de vue, pose une borne infranchissable en une chose numériquement simple, quelle que soit à d'autres égards sa nature composée. Si elles sont continues, la composition va à l'indéfini, mais de cela même nous avons tiré la conclusion que cette forme de la quantité est purement objective [5]. »

1. *Esquisse d'une classification systématique des doctrines philosophiques*, t. I, 1885, p. 36.
2. *Premier essai*, édit. cit., p. 136.
3. *Ibid.*, p. 137.
4. *Ibid.*, p. 109.
5. *Ibid.*, p. 109.

La moindre démarche de l'arithmétique en dehors du calcul des entiers positifs, par exemple le partage d'un entier en deux ou en trois parties, suffira donc à faire évanouir la relation du sujet et de l'objet qui avait été le principe et la garantie du savoir humain. De la sphère de réalité on tombe dans la région des symboles : « Ce serait renverser les notions les plus claires que d'admettre dans l'arithmétique abstraite des nombres hybrides tels que $q + \rho$, q étant formé au moyen d'une unité et ρ au moyen d'une autre... C'est cependant ce que l'on fait quand on parle de *nombres fractionnaires*, et qu'on appelle les fractions des nombres... » Mais « le problème de l'unité divisée, impossible arithmétiquement, se résout à volonté pour de certaines grandeurs concrètes et... le quotient ci-dessus $q + \rho$ prend une signification en tant que partie d'une quantité continue. On convient alors d'adopter le symbole $\frac{r}{b}$ au lieu de ρ, pour la représentation de r unités b fois moindres que celles qui servent à estimer la quantité r, dividende proposé[1] ».

208. — « Les fractions ne s'étendent pas à l'expression du continu tout entier. » Il faut faire intervenir « les grandeurs incommensurables, dont l'existence se révèle au mathématicien dès les premiers pas qu'il fait dans sa science ». Mais, par leur définition même, ces grandeurs excluent toute représentation de rapports par des nombres ou par des fractions, c'est-à-dire « par des quantités abstraites suivant la définition rigoureuse du *quantum* à laquelle, dit Renouvier, on a souvent le tort de ne pas s'attacher[2] ». Le problème sera donc plus complexe que le problème relatif aux fractions; mais la solution sera de même nature, elle exigera seulement la constitution d'un symbolisme plus compliqué, symbolisme du second degré. En effet, dans la fraction $\frac{b}{a}$, tant que les termes sont commensurables, b et a sont des nombres; il n'en est plus de même dans l'hypothèse de l'incommensurabilité. Il n'existe plus de rapport entre les quantités b et a; « mais un rapport existe toujours entre l'une d'entre elles, soit a, et une autre quantité $b \pm \varepsilon$ variable, que l'on peut toujours supposer différente de b, de moins que d'une quantité assignée, quelque petite que soit cette dernière... Les rapports de la forme $\frac{b}{a}$ seront le symbole des rapports possibles

1. *Premier essai*, édit. cit., p. 397.
2. *Ibid.*, p. 361.

$\frac{b \pm \varepsilon}{a}$.[1] » Cette substitution évite la contradiction inhérente au « calcul des incommensurables mêmes » ; elle permet l'analyse infinitésimale, et lui confère en même temps une vérité rigoureuse. Il faut bien voir en effet que la substitution de $b \pm \varepsilon$ à b n'entraînerait d'erreur que dans le cas où ε serait quantité déterminée. Or, l'hypothèse même est que ε est quantité indéterminée et arbitraire, moindre qu'une quantité assignée quelconque ; l'erreur est donc *inassignable* « discrétionnaire, indéfiniment réductible »[2], ou plus exactement l'erreur est *nulle*[3].

Les objections que l'on a élevées contre l'exactitude de cette conception n'ont aucune liaison avec la science proprement dite ; elles ne viennent que d'un préjugé métaphysique auquel Carnot, qui a vulgarisé la « théorie des erreurs compensées », n'avait pas lui-même échappé : « Le réalisme accoutumé des mathématiciens, comme des philosophes, a empêché Carnot de voir que l'erreur introduite est déjà une erreur nulle, et que ce serait manquer à la définition des différentielles que d'admettre que, comptées en plus ou en moins dans le résultat d'un calcul, elles doivent modifier ce résultat[4]. »

209. — Seulement, au moment même où il vient d'exprimer sa conviction que l'idéalisme relativiste dissipe définitivement les obscurités et les contradictions dont le XVIIIe siècle a entouré les principes du calcul infinitésimal, il arrive à Renouvier de rappeler et de reprendre la critique traditionnelle qui, du point de vue du dogmatisme et de l'ontologie, a été opposée à la notion

1. *Premier essai*, édit. cit., p. 402.
2. *Ibid.*, p. 404.
3. Cf. *De la justification de la méthode infinitésimale en géométrie, examen du système de M. Evellin*. Critique philosophique 10e année, n° 21, du 25 juin 1881, p. 332. « Mais, dit-on, vous retranchez des quantités qui font partie de votre équation, vous commettez donc une erreur quelconque. Je réponds que les quantités dont il est question ne sont pas des données de la nature, ayant une existence propre et une marche *spontanée*. Si elles font partie de mon équation, c'est au titre sous lequel je les y introduis et non pas à aucun autre. L'équation est mon œuvre, ma pensée ; elle a le sens que je lui donne, et il suffit pour l'exactitude que je reste fidèle aux conventions que je fais avec moi-même en la posant. Or, les différences indéterminées et arbitraires dont je fais usage, je les définis comme ne devant jamais recevoir une valeur quelconque susceptible d'être assignée. Je tire parti de leurs rapports auxquels cette hypothèse ne porte nulle atteinte. J'obtiens des résultats. Quand, dans une équation à laquelle je parviens, une quantité de cette sorte figure comme simplement ajoutée ou retranchée, toutes les autres étant des quantités déterminées, c'est en lui attribuant une valeur quelconque que je commettrais une erreur ; c'est en la considérant comme nulle que je suis logique et conséquent à mon hypothèse.
4. *Ibid.*, p. 333.

de l'infinitésimal : « Il y a une autre question essentiellement différente et qu'on a le tort de confondre avec la première; c'est celle de l'idée à se faire de cette méthode, c'est-à-dire de ses applications, en tant qu'elle permettrait, en géométrie et en algèbre, de résoudre des problèmes à mon avis contradictoires : donner la mesure d'une quantité dont l'incommensurabilité est démontrée, permettre l'assimilation *rigoureuse* d'une circonférence à un polygone, supposer une limite atteinte dans une suite d'opérations illimitées, autoriser l'assimilation *à un nombre donné en soi* d'une série indéfinie de nombres dont la somme numérique est irréalisable, et enfin, dans l'ordre concret, considérer un corps comme formé d'un assemblage d'élément réels et donnés *en nombre infini*. Sous ce rapport je ne puis considérer que comme un calcul d'approximation, mais d'approximation indéfinie, ce même calcul que je soutiens être absolument rigoureux quand on ne le considère qu'idéalement et dans les conventions qui lui donnent naissance, ou encore dans celles de ses applications qui ne supposent aucun infini réalisé[1]. » En un sens donc, l'idéalité rigoureuse du calcul infinitésimal suffit à le constituer comme science; en un autre sens, elle ne suffit pas à lui conférer une pleine valeur de vérité, il lui manque la réalité.

La philosophie mathématique que Renouvier a présentée comme idéaliste implique donc, sous l'homogénéité apparente de la terminologie, deux conceptions bien différentes. La première, toute rationaliste, constitue l'idée en tant que rapport interne, procédant du dynamisme essentiel à l'intelligence; l'idée de fraction, ou de grandeur incommensurable, se justifie ainsi en toute rigueur par la chaîne de raisons qui en fonde le symbolisme. Dans la seconde conception, qui s'apparente à l'empirisme de Berkeley et de Hume, la relation constitutive de l'idée est externe, et non interne; l'idée s'accompagne d'un objet qui, au lieu d'être une chose en soi, est une image, mais qui garde à travers cette transposition le caractère essentiel que l'intuition réaliste lui avait attribué, qui demeure un élément sensible, une individualité concrète. Le rôle privilégié, exclusif, que Renouvier réserve au nombre entier positif, relève de cette interprétation purement imaginative de l'idéalisme.

Les deux formes de l'idéalisme sont-elles compatibles? Renouvier est réduit, pour les concilier, à invoquer cette distinction du *virtuel* et de l'*actuel*, qu'Aristote avait imaginée

1. Cf. *De la justification de la méthode infinitésimale en géométrie, examen du système de M. Evellin*, p. 334.

pour répondre aux paradoxes de Zénon sur l'infini; et c'est précisément une question de savoir si cette distinction n'implique pas, et ne réintègre pas en fait dans le néo-criticisme, le dogmatisme métaphysique dont elle est née, si des penseurs tels que Dühring ou Evellin n'ont pas été mieux inspirés, ou, tout au moins, plus conséquents que Renouvier, en rattachant le principe du nombre à une conception franchement réaliste de l'univers [1].

En tout cas, et si nous laissons de côté la destinée philosophique du renouviérisme pour n'en retenir que la liaison avec la science, nous comprenons facilement que les mathématiciens ne s'embarrassent guère de distinctions spéculatives entre le *possible* et le *réel*. Du moment que les notions fondamentales de la mathématique abstraite sont possibles, elles ont toute la réalité dont la science a besoin pour se constituer. Déjà Desargues écrivait : « En géométrie, on ne raisonne point des quantités avec cette distinction qu'elles existent ou bien effectivement en acte, ou bien seulement en puissance [2]. » Il ne pouvait en être autrement pour les savants du XIXe siècle. Ceux-là mêmes qui ont suivi la voie où Renouvier s'était engagé par la conception du symbolisme, se sont affranchis des timidités et des restrictions auxquelles sa théorie de la connaissance le condamnait. Ils ont donné une définition directe de la *limite* et de l'*irrationnelle*, dont Renouvier ne se lassait pas de dénoncer la contradiction intrinsèque; ils les ont fait entrer à titre positif dans la constitution de l'analyse.

1. La relation des doctrines de Duhring et d'Evellin à celle de Renouvier a été étudiée dans l'Année philosophique : *Le finitisme de Dühring*, par Henri Bois, 20e année (1909) 1910, p. 102 et suiv., et *Le réalisme finitiste de F. Evellin*, par L. Dauriac, 21e année (1910) 1911, p. 175 et suiv

2. *Traité des coniques*, édit. Poudra, t. I, 1864, p. 228. Cf. Couturat, *De l'infini mathématique*, 1896, p. 493.

CHAPITRE XVI

LE NOMINALISME ARITHMÉTIQUE

L'ARITHMÉTISATION DE L'ANALYSE

210. — Dès lors, l'*arithmétisme* se présente à nous sous une forme nouvelle, comme une doctrine de techniciens qui entendent se mouvoir dans la région des idées claires et distinctes, en écartant de leur exposition tous les nuages de la controverse métaphysique.

Dans cette doctrine — dont Méray a eu peut-être l'initiative[1], dont il a présenté du moins, et, si restreinte qu'ait été d'abord son influence personnelle, l'exposé le plus direct et le plus systématique au début de ses *Leçons nouvelles sur l'analyse infinitésimale* — c'est la notion purement abstraite d'*imaginaire*, et non plus la notion encore intuitive de *fraction*, qui sert de moyen terme entre le nombre entier et le nombre irrationnel[2].

Dans la *Préface* de son *Cours d'analyse algébrique*, et, comme il le dit lui-même, au risque d'énoncer « des propositions peut-être un peu dures au premier abord », Cauchy pose en principe « qu'une équation imaginaire est seulement la représentation symbolique de deux équations entre quantités réelles[3] ». Cette

1. *Remarques sur la nature des quantités définies par la condition de servir de limites à des variables données.* Revue des Sociétés savantes, Sciences mathématiques, physiques et naturelles, 2e série, t. IV, 1869, p. 280. — « M. Méray est le premier qui ait trouvé un sens purement arithmétique à l'expression : nombre irrationnel ». *Encyclopédie des sciences mathématiques*, I, 1, 3, 1904. *Nombres irrationnels et notions de limite*, par Pringsheim-Molk, p. 148.

2. *Remarques*, p. 284.

3. P. IV. Cf. chap. VII, p. 173 : « En analyse, on appelle *expression symbolique* ou *symbole*, toute combinaison de signes algébriques qui ne signifie rien par elle-même, ou à laquelle on attribue une valeur différente de celle qu'elle doit naturellement avoir. On nomme de même *équations symboliques* toutes celles qui, prises à la lettres et interprétées d'après les conventions généralement établies, sont inexactes ou n'ont pas de sens, mais desquelles on peut déduire des résultats exacts, en modifiant et altérant selon des règles fixes ou ces equations elles-mêmes ou les symboles qu'elles renferment. »

conception, — qui n'a sans doute pas satisfait complètement Cauchy, puisqu'il tentera successivement, comme nous le verrons, une justification géométrique et une justification algébrique des quantités imaginaires[1] — acquiert toute sa précision et toute sa portée avec l'exposé de Méray.

Selon Méray, « si quelques tracés géométriques fournissent pour ces quantités [*les imaginaires*] des notations très commodes... il n'en résulte pas, tant s'en faut... qu'il y ait plus de rapports entre ces deux sortes de choses qu'entre un phénomène quelconque, statistique ou autre, et la courbe qui en fournit une image optique[2]. »

Il n'y a pas lieu de faire « de vains efforts pour pénétrer le sens du signe $\sqrt{-1}$, qui, effectivement, n'en a aucun, parce qu'une quantité négative n'a point de racine carrée[3] ». La quantité désignée par $\sqrt{-1}$ n'est autre chose qu'une combinaison de nombres réels (a, b), rangés dans un ordre déterminé et auxquels on convient *a priori* d'appliquer un certain nombre de règles, règles conçues par analogie avec les règles de l'arithmétique ordinaire et qui vérifient les lois de l'*associativité* et de la *commutativité*.

Il suffit d'insister ici sur la règle de la multiplication qui fournit la caractéristique de la quantité imaginaire : « Le produit de (a', a'') par (b', b'') se forme en prenant la quantité $(a'b' - a''b'', a'b'' + a''b')$ »[4]. Si nous appliquons cette règle pour former le carré de la quantité imaginaire $(0,1)$, nous obtenons

$$a' = b' = 0$$
$$a'' = b'' = 1$$

et, par suite, $(0,1)^2 = (0 - 1, 0 + 0)$

c'est-à-dire que le carré de l'expression imaginaire $(0,1)$ est égal à -1, et que si nous désignons par un symbole spécial tel que i l'expression $(0,1)$, que nous pouvons faire entrer comme facteur dans toute expression imaginaire, nous obtenons la relation : $i^2 = -1$. En vertu de cette relation, dit Méray, « notre signe i représente bien... une racine carrée de -1, *mais de* -1 *écrit par convention expresse à la place de la quantité imaginaire* $(-1,0)$, ce qui est tout différent[5]. » Dans la pratique (a, b)

1. *Vide infra*, § 348.
2. *Leçons sur l'analyse infinitésimale et ses applications*, t. I, 1894, p. 58.
3. *Ibid.*, p. 51.
4. *Ibid.*, p. 50.
5. *Ibid.*, p. 51.

prendra la forme $a + \sqrt{-1}\, b$, ou $a + ib$; ce qui importe, c'est de bien comprendre qu'on a ainsi donné corps à des « simulacres » d'où l'on redescend... à volonté et sans effort aux réalités du calcul vulgaire[1]. »

Le calcul des imaginaires est une extension de l'arithmétique ordinaire ; il se justifie *a priori* par une série de conventions qui ne prêtent à aucune obscurité, à aucune équivoque, puisque les nombres réels en sont les seuls éléments.

211. — Une conception du même ordre permet de concevoir le passage du rationnel à l'irrationnel. Ici encore Cauchy est un précurseur ; plus exactement c'est à lui qu'on doit d'avoir définitivement introduit dans la science positive la conception tout arithmétique de la *limite* que l'on trouve déjà chez les mathématiciens du XVIIe siècle, et particulièrement chez Wallis. Le *Cours* de 1821 s'exprime ainsi : « Lorsque les valeurs successivement attribuées à une même variable s'approchent indéfiniment d'une valeur fixe, de manière à finir par en différer aussi peu qu'on voudra, cette dernière est appelée la *limite* de toutes les autres[2]. » La limite se définit donc à l'aide de valeurs exactes qui sont successivement assignées à la variable ; elle-même acquiert une valeur exacte lorsqu'elle ne diffère de telle valeur déterminée de la variable que d'une quantité inférieure à ε, si petit que soit ε.

Mais cette conception ne suffit pas encore à trancher une difficulté, qui se présente immédiatement dans le passage même que nous venons de citer : « Ainsi, par exemple, écrit Cauchy, un nombre irrationnel est la limite des diverses fractions qui en fournissent des valeurs de plus en plus approchées. »

Faut-il comprendre par là qu'antérieurement au processus d'approximation qui définit la limite, et pour le justifier, l'existence du nombre irrationnel est déjà supposée, qu'il convient par conséquent d'en chercher l'origine ailleurs, dans les images qui fournissent la représentation géométrique ? Ou bien le

1. *Leçons sur l'analyse infinitésimale et ses applications*, t. I, 1894, p. 37.

2. P. 4. Cf. Bolzano, *Rein analytischer Beweis*, etc. Prague, 1817, § 7, : « Si une série de grandeurs

$$F_1x, \quad F_2x \ldots \quad F_nx \ldots \quad F_{n+r}x$$

est telle que la différence entre son $n^{ième}$ terme F_nx et le terme plus éloigné $F_{n+r}x$, demeure quelle que soit la distance des deux termes, plus petite que toute quantité donnée, quand on prend n suffisamment grand, alors il y a une quantité déterminée constante, et une seule, dont les termes de la série s'approchent toujours davantage... » (Éd. Jourdain, Leipzig, 1905, p. 21.)

mouvement logique qui a présidé à la rénovation de l'analyse ne conduit-il pas plutôt à faire naître l'idée de nombre irrationnel sur le terrain purement arithmétique, en vertu du procédé qui a réussi pour la notion de limite?

On commencera par restreindre la notion de limite au cas où la grandeur limite est une quantité rationnelle. Dans ce cas, les notions s'enchaînent naturellement, sans qu'on ait à supposer d'autres quantités que des quantités rationnelles, c'est-à-dire rien d'autre que des nombres définis par les opérations ordinaires de l'arithmétique. Nous considérons une suite formée par une infinité de valeurs numériques assignées à une variable.

$$v_1, \quad v_2, \ldots \quad v_m$$

et que nous comprendrons sous le nom général de *variable progressive*, ou de *variante*[1]. S'il arrive qu'à partir d'un certain rang m la différence $v_{m+p} - v_m$ est plus petite en valeur absolue que le nombre rationnel ε, si petit que soit ε, on dira que la variante est *convergente*. Nous pouvons, pour abréger les opérations, représenter les variantes convergentes par des signes appropriés. Nous désignerons, par exemple, par U la variante convergente de la suite $u_1, u_2, \ldots u_m$ telle que, à partir d'un certain rang m, $U - u_m < \varepsilon$, quel que soit ε. Lorsque U se trouve être une quantité rationnelle, nous n'aurons fait autre chose que d'abréger le discours. Qu'arrivera-t-il dans le cas où il n'y aurait pas de quantité rationnelle U telle que $U - u_m < \varepsilon$? Alors, à prendre les choses en toute rigueur, nous n'aurons pas le droit de parler de limite; mais nous pouvons, pour exprimer la convergence de la variante qui résulte de l'inégalité $u_{m+p} - u_m < \varepsilon$, créer un *simulacre* nouveau, qui sera cette fois un simulacre absolu, et traiter la quantité non-rationnelle, la quantité fictive, ou incommensurable, comme nous ferions d'une limite effective : « Quand une variante convergente ne tend pas vers quelque limite, on lui en assigne une *idéale* qu'on nomme un nombre ou une quantité *incommensurable*, et qu'on représente par le même signe que si elle existait réellement. On peut alors exprimer la convergence d'une variante quelconque, en disant *qu'elle tend vers une certaine limite* (effective ou idéale suivant le cas)[2] ».

Ainsi, nous considérons la suite indéfinie des nombres rationnels :

1. Cf. *Encyclopédie*, loc. cité, I, 1,3, p. 148.
2. Méray, *op. cit.*, p. 31.

$$\frac{1}{2}$$
$$\frac{1}{2}+\frac{1}{2^2}$$
$$\frac{1}{2}+\frac{1}{2^2}+\frac{1}{2^3}$$
$$\cdots\cdots$$
$$\frac{1}{2}+\frac{1}{2^2}+\frac{1}{2^3}+\cdots\frac{1}{2^n}$$

la variante convergente qu'elle exprime a pour limite l'unité. Au contraire, la variante convergente :

$$\frac{1}{1}$$
$$1+\frac{1}{1.2}$$
$$\frac{1}{1}+\frac{1}{2}+\frac{1}{1.2.3}$$
$$\cdots\cdots$$
$$\frac{1}{1}+\frac{1}{1.2}+\frac{1}{1.2.3}+\cdots\frac{1}{1.2.3\ldots n}$$

n'a pas de limite, à moins qu'on ne lui en assigne fictivement une en créant le nombre irrationnel, qui sera rigoureusement défini par la suite des valeurs qui exprime la variante convergente.

En résumé, par une combinaison de termes arithmétiques, il est possible de définir rigoureusement la notion d'imaginaire et la notion d'irrationnelle. Or, ainsi définies, ces deux notions suffisent à constituer l'analyse, telle que Méray la conçoit. L'instrument de cette analyse, est le développement des fonctions en séries qui procèdent suivant les puissances de la variable, telles que la série de Taylor; mais l'horizon en est étendu par l'introduction des variables imaginaires, qui est l'un des titres de gloire de Cauchy. La théorie des fonctions analytiques, que Lagrange avait laissée à l'état d' « hypothèse », est devenue, écrit Méray, une « réalité[1] »; ou, pour reprendre l'expression que Félix Klein applique au mouvement parallèle qui s'est accompli en Allemagne avec Kronecker et Weierstrass, l'analyse s'est *arithmétisée*[2].

1. Méray, *Nouveau précis d'analyse infinitésimale*, 1872, p. XIV.
2. Nouvelles annales de Mathématiques, 1897, p. 115.

LE PASSAGE AU NOMINALISME

212. — *L'arithmétisation* de l'analyse a pour conséquence naturelle une interprétation arithmétiste de la mathématique, mais qui diffère profondément de l'arithmétisme de Renouvier.

L'arithmétisme chez Renouvier est une doctrine d'essence philosophique. L'arithmétique élémentaire n'y était pas seulement le type de la science claire et incontestable; elle possédait ce privilège de révéler la forme d'intelligibilité que la philosophie a la tâche de projeter sur l'univers. Le nombre est la catégorie par excellence; le principe du nombre suffira pour trancher les problèmes jusque-là insolubles de la métaphysique, pour déterminer la structure du monde pris en soi, et presque pour prouver la nécessité d'une puissance créatrice.

L'éclat d'une telle lumière rendait obscures les autres parties de la mathématique. En partant des conditions réunies dans l'arithmétique pour la compréhension de la quantité, Renouvier était amené à ne plus regarder l'analyse infinitésimale comme relevant à proprement parler de la science de la quantité; ce n'était qu'au prix d'un artifice, profitant de l'indétermination inhérente à ce qui est *arbitraire* et *inassignable*, qu'il pouvait substituer un rapport déterminé à ce qui, en soi, n'était pas susceptible de mesure. L'artifice pourra se justifier, du point de vue de l'artifice même, c'est-à-dire tant qu'on se meut dans un système de conventions et de fictions; mais, dès qu'on se rapproche de la réalité (et on est bien obligé de le faire pour en tirer quelque application), il apparaîtra comme une méthode d'approximation, dépourvue de l'exactitude rigoureuse qui avait fait le crédit de l'arithmétique.

L'arithmétisation de l'analyse a mis fin à cette situation instable et précaire. Le calcul des nombres entiers et positifs sert encore de point de repère pour l'intelligence du calcul infinitésimal; mais ce n'est plus en vue de créer une opposition entre la représentation actuelle, à laquelle satisfait l'image sensible, et la représentation virtuelle et fictive; c'est afin de relier les opérations constitutives du calcul infinitésimal aux opérations proprement arithmétiques, de montrer comment l'exactitude et la rigueur des raisonnements arithmétiques se transmettent de proche en proche à toutes les disciplines de la mathématique abstraite. En d'autres termes, le passage de la réalité à la fiction qui s'opère dans la doctrine de Méray n'a pas la même conséquence que dans le néo-criticisme, il ne rompt plus avec le rythme normal de la science : « Les nombres entiers de l'arithmétique élémentaire, sur lesquels roulent exclusivement en définitive toutes les opérations exigées par les applications numériques, sont aussi les seuls qui interviennent au fond des spéculations théoriques. Mais l'impossibilité fréquente de certaines opérations troublerait gravement l'uniformité désirable dans le mécanisme des transformations analytiques; elle compliquerait les énoncés de restrictions continuelles si l'on ne tournait l'obstacle en substituant aux nombres et aux opérations véritables des fictions pour lesquelles cette impossibilité ne se présente jamais, et d'où, quand il le faut, on revient à la réalité sans aucun effort. Telle est en particulier, continue Méray, l'origine des fractions[1]. »

$\frac{3}{5}$, c'est-à-dire 3 à diviser par 5, n'est pas un nombre, puisqu'il n'y a pas de nombre qui multiplié par 5 donne 3; mais les deux nombres 3 et 5 sont susceptibles d'être réunis ensemble, union que nous pourrons, s'il nous plaît, représenter par le symbole $\frac{3}{5}$. A cette forme on convient d'appliquer certaines règles de combinaisons, calquées sur les lois d'addition et d'égalité qui régissent les nombres entiers, et telles que 3 et 5 puissent être mis à leur tour sous la forme $\frac{3}{1}$ et $\frac{5}{1}$, telles aussi que les résultats concernant les expressions symboliques $\frac{3}{1}$, ou $\frac{5}{1}$, soient identiques aux résultats obtenus sur les nombres véritables 3 et 5.

Le calcul des entiers positifs devient ainsi un cas particulier des combinaisons que l'on a décidé d'appliquer aux *expressions fractionnaires*, et c'est par là que le calcul nouveau s'incorpore au domaine de la mathématique, et marque un élargissement de la science. « Bien que les diverses espèces analytiques constituent des mondes distincts, leurs définitions néanmoins sont dans des rapports tels, que tout calcul à exécuter sur des nombres d'une certaine espèce peut s'effectuer à l'aide du calcul parallèle exécuté sur des nombres de l'espèce suivante[2]. » Cette loi de constitution permet de former de nouvelles quantités « factices ». En combinant à l'aide de règles conventionnelles les signes de l'addition et de la soustraction, on formera un calcul

1. Méray, *Nouvelles leçons*, p. 2.
2. Riquier, *Des axiomes mathématiques*, Revue de métaphysique, 1895, p. 280.

où il n'y a plus de soustraction impossible, et dans lequel on fera rentrer le calcul des valeurs *absolues* : ce sera le calcul des valeurs *qualifiées*[1], d'où l'on passera par les procédés que nous avons indiqués au calcul des valeurs *irrationnelles* ou *imaginaires*.

En résumé, l'arithmétique des entiers positifs a fourni le thème élémentaire. De là on assiste à un déroulement de variations qui déconcertent d'abord par leur complication et leur apparente irréalité, mais qui livrent le secret de leur harmonie dès qu'une expression convenable a marqué leur rapport au thème fondamental. Au contraste dialectique qui marquait chez Renouvier le passage du fini et du discontinu à l'infinitésimal et au continu, cette seconde forme de l'arithmétisme substitue l'élargissement progressif du rythme initial[2].

213. — Au point de vue purement technique le progrès est incontestable. La route de l'analyse est débarrassée des *problèmes* métaphysiques où des mathématiciens imprudents s'étaient jadis fourvoyés. Mais au point de vue théorique les difficultés paraissent plutôt évitées que résolues. On dira bien que l'existence de l'objet mathématique ne fait plus question ; mais il faut ajouter aussitôt que c'est pour deux raisons d'ordre opposé, suivant qu'on est dans le domaine des nombres entiers positifs ou qu'on est dans le domaine des nombres irrationnels, négatifs, imaginaires. Dans le premier des domaines, la question ne se posera pas, parce qu'on la suppose déjà résolue ; les nombres arithmétiques sont des réalités données, comparables, comme le disait M. Molk, aux objets des sciences naturelles. Dans les autres domaines, la question ne se posera pas, parce qu'il n'y a pas lieu de la poser ; au delà de l'arithmétique élémentaire les concepts de la science ne peuvent prétendre à aucune espèce d'objectivité : « Ils n'ont du nombre que le nom ; en réalité, ce sont de purs symboles[3] ».

Une théorie semblable interdirait de comprendre l'unité de cette science même dont on vient de constater qu'elle se manifeste pratiquement comme un système de combinaisons homogènes les unes par rapport aux autres. Il est par suite inévitable qu'elle soulève devant la réflexion un problème nouveau. Ou la notion de nombre, correspondant soit à une forme de l'entende-

1. Riquier : *De l'idée de nombre considérée comme fondement des sciences mathématiques*, Revue de métaphysique, 1893, p. 350.

2. Voir l'exposition remarquable de la *Généralisation arithmétique du nombre* dans Couturat, *De l'Infini mathématique*, 1re partie, livre I.

3. Molk, Mémoire cité, *Acta mathematica*, t. VI, p. 3.

ment soit à une réalité de la nature, possède une vérité intrinsèque et nécessaire; mais cette vérité, liée à l'intégrité et à la positivité du nombre proprement arithmétique, est incapable de se transmettre aux formes généralisées sur lesquelles se fondent l'algèbre et l'analyse. La conception de la vérité, qui en avait été l'âme, abandonne la théorie arithmétisante, dès qu'il s'agit de comprendre la valeur inhérente aux disciplines mathématiques qui attestent le mieux, avec la fécondité de l'esprit spéculatif dans les sciences, son aptitude à envelopper dans le réseau de ses relations l'ampleur et la subtilité des phénomènes naturels. — Ou bien toutes les parties de la mathématique abstraite ont effectivement pour le savant le même caractère d'exactitude et de rigueur. Une théorie de la science, respectueuse de la réalité qu'elle doit interpréter, est tenue de rétablir l'égalité de niveau entre les différentes disciplines de l'arithmétique, de l'algèbre ou de l'analyse. Mais il est évident que cette égalité ne peut être atteinte que sur le niveau le moins élevé. Le nombre entier serait alors absorbé dans les formes généralisées, dont il deviendrait un cas particulier; il participerait à leur caractère symbolique; la mathématique abstraite deviendrait tout entière une création conventionnelle et arbitraire.

La juxtaposition des nombres naturels et des expressions artificielles ne constitue donc qu'un arrêt provisoire dans le mouvement de l'arithmétisme. Il faudra qu'il remonte jusqu'au réalisme des Pythagoriciens, ou qu'il descende la pente du nominalisme et du scepticisme.

214. — Or, l'alternative étant ainsi présentée, ce que nous avons déjà dit de la formation et de l'évolution de l'arithmétisme fait prévoir que les savants du XIXe siècle devaient inévitablement prendre le second parti. En dépit de l'autorité de Cauchy, il est clair, en effet, que ni la logique ni l'arithmétique elle-même n'étaient intéressées dans la prétendue *loi de nombre*.

La proposition : *Le tout est plus grand que la partie*, insérée dès l'antiquité parmi les notions communes de la géométrie [1], peut être regardée, selon Renouvier, « comme un jugement analytique ou d'identité. Mais il faut, ajoute-t-il, que l'idée du tout soit prise dans son sens rigoureusement et exclusivement mathématique [2] ». Cela ne suffit pas encore : il faut que le sens mathématique soit restreint à l'arithmétique des nombres positifs; car déjà pour les nombres négatifs, l'axiome est en défaut : $a + b$

1. Proclus, édit. Friedlein, p. 193.
2. *Premier Essai*, édit. citée, p. 261.

peut être plus petit que *a*. En d'autres termes, nous voyons bien qu'en refusant de faire de cette proposition . *Le tout est plus grand que la partie*, une norme du possible, un critère du réel, on contredit aux règles qui conviennent au calcul des entiers positifs et finis; mais on n'a pas le droit de conclure de là qu'on tomberait dans une contradiction intrinsèque et absolue[1]... à moins d'ériger l'arithmétique élémentaire en science universelle, et d'assimiler les principes qui la régissent aux lois nécessaires de la logique.

Chose piquante d'ailleurs, cette assimilation de la vérité arithmétique et de la vérité logique se produit sur le point précis où il y a une divergence radicale entre l'arithmétique des nombres finis et le calcul logique des classes. Si j'ajoute 5 et 7, la somme 12 est plus grande que chacune de ses parties; mais si j'ajoute la classe des *Français* et la classe des *Normands*, la somme des deux classes n'est nullement plus grande que chacune des parties. Dès le dix-septième siècle d'ailleurs, Leibniz avait mis cette remarque en évidence, lorsqu'il formulait la loi dite de *tautologie*[2], et qu'il en marquait expressément l'application à l'addition des classes : dans ce qu'il appelle le « calcul alternatif », où la composition des éléments se fait suivant l'ordre de l'extension logique, « il n'y a pas à tenir compte de la composition d'une lettre avec elle-même[3] ».

Mais, en interrogeant l'arithmétique élémentaire elle-même, on voit se dérober la base sur laquelle était établie la loi du nombre. Si l'arithmétique nous apprend à compter, n'est-il pas évident qu'elle demeure indifférente à la question, qui la dépasse et qui nous dépasse, de savoir si nous pourrons jamais avoir fini de tout compter? Il convient d'aller plus loin : même si nous accordons que les problèmes posés par la nature des choses doivent se résoudre par le seul calcul des nombres entiers, nous retrouverons dans la suite naturelle de ces nombres l'infini, que l'on prétendait exclure au nom de l'arithmétique : « La notion de l'infini, dont il ne faut pas faire mystère en mathématique, se réduit à ceci : *après chaque nombre entier il y en a un autre*[4]. »

1. Voir Milhaud, *Essai sur les conditions et les limites de la certitude logique*, 1894, p. 198 et suiv.

2. « Si idem secum ipso sumatur, nihil constituitur novum, seu A + A = A. » G, VII, 230.

3. Math. I, 26. *a*. (vers 1683). *Opuscules et fragments inédits*, édit. Couturat, p. 556. Cf. Couturat, *La logique de Leibniz*, p. 344.

4. Jules Tannery : *Introduction à la théorie des fonctions d'une variable*, 1re édit. 1886, p. VIII. Cf *L'infini mathématique*, Revue générale des sciences, 1897,

La même raison subsistant toujours, comme disait Leibniz, on ne peut pas poser *deux* après *un* sans avoir déjà impliqué l'infini dans la notion de *deux*, de même que, partant de l'unité pour concevoir la fraction $\frac{1}{2}$, on ne peut pas se refuser à la divisibilité indéfinie qui conduit à faire de l'unité, suivant la remarque curieuse de Galilée, le type du nombre infini[1].

Pour nous, la « loi de nombre » n'a donc pas plus de racine dans l'arithmétique que dans la logique. Elle a eu sans doute sa cause occasionnelle, d'ordre négatif, dans les difficultés que rencontrait dans les premières années du XIXe siècle l'exposition du principe et des applications du calcul infinitésimal; et Renouvier lui-même indique que l'idée « pivotale » de sa doctrine a procédé « d'une méditation prolongée sur le sens, et sur la seule justification rationnelle possible, des méthodes transcendantes en géométrie.[2] » Mais nous serions disposé à chercher la raison positive de la solution dans l'atmosphère scientifique où baignait la pensée de Cauchy et de Renouvier. La conception chimique qui a dominé de Dalton à Jean-Baptiste Dumas, et qui ramenait au cœur de la science expérimentale moderne les théories spéculatives d'un Pythagore ou d'un Démocrite, serait l'inspiratrice inconsciente, mais véritable, du finitisme; elle seule, en tout cas, nous paraît capable d'expliquer l'identification immédiate que Renouvier établit entre l'idée générale de relation et le rapport déterminé de composition, identification qui est le principe du néo-criticisme et qui en conduit le développement jusqu'à la *Nouvelle Monadologie*.

Or, tandis que le progrès des sciences physico chimiques au cours du XIXe siècle, affranchissait les esprits du finitisme atomistique, le succès de l'œuvre inaugurée par Cauchy faisait voir que les diverses parties de l'algèbre ou de l'analyse pouvaient être exposées en toute rigueur à l'aide d'un double système de conventions, portant sur les définitions des expressions (fractionnaires, négatives, imaginaires, irrationnelles) et sur les opérations qui en permettent le calcul.

Dès lors la conclusion s'imposait : ce qui suffit pour l'algèbre et pour l'analyse devra suffire pour l'arithmétique. Au nom du *principe d'économie* dont les savants du XIXe siècle se plaisent à invoquer l'autorité, il faudra écarter de la notion de nombre tout

p. 131[F] : « Quelque conception qu'on se fasse du nombre entier, cette conception implique déjà l'idée de l'infini. et cela d'une façon nécessaire »

1. *Discorsi e demostrazioni* (1638). Édit. nationale, t. VIII, p. 83

2. *Premier Essai*, 2e édit. t. I, *Av.-propos*, p. VII

ce qui a permis d'y voir un objet d'intuition, une réalité naturelle, pour ne retenir que les caractères nécessaires au système des combinaisons numériques. Bref, afin de fonder l'arithmétique des nombres entiers au moins de frais possible, on devra dissocier les lois du *processus nombrant* et l'existence de la *chose nombrée*. En imitant pour l'intelligence de ces lois la méthode qui a réussi pour le calcul des fractions ou des imaginaires, on déterminera le *minimum* des conditions requises pour fixer sans équivoque les règles du symbolisme opératoire[1].

L'EXPOSITION NOMINALISTE

215. — Telle est la tâche dont Helmholtz s'est acquitté dans son mémoire de 1887 : *Zahlen und Messen erkenntnisstheoretisch betrachtet* : « Nous pouvons considérer les nombres comme étant une série de signes arbitrairement choisis, mais auxquels nous appliquons un mode déterminé de succession à titre de succession régulière ou, suivant l'expression habituelle, de succession naturelle[2]. » Encore convient-il de ne pas se laisser tromper par l'équivoque de l'expression : ce qui pourrait être *naturel*, c'est le dénombrement, *die Anzahl*, de réalités données. La science des nombres n'a jamais à faire à rien de tel : l'ordre des signes numériques est aussi conventionnel que l'ordre des lettres dans les diverses langues ; ordre qui, une fois adopté et employé d'une façon constante, prend également une apparence normale et régulière.

Comme le disent spirituellement MM. Le Roy et Vincent, « nous créons une infinité de petits dessins, que nous appelons des signes, bien qu'ils ne désignent rien, se succédant régulièrement d'après une loi de formation que nous allons indiquer. Les premiers sont donnés individuellement :

0, 1, 2, 3, 4, 5, 6, 7, 8, 9.

1. *Cf.* Poincaré, Journal des Savants, 1902, p. 260 : « Qu'est-ce que les nombres? Ce sont avant tout des éléments que nous savons distinguer les uns des autres ; nous savons en outre définir la somme ou le produit de deux de ces éléments, et enfin nous avons des règles pour reconnaître entre deux nombres quel est le plus grand et quel est le plus petit. Voilà ce que nous devons considérer comme essentiel ; mais il est clair que, si nous regardons ces règles comme des conventions, nous pouvons appliquer ces conventions à d'autres éléments qu'à nos nombres ordinaires et que nous pouvons même changer ces conventions dans une mesure plus ou moins grande. C'est ainsi que la notion de nombre peut s'élargir presque indéfiniment.

2. *Apud Philosophische Aufsätze Eduard Zeller gewidmet*, Leipzig, p. 21

Ils sont d'ailleurs supposés rangés. Ceux-là écrits, nous faisons précéder chacun d'eux successivement de chacun d'eux sauf de celui qui est avant tous les autres... Il est clair qu'on peut prolonger indéfiniment ce jeu, puisque rien n'est capable d'imposer un arrêt à l'esprit dans une opération purement logique où n'intervient pas la considération de l'extérieur. Chaque signe de la suite créée est un symbole... Voilà ce qu'on appelle *la suite des nombres entiers positifs*. L'arithmétique n'est pas autre chose que le récit des opérations que l'esprit peut s'amuser à faire sur ces symboles [1] ».

L'addition devra donc rentrer dans le cadre de l'énumération purement ordinale : « Par $(a+b)$, je désigne le nombre de la série sur laquelle je tombe si je compte un pour $(a+1)$, deux pour $(a+2)$, etc., jusqu'à ce que j'aie compté jusqu'à b [2]. » Cette définition de l'addition permet d'en démontrer les deux lois essentielles [3] : *loi associative*, c'est-à-dire $a+(b+c)=(a+b)+c$, et *loi commutative*, c'est-à-dire $a+b=b+c$. Il est aisé en effet d'établir que ces lois sont vraies pour $a=1$; d'où l'on déduit qu'elles sont vraies pour $a=2$, pour $a=3$, etc.

Helmholtz a ainsi fondé la théorie des opérations arithmétiques, sans faire appel à aucune espèce d'intuition, sans former même l'idée d'une collection d'unités homogènes. Supposons maintenant que nous soyons en présence d'un groupe de termes distincts, tels que les lettres de l'alphabet grec jusqu'à ε, nous pouvons faire correspondre à chacun des termes du groupe un signe de notre série ordinale et couvrir ainsi la série jusqu'à un nombre n. Il est facile de voir que je puis permuter dans le groupe des lettres l'ordre de deux lettres voisines sans rien changer au résultat de la correspondance ; et, s'il en est ainsi je puis, en étendant cette permutation de proche en proche, me permettre n'importe quelle interversion. Pourvu qu'il n'y ait ni lacune, ni répétition, le même groupe, pris dans quelque ordre que ce soit, me donnera le même nombre ; il sera *dénombré*.

L'acte psychologique du dénombrement est parfaitement décrit ; l'exactitude de cette description pourrait faire illusion sur la portée que lui confère effectivement la doctrine nominaliste, ou mieux *conventionaliste*, de Helmholtz. Il ne s'agit pas de fonder l'idée du nombre sur la correspondance de la série et de

1. *Sur l'idée de nombre*, Revue de métaphysique, 1896, p. 745.
2. Helmholtz, *op. cit.*, p. 24.
3. Couturat, *L'Infini mathématique*, p. 309.

la collection : la série ordinale suffit pour constituer le nombre. Il ne s'agit pas non plus de retrouver après coup le passage de la conception ordinale à une conception cardinale, déjà instituée par ailleurs, et d'établir ainsi une relation qui serait susceptible de vérification. Le but de Helmholtz est, au contraire, de se dispenser de la notion proprement dite de nombre cardinal. « Nulle part..., dans la théorie du nombre pur, Helmholtz n'emploie le mot, ni n'invoque l'idée d'*unité*[1]. »

En face de la série ordinale il n'y a rien d'autre que l'ensemble concret présenté dans la perception ; le rapprochement entre les formes abstraites du calcul et les données telles quelles de l'expérience donne simplement lieu à un postulat de plus ; la correspondance entre la série dénombrante et la collection à dénombrer est introduite comme une règle de jeu, qui échappe par hypothèse à toute objection, puisque, par hypothèse, elle est absolument arbitraire. L'arithmétique renonce définitivement à toute valeur de science ; car la science est au moins prétention à la vérité.

Le cycle d'évolution que l'arithmétisme pouvait parcourir est donc achevé. Parti d'une conception du nombre qui faisait de l'entier positif la synthèse de l'intelligible et du réel, il a été conduit par la considération de la généralisation du nombre, qui aussi bien a été l'instrument du progrès mathématique, à éliminer la conception initiale ; et il n'a plus vu dans l'ensemble des spéculations mathématiques qu'un système de combinaisons symboliques reposant sur des définitions arbitraires et des règles conventionnelles. D'où la sorte de scandale intellectuel qui a marqué les dernières années du XIXe siècle. En même temps que la mathématique perfectionnait la rigueur de ses méthodes, qu'elle disposait d'armes plus subtiles et plus fortes pour la conquête de l'univers physique, la philosophie mathématique apparaissait impuissante à rendre raison de la vérité que la science possède. Elle allait se perdre dans le courant *pragmatique*, elle en redoublait la force jusqu'à lui donner l'aspect d'un « raz de marée[2] », justifiant, malgré soi, la parole brutale, mais profonde, que Poinsot prononçait au lendemain du *Génie du Christianisme*, à l'aurore du romantisme[3] : « Si les mathématiques cessaient d'être la vérité même, une foule d'ou-

1. Couturat, *op. cit.*, p. 328.
2. Cf. W. James, *Humanism and truth once more*, Mind, avril 1905, p. 190.
3. Cité par J. Bertrand dans l'*Éloge de Louis Poinsot*. *Éloges académiques*, *Nouvelle série*, 1902, *op. cit.*, p. 15.

vrages ridicules deviendraient très sérieux, plusieurs même commenceraient d'être sublimes[1]. »

1. Que l'apologétique de Chateaubriand, à laquelle Poinsot nous paraît avoir fait allusion, soit une des sources du courant pragmatiste au XIXe siècle, c'est ce que manifeste une page de Taine dont la date est significative (1855) : « Il n'en est pas un [*parmi nos plus grands maîtres*] qui, vingt fois dans sa vie, n'ait prouvé et propagé sa doctrine en disant aux hommes qu'elle est consolante pour le genre humain. Le premier et le plus contagieux de ces exemples fut le *Génie du christianisme*... Chaque doctrine naissante se crut obligée d'établir qu'elle venait à point, que les circonstances la réclamaient, que les hommes la désiraient, qu'elle venait sauver le genre humain. Elle se défendit avec des arguments de commissaire de police et d'affiche, en proclamant qu'elle était conforme à l'ordre et à la morale publique, et que le besoin de sa venue se faisait partout sentir. On imposa à la vérité l'obligation d'être poétique pour être vraie... On démontra des doctrines usées par des arguments détruits, et l'on conquit la popularité et la puissance aux dépens de la certitude et de la vérité. » (Revue des Deux Mondes, t. XCIX, p. 660.)

LIVRE VI

LE MOUVEMENT LOGISTIQUE

216. — Si l'idée est finalement apparue décevante de s'appuyer sur l'intelligibilité intrinsèque du nombre entier positif pour justifier *a priori* la vérité mathématique, c'est qu'il y a contradiction entre la conception arithmétiste qui procède du particulier au général, et les conditions de la justification *a priori* qui impliquent une déduction à partir des notions les plus générales. L'arithmétisme doit donc être considéré comme une étape dans un mouvement qui, par delà les formes spécifiques du nombre, rejoint les formes universelles de l'être; le mouvement paraît commandé par la nature de l'esprit humain puisque c'est celui-là même que nous avons vu se produire du pythagorisme à l'aristotélisme. Mais la logique formelle d'Aristote n'est que le prototype de la *logistique* contemporaine : au contact des méthodes modernes, en imitant l'algorithme perfectionné des mathématiques, celle-ci a manifesté une souplesse d'analyse, un souci de rigueur, dont celle-là demeurait infiniment éloignée. La logistique est bien une technique nouvelle; la philosophie de la mathématique, que certains penseurs (M. Bertrand Russell au premier rang d'entre eux) ont cru pouvoir en tirer est bien, en dépit de sa fidélité à l'ontologisme d'Aristote et de la scolastique, un événement nouveau.

CHAPITRE XVII

FORMATION DE LA PHILOSOPHIE LOGISTIQUE DES MATHÉMATIQUES

217. — Nous avons à rechercher comment s'est accomplie cette rénovation de la logique formelle, et quelle part en revient à l'imitation des procédés mathématiques d'exposition et de démonstration.

En un sens, c'est de Leibniz que procèdent les idées génératrices de la logistique : il a ouvert les différentes routes que le XIXe siècle devait suivre; il a entrevu les perspectives que pouvaient offrir, ou la mise en forme mathématique de la logique, ou la mise en forme logique du calcul. Toutefois, si nous faisons abstraction des révélations dues à l'étude des manuscrits de Hanovre par Gerhardt et surtout par M. Couturat, et si nous nous reportons à l'influence que Leibniz pouvait exercer sur ses successeurs immédiats, nous ne pouvons guère retenir de la tentative de caractéristique universelle que cette conception encore vague : il doit exister une science des équations logiques comparable à la science des équations algébriques, et certains systèmes de représentations spatiales peuvent fournir une illustration des combinaisons logiques, comme les courbes cartésiennes fournissent l'image des relations analytiques.

Quelle est la portée exacte de cette conception? En développant systématiquement la logique mathématique suivant l'une et l'autre des interprétations que la géométrie analytique comporte elle-même, c'est-à-dire dans le sens de l'algèbre pure et dans le sens de la géométrie pure, Salomon Maïmon et Gergonne ont apporté une réponse précise à cette question [1].

1. Nous utilisons, dans les pages qui vont suivre, le *Cours* magistral professé au Collège de France par M. Couturat, sur l'*Histoire de la logique formelle moderne* (1905-1906). Voir la leçon d'ouverture, qui seule a été publiée, dans la Revue de métaphysique, 1906, p. 318 et suiv.

ANALYSE ALGÉBRIQUE ET ANALYSE GÉOMÉTRIQUE

218. — Ce qui nous intéresse dans l'ébauche d'algorithme que Maïmon a tracée, c'est que nous croyons y trouver un sentiment très rare de la différence radicale qui existe entre la logique et la mathématique, différence que risque de dissimuler l'usage de signes communs. Logique et mathématique sont susceptibles d'exposition formelle; mais dans la logique ordinaire la forme se réfère à une matière qui lui est extérieure; ce qui fait la vérité de la proposition

Socrate est homme

n'est pas conservé dans la proposition écrite symboliquement

X est Y.

Les prémisses sont introduites dans le syllogisme, sous bénéfice d'une hypothèse préalable sur leur vérité ou sur leur fausseté; la conclusion est relative à la valeur de ces hypothèses, dont le contrôle échappe à la compétence du logicien. Au contraire, ce qui fait que les conclusions du raisonnement mathématique sont susceptibles de vérité catégorique, c'est-à-dire, à proprement parler, de vérité, c'est que les propositions mathématiques n'ont pas d'autre matière que leur forme même. L'algèbre est capable de faire elle-même la police à l'intérieur de son domaine; elle sépare des valeurs fausses les valeurs vraies, c'est-à-dire celles qui transforment l'équation en identité.

Telle est l'idée simple, mais forte, dont nous paraît s'inspirer le système logique de Maïmon. Pour lui, comme pour Kant, le type du jugement logique est analytique; il importe donc de mettre en évidence le caractère analytique du jugement, en indiquant expressément que le prédicat est déjà contenu dans le sujet. De là le symbolisme profond et naïf de Maïmon.

Il nous suffira d'indiquer la traduction de *Barbara* : + étant choisi comme signe de l'affirmation, x désignant n'importe quoi, et par suite étant équivalent à *tout*, et signifiant l'universalité, la vérité de tout b est a s'écrira $abx + a$; la vérité de tout c est b s'inscrira $abcx + abx$; la vérité de la conclusion *tout c est a* s'offrira d'elle-même sous la forme : $abcx + a$[1]. La

1. Maïmon, *Versuch einer neuen Logik oder Theorie des Denkens*, Berlin, 1794, p. 92.

résolution des équations logiques a le même caractère de perfection que la résolution des équations algébriques, et l'œuvre d'élimination que le syllogisme accomplit est rendue ainsi manifeste; mais manifeste aussi l'œuvre d'appauvrissement qui en est la conséquence. La logique, pour se mouvoir dans la sphère de la vérité, ne peut guère dépasser l'horizon étroit de l'évidence verbale; l'algèbre logique de Maïmon est viable au sens rigoureux du mot, elle n'est pas destinée à survivre parce qu'elle est nécessairement stérile.

219. — L'algorithme de Gergonne procède d'une vue inverse et complémentaire; il a pour base l'intuition géométrique. Les cercles d'Euler, au lieu d'être de simples traductions de propositions logiques, vont déterminer des relations initiales entre l'idée du sujet et l'idée du prédicat :

« Examinons, dit Gergonne, quelles sont les diverses circonstances dans lesquelles deux idées, comparées l'une à l'autre, peuvent se trouver relativement à leur étendue. Cette question revient évidemment à demander quelles sont les diverses sortes de circonstances dans lesquelles deux figures fermées quelconques, deux cercles, par exemple, tracés sur un même plan, peuvent se trouver l'un par rapport à l'autre; l'étendue de chaque cercle représentant ici, celle de chaque idée[1]. » De là, le tableau des relations suivantes :

1° L'*exclusion* Ⓢ Ⓟ = H.

2° La *sécance* ⓈⓅ = X.

3° L'*identité* (SP) = I.

La *contenance*, étant susceptible d'inversion, s'exprime par deux relations inverses

4° S est contenu dans P ((S)P) = C.

5° S contient P.  ((P)S) = Ɔ.

Si on forme les combinaisons de ces cinq relations deux à deux, et si on y comprend la répétition de deux relations identiques, on obtiendra vingt-cinq combinaisons. On n'aura qu'à se demander dans quel cas la combinaison des deux prémisses permet de

1. Annales de Mathématiques pures et appliquées, Nîmes, t. VII, 1816-1817, p. 193.

poser dans la conclusion l'une quelconque des cinq relations. C'est ainsi que si les prémisses sont toutes deux de la forme H, ou toutes deux de la forme X, la conclusion peut avoir les cinq formes que nous venons d'énumérer, tandis que, si elles ont toutes deux la forme C ou la forme Ɔ, une seule alternative est possible : la conclusion doit avoir la même forme que les prémisses.

Les cadres de Gergonne sont plus facilement représentables que ceux d'Aristote, et les articulations du discours sautent immédiatement aux yeux; mais, à s'appuyer ainsi sur l'intuition, il arrive qu'on atteigne trop rapidement les limites du savoir. De fait, quand Gergonne a marqué les points de concordance entre son algorithme et la logique traditionnelle, il semble que sa propre recherche soit épuisée. D'autre part, les principes du raisonnement n'ont nullement été éclaircis. La forme traditionnelle ne réussit pas à justifier certains syllogismes de la troisième figure, parce qu'elle n'explicite pas la condition d'existence qui est nécessaire pour passer des prémisses à la conclusion; mais Gergonne ne se trouve pas dans une meilleure situation qu'Aristote; les considérations purement intuitives dont il part impliquent d'emblée qu'on est dans l'ordre de l'existence, et il n'est pas possible de discerner le cas où il faudrait, soit fournir la preuve, soit énoncer l'hypothèse, que la condition d'existence est effectivement remplie.

LOGIQUE DES CLASSES

220. — Ainsi, de part et d'autre, la route est barrée. Si la logique doit posséder l'ampleur et la rigueur qui en feront une science comparable à la mathématique, il faut qu'une invention de génie lui permette de franchir la sphère où la retient l'imitation de la géométrie analytique.

Cette invention est due à Georges Boole, qui publia en 1847 : *The mathematical analysis of Logic, being an essay towards a calculus of deductive reasoning*; en 1854, *An investigation of the Laws of the thought, on which are founded the mathematical theories of logic and probabilities*[1]. Elle consiste avant tout dans l'introduction de deux *constantes logiques* par rapport auxquelles s'organise le système des relations logiques, de même que le système des relations géométriques s'organise

1. Cf. Liard, *Les logiciens anglais contemporains*, 1878, chap. v, p. 99 et suiv.

par rapport aux coordonnées choisies. La valeur logique de ces constantes est mise en relief par le symbole qui les exprime. L'une est 0, de telle façon que, si y désigne une classe quelconque d'objets, on ait, comme en algèbre,

$$0 \times y \text{ ou } 0y = 0;$$

l'autre est 1, de telle façon que l'on ait l'équation formelle[1] :

$$1 \times y \text{ ou } 1y = y.$$

Il est facile de dégager la signification de ces symboles, en considérant la combinaison de classes qui constitue la multiplication logique. $0y$ désigne la classe formée par les éléments communs de 0 et de y ; pour que le résultat de la multiplication donne 0 quel que soit y, il faut que la classe 0 désigne la classe nulle, *le néant logique*. De même, pour que $1y$ désigne y quel que soit y, il faut que la combinaison de 1 avec y n'enlève jamais rien à l'extension de y, par conséquent qu'il représente l'ensemble de toutes les classes, *l'univers logique*.

Or, à l'aide du symbole 0 et du symbole 1, il sera possible de féconder les opérations élémentaires du calcul logique, de manière à franchir les bornes étroites de la combinatoire d'Aristote, et à étendre les ressources de la logique formelle.

Les opérations élémentaires entre les classes sont la multiplication et l'addition. La première, nous l'avons vu, retient d'un certain nombre de classes logiques leurs caractères communs ; elle est l'addition des compréhensions. Si x désigne la classe des *mammifères*, et y celle des *animaux aquatiques*, le produit xy désigne la classe des *mammifères aquatiques*. L'addition des extensions donne l'addition proprement logique, où il est supposé d'ailleurs que les classes ajoutées l'une à l'autre n'ont aucun caractère commun; l'addition de Boole est *disjonctive*. Si x désigne la classe des *mammifères* et y celle des *poissons*, la combinaison $x + y$ désignera l'ensemble des classes *mammifères* et *poissons*.

Le signe — exprimera l'opération inverse de l'addition logique, la soustraction. La soustraction permet d'obtenir la classe supplémentaire de toutes les classes que l'on considère. Si x désigne les *hommes*, $1 - x$ désignera les *non-hommes*. Le principe d'identité se traduira, sous la forme particulière du principe du tiers exclu, par l'équation :

$$x(1 - x) = 0.$$

1. *An investigation*, Londres, 1854, p. 47.

Il est à remarquer que l'équation n'est pas primitive; elle peut se démontrer à l'aide d'une loi qui exprime une propriété immédiate de la multiplication logique, et où Leibniz avait déjà reconnu le caractère spécifique de l'algèbre de la logique par rapport à l'algèbre proprement mathématique[1]. Cette loi est la loi de *dualité*, qui s'exprime par l'équation

$$x^2 = x.$$

Il est clair, en effet, que le produit logique formé par la combinaison de deux classes qui comprennent les mêmes objets, par exemple la classe des hommes et la classe des bimanes, équivaut à l'un de ses éléments. Si $x = y$, $xy = x = y$. Il en sera de même[2] pour le produit xx ou x^2. Or, en posant $x^2 = x$, nous vérifions immédiatement[3]

$$x(1 - x) = 0.$$

221. — Une fois fixées les bases de cet algorithme logique, Boole opère entre ces divers symboles toutes les combinaisons possibles, sans se soucier de faire correspondre à chacune de ces combinaisons symboliques une représentation intuitive : ce qui importe, c'est uniquement l'interprétation finale des transformations, ainsi que le montre d'ailleurs l'emploi des imaginaires *en trigonométrie*[4]. La logique de Boole fait voir à quel point le domaine de la raison dépasse celui de l'imagination[5]; elle sera par rapport à la logique d'Aristote ce que l'algèbre est à l'arithmétique.

Soit une classe ou, comme dit Boole pour bien marquer que la classe est la délimitation d'un domaine particulier dans l'univers du discours, un ***symbole électif x***, nous pouvons poser une fonction logique $f(x)$, à laquelle nous donnerons la forme suivante :

$$f(x) = ax + b(1 - x).$$

Le problème sera de déterminer les coefficients a et b. Pour cela nous substituons successivement à x les symboles 1 et 0.

1. « Hoc loco nulla habetur ratio repetitionis, seu AA idem nobis est quod A ». *G*, VII, p. 245. Cf. Couturat. *La logique de Leibniz*, p. 320 et suiv.
2. *An investigation*, p. 31.
3. *Op. cit.*, p. 49.
4. *Op. cit.*, p. 69.
5. *Op. cit.*, p. 405.

Nous obtenons

$$f(1) = a + b(1 - 1) = a$$
$$f(0) = a + b(1 - 0) = b$$

d'où

$$f(x) = f(1)x + f(0)(1 - x).$$

Cette formule fournit le développement, *l'expansion*[1] de $f(x)$.

Par des procédés identiques on trouvera pour une fonction de deux symboles x et y, la formule suivante :

$$f(x,y) = f(1,1)xy + f(1,0)x(1 - y) + f(0,1)(1 - x)y$$
$$+ f(0,0)(1 - x)(1 - y).$$

Les procédés d'expansion appportent à la logique formelle la fécondité qui lui manquait depuis Aristote; la rigueur lui viendra des procédés d'élimination qu'elle emprunte à l'algèbre.

Prenons l'exemple le plus simple; constituons l'équation correspondant à une définition, la définition de l'*homme* comme *animal raisonnable*. *Homme* est x; *animal* est y; *raisonnable* est z; *animal raisonnable* est un produit logique ou yz; d'où

$$x = yz,$$

ou encore $x - yz = 0$. Si l'on soustrait de la classe des *hommes* celle des *animaux raisonnables*, on obtient la classe *nulle*.

Dès lors, pour obtenir le plein développement de xyz, nous devrons former successivement les diverses combinaisons de ces symboles électifs, les divers *constituants*; et nous devrons déterminer leurs coefficients en fonction de 1 et de 0. D'une part, les constituants sont

$$xyz$$
$$xy(1 - z)$$
$$x(1 - y)z$$
$$x(1 - y)(1 - z)$$
$$(1 - x)yz$$
$$(1 - x)y(1 - z)$$
$$(1 - x)(1 - y)z$$
$$(1 - x)(1 - y)(1 - z)$$

1. *Op. cit.*, p. 72. Cf. Liard, *op. cit.*, p. 117.

D'autre part, à chacun de ces constituants, la forme $x - y = 0$ fait correspondre les coefficients suivants :

$$\begin{array}{llll} 1-1 & & & \\ & 1-0 & & \\ & & 1-0 & \\ & & & 1-0 \\ 0-1 & & & \\ & 0-0 & & \\ & & 0-0 & \\ & & & 0-0 \end{array}$$

c'est-à-dire, (après élimination des termes à coefficient 0), $xy(1\text{-}z) + x(1\text{-}y)z + x(1\text{-}y)(1\text{-}z) + (1\text{-}y)yz = 0$. Cette somme, d'après les lois de l'addition, n'étant nulle que si chacun des termes est nul, nous obtenons séparément [1] :

$$xy(1-z) = 0$$
$$x(1-y)z = 0$$
$$x(1-y)(1-z) = 0$$
$$(1-x)yz = 0.$$

La théorie des équations logiques est donc fondée, en ce sens que de la relation primitive, qui identifiait la classe des *hommes* et la classe des *animaux raisonnables*, nous avons conclu la non existence des classes suivantes :

hommes animaux non raisonnables;
hommes non animaux raisonnables;
hommes non animaux non raisonnables;
non hommes animaux raisonnables.

« Chaque proposition primaire peut être ainsi résolue en une série de négations d'existence pour certaines classes définies de choses[2]. »

Telles sont les idées maîtresses de cette logique symbolique des classes, à laquelle on devait demander plus tard de jouer un rôle décisif dans la philosophie des mathématiques.

LOGIQUE DES PROPOSITIONS ET LOGIQUE DES RELATIONS

222. — Boole lui-même a étendu la portée de son algorithme; du moment qu'il s'applique aux classes logiques, ou proposi-

1. *Op. cit.*, p. 84.
2. *Ibid.*

tions primaires, il doit réussir pour les propositions secondaires, ou propositions absolues.

L'analogie des concepts et des propositions, qui est, peut-être, dit M. Couturat, la plus belle découverte de Boole[1], procède d'une conception générale sur la nature de la mathématique : « Il n'est pas de l'essence de la mathématique de s'occuper des idées de nombre et de quantité[2]. » La mathématique traite « des opérations considérées en elles-mêmes indépendamment des matières diverses auxquelles elles peuvent être appliquées[3]. » Elle étudiera les transformations qu'il est permis d'opérer sur une formule, cette formule pouvant « représenter avec une interprétation la solution d'une question relative aux propriétés des nombres, avec une autre celle d'un problème géométrique, avec une troisième celle d'une question de dynamique ou d'optique ». Cette conception de la mathématique, dont vers la même époque Grassmann s'inspirait également dans son *Ausdehnungslehre*[4], Boole la transporte sur le terrain de la logique, et il en tire un élargissement singulier du cadre de la science. La logique ne s'occupe pas seulement des relations entre les choses; elle s'occupe aussi des relations entre les faits[5]. Or les faits s'expriment par les propositions : *si le soleil est totalement éclipsé, les étoiles deviendront visibles*. Pour former, suivant les mêmes procédés d'expansion qui ont réussi dans la logique des classes, les équations propositionnelles, et leur appliquer les mêmes procédés de résolution, il suffira de donner aux deux symboles 1 et 0 une signification valable pour les propositions, en les rapportant au *temps de vérité*. 1 désigne la totalité du temps où une proposition est vraie, l'affirmation sans réserve de la vérité; 0 désigne le néant de temps, et par suite la négation de la vérité de la proposition. Pour traduire une proposition disjonctive, on égale à 1 la somme des alternatives; pour traduire une proposition conditionnelle, on exprime que pendant un temps indéterminé v où une première proposition est vraie, la seconde proposition y est vraie par là même[6]

$$y = vx.$$

223. — Ce n'est pas tout enfin. Si nous remarquons qu'entre

1. *La logique de Leibniz*, p. 354.
2. Boole, *op. cit.*, p. 12.
3. *The mathematical analysis*, Cambridge, 1847, p. 3. Cf. Liard, *op. cit.*, p. 104.
4. (1844). *Gesammelte Werke*, édit. Engel, t. I, 1894, p. 23.
5. *An investigation*, p. 7.
6. *Op. cit.*, p. 172. Cf. Liard, *op. cit.*, p. 130 et suiv.

divers individus, ou classes d'individus, il existe des relations, nous pouvons constituer un nouveau corps de doctrine logique. Prenons pour exemple la relation binaire, celle qui s'établit entre un couple d'individus ou un couple de classes, par exemple *père* et *fils*, nous obtiendrons pour base de calcul la considération des couples qui vérifient cette relation. Les symboles logiques 1 et 0 désigneront, l'un l'ensemble de tous les couples, l'univers des relations; l'autre, l'absence de tout couple, le néant de relation. Ainsi conçue l'idée de relation est une forme nouvelle de l'idée d'extension logique; elle permet d'appliquer une troisième fois les procédés opératoires d'expansion et d'élimination. Mais la spécificité de l'idée de la relation apparaît dans les caractères originaux de certains modes opératoires. Quand on intervertit l'ordre des couples, on change une relation en une relation inverse; certaines relations sont identiques à leur inverse : relation de *frère* ou d'*ami* (relation *symétrique*), tandis que d'autres sont *irréversibles*, comme la relation de *père* (relation *asymétrique*). Ou encore, quand on compose les relations les unes avec les autres, on obtient un produit relatif. Par sa nature la multiplication relative n'est pas commutative, à la différence de la multiplication logique; on ne peut pas confondre le *frère du père* et le *père du frère*, l'*ami du bienfaiteur* et le *bienfaiteur de l'ami*. De ce point de vue, le cas essentiel à mettre en lumière est celui où le produit relatif de la relation par elle-même est identique à cette relation : tandis que l'*ami de notre ami* n'est pas nécessairement notre *ami*, le *frère de notre frère* est notre *frère*; la relation de fraternité est *transitive*, suivant l'expression introduite par de Morgan[1]. Ces exemples suffisent à montrer qu'il entre dans la logique des relations des caractéristiques nouvelles qui la rendent indépendante de la logique des classes; et il n'est pas sans intérêt philosophique de consacrer cette indépendance en introduisant, comme l'a fait M. Russell[2], un symbole spécial R : xRy signifiera qu'il existe une relation entre x et y. De la sorte, au lieu de se borner à définir des relations par des classes, comme le faisaient encore C. S. Peirce et Schröder, on pourra définir des classes par des relations[3].

1. Voir son mémoire de 1850 : *On the symbols of logic*, etc. Transactions of the Cambridge philosophical Society, t. IX, 1856, p. 104. La *symétrie* s'y trouve aussi définie sous le nom de *convertibilité*.
2. Russell, *The principles of mathematics*, vol. I, Cambridge, 1903, § 28. p. 24.
3. Couturat, *Les principes des mathématiques*, 1905, p. 27 et suiv.

LA TRADUCTION LOGIQUE DES MATHÉMATIQUES

224. — Quelle répercussion la constitution de l'algèbre de la logique va-t-elle avoir sur la conception philosophique des mathématiques?

Tout d'abord, on pourra songer à réunir dans un même corps de doctrine l'algèbre de la logique et l'algèbre de la mathématique, conçue elle-même dans toute sa généralité. Cette réunion sera entendue simplement comme une juxtaposition, qui ne préjuge en rien l'identité des deux disciplines. Il se peut, et il arrive, que le rapprochement des deux calculs ne serve qu'à faire éclater les dissemblances. Ainsi, dans le *Traité d'Algèbre universelle* où il se propose d'étudier tous les types de déduction formelle, M. Whitehead distingue[1] des algèbres mathématiques en général où

$$a + a = 2a,$$

l'Algèbre de la logique symbolique, ou *algèbre non numérique*, qui a pour loi spéciale de l'addition :

$$a + a = a.$$

225. — Mais la juxtaposition de la logique et des mathématiques peut se présenter sous un jour nouveau : après avoir fait profiter la logique formelle des progrès que permet l'introduction de l'algorithme emprunté aux mathématiques, on essaiera, par une sorte de choc en retour, de faire profiter la mathématique des progrès nouveaux que la logique a réalisés en dépassant son modèle, en poussant plus loin que la mathématique le souci d'énumérer exactement les éléments et les conditions de la démonstration. Alors il y aurait lieu d'exposer tout le contenu des différentes disciplines mathématiques dans le langage symbolique adopté par les disciples de Boole.

Cette œuvre considérable, l'école italienne a réussi à l'accomplir, en suivant les principes de notation proposés par M. Peano[2];

1. *Treatise of universal Algebra*, vol. I, Cambridge, 1898. p. 22 et 35. Cf. Couturat, Revue de métaphysique, 1900, p. 331.

2. *Notations de logique mathématique*, Turin, 1894. La Rivista di matematica a publié, en 1895, la première édition du *Formulaire de Mathématiques*, due à la collaboration de savants tels que Burali-Forti, Vailati, Vivanti. La logique mathématique de Peano a été exposée par Vailati et par Couturat dans la Revue de métaphysique, 1899, p. 94 et 616 et suiv.

et l'œuvre est féconde. Récrire ainsi les mathématiques, c'est en réalité les repenser[1]. C'est donner à l'esprit pleine conscience de tout ce qu'il a, souvent sans le savoir, engagé dans son propre travail, c'est faire apparaître les formes identiques de raisonnements qui ne différaient que par leur application, c'est révéler aussi les postulats spécifiques qui ont donné naissance à un système consistant de déductions : « La logique mathématique, écrit M. Peano, représente avec le plus petit nombre de conventions toutes les propositions de mathématique, même celles très compliquées, dont la traduction en langage ordinaire serait fatigante. Mais elle ne se réduit pas simplement à une écriture symbolique abrégée, à une espèce de tachygraphie; elle permet d'étudier les lois de ces signes, et les transformations des propositions[2]. »

En tant qu'elle peut présenter comme *organum* le *Formulaire*, sans cesse étendu et perfectionné par le labeur de M. Peano et de ses collaborateurs, la logistique existe, et elle est à l'abri de toute contestation sérieuse. C'est une méthode didactique pour la science, heuristique pour l'épistémologie; elle traite des diverses formes de la logique ou de la mathématique, mais sans décider de l'identité de leur contenu; elle transcrit, en les ramenant à leur expression la plus simple et la plus claire, les principes de la science; mais elle n'a pas la prétention d'en rendre compte. Elle offre au philosophe une matière dont elle a poussé l'élaboration aussi loin que possible; mais elle demeure dans le domaine de la science positive : « Ce n'est pas un des moindres mérites du symbolisme logique adopté par Peano et ses collaborateurs, écrit l'un des principaux d'entre eux, que de rendre possible l'énonciation des prémisses fondamentales de chaque branche des mathématiques sous une forme extrêmement réduite et simplifiée, dépouillée de tout élément accessoire, et susceptible, par cela même, d'assumer les interprétations les plus variées et les plus hétérogènes[3]. »

226. — En ce sens, le problème de la philosophie mathématique serait au delà de la *méthode* logistique; mais il pourra trouver sa solution dans un *système* logistique où les notions, jusque-là rapprochées par l'usage d'un algorithme commun,

1. *Notations*, § 8, p. 10.

2. *Sur la définition de la limite d'une fonction. Exercice de logique mathématique*, American journal of mathematics, t. XVII, 1895, p. 67.

3. Vailati, *De quelques caractères du mouvement philosophique contemporain en Italie*. La Revue du mois, 1907, t. I, p. 173, et *Scritti di G. Vailati*, Leipzig et Florence, 1911, p. 761.

sont désormais fondues dans l'unité d'une même synthèse. Les propositions de la mathématique sont ramenées aux propositions de la logique, de telle sorte que pour justifier la vérité de la mathématique, il n'y aurait plus besoin de faire appel à des principes spécifiques; la théorie de la logique étant faite, la théorie de la mathématique se trouverait faite du même coup.

Ce passage de la logistique méthode à la logistique système, c'est M. Frege qui l'a opéré le premier [1]. Il constitue lui-même son algorithme symbolique, et il l'appuie sur une refonte des idées fondamentale de jugement, de concept, de fonction et de relation [2]. D'une part, il a rendu à la logique toute sa portée philosophique en insistant sur la distinction de ce que la pensée signifie pour nous (*Sinn*), et de ce qu'elle dénote de la réalité (*Bedeutung*) : il y a autre chose dans un jugement que l'affirmation, autre chose aussi que la représentation de son contenu, il y a la valeur de vérité qui lui appartient. D'autre part, à la logique ainsi envisagée, M. Frege relie la mathématique par l'analyse originale et profonde qu'il donne de la proposition, et qui vaut aussi bien pour cette assertion : $1 < 2$, que pour cette autre : *César a conquis la Gaule.* Il supprime successivement, en les remplaçant par le signe ( ), les termes *César* et *Gaule*, *1* et *2* : la partie ainsi remplacée est une sorte de variable, elle est l'*argument*; l'autre sera, par rapport à cette variable, une *fonction* [3]. Le concept est une fonction simple : ( ) a conquis la Gaule, ou bien ( ) < 2. La relation est une fonction à deux valences qui a besoin de deux arguments pour être *saturée* : ( ) a conquis ( ); ou ( ) < ( ).

Nous n'aurons pas à suivre, chez M. Frege lui-même, les conséquences qu'entraînent cette réforme de la logique et ce rapprochement avec les mathématiques. Nous les retrouverons, pour ce qu'elles ont d'essentiel, chez M. Russell qui a été amené, d'une façon indépendante, à des conclusions du même ordre. Seulement, au lieu de créer sur nouveaux frais un algorithme original qui court le risque de n'être manié que par son inventeur, M. Russell s'est donné cet avantage de prendre pour base les résultats atteints déjà par les mathématiciens et les logisticiens. Il y aurait certes injustice à ne pas marquer la place de M. Frege dans l'histoire; mais il faut ajouter que son œuvre est

1. *Begriffsschrift. Eine der arithmetischen nachgebildete Formelsprache des reinen Denkens*, Halle, 1879 et *Grundlagen der Arithmetik, eine logisch-mathematische Untersuchung über den Begriff der Zahl*, Breslau, 1884.

2. *Grundgesetze der Arithmetik begriffsschriftlich abgeleitet*, t. I., Iena 1893, p. x.

3. *Begriffsschrift*, p. 16, in Russell, *The principles of mathematics*, p. 505.

encore à certains égards l'œuvre d'un précurseur. La philosophie mathématique qui doit être ici l'objet de notre étude, est celle qui a été exposée par M. Russell dans le premier volume de ses *Principles of mathematics*. Cette philosophie reçoit, elle enveloppe et l'*Algèbre de la logique*, au point où l'avait portée l'ouvrage magistral de Schröder, et la mise en forme symbolique des mathématiques, que M. Peano avait constituée; elle y joint enfin, pour les rapprocher et pour les dominer, la *Théorie des ensembles* de M. Georg Cantor[1].

LE TRANSFINI ET LE CONTINU

227. — De la théorie des ensembles, nous nous bornerons à détacher les traits caractéristiques qui nous font apercevoir comment les mathématiciens ont été au-devant des logiciens, et ont eux-mêmes élaboré les notions qui ont servi de moyen terme entre l'algèbre de la logique et la philosophie logistique des mathématiques. Il est essentiel à notre but de bien établir d'abord que ces notions ne sont pas des constructions dialectiques, qu'elles ont leur racine dans la technique de l'analyse. C'est pourquoi nous commencerons par rappeler certaines idées présentées par Paul du Bois-Reymond dans sa *Théorie générale des fonctions* (1882), et qui nous font assister à l'élaboration analytique de la notion de transfini.

Du Bois-Reymond considère l'analyse comme comportant une théorie *spéciale* des fonctions et une théorie *générale*. « La première, en étudiant d'une manière très générale les fonctions des variables complexes, a pour but de présenter des fonctions de propriétés déterminées, et d'étudier la nature de grandes classes de transcendantes, en particulier, de celles qui ont des relations avec les fonctions algébriques[2]. » C'est l'analyse de Weierstrass et de Méray, celle qui peut se constituer sur la base du nombre entier.

Dans la théorie générale, au contraire, il n'y a plus lieu d'imposer aucune restriction à l'idée de fonction; par exemple, et pour insister sur le point que nous avons à retenir dans les travaux de du Bois-Reymond, on y étudiera « la condition commune de convergence et de divergence des différentes opérations infinies ».

1. Cf. *L'importance philosophique de la logistique*, Revue de métaphysique, 1911, p. 280.
2. *Op. cit.*, tr. Milhaud-Girot, 1887 p. 17.

Si x croît indéfiniment par valeurs réelles positives, que devient $f(x)$? Tout d'abord, il se peut que la différence $f(x_1)-f(x)$, ($x_1 > x$, et x croissant indéfiniment), demeure inférieure à la quantité ε, si petit que soit ε, en d'autres termes qu'elle ait pour limite *zéro*; il est facile alors de démontrer que $f(x)$ a une limite déterminée pour un accroissement indéfini de la variable. A ce cas s'appliquera donc un principe que du Bois-Reymond appellera, par analogie avec le principe qui régit les séries, *principe général de convergence*[1].

Considérons, maintenant, les cas de divergence. Une fonction qui ne possède pas de limite déterminée, peut néanmoins, quand x croît indéfiniment, rester comprise entre deux quantités fixes qui marqueront les bornes d'une oscillation indéfinie, et que du Bois-Reymond appelle *limites d'indétermination*[2]. Reste le cas où les fonctions croissent constamment et indéfiniment avec la variable. Ces fonctions dépassent toute limite; il ne s'ensuit nullement qu'elles échappent au calcul, et c'est ici que les recherches de du Bois-Reymond deviennent le plus originales et le plus profondes. En effet, par une nouvelle analogie avec les règles de divergence dans la théorie des séries, nous pouvons établir une comparaison entre ces fonctions indéfiniment croissantes, et déterminer des degrés dans la vitesse de croissance. « On dira que $f(x)$ croît plus rapidement que $\varphi(x)$, si, à partir d'une valeur X suffisamment grande de x, $f(x) > \varphi(x)$ et si la différence $f(x) - \varphi(x)$ augmente avec x. Les applications, ajoute du Bois-Reymond, donnent à cet accroissement diversement rapide des fonctions un intérêt particulier si la fonction $f(x)$ qui croît le plus vite présente une supériorité de vitesse telle que le quotient $\frac{f(x)}{\varphi(x)}$ croisse également sans limite[3]. »

Ce sont ces considérations qui serviront de base au *calcul infinitaire*. Par exemple, on pourra ranger les fonctions de x, en une série

$$f_0(x) \ldots f_1(x) \ldots f_2(x) \ldots$$

telle que chacune ait un infini plus grand que toutes les précédentes et que toute fonction entrant dans la suite y ait une place déterminée[4]. Nous obtenons ainsi une suite de fonctions

1. Trad. citée, p. 199 et suiv.
2. *Ibid.*, p. 204.
3. *Ibid.*, p. 211.
4. *Ibid.*, p. 213.

comparables à la suite des nombres entiers. Si grand que soit un entier n, il existe un entier plus grand $n+1$; et de même en vertu du procédé de formation que nous envisageons, si rapidement que croisse une fonction positive, il existe une fonction qui croît encore plus vite.

Mais il est facile de voir que l'analogie n'est pas complète entre la suite infinie des nombres entiers et la suite infinie des fonctions croissantes. Construisons un ensemble E de fonctions $\varphi(x)$ tel que « deux fonctions quelconques de cet ensemble soient comparables entre elles, et [que] de plus une fonction croissante *quelconque* de cet ensemble $\psi(x)$ étant donnée, il existe dans l'ensemble une fonction $\varphi(x)$ supérieure à $\psi(x)$ ». Nous aurons alors ce que M. Borel appelle « une échelle de types croissants[1] ». La formation de cette échelle va nous obliger à dépasser la sphère de l'ensemble à laquelle, par analogie avec l'ensemble des nombres entiers, on avait pu restreindre l'idée de l'indéfini (ce que M. Georg Cantor appelle *l'ensemble dénombrable*). Elle impose, pour reprendre les expressions si nettes de M. Borel, « la *nécessité logique* d'étendre le sens du mot *indéfiniment*; pour éviter toute confusion nous éviterons de modifier le sens de ce mot, et préférerons introduire le mot nouveau *transfiniment*. Répéter *transfiniment* l'application du procédé de du Bois-Reymond, ce sera la répéter chaque fois que l'on aura une infinité dénombrable de types croissants, quel que soit le procédé par lequel on a obtenu cette infinité. Par conséquent, par définition même, on obtient ainsi une *infinité non dénombrable* de types; car, si l'on obtenait seulement une infinité dénombrable, on devrait encore appliquer le même procédé sans en rester là[2] ».

228. — Du Bois-Reymond s'est borné à suivre l'ordre de l'analyse et de la science positive. M. Cantor, au contraire, organise les conceptions auxquelles il avait été conduit également par des recherches spéciales[3], sur la base de l'idée la plus générale que le mathématicien puisse considérer; il arrive ainsi à présenter les distinctions fondamentales d'indéfini et de transfini comme les conséquences d'une construction *a priori*.

Pour M. Cantor *l'ensemble* n'est rien de plus qu'une réunion d'éléments dont on sait seulement qu'un élément quelconque étant donné on peut reconnaître, ou tout au moins affirmer, que

1. *Leçons sur la théorie des fonctions*, 1898, p. 114.

2. *Ibid.*, p. 116.

3. Voir le Mémoire traduit dans les Acta mathematica, t. II, 1883, p. 336 : *Extension d'un théorème de la théorie des séries trigonométriques*, (1871).

cet élément appartient à l'ensemble [1]. L'ensemble M se projette dans notre esprit sous la forme d'un nombre : « nous appelons *puissance* ou *nombre cardinal* de M la notion générale que nous déduisons de M à l'aide de notre faculté de penser, en faisant abstraction de la nature des différents *m* et de leur ordre [2]. »

La mesure de la puissance se fait de la façon suivante : « nous disons que deux ensembles M et N sont *équivalents*... lorsqu'il est possible de les associer, de telle sorte qu'à chaque élément de l'un corresponde un et un seul élément de l'autre... L'équivalence de deux ensembles est aussi la condition nécessaire et suffisante de l'égalité de leurs nombres cardinaux. »

Cette conception s'applique naturellement aux nombres finis [3]; à un objet isolé, considéré comme élément unique d'un ensemble, correspond comme nombre cardinal celui que nous nommons *un*; à partir de cet élément, l'adjonction successive de nouveaux éléments fournit une série illimitée de nombres cardinaux finis, dont les termes sont tous différents entre eux.

Ce principe de formation constitue une classe (I) de nombres 1.2.3... ν qui sont tous finis et parmi lesquels on ne trouve pas de nombre *maximum*, puisque si grand que soit n, on peut toujours poser $n + 1$. Or l'ensemble de ces nombres est infini; l'infini mathématique existe donc, pourvu qu'on ne le cherche pas, comme Fontenelle avait eu le malheur de le faire [4], à l'intérieur de la série; c'est *après* la fin, et non *vers* la fin, de la série que l'on atteint l'infini actuel, ou le nombre transfini, que M. Cantor désignera par ω : « On peut, » dit-il [5], « se représenter le nouveau nombre ω comme la limite vers laquelle tendent les nombres ν à la condition d'entendre par là que ω sera le *premier* nombre entier qui *suivra tous* les nombres ν, en sorte qu'il faut le déclarer supérieur à *tous* les nombres ν. »

La création du nombre ω permet d'appliquer de nouveau le procédé d'adjonction successive, grâce auquel on a obtenu la suite illimitée des nombres ; on aura donc un second principe de formation, qui permettra d'obtenir tour à tour

1. Cf. *Sur les ensembles infinis et linéaires de points* (1882), trad. franç., Acta mathematica, II, 363.

2. *Sur les fondements de la théorie des ensembles transfinis* (1895), trad. Marotte, 1899, p. 4.

3. *Ibid.*, p. 13 et suiv.

4. *Mittheilungen zur Lehre vom Transfiniten*, Zeitschrift für Philosophie und philosophische Kritik, t. XCI, 1887, p. 111.

5. *Fondements d'une théorie générale des ensembles*, 1883, Acta mathematica, t. [illegible], p. 385.

$$\omega+1,\quad \omega+2,\ldots\quad \omega+n;\quad 2\omega,\quad 2\omega+1\ldots;\quad 3\omega\ldots;\quad n\omega.$$

$$\omega\omega,\quad \omega^{m},\quad \omega^{\omega},\quad \omega^{\omega+n},\quad \omega^{n^{\omega}},\quad \omega^{\omega^{n}},\quad \omega^{\omega^{\omega}},\quad \text{etc.}$$

Les suites infiniment infinies des nombres de la deuxième classe n'ont, pas plus que ceux de la première classe, de nombre *maximum*; elles impliquent par conséquent l'existence d'un nombre qui exprime la totalité de leurs termes et qui est supérieur à chacun d'eux; de là un troisième principe de formation[1].

M. Cantor rencontre ainsi dans l'abstrait les idées que l'analyse de du Bois-Reymond avait permis de poser comme « faits mathématiques[2] ».

229. — L'originalité de M. Cantor se manifestera surtout dans les résultats auxquels conduit dans l'étude de l'infini l'usage systématique de la notion de puissance.

Considérons l'ensemble infini le plus simple, celui qui est formé par la suite des nombres naturels :

1.2.3. ... n

A chaque entier correspond un nombre double, de telle sorte que l'ensemble des nombres pairs est équivalent à l'ensemble des nombres naturels. L'ensemble des nombres impairs est équivalent à l'ensemble des nombres pairs. Il y a plus : un nombre rationnel comporte la détermination de deux entiers, *numérateur* et *dénominateur*; en disposant un tableau à double entrée, qui comprend à partir d'un point déterminé une file verticale et une file horizontale de nombres entiers, on peut arriver à faire correspondre chacune des combinaisons de deux nombres à la suite des nombres entiers. La suite des nombres rationnels a la même puissance que la suite des nombres naturels; et il en sera de même encore pour la suite des nombres algébriques[3]. Ces résultats susceptibles d'être introduits dans la mathématique positive[4], conduisent, comme le fait remarquer M. Dedekind, à ranger tous les nombres équivalents à l'ensemble des nombres naturels dans une même classe, qui sera la classe des ensembles dénombrables[5].

Mais il ne s'agit pas ici d'un simple rapprochement verbal : il

1. Voir Couturat, *De l'Infini mathématique*, note IV, § 42, p. 637 et suiv.

2. Borel, *op. cit.*, p. 121.

3. Cf. *Sur une propriété du système de tous les nombres algébriques réels* (1874), Acta mathematica, t. II, p. 305 et suiv. Cf. Schœnflies-Baire, *Encyclopédie des sciences mathématiques*, t. I, vol. I. 1909, fasc. 4, p. 490 et 496.

4. Voir Jules Tannery, *Introduction à la théorie des fonctions d'une variable*, 1re édition, 1886, § 56, p. 57 et suiv.

5. *Was sind und was sollen die Zahlen*, 1887, 2e édit. Braunschweig, § 3, p. 34. Cf. Couturat, *De l'Infini mathématique*, p. 618.

y a entre la logique des classes et la logique des ensembles une analogie intime. Si on joint l'ensemble des nombres impairs et l'ensemble des nombres pairs, on obtient l'ensemble des nombres naturels ; or l'ensemble total est équivalent à chacun des ensembles partiels. De là résulte immédiatement une forme de combinaison analogue à la loi de dualité ou de tautologie, c'est-à-dire que l'on a[1] ($\aleph_0$ désignant la puissance des ensembles dénombrables)

$$\aleph_0 + n = \aleph_0$$
$$n \times \aleph_0 = \aleph_0$$
$$\aleph_0 \times \aleph_0 = \aleph_0.$$

En d'autres termes, le *criterium* de la séparation entre la logique des classes et la logique des nombres (*algèbre non numérique* et *algèbre numérique* suivant M. Whitehead), devient la marque de la distinction qui existe, à l'intérieur même de la mathématique, entre le calcul des nombres transfinis et le calcul des nombres finis. L'axiome que le tout est plus grand que la partie, est vrai pour les nombres finis ; ce qui caractérise l'ensemble infini, au contraire, c'est qu'il est partie intégrante de lui-même[2]. La théorie des ensembles incorpore, à titre d'idée claire et distincte, la notion philosophique de l'infini telle que Pascal et Kant l'avaient déjà rencontrée[3].

230. — En faisant voir, par un partage systématique de l'intervalle compris entre deux nombres A et B, que les nombres rationnels ne sauraient épuiser l'intervalle de ces deux nombres, Weierstrass achevait de mettre en évidence l'existence des nombres irrationnels[4] ; il établissait ainsi l'impossibilité de faire correspondre l'ensemble des nombres réels, compris par exemple entre 0 et 1, à l'ensemble des nombres rationnels. L'ensemble C de ces nombres réels, le *continu linéaire*, a une puissance supérieure à la première puissance, ou puissance des ensembles dénombrables. Cette puissance de l'ensemble C, M. Cantor

1. Schœnflies-Baire, *op. cit.*, p. 496.

2. Dedekind, *op. cit.*, § 5, 64. Cf. Couturat, *De l'Infini mathématique*, p. 618. Pour l'anticipation de Bolzano, *Paradoxien des Unendlichen*, 1851, § 20 et suiv., voir Bergmann, *Das philosophische Werk Bernard Bolzanos*, Halle a. S., 1909, *Anhang*, p. 202.

3. « L'unité jointe à l'infini ne l'augmente de rien. » *Pensées*, f° 3, fragment 233. — « L'infini est de toutes les grandeurs celle qui n'est pas diminuée par la soustraction d'une partie finie. » *Allgemeine Naturgeschichte und Theorie des Himmels*, 1755, 3° partie *AKB*, I, 354.

4. Cf. Tannery, *op. cit.*, § 38, p. 42 et Mittag-Leffler, Congrès de Stockholm, 1909, *Communication citée*, p. 19 et suiv.

l'appelle *puissance du continu*; et, il fait voir, par un procédé analogue à celui qui lui a servi pour la comparaison des ensembles dénombrables, que la puissance demeure la même, quel que soit le nombre des dimensions que l'on attribue à l'ensemble[1] : « *Si l'on fait abstraction de la continuité de la correspondance entre deux ensembles continus*, il n'y a pas de différence essentielle entre les ensembles continus à une dimension et les ensembles continus à deux (ou trois) dimensions, entre les fonctions d'une variable et les fonctions de plusieurs variables[2]. »

En introduisant l'idée fondamentale de *point-limite* — c'est-à-dire d'un point de l'ensemble dans le voisinage duquel se trouve un nombre infini de points appartenant à cet ensemble — M. Cantor est arrivé à déterminer abstraitement les conditions qui séparent l'ensemble *non dénombrable*, tel que celui des nombres réels, de l'ensemble dénombrable, tel que celui des nombres rationnels, et à donner ainsi une définition analytique du *continu*. L'ensemble continu contient tous ses points limites, et tous ses points sont des points limites; en d'autres termes, il est *parfait*. De plus, il est *bien enchaîné*, c'est-à-dire qu'étant donnés deux points quelconques p_0 et p de cet ensemble « on peut trouver dans E une suite de points : $p_1, p_2 \dots p_n$ (en nombre fini n) telle que les distances de deux points consécutifs... soient toutes inférieures à un nombre donné ε, et cela si petit que soit ce nombre[3]. »

LE RÉALISME LOGISTIQUE

231. — Dès lors se trouve fondée, sur cette même relation de correspondance à laquelle le nominalisme arithmétiste faisait appel pour le passage de la conception ordinale du nombre à la conception cardinale, une doctrine dont l'horizon dépasse de beaucoup la sphère de l'arithmétique ordinaire élémentaire, et où la théorie des nombres finis ne figure plus qu'à titre de cas particulier. Or, par une rencontre dont l'intérêt philosophique ne saurait être exagéré, cette doctrine rentre dans les cadres que l'algèbre de la logique a élaborés : « La théorie des ensembles, dans sa partie la plus générale, se confond avec la Logique des classes; et, dans ses autres parties, elle dépend entièrement

1. *Fondements d'une théorie générale des ensembles*, Acta mathematica, t. II, p. 407.
2. Borel, *op. cit.*, p. 20.
3. Couturat, *Les principes*, p. 92. Cf. Revue de métaphysique, 1900, p. 157 et suiv.

de la Logique des relations [1] ». La mathématique pourra donc se constituer sur le plan le plus vaste, sans faire appel à d'autres principes que la logique. De là un changement radical dans l'orientation de la philosophie mathématique, le retour à un réalisme contrastant de la façon la plus curieuse avec le nominalisme qui semblait être la conséquence inévitable de l'arithmétisme.

Encore une fois, nous devons demander à l'histoire le secret de ces revirements inattendus, qui au premier abord démentent l'uniformité et la continuité du cours de l'histoire. La notion de classe est née chez Aristote ; suggérée par les premières ébauches de classification biologique et par la décomposition du discours en ses éléments, elle a conduit à la constitution d'une ontologie logique. Non sans doute que le procédé de généralisation ou l'idée de substance impliquent en eux-mêmes cet ontologisme ; au contraire, si la connaissance des substances est restreinte à l'intuition des objets particuliers, le progrès de la généralisation signifie que l'esprit s'éloigne systématiquement de l'être en soi. Ce qui donne une valeur ontologique à l'idée de classe, nous l'avons dit, et il faut y insister ici, c'est l'inversion du procédé naturel par lequel la connaissance passe du particulier au général ; c'est la création d'un ordre où le général est principe, où le particulier est conséquence ; c'est enfin l'investiture métaphysique que l'on donne à cet ordre en faisant remonter la substantialité, l'οὐσία, de Callias à l'*homme*, en imaginant une essence spécifique, une substantialité de classe. Cette interprétation, qui est contenue dans Aristote, la scolastique l'a dégagée pour faire un système qui pendant des siècles a exercé sur les esprits sa domination, qui a formé ce qu'on pourrait appeler le *sens commun* des philosophes. La tradition d'ailleurs n'en a jamais été complètement interrompue, témoin le réalisme naïf d'un Thomas Reid, dont l'influence est si visible de nos jours sur les penseurs anglo-saxons des écoles les plus opposées.

232. — Or, pour ce qui concerne le domaine mathématique, ce réalisme de sens commun se heurtait à une difficulté qui apparaissait comme une contradiction. Comment admettre l'existence transcendante des objets mathématiques, alors que la science mathématique moderne repose sur les idées fondamentales de l'infinité et de la continuité? L'intuition réaliste exige, non seulement que les entités placées devant elle soient en nombre fini, mais encore qu'elles soient distinctes les unes des

1. Couturat, *Les principes*, p. 227.

autres, qu'elles forment une série discrète. Aussi voit-on que les philosophes qui auraient été, comme Leibniz et même comme Kant, le plus disposés à reconnaître l'autorité de la logique aristotélicienne, ont été obligés, par le succès de la mathématique moderne, de rompre avec les cadres de l'antique ontologie, de traiter de la continuité ou de l'infinité comme de « choses idéales », de faire de l'espace et du temps des systèmes de rapports, des formes de l'esprit. Inversement, les penseurs qui, dans la seconde moitié du XIXe siècle, orientaient dans le sens du réalisme antique leur théorie de la connaissance mathématique, avaient, comme Aristote lui-même, borné au fini et au discontinu le domaine de l'actualité.

Ainsi s'explique l'importance capitale que devait prendre la théorie des ensembles; le réalisme, que des habitudes séculaires ont si profondément enraciné dans l'esprit humain, ressuscite de lui-même dès que la technique a pu lever l'obstacle à son développement[1]. Avec M. Cantor, une multiplicité de termes donnés devient capable de représenter l'infini et le continu. Or que l'on réussisse à traduire dans le langage de la logique formelle le continu et l'infini; du même coup il devient possible de se représenter comme donnée la multiplicité des points dans l'espace et dans le temps, de restituer à l'espace et au temps, au mouvement par conséquent, le caractère de réalité absolue que Newton leur avait reconnu, mais que la philosophie moderne avait été incapable de justifier[2].

Dans le système de M. Russell le réalisme scolastique rejoint le réalisme newtonien; et c'est par là que la philosophie mathématique pénètre ainsi au cœur de la science. Si le savant est libre de renvoyer au métaphysicien les problèmes qui concernent la résolution logique des notions arithmétiques ou analytiques, il n'est pas maître de se refuser à fixer la signification dans laquelle il emploiera les mots de *temps*, d'*espace* ou de *mouvement*. Suivant M. Russell, la géométrie et la mécanique perdraient leur valeur de vérité si *espace*, *temps* et *mouvement* étaient relatifs aux propriétés de l'esprit. L'idéalisme, dans l'interprétation qu'il en donne, est d'essence psychologique; il ne peut pas

1. Russell, *L'importance philosophique de la logistique*, Revue de métaphysique, 1911, p. 283.

2. Dans son *Exposé critique de la philosophie de Leibniz*, 1900, M. Russell faisait allusion à « la théorie newtonienne de l'espace absolu, consistant, non dans un assemblage de relations possibles, mais dans une collection infinie de points actuels »; et il ajoutait : « L'objection à la théorie newtonienne est qu'elle est contradictoire. » (Trad. Ray, p. 125.)

ne pas réduire la valeur de la science à la subjectivité d'une vision personnelle [1]. Pour que la géométrie et la mécanique soient des sciences vraies, il faut qu'elles aient un objet existant en dehors de nous : il faut que l'espace ait une réalité transcendante, et que des entités transcendantes soient capables de s'y déplacer effectivement.

233. — Il existe donc, à la lettre, un κόσμος νοητός, un monde d'entités rationnelles, comme il existe un κόσμος αἰσθητός, un monde de données sensibles. Les deux mondes ont d'ailleurs une structure analogue; les propositions complexes de l'un se décomposent en parties constituantes, de la même façon que les agrégats corporels de l'autre se divisent en éléments. Le réalisme de M. Russell est un *atomisme*; la vérité de la déduction progressive qui constitue le contenu de la science est fondée sur la réalité des termes ou des rapports simples auxquels est suspendue cette déduction [2].

L'atomisme intelligible de M. Russell déborde d'ailleurs les cadres de l'atomisme sensible. Non seulement il comporte l'infinité et la continuité; mais encore il s'étend aussi bien aux valeurs de fausseté qu'aux valeurs de réalité, puisque les unes et les autres sont des objets pour la logique transcendante. Il y a une existence transcendante du faux comme il y a une existence transcendante du vrai : l'un est donné dans l'intuition immédiate avec sa qualité de fausseté, comme l'autre est donné avec sa qualité de vérité.

Du moins nous nous expliquons ainsi le langage parfois déconcertant de M. Russell : « La théorie kantienne de la nécessité... paraît radicalement fausse. En un certain sens, tout n'est qu'un simple fait. Une proposition est dite être prouvée quand on la déduit de certaines prémisses; mais il faut tout simplement admettre les prémisses mêmes, ainsi que la proposition qu'elles impliquent la conclusion. Ainsi dans un certain sens toute prémisse est un simple fait. Mais en revanche il paraît qu'il n'y a aucune proposition vraie dont on peut dire qu'elle aurait pu être fausse. On pourrait tout aussi bien dire que le rouge aurait pu être un goût au lieu d'être une couleur. Ce qui est vrai, est vrai; ce qui est faux, est faux, et il n'y a rien de plus à dire. La nécessité

1. Cf. *The principles*, p. 4 : « Idealists have tented more and more to regard all mathematics as dealing with mere appearance. » Cf. Revue de métaphysique, 1911, p. 289.

2. *Le réalisme analytique*. Bulletin de la Société française de philosophie, 11e année, n° 3, 23 mars 1911, p. 54 et suiv.

semble être une notion plutôt psychologique que logique[1]. »

Et en 1904, M. Russell termine une longue étude critique des beaux travaux de M. Meinong, en niant l'existence du problème de la vérité : « Il y a des propositions vraies et il y a des propositions fausses, exactement comme il y a des roses rouges et des roses blanches; la *croyance* est une certaine attitude vis-à-vis des propositions, qui prend le nom de *savoir* quand ces propositions sont vraies, d'*erreur* quand elles sont fausses... Quant à la préférence qui, pour la plupart, et dans la mesure où cela ne nous nuit pas, nous pousse vers la vérité, elle doit avoir pour base une proposition dernière de la morale : *Il est bon de croire des propositions vraies, mauvais de croire des propositions fausses*; proposition qui est vraie, il faut l'espérer; au cas contraire, d'ailleurs, il n'y a pas de raison de penser que nous nous trouvions mal d'y croire[2]. »

1. *L'idée d'ordre et la position absolue dans l'espace et dans le temps*. Congrès international de philosophie (Paris, 1900), t. III, 1901, p. 274.

2. Mind, p. 523 et suiv.

CHAPITRE XVIII

DISSOLUTION DE LA PHILOSOPHIE LOGISTIQUE

234. — L'incorporation des mathématiques à la logique implique deux thèses essentielles. L'une vise la réduction de la matière mathématique à la matière logique : une fois qu'on a constitué un calcul ayant pour objet soit les classes ou, ce qui revient au même, les fonctions propositionnelles, soit les relations considérées uniquement dans la généralité de leur forme, on serait capable de rendre raison de la mathématique proprement dite. L'autre superpose à la logique de la mathématique une métaphysique de la logique : la logique porterait en soi une vertu démonstrative, elle permettrait de conclure « par la force de la forme »; de telle sorte qu'en ramenant la mathématique à la logique on n'aurait pas seulement fondu ensemble deux disciplines différentes et fait un pas décisif vers l'unité, on aurait encore communiqué aux mathématiques une valeur de vérité qui leur faisait défaut.

Qu'est-il advenu de l'une et de l'autre de ces thèses? Pour répondre à ces deux questions, il suffira de suivre pas à pas l'examen critique dont la philosophie logistique a été l'objet de la part des logisticiens eux-mêmes. Sans doute l'évolution, ou plus exactement la dissolution, de la logistique a été provoquée en partie par la résistance des philosophes et des mathématiciens, spécialement de M. Henri Poincaré. Mais elle a été surtout suscitée du dedans, par l'infatigable curiosité de M. Russell, par son aptitude admirable à l'invention des formes logiques, par les scrupules plus admirables encore d'un esprit toujours soucieux de perfectionner les instruments du contrôle, nous devrions presque dire de l'inquisition, logistique. Grâce à lui, l'événement a pris une portée qui dépasse telle ou telle nterprétation particulière de la logique ou de la mathématique; il permet de porter un jugement, que l'on peut croire définitif, sur l'idée d'une déduction absolue et universelle.

LES DIFFICULTÉS DE L'INTERPRÉTATION ANALYTIQUE

235. — Nous devons donc partir des solutions logistiques; de là nous suivrons le mouvement d'idées dont la constitution de la logistique, qui promettait d'être un point d'arrivée, s'est trouvée être effectivement le point de départ. La première conséquence de l'avènement de la logistique aura été une redistribution des valeurs philosophiques, d'autant plus paradoxale qu'elle remettait aux prises les mêmes antagonistes, avec une interversion radicale de leurs propositions réciproques. A la fin du XIXe siècle, comme aujourd'hui, le débat était ouvert entre *conceptualistes* et *intuitionistes*. Dès la définition du nombre entier, la divergence se marquait. Pour un Helmholtz, l'arithméticien fait œuvre purement logique : il juxtapose des signes arbitrairement choisis, il leur impose les lois conventionnelles de l'égalité et de l'addition, avec la même liberté que le législateur pose les principes fondamentaux d'un Code nouveau; il n'a d'autre souci que d'en tirer un corps de doctrine qui se développe rigoureusement et harmonieusement à partir des définitions initiales.

Contre cet apriorisme logique, M. Couturat rappelait la distinction classique du *logique* et du *rationnel*. Par des artifices logiques, on peut créer de toutes pièces la théorie du nombre ordinal; mais le nombre rationnel, c'est le nombre cardinal, parce que seul il a véritablement pour objet la pluralité. Le nombre est « l'unité d'une pluralité d'unités [1] »; l'idée d'unité est l'idée rationnelle par excellence. Elle est à la fois l'élément qui est la base de toutes les synthèses numériques, et la forme de chaque synthèse numérique. Ce qui « seul constitue proprement le nombre entier », c'est un *tout*, produit d' « une vue synthétique de l'esprit... objet d'un acte intuitif de pensée [2] ». L'intuition arithmétique est du type de l'intuition géométrique; elle implique en elle une vérité qu'il ne sera plus permis de laisser de côté quand il s'agira d'atteindre la réalité des choses, qui s'impose à l'esprit comme le fondement de la science de la nature.

Avec la constitution de la logistique un brusque changement se produit : la réduction du corps des mathématiques à un système de concepts logiques est invoquée comme la thèse caractéristique de la philosophie rationaliste. Les mathématiciens de profession, en tête desquels il convient de citer M. Poincaré,

1. *De l'Infini mathématique*, p. 361.
2. *Ibid.*, p. 360

qui insistent sur le rôle de l'intuition dans la détermination initiale des notions ou des opérations, sont taxés d'empiristes, comme ils l'étaient autrefois pour avoir insisté sur le caractère nominal des définitions, sur le caractère artificiel des lois fondamentales.

236. — Si rapide et si brutale que puisse paraître une telle interversion, elle est en réalité la conséquence légitime d'une évolution nécessaire. Tant que le mathématicien était en présence de plusieurs sciences séparées les unes des autres par leur objet, de l'arithmétique et de l'algèbre, de la géométrie et de la mécanique, le développement du formalisme logique aboutissait à la constitution de plusieurs systèmes dont la pluralité même manifestait le caractère artificiel; les principes, dépourvus de toute attache soit avec la science de l'esprit soit avec la science de l'univers, étaient suspendus dans le vide. Il n'y avait donc qu'un moyen de fonder la valeur intrinsèque de la mathématique : c'était d'établir qu'à chacun des points où la régression analytique était contrainte de s'arrêter, l'obstacle était non pas dans le caractère arbitraire d'un postulat librement forgé, mais dans la forme synthétique du principe qui est à la fois loi de la pensée et condition de l'expérience. Pour demeurer rationaliste, il fallait donc être kantien; toute tentative pour élargir les cadres de l'*Esthétique transcendentale*, soit en donnant un fondement analytique aux jugements arithmétiques, soit en franchissant les frontières de la géométrie euclidienne, était immédiatement considérée comme une victoire pour l'empirisme.

Or, cette identification du kantisme et du rationalisme était arbitraire. Elle correspondait à l'état fragmentaire où Kant avait trouvé la science : *arithmétique pythagoricienne*, *géométrie euclidienne*, *mécanique newtonienne*; elle doit s'évanouir une fois que par la généralisation progressive de leurs notions constitutives, analyse et géométrie parviennent à se rejoindre, qu'elles forment des séries connexes de déduction rattachées à une science plus large que la science des nombres finis, à la science universelle des combinaisons logiques : *classes*, *propositions* ou *relations*. Le savoir scientifique satisfait à l'exigence de l'unité totale, qui est l'exigence propre de la raison. La déduction, qui dans la science newtonienne et dans la philosophie kantienne a conservé une forme régressive, prend la forme directe et progressive que la science cartésienne et la philosophie leibnizienne lui avaient donnée. Le mot d'ordre était *retour à Kant*; il sera *retour à Leibniz*.

237. — Le rapprochement de ces deux noms n'est pas ici un

simple souvenir historique. La pensée de Leibniz s'est montrée directement efficace, comme celle d'un contemporain. C'est en étudiant simultanément, en découvrant même à certains égards, la philosophie analytique et logique de Leibniz, que M. Russell et M. Couturat, dont les premiers travaux étaient inspirés de l'intuitionisme kantien, se sont convertis au panlogisme. D'autre part, la renaissance des études leibniziennes a eu cette conséquence que toutes les discussions soulevées par l'interprétation nouvelle des mathématiques se sont développées à travers les formules usitées par Leibniz et Kant. Et nous devons insister sur ce point; car dans des controverses déjà obscurcies par d'inévitables références à des thèses d'ordre moral et religieux, qui sont les corollaires, ou même les principes cachés, des spéculations abstraites, l'intervention constante de l'histoire, l'usage et l'abus des notions équivoques d'analyse et de synthèse, devaient apporter de nouvelles causes de complications et de confusions.

Ces confusions, auxquelles a conduit l'amas des souvenirs et des autorités historiques, une étude plus désintéressée de l'histoire permet de les dissiper. Leibniz lui-même ne les avait-il pas prévenues, lorsqu'il demandait qu'on distinguât la « division en parties » et la « résolution en notions »? De fait, nous l'avons vu, l'analyse que Kant juge insuffisante est la *division en parties*, qui extrait du sujet le prédicat comme d'un corps composé un élément simple; l'analyse que Leibniz juge suffisante, c'est la *résolution en notions*, qui à partir d'une proposition donnée poursuit à l'infini la recherche des conditions dont dépend la vérité de cette proposition. Du point de vue méthodologique les deux doctrines ne sauraient être opposées parce qu'elles n'ont pas en réalité de commune mesure[1]. D'autre part, le problème sur lequel le kantisme entre effectivement en conflit avec le leibnizianisme, est le problème du rapport de la mathématique à l'expérience. Leibniz considère les données des sens comme les symboles confus des rapports intelligibles; Kant appuie la nécessité de la mathématique aux formes de l'expérience possible. On est donc en présence d'une question de métaphysique qui dépasse le cadre de la méthode logistique. D'ailleurs, si nous jugeons de l'orientation de la pensée logistique par le parti pris qu'a manifesté d'une façon constante M. Russell, il y aurait lieu de remarquer que la logistique est sur ce point plus éloignée de Leibniz que Kant lui-même ne l'était. Non seulement

1. Delbos, Bulletin de la Société française de philosophie (27 février 1902), 2e année, nº 4, p. 70.

elle conserve la distinction traditionnelle des mathématiques pures et des mathématiques appliquées[1]; mais encore elle l'interprète, comme correspondant à la séparation radicale de deux mondes, κόσμος νοητός et κόσμος αἰσθητός. « La mathématique *pure* est complètement indifférente aux choses actuelles, et se trouve indépendante de la nature de ce qui existe. Donc elle peut être exacte, quelle que soit la nature du flux sensible[2]. »

238. — Pour restituer toute sa clarté à la conception leibnizienne de l'analyse, il conviendra donc de laisser de côté les ambiguïtés dont l'intervention de l'infini et la considération de la sagesse divine avaient embarrassé la doctrine des propositions contingentes, et de nous restreindre au domaine des propositions nécessaires ou vérités de raison. Les vérités de raison ne relèvent que de l'axiome d'identité; on n'aurait donc à faire intervenir au cours de la déduction que des formes dérivées de l'axiome d'identité, telles par exemple que le principe de la substitution des équivalents; et d'autre part on n'aurait à supposer d'autres éléments que les essences simples dont on peut faire voir, du fait même de leur simplicité, qu'elles n'impliquent aucune contradiction.

Telles sont les deux idées qui sont à la base de l'interprétation analytique de la mathématique et de la logique elle-même. Or ni l'une ni l'autre n'a résisté à l'épreuve de la critique logistique. De même que la géométrie non euclidienne ou, d'une façon plus exacte peut-être, la généralisation de la géométrie a permis de dénoncer l'insuffisance logique des démonstrations euclidiennes, qui avaient passé jusque-là pour des modèles de rigueur[3], de même la généralisation de la logique aristotélicienne a permis de corriger la conception rudimentaire de la méthodologie dont on s'était contenté depuis les *Analytiques*.

239. — Voici, d'abord, pour ce qui concerne les *principes*, la première découverte de la logistique : Le principe d'identité, sur lequel on s'accordait à faire reposer la logique tout entière « n'est qu'un des principes logiques, et, peut-être le moins utile de tous[4] ».

En fait, pour le calcul des propositions, qui serait la partie

1. Couturat, *Les principes des mathématiques*, 1905, p. 5.

2. Russell, Bulletin de la Société française de philosophie (23 mars 1911), 11e année, n° 3, p. 59.

3. Russell, *The principles*, § 389, p. 404, et Couturat, *Les principes*, p. 181.

4. Couturat, Communication au Congrès de Genève, *Sur l'utilité de la logique algorithmique*, résumée par l'auteur Revue de métaphysique, 1904, p. 1044. Cf. *Rapports et comptes rendus*, 1905, p. 707.

initiale de la logique symbolique, M. Russell n'énonce pas moins de dix axiomes[1]. « Si la méthode logique peut être féconde, remarque M. Couturat, c'est précisément à cause de la pluralité des principes logiques, que l'on peut combiner de manière à en tirer des conséquences plus générales que chacun d'eux. On dira peut-être qu'il y a là une synthèse ; peu importe, du moment que c'est une synthèse purement intellectuelle et non pas une synthèse intuitive, comme le prétendait Kant[2].

A tout le moins doit-on exiger de ces principes qu'ils forment un corps homogène. Mais c'est précisément ce dont la logique symbolique nous amène à douter. Elle n'a pu arriver à donner une traduction symbolique de tous ces principes ; elle a échoué devant le plus important de tous : celui-là même qui permet d'affirmer la vérité d'une proposition résultant nécessairement de prémisses vraies, c'est-à-dire qui fait passer à l'acte ce qui est virtuellement contenu dans le raisonnement, en déliant le nœud de l'implication. M. Couturat l'appelle *principe de déduction*, et lui donne la forme suivante : « Si l'on a une implication (vraie), $p \supset q$, et si l'hypothèse p est vraie, la thèse q est aussi vraie, de sorte qu'on peut l'affirmer isolément[3]. » Il en est de même pour le *principe de substitution* : « Étant donné une formule générale vraie (quelle que soit la *valeur* des lettres qui y figurent), on peut en déduire une formule particulière vraie en substituant aux lettres des valeurs quelconques (c'est-à-dire des concepts ou propositions déterminés). Ce principe, ajoute M. Couturat, ne peut pas se traduire en symboles, car on ne pourrait l'exprimer que par des symboles généraux auxquels, pour l'appliquer dans chaque cas, il faudrait substituer des valeurs particulières, en vertu du même principe ; et il est indispensable à l'emploi des autres principes, formulés symboliquement[4]. »

Devant cette résistance inattendue, M. Russell se contente de constater une limitation essentielle du symbolisme « qui attesterait une certaine insuffisance du formalisme en général[5] ». Il est d'autant plus remarquable que M. Couturat en ait tiré argument jusqu'à présenter au *Congrès de Genève* cette limi-

1. *The principles*, § 18, p. 16.
2. Couturat, art. cit., p. 1044.
3. *Les principes*, p. 11, Cf. Russell : *The principles*, § 16, p. 16. Dans les *Principia mathematica* de Whitehead et Russell, vol. I. Cambridge, 1910, p. 13, la formule est encore plus simple : « *Propositions primitives* : *Tout ce qui est impliqué par une prémisse vraie est vrai*. C'est la règle qui justifie l'inférence. »
4. *Loc. cit.* Revue de métaphysique, 1904, p. 1045.
5. *Ibid.* § 38, p. 34 : This principle.. eludes formal statement, and points to a certain failure of formalism in general. »

tation comme une réfutation décisive de tout nominalisme logique. L'impossibilité de traduire un principe logique qui « est le nerf de tout raisonnement », montre qu' « un tel principe... est étranger et supérieur à toute intuition[1] ». Un semblable argument ne laisse pas d'inquiéter; car il est de nature à remettre en question toute l'interprétation de la logistique. Les logisticiens avaient compté sur la *mise en forme* symbolique des lois de la logique pour éliminer toute trace d'intuition, et parvenir à la sphère pure des concepts; mais il semble, d'après le langage de M. Couturat, que dans le symbole même il demeurait toujours quelque résidu d'intuition, et qu'il faille dépasser le symbolisme pour dépasser l'intuition. De toutes façons d'ailleurs, que ce soient les principes susceptibles d'expression symbolique qui satisfassent à l'idéal de la rationalité pure, ou, au contraire, ceux qui sont réfractaires à toute tentative de traduction, il subsiste toujours une lacune dans la théorie logistique des principes, puisque les divers principes auxquels recourt le calcul des propositions ne peuvent être tous rangés dans la même catégorie.

240. — La théorie des *définitions* aboutit à la même obscurité. L'école de M. Peano a sans doute accompli un progrès d'ordre positif en distinguant divers types de définitions : les unes, dites soit par *postulats*, soit par *abstraction*, permettent l'usage d'une notion donnée sans résoudre cette notion elle-même en ses éléments constitutifs; *la définition nominale* est seule une véritable définition, parce que seule elle établit une équivalence entre les éléments définissants et le tout défini[2]. Seulement l'interprétation de cette équivalence pose un problème nouveau. La notion à définir est *une*; les éléments définissants sont *plusieurs*[3]. Si vraiment ceux-ci donnent naissance à celle-là, toute définition est une opération synthétique qui suppose autre chose que l'identité verbale du définissant et du défini, qui suppose l'*existence* du défini : « Toute définition doit être accompagnée d'un *théorème d'existence* (ou d'un postulat d'existence) qui affirme l'existence de l'objet défini[4]. »

1. Revue de métaphysique, 1904, p. 1046.

2. « Je crois aussi que la distinction entre *concept* et *intuition* peut être réduite à la suivante : Est un concept toute chose x qui peut être définie nominalement; à l'intuition appartient toute chose qui doit être définie par postulats, ou par abstraction, c'est-à-dire toute chose que nous ne savons pas définir nominalement. » Burali-Forti, *Sur les différentes méthodes logiques pour la définition du nombre réel*, Bibliothèque du Congrès international de philosophie (Paris, 1900), t. III, 1901, p. 296.

3. Couturat, *Les principes*, p. 39.

4. Cf. Couturat, *Les définitions mathématiques*, l'Enseignement mathématique

Ou bien, si l'on maintient la conception tout analytique de la science, il faut ne voir dans la définition qu'un moyen commode d'abréger le discours; il faut dire que la définition n'est pas une proposition du tout, puisqu'il y manque cette unité synthétique d'aperception dont M. Russell, demeuré plus fidèle qu'il ne le croit à l'inspiration kantienne, fait la caractéristique de toute proposition[1]. Les définitions, à prendre les choses en toute rigueur, sont des *agréments typographiques*[2], qui pourraient disparaître sans sérieux inconvénient de l'enchaînement des propositions. De là, remarque M. Couturat, une « conséquence curieuse : ... toutes les propositions d'une théorie déductive peuvent être considérées comme portant, en définitive, sur les seules notions indéfinissables de la théorie; car si, dans leur énoncé, on remplaçait tous les termes définis par leurs définissants, il n'y resterait que des termes indéfinissables[3]. »

241. — Par ces considérations, qui sont d'une évidence de sens commun, mais qu'aucun penseur n'avait réussi jusqu'ici à introduire définitivement dans la méthodologie de la logique et de la mathématique, la logistique a rendu le service positif d'éliminer les définitions en tant que principes se suffisant à eux-mêmes.

Mais elle a du même coup achevé de ruiner l'interprétation purement analytique qu'elle s'était flattée de donner de la déduction formelle. Des trois ordres de principes que depuis Euclide on invoquait pour justifier la déduction pure : *définitions, axiomes et postulats*, il ne subsiste plus que les postulats. Toute théorie de la logique symbolique est *hypothético-déductive*[4].

1905, p. 30 : « Le concept est lui-même complexe; sa complexité, c'est-à-dire la manière dont il est composé d'autres concepts, est exprimée par le définissant, et son unité est figurée par le défini, c'est-à-dire par le nouveau nom qu'on lui impose pour conserver et sceller en quelque sorte la combinaison de concepts qui lui a donné naissance. »

1. *The principles*, § 54, p. 50 : « Une proposition, en fait, est essentiellement une unité, et quand l'analyse a détruit cette unité, l'énumération des constituants sera toujours incapable de restaurer la proposition. Le verbe, employé comme verbe, incarne l'unité de la proposition; et, ainsi, il doit être distingué du verbe considéré comme terme, bien que je ne sache pas comment rendre clairement compte de la nature précise de cette distinction. » Voir encore la formule du § 138, p. 141 : « Analysis is falsification. » Cf. Dufumier, *Les théories logicométaphysiques de MM. B. Russell et G. E. Moore*, Revue de métaphysique, 1909, p. 620.

2. « The definitions are no part of our subject, but are, strictly speaking, mere typographical conveniences. » (*Principia*, p. 12.)

3. L'Enseignement mathématique, 1905, p. 31. Cf. Russell, *Sur les axiomes de la géométrie*, Revue de métaphysique, 1899, p. 701.

4. Pieri, *Sur la géométrie envisagée comme un système purement logique*, Biblio-

Elle commence par postuler des séries de notions indéfinissables et de propositions indémontrables. Encore convient-il de se mettre en garde contre la signification absolue que l'on pourrait attacher à ces épithètes d'*indéfinissable* et d'*indémontrable* : « Une notion n'est indéfinissable, une proposition n'est indémontrable que par rapport à un certain système de définitions et à un certain ordre de démonstrations; dans un autre système ou dans un autre ordre, les mêmes notions pourront être définies, et les mêmes propositions pourront être démontrées[1]. »

De même que le succès d'une explication mécanique atteste la légitimité d'une infinité d'autres explications mécaniques « qui rendront également bien compte de toutes les particularités révélées par l'expérience[2] », de même la possibilité d'un système logistique montre la légitimité d'une infinité d'autres systèmes logistiques. Tant du moins que l'on s'en tient aux considérations d'ordre méthodologique, on ne saurait éviter l'arbitraire dans le choix des principes[3].

Ainsi la logique symbolique, envisagée comme technique formelle, ne permettrait pas de dépasser les conclusions prudentes et positives dont nous avons rencontré la formule dans l'école italienne de Peano. La logique symbolique n'est pas assurément sans vérité; Leibniz, dans l'enthousiasme de la découverte, a été jusqu'à lui attribuer une vérité absolue : « Etsi propositiones quædam pro hominum arbitrio assumantur, ut definitiones terminorum, inde tamen oritur veritas minime arbitraria, saltem enim absolute verum, ex positis istis definitionibus oriri conclusiones, sive quod idem est, connexio inter conclusiones sive theoremata et definitiones sive hypotheses arbitrarias est absolute vera[4]. » Mais il y a dans ce langage un abus du mot *absolu* qui risque de tout embrouiller : la vérité qui apparaît dans un discours cohérent, quel qu'en soit d'ailleurs le point de départ, vérité qu'on retrouverait à son plus haut degré dans les fantaisies logiques d'un Edgard Poe ou dans le développement d'un délire systématique, n'est assurément pas la vérité catégorique et intrinsèque, qui est la condition du savoir scientifique.

thèque du Congrès de Paris, 1900, t. III, 1901, p. 377 et suiv. Cf. Couturat, *Les principes*, p. 2.

1. Couturat, *Les principes*, p. 37.
2. Poincaré, *La science et l'hypothèse*, p. 257.
3. Cf. *Principia*, p. 13 : « Some propositions must be assumed without proof, since all inference proceeds from propositions previously asserted... These, like the primitive ideas, are to some extent a matter of arbitrary choice. »
4. *Specimen calculi universalis*, *G*, VII, 219.

LES DIFFICULTÉS DU RÉALISME DES CLASSES

242. — En fait, si la logistique a prétendu trancher les problèmes de la philosophie mathématique, c'est qu'elle invoquait autre chose que la forme du calcul logique; elle attribuait aux notions de ce calcul, en particulier à la notion de classe, une dignité ontologique. Le postulat réaliste seul lui a permis de passer de l'hypothèse logique à la thèse métaphysique.

Nous n'avons pas à examiner le postulat d'une doctrine qui se flatte de rompre toute attache avec la physique ou avec la psychologie : par sa prétention même, elle échappe à toute tentative de vérification directe. Mais nous pouvons, en partant encore une fois de la solution proposée par les logisticiens, suivre les résultats qu'a entraînés la conception réaliste des classes. A-t-elle réussi à éclaircir les principes de la mathématique? ou, au contraire, n'y a-t-elle pas introduit des difficultés nouvelles qui, à l'analyse, sont apparues inextricables? De nouveau, ce sont des logisticiens qui vont répondre aux questions qu'ils ont eux-mêmes soulevées.

La notion de classe sert de base à l'algèbre de la logique, que M. Whitehead désignait judicieusement comme *algèbre non numérique*. Si je dis que la classe des *Normands* est contenue dans la classe des *Français*, je ne fais état ni du nombre des *Normands* ni du nombre des *Français*; je me borne à combiner des inégalités sans parvenir à une mesure déterminée, à un calcul proprement dit. Pour que la notion de classe logique pût servir à définir ce qui est l'objet du calcul numérique, il a fallu qu'elle subît une élaboration et une refonte, de plus en plus délicates et de plus en plus complexes, à mesure que l'on passait du problème élémentaire concernant le nombre cardinal fini aux divers cas particuliers du nombre *un*, du nombre *zéro*, du nombre infini, sans d'ailleurs que ces efforts désespérés de dialectique dussent sauver la philosophie logistique d'une contradiction mortelle.

Tout d'abord, entre la classe logique et la classe mathématique il y a une différence radicale : celle que les scolastiques faisaient entre le sens *distributif* et le sens *collectif* d'un concept[1]. Les douze apôtres de Jésus forment une classe. *Pierre*, *Jean*, *Jacques* font partie de cette classe en tant que chacun d'eux a manifesté l'attachement à la personne du maître

1. Couturat, *Les principes*, p. 46, n. 4.

et l'enthousiasme pour la doctrine, qui caractérisent l'apôtre; chacun d'eux suffirait à constituer une telle classe, et il est par ses seuls caractères individuels membre de cette classe. Si maintenant on conçoit *Pierre*, *Jean*, *Jacques*, comme membres de la classe des *douze*, et non plus de la classe des *apôtres*, c'est qu'à l'*identité spécifique*, fondement de la *classe logique*, on a substitué la *diversité numérique*, fondement de la *collection arithmétique*. On ne les considère plus alors en tant qu'individus rapportés à leur classe, chacun pour son compte; on introduit entre eux une liaison qui est tout à fait étrangère à la formation de la classe logique, la liaison qui est représentée par l'élément *et*. Que sera cet élément? une *constante logique*? ou un *principe mathématique*? ou encore, comme le veut M. Russell, une « forme originale et unique de combinaison[1] »? En fait, il suffit qu'il soit indéfinissable pour que l'identification de la classe logique et de la classe numérique ne soit plus autre chose qu'une équivoque de langage.

Suivant l'exemple de M. Frege, les logisticiens ont proposé de corriger cette équivoque en définissant le nombre une *classe de classes*[2]. La classe des *apôtres de Jésus*, la classe des *maréchaux de Napoléon*, la classe des *signes du zodiaque*, etc., sont les éléments de la classe qui constitue le nombre *douze*. L'ambiguïté a disparu sans doute; mais c'est pour faire place à une opposition irréductible, qui brise l'unité rationnelle de la conception. Pourquoi les *apôtres*, ou les *maréchaux*, formaient-ils une douzaine? parce qu'entre les divers membres d'une même classe il y avait un lien d'addition : *et*. Au contraire, si la douzaine des apôtres et la douzaine des maréchaux appartiennent à une même classe qui constitue le nombre *douze*, c'est évidemment qu'il n'y a pas de lien additif entre elles. Le mécanisme de l'opération est tout autre. On fait abstraction de la diversité spécifique de l'*apôtre* ou du *maréchal*, pour ne plus considérer que son individualité numérique; de la sorte, on peut établir entre un *apôtre* numériquement déterminé et un *maréchal* numériquement déterminé, par suite entre la collection tout entière des *apôtres* et la collection tout entière des *maréchaux*, un rapport de correspondance univoque et réciproque; ce rapport de correspondance est la racine de l'égalité mathéma-

1. *The principles*, § 71, p. 71 : « Thus it seems best to regard *and* as expressing a definite unique kind of combination... This unique kind of combination will in future be called *addition of individuals* ».

2. *The principles*, § 111, p. 115. Cf. Couturat, p. 47, avec renvoi à Frege. *Grundlagen der Arithmetik*, 1884, § 68 et 73.

tique, et la logistique l'a dégagé avec raison comme constitutif de l'identité d'un nombre tel que *douze*. Mais ce faisant, la logistique a complètement perdu de vue la relation de prédicat à sujet qui était à la base de la logique aristotélicienne ; tournant autour de la notion de classe comme autour d'un pivot, elle s'est éloignée du réalisme ontologique pour se borner à la description d'un processus psychologique.

Cette conclusion nous semble confirmée par la conception que la logistique s'est faite du nombre 1 : « Si x et y sont membres d'une classe non nulle, et si $x = y$, la classe est singulière[1]. » Telle est la définition logique du nombre 1. Cette définition n'enferme pas, nous dit-on, de cercle vicieux : pour que l'on ait devant soi deux entités distinctes, telles que x et y, il n'est pas nécessaire qu'elles soient comptées. Seulement l'observation n'est légitime qu'à la condition qu'on abandonne le point de vue ontologique. De ce point de vue en effet x et y ne sauraient être distinguées que si elles constituent des entités distinctes ; or, elles ne peuvent constituer des entités distinctes puisqu'elles ne sont qu'une seule et même réalité. La contradiction disparaît dès que l'on se résigne à introduire cette notion de l'esprit que M. Russell, avec une témérité quelque peu dogmatique, commence par déclarer *totally irrelevant*[2]. Au lieu d'entités nécessairement immuables, nous n'aurons plus affaire qu'à des phases successives de la représentation, que l'affirmation de l'unité singulière aura précisément pour fonction d'identifier. L'identité numérique de x et de y signifie qu'à deux représentations distinctes correspond une seule et même chose. Et c'est bien là le travail que l'esprit accomplit effectivement pour parvenir à cette conclusion qu'il n'y a qu'un *soleil*, qu'une *lune*, en dépit des différences inhérentes aux images multiples que le soleil et la lune donnent d'eux-mêmes à travers le cours des périodes astronomiques et la diversité des circonstances météorologiques. Comme le dit excellemment M. Frege, « la découverte que c'était un même soleil et non un soleil nouveau, qui se levait chaque matin, est bien l'une des plus fécondes que l'astronomie ait faites[3] ». La logistique, en transcrivant dans ses symboles le résultat d'une semblable découverte, ne fait qu'enregistrer le processus de l'activité intellectuelle.

1. *The principles*, § 128, p. 132. Cf. Couturat, *Pour la logistique*, Revue de métaphysique, 1906, p. 227.
2. *The principles*, p. 4.
3. *Ueber Sinn und Bedeutung*, Zeitschrift für Philosophie und philosophische Kritik, t. C, 1892, p. 25.

Nous n'avons encore considéré que les cas les plus simples ; il reste *zéro*, il reste l'infini.

Pour *zéro*, il faut faire un détour. On ne peut plus aller de l'individu à la classe, puisque précisément la classe nulle serait celle qui ne comprend pas de membre : « *Nothing* is a denoting concept, which denotes nothing[1]. » Il faut donc admettre que le *concept de classe* est donné ici indépendamment de l'existence de la classe, c'est-à-dire que le *zéro* ne peut être envisagé qu'au point de vue de la compréhension puisqu'il est un néant d'extension[2].

Pour la doctrine des *nombres infinis*, les oscillations vont se multiplier. Dans les limites de la connaissance humaine du moins, il n'y a pas de place pour un tout qui serait infini en compréhension ; car une unité qui aurait une infinité de constituants, impliquerait un regrès sans fin[3]. L'infini donné est nécessairement un infini en extension. Dans le domaine du fini une classe donnée en extension peut se définir par l'énumération de ses membres individuels ; or, ce procédé « au moins pratiquement », est inapplicable à l'infini[4]. Il faut donc revenir au point de vue de la compréhension, et admettre qu'une classe infinie en extension peut ne présenter du point de vue de la compréhension qu'une complexité finie ; la théorie des ensembles dénombrables atteste la légitimité de cette conception.

243. — De loin, la notion de nombre semblait s'apparenter à la notion de classe ; de près, les détours et les artifices auxquels la logistique a dû recourir, décèlent une incompatibilité de nature. En cours de route, l'interprétation réaliste a dû être abandonnée, et M. Russell ne se le dissimule pas : dans l'addition de A et de B, « il faut remarquer que A et B n'ont pas besoin d'exister ; mais comme toute chose dont on peut parler, ils ont une manière d'être (*Being*). La distinction de la manière d'être et de l'existence est importante, et elle est bien mise en lumière

1. *The principles*, § 73, p. 75.

2. *Ibid.*, § 75, p. 81 : « We agreed that the null-class, which has no terms, is a fiction, though there are null class-concepts. » M. Russell fait suivre cette formule, qui résume le paragraphe consacré au zéro (§ 73, p. 73 et suiv.), de la réflexion suivante : « It appeared throughout that, although any symbolic treatement must work largely with class-concepts and intension, classes and extension are logically more fundamental for the principles of Mathematics. » Voir, pour la discussion de ces théories, Arnold Reymond, *Logique et mathématiques*, Saint-Blaise, 1908, p. 170 et suiv.

3. *Ibid.*, § 141, p. 145.

4. *Ibid.*, § 342, p. 360, cf. § 71, p. 69 : « Logiquement la définition en extension apparaît comme également applicable aux classes infinies ; mais, pratiquement, si nous en tentions l'épreuve, la mort viendrait interrompre notre louable entreprise avant qu'elle soit menée à bonne fin. »

par le procédé du calcul. Tout ce qui peut être compté doit être quelque chose et doit certainement *être*, bien qu'il n'ait nullement besoin de posséder en outre le privilège de l'existence[1] ».

Or, au prix même de ces concessions, la logique mathématique des classes n'évite pas le naufrage final. On ne peut pas achever la constitution du système des classes sans se heurter à la contradiction qui met en péril l'équilibre du système. Par exemple, pour prendre la forme la plus simple de la contradiction, « *un concept de classe qui n'est pas un terme de sa propre extension* apparaît comme un concept de classe. Or, s'il y a un terme de sa propre extension, il y a un concept de classe qui n'est pas un terme de sa propre extension, et *vice versa*. Ainsi nous devons conclure, en dépit des apparences, qu'*un concept de classe qui n'est pas un terme de sa propre extension* n'est pas un concept de classe[2] ». — Une semblable remarque s'applique, naturellement, au système que doit former la totalité des classes logiques : cette totalité forme une classe, qui existera en tant qu'elle est la classe de la totalité des classes, et qui n'existera pas puisqu'elle n'est pas comprise dans la totalité des classes.

244. — Au lendemain de la publication du premier volume des *Principles of mathematics*, toute l'œuvre philosophique de la logistique est à refaire. Sur quelle base? Après avoir cherché des demi-mesures, en renonçant à l'homogénéité des principes, en limitant à un certain degré de simplicité ou d'étendue la portée de la théorie[3], M. Russell a reconnu la nécessité de sacrifier la notion de classe, du moins à titre d'entité indépendante. « Une analogie montrera peut-être clairement que ce changement n'est pas si grand après tout. Le calcul infinitésimal, on le reconnaît universellement aujourd'hui, n'emploie ni ne suppose les infiniment petits. Cela a-t-il beaucoup changé l'aspect d'une page de calcul infinitésimal? Presque pas. Certaines démonstrations ont été refaites ; certains paradoxes qui troublaient le XVIIIe siècle ont été résolus; pour le reste, les formules du calcul n'ont guère changé... Pas plus que la théorie moderne du calcul infinitésimal n'est destinée à ruiner l'œuvre de Leibniz et de Newton, les principes que je propose ne visent à ruiner l'œuvre de M. Peano[4]. »

1. *The principles*, § 71, p. 71.
2. § 101, p. 102, cf. Frege, *Grundgesetze der Arithmetik begriffschriftlich abgeleitet*, t. II, Jena, 1903, *Nachwort*, p. 253.
3. *On some difficulties in the theory of transfinite numbers and order types*, Proceedings of the London mathematical society, t. IV, part. 1, 1906, p. 38 et suiv.
4. *Les paradoxes de la logique*, Revue de métaphysique, 1906, p. 628.

La comparaison est assurément ingénieuse; peut-être M. Russell ne l'a-t-il pas poussée assez loin pour tirer tout l'enseignement qu'elle devrait comporter. Deux problèmes en effet étaient impliqués dans la notion d'*infinitésimal* : l'un relatif aux opérations analytiques, l'autre à l'interprétation philosophique de ces opérations. L'élimination de l'infinitésimal ne change rien aux solutions scientifiques; tandis qu'elle emporte avec soi une série de doctrines, ou de problèmes, d'ordre métaphysique.

N'en sera-t-il pas exactement de même pour la notion de classe? Deux destinées sont ici en jeu : la destinée de la logique symbolique qu'Aristote avait réussi à constituer sinon en science positive du moins en technique autonome, la destinée du réalisme ontologique où l'on a cru apercevoir la base d'une philosophie universelle. Les deux destinées se sont rencontrées au moyen âge; un moment on a pu croire qu'elles allaient de nouveau se trouver réunies : « Le fait que toutes les mathématiques appartiennent à la logique symbolique est une des plus grandes découvertes de notre époque; et une fois ce fait établi, l'étude des principes des mathématiques ne consiste plus que dans l'analyse de la logique symbolique elle-même [1]. »

A l'épreuve de l'expérience, la liaison factice des deux problèmes s'est évanouie. La logique symbolique est capable de se développer pour son compte, et avec d'autant plus de succès qu'elle conformera de plus près ses méthodes aux méthodes proprement mathématiques. Mais qu'en échange elle éclaircisse jamais les principes des mathématiques, c'est une illusion qu'il a fallu abandonner. L'illusion était fondée sur le postulat réaliste qui par une tradition séculaire est inconsciemment associé à la position de la logique formelle; or, ce postulat s'est révélé une mine d'embarras et de contradictions tels que la philosophie des mathématiques n'en avait jamais connu.

245. — Une semblable conclusion pourrait paraître brutale et sommaire, et nous hésiterions à la formuler si elle n'était confirmée par M. Russell lui-même.

Au cours de la controverse, M. Poincaré avait suggéré que l'échec de la philosophie logistique tenait peut-être à ce qu'elle avait voulu étendre au delà de toute détermination finie la notion de classe; c'est « la croyance à l'existence de l'infini actuel » qui a engendré la contradiction. « Le mot *tous* a un sens bien net quand il s'agit d'un nombre fini d'objets; pour

1. *The principles*, § 4, p. 5.

qu'il en eût encore un, quand les objets sont en nombre infini, il faudrait qu'il y eût un infini actuel. Autrement *tous* ces objets ne pourront pas être conçus comme posés antérieurement à leur définition, et alors, si la définition d'une notion N dépend de *tous* les objets A, elle peut être entachée de cercle vicieux si parmi les objets A il y en a qu'on ne peut définir sans faire intervenir la notion N elle-même[1]. »

De fait, dès 1897, c'est-à-dire quelques années avant que M. Russell eût signalé dans les travaux de M. Cantor l'un des grands événements de la pensée humaine[2], un logisticien italien, M. Burali-Forli, avait dévoilé l'antinomie à laquelle menait la considération de la totalité des ordinaux transfinis[3] : « Cantor avait démontré que les nombres ordinaux... peuvent être rangés en une série linéaire, c'est-à-dire que de deux nombres ordinaux inégaux, il y en a toujours un qui est plus petit que l'autre. Burali-Forli démontre le contraire ; et en effet, dit-il en substances, si on pouvait ranger *tous* les nombres ordinaux en une série linéaire, cette série définirait un nombre ordinal qui serait plus grand que *tous* les autres ; on pourrait ensuite y ajouter 1 et on obtiendrait encore un nombre ordinal qui serait *encore* plus grand, et cela est contradictoire[4]. »

Sur quoi M. Russell proteste avec vivacité : « Des *insolubilia* considérés par les anciens, aucun n'introduit l'infini ; et il est singulier que M. Poincaré cite l'*Épiménide* comme analogue à ceux qui se présentent dans la théorie du transfini... Une simplification de ce paradoxe est constituée par l'homme qui dit : *Je mens* ; s'il ment, il dit la vérité ; mais s'il dit la vérité, il ment. Est-ce que cet homme a oublié qu'il n'y a pas d'infini actuel[5] ? » Ce qui revient à dire que la source de la contradiction est à chercher, non pas dans le problème particulier de l'infini, mais dans la position générale du réalisme.

246. — Et en effet, si l'on se demande pourquoi cette simple assertion du *Je mens* suffit à mettre en déroute la philosophie réaliste, on trouvera la réponse dans les *Recherches sur l'entendement humain d'après les principes du sens commun*, de Thomas Reid (1763). Avec une charmante bonhomie, Reid explicite les

1. Revue de métaphysique, p. 1906, p. 316 ; et *Science et méthode*, p. 212.
2. Cf. International monthly, Burlington (Vermont, E. U.) juillet 1901, p. 89.
3. Cf. *Una questione sui numeri transfiniti*, Rendiconti del Circolo matematico di Palermo, t. XI, 1897, p. 164.
4. Poincaré, Revue de métaphysique, 1906, p. 303 ; et *Science et Méthode*, p. 201.
5. Revue de métaphysique, 1906, p. 633.

deux postulats du réalisme : *principe de véracité*, et *principe de crédulité* : « Le premier de ces principes est un penchant naturel à dire la vérité, et à nous servir dans le langage des signes qui interprètent le plus fidèlement nos sentiments... Le second principe primitif que l'Être suprême a déposé dans notre nature, est une disposition à nous confier à la véracité des autres, et à croire ce qu'ils nous disent[1]. »

Supposons que la pensée d'une personne se traduise immédiatement et adéquatement dans le langage, supposons que de là elle repasse chez une autre personne toujours avec la même sûreté et la même fidélité, alors, et à ces conditions seulement, M. Russell aura raison : on pourra éliminer, suivant le mot que nous avons cité, *the totally irrelevant notion of mind*[2], pour ne considérer que le discours en lui-même. Mais aussi bien n'y aurait-il plus de place pour le terme de *mensonge* dans l'univers du discours.

Or, la psychologie du réalisme pèche par excès de candeur, ou plus exactement sans doute par excès de courtoisie. C'est un fait que l'homme ment : dans ce cas, si l'instinct de *crédulité* s'exerce encore lorsque l'instinct de *véracité* a cessé de jouer, si on persiste à faire de cette déclaration de mensonge une réalité transcendante, il est inévitable que la contradiction apparaisse. Du point de vue de la psychologie critique qui subordonne les relations des propositions à une analyse des rapports entre la réalité interne de la pensée et son expression extérieure, il serait contradictoire que la contradiction n'apparût pas, que l'on restât dans le plan de la vérité ontologique en prenant pour argent comptant ce qui vous est expressément donné comme fausse monnaie. Autrement dit, le réalisme a voulu faire l'économie d'une psychologie; au fond il n'a fait qu'accepter la confiance du sens commun dans la transcendance de l'objet de la pensée; il devait retrouver, au terme de son œuvre, sous une forme qui les rendait inextricables, les difficultés dont une psychologie tant soit peu subtile et avisée l'eût débarrassé dès le début.

Aussi l'évolution de la philosophie logistique évoque-t-elle l'idée de ces usines métallurgiques qui réussissent, en perfectionnant leur outillage, à fabriquer des canons capables de percer leurs propres cuirasses; par le progrès de la logique symbolique, la logistique n'est parvenue qu'à ruiner elle-même ses ambitions premières. Des contradictions inhérentes au réalisme

1. *Œuvres complètes*, trad. Jouffroy, t. II, 1828, p. 346.
2. *The principles*, p. 4.

des classes, M. Russell tire cette conclusion qu'il y a eu « méprise sur les prétentions de la Logistique et sur la nature de l'évidence sur laquelle elle repose... La méthode de la Logistique est essentiellement la même que celle de toute autre science. Elle comporte la même faillibilité, et la même incertitude, le même mélange d'induction et de déduction, la même nécessité de faire appel, pour confirmer les principes, à l'accord général des résultats calculés avec l'observation[1] ».

Peut-être les adversaires de la logistique, que M. Russell accuse d'avoir partagé cette méprise, ne sont-ils pas à blâmer s'ils ont accepté le débat dans les termes où il leur était offert. Mais comment se fait-il que (l'école italienne mise à part) les partisans de la logistique, qui ont fait preuve d'une pénétration d'esprit à tant d'égards merveilleuse, aient, de leur propre aveu, cédé à une semblable illusion? Du point de vue de l'analyse historique des idées, il est essentiel de résoudre cette question : la solution sera d'un intérêt vital pour la philosophie mathématique, si elle réussit à l'affranchir du « faux idéal » de la déduction universelle et absolue.

1. Revue de métaphysique, 1906, p. 630.

CHAPITRE XIX

L'IDÉE DE LA DÉDUCTION ABSOLUE

LES « ABSOLUS » NEWTONIENS

247. — Si dans la pensée de M. Russell le prestige du réalisme survit aux contradictions mortelles que la critique logistique a elle-même dévoilées, c'est qu'il lui paraît nécessaire pour échapper au scepticisme scientifique de poser en principe que les propositions de la sciences sont vraies, non parce qu'elles sont crues, mais parce qu'elles existent à titre de réalité transcendante antérieurement à leur vérification. Ou la science est un tissu d'impressions illusoires, un rêve humain et subjectif; et, suivant la curieuse interprétation que M. Russell donne de la philosophie kantienne, le point de vue critique se ramène au psychologisme [1]. Ou il y a, ontologiquement parlant, telle chose que *mouvement absolu, temps absolu, espace absolu.*

Selon nous, ce prétendu dilemme implique entre le langage de la métaphysique et le langage de la science une série de confusions qui ont jeté leur ombre sur maintes discussions contemporaines, et dont il serait désirable que l'horizon de la philosophie mathématique fût définitivement dégagé.

L'idée du mouvement absolu est liée aux données de la vie intime : le mouvement émane de nous, ou, se représentant en nous, il s'accompagne de sensations d'ordre particulier qui ne laissent pas de doute sur la réalité du phénomène. Nous croyons spontanément au mouvement absolu, et cette croyance suffit dans bien des cas. M. Bergson rappelle la boutade de Morus, écrivant à Descartes : « Quand je suis assis tranquille, et qu'un autre, s'éloignant à un mille, est rouge de fatigue, c'est bien lui

1. Bulletin de la Société française de philosophie (séance du 23 mars 1911) 11e année, p. 58.

qui se meut, et moi qui me repose[1]. » Or, à mesure qu'on dépasse l'horizon de l'action individuelle, donnée à la conscience sous une forme originale, les inductions tirées de la perception risquent de nous induire en erreur. Les illusions visuelles dont nous sommes à chaque instant les victimes détruisent l'idole du vulgaire : le mouvement qui paraît absolu est relatif à la perspective que nous imposent et l'endroit de l'espace dont nous regardons, et l'instant du temps où nous vivons. Pour l'astronomie moderne, ce n'est pas le soleil qui se meut, quoique nous le voyions se mouvoir; c'est la terre, et pourtant elle paraît immobile à nos yeux. La science établit ainsi une distinction positive et légitime entre les mouvements apparents et relatifs, par exemple les mouvements des planètes aperçues d'un point déterminé de la surface terrestre, et ces mêmes mouvements s'accomplissant par rapport à un repère supposé fixe tel que seraient les étoiles. Ces derniers mouvements peuvent-ils être *absolus* au sens rigoureux et ontologique du mot? Newton n'hésitait pas à le déclarer, et c'est sur son autorité que presque toujours a reposé le débat. Mais, en fait, il n'y a pas de savant qui ait été plus pénétré que Newton de la relativité des notions fondamentales que l'on introduit au début de l'exposition scientifique : « Pour lui, la partie synthétique de la science, celle qui déduit des définitions admises la suite des vérités qu'elle renferme, n'est ni la seule, ni la plus importante. Elle doit toujours être précédée de recherches analytiques qui aboutissent justement aux définitions[2]. »

Il est vrai seulement que, pour des raisons qui tiennent au caractère de son esprit, aux préoccupations de l'époque, un passage brusque se fait chez Newton de la « philosophie expérimentale » à une théologie qui veut ne rien ignorer de la structure de l' « Être universel », ou de la relation entre le Créateur et la Créature. L'absolu du mouvement apparaît alors comme la résultante de l'absolu du temps et de l'absolu de l'espace, lesquels trouvent leur principe et leur support dans l'éternité et dans l'infinité de Dieu : « Durat semper et adest ubique, et existendo semper et ubique durationem et spatium, æternitatem et infinitatem constituit[3] ». La science positive n'a pas à faire état d'un tel rapport, « plutôt mystique que métaphysique » selon

1. *Matière et mémoire*, p. 215, voir *Lettre* du 5 mars 1649, *AT*, V, 312.

2. Léon Bloch, *La philosophie de Newton*, 1908, p. 133. Cf. *Traité d'Optique*, qu. XXIX, trad. Coste, t. II, Amsterdam, 1720, p. 579.

3. *Principia*, Sch. générale, éd. 1723, p. 483.

l'expression de M. Bloch [1]; mais, si elle écarte les postulats extra-philosophiques que Newton invoquait, elle n'abolira point, tant s'en faut, la distinction scientifique de l'absolu et du relatif; elle lui restituera simplement sa signification véritable en l'interprétant comme distinction du *réel* et de l'*apparent*, plus exactement peut-être du *total* et du *partiel*. Le mouvement absolu est celui qui est donné à partir d'un trièdre de référence tel que tous les mouvements de l'univers puissent entrer dans un système unique, c'est-à-dire, d'après les conditions précises que l'expérience nous impose, tel que le principe classique de l'inertie se trouve vérifié; par sa dépendance à l'égard de ces conditions, le mouvement scientifiquement absolu manifeste sa relativité métaphysique. C'est le résultat le plus précieux de la découverte critique, d'avoir établi la légitimité d'un absolu scientifique sur la relativité fondamentale de la connaissance, et d'avoir, par là, fermé l'ère des discussions stériles.

248. — Malheureusement, par sa profession de foi dogmatique et réaliste, M. Russell se prive de ce qui est le bénéfice de la pensée kantienne. De l'affirmation du mouvement absolu, sans laquelle n'importe quelle hypothèse scientifique pourrait être indifférement substituée à n'importe quelle autre, sans laquelle le système de Copernic n'exprimerait pas une vérité supérieure au système de Ptolémée, il se croit obligé de conclure à la nécessité de moments donnés absolument dans le temps, de points donnés absolument dans l'espace; de telle sorte que les relations temporelles ou spatiales s'établissent entre termes doués d'une existence métaphysique, indépendants du cours du temps ou de l'extension de l'espace.

Or, ces conceptions du temps et de l'espace que l'on présente comme impliquées dans l'objectivité de la science, sont des paradoxes métaphysiques qui font presque l'effet de gageures. En objectivant la vie psychologique de façon à ce que chacun de ses moments devienne une réalité en soi, indépendamment de la conscience qu'on en prend, on dira que le temps est un *absolu*. Seulement on n'arrive pas ainsi à rejoindre la réalité concrète : au temps qui s'épuiserait en quelque sorte dans l'intuition immédiate de l'être, dans l'actualité du présent, il manque suivant la forte remarque d'Hamelin ce qui est constitutif de la durée elle-même, à savoir la succession [2]. Toute chose est dans le temps; mais celui-là seul *vit* le temps, qui dispose

1. *Op. cit.*, p. 511.
2. *Essai sur les éléments principaux de la représentation*, 1907, p. 59.

de points de repère grâce auxquels il parvient à l'intelligence de ses propres changements. Comment ces points de repère pourraient-ils être des termes donnés en soi, susceptibles de devenir objets de contemplation extérieure? Il faudrait alors supposer (et effectivement nous avons vu que Newton le faisait) un être qui soit à la fois affranchi du devenir temporel et contemporain de tous les moments du temps : conditions qui, si elles ne sont pas directement contradictoires, demeurent du moins irréalisables pour notre pensée. En fait, si le problème du temps se pose pour l'homme, c'est qu'il devient lui-même à chaque instant du temps un terme nouveau de la série temporelle, et qu'il doit cependant, pour prendre conscience de l'existence, être capable d'envelopper dans l'unité d'un système la multiplicité de ces termes successifs. Aussi n'y aura-t-il de solution que si l'on réussit à fonder l'unité de l'être temporel sur un principe intérieur qui dépasse le temps : principe d'éternité créatrice comme le voulait Spinoza; ou, si l'on parle avec Leibniz le langage de l'immanence, loi qui concentre en elle la suite originale de ses états intimes : *lex continuationis seriei suarum operationum*[1], loi qui constitue l'*Ursprung*, suivant l'heureuse expression d'Hermann Cohen et de Natorp.

La formule leibnizienne, si on consent à la détacher de la vue métaphysique qui enveloppe les lois propres à chaque monade dans le plan de la géométrie divine, ne représente rien de plus que les conditions de la compréhension du temps pour un être qui vit dans le temps. Il est d'autant plus curieux que M. Russell, historien de Leibniz, conteste à M. Cassirer, l'intelligibilité d'une loi de changement : « Changement de quoi? à partir de quoi? vers quoi? demandera-t-on; et on ne pourra répondre à ces questions qu'au moyen de concepts logiques dont l'être (*Being*) est libre de toute dépendance à l'égard du temps, et par suite nécessairement immuable[2]. » Visiblement, par le tour même qu'il donne à ses objections, M. Russell a commencé par supposer que l'esprit doit partir de l'intuition de termes immuables pour passer à la relation qui les unit. Or, l'exemple de la loi de série est justement destiné à prouver le contraire : d'un rapport, toujours le même, dérive une infinité de termes successifs. Une telle succession est comme un symbole abstrait pour la succession concrète, dont nous acquérons le sentiment en appuyant notre devenir temporel sur le dynamisme radical de l'intelligence.

1. Leibniz, *Lettre à Arnauld*, 23 mars 1690, *G*, II, 136.
2. Mind, 1903, p. 194.

249. — La discussion du mouvement absolu et du temps absolu nous donne le moyen d'aborder la notion de la relativité de l'espace, avec l'espoir de faire évanouir les contradictions factices que M. Russell y a signalées.

Cette relativité, qui a paru évidente à des métaphysiciens tels que Descartes, Leibniz ou Kant, est pour M. Russell un parti pris de « nier l'évidence[1] ».

Nous avouons d'ailleurs qu'il est aisé de réduire à l'absurde la thèse relativiste : il suffit de la considérer dans le cadre de la logique traditionnelle qui suppose que toute proposition a un sujet et un prédicat. L'espace est alors le prédicat d'une pluralité de choses, ou d'une chose unique. Dans le premier cas, dans le *monadisme*, M. Russell prouve, en se référant aux textes de Leibniz, qu'on n'extrait des choses les relations spatiales que si on a déjà situé les choses dans l'espace[2]. Dans le second cas, qui est celui du *monisme*, on en arrive nécessairement à nier la distinction des termes entre lesquels les relations s'établissent, distinction qui serait la condition nécessaire pour la réalité des relations. « Ainsi la théorie des relations de Lotze se réduit à cette affirmation qu'il n'y a point de relations. Les adhérents les plus logiques de ladite théorie (tels que Spinoza et M. Bradley) l'ont reconnu ; ils n'ont admis en conséquence qu'une seule chose, Dieu ou l'Absolu, et un seul type de propositions, à savoir celle qui attribue un prédicat à l'Absolu[3]. »

La conclusion est péremptoire sans doute dans l'hypothèse où toute relation devrait épouser la forme de la logique aristotélicienne. Mais n'est-ce pas de cette hypothèse que la révolution cartésienne est venue purger la philosophie moderne? L'intuition des *Regulæ* n'a rien de commun avec l'appréhension de termes simples tels que la substance ou la qualité; elle a pour objet la relation simple qui s'établit entre deux nombres, et qui permet d'en déduire un troisième : *huit* est à *quatre*, comme *quatre* est à *deux*. Les grandeurs spatiales sont définies de même par des rapports purement intelligibles; c'est pourquoi la substance de Spinoza sera, non pas le sujet logique auquel appartient la qualité de l'étendue, mais l'unité radicale, exprimée par la totalité des rapports spatiaux, plus exactement encore exprimée par la totalité des rapports qui apparaissent à la fois comme spatiaux dans l'étendue et comme idéaux dans la pensée.

1. *La philosophie de Leibniz*, p. 135.
2. *Ibid.*, p. 136, *vide supra*, § 138.
3. *L'idée d'ordre*, etc., Mémoire cité, Bibliothèque du Congrès de Paris, 1900, t. III, p. 261.

Il faut donc renoncer à réduire la relation spatiale à la relation logique ; elle est une relation *per se*, Leibniz l'avait reconnu, de l'aveu de M. Russell lui-même [1] : « Ce rapport... est bien hors des sujets ; mais... n'étant ni substance, ni accident, cela doit être une chose purement idéale, dont la considération ne laisse pas d'être utile [2]. » Dès lors, la conception de l'ordre spatial chez Leibniz n'offrira plus de prise aux contradictions dont on prétendait l'accabler ; il conviendra seulement, comme nous l'avons déjà montré pour l'ordre temporel, qu'on la restreigne à la perspective de l'univers chez une monade, sans chercher l'ordre des perspectives entre les monades. Et l'on pourra de nouveau recueillir le résultat positif de la critique kantienne. Nous l'avons vu en effet, l'espace n'est pour Kant une forme irrationnelle que dans la mesure où la raison est considérée comme faculté logique, produisant des concepts universels et discursifs ; de même on pourra dire que l'espace est un *absolu*, si l'on entend par là qu'il est irréductible aux relations logiques. Mais ce serait revenir en arrière de la *Critique*, que de conférer à cet absolu le caractère de transcendance que Newton lui attribuait, en allant lui-même à contresens de sa propre « philosophie expérimentale ».

250. — Du moins le théologisme newtonien permettait d'imaginer cet absolu, en le rattachant à l'intuition divine. Le « réalisme analytique » exclut l'intervention d'un esprit humain ou divin. Les points de l'espace devraient être donnés en soi, et les relations spatiales s'établiraient entre eux, de la même façon que les relations logiques qui sont la matière du raisonnement s'établissent entre termes antérieurement donnés. Nous n'avons pas besoin d'insister longuement sur les difficultés insurmontables qu'une telle hypothèse nous paraît entraîner. Poser d'une façon absolue un élément dans l'espace, c'est lui assigner par cette position même une place d'où sont exclus tous les autres éléments de l'espace. L'affirmation spatiale d'un point équivaut à la négation spatiale de tous les points.

Le principe que l'espace est inconditionnellement absolu demande que chaque point existe pour lui-même, sans relation aucune avec quoi que ce soit d'extérieur à lui, épuisant en lui-même son pouvoir d'existence absolue ; il ne permet pas que l'on passe de ce point absolu à la multiplicité de termes extérieurs les uns aux autres, qui seule serait espace. Inversement, la réalité de l'espace implique la présence simultanée d'une

1. *Op. cit.*, p. 132.
2. *Cinquième écrit contre Clarke*, G, VII, 401.

multiplicité de termes. Et cette simultanéité ne pourra pas être spatiale, tant du moins que l'espace est défini comme milieu d'extériorité réciproque. Autrement dit, la simultanéité des termes de la série spatiale implique une omniprésence aux divers points de la série, qui est précisément la caractéristique de la réalité non spatiale, la caractéristique de l'esprit. Le Dieu de Newton était omniprésent aux différentes régions de l'espace, et en vertu de sa transcendance il était capable de lui transmettre la propriété de l'absolu ontologique. Le sujet humain de la connaissance est omniprésent aux différents points de l'espace, et pose la représentation de l'univers comme relative à lui. Ainsi, le géomètre peut parler du triangle ABC, parce qu'il conçoit à la fois les trois sommets ABC, et les définit comme relatifs les uns aux autres. Si l'espace était *métaphysiquement* absolu, il pourrait dire seulement qu'il existe ou un point A ou un point B ou un point C, avec qui se confondrait, mais en qui s'enfermerait, l'acte d'affirmation de ce point; car la spatialité de ce point consisterait en ce que A n'est pas B, B n'est pas C; et l'inconditionnalité de sa position le rendrait indépendant de toute relation avec un autre point.

Est-il besoin d'ajouter qu'une telle conception de la relativité n'est nullement contradictoire avec la thèse *scientifique* de l'espace absolu, pourvu qu'on respecte la spécificité des relations spatiales, et en particulier, leur incompatibilité avec les relations logiques? Je dis que l'espace est relatif, parce que je puis prendre indifféremment pour point de départ A ou B ou C; mais cela ne signifie nullement que je déduise de A la relation AB, ou que je la crée, en posant à volonté les points A et B. Je construis, à partir d'un point que je puis choisir arbitrairement, un réseau de relations qui n'est pas arbitraire; le triangle ABC est le même que les triangles ACB, BAC, BCA, etc. Demander à la théorie relativiste de prouver cette équivalence, ce serait lui imposer une exigence absurde; si une telle démonstration était nécessaire dans le cas de l'espace où il faut aboutir à la réversibilité, elle ne serait pas moins nécessaire dans le cas du temps où il faut aboutir à l'irréversibilité. La forme de la simultanéité est une condition de la représentation qui s'impose à moi, et à laquelle j'obéis en construisant l'espace, comme la forme de la succession en est une seconde à laquelle j'obéirai en construisant le temps. Parce qu'elles expriment une nécessité interne, parce qu'elles dépassent les données de la conscience individuelle, elles revêtent une apparence d'absolu; mais c'est précisément, suivant l'enseignement de la *Critique de la Raison pure*, que la relativité à l'esprit, dissimulée dans les profondeurs de l'élaboration inconsciente, prend nécessairement, et pour cet esprit même, le caractère de l'absolu. L'espace est *scientifiquement absolu, métaphysiquement relatif*.

DÉDUCTION RÉGRESSIVE ET DÉDUCTION PROGRESSIVE

254. — Nous avons insisté sur cette formule; car elle permet de comprendre combien sont illusoires les difficultés que le réalisme de M. Russell avait accumulées à l'origine de la philosophie mathématique. La mécanique n'a pas besoin de rencontrer devant elle une série de moments ou un système de points, tel que chacun des termes soit doué par lui-même d'une existence absolue, antérieurement à la formation de la série ou du système. Au contraire, la constitution du temps et de l'espace s'accomplit effectivement à mesure que la mécanique élargit l'horizon de ses recherches, qu'elle rattache à un moment plus reculé du temps, à un point plus éloigné de l'espace, la détermination des mouvements universels.

Rien dans la science positive ne nous autorise donc à oublier le précepte que Newton lui-même a formulé au nom de la « philosophie expérimentale », que Lavoisier a énoncé de nouveau à l'heure où la chimie s'organisait définitivement : la déduction *progressive* qui procède des idées premières, termes généraux ou natures simples, n'a de valeur et de portée qu'en corrélation avec la déduction *régressive* qui conduit à ces idées élémentaires[1].

C'est uniquement par suite d'un préjugé métaphysique que la déduction progressive a pu être entendue dans un autre sens, dans le sens d'une synthèse qui se détacherait de l'analyse préalable, qui se poserait pour elle-même et dans l'absolu. Par cette prétention, en effet, on se flattait d'échapper à la restriction que le savant faisait peser sur sa construction de l'univers, de satisfaire à l'idéal logique ou ontologique d'une déduction absolue. Ainsi, la déduction régressive a permis de généraliser l'idée de dimension géométrique et de passer des trois dimensions, dont l'idée est suggérée par l'intuition, au concept

1. « Nous nous contenterons, disait Lavoisier, de regarder ici comme simples toutes les substances que nous ne pouvons pas décomposer, tout ce que nous obtenons en dernier résultat par l'analyse chimique. » *Mémoire sur la necessité de réformer et de perfectionner la nomenclature de la Chimie* (1787), *Œuvres*, t. V, 1892, p. 361, cité par Duhem, *La notion de mixte*, Revue de philosophie, 1re année, 1901, p. 169.

abstrait de *n* dimensions. Une fois arrivée à ce concept, la philosophie logistique vise à le rendre indépendant de l'application proprement géométrique qui en est la raison d'être. Par exemple, si l'on dresse la liste des postulats nécessaires pour l'analyse d'un espace projectif d'un nombre infini de dimensions, *espace projectif absolu* suivant l'expression de M. Pieri, on constate qu'on a besoin de 17 postulats; et comme il en faut 19 pour définir l'espace projectif à trois dimensions, on en conclut avec M. Couturat « qu'au point de vue logique celui-ci est moins simple que celui-là [1] ».

De ce point de vue encore : « on pourrait presque dire que la théorie des nombres infinis est plus simple que celle des nombres finis, puisqu'elle n'a pas besoin, comme celle-ci, du principe d'induction, et qu'on peut l'établir sans passer par la théorie des nombres finis [2] ». Mais sous cette simplicité apparente se dissimulent des difficultés que le développement de la théorie des ensembles a eu pour effet de manifester. Pour fonder « l'Arithmétique générale où l'on définit la *somme*, le *produit* et la *puissance* des nombres cardinaux, finis ou infinis [3] », un postulat est « indispensable », celui qu'a explicité M. Zermelo en 1904 : « Étant donnée une classe de classes exclusives non nulles, on peut extraire un élément de chacune d'elles [4]. » Tant que le nombre des classes est fini, la légitimité de l'opération est intuitivement évidente; pour un nombre infini de classes, elle résiste à toute tentative de démonstration.

Que ce soit donc dans le domaine de la mécanique rationnelle, de la géométrie ou de l'analyse, nous retrouvons une même idée à la source de la métaphysique que le réalisme logistique a superposée à la mathématique : l'idée d'une déduction progressive capable de se conférer à elle-même une valeur absolue; et cette idée est la raison profonde des contradictions que le

1. *Les principes*, p. 157.
2. *Ibid.*, p. 67, note 1.
3. *Ibid.*, p. 223.
4. *Ibid.*, p. 224, note 3. Voici comment le principe se trouve formulé par M. Zermelo, dans l'extrait de sa lettre à M. Hilbert, publié en 1904 par les Mathematische Annalen : *Beweis, dass jede Menge wohlgeordnet werden kann* : « Der vorliegende Beweis beruht... auf dem Prinzip, dass es auch für eine unendliche Gesamtheit von Mengen immer Zuordnungen gibt, bei denen jeder Menge eines ihrer Elemente entspricht, oder formal ausgedrückt, dass das Produkt einer unendlichen Gesamtheit von Mengen, deren jede mindestens ein Element enthält, selbst von Null verschieden ist. Dieses logische Prinzip, ajoute Zermelo, lässt sich zwar nicht auf ein noch einfacheres zurückführen, wird aber in der mathematischen Deduktion uberall unbedenklich angewendet. » (T. LIX, p. 516.)

réalisme a introduites dans la philosophie mathématique. Du même coup, nous pourrons nous rendre compte que, si les contradictions ont pu être résolues, cette solution, loin d'être une victoire pour la métaphysique logistique, en a consacré la ruine définitive, puisqu'elle a consisté expressément à subordonner l'ordre de la déduction progressive à l'ordre de la déduction régressive.

LA SOLUTION DE L' « ÉPIMÉNIDE »

252. — Considérons les contradictions sous la forme élémentaire à laquelle M. Russell les ramène, c'est-à-dire dans la première inférence que l'on tire de cette seule affirmation : *Je mens*. Comment M. Russell réussit-il à éliminer le sophisme du *Je mens*?

Étant donné que l'homme *ment*, la logique ne peut pas faire abstraction du contenu des propositions; pourtant elle ne peut pas, sans renoncer aux règles de sa structure technique, introduire le contenu comme tel, et exclure l'énonciation du mensonge simplement et franchement en raison des caractères psychologiques du mensonge. Il faut donc traduire en termes logiques l'exclusion du mensonge, dont la cause est uniquement d'ordre psychologique.

Le fait psychologique du mensonge entraîne dans l'énonciation du mensonge un cercle vicieux; l'élimination du cercle vicieux est élevée à la hauteur d'un principe; non que le principe du cercle vicieux soit lui-même « la solution des paradoxes du cercle vicieux »; il est « seulement la conséquence qu'une théorie doit fournir pour apporter une solution[1] ».

La théorie est du reste extrêmement simple; elle consiste à refondre la terminologie de la logistique en suivant docilement le contour extérieur de la difficulté qu'il s'agit d'éviter. Dire : *Je mens*, c'est dire : *Il y a une proposition p que j'affirme et qui est fausse*. Mais par le fait même que mon affirmation est mensongère, l'affirmation de la fausseté de p est vraie. La contradiction est inévitable tant que la proposition p est l'objet d'une affirmation proprement dite. Pour éviter la contradiction, M. Russel décidera donc que p n'est pas l'objet d'une affirmation proprement dite : p ayant pour caractère essentiel l'indétermination qui la rend applicable à un objet quelconque, étant une *variable apparente*, « le mot *proposition* sera réservé... à ce qui est affirmé par un énoncé qui ne contient aucune varia-

1. *Les paradoxes de la logique*, Revue de métaphysique, 1906, p. 640.

ble apparente. » M. Russell peut conclure : « L'énonciation de l'homme qui dit : *Je mens*, est fausse, non parce qu'il énonce une proposition vraie, mais parce que, tout en faisant une énonciation, il n'énonce pas une proposition [1]. »

253. — Quel est ici le procédé de M. Russell? Un exemple, quelque peu grossier sans doute, éclaircira notre pensée.

Au lendemain de la Révolution de 1848, les classes aisées en France furent alarmées par une première expérience du suffrage universel; elles voulaient en corriger les effets par une loi électorale nouvelle sans pourtant porter atteinte au principe intangible de l'universalité. La loi du 31 mai 1850 résolut la contradiction par une refonte de la notion juridique d'électeur. Tous les Français continuèrent à jouir du droit électoral sans distinction de fortune ou de capacité; mais l'inscription sur la liste électorale fut réservée à ceux qui pouvaient justifier de trois ans de domicile électoral, et dans des conditions assez sévères pour que des milliers d'ouvriers fussent exclus des collèges électoraux. Une fois la loi promulguée, l'autorité chargée de statuer sur l'application de ces mesures pouvait se rendre ce témoignage qu'elle ne faisait qu'en exécuter en toute justice un article impératif. Mais le savant qui doit expliquer la naissance de cette loi ne serait-il pas dupe de sa propre méthode, s'il écartait toute référence à la psychologie du législateur sous prétexte d'objectivité, et s'il essayait d'engendrer la loi *in abstracto*, à l'aide de purs principes juridiques?

En fait, le logisticien se met dans la situation du législateur de 1850; il ne recherche pas la vérité en soi de tel ou tel principe; il rédige les articles du Code qui lui permettront d'atteindre telle ou telle conséquence. M. Russell a fini par le reconnaître : « Plusieurs des prémisses ultimes ont moins d'évidence intrinsèque que n'ont beaucoup des conséquences qu'on en tire [2]. » Dès lors, ne faudrait-il pas ajouter que ce qui est premier pour le philosophe, ce ne sont plus les principes logiques, ce sont les conséquences mathématiques puisque la vérité de ceux-là dépend de la vérité de celles-ci, et non réciproquement?

254. — Pour éviter le cercle vicieux, M. Russell est amené à restreindre le champ d'application des fonctions propositionnelles. Il les ordonne, à partir des propositions qui ne contiennent aucune variable apparente, qui n'ont pour constituants que des individus, en une série de types « dont chacun ne contient

1. *Les paradoxes de la logique*, Revue de métaphysique, 1906, p. 643.
2. Revue de métaphysique, 1911, p. 290.

aucune fonction se rapportant au type considéré dans son ensemble[1] ». Les fonctions qui prennent place dans une semblable hiérarchie sont appelées *fonctions prédicatives* : elles se définissent comme étant de l'ordre immédiatement plus élevé que l'ordre de leur argument, c'est-à-dire comme étant « de l'ordre le plus petit qu'elles soient obligées d'avoir pour posséder cet argument » [2]. Or, peut-on affirmer que pour toute fonction propositionnelle φx, il y aura une fonction prédicative formellement équivalente, c'est-à-dire une fonction prédicative vraie quand φx est vraie, et fausse quand elle est fausse[3]? *A priori*, nous n'en savons absolument rien. Mais s'il apparaît aux logisticiens qu'il est nécessaire de poser une pareille affirmation pour « que les mathématiques soient possibles[4] », alors on l'introduira dans les principes de la logique symbolique, comme un axiome : *axiome de réductibilité*, qui aura toutes chances d'être vrai.

Au contraire, il n'y a pas d'opération plus facile à concevoir que la multiplication logique. Mais est-il légitime de choisir dans un ensemble infini de classes un membre qui représente chacune d'elles? A cette question, nous l'avons vu[5], aucune évidence immédiate, aucune démonstration solide n'a pu fournir de réponse. Tout ce que nous pouvons dire, c'est que la légitimité d'une semblable opération a été postulée par M. Whitehead[6] afin d'identifier les deux définitions de l'infini — l'une *négative* : le nombre infini n'est pas formé par le principe d'induction complète « qui caractérise les nombres finis » — l'autre *positive* : le nombre infini est l'ensemble équivalent à une partie intégrante de lui-même. Seulement l'identification de ces deux définitions est elle-même un problème. En 1905, M. Couturat posait bien en principe qu' « on ne peut pas admettre deux définitions différentes de l'infini[7]. » Mais en 1911, M. Russell reconnaît que les « deux définitions ne sont pas forcément identiques »; et il ajoute qu' « il n'y a d'ailleurs aucune raison de les identifier[8]. »

Du plan de l'hypothèse susceptible d'être vérifiée par ses conséquences et d'acquérir ainsi une valeur scientifique, l'axiome

1. *La théorie des types logiques*, *in* Revue de métaphysique, 1910, p. 281.
2. *Ibid.*, p. 286.
3. *Principia*, p. 58.
4. *Ibid.*, p. 173.
5. *Vide supra*, § 251.
6. *On cardinal numbers*, American Journal of Mathematics, t. XXIV, 1902, p. 367 et suiv. Cf. Couturat, *Les principes*, p. 65.
7. *Les principes*, p. 64.
8. Bulletin de la Société de philosophie, 1911, p. 71.

multiplicatif, ou les axiomes équivalents, nous font descendre au plan de l'hypothèse absolue[1], où il ne reste plus, pour se prononcer sur la portée d'une théorie, que des impressions personnelles, « à dire d'expert ».

LE RÉSULTAT DE LA CRITIQUE LOGISTIQUE

255. — Sans doute, et il est équitable de le reconnaître, en ne retenant de l'œuvre de M. Russell que la partie relative aux questions proprement philosophiques, en la soumettant à une méthode qui s'applique à ne rien laisser échapper de la filiation et de la transformation des idées, nous n'avons pas envisagé cette œuvre sous l'aspect qui devait lui être le plus favorable; nous avons mal justifié l'admiration qui lui est due pour le progrès de la logique symbolique et particulièrement pour l'extension de la logique des relations. Il reste pourtant que la philosophie logistique a manqué la destinée historique qu'elle s'était promise : elle n'a pas apporté de solution positive et dogmatique au problème de la vérité; elle a réveillé seulement, et pour en consacrer peut-être l'issue définitive, le débat ouvert dès la Renaissance entre l'idéal de la logique scolastique et le progrès de la mathématique moderne.

Chose curieuse, au milieu du XVIIe siècle, Pascal qui pouvait, plus que tout autre, être mis en garde par son expérience personnelle de mathématicien, adhère explicitement au vieil idéal : « Cette véritable méthode, qui formerait les démonstrations dans la plus haute excellence, s'il était possible d'y arriver, consisterait en deux choses principales : l'une, de n'employer aucun terme dont on n'eût auparavant expliqué nettement le sens; l'autre, de n'avancer jamais aucune proposition qu'on ne démontrât par des vérités déjà connues; c'est-à-dire, en un mot, à définir tous les termes et à prouver toutes les propositions[2]. »

Il est vrai que c'est pour ajouter, immédiatement après, que cette méthode est « absolument impossible : car il est évident que les premiers termes qu'on voudrait définir en supposeraient de précédents pour servir à leur explication et que de même les premières propositions qu'on voudrait prouver en suppose-

1. Cf. *Principia*, p. 503. « In the absence of evidence as to the truth or falsehood of these various propositions, we shall not assume their truth, but shall explicitly introduce them as hypotheses wherever they are relevant. »
2. *De l'esprit géométrique* (vers 1658), *Pensées et opuscules*, p. 165.

raient d'autres qui les précédassent; et ainsi il est clair qu'on n'arriverait jamais aux premières [1] ».

En raison de cette évidence même, il apparaît que l'idéal que Pascal déclare inaccessible à l'humanité depuis le péché, est contradictoire en soi. Or y aurait-il plus grande absurdité que de vouloir, *au nom de la logique*, imposer à l'homme de réaliser l'impossible?

En fait, Pascal emprunte à l'*Apologie de Raymond de Sebond* [2] une argumentation qui avait cours contre la logique de l'École, mais qui ne porte plus contre la science moderne : « Les dialecticiens, disait Descartes, n'ont pas le pouvoir de construire des syllogismes concluant le vrai, s'ils n'en ont pas reçu la matière préalable [3]. »

Et c'est pourquoi Descartes avait recouru à la mathématique pour former directement le type universel de la vérité sans interposition de l'idéal logique. On doit seulement regretter qu'il n'ait pas poussé jusqu'au bout l'opposition des deux types. Descartes [4], Spinoza et Leibniz après lui, ont conservé à titre de procédé d'exposition la méthode synthétique de déduction, telle qu'Aristote et Euclide l'avaient pratiquée. Ils ont ainsi laissé perpétuer l'équivoque qui devait pendant trois siècles encore peser sur la méthodologie de la mathématique, et qui ne s'évanouit définitivement que par la critique impitoyable à laquelle les logisticiens contemporains ont soumis l'idée de la *déduction absolue*.

256. — Aujourd'hui nous n'avons plus l'ambition de tout définir. Mais ce n'est pas, comme le voulait Pascal, parce qu' « en poussant les recherches de plus en plus on arrive nécessairement à des mots primitifs qu'on ne peut plus définir [5] »; c'est parce que nous ne parvenons pas à nous faire une idée claire de la *définition*. « La notion de définition, écrit M. Russell, n'est pas définissable, et même n'est pas du tout une notion définie [6]. »

1. *De l'esprit géométrique* (vers 1658), *Pensées et opuscules*, p. 167.

2. Cf. *Entretien avec M. de Saci*, vers 1655. Montaigne « examine aussi profondément les sciences et la géométrie, dont il montre l'incertitude dans les axiomes, et dans les termes qu'elle ne définit point, comme d'étendue, de mouvement, etc. » Édit. cit., p. 154.

3. *Reg.* X, *AT*, X, 406.

4. Cf. *ibid.* : « Unde patet... vulgarem Dialecticam omnino esse inutilem rerum veritatem investigare cupientibus, sed prodesse tantummodo interdum posse ad rationes jam cognitas facilius aliis exponendas. »

5. Pascal, *éd. cit.*, p. 167.

6. Revue de métaphysique, 1906, p. 645.

D'autre part, si on ne cherche pas à tout démontrer, ce n'est pas non plus qu'on arrive, « à des principes si clairs qu'on n'en trouve plus qui le soient davantage pour servir à leur preuve[1] ». « Les propositions primitives, dit encore M. Russell, d'où partent les déductions de la logistique doivent, si possible, être évidentes par l'intuition; mais ce n'est pas indispensable, et, en tout cas, ce n'est pas la raison unique de leur adoption. Cette raison est inductive, à savoir que, parmi leurs conséquences connues (y compris elles-mêmes), beaucoup paraissent à l'intuition être vraies, aucune ne paraît fausse, et celles qui paraissent vraies ne peuvent pas se déduire (autant qu'on peut voir) de quelque système de propositions indémontrables inconsistant avec le système en question[2]. »

En définitive, quand se produisent les déductions logistiques, la science positive avec ses seules ressources, a déjà livré bataille pour la conquête de la vérité; et la fortune des armes s'est prononcée. La logique symbolique, intervenant comme l'art poétique après les œuvres spontanées du génie, ne peut que consacrer la victoire ou enregistrer la défaite. Dès lors c'est sur le terrain de la science positive que doit désormais se placer la philosophie mathématique positive. Elle renonce à l'idéal chimérique de fonder la mathématique en prolongeant, au delà des limites qu'imposent les conditions mêmes de la vérification méthodique, l'appareil des définitions, postulats et démonstrations; elle se fait immanente à la science avec le dessein de prendre conscience de ce qui s'y est incorporé d'intelligence et de vérité.

1. Pascal, *éd. cit.*, p. 167.
2. Art. cité, p. 630.

LIVRE VII

L'INTELLIGENCE MATHÉMATIQUE ET LA VÉRITÉ

CHAPITRE XX

LA NOTION MODERNE D'INTUITION

257. — Nous avons essayé de suivre, dans la logique interne de son évolution, le double mouvement par lequel les arithmétistes et les logisticiens ont tenté d'envelopper le système des mathématiques modernes dans un réseau de formes *a priori*. Si notre interprétation est exacte, il est arrivé, comme il devait arriver, que le formalisme, supposé dans la méthode, vide en quelque sorte la science de sa vérité intrinsèque, qu'elle le renvoie à l'expérience, seule capable de lui conférer un contenu. De fait, l'apriorisme arithmétique d'un Helmholtz, l'apriorisme logique d'un Russell, s'accompagnent de professions de foi empiristes.

L'empirisme sera-t-il capable de recueillir l'héritage que laisse vacant la défaillance du rationalisme, considéré du moins sous l'aspect formaliste de l'arithmétisme ou de la logistique?

La question ne se pose guère, s'il s'agit de l'empirisme classique où l'expérience ne signifie rien de plus que la donnée immédiate, telle qu'elle est présentée aux sens et à l'imagination. Ces données immédiates n'ont aucun des caractères d'exactitude et de précision sans lesquels il est impossible de constituer les éléments d'une science quantitative. Non seulement les figures les plus simples de la géométrie sont en raison de leur perfection théorique celles dont l'observation de la nature nous fournirait le plus difficilement des exemples; mais pour retenir même à titre d'unités numériques les objets qui sont donnés dans l'expérience courante, il faut faire abstraction des différences qui ont permis de les saisir à part les uns des autres, il faut leur conférer une homogénéité conceptuelle qui contraste avec leur réalité individuelle. Que l'arithmétique ou que la géométrie se constituent sur le terrain de l'expérience, cela nous paraît l'évidence même; il n'en résulte pas qu'elles dérivent de l'expérience, que l'on puisse même déterminer à quelles conditions une expérience devrait satisfaire pour que l'immense développement des raisonnements mathématiques fût considéré comme une simple reproduction de phénomènes immédiatement présentés par l'observation de la nature.

La critique de l'empirisme traditionnel — ou, si l'on veut, le développement de l'empirisme moderne — a consisté à montrer tout ce que dans l'expérience scientifique elle-même l'esprit apportait de complément aux données immédiates de l'expérience, à énumérer les mille détours d'abstraction et d'invention par lesquels le génie du savant contraignait la nature à se révéler à soi-même. L'analyse des procédés par lesquels s'est constituée la science expérimentale conduit à déterminer une vaste zone d'activité, qui permet de dépasser le fait brut tel qu'il est livré par les sens, et qui pourtant ne rentre pas dans les cadres *a priori* du raisonnement purement logique : ce sera la zone de l'*intuition*.

258. — Autour de ce mot d'intuition, un grand nombre de réflexions se sont fait jour, qui nous font pénétrer au cœur de la philosophie scientifique. Mais, en raison de la fluidité inhérente à la notion de l'intuition, il est malaisé de dresser un bilan exact des conquêtes qui lui sont dues, comme des difficultés nouvelles qu'elle a pu introduire dans l'interprétation de la science. Au développement rectiligne qui caractérisait les philosophies de l'arithmétisme et de la logistique, s'oppose une marche subtile et compliquée à travers l'histoire.

Déjà, sans doute, à chaque étape décisive de la pensée mathématique nous avons rencontré cette notion de l'intuition. Même, sous leur forme originelle, les philosophies à base arithmétique et à base logique reposent sur des intuitions, sur l'intuition géométrique (et sans doute astronomique aussi) avec Pythagore, sur l'intuition biologique avec Aristote. La géométrie cartésienne implique une philosophie de l'intuition — à laquelle Pascal oppose une interprétation originale qui, à certains égards, annonce les conceptions les plus profondes de la philosophie contemporaine. Enfin, c'est par la réintégration de l'intuition dans les jugements *a priori* de l'arithmétique et de la géométrie que Kant marque sa rupture avec le dogmatisme de Leibniz.

Pourtant, si l'on veut se rendre un compte exact du sens où la philosophie contemporaine emploie le mot d'*intuition*, il ne suffirait pas de prolonger cette histoire, de la compléter en rappelant par exemple l'extension de la géométrie moderne par le retour aux méthodes directement intuitives, ou en insistant sur le secours perpétuel des figurations spatiales pour les spéculations les plus abstraites de l'analyse. De même que l'on n'aurait pas compris tout à fait la genèse et le succès de l'arithmétisme ou de la logistique si l'on s'était référé seulement aux progrès accomplis par la technique au XIXe siècle, sans faire état du prestige séculaire qui s'attachait aux traditions doctrinales de Pythagore et d'Aristote, de même on risquerait de ne pas reconnaître toute la largeur et toute la fécondité que comporte l'idée d'intuition si on ne faisait attention au vaste courant de pensée qui s'est développé à travers tout le XIXe siècle et dont l'application aux mathématiques paraît n'avoir été que la consécration finale.

Peut-être même, ici comme là, ne sera-t-il pas inutile, pour apprécier la portée de l'idée fondamentale, d'en avoir aussi complètement que possible déterminé les origines diverses. Il se peut que, née hors du terrain mathématique, l'idée moderne de l'intuition ne se soit pas du premier coup parfaitement adaptée aux caractères propres de la mathématique; en dépit des services qu'elle a rendus, il se peut qu'elle ait obscurci la signification de certaines questions en les transposant dans un langage qui n'est pas celui de la mathématique. Par suite, après avoir affranchi la philosophie mathématique contemporaine des cadres *a priori* qui ne se relient plus à la constitution de la science actuelle, nous aurions un nouvel effort à faire pour la dégager de préoccupations qui sont étrangères à la discipline même des mathématiques, pour parvenir à poser le problème propre de la philosophie mathématique dans les termes qui conviennent à la spécificité de la science.

SECTION A. — Formation de la notion.

PRÉOCCUPATIONS RELIGIEUSES

259. — Le problème central de la philosophie au XIXe siècle a été défini par Kant. Une fois les valeurs scientifiques consolidées par l'application des formes *a priori* aux données de l'expérience, la *Critique* s'efforçait de libérer les valeurs d'ordre moral et religieux; elle établissait à la fois qu'elles étaient légitimes, puisque l'existence en était fondée sur la limitation de la connaissance théorique, et qu'elles demeuraient mystérieuses puisque la nature en était transcendante par rapport aux raisonnements de la logique pure. Cette région de « clair-obscur », où les croyances consacrées par l'autorité des Églises et les affirmations d'une libre métaphysique paraissaient se prêter un mutuel appui, se projetait suivant deux perspectives différentes : la première où la philosophie religieuse, la *théodicée*, était une simple introduction à l'apologétique; la seconde où la lettre des dogmes séculaires était la transposition imaginative des vérités proprement rationnelles.

De là un conflit latent à l'intérieur des écoles qui, en Allemagne avec les post-kantiens, en France avec les éclectiques, en Angleterre avec les néo-hégéliens, avaient paru maintenir pour un temps l'équilibre entre la raison et la tradition, et avaient pris presque officiellement possession de l'opinion régnante. Dans ces écoles, le conflit devait se résoudre au détriment de la philosophie proprement dite. Non sans doute que l'entreprise soit vaine de vouloir poursuivre le progrès de la conscience religieuse, comme on poursuit le progrès de la conscience scientifique ou de la conscience morale, et d'atteindre par élimination et par approfondissement l'unité d'où dérivent les relations de la vérité ou de la justice. Mais une telle entreprise est en dehors et au-dessus de tous les compromis. Dès que le philosophe accepte d'ouvrir la porte, et de faire leur part aux survivances sociales, il se désarme lui-même et il se perd. Au cours du XIXe siècle il devint visible que le contenu de la démonstration métaphysique s'amaigrissait et s'appauvrissait à mesure que l'esprit critique s'y faisait plus exigeant, que l'écart allait croissant entre l'argumentation rationaliste et les sources vives de la foi religieuse : « Dans une conception idéaliste comme celle d'Emerson, écrit William James, Dieu paraît s'évaporer en un idéal abstrait[1]. »

Pour que la religion soit sauvée, il importera donc qu'elle n'ait pas à passer par le détour de la philosophie. Pascal a comparé le fidèle au joueur. Les raisonnements tirés du calcul des probabilités, les enseignements de la statistique, la comparaison avec les lois des grands nombres, n'ont pas de prise sur le joueur qui *croit*; il est à la table de jeu, il voit quel individu la chance s'obstine à persécuter, quel autre elle favorise coup sur coup, il a l'*intuition* de la fortune. De même, la discussion des preuves de l'existence de Dieu n'a pas de prise sur des hommes qui se sentent en contact perpétuel avec des forces invisibles, qui puisent à ce contact leur attitude pratique, et une attitude qui souvent est directement contraire à la poussée des événements extérieurs. Il arrive que la joie et la reconnaissance envers Dieu s'accroissent à mesure que les épreuves de la vie se font plus dures et plus angoissantes, tandis que le succès apparent redouble l'humilité intérieure et le désespoir. Pour la psychologie religieuse, la réalité de la religion consiste précisément dans l'écart, dans l'*inversion de sens*, que l'observation exacte des phénomènes présente par rapport aux conséquences que le mécanisme ordinaire de la nature eût permis d'établir; cet écart, que l'intelligence est incapable de combler, qui contredit à ses habitudes constitutives, manifeste le rôle de l'*intuition*.

260. — Une conclusion semblable apparaît au terme de la sociologie religieuse. Taine, en 1864, énumérait les notions dont la sociologie dispose pour résoudre les phénomènes humains : « ressort du dedans » ou *race*, « pression du dehors » ou *milieu*, « impulsion déjà acquise » ou *moment*. Or le phénomène « ostensif » de notre civilisation moderne, c'est la persistance de la religion chrétienne que l'Occident aryen a reçue de la *race* juive, et dont il subit encore l'empreinte — en dépit de la transformation radicale du *milieu* qui concentre les préoccupations sur la domination politique, sur la lutte économique, sur l'organisation sociale — en dépit du *moment* du progrès scientifique qui ruine peu à peu toutes les conceptions cosmologiques auxquelles s'appuyaient les textes révélés de la Bible.

Ainsi dans le phénomène social de la religion, se trouve encore quelque chose d'irréductible aux conditions immédiates, définies par une analyse de type mécanique : c'est une sorte d'instinct collectif ou d'*intuition*, qui se manifeste comme

1. *L'expérience religieuse*, trad. Frank Abauzit, 1906, p. 28.

besoin d'une autorité spirituelle. Et l'on sait que pour donner à ce besoin un appui objectif, Comte n'avait pas hésité à remonter jusqu'aux formes « spontanées » et rudimentaires de la pensée religieuse : « Affranchis des préjugés théoriques, écrit-il en 1854, les positivistes développeront la fétichité plus que ne purent le faire les fétichistes, puisqu'ils étendront aux phénomènes la tendance que ceux-ci bornèrent aux corps[1] »; paradoxe qui devait prendre à cette époque l'aspect d'un scandale, mais qui depuis trouverait une justification dans la faveur grandissante du *retour au primitif*. James s'est posé, du point de vue psychologique, un problème analogue au problème sociologique de Comte : faire correspondre un système de représentations à l'intensité de la vie religieuse, et mettre ce système à l'abri de la réflexion critique. La solution fut analogue : le « supranaturalisme grossier » qui est la conclusion loyalement avouée de l'*Expérience religieuse*[2], semble modelé sur le *néo-fétichisme* auquel aboutit la *Politique positive*.

Le rapprochement final des deux penseurs, dont les vues religieuses sont par ailleurs aussi opposées que possible, est sans doute le phénomène qui fait le mieux comprendre la force et l'originalité du courant intuitioniste au XIXe siècle. Le rationalisme du XVIIIe siècle avait cru faire table rase de la tradition religieuse par cela seul qu'il en déterminait les conditions humaines à l'aide de l'expérience historique ou de l'observation psychologique. Au contraire, le XIXe siècle a constitué une psychologie et une sociologie de la religion qui, loin de résoudre et d'éliminer leur objet, en supposent, par les principes mêmes de leur méthode, la réalité objective. Ainsi, M. Flournoy prescrit à la psychologie religieuse de rejeter « à l'arrière-plan comme secondaires et dérivés » les « produits de la pensée spéculative », de tenir pour « essentiels et fondamentaux » les sentiments vifs internes qui remplissent l'âme et font agir la volonté, avec les processus inconscients qui peuvent préparer l'éclosion de ces sentiments[3]. Ainsi M. Durkheim objecte à l'*animisme* d'un Tylor et au *naturisme* d'un Max Müller que la religion ne pourrait survivre à la vérité de leurs théories, qu'elle deviendrait un jeu de représentations hallucinatoires, un système d'erreurs. Or, par définition même, « une science est une discipline qui, de quelque manière qu'on la conçoive, s'applique

1. *Système de politique positive*, t. IV, 3e édit., 1895, p. 204.
2. *Trad. citée*, p. 432.
3. *Les principes de la psychologie religieuse*, Archives de psychologie, n° 5, décembre 1902, t. II, p. 47 et suiv.

toujours à une réalité donnée... Qu'est-ce qu'une science dont la principale découverte consisterait à faire évanouir l'objet même dont elle traite[1]? »

Le propre de la religion, c'est, pourra-t-on dire alors, que la vie psychologique, ou la vie sociale, portée au degré d'intensité dont témoignent l'analyse des méditations mystiques ou la description du culte collectif, se crée à elle-même un objet.

L'INTUITION MÉTAPHYSIQUE

261. — La nature de cette *intuition* qui se manifeste dans la vitalité, si étrange pour la raison, de la foi religieuse, M. Bergson l'a mise en pleine lumière par l'analyse de l'art. L'artiste se meut hors de l'horizon artificiel et banal que la pratique nous impose; il rompt avec les habitudes de la vie courante. Mais « ce détachement naturel inné à la structure du sens ou de la conscience[2] » a pour effet de rejoindre les choses dans leur pureté originelle. « L'art n'est sûrement qu'une vision plus directe de la réalité[3]. » A la qualité supérieure du *sentant* correspond en quelque sorte un *senti* plus profond et plus vrai.

Selon M. Bergson même, il n'en est pas autrement « de ce détachement voulu, raisonné, systématique, qui est œuvre de réflexion et de philosophie[4] ». C'est d'abord un effort de concentration et de torsion sur soi où l'esprit « se violente[5] », et fait « effort pour transcender la condition humaine[6] »; mais cet effort serait absolument vain, si le sujet ne s'appuyait que sur lui-même, comme s'il était destiné à s'approfondir dans le vide. L'originalité acquise du philosophe, comme l'originalité naturelle de l'artiste, aura pour récompense l'objectivité; elle saisira « l'expérience à sa source, ou plutôt au-dessus de ce *tournant* décisif où, s'infléchissant dans le sens de notre utilité, elle devient proprement l'expérience *humaine*[7] »; elle sera *sympathie intellectuelle*, ou intuition.

1. *Examen critique des systèmes classiques sur les origines de la pensée religieuse*, Revue philosophique, 1909, t. I, p. 28; cf. p. 153.
2. *Le rire*, 1900, p. 158.
3. *Ibid.*, p. 161.
4. *Ibid.*, p. 158.
5. *Introduction à la métaphysique*, Revue de métaphysique, 1903, p. 27.
6. *Ibid.*, p. 30.
7. *Matière et mémoire*, 1896, p. 203.

L'INTUITION DANS LES SCIENCES

262. — Toutes rapides qu'elles sont, les indications précédentes suffisent à définir une première conception de l'intuition, qui s'est formée sur le domaine de la religion, ou de l'art, ou de la métaphysique transcendante, et qui se définit par « un renversement du travail habituel de l'intelligence... Philosopher consiste à invertir la direction habituelle du travail de la pensée[1] ».

Cette formule est à son tour un point de départ. En vertu même de la fécondité dont elle témoigne dans les domaines supra-scientifiques, la doctrine de l'intuition pénètre dans la sphère proprement scientifique, réagissant sur les conceptions trop étroites qu'on s'y était faites des procédés explicatifs, transformant successivement la physionomie des différentes disciplines.

Ici encore Auguste Comte est un précurseur; il avait décelé l'esprit du matérialisme dans la doctrine qui réduit la connaissance scientifique des objets les plus complexes à la science des phénomènes élémentaires : la sociologie à la biologie, la biologie à la physique, et la physique à la mathématique. Par une analyse qui est demeurée célèbre, M. É. Boutroux a montré comment à chacun des degrés que le mécanisme prétendait avoir franchis, la chaîne de la nécessité se desserrait effectivement, et laissait place à l'action d'une force toujours plus vivante et plus libre[2]. A cette constatation de la contingence, ou tout au moins de la spécificité des divers déterminismes, la doctrine de l'intuition apporte une forme positive en devenant pour chaque science en particulier un principe d'orientation.

263. — Ainsi, conformément à l'inspiration de la sociologie religieuse ou de la psychologie religieuse, sociologie et psychologie vont se constituer dans leur généralité en définissant un objet qui leur est propre, irréductible aux éléments de l'analyse empiriste.

Tout d'abord, les données immédiates qui se présentent d'elles-mêmes à l'observation ne sont jamais que les représentations ou les actes de tel ou tel individu; il est pourtant vrai qu'en additionnant les états des consciences individuelles, on ne

1. Bergson, *art. cité*, p. 16 et 27.
2. *De la contingence des lois de la Nature*, 1874.

se mettrait pas à même de comprendre les sentiments qui animent une foule assemblée pour une solennité religieuse ou nationale, les croyances qu'elle accepte et les résolutions qu'elle prend[1]. Le tout est autre chose que les parties. Si la sociologie conduit directement à une morale, si la société peut être le lieu de l'obligatoire et du sacré, séparé par une barrière infranchissable de l'arbitraire individuel et du profane, c'est sous cette condition *que la société puisse être considérée comme qualitativement différente des personnalités individuelles qui la composent*[2]. Par la définition même de son objet, la sociologie impliquerait la connaissance *sui generis* de représentations, de sentiments, de volontés d'ordre collectif, manifestant le développement d'une réalité *transindividuelle*; cette connaissance offrirait tous les caractères d'une *intuition*.

Dans l'étude d'une fonction psychologique comme la mémoire, on ne peut toucher du doigt que les faits localisés dans le cerveau, rapportés à une propriété expérimentable de la matière vivante. Cependant, quand on s'est borné à l'analyse des mécanismes que le corps est capable de monter, on a laissé échapper ce qui est caractéristique de la mémoire. L'habitude corporelle est dirigée dans le sens où va le temps, elle est adaptée à l'action présente et elle utilise en les déformant sans cesse la chaîne des souvenirs[3]. Mais comment ces souvenirs pourraient-ils être mis à contribution, s'ils n'avaient commencé par subsister dans leur réalité intrinsèque et pure de souvenirs? Derrière l'action superficielle du corps est l'existence profonde de l'esprit. L'*intuition* permettrait de saisir cette existence en orientant l'effort dans un sens contraire à celui de l'expérience physiologique : au lieu de suivre les mouvements de l'organisme vers la conservation de la vie, elle résiste à l'influence du temps, elle fixe chacun des instants écoulés, et lui communique une véritable *survie*; elle constitue par cet enregistrement la *durée pure* où le passé demeure en tant que passé, prêt à se dérouler suivant son rythme originel dans les états privilégiés tels que le rêve où l'obstacle de l'action corporelle paraît suspendu.

264. — En un certain sens l'intuition sociologique s'est formée en opposition avec la donnée psychologique. l'intuition

1. Durkheim, *Représentations individuelles et représentations collectives*, Revue de métaphysique, 1898, p. 294.

2. *La détermination du fait moral*, Bulletin de la Société de philosophie, 1906, p. 294.

3. Bergson, *Matière et mémoire*, p. 74 et suiv.

psychologique en opposition avec la donnée physiologique. Mais la fécondité de la méthode intuitive ne s'arrête pas brusquement devant les phénomènes de la matière vivante. Elle dissocie la matière et la vie, elle discerne une *inversion de sens* entre le mouvement nécessaire de l'une et l'activité naturelle de l'autre. Dire que le tout de l'être vivant est irréductible à l'analyse mécaniste, cela signifie, non seulement que la vie dépasse les fonctions que la physicochimie assigne à chacune de ses parties, mais qu'elle est capable de les contrarier : « Toutes ces analyses, écrit M. Bergson dans l'*Évolution créatrice*, nous montrent... dans la vie un effort pour remonter la pente que la matière descend[1]. » Le corps du vivant est le véhicule d'une force qui est *transmatérielle*; elle déborde l'intervalle de temps, l'horizon d'étendue, auxquels se limite l'existence propre du vivant; elle implique en elle la continuité de l'être à travers les générations, la solidarité de l'être à travers les individus : l'*intuition* de cet élan un et universel, d'où la vie a dérivé comme de l'éclatement d'un obus, serait le principe de la biologie véritable.

L'intuition biologique se définit par contraste avec le mécanisme qui est supposé régner dans le domaine de la matière inorganique; mais il arrive qu'à son tour la méthode intuitive pénètre les sciences physicochimiques. Le mécanisme procède d'un schème *a priori* de l'intelligence, qui divise les corps en éléments homogènes et indifférenciés, qui impose aux lois générales de la nature une forme d'égalité mathématique, telle que toutes les transformations de matière ou de mouvement apparaissent indifférentes au temps où elles se produisent. Or, encore une fois, il appartient à l'intuition de s'orienter dans une direction inverse. Son rôle serait de saisir le réel, en tant qu'il échappe aux cadres que la science a préparés, en tant qu'il se manifeste par sa résistance aux lois de réversibilité, et de rétablir ainsi l'existence effective du temps en dehors duquel le mécanisme mettrait l'univers s'il était capable de s'achever sans contradiction. L'*intuition* physique, « coup de sonde dans la durée pure », selon l'expression de M. Bergson[2], aurait provoqué la découverte du principe de Carnot, et du même coup transformé la physionomie de la science moderne. Par delà les lois de conservation, qui se traduisent par des équations rigoureuses et qui ont pu, dans leur forme générale, être énoncées

1. *Évolution créatrice*, 9e éd., 1912, p. 267.
2. *Art. cit.*, Revue de Métaphysique, 1903, p. 30.

a priori, elle décèlerait une fonction qui, sous son appareil mathématique, recouvre une réalité purement qualitative qui exprime la marche profonde des choses, la variation continue et, peut-être même, la destinée finale de l'univers[1]

Section B. — **L'orientation des mathématiques modernes.**

265. — Nous n'avons pas encore abordé, dans notre exposé, la considération de la mathématique, et déjà l'intuitionisme s'est présenté à nous sous deux aspects divers. On avait pu croire qu'il abandonnait la science au *scientisme*, et qu'il se retranchait dans la région transcendante de l'*expérience religieuse* ou du rêve esthétique. Mais par la force même de l'élan initial, il devait revenir sur ces concessions apparentes, et descendre sur le terrain de la science pour y confronter ses procédés avec ceux qu'il attribue à l'intelligence. A la réaction contre la science, qui était la forme sinon la plus ancienne du moins la plus extérieure de la doctrine, se substitue l'opposition entre deux interprétations de la science elle-même : l'une, prisonnière de la généralité logique et du préjugé mécaniste, l'autre attentive à la spécificité de l'objet sur lequel porte chaque discipline, et soucieuse d'adapter les procédés d'investigation aux caractères propres de l'objet.

Sans avoir à juger dès maintenant le principe du mouvement intuitioniste, et quelque parti que l'on doive prendre sur telle ou telle des thèses qui, en sociologie ou en psychologie, en biologie ou en physique, ont pu se réclamer de la méthode intuitive, il est manifeste que cette méthode a fait passer à travers les différentes sciences un souffle d'affranchissement et de fécondité.

Les mathématiques, à leur tour, ne seraient-elles pas susceptibles d'être traversées par un courant semblable? La notion d'intuition mathématique, qui en un sens est aussi vieille que la réflexion sur la science, n'a-t-elle pas dû à la poussée victorieuse de la philosophie intuitioniste de subir, ou plus exactement d'achever, une transformation décisive?

L'INTUITION DANS LES MATHÉMATIQUES CLASSIQUES

266. — Il convient de rappeler en quelques mots les divers modes d'intuition que la mathématique classique avait rencontrés.

1. Meyerson, *Identité et réalité*, 1908, p. 262, et *passim*; Brunhes, *La dégradation de l'énergie*, 1908, p. 335 et suiv.

L'intuition, dans sa signification originelle, est l'appréhension d'un objet par les yeux. La connaissance mathématique sera intuitive, comme est la connaissance sensible, en tant qu'elle portera sur des notions qui s'accompagnent d'images. Ainsi la géométrie, telle que les Grecs l'ont constituée, est une science intuitive; les mathématiciens qui ont employé la représentation géométrique pour résoudre des problèmes de mathématique abstraite, depuis les inventeurs de la géométrie analytique jusqu'aux Riemann et aux Sophus Lie, sont regardés, suivant l'acception ordinaire du mot, comme des *intuitifs*.

Mais voici une extension notable dans cette acception : le recours aux données de l'intuition ne se produit plus seulement pour faciliter le raisonnement; il est, à défaut et en l'attente de la démonstration, un instrument de découverte : « quand on peut substituer au volume proposé un volume liquide équivalent, on établit immédiatement la comparaison de deux volumes en profitant de la propriété que présentent les masses liquides, de pouvoir prendre aisément toutes les formes qu'on veut leur donner[1] ». De même, la tradition veut que Galilée ait trouvé la formule de quadrature de la *cycloïde*, en pesant des plaques de métal, d'une épaisseur aussi égale que possible, et qui offraient comme la réalisation concrète de l'aire de la cycloïde ordinaire et de l'aire du cercle générateur[2].

Dans le même ordre d'idées, la découverte récente du *Traité de la Méthode* d'Archimède a souligné l'importance capitale des intuitions mécaniques dans l'établissement du calcul intégral. A la Renaissance la doctrine des indivisibles se rattache à la dynamique de Galilée. Toutefois, en se constituant comme théorie purement mathématique, cette doctrine confère à l'intuition un rôle qui, à certains égards, est nouveau. Ce qui la caractérise en effet, nous l'avons vu, c'est qu'on y pratique des intégrations véritables, sans être cependant en possession de l'élément fondamental qui permettrait de donner à l'opération de l'intégration sa signification exacte. On se passe de la différenciation par l'emploi d'images géométriques; or, ces images géométriques ne peuvent être exactes, puisque l'indivisible a cette double propriété de pouvoir à la fois être traité comme un élément linéaire ou superficiel et de composer des surfaces dans le premier cas, des volumes dans le second. A prendre les choses en toute rigueur il y aurait contradiction; mais la con-

1. Comte, *Cours de Philosophie positive*, 10e leçon, t. I, 1830, p. 360.
2. *Ibid.*, p. 361.

tradiction, comme l'a montré Pascal, est dans l'ellipse du langage, elle peut être levée par une convention expresse. Il suffira d'avertir, une fois pour toutes, qu'en traitant une surface comme une somme de lignes, la géométrie des indivisibles sous-entend la hauteur, aussi petite que l'on voudra, du rectangle ayant pour base la longueur déterminée de l'indivisible. Le sous-entendu permet de tourner la difficulté qui eût arrêté net le développement du calcul intégral, et d'employer l'indivisible à titre d'élément simple pour opérer les comparaisons et les sommations auxquelles aboutit la pratique de Cavalleri ou de Roberval. En un sens donc l'intuition de l'indivisible déroge aux lois strictes de la représentation intuitive, et cette dérogation même en fait le succès. A l'intuition cartésienne, qui repose sur la notion claire et distincte de l'étendue, Pascal opposait l'intuition du *sentiment* dont les principes demeurent implicites, mais qui, débarrassée des scrupules logiques, n'en est que plus agile pour la conquête de l'infini. En suivant les conséquences, parfois paradoxales, qui marquent l'application de la mathématique au domaine de l'infini, Pascal parvient à constituer une doctrine générale de la vérité, valable pour l'ordre de la religion comme pour l'ordre de la science. La voie s'ouvre aux conceptions les plus hardies que nous puissions signaler dans l'intuitionisme contemporain [1].

267. — Pourtant au XVIIe siècle cette voie n'a pas été suivie. Quel que soit le parti que de nos jours la philosophie ait tiré des *Pensées*, il faut bien reconnaître, d'un point de vue strictement historique, que la méthode des indivisibles, merveilleux instrument entre les mains d'un technicien doué comme l'était Pascal, demeurait cependant d'un usage compliqué, d'une portée restreinte en face de l'analyse leibnizienne. L'intuition pascalienne n'est qu'un moment provisoire dans la constitution de l'édifice dont le dynamisme intellectuel pouvait assurer seul l'harmonie logique et la fécondité.

En dégageant l'élément différentiel, en lui donnant une expression abstraite qui devenait le point de départ d'un algorithme nouveau, les fondateurs de l'analyse infinitésimale ont, en définitive, étendu l'horizon et fortifié l'autorité de la méthode cartésienne qui pose en principe la corrélation des combinaisons analytiques et des représentations géométriques. Il est vrai qu'en permettant au savant de s'engager dans l'une ou l'autre des voies qui lui sont ouvertes, elle l'amène à énoncer

1. *Vide supra*, § 103.

soit des solutions algébriques qu'il lui reste à traduire dans le domaine de la géométrie, soit des solutions géométriques dont il peut ne pas posséder encore la formule analytique. Mais ce sont là des accidents dans l'ordre de l'invention, ou encore des particularités de l'exposition qui oblige à choisir un langage déterminé. Tant qu'on maintient le principe du parallélisme, toute proposition établie en algèbre doit avoir sa contre-partie en géométrie, et la réciproque sera également vraie.

CRITIQUE DES PRINCIPES « A PRIORI »

268. — Si le principe du parallélisme, et avec lui la nécessité de justifier toute découverte mathématique au moyen de principes *a priori*, correspond à l'« âge d'or » de la mathématique, il devra être remis en question lorsque la science, ayant parcouru tout l'horizon des théories classiques, s'est interrogée sur l'orientation des recherches futures. C'est par l'examen des *cas-limites*, par l'étude des *frontières*, qu'elle s'est efforcée d'ébranler la muraille des anciens principes et d'ouvrir la brèche par où s'opéreraient le renouvellement des méthodes et l'extension de la science. Mais alors aussi, on ne peut plus affirmer d'avance que le procédé original, qui a permis d'explorer un domaine inconnu, soit condamné à disparaître dans une réorganisation définitive, modelée sur un type général de pensée logique ou mathématique. Il est possible au contraire que quelque chose subsiste toujours de la façon dont les problèmes ont été d'abord posés et dont les solutions ont été obtenues, qu'il y ait là comme une empreinte spécifique, marquant du sceau du génie dont elle est née, telle ou telle partie de la science. L'intuition réapparaîtrait donc, avec le sens précis que lui donnent les philosophes modernes, désignant une méthode appropriée à la spécificité de l'objet, apportant avec elle la preuve de son exactitude tout en étant irréductible aux formes de la déduction proprement logique.

Pour fixer ce moment critique où le progrès de la science entre en conflit avec la nécessité d'une justification *a priori*, nous nous reporterons à deux principes qui, l'un dans le domaine de la géométrie concrète, l'autre dans le domaine de l'analyse abstraite, témoignent d'une même exigence philosophique : *principe de continuité ou de permanence* de Poncelet, *principe de permanence des lois formelles* de Hankel.

269. — « Poncelet, dit M. Poincaré, était l'un des esprits les plus intuitifs de ce siècle, il l'était avec passion, presque avec

ostentation; il regardait le principe de continuité comme une de ses conceptions les plus hardies, et cependant ce principe ne reposait pas sur le témoignage des sens; c'était plutôt contredire ce témoignage que d'assimiler l'hyperbole à l'ellipse[1]. » En fait, Poncelet occupe, par rapport à l'intuition, une position semblable à celle de Cavalieri; la *méthode projective* demande, comme la méthode des indivisibles, que l'on prolonge les propriétés suggérées par la représentation intuitive là même où la représentation proprement dite cesse d'avoir lieu, et que l'on substitue aux données réelles de l'intuition une imagination idéale qui s'appellera, par extension, intuition. Du point de vue du parallélisme cartésien ou de la critique kantienne où toute intuition implique une représentation spatiale, l'intuition de Poncelet serait, suivant une expression que nous empruntons à M. Winter, *transintuitive*[2].

Ce caractère singulier de la géométrie projective, qui la rend transcendante par rapport à la géométrie intuitive ordinaire, Poncelet l'a reconnu, lorsqu'il a fait remonter aux généralisations purement analytiques l'origine de ses spéculations sur l'espace[3]. Mais, obéissant au préjugé séculaire que la déduction va du général au particulier, il a cru qu'il était nécessaire, pour atteindre la rigueur dans l'exposition, de dissimuler la genèse psychologique de ses découvertes, et de les faire dériver d'un principe qui aurait une portée universelle. Intervertissant alors le sens de ses démarches originales, il les a subordonnées à l'expression de ce qu'il appelle, comme nous avons eu l'occasion de le rappeler : *le principe de permanence ou continuité indéfinie des lois mathématiques des grandeurs variables par succession insensible*[4]. Et précisément, nous l'avons vu, c'est en invoquant *a priori* cet axiome de continuité comme loi universelle de l'esprit et de la nature, que Poncelet s'exposait aux objections que Cauchy devait présenter et qui sont décisives.

Le principe de continuité n'a pas une valeur générale et absolue; pourtant les applications que Poncelet en a faites sont exactes et fécondes. Dès lors, ce qu'il faut pour dégager la portée véritable de la méthode projective, c'est *intervertir* à

1. *Du rôle de l'intuition et de la logique en mathématiques*, Deuxième congrès international des mathématiciens (Paris, 1900), 1902, p. 122 et *La Valeur de la Science*, p. 22.

2. *Note sur l'intuition en mathématiques*, Congrès de philosophie (Heidelberg, 1908), Revue de métaphysique, 1908, p. 922 et *Bericht*, p. 451.

3. *Vide supra*, § 195.

4. *Applications*, t. II, 1864, p. 533.

nouveau cette *inversion de sens* entre l'invention et l'exposition, ou plus simplement résister à la tyrannie des formules logiques qui prétend imposer cette *inversion de sens*, et présenter dans leur ordre naturel les démarches grâce auxquelles la science s'est constituée. En appelant même *intuition* cet ordre de la création intellectuelle, par opposition à l'ordre du *discours parfait*, on est fidèle au langage que les diverses disciplines scientifiques ont successivement adopté, et on justifie, semble-t-il, la réalité de l'intuition mathématique.

270. — C'est à une conclusion analogue que nous paraît conduire l'évolution de l'analyse pure. Le progrès serait ici une extension croissante des opérations qui ont été d'abord effectuées sur les nombres entiers. Supposez qu'on ait constitué le domaine des nombres entiers, en établissant les définitions fondamentales de l'addition et de l'égalité, en démontrant que grâce à ces définitions il est possible de conférer à ces nombres les propriétés d'*associativité*, de *commutativité*, de *distributivité*; on passera du domaine primitif au domaine des nombres fractionnaires, ou négatifs, ou imaginaires, ou irrationnels, en définissant les combinaisons numériques qui correspondent à ces expressions nouvelles, en démontrant que ces combinaisons sont susceptibles de recevoir les propriétés fondamentales des opérations élémentaires en arithmétique.

Le développement de la mathématique abstraite serait donc orienté dans le sens qui va du particulier au général, c'est-à-dire dans le sens inverse de la logique des classes. De là, pour satisfaire aux exigences de l'ordre traditionnel, la tentative de *subsumer* l'extension croissante des relations arithmétiques sous un principe universel qui légitime ces généralisations successives; et tel est en effet le rôle du principe de *permanence des lois formelles* ou des *formes opératoires*, connu sous le nom de *principe de Hankel* : « Quand deux formes exprimées par les signes généraux de l'*arithmétique universelle* sont équivalentes, elles doivent demeurer encore équivalentes, quand les signes cessent de désigner des grandeur simples, et que les opérations reçoivent un contenu quelconque[1]. »

Or ce principe, sur lequel il aurait voulu « régler tous ses pas », Hankel reconnaît immédiatement qu'il ne peut pas être appliqué sans réserve et dans toute son universalité. Il convient en effet de faire la part d'*algorithmes*, comme ceux de Grassmann

1. Hankel, *Vorlesungen über die complexen Zahlen und ihre Functionen*, Leipzig, 1867, p. 11.

ou de W. R. Hamilton, dans lesquels la propriété de commutativité n'est pas conservée pour la multiplication, dans lesquels on a

$$AB = -BA.$$

Et ce sont précisément de tels algorithmes qui, dans l'ouvrage même de Hankel, marquent le plus haut développement de cette *arithmétique universelle*, de cette *spécieuse*, dont il veut reprendre la tradition.

La formule de Hankel sera donc, si l'on veut, une indication de tendance, une prescription de méthode, nullement un principe sur lequel on puisse faire fond pour constituer le système de la science. Avec quelque précaution qu'on en rédige l'énoncé, on n'évitera pas ce fait que, dans le passage d'une espèce numérique à une autre, des propositions apparaissent qui sont incompatibles avec le système précédent. Par exemple, comme le fait observer M. Peano[1], l'inégalité

$$a + b = a$$

est vraie pour les nombres *absolus*, fausse pour les nombres *qualifiés*. De même, comment comprendre dans une même loi de symbolisme opératoire l'addition métrique des segments dans la géométrie ordinaire, et l'addition vectorielle du calcul géométrique où l'on a, quelle que soit la direction de AB et de BC dans le plan,

$$AB + BC = AC?$$

L'INTUITION CHEZ LES MATHÉMATICIENS CONTEMPORAINS

271. — La critique des *principes de permanence* marque un tournant décisif dans l'histoire de la science. Sans dépasser le terrain de la technique, en écartant pour le moment toute préoccupation d'interprétation philosophique, nous allons assister à un renversement de l'image que la mathématique classique avait donnée d'elle-même.

Suivant cette image, la mathématique est capable de dérouler à l'infini le système de ses combinaisons; mais ce système repose sur des principes dont il est facile à la fois de déterminer le nombre et d'épuiser la nature, de telle sorte que tout l'avenir de la déduction scientifique, si loin que le génie des inventeurs paraisse en prolonger la puissance, est inclus à l'avance dans le

1. *Principio de permanentia*, Revue de mathématiques (*Rivista di Matematica*) Turin, t. VIII, p. 84.

tableau exact des axiomes ou des catégories. Descartes, ayant ramené à leur *maximum* de clarté et de distinction la notion d'*équation* et la notion d'*étendue*, ayant posé en principe leur convenance mutuelle et leur intime corrélation, a établi les bases et a prescrit les limites de la science humaine. Leibniz, dans sa conception du « progrès ordonné », ou *principe de continuité*, trouve la justification à la fois d'une analyse abstraite où une infinité de termes dérivent de l'unité d'une loi de série, et d'une représentation géométrique où l'on passe d'un point à un point infiniment voisin.

Comment tiendrait-on aujourd'hui un pareil langage? les spéculations philosophiques qui portent sur l'espace des géomètres sans autre spécification, qu'elles en fassent d'ailleurs une réalité ou une idée pure ou une forme d'intuition, ont perdu le contact avec la science actuelle. L'espace métrique euclidien, non seulement parce qu'il est euclidien, mais aussi parce qu'il est métrique, n'est plus qu'un type particulier à côté d'autres types; il est devenu, si l'on ose risquer cette expression paradoxale qui a le mérite de bien marquer la violence de l'effort accompli, un *point de vue* sur l'espace. Nous avons d'ailleurs déjà fait allusion à la multiplicité des points de vue qui se sont successivement révélés, depuis la géométrie de situation qui ne retient que l'ordre des positions mutuelles jusqu'à chacune des géométries « imaginaires » qui peuvent être établies sur l'élimination hypothétique de l'un des postulats explicites ou implicites du système euclidien, fût-ce de l'*axiome* dit *de continuité*[1].

D'autre part, pour suivre l'orientation moderne de l'analyse devenue discipline autonome, il ne suffit pas de se référer aux cadres les plus généraux, par exemple à ceux que la notion d'*ensemble* peut fournir. Autre chose est de décrire le champ que la science peut cultiver, autre chose de délimiter le terrain où elle pourra récolter, surtout de fixer le moyen qui permettra de récolter.

A cet égard, rien n'est caractéristique comme les réflexions qu'on a relevées chez un Hermite ou chez un Weierstrass. Hermite, analyste de race qui se sent mal à l'aise dans le domaine de la représentation exclusivement géométrique[2], voit pourtant dans l'analyse une science d'objets qui existent en dehors de

1. *Vide supra*, § 193.

2. « Je ne puis vous dire à quels efforts je me suis condamné pour comprendre quelque chose aux épures de la géométrie descriptive que je déteste... Combien sont heureux ceux qui peuvent ne songer qu'à l'analyse! » Lettre à Stieltjes, du 8 mai 1890, *Correspondance*, t. II, 1905, p. 41.

notre entendement et que le mathématicien doit atteindre par une méthode exactement comparable à l'observation du naturaliste[1]. Le sentiment du contact immédiat entre la pensée de l'analyste et son objet supra-sensible est chez lui si fort que d'instinct il répugne à des découvertes qui, tout en attestant une investigation rigoureuse de faits analytiques, font éclater les cadres du monde harmonieux formé par les réalités mathématiques, qui risquent d'en compromettre l'équilibre ou la pureté. Il écrit dans une lettre familière : « Je me détourne avec effroi et horreur de cette plaie lamentable des fonctions continues qui n'ont pas de dérivées[2]. »

Et de même celui qui avait provoqué ce prétendu *scandale*, Weierstrass, refuse de laisser la théorie des fonctions, et en particulier la considération des nombres irrationnels, se dissoudre dans le formalisme abstrait d'un Kronecker, pour qui c'est « un axiome qu'il n'y a que des équations entre nombres entiers[3] ». Lui aussi, on le voit par ses lettres à Sophie Kovalewski, revendique pour l'analyste la détermination d'un domaine spécifique que le génie comprend dans son intégralité et où il fraye des chemins nouveaux : « Ces vues d'ensemble embrassant tout et dirigées vers ce qu'il y a de plus élevé, vers l'idéal, placent d'une manière éclatante Abel avant Jacobi. » Elles rapprochent le mathématicien du « poète », pour ce qu'elles manifestent d'« imagination créatrice (*Phantasie*), je devrais plutôt dire, ajoute Weierstrass, d'intuition[4]. »

272. — Pour apprécier du point de vue technique la portée de ces déclarations, il n'est pas sans intérêt de remarquer comme elles éclairent et relèvent à nos yeux certaines œuvres du passé. Par exemple, au XVIIe siècle, à côté d'un Descartes ou d'un Leibniz qui font dériver d'un système *a priori* la généralité de leur méthode, des savants comme Blaise Pascal, comme Wallis, comme Fermat surtout, abordent les domaines

1. G. Darboux, *La vie et l'œuvre d'Hermite*, Revue du Mois, 10 janvier 1906, p. 46. — Voir aussi *Manuscrits et papiers inédits de Galois*, publiés par Jules Tannery, Bulletin des Sciences mathématiques, 1906, 1re partie, p. 259.

2. Cité par Darboux, *Ibid.*, p. 57.

3. «... tandis que je dis, ajoute Weierstrass, qu'un nombre dit *irrationnel* possède une existence aussi réelle que n'importe quel autre dans le domaine de la pensée. » *Une page de la vie de Weierstrass*, communication de Mittag-Leffler au deuxième Congrès international des mathématiciens, p. 150.

4. *Ibid.*, p. 149. Dans le même sens, nous relevons ce passage de Mittag-Leffler : « Abel ne se livre jamais à des considérations géométriques, et n'a jamais montré le moindre intérêt pour les propositions ou les méthodes géométriques. Pourtant il avait un don d'intuition comme peu d'hommes l'ont eu avant ou après lui. » Revue du Mois, 10 août 1907, p. 220.

les plus divers de la mathématique sans s'inquiéter des théories sur les axiomes fondamentaux ou sur les rapports de la pensée et de l'étendue; mais ils cherchent à saisir directement les lois spéciales qui conviennent à une certaine catégorie d'objets mathématiques, ils y rattachent les procédés appropriés à la solution de problèmes déterminés. Les plus brillantes inventions de Fermat : *usage des coordonnées rectangulaires, méthode pour les tangentes, solution des « problèmes de Diophante »*, se présentent ainsi dans des cadres nettement délimités; elles ouvrent une route inattendue pour l'exploration féconde, pour la constitution même, de branches nouvelles de la science.

Ces travaux divers ne demeurent sans doute pas sans unité. Mais autre chose est l'unité que l'on plaçait au point de départ de la recherche et qui ne pouvait être appuyée que sur les caractères communs des disciplines scientifiques, c'est-à-dire sur les notions les moins déterminées; autre chose est l'unité que l'on atteindra au terme de la découverte et comme un résultat fondé dans la nature des choses. Il arrive ainsi à Blaise Pascal, prenant comme base les combinaisons des nombres, de montrer comment le problème de la sommation des puissances numériques rejoint les questions relatives aux dimensions des grandeurs continues, et de célébrer « la connexion qui ne sera jamais assez admirée, par laquelle la nature amie de l'unité a réuni les choses en apparence les plus éloignées[1] ».

Les moments importants, les moments solennels, dans le développement de la mathématique moderne, sont ceux où deux domaines qui étaient jusque-là cultivés pour eux-mêmes, et qui paraissaient voués à une limitation définitive, entrent tout d'un coup en contact et se prêtent un secours inattendu. C'est le moment où Lagrange établit que l'étude des conditions générales de résolution pour les équations algébriques renvoie à la considération des échanges entre les racines d'une équation dite résolvante et à la détermination des fonctions que ces échanges laissent invariables : le problème posé par l'algèbre « se réduit... à une espèce de calcul des combinaisons[2] ». La voie est ouverte aux découvertes fondamentales de Galois et à la théorie générale des groupes[3].

1. *Potestatum numericarum summa*, *Œuvres*, t. III, 1908, p. 366. Cf. Strowski, *Pascal et son temps*, t. II, 1907, p. 289.

2. Réflexions sur la résolution algébrique des équations, 1777, § 109, *Œuvres*, éd. Serret, t. III, 1869, p. 403. Cf. Winter, *Caractères de l'Algèbre moderne*, Revue de métaphysique, 1910, p. 492 et suiv.; et *La méthode dans la philosophie des mathématiques*, 1911, p. 149 et suiv.

3. Vide infra, § 349 et suiv.

C'est le moment encore où Riemann s'empare de remarques, en apparence « bien enfantines » et plus voisines du jeu que de la science, sur la possibilité de déformer arbitrairement une surface quelconque « pourvu que la déformation soit parfaitement continue, pourvu qu'elle n'introduise ni déchirure ni soudure », et n'en tire rien de moins que le renouvellement de la théorie des fonctions algébriques[1].

Autrement dit, de Descartes à Auguste Comte le philosophe pouvait faire fond sur *la mathématique*[2], c'est-à-dire sur une science dont il définissait en général l'objet et la méthode, dont il énumérait *a priori* les différentes parties. Aujourd'hui, au contraire, il semble qu'il y ait d'abord *les mathématiques*, c'est-à-dire une série de disciplines fondées sur des notions particulières, délimitées avec précisions, enchaînées avec rigueur. Puis, entre ces domaines bien déterminés, mille chemins de communication et de ramification viendront montrer la coordination des méthodes, étendre l'horizon de leur application, susciter de nouvelles solutions ou de nouveaux problèmes[3]. Si l'on écarte les tentatives d'algorithme universel qui demeurent à la surface extérieure de la science, ce sont ces deux démarches successives qui dominent, ainsi que l'a montré M. Félix Klein[4], le développement des mathématiques modernes.

SECTION C. — L'interprétation du mouvement intuitioniste dans les mathématiques.

273. — Le mouvement dont nous avons trouvé la source dans la religion et dans la métaphysique, dont nous avons suivi les traces à travers la série descendante des sciences, a conquis les mathématiques ; ou, si l'on préfère, il leur a rendu la conscience de leur nature effective. Par rapport à la déduction logique qui va du général au particulier, l'orientation des mathématiques modernes correspond à une *inversion de sens*.

Or, en s'appliquant aux mathématiques, cette formule soulève

1. *Theorie der Abel'schen Functionen* (1857). Voir Hadamard, *La Géométrie de situation et son rôle en mathématiques*, Revue du Mois, 10 juillet 1909, p. 47 et suiv.

2. Voir *Cours de Philosophie positive*, t. I, 1830, p. 118.

3. Cournot, *De l'origine et des limites de la Correspondance entre l'Algèbre et la Géométrie*, 1847, p. 371.

4. *Elementar-mathematik vom höheren Standpunkte aus*, I, Leipzig, 1908. *Excurs über die moderne Entwicklung und den Aufbau der Mathematik überhaupt*, p. 180 et suiv.

un problème que nous croyons d'une importance décisive pour la spéculation philosophique. Jusque-là, en effet, lorsque la doctrine de l'intuition faisait valoir les droits d'une réalité supérieure et montrait la nécessité d'y adapter une méthode spéciale, elle pouvait se contenter d'opposer une science complexe à une science plus simple. Il n'en est plus de même, une fois qu'elle s'est étendue à la mathématique et qu'elle a réussi à la distinguer radicalement de la logique formelle. En effet la raison de cette distinction, c'est que la logique formelle est incapable de parvenir à l'affirmation d'une vérité catégorique. Portant sur les cadres généraux du discours, elle est une abstraction des connaissances exactes et positives ; elle demeure au-dessous du seuil du savoir scientifique, elle ne saurait servir de modèle aux mathématiques, ni leur fournir un type de référence.

Dès lors, la question se pose : si la mathématique intervertit le sens de la déduction spécifiquement logique, devra-t-on répéter encore qu'elle invertit le travail habituel, normal de l'esprit? ou ne s'oppose-t-elle pas plutôt à une première inversion, dictée par les besoins de la pédagogie beaucoup plutôt que par les exigences de la philosophie et qui a eu pour effet déjà de renverser l'ordre naturel de la pensée? ne marque-t-elle pas un retour aux démarches spontanées de l'intelligence humaine?

Il est aisé de comprendre que la seconde interprétation implique une vue d'ensemble sur le mouvement intuitioniste, qu'elle doit aboutir à un redressement total du système des sciences. Avant de tenter un pareil effort, on s'est naturellement engagé dans les voies qui paraissaient plus faciles d'accès et plus courtes, plus « économiques ». En acceptant telle quelle la dualité de *facultés*, qui avait été le postulat initial de l'intuitionisme, on a essayé de rattacher à l'intuition la nature de la vérité mathématique. Ces essais sans doute, et l'on ne s'en apercevra que trop dans la suite de cette étude, demeurent fort loin de ce que promettaient l'ampleur du mouvement intuitioniste en général, et la transformation profonde que l'idée de la mathématique a subie. Mais à défaut de système cohérent nous pourrons recueillir des indications qui, toutes partielles et toutes divergentes qu'elles sont, achèvent de fixer la destinée historique de l'intuitionisme et qui conduiront peut-être à poser sous une forme plus féconde le problème de la philosophie mathématique.

RECOURS A LA PSYCHOLOGIE

274. — Tout d'abord, la *psychologie* permet-elle de préciser la notion de l'intuition mathématique et d'en faire une faculté révélatrice de la vérité? Il est manifeste que, si on fait rentrer dans l'intuition toute connaissance qui n'est pas la conclusion d'un raisonnement logique, et jusqu'aux règles mêmes sur lesquelles le raisonnement doit s'appuyer, on s'expose à des équivoques inextricables. C'est ce que M. Henri Poincaré fait remarquer dans la Conférence où il a étudié, devant un Congrès de Mathématiciens, le *rôle de l'intuition et de la logique en mathématiques* :

« Comparons ces quatre axiomes :

« 1° Deux quantités égales à une troisième sont égales entre elles.

« 2° Si un théorème est vrai du nombre 1 et si l'on démontre qu'il est vrai de $n+1$, pourvu qu'il le soit de n, il sera vrai de tous les nombres entiers ;

« 3° Si, sur une droite, le point C est entre A et B et le point D entre A et C, le point D sera entre A et B.

« 4° Par un point on ne peut mener qu'une parallèle à une droite.

« Tous quatre doivent être attribués à l'intuition; et cependant le premier est l'énoncé d'une des règles de la logique formelle; le second est un véritable jugement synthétique *a priori*, c'est le fondement de l'induction mathématique rigoureuse; le troisième est un appel à l'imagination; le quatrième est une définition déguisée[1]. »

La diversité même de ces significations interdira de chercher dans l'intuition mathématique un critère de vérité; la certitude à la fois subjective et transcendante à laquelle prétendait l'intuition religieuse est dépourvue de toute valeur en matière scientifique. Sans doute M. Henri Poincaré, en nous communiquant l'histoire extérieure de ses découvertes les plus brillantes, marque le moment précis où l'illumination apparaît, avec une force irrésistible de conviction : « Je ne fis pas la vérification; mais j'eus tout de suite une entière certitude[2] ». Sans doute on ne marchandera pas sa confiance à M. Poincaré, pas plus qu'on ne doutait de Racine disant d'une tragédie dont il n'avait peut-être pas encore écrit un vers : « Ma pièce est faite. » Seulement

1. *Deuxième Congrès international* (1902), p. 121, et *La valeur de la science*, p. 20.
2. *Science et Méthode*, p. 51.

cette confiance n'est à aucun degré un acte de foi mystique dans le génie; au contraire, elle atteste la sécurité morale que le génie nous donne en assumant, dans l'ordre de la science ou dans l'ordre de l'art, l'obligation de faire la preuve : Racine travaillera l' « écriture » de sa pièce et lui donnera la perfection qui est le caractère de son œuvre, comme M. Poincaré saura rendre sa démonstration irréprochable.

La divination, qui voudrait se placer au-dessus du raisonnement, serait suspecte; chose remarquable, elle serait d'autant plus suspecte, aux yeux des représentants les plus autorisés de l'intuitionisme mathématique, qu'elle prétendrait s'appuyer sur les propriétés appartenant à un objet d'intuition, dans le sens original du mot. Sur ce point MM. Klein et Poincaré s'expriment en termes analogues : « Selon moi, dit M. Klein, dans notre intuition naïve, lorsque nous pensons à un point, notre esprit ne conçoit pas un point mathématique abstrait, mais substitue à cette abstraction quelque chose de concret. Quand nous nous figurons une ligne, ce n'est pas une *longueur sans largeur* que nous nous représentons, mais une *bande* ayant une certaine largeur. Or une telle bande a naturellement toujours une tangente [1]. » « Comment, écrit M. Poincaré à propos du même exemple des fonctions continues sans dérivées, l'intuition peut-elle nous tromper à ce point? C'est que, quand nous cherchons à imaginer une courbe, nous ne pouvons pas nous la représenter sans épaisseur; de même, quand nous nous représentons une droite, nous la voyons sous la forme d'une bande rectiligne d'une certaine largeur. Nous savons bien que ces lignes n'ont pas d'épaisseur; nous nous efforçons de les imaginer de plus en plus minces et de nous rapprocher ainsi de la limite; nous y parvenons dans une certaine mesure, mais nous n'atteindrons jamais cette limite [2]. »

C'est une nécessité que la mathématique, pour s'éprouver et pour se constituer comme science, passe, selon l'ingénieuse terminologie de M. Klein, de l'*intuition naïve* à cette *intuition raffinée* qu'il retrouve à l'œuvre dans la géométrie d'Euclide comme dans l'analyse de Weierstrass. Or, « l'intuition raffinée, ajoute M. Klein, n'est pas du tout, à proprement parler, une intuition; elle tire plutôt son origine du développement logique d'axiomes regardés comme parfaitement rigoureux [3] ».

1. *Conférences au Congrès de Chicago* (1893), trad. Laugel, 1898, p. 42.
2. *Le rôle de l'intuition*, *loc. cit.*, p. 119 et p. 17. Cf. L'*Œuvre mathématique de Weierstrass*, Acta Mathematica, t. XXII, 1899, p. 5.
3. *Op. cit.*, p. 42.

275. — Faudra-t-il conclure qu'à mesure que la science devient plus démonstrative et plus vraie, la part de l'intuition proprement dite y deviendra plus restreinte? Pas encore peut-être; car, dans une démonstration, il est possible de distinguer entre l'extérieur et l'intérieur. L'extérieur, c'est le discours dont l'analyse saisit, dont la mémoire retient une à une les diverses articulations. L'intérieur, c'est « je ne sais quoi qui fait l'unité de la démonstration », et ce sera, suivant une nouvelle interprétation du terme, proposée par M. Poincaré vers la fin de sa *Conférence*, l'intuition. Le *logicien*, dans une partie d'échecs, n'est capable d'apercevoir que la « légalité » des coups joués. « Comprendre la partie, c'est tout autre chose; c'est savoir pourquoi le joueur avance telle pièce plutôt que telle autre qu'il aurait pu faire mouvoir sans violer les règles du jeu. C'est apercevoir la raison intime qui fait de cette série de coups successifs une sorte de tout organisé [1] ».

Autant dire que sous le nom d'intuition on désigne le travail profond de l'intelligence. En fait, et cela donne à sa remarque une grande portée, M. Poincaré retrouve le sens où les *Regulæ ad directionem ingenii* entendent l'intuition. Suivant Descartes (dont la conception est indépendante de l'application trop étroite qu'il en fera lorsqu'il délimitera le domaine de la mathématique), l'intuition ne s'oppose nullement à la déduction, puisqu'elle en est l'origine et la concentration; elle est la vue synthétique qui rend simultanément présents à l'esprit les moments distincts d'un raisonnement, qui leur permet aussi d'y agir simultanément et d'y engendrer toutes leurs conséquences [2]. L'intuition est l'intelligence elle-même. Nul n'a plus que Descartes le sentiment de cette unité et de cette indivisibilité qui sont les caractères de l'esprit humain et qui se manifestent par le développement des sciences. Nul, en même temps, n'a mieux compris comme l'idéal scolastique, qui est satisfait par la logique extérieure du discours, était lié à une déformation pédagogique et « livresque » de l'intelligence. Il est inévitable que les élèves reçoivent du maître un langage tout fait, et qu'avant l'opération effective par laquelle ils saisissent dans son unité intérieure la pensée qui leur est communiquée, il se trouve un stade où les phrases s'étalent dans l'espace et demeurent inertes les unes pour les autres; il arrivera même que certains s'arrêteront à ce stade comme à une limite infranchis-

1. *Loc. cit.*, p. 125 et p. 27.
2. *Reg.* VII, *AT*. X, 1908, p. 238 et suiv.

sable, et on dira d'eux qu'ils sont inintelligents. De là résulte sans doute l'illusion enfantine qui est à la base de l'ontologisme logique : on imagine que le discours du maître subsiste comme une réalité en soi, tel qu'il parvient aux élèves et comme s'il naissait par la seule vertu des mots. Mais il est évident qu'une théorie de la transmission de la pensée par les formules logiques, celle qu'on trouve dans les *Analytiques*, implique avant elle une théorie de l'intelligence, celle que Platon a constituée lorsqu'il a fait de l'idée une fonction dynamique de coordination.

La psychologie de l'intuition mathématique finit par rejoindre dans leur interprétation authentique l'intellectualisme de Platon et l'intellectualisme de Descartes; elle nous interdit d'apercevoir dans l'opposition de nature que l'on a établie de nos jours entre l'intelligence et l'intuition autre chose qu'un accident malheureux de l'histoire.

RECOURS A LA PHYSIQUE

276. — Détachée de l'abstrait logique, la mathématique se trouve ramenée vers les sciences du concret. L'orientation de la doctrine intuitive, qui volontiers expliquerait l'inférieur par le supérieur, pousse la philosophie mathématique à considérer la vérité mathématique comme reposant, ainsi que la vérité physique, sur la découverte et sur la possession de faits objectifs.

Une semblable formule exprime une tendance qui a des racines dans l'histoire de la pensée humaine, dans les spéculations de l'empirisme et du positivisme, que nous avons vue s'accentuant et s'approfondissant encore chez certains mathématiciens modernes.

Mais, à insister sur cette tendance et à la transformer en un système de philosophie mathématique, il y avait un danger, que le développement de la doctrine ne pouvait manquer de rendre évident. De même que le physicien, se référant aux mathématiques, est tenté de les imaginer plus stables et plus cristallisées dans les formes logiques qu'elles se présentent en réalité à la conscience même du mathématicien [1], de même il est arrivé aux mathématiciens de prendre parfois pour modèle une physique plus étroitement liée à l'expérience immédiate, plus

1. Cf. Pierre Boutroux, Revue de métaphysique, 1907, p. 363 et suiv.

assurée de posséder les faits objectifs, que la science effective du physicien. En attribuant à la géométrie la valeur d'une *science naturelle* on avait supposé qu'il est possible de placer à la base de la déduction euclidienne un faisceau de faits primordiaux, comparables aux faits d'observation qui supportent la science de la pesanteur, de la chaleur, de l'électricité; et c'est ce que pensait Auguste Comte par exemple. Or, depuis le *Cours de Philosophie positive*, les savants sont arrivés à se demander ce que c'est qu'un *fait physique*. Est-ce bien une donnée immédiate, apparaissant au cours de la recherche expérimentale, avec un tel caractère d'évidence qu'elle s'inscrive en quelque sorte d'elle-même dans la science, qu'elle consacre en même temps de son autorité les théories qui s'accordent avec elles, qu'elle les fasse passer de l'état d'hypothèses à l'état de réalités? A la suite de critiques pénétrantes, au premier rang desquelles il convient de citer les travaux de M. Duhem, les physiciens semblent d'accord pour reconnaître la relativité du fait scientifique. Il n'y a pas d'*experimentum crucis* : le défaut de coïncidence entre les conséquences concrètes d'une théorie et les résultats directs de l'observation condamnent sans doute la théorie; mais ils la condamnent dans son ensemble sans permettre de faire le départ entre les diverses hypothèses qui la constituent, sans indiquer que tel ou tel postulat serait définitivement erroné. Il sera toujours loisible au savant de réformer à son gré les hypothèses auxiliaires qui sont les parties intégrantes de la théorie physique de façon à ce qu'elle ne soit plus démentie par les faits connus; mais, du même coup, il lui est interdit d'espérer que les éléments de la théorie expriment adéquatement et objectivement les éléments de l'expérience. La représentation qu'il a des faits est relative aux suppositions primordiales qu'il a introduites dans son raisonnement, aux instruments qu'il a construits, à l'énoncé même des problèmes expérimentaux qu'il se propose; c'est-à-dire que les faits scientifiques sont conditionnés par la théorie au moins autant que la théorie est suggérée par les faits.

La physique ne connaîtrait donc pas de fait à l'état brut, entièrement dégagé de toute intervention des savants, pas de fait dont on puisse dire qu'il est absolument réel; elle ne connaît pas non plus de théorie dont on puisse dire qu'elle est absolument vraie : par leur nature les conceptions générales et fondamentales de la science échappent à toute tentative de vérification. « Peu nous importe, écrit M. Poincaré, que l'éther existe réellement, c'est l'affaire des métaphysiciens : l'essentiel pour nous, c'est que tout se passe comme s'il existait, et que cette hypothèse est commode pour l'explication des phénomènes. Après tout, avons-nous d'autre raison de croire à l'existence des objets matériels? Ce n'est là aussi qu'une hypothèse commode[1]. »

277. — Ainsi au mouvement même de l'intuitionisme qui rapproche la vérité mathématique de la vérité physique, s'apparente une réaction contre la tradition mécaniste qui a pour effet, sinon de compromettre la solidité de la physique, du moins de modifier l'idée qu'on se faisait de sa structure et de son équilibre. La philosophie mathématique subit naturellement le contre-coup de cette réaction. Par le fait même qu'on avait espéré de saisir l'espace comme une réalité objective et absolue, il se trouve qu'on ébranle la certitude de la géométrie, qu'on vide la science de sa vérité intrinsèque.

Le développement des géométries non euclidiennes avait déjà montré que les principes de la géométrie ne sauraient être assimilés aux principes de l'arithmétique, qu'ils ne correspondent pas à des jugements synthétiques *a priori*. Or, une fois que ces principes ont été ramenés du côté de l'expérience, on s'aperçoit que l'expérience est incapable d'en établir la vérité. Pas plus que les théories générales de la physique, les axiomes fondamentaux de la géométrie ne peuvent se réduire à des données de l'observation. Dès lors, il semble qu'on ne dispose plus de cadre pour recevoir les principes de la géométrie. « Conventions » ou « définitions déguisées », ils demeurent comme suspendus en l'air, et la déduction que l'on voudrait y rattacher, risque d'être précipitée dans le vide. Le problème de la vérité, auquel le progrès de la géométrie moderne aurait dû apporter une solution plus subtile et plus précise, se trouve éliminé. « Les hypothèses fondamentales de la géométrie ne sont pas des faits expérimentaux; c'est cependant l'observation de certains phénomènes physiques qui les fait choisir parmi toutes les hypothèses possibles. D'autre part, le groupe choisi est seulement plus commode que les autres, et l'on ne peut pas plus dire que la géométrie euclidienne est vraie, et la géométrie de Lobatschewski fausse, qu'on ne pourrait dire que les coordonnées cartésiennes sont vraies et les coordonnées polaires fausses[2]. » « Que doit-on penser, se demandera quelques années plus tard M. Poincaré, de cette question : la géométrie euclidienne est-

1. *La Science et l'Hypothèse*, p. 245.

2. Poincare, *Sur les hypothèses fondamentales de la géométrie*, Bulletin de la Société mathématique de France, 2 novembre 1887, t. XV, p. 215.

elle vraie? » Et il répond : « Elle n'a aucun sens... Une géométrie ne peut pas être plus vraie qu'une autre; elle peut seulement être *plus commode*[1]. »

Le terrain est maintenant préparé : en opposition avec le monisme de la nécessité qui réunit dans une même synthèse les lois *a priori* de la pensée et le détail des événements quotidiens, apparaît dans la pensée contemporaine ce que nous avons appelé le « monisme de la contingence[2] », où l'arithmétique est sans réalité parce qu'elle est formelle et artificielle, où la géométrie est sans vérité parce qu'elle est hypothétique et arbitraire.

278. — Que de telles conclusions aient pu satisfaire des penseurs avertis par leur expérience personnelle de la signification de la science, on aurait quelque peine à le comprendre si la philosophie mathématique ne s'était trouvée en présence que de la science. Mais, en retraçant la courbe du mouvement intellectuel dont procède l'interprétation intuitioniste des mathématiques, nous avons pu nous rendre compte que l'affaiblissement des valeurs scientifiques, tout au moins le demi-scepticisme mis à la mode par Renan, devaient dans l'esprit de certains de nos contemporains servir les intérêts de la morale et de la religion. La vieille notion de vérité cédant la place à la simple idée de la commodité, la science étant sinon tout à fait arbitrairement du moins librement produite, il ne subsiste plus de barrière entre les différents ordres d'affirmation, plus de *criterium* à l'intérieur de chaque ordre. L'intensité de la foi suffirait pour créer, avec l'existence de son objet, l'évidence même qui entraîne l'accord des générations et des peuples.

La doctrine de l'intuition paraît ainsi revenir à son origine. Le cercle vicieux qui est expressément placé à la base de toute science positive[3], se transforme et s'élargit pour devenir aussi la condition de toute croyance transcendante. La commodité, à laquelle recourent le mathématicien, le physicien, le biologiste, donne une sorte de crédit aux arguments utilitaires d'une apologétique.

Nous n'avons pas ici à insister davantage sur cette tendance[4]. Il est visible, d'ailleurs, qu'enveloppant la philosophie particulière de la mathématique dans une conception générale et

1. *La Science et l'Hypothèse*, p. 66.
2. *La modalité du jugement*, 1897, p. 35.
3. Le Roy, *La science positive et les philosophies de la Liberté*, Bibliothèque du Congrès international de philosophie (Paris 1900), t. I, p. 331.
4. Voir notre étude : *La philosophie nouvelle et l'intellectualisme*, Revue de métaphysique, 1901, p. 433 et suiv.; et l'*Idéalisme contemporain*, 1906, p. 98.

métaphysique de la certitude, la théorie dite pragmatiste de la connaissance manque au précepte qui avait fait la portée et la fécondité du mouvement intuitioniste, au respect de la spécifité; elle sacrifie le sentiment direct que le mathématicien a d'avoir constitué des méthodes capables de conférer à l'objet mathématique une vérité.

LE PROBLÈME DE LA PHILOSOPHIE MATHÉMATIQUE

279. — Si les interprétations que nous venons de recueillir étaient les seules que comportât le mouvement intuitioniste, nous devrions donc nous borner à enregistrer un aveu d'impuissance. Autant les mathématiciens ont fait œuvre positive en dégageant de la superstition de principes surannés la physionomie authentique de leur science, autant leurs recherches pour préciser la notion d'intuition et y trouver une base pour l'affirmation de la vérité, se sont perdues dans l'incertitude et dans la contradiction.

L'histoire des idées au XIXe siècle rend raison de ce contraste. L'intuitionisme s'est développé comme une doctrine de combat, à l'ombre de l'intellectualisme qu'il se proposait de ruiner. Tant qu'il laissait les mathématiques en dehors de son champ d'action, il trouvait pour sa polémique ses meilleurs points d'appui dans les doctrines qui ressuscitaient soit le pythagorisme avec le réalisme du nombre, soit l'aristotélisme avec l'ontologisme des classes. Supposons en effet que, faisant table rase du progrès accompli par l'humanité depuis la découverte des irrationnelles, on épuise la capacité de l'intelligence dans la considération du nombre entier positif, alors l'intelligence devient, par hypothèse, la faculté de *ne pas comprendre* le continu; elle demeurera étrangère à tout effort pour pénétrer la réalité; la science du concret, la science véritable, procédera de facultés non intellectuelles. Ou encore, que l'on regarde comme intellectuel uniquement ce qui est susceptible d'être traduit dans le langage de la logique formelle, il s'ensuivra que toute tentative pour établir entre deux idées un rapport qui ne soit pas implicitement contenu dans les prémisses déjà exprimées, toute exploration et toute découverte, dans quelque domaine que ce soit, fût-ce dans le domaine de la mathématique abstraite, permettront de dénoncer la limitation et l'impuissance de l'intelligence humaine.

Mais ces points d'appui étaient fragiles; ils devaient être renversés sous la poussée même du mouvement inhérent à l'intuitionisme. Il est devenu manifeste que les *apories* de Zénon d'Élée ou le *sorite* d'Épiménide le Crétois n'ont, à aucune époque, été des obstacles effectifs à la marche de la pensée mathématique, que la philosophie de l'arithmétisme et la philosophie du logisticisme avaient déjà, dans l'antiquité, cessé de répondre au progrès de la science et de l'intelligence. De là une double conséquence. La critique anti-intellectualiste, à laquelle s'est complu le pragmatisme contemporain, apparaît relative à des conceptions périmées depuis des siècles. En revanche la nécessité se fait pressante d'aborder directement et sur le terrain de la mathématique le problème de la vérité dont, jusque-là, l'intuitionisme avait cru pouvoir ajourner la considération. Du sommet de l'édifice où il s'était installé d'abord, il est parvenu au niveau du sol; il devra scruter et consolider les fondations, ou toute la série de ces sciences qui s'appuyaient l'une sur l'autre, risque de s'effondrer.

Nous nous expliquons par là les difficultés que l'intuitionisme rencontre sur le terrain de la philosophie mathématique, et qu'il n'a pu surmonter. Elles sont, pourrait-on dire, le résultat d'une victoire trop complète. L'intuitionisme a fait évanouir le « faux idéal » de la déduction logique; il s'est trouvé désemparé par la disparition d'une force répulsive qui assurait l'équilibre apparent du système. Du moment que la mathématique est une science « primaire » qui, soit pour s'y réduire, soit pour s'y opposer, ne renvoie pas à une discipline antérieure, il n'est plus possible de s'attarder au jeu des *facultés*; le combat sans issue que se livraient, pour l'interprétation des mathématiques, la doctrine du *concept* et la doctrine de l'*intuition*, prend fin faute de combattants.

280. — Et l'on comprend aussi quelle « conversion » totale subira la philosophie des mathématiques. Au lieu de se superposer aux théories qu'elle a jugées trop étroites pour rendre compte de la connaissance scientifique, elle s'y substituera. Elle édifiera par elle-même une doctrine de l'intelligence et de la vérité, sans se référer à aucune définition préconçue, à aucun principe d'origine étrangère.

La tâche semble ainsi multipliée au point de devenir inexécutable; elle est en réalité simplifiée au point d'être déjà presque toute remplie. Affranchie du préjugé de la déduction universelle, la philosophie mathématique rend directement utilisable pour ses fins l'histoire de la pensée mathématique. En effet, ce qui avait jusqu'ici écarté de l'histoire la philosophie, ce qui même avait provoqué entre la mathématique d'autrefois et la mathématique moderne cette rupture apparente dont l'intuitionisme a souligné la portée, c'est que la formation de la pensée mathématique avait été dissimulée sous l'appareil de l'exposition et de la tradition pédagogique. Tandis que la formation est une œuvre d'extension effective où l'esprit s'appuie sur des propositions élémentaires et particulières pour la découverte de relations plus générales, la tradition est une œuvre de resserrement qui porte sur les notions les plus générales, de manière à impliquer virtuellement dans leurs définitions toutes les vérités à démontrer; elle obéit au vieux « principe d'économie » dont la Scolastique avait donné cette formule célèbre qu'*il ne faut pas multiplier les êtres sans nécessité.*

La philosophie mathématique s'était crue obligée de prolonger la tradition pédagogique; son principal effort était de réduire le nombre des idées fondamentales, d'en exposer les conséquences sous la forme la plus concise et la plus correcte. Elle se flattait d'avoir pénétré l'essence du savoir scientifique quand elle avait reconstruit et ajusté le système de la science suivant la règle dont Leibniz osait tirer le plan de la création divine : *minimo sumptu maximus effectus.* Dans une conception aussi impitoyable du principe d'économie les fondements doivent être calculés de manière à supporter exactement la charge de la science déjà constituée, et rien de plus. Il est donc toujours à craindre qu'une conquête importante de la technique compromette l'équilibre de l'édifice. De fait, à chacune des étapes essentielles que la mathématique a franchies, la philosophie a été condamnée à revenir sur des principes qui avaient paru consacrés par leur évidence ou par leur succès, à étendre les bases de la construction logique afin de l'égaler à l'horizon élargi de la science, jusqu'au jour où s'est enfin manifestée la contradiction inhérente à l'idée d'une déduction universelle, d'une déduction qui serait tenue en quelque sorte de se déduire elle-même.

L'expérience de l'histoire rend donc au philosophe un double service : elle dissipe le voile que les systèmes dogmatiques avaient interposé entre la philosophie des mathématiques et la réalité de la science; du coup elle lui permet de ressaisir à l'état naissant cette réalité et d'en déterminer le caractère véritable. Expliquer le présent par le passé, ce n'est nullement ramener bon gré mal gré le présent vivant aux formes cristallisées du passé, rabaisser l'analyse au niveau de la logique ou sacrifier la diversité des géométries modernes à l'unité de la catégorie spatiale. Au contraire c'est à la condition d'avoir compris d'abord la science qui agit et qui s'étend sous nos yeux, que l'on pourra, éclairé par elle, restituer au passé ce qui a été sa vie et son actualité, et suivre de là, dans son ordre naturel, la continuité du devenir scientifique. La philosophie mathématique entre alors en possession de son objet : entre les péripéties de l'invention qui n'intéressent qu'une conscience individuelle, et les formes du discours qui concernent surtout la tradition pédagogique, elle délimitera le terrain où s'est produite l'acquisition collective du savoir; elle reconnaîtra la « voie royale » qu'y a tracée l'intelligence créatrice.

CHAPITRE XXI

LES RACINES DE LA VÉRITÉ ARITHMÉTIQUE

281. — Ainsi, les études que nous avons entreprises semblent se refermer en quelque sorte sur elles-mêmes, en nous apportant la matière de la conclusion qu'il paraît possible d'énoncer, dans l'état actuel de la connaissance et de la réflexion.

Le progrès du mouvement intuitioniste a déterminé sans doute une étape nouvelle dans l'évolution de la philosophie mathématique, étape consécutive à la ruine des conceptions purement formelles qui étaient issues de l'*arithmétisme* ou de la *logistique*. Mais la philosophie qui correspond à cette étape nouvelle, ne peut réussir à prendre une forme cohérente et positive qu'à la condition de dépasser la notion d'intuition, en elle-même équivoque et décevante. C'est donc pour aller au delà de l'intuition ou, si l'on préfère, pour restituer leur juste valeur aux idées diverses qui ont été réunies sous ce mot d'intuition, que nous avons à mettre à profit notre double expérience de l'histoire, histoire de la philosophie et histoire de la science.

282. — L'histoire de la philosophie permet de préciser les termes du problème que la philosophie mathématique doit résoudre à l'heure actuelle. Avec la critique de Kant, avec le positivisme de Comte, l'idée de la philosophie mathématique a subi une modification radicale. Il ne s'agit plus, comme chez un Pythagore ou un Platon, chez un Descartes encore ou un Leibniz, de définir un type d'intelligibilité qui, exprimant la nature profonde de l'esprit, s'étende à l'universalité de l'être. La spécificité des méthodes scientifiques s'impose, non certes comme un résultat définitif, du moins et en raison même de la rapidité d'évolution dont les sciences modernes ont fait preuve, comme une donnée à partir de laquelle la réflexion est appelée à s'exercer.

Le problème de la philosophie mathématique se pose donc à l'intérieur du domaine propre des mathématiques, et sans référence à aucune autre discipline. La science mathématique ne se ramène ni à la logique prise en général, ni à la science de la nature : elle ne rencontre pas, antérieurement à elle, un type de vérité qui lui convienne. Ainsi s'expliquerait, selon nous, l'embarras paradoxal auquel se sont heurtés ceux des mathématiciens contemporains qui, assurés par leurs travaux que la mathématique était effectivement capable d'étendre l'horizon de la vérité positive, ont voulu se rendre compte des bases sur lesquelles cette vérité pouvait se fonder. Ils se sont adressés à la philosophie ; mais la philosophie contemporaine ne leur offrait plus de cadre où leur pensée pût rentrer. Au contraire, elle avait brisé les anciennes définitions sur lesquelles reposaient les solutions classiques. L'évidence rationnelle était réduite jusqu'à n'être plus que la forme de la liaison logique, telle qu'on la retrouve dans le discours cohérent du délire systématique ; la notion d'expérience était élargie jusqu'à rejoindre le rêve, si incohérent soit-il, pourvu qu'il agisse fortement sur une âme, qu'il y manifeste une puissance de suggestion et de vie. Entre ces deux extrêmes la vérité proprement dite, celle qui a un contenu objectif et qui est capable de vérification universelle, semblait presque s'évanouir ; de là cette impuissance singulière à résoudre le problème que posait l'existence même de la science. A l'heure présente la tâche de la philosophie consiste à organiser, autour de la science positive, une notion positive de la vérité ; et elle est à reprendre par la base, par l'étude des problèmes qui regardent la science élémentaire, c'est-à-dire la mathématique.

283. — Nous voudrions demander à l'histoire de la science la solution objective de ces problèmes. Mais nous devons alors surmonter une grave difficulté. L'histoire proprement dite commence avec des monuments qui montrent la science déjà en possession d'un objet nettement délimité, d'une méthode rigoureusement définie. Or, du moment que les premières propositions de l'arithmétique ou de la géométrie ont été acquises sous une forme telle qu'il n'y ait désormais qu'à construire sur ces fondements, le mathématicien ira de l'avant sans plus s'embarrasser de questions théoriques sur la nature et sur la portée des résultats mathématiques, sans rencontrer sur sa route le problème de la vérité. Si plus tard la pensée humaine est capable de changer son point d'application, si elle recherche les conditions qui assurent au contenu de la mathématique sa valeur de vérité

positive, le mathématicien n'en demeure pas moins, par la tournure de son esprit, par l'impulsion acquise grâce à ses propres travaux, enclin à regarder encore en avant de lui; c'est par un progrès technique, par une invention proprement dite, qu'il espère projeter la lumière sur les éléments de la science. A cet égard, nous avons rappelé quelques-unes des analyses qui, avec les Méray, les Helmholtz, les Cantor, avec les Lobatschewsky, les Riemann, les Hilbert, ont renouvelé notre connaissance des principes arithmétiques ou géométriques. Nous avons eu en même temps occasion de montrer pour quelle raison elles ne suffisaient pas à la solution des problèmes philosophiques : la détermination toute spéculative des principes permet de comprendre ce que sont ces principes, pris en eux-mêmes; elle ne fait pas voir en quoi ils soutiennent une déduction qui est tout autre chose qu'une fantaisie libre de l'esprit, qui est une introduction à la prise de possession de la nature.

Le rôle de la philosophie mathématique n'est nullement, selon nous, de prolonger la forme déductive du raisonnement au delà des limites où s'arrête la science positive, comme si l'on devait enfermer la vérité dans le cadre d'un artifice logique. Au lieu de détacher ainsi la science de toute connexion avec la réalité, il faut, au contraire, atteindre la source où se manifesterait le contact originel de l'intelligence avec les choses, et pour cela remonter le cours de l'histoire, jusqu'au point où l'on pourra mettre à nu les racines de la vérité arithmétique ou géométrique. Le philosophe n'a pas à inventer une solution du problème de la vérité; il a seulement à découvrir comment, en fait, l'humanité l'a résolu. De ce point de vue, il n'y a pas de meilleur instrument de travail qu'une enquête aussi complète que possible sur le passé de la science, suppléant par l'observation ethnographique aux lacunes de la tradition écrite, de là s'efforçant de suivre la filiation des idées à travers l'influence réciproque des recherches techniques et des vues philosophiques. Les théories des savants sur les principes de la science se retrouveront naturellement comme éléments essentiels de cette enquête; elles éclairent les démarches fondamentales de l'esprit, qui risqueraient de demeurer cachées dans l'inconscience de la production spontanée; mais, grâce à l'analyse des fonctions psychosociologiques dont la mathématique est issue, nous pourrons leur restituer l'assise sans laquelle elles ne seraient encore que des spéculations dans le vide, ou, tout au moins, dans l'abstrait.

Bref l'originalité de l'étape nouvelle dont nous essayons de déterminer les caractères, c'est que la philosophie mathématique n'y aurait plus pour but d'ajouter un système aux systèmes qui ont déjà pris place dans l'histoire; elle se retourne vers l'histoire elle-même, elle recherche la convergence et la coordination des résultats qui ont été obtenus aux différentes périodes, et elle les enregistre comme les marques positives de l'objectivité.

Section A. — La mathématique avant la numération.

284. — La considération de la vérité arithmétique va fournir une application immédiate des remarques précédentes. Jusqu'aux travaux de M. Georg Cantor, on s'accordait à faire commencer la pensée mathématique avec les premières opérations sur les nombres finis; elle avait pour base un système de numération qui fournissait les éléments nécessaires au jeu des opérations. Helmholtz a défini les conventions qui permettent de se procurer de tels éléments au moins de frais logiques possible. M. Cantor a élargi l'horizon de la mathématique en la faisant reposer sur le procédé de correspondance qu'Helmholtz avait déjà employé, mais surtout à titre auxiliaire, et pour passer de l'idée du nombre ordinal aux collections d'objets que représentent les nombres cardinaux. Or, que faut-il voir dans ce procédé de correspondance? Est-ce seulement la forme la plus générale à laquelle la spéculation parvient en raffinant sur les abstractions fondamentales de la science, en prolongeant la mathématique positive en « mathématique libre »? Ou n'est-ce pas au contraire la première manifestation d'une raison réagissant sur l'expérience, établissant des règles qui s'imposent dans la pratique à tous les individus parce qu'elles sont également vérifiables par tous? la correspondance n'exprime-t-elle pas une fonction qui a présidé aux démarches constitutives de la science et qui a pu leur assurer la vérité, fonction dont les formes les plus hautes de l'investigation technique ont recueilli l'héritage et le bénéfice?

La réponse que nous ferons à la question ainsi posée commandera toute l'orientation de la philosophie mathématique. Or, selon nous, le sens de cette réponse n'est pas douteux.

Déjà, M. Cantor avait cité, dans les discussions provoquées par ses travaux, des pages curieuses dans leur gaucherie, tirées d'un ouvrage de Bertrand de Genève : *Développement nouveau de la partie élémentaire des mathématiques, prise dans toute son étendue*. Bertrand suit la méthode idéologique de Condillac; il

« introduit, suivant les expressions de la *Préface*, un berger ignorant tout à fait l'art de compter et lui fait inventer la numération et la notation que nous avons empruntée des Arabes ». Et voici les premières lignes du premier chapitre : « Dans les commencements, les hommes furent chasseurs ou bergers, ces derniers eurent d'abord occasion de compter; il leur importait de ne pas perdre leurs bestiaux; et pour cela il fallait s'assurer le soir si tous étaient revenus au pâturage; celui qui n'en aurait eu que quatre ou cinq, aurait pu voir d'un coup d'œil si tous étaient rentrés; mais un coup d'œil n'aurait pas suffi à celui qui en aurait eu vingt. Considérant donc ces bestiaux revenant les uns après les autres, il aurait imaginé une suite de mots en pareil nombre, et gardant ces mots dans sa mémoire, il les aurait répétés le lendemain, à mesure que ses bestiaux seraient rentrés; afin d'être sur, s'ils eussent cessé d'entrer avant qu'il eût achevé ces mots, qu'autant qu'il lui restait de mots à prononcer, autant il lui manquait de bestiaux [1]. »

L'hypothèse idéologique peut être retenue aujourd'hui sous la forme de *thèse sociologique*. Nous n'avons qu'à rappeler les observations ethnographiques qui ont été faites sur les procédés de calcul dans les sociétés inférieures, et particulièrement celles que nous avons empruntées à l'ouvrage de M. Lévy-Bruhl. Le premier chapitre d'une étude sur les pratiques usitées antérieurement à l'invention d'un système de numération, antérieurement même à la conception distincte du nombre, a le même objet que le premier chapitre d'une Encyclopédie, où l'on se proposerait de déterminer la forme la plus simple qui domine les différentes disciplines de la mathématique. Une telle rencontre détermine le terrain où l'analyse pourra commencer de résoudre objectivement le problème de la vérité mathématique.

LA PRATIQUE DE L'ÉCHANGE UN CONTRE UN

285. — Pour rendre cette analyse aussi précise qu'il se peut, il convient de choisir une forme particulière parmi celles que la correspondance univoque et réciproque est susceptible de revêtir dans les opérations spontanées des sociétés inférieures. Nous nous attacherons à l'échange un contre un, sur lequel Jules Tannery avait attiré déjà l'attention dans les premières pages des *Leçons d'arithmétique théorique et pratique* : « Sup-

1. T. I, Genève, 1778, p. 1. Cf. Cantor, *Mittheilungen zur Lehre vom Transfiniten*, Zeitschrift für Philosophie und philosophische Kritik, XCI, 1887, p. 87.

posons qu'un enfant veuille acheter des pommes à un marchand qui les vend un sou chacune; il peut donner un sou contre lequel le marchand lui donnera une pomme; puis un autre sou et recevoir une pomme; donner encore un sou et recevoir encore une pomme, etc... Au bout d'un nombre quelconque d'échanges, le nombre des pommes qu'il a reçues est égal au nombre de sous qu'il a donnés; à chaque pomme reçue *correspond* un sou donné : c'est ainsi que se pratiquent les échanges entre objets de même valeur chez les peuples qui ne savent pas compter[1]. »

Il semble que l'analyse ne puisse se donner un point de départ plus simple; car nous ne supposons rien d'autre ici que la connaissance des choses individuelles et de leurs qualités spécifiques. J'emploie à mon service un enfant qui ne sait pas compter; je l'envoie porter une lettre, et je lui dis d'attendre, puis de me rapporter la réponse; il sait faire la commission. De même, je lui dis de m'acheter une pomme chez un marchand qui la vend un sou; il exécute mon ordre. Il n'a pas encore fait de mathématique : dans sa pensée *un* et *sou* forment une expression unique, comme *une* et *pomme*. Il ne dispose que de la relation au sens le plus général du mot.

Mais voici que je lui demande de retourner chez ce marchand qui vend les pommes un sou pièce, et, contre quatre sous que je lui remets, de me rapporter quatre pommes. Cette fois je lui donne à faire une opération effective, et la preuve en est que j'en pourrai contrôler mathématiquement le résultat : s'il me donne trois pommes ou cinq, je trouverai que l'opération n'a pas été juste. Pourtant cette opération que je contrôle, l'enfant l'aura effectuée sans calcul; il ne connaît ni la numération ni les noms de nombre. Il posera sur la table du marchand un sou, puis il prendra une pomme; de nouveau il posera un sou, puis prendra une pomme. Il recommencera jusqu'à ce qu'il n'ait plus de sous dans sa poche, il me remettra les pommes qu'il a dans la main. Dans l'esprit de mon commissionnaire la pensée mathématique existe donc sous une forme définie et qui se suffit à elle-même. Et l'on conçoit qu'une civilisation puisse se constituer qui se satisfasse avec un pareil procédé d'échange. On met en présence sur un marché, ici des morceaux de métal dont on ignore le compte, là des têtes de bétail dont on ignore également le compte; on les échange *un contre un*, jusqu'à ce que l'un des

1. 1894, p. 3. Voir également *Science et philosophie*, 1912, p. 83. Cf. Zeuthen, *Histoire des mathématiques dans l'antiquité et le moyen âge*, trad. Mascart, p. 222.

deux tas en présence soit épuisé, et l'échange est consommé sur une base qui assurément offre plus d'un désavantage au point de vue économique, mais qui est rigoureuse au point de vue mathématique.

Ainsi, tandis que le fait d'échanger un sou contre une pomme ne constitue pas une opération mathématique, l'échange de quatre sous contre quatre pommes nous apparaît déjà comme une opération mathématique. C'est qu'en effet l'échange unique est un tout que l'on ne songe pas à décomposer, le sou et la pomme en font partie intégrante. Mais la répétition de l'acte met nécessairement en relief un élément qui est constant pour l'enfant puisqu'il se prescrit une série d'opérations à renouveler. L'objet est autre : c'est un autre sou qu'il doit prendre dans sa poche, une autre pomme qu'il doit prendre sur la table du marchand. Ce qui se répète, c'est l'échange qu'il effectue entre un sou et une pomme, c'est l'acte que son bras accomplit au service de son esprit.

286. — On assiste donc ici à la naissance de l'abstraction mathématique; et cette abstraction est comparable à l'abstraction d'ordre pratique en ce sens qu'elle est avant tout un mode d'activité. Comme M. Bergson l'a fait remarquer, l'idée générale commence par la répétition des actes les plus utiles au développement biologique, des circonstances les plus favorables à ces actes; et ainsi serait-elle en particulier dans la vie animale : « C'est l'herbe *en général* qui attire l'herbivore : la couleur et l'odeur de l'herbe, senties et subies comme des forces (nous n'allons pas jusqu'à dire : pensées comme des qualités ou des genres) sont les seules données immédiates de sa perception extérieure[1]. » La ressemblance devenue consciente, la reconnaissance contrôlable et vérifiable ne serait qu'un second moment; le premier serait la ressemblance en action, la reconnaissance vécue.

Cette distinction, qu'aucun psychologue avant M. Bergson n'avait mise en pareille lumière, entre l'abstraction, opération concrète, et la représentation générale, l'abstrait qui en serait la conséquence ultérieure, permet de fixer sans ambiguïté le sens de la pensée mathématique, au stade initial où nous l'analysons.

D'une part, les représentations génériques, celles du sou et de la pomme par exemple, issues des abstractions d'ordre pratique dont nous venons de parler, ne jouent aucun rôle dans l'opération positive de l'échange. L'échange, et c'est par là qu'il est

1. *Matière et mémoire*, p. 173.

économiquement si rudimentaire, est indépendant de la nature des objets échangés; l'abstraction mathématique demeure la même, qu'il s'agisse de sous ou de pommes, de verroteries ou de pièces de drap, de caoutchouc ou de vieux fusils. L'abstraction mathématique va donc en sens inverse de l'abstraction pratique : celle-ci aboutit à ne retenir qu'une seule image pour des objets qualitativement identiques; la fusion mentale des images diverses dans une représentation unique entraînerait une confusion, que l'abstraction mathématique a précisément pour but d'empêcher en attirant l'attention sur ce qui fait que ces objets sont plusieurs.

D'autre part, si les représentations génériques demeurent indifférentes à cet acte d'échange dont elles sont seulement les conditions matérielles, il ne suppose non plus aucun abstrait, système de numération ou concept distinct des nombres; il ne suppose même pas le concept quantitatif de l'unité. Non seulement la notion de l'unité est liée au système qui permet de dénombrer les entiers; mais elle est encore la dernière née du système. L'antiquité grecque en général maintenait à l'unité un caractère qualitatif[1]; et on trouve encore sous la plume de Buffon, en 1740, cette affirmation que l'unité n'est point un nombre[2].

L'intelligence mathématique, sous la forme initiale où nous la considérons ici, remplirait une zone d'activité dont la limite inférieure est l'abstrait spécifique, dont la limite supérieure serait l'abstrait numérique.

LA VÉRITÉ DE L'ÉCHANGE UN CONTRE UN

287. — Nous avons maintenant un second problème à nous poser : quelles conséquences comporte, pour la critique qui essaie d'en épuiser la signification, l'activité que nous venons de décrire? A mesure que l'enfant continue de donner un de ses sous pour recevoir une pomme, il voit diminuer le tas des sous qu'il avait dans sa main, augmenter le tas des pommes qu'il place devant lui. Quand l'opération a pris fin, quelle qu'en ait été la durée, il possède ce qu'il devait échanger contre les sous qu'on lui avait confiés. Il comprend que, si les opérations ont été loyales et correctes, il rapportera bien ce qu'il devait rapporter,

1. *Vide supra*, § 36.
2. *Préface* à la traduction française de la *Méthode des fluxions* de Newton, p. IX.

qu'il a bien donné au marchand ce qu'on lui avait dit de donner. Nous saisissons, à sa naissance, la synthèse mathématique : pas plus que l'abstraction élémentaire, l'abstraction synthétique ne suppose la notion abstraite; celle-ci est *le produit*, celle-là est *productrice*.

L'enfant ne connaît encore ni la collection en tant que collection, ni la relation du tout à la partie; il voit seulement des tas de sous et des tas de pommes, il a les mêmes images, avant et après la série des échanges. Mais, du fait de ces échanges, il s'est ajouté à ces images quelque chose qui n'est plus susceptible d'une représentation immédiate par des images : la pensée que les deux tas sont reliés l'un à l'autre par les opérations dont ils ont été l'objet. Cette pensée est présente à l'esprit de ceux qui ont fait ensemble les opérations, puisqu'elle est pour chacun la loi de son activité interne comme elle est pour tous deux la règle de leurs rapports réciproques. Si nous nous substituons à eux pour en donner une formule explicite, nous dirons qu'elle est la pensée de l'équivalence, plus exactement *le rendre équivalent*, l'égalité en acte, ou, dans la force de son sens original, l'*équation*. L'égalité, comme la doctrine des ensembles l'a bien fait voir, ne résulte pas d'une comparaison entre termes qui seraient mesurés chacun à part et dont on rapprocherait ensuite les valeurs intrinsèques; l'égalité peut s'établir avant la numération, puisqu'il suffit d'appliquer à deux pluralités d'objets dont nous ignorons la valeur numérique, le procédé de correspondance univoque et réciproque qui est indépendant du concept de mesure.

L'égalité se présente ainsi comme dérivant de la relation élémentaire par excellence; elle est la première relation d'ordre scientifique parce qu'elle est *vraie*, ou, plus exactement, parce qu'elle est susceptible de *vérification*. Ici la vérification se présente sous la forme la plus simple du contrôle immédiat. En cas de doute, c'est-à-dire pratiquement en cas de désaccord entre le marchand et l'acheteur, on recommence les opérations en y apportant des deux parts un redoublement d'attention, de façon à ce que chacun des actes successifs d'échange soit effectué réellement et simplement, c'est-à-dire sans omission ni répétition. Cette opération peut être recommencée à son tour, pour la garantie d'un nouveau contrôle. Cette vérification sans fin, se repliant perpétuellement sur elle-même, fournit le plus haut degré de certitude qu'il soit donné à l'homme d'atteindre, la seule forme sous laquelle, raisonnablement, il soit possible de concevoir l'infaillibilité.

288. — Peut-être, si l'on développait toutes les suggestions auxquelles se prête la considération de l'échange un contre un, y verrait-on poindre l'idée de l'infini et l'idée de *zéro*. Il suffit de supposer deux partenaires en face de marchandises accumulées, deux enfants devant deux gros tas de cailloux, et de les imaginer s'arrêtant, découragés, au milieu d'opérations qui leur semblent interminables, pour faire surgir la notion d'infini sous la forme la plus simple où elle apparaît dans la conscience du mathématicien : le terme de l'opération fuyant devant l'esprit à mesure qu'il avance et par le fait même qu'il avance. C'est cette notion à laquelle conduit le progrès illimité de la numération; mais on voit qu'elle est indépendante de la constitution d'un système déterminé de numération.

D'autre part on arriverait à concevoir la genèse du *zéro* si l'on attribuait aux deux partenaires de l'échange une intelligence suffisante pour considérer leurs rôles respectifs, et se mettre, en pensée, chacun à la place de l'autre. L'enfant qui échange des sous contre des pommes, comprend que le marchand échange des pommes contre des sous. L'opération unique se dédouble alors en deux processus dirigés en sens inverse; distinction qui peut avoir une application pratique dans le cas où les deux parties en présence seraient mécontentes du résultat et s'accorderaient, une fois l'échange fait, pour annuler leurs opérations. Elles se décident alors à les recommencer en sens inverse : l'enfant échangera des pommes contre des sous ainsi qu'avait fait le marchand; le marchand échangera des sous contre des pommes ainsi qu'avait fait l'enfant. Au terme de ce second échange, ils auront tous deux le sentiment que leurs positions respectives sont identiques à leurs positions initiales, que tout est entre eux comme s'il ne s'était rien passé. Traduisez ce sentiment dans le langage que la mathématique se donnera plus tard, et vous obtiendrez du *zéro* l'idée la plus abstraite, mais aussi la plus précise et la plus intelligible : le résultat fourni par la combinaison de deux séries formées d'éléments identiques, mais orientées en sens inverse l'une de l'autre.

289. — Il était utile de montrer quelle fécondité comportait un processus d'activité mentale antérieur à toute prescription technique, à toute notation symbolique. Mais ce qu'il importe de retenir pour l'intelligence de l'idée de science mathématique, c'est avant tout que cette activité donne naissance à la relation fondamentale d'égalité, et qu'elle la fait naître en lui communiquant, dès l'abord, une vérité interne. Les tas qualitativement

déterminés de sous, de pommes, d'objets quelconques, sont relatifs aux conditions de la perception dans telle ou telle conscience individuelle; la relation d'équivalence s'établit, au contraire, entre les deux tas respectivement considérés; et elle acquiert une valeur qui leur est inhérente, indépendamment des circonstances de la perception.

Par là nous sommes amenés à une conception philosophique capable, suivant une expression d'Harald Höffding, de *conserver* les *valeurs* essentielles de la *vérité* et de l'*activité*. La philosophie du concept et la philosophie de l'intuition étaient d'accord pour en supposer l'incompatibilité, quitte à donner de cette incompatibilité deux interprétations contradictoires, et à se neutraliser dans une controverse sans fin qui ne servait qu'à faire éclater leur commune insuffisance. Mais le cercle est rompu si nous avons réussi à prouver que l'opération initiale de la science est la détermination d'une relation vraie.

290. — Sans doute il sera possible d'objecter qu'en prenant comme point de départ la notion d'opération, on s'appuie sur une « notion manifestement anthropomorphique, empruntée par métaphore au domaine de l'activité pratique [1] ». Mais, sans contester le danger de l'anthropomorphisme pour la conscience religieuse et la nécessité qu'elle soit affranchie de la superstition d'un passé puéril, on peut penser que la mathématique n'est guère assimilable à la théologie, et qu'il y aurait plutôt lieu d'y redouter une sorte de réalisme « théomorphique » qui sacrifierait l'intelligence de la science humaine à l'imagination illusoire d'une vérité absolue et quasi-divine.

La matière première de la réflexion philosophique, ce sont des hommes qui agissent; nous dirons avec le pragmatisme, ou plus exactement avec la Sagesse des Nations, que l'intérêt matériel a commandé les efforts de la pensée naissante et que la nécessité est la mère de l'ingéniosité. Mais nous ajoutons aussitôt que de telles formules n'apportent de solution précise à aucun problème défini; le pragmatisme contemporain, moins épris en fait d'action réelle que de généralités oratoires, a eu le tort de s'arrêter là où commence l'analyse proprement dite; il n'a pas su reconnaître la distinction spécifique que présentent les différentes formes de l'activité humaine, et réserver une place exceptionnelle à ce qui fait de l'humanité une espèce exceptionnelle parmi les espèces animales. Pour nous, nous nous sommes donné pour tâche de guetter le moment où les

1. Couturat, *Les principes*, p. 233.

hommes, placés en face d'autres hommes, ne sont plus seulement des individus agissant de leur point de vue particulier, mais où ils s'entendent pour une règle commune d'action qui les justifie les uns aux yeux des autres, où se dégage de la pratique utilitaire la prescription de conditions qui peuvent être également remplies par tous, qui peuvent être indéfiniment contrôlées par tous, où surgit enfin la notion de vérité.

Bref, la vérité ne serait pas née si il n'y avait eu préalablement une volonté dirigée vers des fins d'ordre matériel et utilitaire; la vérité est un moyen, si l'on veut; mais il se trouve que le moyen a de tout autres caractères que la fin. Déjà, dans le « syllogisme pratique » par lequel Aristote a traduit l'activité immédiate de l'être, les deux moments logiques de la *fin* et du *moyen* se trouvent dissociés : Ποτέον μοι, ἡ ἐπιθυμία λέγει· τοδὶ δὲ ποτόν, ἡ αἴσθησις εἶπεν ἢ ἡ φαντασία ἢ ὁ νοῦς· εὐθὺς πίνει[1]. La *majeure* est l'impératif du désir; la *mineure* est l'indicatif de la sensation, ou de l'imagination, ou de l'intelligence. Avec le développement de l'organisme, de nouvelles majeures apparaîtront qui tourneront vers des buts multiples l'activité de l'animal et en particulier de l'homme, mais qui demeurent toujours de l'ordre individuel du désir. A chacune de ces majeures se suspendent des moyens que le développement de l'intelligence transforme en chaînes de relations d'une complication dépassant toute attente. Que l'on songe aux études de pathologie et de microbiologie, nécessaires pour formuler aujourd'hui cette mineure du syllogisme pratique d'Aristote : *voici qui est potable*; on comprendra que le moyen ne dépende pas de la fin, et qu'il puisse acquérir une valeur tout autre. De même que suivant les Stoïciens la vertu sortait de la nature et valait mieux qu'elle, de même la vérité sort de l'expérience et vaut mieux qu'elle. Elle n'est pas donnée dans les choses; mais elle en jaillit, grâce à l'action spécifiquement humaine qui est exercée sur les choses, action dont la pratique loyale et équitable de l'échange nous a donné occasion de reconnaître les conditions les plus simples.

1. *De motu animalium*, § 7, 701ᵃ 32.

SECTION B. — La notion de nombre.

L'OPÉRATION CONSTITUTIVE DU NOMBRE

291. — La relation de correspondance univoque et réciproque est celle qui nous a paru demander le moindre effort de l'esprit; elle est la relation élémentaire, qui pourra servir de modèle aux relations plus complexes dont nous avons à déterminer le sens; mais elle ne sera pas un genre d'où les cas particuliers pourraient se tirer par spécification. Nous ne passerons pas de la correspondance pure et simple au domaine proprement arithmétique par une déduction purement analytique. La génération du nombre implique un effort d'invention, qui requiert à son tour une règle de vérification; elle consiste dans la découverte d'une égalité nouvelle.

Encore une fois, nous n'avons pas à imaginer ce que pourrait être le mécanisme d'une telle découverte; nous devons nous efforcer d'en retrouver la trace dans les faits. Suivant Tylor, « les habitants des îles Marquises, comptant le poisson ou le fruit par un de chaque main, sont arrivés à employer un système de numération par paires au lieu d'unités. Ils partent de *tauna*, une paire, qui devient un équivalent de 2; puis ils continuent de compter par paires, et quand ils disent *takau* ou 10, ils veulent dire en réalité 10 paires ou 20[1] ». La pratique initiale sur laquelle s'appuie ce système de numération suppose qu'on a découvert le moyen d'abréger l'opération commerciale, en prenant deux objets en une fois au lieu de prendre deux fois un objet. L'innovation a dû être un objet de trouble pour le « partenaire », qui était habitué à l'antique usage; elle a provoqué sans doute un contrôle patient et défiant, qui a enfin abouti à l'intelligence de l'équivalence entre les deux formes d'opérations. Or l'*intelligence de cette équivalence* est à nos yeux ce qui constitue la conception du nombre *deux*.

L'expression abstraite de cette équivalence serait de la forme suivante : *Une fois deux égale deux fois un*, c'est-à-dire, $2 \times 1 = (1 \times 1) + (1 \times 1)$. Aucun des deux termes qui sont mis ici en relation ne suffit à déterminer l'idée de *deux*. Placer un objet à côté d'un autre, ou bien prendre deux objets à la fois, pour les poser en même temps, ce ne sont encore que des gestes, auxquels nous n'attribuons de signification numérique

1. *Op. cit.*, trad. Brunet, t. I, p. 294.

que si, par une illusion générale en psychologie, nous introduisons dans la conscience du sujet dont nous observons les mouvements notre propre jeu d'associations mentales. Mais lorsque, ces deux procédés ayant été successivement employés, l'identité du résultat atteint par l'un et par l'autre a été constatée, lorsqu'en d'autres termes, il y a eu affirmation de vérité et contrôle vérificateur, alors l'idée a été effectivement constituée.

292. — Ainsi, sur le premier nombre dont l'homme se soit fait une conception distincte, sur le nombre *deux*, s'établit le point de doctrine qui est fondamental, si l'on veut débarrasser de paradoxes et d'*insolubilia* la route de la philosophie mathématique. L'esprit ne commence pas par poser un monde d'idées, comportant toutes sortes de relations possibles, avant de se demander comment faire le départ entre les relations vraies et les relations fausses. Mais l'idée est constituée par une vérité qui lui est intérieure.

Cette conclusion s'éclaire par comparaison avec l'explication du concept générique. Le concept *français*, par exemple, implique deux opérations convergentes : l'une, l'abstraction qui fournit les caractères contenus dans la compréhension — l'autre, la généralisation qui fournit les individus contenus dans l'extension; il n'est intelligible qu'à titre de produit du jugement qui rapporte des attributs à des sujets. Un concept numérique tel que *deux* est au point de rencontre de deux opérations : l'une qui est simplement la répétition de l'action et qui est le germe de l'addition — l'autre, qui est l'action d'ensemble et qui est le germe de la multiplication. Seulement, tandis que la synthèse des deux opérations peut dans le concept générique être un rapprochement arbitraire et ne former autre chose qu'un élément du discours, tandis que la vérité du concept générique demeure dans l'ordre conventionnel du langage, la synthèse des deux opérations dans le concept numérique est une vérité qui peut se constater : que l'on procède par la voie de l'addition, ou par la voie de la multiplication, le tout constitué apparaît identique. La perception qui sert de point d'appui à la reconnaissance de cette identité, intervient ici comme instrument de vérification; elle fait du concept numérique un élément de science.

Un nouveau problème se trouve posé par la considération du processus additif : puisqu'on peut partir de l'un et de l'autre des termes du couple, il y a lieu de se demander si l'interversion de l'ordre est sans influence sur le résultat final. Devant une question aussi simple, *rationalisme* et *empirisme* ont paru également embarrassés. Sans doute, puisque l'opération est définie indépendamment de la nature des termes entre lesquels elle est établie, il n'y a pas de raison pour qu'une permutation entre ces termes introduise une différence dans le nombre qui en dérive; mais de cette forme négative, sous laquelle le *principe de raison suffisante* se présente toujours dans l'application, comment tirer une preuve positive? D'autre part, nous ne pouvons pas faire fond sur l'expérience seule; car l'expérience ne nous répondra que si nous savons l'interroger, si nous allons au devant d'elle à l'aide de la notion déjà formée du nombre. Il sera donc impossible de donner une solution satisfaisante à la difficulté, ou plus exactement d'empêcher la difficulté de naître, si on ne retient à la fois la raison et l'expérience comme déjà engagées dans la manifestation la plus simple de la vie scientifique, comme exprimant les deux fonctions dont la connexion caractérise l'intelligence : fonction interne de relation qui constitue proprement la notion — fonction externe de coïncidence qui constate l'identité de deux relations et aboutit ainsi à une affirmation de vérité, à un jugement de réalité. Dire que la permutation est légitime, c'est ne rien dire d'autre que ceci : par elle la raison a manifestement prise sur l'expérience.

293. — Généralisons maintenant la conception à laquelle nous conduit l'analyse du nombre *deux*. Un nombre, en tant qu'il peut revêtir l'aspect d'une représentation isolée et s'exprimer par une dénomination de forme simple ou complexe qui le désigne exclusivement, en tant qu'il devient enfin un objet pour l'intelligence, n'est que le résidu d'une équation; ce qui donne au nombre sa valeur d'intelligibilité, c'est la conception de l'équivalence qui relie l'objet numérique à l'opération par laquelle il est constitué. Il sera donc impossible de traduire par un terme unique le concept propre du nombre. Les mathématiciens-philosophes, en prétendant ramener le nombre au symbole figuré ou écrit qui prend place dans le corps du discours scientifique, ont été dupes d'une langue mal faite; ils ont imaginé un *signe* qui se suffit à lui-même, une *vérité* qui est une chose en soi, alors que dans la stricte exactitude il n'est permis de parler que de *signification* et de *vérification*. Le symbole disparaît en tant que symbole si on ne sait pas remonter au jugement qui le sous-tend; le calcul digital lui-même, qui a pu paraître le type de l'opération simple, décèle à l'observateur attentif une action à deux personnages : la main avec laquelle on compte, et la main sur laquelle on compte; supprimez cette dualité, grâce à laquelle le mouvement de la pensée s'exerce et

la relation de correspondance s'établit, il n'y a plus de calcul proprement dit, il n'y a qu'une mimique incohérente.

Il n'en est pas autrement du nombre considéré sous sa forme définitive, c'est-à-dire, lorsqu'un procédé régulier de numération permet l'extension indéfinie de la série des nombres. Le procédé de numération en usage dans les peuples civilisés est une combinaison méthodique de l'addition et de la multiplication. Dans le système décimal, par exemple, le premier terme de l'équation qui définit les nombres jusqu'à *dix* correspond à une addition; à partir de dix, il comprend une multiplication ou plus exactement une exponentiation. Cette diversité de composition n'entraîne aucune difficulté du moment que nous avons établi sur l'exemple du nombre *deux* l'équivalence du procédé duplicatif et du procédé additif, et fondé ainsi la possibilité de substituer l'un à l'autre.

On pourrait d'ailleurs demander à l'observation psychologique de mettre directement en évidence que l'équation constitutive du nombre est susceptible d'une interprétation en termes multiplicatifs ou en termes additifs. Ainsi, voici un fait curieux qui est consigné par le P. Bourdin dans ses *Objections* aux *Méditations* de Descartes : « J'ai connu quelqu'un qui en s'endormant avait entendu, un jour, sonner quatre heures, et avait fait ainsi le compte : *une*, *une*, *une*, *une*; et devant l'absurdité de sa conception, il s'était mis à crier : voilà l'horloge qui est folle : elle a compté quatre fois une heure[1]. » Le relâchement de l'attention a suspendu les réactions habituelles qui permettent l'application inconsciente du nombre; il a mis à nu l'effort qui a été nécessaire pour acquérir la notion numérique elle-même, et qui s'exprime par l'*équation* fondamentale : *quatre fois un égale une fois quatre.*

LE CONCEPT GÉNÉRIQUE ET LE NOMBRE

294. — Les études précédentes ont effleuré la question difficile qui a été la pierre d'achoppement de la philosophie mathématique contemporaine, peut-être de la philosophie contemporaine en général : la question des rapports entre la notion numérique et la notion générique. Nous avons à reprendre cette question, pour en tenter une solution systématique.

Tout d'abord nous nous contenterons de rappeler, puisque nous y avons insisté ailleurs[2], l'illusion dont procède la psycho-

1. *Objectiones septimæ* § 2, *AT*, VII, 457.
2. *La modalité du jugement*, p. 9.

logie classique du concept, et qui a eu sa répercussion dans la logique formelle, incapable d'éviter — incapable de trancher — l'alternative de la compréhension et de l'extension. Il ne saurait y avoir de concept en pure compréhension; car des qualités qui ne formeraient pas un faisceau et ne se rattacheraient pas à un objet, fût-ce un objet hypothétique ou chimérique, ne seraient nullement des qualités pensées comme telles. Il n'y a pas de concept en pure extension, parce que des individus qui ne seraient pas déterminés à l'aide d'un caractère perceptible, si vague qu'il soit, ne seraient nullement des objets pensés comme tels. Nous pourrions dire qu'il n'y a pas de concept du tout si, comme il est de tradition dans nos manuels de philosophie, à commencer par la *Logique* de Port-Royal, on entend par concept un élément simple de représentation correspondant au terme qui est l'élément simple du discours; il n'y a que des jugements. Par exemple, la notion de *français* consiste dans un jugement qui rapporte certaines particularités d'ordre physiologique ou intellectuel ou politique, à des individus que l'on peut rencontrer en un certain temps et sur un certain territoire; il est également impossible de connaître soit ces caractères sans se demander de quelque manière à qui ils sont, soit ces individus sans savoir en aucune façon quels ils sont. La réalité mentale de la notion de *français*, c'est la synthèse de l'extension et de la compréhension dans une relation qui, explicitée, prendrait la forme d'une proposition telle que celle-ci : *les Français sont français*. Le concept est donc le résidu d'un jugement; mais, par la dualité d'aspect qui est impliquée dans le jugement, il se prête à être utilisé dans des relations plus complexes, soit sous la forme de l'extension, soit sous la forme de la compréhension. *Français* figurera comme sujet dans cette affirmation : *les Français sont révolutionnaires*, et comme attribut dans celle-ci : *Robespierre est français*.

La réalité psychologique qui soutient le jugement constitutif du concept, consiste ainsi dans un acte de l'esprit qui se meut entre deux plans d'expérience : une expérience confuse et chaotique d'où on extrait les qualités par lesquelles se définissent les espèces et les genres, une expérience organisée où grâce aux prédicats qui leur sont communs les individus sont classés. Le concept est proprement un double processus de décomposition intellectuelle et de recomposition, une *méthode* au sens cartésien du mot, ou encore un *schème* au sens kantien (mais à la condition que l'on explicite le moment d'analyse régressive que Kant paraît avoir laissé dans l'ombre) : « Le concept de chien signifie une règle d'après laquelle mon imagination peut exprimer en général la figure d'un quadrupède, sans être astreinte à quelque chose de particulier que m'offre l'expérience ou même à quelque image possible que je puisse représenter *in concreto*[1]. »

295. — Telle est, suivant nous, la réalité psychologique du concept générique. Nous voudrions montrer à la fois que la notion numérique a une fonction toute différente à remplir, et que d'autre part elle représente comme le concept générique une frange d'activité intellectuelle, une méthode pour l'analyse et pour l'organisation de l'expérience.

Si le concept générique est considéré comme le concept proprement dit, le nombre, nous avons déjà eu occasion de le remarquer, aura un rôle inverse et complémentaire de celui du concept. Mis en présence d'objets fondus dans l'unité d'un genre, nous ne retenons qu'une seule image conceptuelle. Or, le nombre est l'instrument qui, en dépit de cette identité que revêt pour la perception un ensemble d'objets semblables, sera capable de faire obstacle à la fusion mentale; et Kant avait nettement aperçu ce rôle du nombre, tout en l'interprétant suivant une terminologie psychologique encore rudimentaire, lorsqu'il avait affirmé la nature intuitive du nombre. Par cette opposition profonde de tendances, on s'explique qu'antérieurement à l'intervention de l'idée de nombre, l'espace ait pu rendre le service de maintenir la diversité des individus dans l'identité de la classe. Par exemple, le P. Dobrizhoffer a relevé chez les Abipones cette forme curieuse de langage : « Quand ils reviennent de chasser les chevaux sauvages, ou de tuer des chevaux domestiques, personne ne leur demandera : combien en avez-vous rapportés? mais combien de place occupe la troupe de chevaux que vous avez ramenée[2]? »

D'une autre façon, encore, l'ethnographie confirme cette dualité radicale de la notion générique et de la notion numérique. Elle nous permet d'assister au travail de séparation progressive entre l'abstrait générique et l'abstrait numérique. Les nombres se développent à l'intérieur des classes, de telle sorte que la notation n'est pas la même suivant la qualité des objets auxquels ils se rapportent. Pour nous borner à un seul exemple, mais singulièrement significatif, M. Boas a donné le tableau suivant, qui

1. *A*, 141, *AKB*, t. IV, p. 101, tr. *Ba*, I, 101, *TP*, 178.
2. *Historia de Abiponibus*, II, 173. Cf. Lévy-Bruhl, *Les fonctions mentales dans les sociétés inférieures*, p. 207.

représente quelques-unes des formes usitées, dans le dialecte Heiltsuk de la Colombie britannique, pour désigner non pas *deux* à proprement parler, mais pour suppléer à l'absence du nom de nombre.

On aura pour	*deux êtres animés*	: Maalok.
—	*deux êtres ronds*	: Masem.
—	*deux êtres longs*	: Mats'ak.
—	*deux êtres plats*	: Matlqsa.
—	*deux jours*	: Matlp'enequls.
—	*deux brasses*	: Matlp'enkh.
—	*deux objets réunis*	: Matlouth.
—	*deux groupes*	: Matlsmots'ult.
—	*deux tasses remplies*	: Matl'aqtlala.
—	*deux tasses vides*	: Matl'aqtla.
—	*deux boîtes pleines*	: Masemala.
—	*deux boîtes vides*	: Masem.
—	*deux canots chargés*	: Mats'ake.
—	*deux canots avec leur équipage*	: Mats'akla.
—	*deux objets ensemble sur la plage*	: Maalis.
—	*deux objets ensemble dans la maison*	: Maalitl[1].

L'idée commune à toutes ces classes est latente, comme le prouve déjà l'identité de la racine qui entre dans ces diverses formes verbales. Elle se dégage explicitement lorsque chaque nombre est pourvu d'une expression uniforme, indépendante de toute référence aux classes. La victoire est alors complète, trop complète même; car la simplicité du terme risque d'effacer pour la conscience la complexité des efforts qui en ont préparé l'avènement. De même que la théorie du concept s'est perdue dans l'alternative insoluble de la compréhension et de l'extension, la doctrine du nombre devait se heurter à la dualité irréductible de l'*ordination* et de la *cardination*.

296. — Or on peut se demander si de part et d'autre l'illusion n'est pas semblable. Il n'y a ni nombre purement ordinal, ni nombre purement cardinal. Une collection qui est donnée d'un bloc à la perception comme un tout indivisible, n'est pas un nombre; elle ne devient un nombre que si les différents éléments en sont distingués pour être énoncés, c'est-à-dire si l'esprit est capable d'en remarquer successivement chaque unité. Et inversement une série d'unités qui défile devant l'esprit ne devient

1. *The North Western Tribes of Canada*, Reports of the British Association for the advancement of sciences, 1890, p. 658. *Cf.* Lévy-Bruhl, *op. cit.*, p. 224.

nombre que si un rang est assigné à chaque unité, c'est-à-dire si la pensée intervient pour introduire dans l'idée de l'unité qui passe l'idée de celles qui l'ont précédée, si elle sait convertir par conséquent la succession en simultanéité. Le rang de la série et le chiffre de la collection pourront être utilisés, chacun pris à part, dans des jugements ultérieurs, lorsqu'il s'agira de passer du domaine de l'arithmétique aux applications empiriques qu'il comporte, lorsqu'on aura, soit à déterminer la place d'un élément dans un système ordonné, soit à fixer la quotité des éléments dans un groupe donné. Mais si on veut ne retenir que la conception scientifique, pour en développer intégralement le contenu et en définir le principe, il est impossible de séparer l'ordination et la cardination — la série des actes successifs par lesquels l'esprit parcourt chacun des éléments, et la synthèse qui rassemble ces actes divers dans l'unité d'un objet intellectuel. Un signe tel que 5 suffira pour exprimer la notion numérique; mais il devra se traduire explicitement par une formule telle que celle-ci : *premier* et *second* et *troisième* et *quatrième* et *cinquième*, cela fait *cinq*. La démarche caractéristique de la pensée est encore ici une relation de correspondance : la correspondance entre la répétition de l'opération énumératrice et la représentation de la collection ainsi formée.

Dans cette correspondance se trouvera impliquée la vérité qui confère à la notion numérique une valeur scientifique dont la notion générique était dépourvue. En effet, puisque la permutation de deux éléments voisins n'a rien qui choque la raison ni qui contredise l'expérience, nous avons dû la considérer comme légitime; or, si cette interversion est légitime, de proche en proche, toute permutation est permise sans changer le résultat final. L'ordre de l'énumération est donc indifférent, c'est-à-dire que chacune des opérations successives par lesquelles la collection 5 a été formée, cesse d'être une opération qualitativement distincte de celle qui la précède et de celle qui la suit. On obtient ainsi une équation de la forme suivante : *premier* = *second* = *troisième* = *quatrième* = *cinquième*; et dans une semblable équation est impliquée la notion qui apparaît la dernière dans le développement de la pensée arithmétique parce qu'elle marque le terme extrême de l'abstraction numérique, la notion d'*unité*. Chaque unité est posée comme identique à une autre unité, c'est-à-dire que l'esprit ne s'arrête plus à aucune détermination spécifique, à aucun caractère intrinsèque de la chose, qu'il ne connaît plus rien de l'objet sinon ce fait qu'il le pose comme objet. Le jugement d'existence, réduit en quelque sorte à son principe simple et nu, l'acte qui pose l'objet, voilà ce que c'est que l'unité numérique; de là cette conséquence qu'il n'y a rien qui de l'intérieur distingue une unité d'une autre unité : elle sera seulement le *second* ou *troisième* acte, qui pose l'objet *deux* ou *trois*; de là l'homogénéité absolue des unités numériques, d'où dérivent les diverses propriétés du calcul numérique.

297. — Nous pouvons maintenant répondre à la question : qu'est-ce que la notion de nombre? Le nombre n'est pas un concept au sens traditionnel du mot, ni même un jugement à proprement parler; c'est une loi de raisonnement, c'est la condition d'un double processus de décomposition et de composition, ou, comme on dit encore, d'analyse et de synthèse, tel que nous l'avons retrouvé dans l'idée du *schème* de Kant et surtout dans l'idée de la *méthode* cartésienne. Mais Descartes avait introduit entre les deux processus l'exigence de l'évidence, qui conférerait aux éléments de la déduction une valeur absolue et qui permettrait à la synthèse rationnelle de s'établir *a priori* comme système de l'univers. Il imposait ainsi à l'emploi de la « méthode » des conditions qui en altèrent, et même en restreignent singulièrement, la portée. L'essence de la « méthode » serait au contraire, suivant nous, dans la relativité des idées claires et distinctes. Les nombres sont des éléments isolés par une abstraction *sui generis* de la réalité unique de l'univers; et l'ordre intérieur de la synthèse numérique est vérifié par la confrontation de ses résultats avec les données de la perception.

Nous dirons donc qu'au point de départ de l'analyse se trouve la réalité perçue; d'ailleurs, que l'activité de la pensée mathématique ne puisse s'exercer que sur le monde de l'expérience, c'est presque une naïveté que de le dire, car l'expérience est coextensive à l'existence elle-même. Mais les groupes fournis par la perception sont soumis à l'activité résolutoire qui discerne chacun des éléments du groupe, qui le ramène au simple fait de présence, à l'acte de poser l'objet, et de le compter pour *un* Des unités rendues ainsi homogènes les unes aux autres, la pensée synthétique va refaire un nombre. L'addition rectiligne, unité par unité, que l'on considère d'ordinaire comme essentielle à la constitution du nombre, comme antérieure au calcul proprement dit, est une opération comme les autres, une forme simple d'addition, laquelle du reste ne peut être pratiquement effectuée que sur les premiers nombres de la série; tout système de numération est obligé de faire appel à la multiplication, et nous avons vu en fait que la duplication avait dès l'origine joué un rôle essentiel dans la formation des notions numériques.

Que l'on utilise donc l'addition un à un, la duplication, ou telle combinaison que l'on voudra de l'addition et de la multiplication; la synthèse constitutive du nombre est également valable; c'est par l'équivalence des opérations synthétiques que se définit en dernier ressort la notion de nombre. Je pourrai avoir les expressions suivantes : $1+1+1+1+1+1$, ou bien encore $2+4$, ou bien 2×3, ou bien $2+2+2$; ces opérations sont distinctes; mais elles sont équivalentes, parce que le nombre auquel elles aboutissent est identique : c'est le nombre 6. Et la preuve en est immédiate; si je fais correspondre à chacun des groupements qui définissent ces opérations, la forme qui exprime les unités homogènes dont elles se composent, j'obtiens la même juxtaposition d'unités : IIIIII. Suivant l'ingénieuse formule de M. Whitehead, qui unit d'une façon si frappante la fécondité pratique et la rigueur logique de la science mathématique, le *paradoxe* est devenu *truisme*[1]. Toute démarche positive de la pensée est une synthèse; toute démonstration est une analyse. Mais la synthèse rationnelle est celle qui est susceptible d'une résolution intégrale, par laquelle elle se vérifie.

LE PRINCIPE DIT D'INDUCTION COMPLÈTE

298. — Nous avons dû insister sur la complexité effective et sur la spécificité de la fonction remplie par le nombre; ce n'était pas seulement afin d'atteindre à l'intelligence du nombre lui-même et de marquer la vérité qu'il implique; c'est aussi afin de nous mettre en état de résoudre, ou, plus exactement, de poser dans leurs véritables termes, les problèmes soulevés par le développement des opérations mathématiques.

Ainsi, pour étendre aux combinaisons entre nombres déjà constitués le dynamisme intellectuel d'où procède la constitution du nombre, les mathématiciens contemporains invoquent un principe dont la formule est la suivante : « Si une propriété est vraie du nombre 1, et si l'on établit qu'elle est vraie de $n+1$ pourvu qu'elle le soit de n, elle sera vraie de tous les nombres entiers[2]. »

Le procédé de démonstration, qui s'appuie sur ce principe a été introduit dans la mathématique par un savant italien du XVIe siècle, Francesco Maurolico, qui en a souligné lui-même

1. *A Treatise of universal Algebra*, vol. I, 1898, p. 6. Cf. Couturat, Revue de métaphysique, 1900, p. 325.
2. Poincaré, Revue de métaphysique, 1905, p. 818.

toute la nouveauté[1]. Les anciens ne l'ont pas connu, ou, en tout cas, ils n'en ont pas fait état : par sa nature propre, leur logique tendait à ne considérer que des règles relatives à des classes déterminées d'objets finis, tandis que dans la formule de Maurolico il y a un principe de progression qui déborde les cadres de la représentation statique et réaliste. C'est même ce contraste entre les exigences de l'intuition et la loi de progression, qui a introduit un certain flottement dans les explications des mathématiciens contemporains relatives au procédé de Maurolico. Non que le fond des idées ne soit clair et assuré, qu'il y ait là quelque difficulté technique à éclaircir; la confusion vient d'une terminologie malencontreuse, mais qui suffisait à masquer la signification philosophique de l'opération.

Il est arrivé, en effet, que l'on a voulu voir dans le procédé de Maurolico un procédé d'ordre inductif, et on a cru devoir le rattacher à un principe d'induction mathématique : *induction successive*, disait de Morgan, ou, suivant la formule en usage, *induction complète*. Or, si l'on tient à écarter toute équivoque, il est nécessaire de bien montrer qu'il ne saurait s'agir, à aucun degré, d'induction; car il n'y a en aucune façon passage du particulier au général tant du moins que l'on conserve aux mots *particulier* et *général* le sens qu'ils ont dans l'ordre des concepts génériques. Ce qui détermine les concepts génériques, c'est le processus d'abstraction qui, de l'observation des réalités individuelles, conclut à une essence commune. Par exemple, tous les personnages qui, dans l'histoire de France, ont porté le nom de Louis Ier, de Louis II, etc., jusqu'à Louis XVI, ayant exercé la royauté, on va du particulier au général, lorsqu'on pose en principe que semblable dénomination désigne les souverains effectifs de la France. Et de l'existence de personnages historiques connus sous les noms de Louis XVII et Louis XVIII, on déduit qu'ils ont tous deux occupé le trône de France; ce qui est vrai pour Louis XVIII, faux pour Louis XVII. On a été d'une règle générale à un cas particulier; mais cette règle générale, n'ayant été obtenue que par l'observation d'un certain nombre de cas particuliers, n'est, en définitive, qu'un résumé des particularités déjà observées, lequel n'offre aucune espèce de garantie en présence d'une particularité nouvelle.

Tel est le processus de l'induction proprement dite. Quand on

1. Voir la préface des *Arithmeticorum libri duo* (écrits en 1557, publiés à Venise en 1575), citée par G. Vacca : *Sur le principe d'induction mathématique*, Revue de métaphysique, 1911, p. 30.

s'y réfère pour définir la déduction arithmétique, on s'expose à faire fond sur l'illusoire ou sur l'incertain, exactement comme autrefois Taine se referait à l'hallucination pour définir la perception normale, s'obligeant ainsi à justifier le passage du faux au vrai par l'invocation d'une finalité mystérieuse de la nature[1]. Il est facile, d'ailleurs, de retrouver l'origine de ce renversement dans l'ordre naturel des idées. Si on parle d'induction arithmétique, c'est qu'on imagine 1, 2, 3,... 16, 17, etc., comme des réalités particulières que l'on assimile à Louis Ier, Louis II,... Louis XVI, Louis XVII. Or cette assimilation, dont nous avons eu occasion de rappeler les racines séculaires, et qui se justifie d'ailleurs, nous allons le voir, pour une théorie comme celle de la divisibilité, ferait ici contresens. Louis Ier et Louis II, Louis XVII et Louis XVIII, sont des individus dont l'existence et dont la destinée sont nettement observables, indépendamment de la classe où leur appellation usuelle les a fait rentrer, tandis que dans les nombres il n'y a rien qui marque les degrés d'abstraction ou de généralisation. Ce qui est commun à tous les nombres, c'est le processus qui les constitue chacun en particulier; de sorte que les raisonnements qui reposent sur les lois de ce processus s'appliquent nécessairement à ces nombres puisqu'ils dérivent des conditions sans lesquelles les nombres ne seraient pas engendrés. Le principe d'*induction complète*, dont on a décrit l'application particulière à tel ou tel nombre déterminé sous le nom de raisonnement par récurrence, est un principe de *déduction progressive* dont l'application est assurée *a priori* du succès puisque les nombres sont les produits de cette déduction progressive. En d'autres termes, affirmer qu'une propriété qui se transmet de 0 à 1, de n à $n+1$, vaut pour l'universalité des nombres, c'est passer, suivant la terminologie ingénieuse des logisticiens, d'une génération nécessaire et idéale à un héritage nécessaire et idéal. Le plan dans lequel la pensée se meut ne rencontre pas l'induction vulgaire, qui aurait affaire à des individus réellement engendrés et où la même question se poserait sous la forme suivante : *Le fils de Louis XVI a-t-il été son successeur au trône de France?*

Les logisticiens ont donc raison de soutenir, contre M. Poin-

1. Voir les remarques judicieuses de Garnier sur la thèse manuscrite de Taine : *les Sensations* (17 mai 1852) : « qu'est-ce que c'est encore que la nature qui a l'*intention* de nous faire connaître l'extérieur et qui emploie pour cela un moyen *ingénieux*? » H. Taine, *Sa vie et sa correspondance*, t. I, 1902, p. 256.

caré[1], qu'il n'est pas besoin d'un principe synthétique nouveau pour passer du procédé qui définit les nombres entiers finis au procédé de raisonnement qui s'applique à ces nombres finis, pour démontrer l'associativité et la commutativité de l'opération additive — ou encore, suivant l'exemple même donné par Maurolico et par de Morgan[2], la formation des carrés consécutifs par la sommation des nombres impairs.

Mais il ne servirait à rien de dire que l'application du procédé n'est que la conséquence analytique de la définition du nombre entier, puisque la méthodologie logistique a fait heureusement justice de l'importance philosophique autrefois conférée à l'idée de définition. Riehl cite ce mot profond de Lambert : « La base de la science, ce n'est pas la définition, mais ce qu'il est nécessaire de savoir au préalable pour constituer la définition[3]. » Le principe de la synthèse est déjà dans le dynamisme intellectuel qui crée la série des nombres naturels; et c'est pourquoi il s'étend comme de lui-même à celles des combinaisons arithmétiques qui sont du même ordre que les opérations constitutives, addition ou multiplication.

Section C. — La division.

299. — Si l'on commence par supposer que l'arithmétique doit être la conséquence purement logique d'un principe posé *a priori*, on comprend que le débat philosophique se soit concentré sur la nature et sur la valeur de principe d'induction complète. Mais si l'arithmétique est une science capable de réfléchir sur ses notions fondamentales et d'en approfondir les caractéristiques objectives, il se peut que la vérité scientifique soit capable d'une extension qui déborde le cadre de l'induction complète; et c'est ce qui se produit en fait dès que l'on considère la soustraction et la division.

Pourtant, d'un point de vue purement formel, il n'y a là rien qui soit proprement nouveau. Puisque l'addition et la multiplication sont en réalité des relations primitives qui sont antérieures à la conception du nombre comme tel, ces relations conduisent immédiatement à la relation inverse. Dire que *trois* plus *un* constitue *quatre*, c'est dire que *quatre* moins *un* constitue

1. Voir en particulier Couturat, *Pour la logistique*, Revue de métaphysique, 1906, p. 249.
2. G. Vacca, *loc. cit.*, p. 31.
3. *Der philosophische Kriticismus*, 2e édit. t. I, p. 227.

trois; la relation soustractive est, pourrait-on dire, une autre façon de lire la relation additive; et de même pour la division par rapport à la multiplication.

Seulement, s'il y a symétrie parfaite dans les principes, une dissymétrie remarquable va se trouver dans les conséquences. Entre entiers positifs toute relation d'addition, ou toute relation de multiplication, reproduit un entier positif. Il n'en est pas de même pour la soustraction et la division; ici on se heurte à des impossibilités, devant lesquelles pourtant l'esprit humain ne peut s'arrêter définitivement; il faudra qu'il brise le cadre de ses préjugés et de ses catégories, qu'il renverse les barrières où il aurait aimé à s'enfermer.

Pour l'étude des fonctions de l'intelligence mathématique, c'est à la considération de la division que nous devons-nous attacher en premier lieu. De fait, nous avons vu apparaître, dès l'époque du papyrus de *Rhind*, les calculs d'ordre pratique qui ont donné naissance à la théorie des fractions, dès l'époque pythagoricienne, les considérations d'ordre spéculatif qui ont donné naissance à la théorie des nombres; et cette antériorité de la division, par rapport à la soustraction, a laissé une trace dans les habitudes des mathématiciens qui rattachent à l'arithmétique les nombres fractionnaires, à l'algèbre les nombres négatifs.

LES ÉLÉMENTS DE LA THÉORIE DES NOMBRES

300. — Peut-être rendra-t-on raison de cette antériorité en observant que, si la division est techniquement moins facile que la soustraction, elle correspond à une opération que les besoins de la vie sociale devaient faire apparaître d'assez bonne heure à titre d'acte nécessaire et d'acte simple : l'opération du partage entre plusieurs individus; opération qui, comme celle de l'échange, impliquait naturellement le maniement des objets, et qui, s'accompagnant ainsi d'un jeu d'images nouvelles, apportait le soutien de l'intuition au processus de l'intelligence.

D'autre part, les cas d'impossibilité auxquels on se heurtait presque immédiatement ont présenté un tout autre caractère pour la division que pour la soustraction.

La soustraction est arithmétiquement impossible quand, de deux nombres quelconques, celui que l'on devrait retrancher se trouve plus grand que l'autre; l'impossibilité ne tient nullement à ce qu'il s'agit de tel ou tel nombre. Il en est tout autrement pour la division; il y a des divisions qui peuvent se faire exactement, et d'autres qui ne peuvent pas se faire; mais cela ne tient plus seulement à l'occasion qui a mis en présence deux nombres quelconques.

Un nombre tel que 12 se divisera par 2, ou par 3, ou par 4; au contraire, quel que soit le diviseur (autre que l'unité), 13 ne se divisera pas. De là naquit la croyance, antique et tenace, qu'il y a dans le premier comme une vertu secrète qui le fait se prêter au partage équitable, qui lui permet de satisfaire au droit de tous; dans le second comme une malice occulte qui le rend réfractaire à l'exacte répartition, générateur d'inégalités et de querelles.

Or, si nous traduisons dans le langage de la spéculation ces remarques élémentaires, nous serons amenés à dire que la possibilité ou l'impossibilité de la division nous donne accès aux propriétés permanentes des nombres, caractéristiques de leur essence. C'est par un effet de leur nature intime que 4 est pair, que 5 est impair, comme c'est par une propriété de nature que les bœufs sont ruminants, ou que tel bœuf est blanc. C'est par nature également que 12 se trouve divisible par quatre nombres différents de l'unité, ou que 13 ne l'est par aucun, qu'il est un *nombre premier*. Et les nombres premiers devaient d'autant plus facilement attirer l'attention que dans l'établissement de la numération c'étaient ceux que le procédé multiplicatif était incapable d'atteindre, ceux qu'il fallait rattraper ensuite par le procédé plus lent de la progression arithmétique de raison 1, et intercaler entre les produits déjà définis.

304. — L'étude de la division n'a donc plus du tout le même caractère que l'étude de la multiplication : au lieu de déterminer simplement des procédés de calcul qui sont toujours applicables de la même façon, elle conduit à une spéculation théorique sur les propriétés intrinsèques, sur les qualités, de tel ou tel nombre pris en particulier, et indépendamment du choix d'un système de numération. Aussi, pour établir la base de la théorie de la divisibilité, le mathématicien va-t-il se trouver dans cette nécessité de recourir aux procédés de la méthode inductive, en ce qu'elle a de spécifiquement opposé à la déduction analytique par laquelle sont démontrées les lois de l'addition et de la multiplication. La constitution élémentaire, à l'avance définie, des entités numériques rendra seulement plus simple et plus sûr l'usage de la méthode. A ce titre, l'étude de la divisibilité, qui est à la base de la théorie des nombres, est un exemple privilégié pour l'analyse des différentes formes de l'induction.

Tout d'abord, l'induction se fait par énumération simple, et il sera facile d'obtenir des conclusions rigoureuses, en poussant l'énumération jusqu'à l'exhaustion des éléments à considérer. Par exemple, si nous envisageons le nombre 137, nous pourrons sans peine épuiser la liste de ses diviseurs possibles, en essayant tour à tour les nombres inférieurs ou égaux à $\sqrt{137}$, c'est-à-dire les entiers au-dessous de 12. Si le résultat est négatif, nous dirons que 137 est premier. En un sens 137 est bien un pur objet intellectuel, une création *a priori* de l'esprit; mais en un autre sens nous ne connaissons pas *a priori* sa nature, et, pour savoir s'il est divisible ou non, nous devons procéder par une série de tâtonnements analogues à la recherche expérimentale, par une enquête *a posteriori*. L'expression classique de crible (d'Eratosthènes), par laquelle on désigne le procédé pour éliminer, dans une suite de nombres naturels donnés : 1, 2, 3... n, tous les multiples des nombres premiers successifs inférieurs à $\sqrt{n}$, marque d'une façon heureuse le caractère instrumental et physique de l'opération.

L'enquête expérimentale a pour objet d'établir des lois. Ces lois seront-elles le résultat d'une généralisation empirique, ou la conséquence d'une nécessité qui relie les caractères intrinsèques des choses? Les exemples empruntés à la théorie des nombres sont ceux qui mettent le mieux en lumière la difficulté de passer d'une conception à l'autre. Ainsi, en réponse à une « conjecture » que lui avait soumise Goldbach, Euler énonce, comme un fait certain, quoiqu'il n'ait pu en avoir la démonstration, que tout nombre pair est une somme de deux nombres premiers[1]. Par exemple, de 30 à 40, on a :

$$
\begin{aligned}
30 &= 23 + 7;\\
32 &= 31 + 1;\\
34 &= 31 + 3;\\
36 &= 31 + 5;\\
38 &= 31 + 7;\\
40 &= 23 + 17.
\end{aligned}
$$

La proposition, connue sous le nom de *théorème empirique de Goldbach*, n'a pas encore été démontrée; mais elle n'a pas été démentie non plus. A mesure que la vérification empirique sera poussée plus loin, la tentation sera plus grande de faire fond sur la régularité des résultats pour escompter l'existence

1. *Lettre d'Euler* du 30 juin 1742, *apud* Correspondance mathématique et physique, éd. Fuss, t. I, 1843, p. 135 (La lettre de Goldbach se trouve p. 127).

d'une loi naturelle; et parfois, nous devons bien le reconnaître, il y a une probabilité assez grande pour qu'on puisse, au besoin, tirer d'une telle proposition des conséquences qui auraient une chance sérieuse d'être vraies[1].

Mais cette apparence de régularité peut être trompeuse; et l'exemple d'un mathématicien tel que Fermat est trop significatif à cet égard pour ne pas être rapporté ici. Il écrivait à Frenicle : « Je suis quasi persuadé que tous les nombres progressifs augmentés de l'unité, desquels les exposants sont des nombres de la progression double, sont nombres premiers, comme

3 5 17 257 65 537 4 294 967 297

et le suivant de 20 lettres

18 446 744 073 709 551 617; etc.

Je n'en ai pas la démonstration exacte; mais j'ai exclu si grandes quantités de diviseurs par démonstrations infaillibles, et j'ai de si grandes lumières, qui établissent ma pensée, que j'aurais peine à me dédire[2]. »

Lorsque Goldbach attira l'attention d'Euler sur cette proposition que Fermat croyait vraie, sans en avoir pourtant la preuve, Euler lui répondit immédiatement[3] que, sûrement, la recherche inductive n'avait pas été poussée jusqu'à la forme $2^{2^6}+1$;

1. C'est ainsi que Joseph Bertrand utilise dans un de ses Mémoires « un *postulatum* relatif aux nombres premiers, qu'il s'est contenté de vérifier à l'aide des tables jusqu'à la limite 6 millions, sans toutefois chercher à le démontrer ». (La proposition a été d'ailleurs établie depuis). Darboux, *Éloge de J. Bertrand*, décembre 1901, *apud* Bertrand, *Éloges académiques*, Nouvelle série, p. xxv.

2. Lettre écrite vers août 1640, édit. Tannery-Henry, t. II, p. 206. Cf. *Lettre à Pascal* du 25 septembre 1654, *Œuvres* de Pascal, t. III, 1908, p. 418 : « Au reste, il n'est rien à l'avenir que je ne vous communique avec toute franchise. Songez cependant, si vous le trouvez à propos, à cette proposition :

Les puissances carrées de 2, augmentées de l'unité, sont toujours des nombres premiers.

Le carré de 2, augmenté de l'unité, fait 5, qui est nombre premier.

Le carré du carré fait 16 qui, augmenté de l'unité, fait 17, nombre premier.

Le carré de 16 fait 256, qui, augmenté de l'unité, fait 257, nombre premier.

Le carré de 256 fait 65 536, qui, augmenté de l'unité, fait 65 537, nombre premier. Et ainsi à l'infini.

C'est une propriété de la vérité de laquelle je vous réponds. La démonstration en est très malaisée, et je vous avoue que je n'ai pu encore la trouver pleinement; je ne vous la proposerais pas pour la chercher, si j'en étais venu à bout. »

3. Lettre du 8 janvier 1730, *op. cit.*, 18.

et, de fait, dès la forme $2^{2^5}+1$, l'affirmation se trouve en défaut, comme Euler s'en aperçut quelques années plus tard. Tandis que $2^2+1, 2^{2^2}+1, 2^{2^3}+1, 2^{2^4}+1$ sont des nombres premiers, il se trouve — « je ne sais pourquoi (*nescio quo fato*)[1] » — que $2^{2^5}+1$ n'est pas un nombre premier ; « j'ai observé, en m'occupant de problèmes bien différents, que ce nombre (4294967297) est divisible par 641. »

302. — Que l'anticipation intuitive ait risqué d'égarer celui en qui Pascal voyait « le premier homme du monde », c'est, à coup sûr, ce qui peut le mieux suggérer aux profanes l'idée de la difficulté que présentent dans ce domaine les démonstrations déductives, et de la diversité des méthodes qui doivent être utilisées à cet égard.

Parmi ces méthodes, nous relèverons celle qui nous paraît caractériser avec le plus de netteté la spécificité de la théorie des nombres par rapport à la conception commune de l'arithmétique : c'est celle que Fermat appelle *descente infinie ou indéfinie*. Par exemple, pour faire la preuve de ce théorème : « tout nombre est carré ou composé de deux, de trois ou de quatre carrés », Fermat établit « que, si un nombre donné n'était point de cette nature, il y en aurait un moindre qui ne le serait pas non plus, puis un troisième moindre que le second, etc., à l'infini ; d'où l'on infère que tous les nombres sont de cette nature[2] ». Cette inférence est le véritable raisonnement par récurrence. Comme la déduction progressive qui est le ressort de l' « induction complète », elle implique la considération de l'infini ; mais l'infini ne s'y trouve manié que sous forme négative, pour aboutir à une forme de réduction à l'absurde. Un tel raisonnement ne dépasse donc pas l'usage que les anciens faisaient de l'infini ; et de fait, comme Gennochi l'a reconnu[3], il a été employé par Euclide. Pour démontrer que tout nombre composé A comprend parmi ses diviseurs un nombre premier B, Euclide fait voir qu'autrement le nombre A aurait une infinité de diviseurs, toujours plus petits les uns que les autres[4]. Conclusion

1. *Observationes de theoremate quodam Fermatiano, aliisque ad numeros primos spectantibus* (1732). Commentarii Academiæ Scientiarum Imperialis Petropolitanæ, t. VI, Saint-Pétersbourg, 1738, p. 104.

2. *Relation des nouvelles découvertes en la science des nombres*, à Carcavi (août 1659), édit. Henry-Tannery, t. II, p. 433.

3. Annali di scienze mathematiche e fisiche, Rome, t. VI, 1855, p. 306. Cf. Vacca, Revue de métaphysique, 1911, p. 255.

4. VII, 31, édit. Heiberg, t. II, p. 250.

dont un Scoliaste donne ce commentaire intéressant : « Dans les nombres *entiers* il n'y a pas d'infinité dans le sens de la diminution; car la série décroissante des nombres s'achève à l'unité qui est la commune mesure et le premier de tous les nombres » : ἐν ἀριθμοῖς γὰρ ἀπειρία κατὰ τὸ ἔλαττον οὐκ ἔστι· πεπεράτωνται γὰρ οἱ ἀριθμοὶ κατὰ τὴν μονάδα, ἥτις ἐστὶ κοινὸν πάντων μέτρον καὶ πρῶτον[1].

LA THÉORIE DES FRACTIONS

303. — Pour les philosophes qui assimilent le raisonnement mathématique à la déduction analytique, la constitution de semblables doctrines a un caractère paradoxal. La théorie des nombres, dont nous venons de rappeler les plus simples éléments, est une spéculation qui n'a d'autre but, selon la célèbre expression de Jacobi, que l'honneur de l'esprit humain; l'on rapporte, écrit M. Félix Klein, que Kummer a dit un jour que la théorie des nombres était la seule branche *pure* de notre science, non souillée encore par le contact avec les applications[2]. Or cette spéculation abstraite se développe suivant le rythme d'une science naturelle; les vérités s'y découvrent et s'y établissent par une méthode qui est effectivement, comme Hermite l'avait montré[3], une méthode d'observation, tandis qu'au contraire l'arithmétique vulgaire, sortie de la pratique et développée en vue de la pratique, a conservé l'allure d'une construction déductive où l'esprit crée lui-même ses concepts et pose *a priori* les lois de leurs relations.

Le paradoxe s'évanouit si l'on considère que l'addition ou la multiplication vont dans le sens des procédés qui engendrent les nombres, que la division est orientée dans une direction opposée à cette synthèse constitutive. Elle suppose donc que cette synthèse est déjà accomplie, que les nombres seront des entités constituées, susceptibles d'être présentées comme des réalités naturelles et auxquelles il y aura lieu d'attribuer tel ou tel prédicat. La méthode par laquelle se justifieront ces jugements d'attribution ne doit donc pas différer des procédés par lesquels nous cherchons à pénétrer la structure des objets que l'univers nous fournit; ou plutôt toute la différence est dans la précision et la rigueur des applications.

1. *Ibid.*, t. V, 1888, p. 382. Cf. Vacca, *ibid.*, p. 355.

2. *Conférences de Chicago* (1893), tr. Laugel, 1898, p. 58.

3. Voir en particulier la note insérée dans le *Mémoire* de Chevreul : *Distribution des connaissances humaines*, etc. (Mémoires de l'Académie des Sciences, Nouvelle collection, t. XXXV, 1866, p. 529).

qui font de la théorie des nombres le modèle des sciences naturelles.

Mais aussi, et en vertu de la supposition fondamentale qui est inhérente à la théorie des nombres, l'étude de la division n'est pas épuisée dans cette spéculation abstraite sur les relations de dividende à diviseur. D'ailleurs les nécessités de la pratique invitent l'esprit humain à s'engager dans une voie différente, qui lui permettra d'opérer avec succès là même où une exacte division en nombres entiers n'est pas possible.

304. — Ici encore, par rapport à la soustraction, la division présente un avantage qu'il est important de mettre en lumière. Soustraire 17 de 5 est une opération qui, par elle-même, ne présente aucun sens et qui, tant qu'on demeure dans la sphère des entiers positifs, semble être au delà du possible. La division de 17 par 5 n'a pas, si l'on peut ainsi parler, le même caractère d'impossibilité. Sans doute le résultat n'en peut être indiqué avec exactitude; du moins aperçoit-on qu'il devrait être intermédiaire entre les résultats de deux autres divisions. Si 17 est à diviser par 5, c'est plus que 15 et c'est moins que 20. Le résultat est donc à la fois plus grand que 3, et plus petit que 4. Des inégalités auxquelles conduit la considération de ce dividende intermédiaire entre les dividendes 15 et 20, on passe ainsi à un nouveau type d'inégalité, dont les termes extrêmes seraient les quotients 3 et 4, c'est-à-dire deux entiers consécutifs; et entre ces deux formes d'inégalité l'analogie est toute naturelle pour la pensée dégagée de toute considération spéculative sur l'absolu des nombres. Il y a plus : dans ces dernières inégalités on trouve des différences à marquer. Le résultat de la division par 5 de 16 ou de 17, de 18 ou de 19, apparaît comme devant être plus grand que 3 et plus petit que 4; pourtant, on soupçonne qu'il ne sera pas le même, puisque le reste de la division est successivement : 1, 2, 3 et 4. Il s'introduit ainsi, de par la considération des entiers successifs, de nouvelles inégalités à l'intérieur de l'inégalité principale, des rapports croissants de grandeurs qui forment une sorte de progression à l'imitation de la progression des nombres entiers. On pourrait pousser plus loin encore l'analyse: car jusqu'ici nous avons considéré des restes en relation avec un même diviseur; mais la pratique de la division nous met nécessairement en présence du cas inverse, où ce n'est plus seulement le dividende, mais aussi le diviseur qui varie.

Il suffit d'avoir montré que, sans introduire dans notre langage d'autres termes que des nombres entiers, nous pouvons concevoir différentes espèces de rapports comme conséquences naturelles de la division que nous devons effectuer sur des nombres. En fait, ces rapports entre *restes* et *modules* fournissent la matière d'une théorie comme celle des *congruences*.

305. — Or, une fois que ces différents rapports ont été conçus, l'idée de fraction est-elle acquise? n'y aurait-il plus pour constituer la notion de fraction qu'à créer une expression symbolique de ce rapport? Par exemple (2 : 3) désignera le résultat idéal d'une division non effectuée; et si nous décidons de fonder sur cette combinaison de signes un calcul comparable au calcul des unités numériques, nous pourrons poser le postulat suivant : $(2:5) \times 5 = 2$; d'où nous pourrons déduire, en nous appuyant sur les rapports des opérations dans l'arithmétique élémentaire, les règles des opérations relatives à ces expressions nouvelles.

On aurait ainsi justifié le calcul des fractions. En effet, comme le dit M. Riquier, « le point de vue arithmétique... conduit exactement aux mêmes règles que le point de vue physico-arithmétique auquel on se place presque toujours ». Et il ajoute : « Bien qu'en fait la notion de fraction ait sa source incontestable dans la recherche d'un procédé commode pour mesurer les grandeurs concrètes, on peut lui assigner, comme origine logique, la recherche d'une commodité analytique[1]. »

Du point de vue où nous nous sommes placé, nous tirerons de ces remarques une conclusion contraire à celle de leur auteur. Pour nous l'arithmétique des nombres entiers est déjà une discipline physico-arithmétique, et c'est ce qui en fait la valeur de science. Dès lors, si nous voulons conserver cette valeur, nous devons maintenir dans le domaine des fractions le même ordre de connexion que dans le domaine des nombres entiers, et concevoir qu'aux transformations mentales effectuées sur les expressions fractionnaires correspondent des transformations effectuées sur les choses elles-mêmes.

306. — Nous n'avons pas besoin d'insister sur le caractère de ces dernières transformations, le mot même de *fraction* suffit à en indiquer la nature élémentaire. Il y a une foule d'objets qui se présentent avec cette double propriété que chacun d'eux constitue une individualité unique et qu'il est susceptible d'être brisé en un certain nombre de parties. Lorsque la division mentale ne donnerait, à suivre les lois qui régissent les nombres

1. *De l'idée de nombre considérée comme fondement des sciences mathématiques*, Revue de métaphysique, 1893, p. 348.

entiers, aucun moyen d'opérer un partage exact, une opération manuelle permet d'obtenir avec un seul objet un nombre déterminé de nouveaux objets, et la répartition s'accomplit sur ces objets nouveaux : chaque partie devient une part. Sans doute, si les unités entières qu'on avait d'abord posées étaient des entités métaphysiques, si le nombre était un absolu, la résolution d'une unité en parties aliquotes serait une contradiction dans les termes. Mais, puisque le nombre est une réalité mentale correspondant à une réalité physique, il serait étrange que l'esprit de l'homme se laissât arrêter par l'instrument même qu'il s'est forgé, qu'il se refusât à suivre les transformations dont ses yeux sont témoins et à les traduire dans un réseau parallèle de transformations mentales. A la réalité physique du fractionnement correspondra la réalité mentale de la fraction.

De nouveau, par conséquent, la connexion va s'établir entre le dynamisme de l'intelligence et les données de l'expérience. Certes, le calcul des fractions n'est pas de nature empirique; l'expérience ne nous apporterait pas l'homogénéité des objets nouveaux que nous obtenons comme résultat matériel du fractionnement. C'est par un élan de l'esprit, et qui a la valeur d'une véritable découverte, que nous assimilons ces objets aux unités du calcul arithmétique, que nous leur appliquons les modes de combinaison valables pour les nombres entiers. Mais, grâce à l'expérience, la fonction externe de coïncidence s'ajoute à la fonction de connexion interne; des combinaisons de symboles abstraits deviennent des vérités. Ce n'est pas par convention, c'est effectivement, matériellement aussi bien qu'intellectuellement, qu'une unité numérique, partagée en cinq parties, sera considérée comme cinq *cinquièmes*[1]. Entre ces cinquièmes on établira les mêmes rapports qu'entre les nombres entiers, en particulier les rapports d'addition et de soustraction. De plus, chacun de ces cinquièmes, étant traité comme unité, pourra être à son tour le point de départ d'un fractionnement semblable; une nouvelle unité fractionnaire naîtra, qui sera par rapport au cinquième ce que le cinquième lui-même est par rapport à l'unité primitive. Il faut cinq de ces unités nouvelles pour faire un cinquième; dès lors, on devra prendre cinq fois cinq de ces unités nouvelles, ou vingt-cinq unités, pour refaire l'unité primitive; chacune de ces unités nouvelles est un vingt-cinquième.

1. Voir sur ce point les réflexions de M. Guillaume, Revue générale des sciences, 1906, p. 877.

Nous pourrons donc poser les égalités suivantes,

$$\frac{1}{5}=\frac{25}{5}, \quad \text{ou} \quad \frac{1\times 5}{5\times 5}=\frac{25}{5},$$

c'est-à-dire que nous retrouvons le principe fondamental auquel nous avait conduit la considération des rapports entre *reste* et *diviseur*. Il n'y a pas deux sortes différentes de combinaisons, les unes que nous expérimentons sur les fragments d'objets, les autres que nous formons sur les expressions abstraites nées du symbolisme opératoire; mais c'est une même idée que nous apercevons à travers deux aspects différents, ou plus exactement ce sont ces deux aspects dont la synthèse constitue l'idée.

L'EXTENSION DE LA VÉRITÉ ARITHMÉTIQUE

307. — Si simples qu'elles soient, les démarches par lesquelles se justifient à titre de vérités scientifiques les principes du calcul des expressions fractionnaires, sont importantes à bien interpréter; car elles marquent, nous l'avons déjà vu en examinant l'évolution de l'arithmétisme, un tournant décisif dans l'orientation de la philosophie mathématique.

Ou l'arithmétique, constituant les nombres par la voie de l'addition ou de la multiplication, crée des objets dont il est permis d'affirmer la réalité intrinsèque et qui deviennent des limites pour l'investigation; le nombre naturel est une somme ou un produit d'unités qui sont d'une façon absolue des *éléments*, comparables aux atomes de Démocrite.

Ou la connexion entre les concepts et les objets, entre le cours de la pensée et le cours des choses, qui a donné naissance à la science des entiers positifs, n'est que la forme initiale de la connexion que la mathématique établit entre les combinaisons idéales et les données de la perception; et, alors, en passant du calcul des entiers au calcul des fractions, en substituant la notion fondamentale du *rapport* à la notion fondamentale de l'*élément*, on a élargi la base de la science sans lui rien faire perdre de sa vérité. De l'entier positif aux formes généralisées du nombre, il y aura progrès et non déchéance.

Dans la première conception la justification des opérations fondamentales sur les nombres est plus directe et plus simple, elle a une allure plus dogmatique; mais, et précisément en raison de cet avantage, les difficultés doivent apparaître et se multiplier à mesure que les recherches scientifiques se développent. Dès le calcul des expressions fractionnaires, le mathématicien se croira tenu de sacrifier à la commodité logique la réalité des objets auxquels s'appliquent les formes opératoires de combinaison. Sous prétexte de satisfaire à un idéal de rigueur verbale, il s'enfermera dans un monde de symboles arbitraires; il se contentera de feindre lorsqu'il pourrait savoir, il n'aura plus qu'un jeu formel là où il devrait viser à une vérité pleine.

Pour comprendre la science comme science, il faut renoncer à l'économie d'*écriture*, qu'on a baptisée économie de *pensée*. Les lois des opérations mathématiques ne perdent ni en clarté, ni en précision, parce qu'on rompt avec cette convention quelque peu puérile de sous-entendre l'effort d'invention par lequel ces lois se sont constituées, parce qu'on cesse de fermer les yeux sur l'analyse préalable qui donne leur signification aux combinaisons idéales de la mathématique, et les élève à la dignité d'un savoir vrai.

308. — Nous conclurons donc : si la science des entiers positifs met en lumière avec une clarté et une simplicité singulières la connexion entre les lois de la pensée et les modes de composition ou de décomposition des objets réels, ce n'est pas cette clarté et cette simplicité qu'il convient de retenir comme si elles étaient les caractères essentiels et comme si elles devaient marquer les limites de la pensée mathématique. Au contraire, il faut faire fond sur cette connexion qui s'est manifestée dans l'arithmétique élémentaire, pour comprendre l'élargissement croissant des horizons que s'ouvrent les inventions de plus en plus complexes et raffinées des savants, et, d'autre part, le secours que ces inventions ont trouvé dans une attention toujours plus scrupuleuse aux conditions de la vérité scientifique.

Avec le calcul des expressions fractionnaires, il apparaît que l'arithmétique conduit, non à la formation d'une spéculation philosophique qui interdirait à l'intelligence de remporter une victoire plus complète sur la nature, mais à la création d'une technique nouvelle, capable de résoudre les problèmes que le calcul proprement arithmétique laissait sans solution. Pas plus que l'intelligence ne s'épuise dans la représentation des unités discrètes et définies qui forment la matière du calcul des nombres entiers, l'univers ne se réduit à un ensemble d'objets distincts qu'il suffirait de juxtaposer et de compter pour atteindre les sources vives de la réalité. L'observation montre à quel point sont transitoires et factices, dans l'ordre de la matière et même dans l'ordre de la vie, les formes d'agrégats qui donnent à telle ou telle chose l'apparence d'un individu autonome et simple. L'application de l'arithmétique pure à la nature est un coup d'essai que tente la pensée humaine ; elle obtient une première approximation. Le calcul des fractions, qui est un effort déjà plus complexe et plus heureux, est une seconde approximation.

Or, le succès, en quelque sorte illimité du fractionnement, montre que la réalité est encore au delà du fractionnement. Par les entiers positifs et par les fractions nous n'avons fait que suivre la pente de la moindre action intellectuelle; nous avons abstrait de l'univers ce qui était accessible à une intelligence qui ne se sentait bien assurée que de ses démarches élémentaires; nous étions dans l'espace, sans avoir encore la force d'aborder de face la réalité spatiale avec toutes ses conditions et toutes ses propriétés. Mais nous essaierions en vain de nous masquer à nous-mêmes cette faiblesse comme si elle était une supériorité, comme si c'était élever la dignité de l'arithmétique que de transformer ses objets en pures entités logiques, soustraites au contact de la réalité, déracinées par suite de leur vérité. Puisque c'est le contact avec le réel qui a fait de l'arithmétique une science au sens propre, au sens complet du mot, il faut étudier dans leur généralité les lois de ce contact, en reprenant à sa base même le processus d'activité intellectuelle par lequel se constitue la réalité.

CHAPITRE XXII

LES RACINES DE LA VÉRITÉ GÉOMÉTRIQUE

309. — A commencer par Gauss[1], la plupart des mathématiciens du XIXe siècle ont établi une séparation radicale entre l'arithmétique et la géométrie. La première aurait une vérité du type logique, dérivant de la pensée abstraite; la seconde une vérité du type physique, qui s'appuie sur l'expérience. La première appartiendrait au groupe des mathématiques pures; la seconde au groupe des mathématiques appliquées.

Pourtant, quand on y regarde de près, il semble bien difficile de maintenir à l'intérieur même des mathématiques la distinction d'une partie pure et d'une partie appliquée.

Si les analyses précédentes sont exactes, rien ne répond moins que l'arithmétique à l'idée d'une discipline constituée par la seule mise en œuvre du procédé déductif. La mathématique pure, au sens rigoureux du mot, serait une promotion de la logique formelle; elle se bornerait à traiter de l'enchaînement des propositions, sans considérer leur vérité, ou même leur signification intrinseque. Sa caractéristique serait, suivant M. Russell, « qu'on n'y sait ni de quoi on parle, ni si ce qu'on dit est vrai[2] ». Une telle discipline pourra, sans doute, être tirée par abstraction de la mathématique positive; elle ne saurait s'y substituer sans que la science dégénère en une symbolique toute verbale. D'autre part, si l'on veut chasser toute équivoque, il convient de parler d'applications des mathématiques plutôt que de

1. Voir le passage d'une lettre à Bessel du 9 avril 1830, que Kronecker cite en l'approuvant (*Ueber den Zahlbegriff* in *philosophische Aufsätze Eduard Zeller gewidmet, op cit.*, p. 265, note 2) : « Wir müssen in Demuth zugeben, dass, wenn die Zahl *bloss* unsers Geistes Product ist, der Raum auch ausser unserm Geiste eine Realität hat, der wir *a priori* ihre Gesetze nicht vollständig vorschreiben können. » (Gauss, *Werke*, t. VIII, Göttingen, 1900, p. 201).

2. « Thus mathematics may be defined as the subject in which we never know what we are talking about, nor whether what we are saying is true. » International monthly, 1901, p. 84.

mathématiques appliquées; et les applications demeureront, par définition, extérieures aux mathématiques elles-mêmes. Les nécessités de la vie commerciale, la répartition des terres, les expériences du physicien, du biologiste ou même du psychologue, les observations statistiques du sociologue, les spéculations du joueur, du météorologiste ou du philosophe sur la probabilité, conduisent à mettre des problèmes en équations; ils suggèrent ainsi de nouvelles questions, et provoquent des solutions positives; mais la découverte et la démonstration de ces solutions relèvent de la mathématique proprement dite.

Déjà, en nous efforçant de saisir les caractères spécifiques de cette mathématique dans les opérations élémentaires de l'arithmétique, nous avons été amené à écarter les idoles de l'évidence logique et de l'évidence sensible, à fonder la réalité du savoir sur une adaptation réciproque de l'expérience et de la raison, qui fait de l'expérience une intelligence en acte, qui assure à la raison la possession des choses. Peut-être cette conclusion nous permettra-t-elle d'aborder d'un esprit plus libre et sur une base plus large l'étude de la vérité géométrique. Nous n'aurons pas à décider que cette vérité est ou *a priori* ou *a posteriori*, comme si l'espace devait être déduit tout entier des lois de la pensée ou reçu tout entier à titre d'intuition empirique, comme s'il était nécessaire d'en épuiser les caractères dans un système unique de déterminations. Notre tâche sera de suivre, dès son point d'attache avec la réalité, le mouvement spontané de l'intelligence qui a créé l'être spatial, et de définir entre le monde abstrait de la logique et l'univers concret de la physique la place qui appartient à l'objet de la géométrie.

SECTION A. — Création de l'espace euclidien.

ORDINATION DU MILIEU DE L'ACTION

310. — Le premier problème serait de fixer le point de départ de notre analyse. Il est clair qu'il n'y a pas d'autre perception effective de l'espace que celle des corps qui le remplissent; et que la perception des corps a pour contenu des sensations, en particulier des sensations visuelles et tactiles.

Or, ces sensations sont-elles données comme étendues? La question est de celles que les psychologues discutaient avec le plus de passion, il y a quelque trente ans. On ne rencontrera guère de contestation aujourd'hui en remarquant qu'elle était mal posée. Nous ne réussissons pas, en effet, à nous représenter, soit des données tactiles, soit des données visuelles, qui seraient inétendues, ou plus, généralement même, à imaginer un élément d'expérience qui serait en dehors de l'espace. Il n'y a pas plus de contraire à l'idée d'espace qu'à l'idée d'expérience; il ne peut y avoir de contraire qu'à certaines déterminations de l'étendue. En fait, lorsqu'on prétendait que les données immédiates de la conscience sensible étaient inétendues, on voulait dire seulement qu'elles n'étaient pas d'elles-mêmes ordonnées dans un milieu homogène et continu; et, une fois explicitée, la thèse est à peu près évidente. Seulement, elle cesse d'exclure ce que l'on prenait pour la thèse opposée, à savoir que les sensations de tact ou de couleur sont étendues à leur manière

Les couleurs sont des taches sans forme définie, sans orientation, sans place fixe. Nous les concevons par comparaison avec les phosphènes errant devant les yeux qui se sont laissés éblouir par le soleil; il ne nous est pourtant pas possible de nous représenter des taches qui n'aient pas un rudiment d'étendue, pas plus qu'il ne nous est possible de nous représenter des sensations tactiles qui n'offriraient pas une sorte d'intensité massive, inséparable de l'étendue.

Sans doute, puisque ces sensations n'apportent avec elles aucune juxtaposition, aucun ordre de connexion, nous ne pourrons, semble-t-il, pour les relier entre elles, recourir qu'aux formes d'association entre images, et nous les verrons défiler dans ce tourbillon interne qui s'appelle *continu psychologique*. Mais ce continu psychologique n'existe, à vrai dire, que pour le psychologue lui-même; il naît de l'attitude abstraite qu'il adopte en effaçant un à un les divers objets de sa pensée et en évoquant par une sorte de divination l'image d'une cœnesthésie primitive. En fait, les variations de la vie consciente sont inséparables des efforts musculaires et des mouvements que l'être accomplit. Or l'action d'un être intelligent constitue naturellement une série de moments qui présentent un rapport nécessaire de subordination : s'armer pour la chasse, courir en plaine, tirer sur le gibier, le ramasser et le ramener. Les notions de connexion logique, d'ordre irréversible, sont donc impliquées dans la notion de l'action. C'est notre action qui sous-tend aux états de conscience un réseau d'objectivité : la donnée visuelle constitue l'objet lorsqu'elle s'accompagne de la donnée tactile, lorsqu'au terme du mouvement pour s'emparer de l'objet les muscles des yeux amènent la convergence et l'accommodation des rayons visuels, et nous fournissent ainsi des images en corrélation avec les images tactiles. La satisfaction d'atteindre le but est liée à la représentation d'un faisceau de sensations tactiles et visuelles; et ce faisceau, en tant qu'il est précisément le but atteint par opposition aux moyens mis en œuvre, aux mouvements volontaires qui ont été effectués, c'est l'*objet*. Plus nous deviendrons capables de varier et d'assouplir les mouvements de notre corps, plus nous aurons, pour les différents besoins de notre organisme, à nous approprier, à déplacer, à manier des choses différentes, et plus nous apprendrons à reconnaître les choses comme points de repère fixes. Ces points de repère, à l'occasion d'un nouveau contact ou d'un nouveau spectacle, rappellent dans la mémoire les faisceaux déjà éprouvés, évoquent par association ce que nous pouvons voir ou toucher à la suite de tels mouvements; ils finissent par se détacher de telle ou telle expérience particulière où ils ont été donnés d'abord; ils deviennent pour l'esprit la réalité permanente qui est dans sa substance l'univers lui-même, et qui apparaît à l'imagination métaphysique comme la source d'où proviennent les sensations de lumière, de pression, de température, de son, etc.

LA VUE DU CONTACT ET LA PRATIQUE DU DESSIN

311. — L'analyse dont nous venons d'indiquer les traits principaux, et qui, aujourd'hui, ne soulève plus guère de difficulté, doit nous rendre ce service de marquer avec précision le stade où, pour la première fois, s'introduira dans l'esprit un principe de vérité, qui fera de la considération des objets étendus la matière d'une science. Il ne s'agit pas, à proprement parler, de l'espace lui-même : la notion abstraite du contenant n'est pas encore formée. La pensée ne s'attache qu'au seul contenu. Elle a devant elle des objets. A chacun d'eux elle a fait correspondre un jugement d'existence; et c'est ce jugement d'existence (sur lequel nous nous sommes appuyés dans le chapitre précédent) qui est l'unité du calcul numérique. Mais l'attention peut accomplir ici un nouveau progrès; par l'analyse même que nous venons de résumer, nous pressentons que le concours de la vue et du toucher la sollicite naturellement à se fixer sur les arêtes qui tout à la fois marquent les divisions de la surface visuelle et, du moins dans les corps solides, procurent des impressions d'une intensité spéciale aux mains qui les parcourent. Un objet apparaît alors comme un *contour*; et c'est précisément la considération du contour qui va donner occasion à la pensée de proclamer

le principe de vérité qui est à la base de la spéculation géométrique.

L'horizon visuel est beaucoup plus étendu que l'horizon tactile ; c'est aux données de la vue que nous avons recours pour nous instruire du contour des objets. Or il suffit que ces objets se déplacent, ou que nous nous déplacions nous-mêmes, pour qu'aussitôt tous nos jugements sur la forme et la grandeur des objets se modifient. Les données immédiates de la vue seront donc pour nous une perpétuelle occasion de trouble et de confusion, à moins que l'activité de la pensée intervienne, que par une forme nouvelle de synthèse entre la vue et le toucher elle nous apporte le droit de ne pas en croire nos yeux, d'affirmer la permanence et la fixité du contour en dépit de l'expérience immédiate.

Cette synthèse, ce sera, si l'on peut dire, la vue du contact : ce sera le jugement constatant la coïncidence entre le contour superficiel d'un objet considéré et le contour d'un second objet qu'on applique sur le premier. Quelles que soient les variations dans la grandeur apparente et dans l'aspect de la chose, du moment qu'elle est capable de s'appliquer sur le même objet, elle demeure ce que l'on aperçoit d'elle lorsqu'on la place à la distance de la vision distincte, qui est aussi celle où le toucher s'exerce le plus commodément; et la preuve en serait qu'elle s'appliquera de nouveau avec exactitude sur l'objet avec lequel elle a une première fois coïncidé. L'indéformabilité du contour est la pierre angulaire de la spéculation géométrique, pourvu qu'on sache y voir, non point du tout une propriété de l'espace ou une hypothèse sur l'espace, mais une condition d'ordre intellectuel qui servira pour constituer la représentation de l'espace. Le rôle qui revient à l'indéformabilité du contour est de dégager, en opposition avec les incessantes modifications dans les dimensions apparentes des corps, la relation fondamentale de la coïncidence ; cette relation va prendre racine dans l'activité concrète de l'homme, et devenir, comme la relation de correspondance, l'origine d'un travail fécond et déjà scientifique.

312. — Parmi les pratiques manifestant cette pensée naissante de la géométrie (et nous entendons ici la géométrie métrique *plane*), la plus significative nous paraît être la pratique du dessin, dont nous savons d'ailleurs qu'elle remonte aux époques les plus reculées que la préhistoire peut éclairer. Ce qui nous intéresse dans le dessin, c'est qu'il comporte, précisément comme l'acte d'échange auquel nous avons attribué un rôle essentiel dans le développement de l'arithmétique, un perpétuel effort de vérifica-

tion. Les jugements fondés sur l'intuition visuelle ne sont que des approximations, maintenues en quelque sorte dans le vague par les jeux incessants de la perspective, tandis qu'en appliquant le dessin sur l'objet dont on a voulu reproduire l'image on s'aperçoit facilement de l'erreur commise, et on se rend capable de la rectifier.

Quelque paradoxal que soit un pareil énoncé, ce n'est pas en contemplant l'objet que l'on est arrivé à poser comme règle de vérité l'immutabilité du contour, c'est en agissant pour en reconstituer artificiellement l'aspect. Dans l'évolution du dessin chez les enfants, ou aux époques d'art primitif, on remarque comme la préoccupation du contour fixe entraîne une résistance, volontaire ou involontaire, à la représentation de la perspective. La main proteste contre l'œil, et veut restituer aux objets leur grandeur vraie, jusqu'à ce que l'esprit ait réussi à conférer une sorte de vérité au jeu des apparences, et à faire une science des illusions de la perspective.

Nous voici au point décisif où vont cesser enfin les embarras et les confusions : la pratique du dessin implique la nécessité de l'analyse. L'intuition peut se borner à prendre d'ensemble et dans une synthèse vague une idée de l'objet ; le dessin exige que l'on procède trait par trait. Ainsi, et en vertu d'une condition qui s'impose inconsciemment à la main de l'artisan, il met la pensée en possession de l'élément scientifique. Pour une philosophie de l'intuition statique, chez un Aristote, la géométrie est le type de la science abstraite : elle part du volume, dépouillé de la profondeur qui en faisait la réalité, afin d'atteindre la surface ; de la surface elle va, par un procès analogue d'appauvrissement, jusqu'à la ligne et jusqu'au point. Pour l'intellectualisme au contraire, la géométrie est une étude d'actes positifs et concrets. L'acte élémentaire est le *trait*, et l'acte s'accompagne immédiatement d'une image : la ligne tracée d'un trait. Quand cet acte est accompli pour lui-même, affranchi du désir d'imitation qui a donné l'essor à la pratique du dessin, la pensée géométrique a pris naissance.

Suggérée sans doute par la représentation des qualités concrètes, elle est autre chose qu'une représentation schématique ; elle est production de schème, méthode créatrice, faculté de construire comme disait Kant ; par quoi il convient d'entendre proprement, non pas la faculté de construire dans l'espace, mais la faculté de construire l'espace, la possibilité d'effectuer librement les tracés que l'on a conçus et de faire sortir ainsi l'intuition de l'action.

313. — Nous concevons dès lors l'élément initial à partir duquel nous pourrons suivre le développement progressif et synthétique de la science; c'est celui où l'image est corollaire de l'acte et que nous désignerons comme acte-image.

Fondée sur la considération d'une relation élémentaire, l'analyse de la vérité géométrique aura une allure analogue à l'analyse de la vérité arithmétique. Les problèmes que nous allons rencontrer ont donné lieu à de graves difficultés, parce que les théories ordinaires de l'espace, comme les théories ordinaires du nombre, ont souffert d'une économie mal entendue. On a voulu réduire l'espace à un terme unique, ou, tout au moins, à une forme simple et en quelque sorte impérative de synthèse; et, en effet, de telles interprétations pouvaient paraître satisfaisantes, tant que la géométrie était enfermée dans le cercle des études euclidiennes. Mais quand il fallut suivre les mathématiciens du XIXe siècle dans l'extension des méthodes géométriques, ces interprétations entraînèrent toutes sortes de discussions métaphysiques, et conduisirent la plupart des philosophes à cette attitude fâcheuse de contester la légitimité de disciplines qui avaient fait leur preuve de positivité, ou tout au moins d'en diminuer la portée. Pour notre part, en fondant toute synthèse géométrique sur la dualité de l'acte-image, comme en fondant le nombre entier sur une relation de correspondance, nous espérons avoir décelé dans le germe même de la science la complexité nécessaire pour en expliquer la fécondité; de telle sorte que nous pourrons accomplir en « terrain uni » la double tâche que nous nous sommes proposée, d'échapper aux difficultés qui sont issues de préoccupations extérieures au cours proprement dit de la science, et de nous faire une idée de l'intelligence qui égale l'ampleur et la diversité des recherches géométriques.

LA LIGNE DROITE

314. — L'opération élémentaire qui doit fournir l'image la plus simple est le *trait*. La main se pose quelque part, elle s'arrête quelque part; du point de départ au point d'arrivée, l'esprit n'a pas eu conscience d'une division ou d'un changement dans le mouvement accompli par la main. Il n'a donc pas eu de raison pour soupçonner que le tracé reliant les deux points ne soit pas une ligne uniforme et unique, une *droite*, pouvant servir à mesurer la distance. En fait, nous savons par quel détour la géométrie a été conduite à mettre en question l'évidence qui semble appartenir à l'unicité de la droite entre deux points; et

nous comprenons avec quelle facilité, avec quelle sécurité l'esprit devait se fier aux données de l'intuition.

Dans l'établissement des réalités initiales auxquelles se suspend le travail du savant, le principe de raison s'exerce toujours sous forme négative; à l'expérience est réservé le rôle positif. Que, dès le début de la spéculation géométrique, l'expérience soit intervenue d'une façon décisive, c'est ce qu'atteste la définition de la droite conservée dans le *Parménide* de Platon : « On appelle droite, la ligne dont le milieu est placé sur le trajet entre les deux extrémités[1]. » Cette définition n'est pas l'invention ingénieuse d'un théoricien; elle se réfère à la pratique. Afin de s'assurer de la rectitude de la ligne tracée, on s'arrange pour placer l'œil à l'extrémité de la ligne, comme fait le sergent pour « aligner » ses hommes. Une fois corrigées toutes les déviations que l'on a pu apercevoir, la ligne se réduit à un point, et elle est droite.

Encore une fois l'expérience est ce qu'elle est naturellement pour un être dont l'instinct spécifique est l'intelligence; elle est une activité vérificatrice. Une expérience comme celle que nous venons de décrire, confère une valeur de vérité à la liaison entre l'unité du trait et l'unité du tracé; elle constitue ainsi l'espace scientifique, l'espace qui sera, par exemple, l'objet de la géométrie *projective*. En même temps, elle permet à la ligne de direction unique, à la droite, de devenir instrument de contrôle. Qu'on superpose la ligne, déjà droite pour l'œil, à la ligne dont on veut éprouver la rectitude : si aucune anomalie n'apparaît, cette nouvelle ligne devient droite à son tour. La rectitude, se communiquant alors de ligne à ligne, semble indépendante de l'opération initiale qui la fonde dans l'activité de l'esprit. Non seulement elle devient, comme on le voit par la définition d'Euclide, une propriété intrinsèque de la ligne, mais encore à cette possibilité d'amener les droites en superposition est liée la notion fondamentale de la géométrie en tant que science de la mesure, l'égalité. De même que la série des nombres naturels, à quelque moment qu'on l'interrompe, a un nombre, et est la mesure de toute combinaison numérique, de même la droite, à quelque moment qu'on en arrête le tracé, est une distance, et devient la mesure de toute distance.

1. 137 E. Καὶ μὴν εὐθύ γε, οὗ ἂν τὸ μέσον ἀμφοῖν τοῖν ἐσχάτοιν ἐπίπροσθεν ᾖ.

ROTATION ET TRANSLATION

315. — L'opération de la superposition est encore statique, elle reconnaît l'égalité d'éléments rectilignes, une fois mis au contact ; mais elle est étrangère au déplacement qui les a amenés en contact. Pour constituer ce qu'on pourrait appeler l'étendue de l'espace, c'est-à-dire pour faire de l'espace un réseau de relations métriques où les différents complexus de lignes soient compris avec la spécificité de leurs figures, il faut que l'égalité soit devenue en quelque sorte dynamique ; et, pour cela, il faut faire intervenir le mouvement de rotation et le mouvement de translation. Comme Hoüel le remarque avec profondeur, « c'est par suite d'une confusion d'idées que plusieurs géomètres veulent bannir des éléments de la géométrie la considération du mouvement. [*Le*] mouvement géométrique qu'il faut se garder de confondre avec le mouvement dans le temps, objet de la cinématique, ne peut pas dépendre d'une autre science que de la géométrie pure[1] ».

En dépit des efforts d'Euclide pour traduire sous une forme imaginative et réaliste, parallèle à la logique ontologique d'Aristote, le dynamisme intellectuel de la science, l'importance primordiale des mouvements est manifeste dans la géométrie d'Euclide. Dans le postulat III, qui permet de « décrire un cercle de tout centre et de tout rayon », nous avons eu déjà l'occasion de reconnaître un principe d'égalité mouvante : une droite tournant autour d'une de ses extrémités engendre une série de tracés successifs, jouissant de cette propriété qu'ils seront susceptibles d'être superposés les uns aux autres et qu'ils fourniront des images exactes d'eux-mêmes. On dira sans doute que ces lignes égales sont des rayons si on suppose la préexistence du cercle ; mais, en fait, le cercle est engendré par la rotation de la droite autour d'une de ses extrémités supposée fixe. Il est donc vrai, suivant la formule célèbre qui est au début de l'*Esprit des lois*, qu'avant que les cercles fussent tracés les rayons étaient égaux ; mais cela ne veut pas dire qu'on relie par là dans l'abstrait une essence et une propriété ; cela signifie qu'on pose la condition de l'existence de l'objet : l'égalité des rayons, inhérente au mouvement de rotation de la droite génératrice, est constitutive du cercle.

1. *Essai critique sur les principes fondamentaux de la géométrie*, 2e édit., 1883, note II, p. 70. Cf. Couturat, *Les principes*, p. 191.

Du point de vue où nous nous sommes placé, et qui nous permet d'engendrer la représentation géométrique de l'espace sans impliquer dans cette genèse la démonstration d'une nécessité logique, la notion d'*angle* se présentera naturellement à nous : il suffit qu'on retienne comme simultanées deux des positions successives que la droite a occupées au cours de sa rotation.

De la même façon, nous pouvons conférer un caractère positif à la notion de *parallèles*, en substituant à l'image des lignes parallèles l'acte générateur du parallélisme lui-même. Le processus de pensée est des plus simples à décrire. Ainsi, conformément à des indications déjà données par Bolyai[1] et par Méray[2], M. Bourlet écrit. « Soit P un plan fixe, appelé *plan de glissement* et D une droite fixe de ce plan que nous nommerons *glissière fixe*. Soit, d'autre part *p*, un plan mobile et *d* une droite de ce plan mobile, que nous appellerons *glissière mobile*. Si l'on place le plan *p* sur le plan P de façon que *d* coïncide avec D, on pourra faire glisser le plan mobile *p* sur le plan fixe P, de telle sorte que la *glissière mobile d* glisse sur la *glissière fixe* D. Tout point *m* lié invariablement au plan mobile *p* sera entraîné avec lui et sera animé d'un mouvement que nous nommerons *mouvement de translation rectiligne*. Nous avons donc bien *défini* de la sorte le déplacement de translation *sans faire appel à la notion de parallélisme* et en ne supposant au plan et à la droite que des propriétés qui sont admises dans n'importe quelle géométrie élémentaire. Nous dirons alors que deux droites D et D′ sont parallèles si ce sont les deux positions successives d'une même droite dans un déplacement de translation rectiligne. Rien n'est plus facile que de représenter cela aux enfants sous une forme plus concrète. Le plan P c'est la planche à dessin, la droite D c'est le bord de la règle maintenue à plat sur la planche, le plan *p* est le plan d'une équerre, la droite *d* est le bord de cette équerre qui glisse le long de la règle[3]. »

Par les conditions mêmes dans lesquelles s'opère ce déplacement rectiligne, il n'y a pas un grand effort à faire pour intervertir les rôles des deux glissières. L'extrémité initiale de la glissière que nous avons d'abord appelée fixe, parcourant successivement tous les points de la glissière d'abord appelée mobile,

1. Cf. Hoüel, *op. cit.*, p. 71.

2. *Nouveaux éléments de géométrie*, Dijon, 1903, n° 38, p. 20.

3. Bulletin de la Société française de philosophie (séance du 21 mars 1907), 7e année, n° 6, p. 236.

déterminera une série de parallèles, et finalement permettra d'établir à l'autre extrémité de la glissière mobile une nouvelle droite qui aura exactement le caractère de la première glissière fixe. Le mouvement de translation rectiligne pourra être conçu comme s'accomplissant alors entre deux glissières fixes; en vertu de l'homogénéité de ce mouvement, ou, plus exactement peut-être, parce qu'il n'y a pas de raison d'y soupçonner aucune anomalie ou irrégularité, à chacun de ces points d'arrêt qu'il nous plaira de retenir dans ce mouvement, on obtiendra un quadrilatère dont les côtés non adjacents sont égaux et parallèles, on obtiendra le *parallélogramme*.

LE THÉORÈME DIT DE THALÈS

316. — Nous voyons maintenant par quels degrés l'esprit se rend capable de constituer l'expérience arithmético-géométrique qui a fait de la science de la mesure spatiale la base d'une science universelle. La forme caractéristique de cette expérience se manifeste dans le « théorème de Thalès ». Il convient d'en rappeler ici les moments successifs.

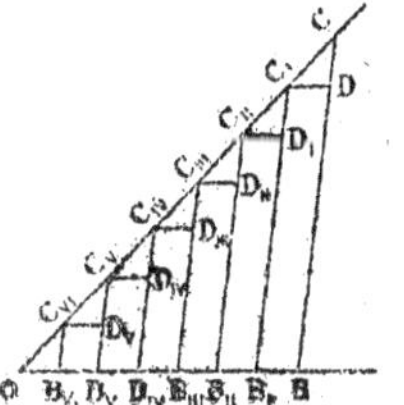

Fig. 13.

Tout d'abord, on joint deux points pris sur les deux côtés BO, CO d'un angle; on déplace parallèlement à lui-même et dans le sens du sommet O de l'angle, le segment ainsi tracé, de façon à obtenir une série de segments de plus en plus petits (fig. 13). Il nous est loisible de ne retenir pour les tracer effectivement que les positions occupées par ces segments aux points B_I, B_{II}, B_{III}, B_{IV}, B_V, B_{VI}, obtenus par une division de la ligne OB en sept parties équivalentes. Il est facile de voir que les sept segments parallèles déterminent sur l'autre côté de l'angle, c'est-à-dire sur OC, sept segments OC_{VI}, $C_{VI}\,C_V$, $C_V\,C_{IV}$, $C_{IV}\,C_{III}$, $C_{III}\,C_{II}$, $C_{II}\,C_I$, $C_I\,C$, qui sont eux-mêmes équivalents entre eux. En effet, si l'on trace de chacun de ces points C_{VI}, C_V, etc. une parallèle à OB, on forme une série de parallélogrammes dont les côtés sont respectivement égaux, et une série de triangles $OB_{VI}\,C_{VI}$, $C_{VI}\,D_V\,C_V$, etc. Or ces triangles sont tous superposables à l'un d'entre eux, $OB_{VI}\,C_{VI}$. En effet, il suffit d'une double translation rectiligne pour amener les côtés de ces triangles à coïncider avec les directions de l'angle $OC_{VI}\,B_{VI}$; d'autre part, les côtés $C_{VI}\,D_{VI}$, $C_V\,D_{IV}$ étant tous égaux au côté OB_{VI}, c'est du point O et du point B_{vi} que partiront les directions des côtés que l'on superpose aux côtés de l'angle O $C_{vi} B_{vi}$; il est donc inévitable que les troisièmes sommets coïncident.

Nous pourrons prendre ainsi sur chacune des droites OB, OC un segment correspondant au nombre de divisions que nous voudrons, et mesurer le rapport de ce segment à la ligne totale. Par exemple, si nous avons :

$$\frac{B_{iii}O}{BO} = \frac{4}{7}$$

nous aurons :

$$\frac{C_{iii}O}{CO} = \frac{4}{7}$$

et nous constituerons la proportion de type proprement géométrique :

$$\frac{C_{iii}O}{CO} = \frac{B_{iii}O}{BO}.$$

LA THÉORIE DES PROPORTIONS.

317. — C'est ici que nous pouvons saisir le tournant décisif, qui a transformé l'idée de la mathématique. La proportion d'ordre géométrique, qui s'est établie par l'intermédiaire des mesures numériques, déborde le cadre des opérations faites sur les nombres entiers ou fractionnaires, et, par suite, le cadre de l'arithmétique proprement dite. Par là même en effet que nous obtenons la proportion :

$$\frac{C_{iii}O}{CO} = \frac{B_{iii}O}{BO},$$

nous obtenons :

$$\frac{C_{iii}O}{B_{iii}O} = \frac{CO}{BO}$$

qui exprime la proportionnalité des côtés OC et OC_{iii}, OB et OB_{iii}, dans les deux triangles COB, $C_{iii}OB_{iii}$. Or, cette proportion est indépendante d'une commune mesure entre CO et BO, puisque dans la construction de la figure on n'impose aucune restriction aux positions, soit de la ligne CO tournant autour de O, soit du segment BC tracé entre un point de BO et un point de CO.

Dès lors, sans avoir à se soucier des difficultés que pourrait présenter l'expression numérique de ces grandeurs — difficultés qui pendant des siècles ont paru insurmontables aux mathématiciens et que les philosophes avaient érigées en antinomies — la science positive trouve dans l'établissement géométrique de ces rapports une base suffisante pour la constitution d'une métrique universelle ou, suivant la terminologie de Newton, d'une arithmétique universelle : « tout ce qui se rapporte à l'unité comme une ligne droite à une autre droite s'appelle nombre[1]. »

L'arithmétique universelle, déjà impliquée dans la théorie euclidienne des proportions, prend naturellement la forme d'une algèbre si l'on représente par des symboles littéraux la constance du rapport $\frac{CO}{BO}$ à travers la translation d'un segment rectiligne BC. « L'équation de la ligne droite, écrit Cournot, n'est que l'expression algébrique du théorème de Thalès sur la proportionnalité des côtés dans les triangles équiangles, théorème dont l'invention ou l'énonciation formelle marque le commencement de la géométrie et celui de toute science exacte[2] ».

318. — Ce qui fait l'intérêt capital de la théorie des proportions, ce n'est pas seulement qu'elle est un instrument pour l'étude des grandeurs en général, c'est encore qu'elle met en évidence une fonction de la pensée humaine en général. L'effort élémentaire de l'intelligence consiste à déterminer un rapport entre des termes présentés par l'intuition ou déjà isolés par l'analyse; l'extension du système de l'intelligence consistera donc à comprendre un couple nouveau sous le rapport qui paraissait déjà convenir à deux termes donnés. Toute métaphore, tout symbole, toute allégorie est une identification de deux rapports, une analogie, une proportion au sens propre du mot.

Les analogies sont la matière de l'explication historique. Que l'on y discerne une imitation consciente ou la répétition d'un mécanisme nécessaire, la carrière des deux Napoléon reproduit en France le passage qui s'est accompli à Rome de la République à l'Empire. La démonstration du christianisme repose en partie sur le parallélisme des relations qui constituent le tissu de l'Ancien Testament et le tissu du Nouveau.

La même puissance d'invention se manifeste dans le domaine

1. Wolff, *Elementa arithmeticæ*, déf. VIII, Ed. 1743, p. 18, cité par Tropfke, *op. cit.*, I, 161.
2. *De l'origine*, etc., p. 173.

de la science. Les Anciens faisaient intervenir le flux et le reflux qui se heurtent dans le détroit d'Euripe, pour rendre compte du double courant inverse du sang dans les canaux intérieurs[1]. Les modernes assimilent la propagation de la lumière, qui est indépendante de tout milieu perceptible, à la propagation du son dans l'air. Seulement l'intelligence n'a pas seulement pour tâche d'inventer ces similitudes; elle se doit aussi de vérifier l'identité des rapports qui y est impliquée. De là le privilège des relations qui s'expriment par une quantité déterminée, rationnelle ou non; entre de telles relations, nous l'avons vu, l'identification s'opère immédiatement. De là aussi l'ambition de ramener à des similitudes quantitatives tous les rapports qui peuvent être observés entre les qualités données dans le monde. La géométrie apparaît alors comme la forme universelle de la science, universelle en ceci que la continuité de la grandeur linéaire lui permet de couvrir tout le champ d'une proportion entre quantités indéterminées

$$\frac{x}{y} = \frac{x'}{y'}$$

et universelle encore en ceci que toute mesure appliquée aux phénomènes physiques a pour résultat de fournir des quantités analogues au continu linéaire : *temps*, *chaleur*, *pesanteur*, etc.

Section B. — La vérité de la géométrie euclidienne.

319. — Ainsi les déterminations de la géométrie plane vont rejoindre une fonction universelle de la pensée; et en même temps à cette fonction correspond un objet qui est lui-même une condition de représentation pour les divers phénomènes de la nature. Cette connexion fait pressentir que la vérité, dans son acception la plus pleine et la plus profonde, est inhérente à la géométrie. Le problème sera de préciser quelle est la nature de cette vérité, quel est le sens de la connexion qui se manifeste dans la géométrie classique entre l'expérience et la raison. De ce problème, l'histoire apportera la solution, non seulement parce qu'elle fournit les résultats positifs qui sont la matière de l'analyse critique, mais aussi parce qu'elle met en

1. Aristote, περὶ ὕπνου 456ᵇ 20. Cf. Dastre, *Les trois époques d'une découverte scientifique. La circulation du sang*, Revue des Deux Mondes, 1er août 1884, t. 272, p. 643.

garde contre les obscurités d'idées et les confusions de langage qui ont perpétué le débat sur ce point central de la réflexion philosophique

LE PROBLÈME DES DIMENSIONS

320. — Déjà, en dégageant de la matière géométrique l'idée générale de l'équation algébrique, en représentant les différents types d'équations par divers genres de courbes, le rationalisme même de Descartes devait conduire les philosophes à découvrir le point sur lequel la pensée abstraite dépasse l'horizon de l'intuition spatiale. Le rapport de x^4 par exemple ou de x^5 à x se figure par des courbes : en chaque point de la courbe la longueur de l'ordonnée sera la puissance quatrième ou cinquième de l'abscisse. Or, dans le système constitué par l' « algèbre géométrique » des Grecs, la composition des degrés de l'équation se traduit dans l'étendue par des combinaisons différentes dans la composition des dimensions spatiales : *longueur, largeur, hauteur*. Que l'on développe donc la théorie des équations tout en maintenant par hypothèse la correspondance entre le *degré* et la *dimension*, et l'on sera amené à envisager des combinaisons analytiques dont l'illustration géométrique exigerait l'intuition d'un espace de dimensions supérieures à 3. Nous avons même eu l'occasion de rappeler comment, avec la notion de puissance que M. Georg Cantor a mise à la base de la théorie des ensembles, l'intelligence mathématique s'est montrée capable de franchir en quelque sorte la notion de dimension : un ensemble à n dimensions est équivalent à un ensemble d'une seule dimension[1]. Dès lors, quand on demande combien l'espace a de dimensions, on pose un problème qui ne saurait être tranché par la raison, livrée aux seules ressources de la dialectique *a priori*. L'expérience interviendra ; il reste à dire sous quelle forme.

321. — Interrogée avec le scrupule dont la psychologie moderne s'est fait un devoir, il semble que l'expérience immédiate n'apporte pas la notion des trois dimensions géométriques. Supposons que la vue seule nous procure la notion de l'espace ; obtiendrions-nous plus que la simple image superficielle? cela est possible; seulement ce qui s'ajouterait à l'image, ce serait un sentiment de *devant* et de *derrière*, suffisant pour conduire à

1. *Vide supra*, § 230.

l'idée de nouveaux plans superficiels, mais qui ne nous ferait pas apercevoir encore que ces divers plans superficiels peuvent être traversés par une même perpendiculaire et ramenés à l'unité d'une troisième dimension. Il faudrait ici la coopération de l'effort musculaire, et, en particulier, l'exercice de la marche.

Si nous supposons, d'autre part, les impressions tactilo-musculaires dénuées du secours de la vue, et que nous cherchions quelles données immédiates peuvent leur correspondre, nous nous rendrons compte que nous pouvons bien, soit en marchant, soit en parcourant de la main les contours des objets, acquérir la notion d'une infinité de directions successives[1]. Mais, pour réduire ces directions à la combinaison des trois orientations fondamentales, il faut être capable de les envisager simultanément; cette simultanéité est le privilège de la vue, et c'est pourquoi la vue est le sens de l'espace. Rappelons-nous d'ailleurs à quel point, en dépit des habitudes que nous avons contractées et même pour les endroits qui nous sont familiers, la plupart d'entre nous perdent vite dans l'obscurité le sens de la direction parcourue.

Pour passer des directions multiples et incohérentes dans l'espace au système des trois dimensions, un effort doit être fait, qui est de l'ordre des découvertes ou plus exactement de l'ordre des inventions scientifiques. Cet effort dépasse la connaissance vulgaire des objets : quand nous nous représentons une bille de billard ou une caisse vide, la chambre où nous écrivons ou la forêt que nous traversons, nous sommes bien en présence de choses auxquelles il y aura lieu d'attribuer trois dimensions; il ne s'ensuit pas que nous ayons déjà fait rentrer dans un cadre unique ces tableaux d'apparence si hétérogènes, que nous ayons explicitement formé l'idée de trois mêmes dimensions comme suffisant à constituer l'espace universel. A considérer les difficultés que de jeunes élèves éprouvent à comprendre le théorème des trois perpendiculaires, on serait tenté de dire que, pour quelques-uns au moins, l'idée ne s'achève qu'avec l'enseignement qui leur apprend à *voir* dans l'espace.

322. — Si ces observations sont exactes, on ne saurait parler d'un « espace psychologique » comme d'une réalité autonome qui serait présentée à la conscience du sujet. L'espace ne se constitue que par une élaboration d'ordre intellectuel, puisque cette élaboration est nécessaire à la conception de la dimension spatiale. Il appartiendra d'autre part à cette puissance d'élabo-

1. Cf. Lotze, *Métaphysique*, 1879, § 121, trad. Duval, 1883, p. 237.

ration de dégager de l'expérience des cadres qui vont permettre d'interroger l'expérience, de passer de l'observation passive à l'expérimentation active. Il n'y a pas d'hypothèse plus claire à formuler dans l'abstrait que l'hypothèse d'un espace à n dimensions; on n'a qu'à déterminer une série d'équations qui conservent dans le passage d'une dimension quelconque à une dimension supérieure les relations que la géométrie classique fournit pour le passage de la première à la deuxième, ou de la deuxième à la troisième dimension. Et il n'y a pas d'hypothèse non plus à laquelle l'expérience apporte une réponse plus nette. Non seulement nous n'avons pas l'intuition d'un espace à plus de trois dimensions; mais nous trouvons dans notre intuition de l'espace à trois dimensions la preuve qu'il nous est impossible de dépasser la troisième dimension. En approfondissant le paradoxe des objets symétriques, où Kant a vu la marque de l'irréductibilité de l'espace à un pur ordre intellectuel, Delbœuf a remarqué qu'il est lié au problème des dimensions : « Les figures symétriques deviennent... superposables du moment que l'on dispose d'une dimension en plus que celles qu'elles comportent [1]. »

Du point de vue technique, on pourra se servir de cette remarque pour construire les hypothèses qui permettraient la « superposabilité » des figures à trois dimensions; l'on déterminerait ainsi les propriétés d'un espace à quatre dimensions, d'où l'on passerait aux espaces supérieurs. La géométrie générale, constituée sur une telle base et que M. Lechalas a brillamment mise en corrélation avec les notions non euclidiennes [2], a cette originalité qu'elle dépasse l'horizon de l'intuition effective tout en serrant d'aussi près que possible les conditions de la représentation spatiale. Elle n'est pas une analyse au sens cartésien du mot; elle se caractériserait plutôt comme une synthèse abstraite, par opposition à la synthèse concrète à laquelle est attachée la vérité de la géométrie proprement dite et qui demeure limitée au domaine des trois dimensions.

323. — Ainsi, sur cet exemple des trois dimensions où la solution de fait ne laisse place à aucun doute ni à aucune équivoque, la réflexion critique dénonce la double illusion de l'empirisme radical et du rationalisme radical. D'une part, il ne serait pas vrai que l'espace a des dimensions s'il n'y avait une activité intellectuelle capable d'ordonner l'ensemble vague et confus des

1. *L'ancienne et les nouvelles géométries*, Revue philosophique, 1894, I, 375.
2. *Études sur l'espace et le temps*, 2ᵉ édit., 1910, p. 60 et suiv. (F. Alcan).

données immédiates ; il ne serait pas vrai, d'autre part, que l'espace n'a pas plus de trois dimensions si la réalité donnée à l'intuition ne contenait un élément capable de limiter l'élan de l'intelligence.

La suggestion de l'expérience est nécessaire à la constitution de l'espace; mais l'expérience ne suffit pas à nous apporter d'elle-même un espace constitué. Il se produit même ici quelque chose de singulier, et qui est important pour l'orientation générale de la philosophie. Le développement des fonctions intellectuelles est capable de conférer aux objets qui sont dans l'espace une apparence d'individualité et d'indépendance; nous avons pu, lorsque nous avons expliqué l'expérience constitutive du nombre ou de la fraction, de la ligne droite ou du contour indéformable, nous appuyer sur ce travail antérieur comme sur une intuition donnée : de telle sorte que la coïncidence entre la synthèse interne de l'esprit et la représentation externe nous a fourni les premiers types de vérification scientifique. Or, quand on passe du contenu au contenant, quand on s'élève par une abstraction nécessaire des représentations étendues à la conception de l'espace pris dans son ensemble, il n'en est plus ainsi. Ce que nous voyons est dans l'espace; mais nous ne voyons pas l'espace. Le lieu de toute intuition n'est nullement objet d'intuition. L'espace a sa racine dans l'expérience; il a son achèvement dans la raison. L'intelligence se meut dans le monde, et pourtant il lui appartient de se donner un monde. Si l'on veut bien écarter la fiction de la création *ex nihilo*, à laquelle il est impossible de faire correspondre soit une image concrète soit une idée distincte, la constitution intellectuelle de l'espace marque le plus haut degré de la puissance créatrice que l'homme soit capable de concevoir et d'exercer.

LA POSITION DU PROBLÈME NON EUCLIDIEN

324. — Ainsi, par la plus simple, par la plus évidente de ses propriétés, l'espace géométrique nous contraint d'admettre la relativité réciproque de la raison et de l'expérience, d'où dérivera la vérité immanente au cours du développement scientifique. L'idée d'une telle relativité, quoiqu'elle ne fût pas étrangère au kantisme, n'a guère été comprise dans sa signification authentique par les mathématiciens du XIXe siècle. Peut-être l'idée était-elle effectivement trop fine et trop subtile pour être entendue sans une méditation prolongée; peut-être aussi Kant l'avait-il rendue stérile dans l'application en distinguant deux

plans de relativité : un plan de relativité statique qui était l'origine de l'affirmation scientifique, un plan de relativité dynamique qui était l'origine de la négation métaphysique. Derrière la connexion nécessaire de la raison et de la sensibilité, dont les schèmes transcendentaux et les axiomes d'intuition manifestent la validité *a priori*, Kant pose une inadéquation radicale que mettent à nu les antinomies cosmologiques, que met à nu en particulier la double impossibilité de limiter et de ne pas limiter le monde dans l'espace. Un monde limité dans l'espace est *trop petit pour notre concept*, parce que nous ne pouvons concevoir la limitation d'un contenu sans rapporter cette limite à un espace contenant, sans être entraînés dans une régression sans fin. D'autre part, cette régression nous contraint de franchir les bornes de toute conception empirique possible : infini, ou illimité, le monde est *trop grand pour notre concept*[1].

Or, depuis Kant, le progrès accompli dans l'ordre critique a été de transformer en ressort de recherche positive, et d'intégrer à la science proprement dite, cette impossibilité d'épuiser dans un système unique et achevé la nature des relations spatiales. Du moment que la forme de l'esprit ne peut se réaliser à part du donné empirique, du moment que l'objet de l'intuition ne peut exister sans une élaboration intellectuelle qui le conditionne, la pluralité des formes médiatrices n'est plus un paradoxe. L'intelligence géométrique, définitivement affranchie de la superstition de l'*a priori* par la découverte de la géométrie non euclidienne, a recouvré la liberté et la fécondité de son dynamisme intérieur.

325. — Si de ces considérations générales nous passons à l'examen des problèmes particuliers que pose le développement des conceptions métagéométriques, nous constatons que cette liberté et cette fécondité sont devenues pour la philosophie une source d'embarras nouveaux. Puisque l'on ne peut arrêter une fois pour toutes les termes du contrat qui lie l'esprit et les choses, ne va-t-on pas se trouver en présence d'une infinité de formules qui seront acceptables au même titre? Du point de vue purement logique où il s'agit, non de réaliser un espace pour l'intuition, mais d'éviter la contradiction, « notre caprice ne peut plus rencontrer d'obstacles[2] »; M. Hilbert a fait la preuve qu'il n'y a point de combinaison si paradoxale, si « révoltante », qui ne puisse être conçue par quelque géomètre. Sans doute les conceptions que l'on obtient ainsi visent seule-

1. *A*. 486. *AKB*, III, 336. tr. *Ba* II, 95 et *TP*, 426.
2. Poincaré, Journal des Savants, 1902, p. 265. *Vide supra*, § 193.

ment à déterminer les éléments logiques dont se trouve composé le système classique de la géométrie; le problème qu'elles permettent de résoudre ne paraît pas être celui qui nous préoccupe, et qui est d'atteindre les hypothèses spécifiquement géométriques incluses dans tel ou tel système de géométrie, de fixer le degré de vérité qui doit lui être reconnu. Seulement la distinction des deux problèmes a-t-elle une portée effective? Est-il permis, sans pétition de principe, d'introduire une différence de nature entre les hypothèses tirées d'une supposition abstraite, et qui seraient proprement logiques — et les hypothèses directement liées à la considération de l'espace comme tel, et qui seraient proprement géométriques, de faire rentrer dans les unes par exemple la notion de l'espace non archimédien, dans les autres la notion de l'espace proprement non euclidien (c'est-à-dire lobatschewskien ou riemannien).

Nous n'avons qu'un moyen de répondre d'une façon positive; c'est de nous référer à l'histoire. Considérons le travail effectué par les rédacteurs des *Éléments* depuis Euclide jusqu'à Legendre. L'idée de récuser tour à tour chacun des principes de la géométrie classique, afin de mettre au jour la structure logique du système, ne leur était assurément pas venue. Ils n'ont pas douté que la géométrie ne fût une science vraie, s'appliquant exactement à une réalité qui est l'espace; ils ont eu le sentiment de l'harmonie naturelle qui s'établit entre le cours de la démonstration et les données de l'intuition. Ils se sont efforcés de transformer cette harmonie naturelle en nécessité rationnelle, mais sans perdre contact avec l'intuition spatiale. Dès lors, si leur tentative a fait surgir d'insurmontables résistances, si elle a révélé des lacunes inévitables, nous pouvons être assurés que ces résistances se produisent, que ces lacunes apparaissent à l'intérieur même de la science spécifiquement géométrique, qu'elles procèdent directement de la connexion *sui generis* qui relie le raisonnement scientifique à la représentation de l'étendue.

Et il sera aisé de dire sur quels points précis portent ces résistances et ces lacunes. Nous n'aurons qu'à rappeler les tentatives signalées par Proclus : d'une part pour substituer à la définition euclidienne de la droite, qui est obscure et inutile, le lemme qu'Archimède postule au début du *Traité de la sphère et du cylindre* — « des lignes qui ont mêmes extrémités la droite est la plus courte[1] » — d'autre part, pour donner une

1. Proclus, édit. cit., p. 110.

signification positive à la notion de parallèles, et rendre le postulat susceptible d'une démonstration rationnelle[1]. Nous n'aurons qu'à rappeler que, vingt siècles après Euclide, d'Alembert retrouve dans ces deux mêmes notions de la ligne droite et des parallèles l'*écueil* et le *scandale* des Éléments de la géométrie[2].

Les systèmes géométriques, constitués l'un sur la négation de l'unicité de la droite menée entre deux points, l'autre sur la négation de l'unicité dans le plan de la parallèle menée à une droite donnée, ne sauraient se confondre avec la série des conceptions que l'on peut créer par une fiction logique et qui, dès leur définition même, s'interdiront toute prétention à la vérité. Quand nous parlons de droite riemannienne ou de droite lobatschewskienne, nous savons, en un sens il est même exact que nous pouvons voir, de quoi nous parlons; car l'expérience spontanée nous fournit tout autre chose que l'idée euclidienne de la droite, et il est intéressant de noter que cette constatation a été faite par des observateurs pénétrants, bien avant qu'on eût conçu la géométrie non euclidienne : « Reid, écrit Ampère dans son *Essai sur la philosophie des sciences*, a montré que si l'homme était réduit au simple sens de la vue, ne pouvant dès lors connaître que l'étendue superficielle à deux dimensions et prenant pour des lignes droites ce qui serait réellement des arcs de grand cercle tracés sur une surface sphérique dont le centre serait dans son œil, les triangles qu'il considérerait comme rectilignes pourraient avoir deux angles ou même leurs trois angles droits ou obtus, et que la géométrie d'un tel homme serait toute différente de la nôtre; deux de ces lignes qu'il prendrait pour droites se rencontrant, par exemple, toujours en deux points, en sorte que la notion de deux droites parallèles serait contradictoire pour lui[3]. » La géométrie du plan riemannien permet d'interpréter cette divination psychologique : « Si nous suivons du regard dans l'azur du ciel deux directions émanant d'un même point de l'horizon, nous aboutissons à la fin en un point opposé de l'horizon, comme si nous avions suivi deux droites riemanniennes[4]. » Une observation analogue peut être faite pour l'idée euclidienne des parallèles : « Deux longues

1. *Vide supra*, § 187.
2. *Vide supra*, § 178.
3. T. I, 1834. p. 67, cité par Mansion, Revue Néo-Scolastique, I, 1896, p. 251 n. 1. Le passage de Reid, auquel Ampère renvoie, se trouve dans les *Recherches sur l'entendement humain*, ch VI, sect. IX. *Géométrie des visibles* ; *Œuvres*, tr. Jouffroy, t. II. 1828. p. 186.
4. Mansion, *op. cit.*, p. 250.

allées parallèles d'arbres nous donnent l'image de deux droites lobatschewskiennes asymptotes[1]. »

Nous voyons donc, avec une netteté suffisante, de quelles hypothèses il y a lieu réellement de se demander s'il est possible de passer à la thèse. Pour les deux types de géométrie, *riemannien* et *lobatschewskien*, il semble qu'on se trouve, comme d'ailleurs l'a remarqué Lobatschewsky, dans les conditions ordinaires de l'expérimentation physique. Si le plan élémentaire n'est pas euclidien, la somme des angles d'un triangle rectiligne doit être différente de 180°, supérieure dans un espace de Riemann, inférieure dans un espace de Lobatschewsky. De là résulte la possibilité théorique, sinon pratique, de faire apparaître sur des triangles suffisamment grands des mesures assez précises pour constater la vérité de tel ou tel système géométrique, pour achever enfin de caractériser la géométrie comme science rationnelle et naturelle à la fois.

326. — Or, déjà ces simples formules ont été le germe de graves équivoques philosophiques. La seule possibilité de poser le problème dans les termes où Lobatschewsky l'énonçait, a été considérée comme donnant gain de cause à l'empirisme; et cette interprétation s'explique par l'histoire : le crédit dont le kantisme jouissait en Allemagne, au moment où Helmholtz a vulgarisé les découvertes de Lobatschewsky et de Riemann, laissait croire qu'il n'y avait à la thèse de l'*Esthétique transcendentale* d'autre antithèse que l'empirisme. Mais il a bien fallu reconnaître que la géométrie non euclidienne et l'empirisme ne sont nullement solidaires. Si la géométrie était due à l'observation de l'univers, on devrait conclure plutôt que du moment qu'il n'y a qu'un univers, il ne doit y avoir qu'une géométrie. La constitution d'une pluralité de systèmes géométriques est de nature à prouver qu'au delà de la raison *raisonnable*, se développant en accord avec l'expérience, il y a place dans le domaine de la mathématique pour une raison *raisonnante*, capable d'initiative et de fécondité. Que d'ailleurs une voie de retour puisse s'offrir des produits élaborés par la raison raisonnante aux mesures précises de l'expérimentation scientifique, cela ne serait pas fait assurément pour diminuer la portée de la rationalité qu'il convient d'attribuer à la géométrie.

En fait, c'est dans les conditions techniques de l'expérience que se trouvent les difficultés véritables. L'espace ne peut être assimilé à une réalité physique qui serait l'objet d'une intuition

1. Mansion, *op. cit.*, p. 230.

immédiate; car l'espace est constitué pour recevoir les données de l'intuition, il est le cadre nécessaire de la réalité physique. Toute mesure effective qui porte sur l'espace est donc relative à un instrument de mesure qui lui-même est spatial; avant qu'il y ait des espaces *mesurés*, il faut qu'il y ait un espace *mesurant*, comme avant qu'il y ait des distances mesurées il faut qu'il y ait une conception de la droite comme mesure de la distance.

D'autre part, l'espace mesuré n'est pas proprement et uniquement géométrique : les côtés d'un grand triangle rectiligne ne sont donnés dans la réalité que comme des rayons lumineux. Si les mesures effectuées sur ces triangles ne concordaient pas avec les théorèmes de la géométrie euclidienne, nous ne serions pas obligés de dire que l'espace réel n'est pas euclidien; mais, fait observer Lotze, « nous devrions seulement penser que nous avons découvert une forme nouvelle et très singulière de réfraction, dont l'effet serait de faire dévier les rayons servant à déterminer la direction[1] ».

Le problème à résoudre sera donc complexe; il n'est pourtant pas illusoire. Quand on admet que toute mesure de l'espace est indivisiblement d'ordre géométrique et d'ordre physique et qu'elle est susceptible d'une double interprétation, on reconnaît par là même qu'il pourrait se faire que la considération, non plus d'une seule discipline telle que l'optique, mais de toutes les disciplines à la fois[2], contraignît la science à une constatation telle que celle-ci : si l'on accepte les hypothèses d'un espace non euclidien, les diverses théories de la physico-chimie, compliquées et disparates dans toute autre conception, acquerront tout d'un coup simplicité et harmonie.

Même dans ce cas d'ailleurs, la similitude des triangles qui permet d'édifier la théorie des proportions, conférerait encore à la science d'Euclide un privilège d'intelligibilité supérieure. Seulement, et nous y insistons puisque l'on a trop souvent passé outre à cette remarque pourtant élémentaire, un caractère d'intellectualité ne saurait sans pétition de principe être transformé en loi nécessaire des choses. Le principe de la relativité des grandeurs est, comme dirait Kant, favorable aux intérêts de l'entendement; mais aucun artifice dialectique ne donne le moyen d'affirmer *a priori* que la nature est tenue de s'y conformer. Il y a plus; ainsi que le fait observer incidemment Hamelin, on pourra contester que ce principe, pris en lui-

1. *Métaphysique*, § 131; trad. citée, p. 257.

2. Cf. Russell, *Essai sur les fondements de la Géométrie*, § 92; trad. Cadenat, 1901, p. 128.

même, soit capable de procurer une idée complète de la réalité spatiale. « Une figure qu'on peut à volonté majorer ou minorer a l'air d'être imparfaite et insuffisamment déterminée. Au contraire, une figure où les dimensions sont absolues, c'est-à-dire incapables d'être modifiées sans que la forme le soit du même coup, est quelque chose d'achevé[1]. »

Au reste, cette dissociation qu'on a tant de peine à concevoir pour l'espace, il se trouve qu'elle est effectuée pour le temps dans les conceptions de l'électro-dynamique contemporaine. Les expériences de Michelson et Morley ont établi que la vitesse avec laquelle la lumière se propage effectivement demeure constante, quels que soient les mouvements avec lesquels la propagation de la lumière aurait à se composer; elles ont conduit les physiciens à sacrifier au moins provisoirement l'unité objective du temps telle que la mécanique rationnelle la concevait, et à lui substituer l'idée d'un *temps propre*, dont la mesure varie suivant la vitesse avec laquelle l'observateur se déplace[2].

Nous conclurons donc qu'on n'a pas le droit d'anticiper au nom de la raison sur les réactions propres de l'expérience; quand on se donne l'illusion de le faire, c'est que, connaissant déjà la réponse de l'expérience, on se fonde implicitement sur la confiance qu'elle ne démentira pas la raison. Et par là nous rendons toute sa valeur au fait que l'espace *mesurant* est à la fois l'espace *mesuré*, que la géométrie euclidienne, intellectuellement la plus simple, s'est, jusqu'ici, manifestée comme capable à elle seule de porter le poids de l'univers physique. Pour nous, ce fait est tout autre chose qu'une convention de l'esprit avec lui-même, analogue au choix d'un système de numération ou d'un système de coordonnées; il faut y voir une hypothèse de l'esprit sur les choses, qui, due sans doute à la suggestion des expériences originelles, a pris assez de consistance et de précision pour donner à l'esprit possession de la nature. La géométrie euclidienne est vraie, en tant que nous la recueillons comme le produit de la collaboration entre l'esprit et les choses.

L'INTERPRÉTATION DE LA SOLUTION

327. — Si une telle formule s'impose, elle ne se suffit pas à elle-même. Dans cette collaboration, sans laquelle les caractères

1. *Essai sur les éléments principaux de la représentation*, p. 87.

2. Voir en particulier Langevin, *L'évolution de l'espace et du temps*, Revue de métaphysique, 1911, p. 465.

originaux de l'espace ne s'expliqueraient pas, il n'y a pas à concevoir les collaborateurs hors de l'œuvre de collaboration, à réaliser soit l'entité du rationalisme radical : la forme pure de l'esprit — soit l'entité de l'empirisme radical : la donnée pure de l'intuition. Dès lors, non seulement nous ne saurions déterminer *a priori*, en suivant l'ordre de la synthèse progressive, le type normal de médiation, le cas d'équilibre stable que représente la notion de l'espace euclidien, mais encore nous ne saurions décider si d'autres formes de médiation ne sont pas liées à la première, participant d'une façon indirecte à sa vérité.

Les travaux des géomètres modernes, et, en particulier, de Beltrami, permettent d'affirmer qu'en général les propositions établies dans la géométrie euclidienne ont pour corrélatives des propositions de géométrie lobatschewskienne ou de géométrie riemanienne[1]; d'où il suit que, si les relations des phénomènes perceptibles dans l'univers sont conformes aux propriétés de l'espace euclidien, elles ne contredisent pas aux postulats de l'espace non euclidien. En s'appuyant sur cette remarque quelques mathématiciens contemporains ont prétendu condamner une science, dont l'éminente dignité a été de faire connaître les conditions de la vérification rigoureuse, à ne plus prononcer le mot de vérité. Mais c'est sans doute un abus de donner une telle portée philosophique à une considération d'ordre purement formel. Il est clair que si un système simple de mesure s'applique à l'univers, tout système plus compliqué dérivé du premier s'y appliquera également. Après avoir appris à déterminer les phénomènes de la dilatation de l'eau à l'aide du thermomètre à mercure, il n'est évidemment pas interdit à un physicien de chercher l'aspect que la science de la chaleur viendrait à revêtir si on s'avisait de prendre pour instrument de mesure un thermomètre à eau[2]. Mais ce n'est là qu'une recherche abstraite sans application effective, et qui pourrait, tout au plus, détruire l'illusion d'un réalisme naïf[3].

La question qui doit nous arrêter s'énonce en termes différents. Il est vrai sans doute que la somme des angles d'un

1. Cf. Couturat, *De l'Infini mathématique*, p. 233.

2. Milhaud, *La science rationnelle*, Revue de métaphysique, 1896, p. 295, et *Le Rationnel*, 1898, p. 49.

3. « Le relativisme de M. Poincaré semble tenir à ce que l'éminent géomètre rapporte toutes nos connaissances à un absolu auquel il doit croire, puisqu'il le prend pour norme ». E. Borel (Revue du mois, 1907, t. IV, p. 117.) Voir le chapitre consacré par René Berthelot à l'examen des théories de M. Poincaré sur les principes de la géométrie dans *Un Romantisme utilitaire, étude sur le mouvement pragmatiste*, t. I, 1911, p. 368 et suiv.

triangle rectiligne est égale à deux droits, comme il est vrai que le nombre total des dimensions de l'espace est de trois. Mais les deux vérités n'ont pas la même structure. Dans le dernier cas, en effet, nous pouvons dire : il est faux que l'espace ait quatre ou cinq dimensions; car notre notion de dimension spatiale implique une détermination en nombres entiers, qui exclut tout approximation. Là, au contraire, il s'agit d'une mesure de degrés; la somme des angles d'un triangle plan est de 180°, et, par définition, toute mesure effective de ce genre est relative au degré de précision que comportent les instruments. Théoriquement la somme des angles d'un triangle est égale à deux droits; pratiquement elle pourra être, d'aussi peu que l'on voudra, supérieure ou inférieure à deux droits, de telle sorte que l'interprétation nous conduirait à des variétés d'espace riemannien ou lobatschewskien, infiniment voisines de l'espace euclidien.

M. Mansion a donné à cette observation un tour singulièrement piquant. « On prouve par l'analyse infinitésimale le théorème suivant : Un triangle rectangle isoscèle est riemannien, euclidien ou lobatschewskien, suivant que le rapport de l'hypoténuse au côté est inférieur, égal ou supérieur à $\sqrt{2}$. [1] » Dès lors toute mesure effective de ce rapport mettra en présence deux quantités numériquement déterminées, entre lesquelles le rapport sera nécessairement rationnel. Si l'on voulait interpréter à la rigueur le résultat de ces mesures, on obtiendrait, suivant les cas, un espace riemannien ou un espace lobatschewskien; en augmentant, soit la grandeur des triangles à mesurer, soit la précision des instruments de mesure, on substituerait une nouvelle forme d'espace riemannien, ou lobatschewskien, à la première; mais on n'arriverait jamais d'une façon exacte à l'espace euclidien.

328. — Nous touchons ici à la source de la difficulté qui est inhérente à la détermination de la notion d'espace, et qui fait éclater les cadres traditionnels de la psychologie et de la théorie de la connaissance. L'espace normal de l'homme, l'espace euclidien, est dérivé des expériences originelles qui ont provoqué le développement de l'intelligence; il s'applique si bien à l'expérience que la géométrie euclidienne est l'instrument par excellence pour la conquête scientifique de l'univers. Pourtant il ne coïncide pas entièrement avec la représentation empirique; il implique un passage à la limite, qui révèle, au même titre que

1. Revue Néo-Scolastique, 1896, p. 250, n. 1.

l'infini ou le zéro, une puissance « transintuitive », un dynamisme d'ordre intellectuel; et c'est pourquoi la vérité de l'espace est la vérité d'un cas-limite, qui entraîne avec elle la vérité de tout son « voisinage ».

Quoique cette conclusion soit assez dure à concevoir pour la psychologie rudimentaire à laquelle la théorie des facultés nous a en général habitués, il n'est pas malaisé de reconnaître qu'elle trouve sa confirmation dans l'observation psychologique. Quand nous croyons parcourir une droite euclidienne, nous sommes dupes d'une illusion vulgaire; nous n'avons jamais marché en ligne droite, nous avons bien plutôt suivi l'arc d'un grand cercle sur la sphère terrestre. Nous n'avons jamais vu de droite euclidienne; toute ligne qui procure à l'œil une impression effective est un faisceau de droites euclidiennes. Le processus inconscient de l'esprit consistera donc à s'emparer de cette expérience grossière et limitée pour construire un plan de représentation idéale où tout se passe comme si le rayon de la sphère terrestre augmentait jusqu'à devenir infini, comme si l'épaisseur d'une droite visible diminuait jusqu'à devenir nulle.

Parce que ce processus est inconscient, il est inévitable que le produit en apparaisse comme la propriété intrinsèque d'une réalité donnée. De là surgit la difficulté théorique à laquelle l'homme se heurte, dès qu'il se propose la tâche en apparence la moins malaisée : se décrire à lui-même les premiers objets de son espace, deux droites parallèles ou même deux droites en général. Car il devrait pouvoir dire que deux droites, si loin qu'on les prolonge, ou ne peuvent avoir aucun point commun, ou, dans le cas où elles se coupent, ne peuvent en avoir qu'un. Or de telles affirmations enveloppent immédiatement la considération de l'infini.

329. — L'intervention de l'infini explique donc ce paradoxe que les relations caractéristiques de l'espace euclidien sont à la fois suggérées par l'expérience et confirmées par elle, sans être à proprement parler objets d'expérience. Elle explique encore le second paradoxe, que la géométrie euclidienne peut être vraie, sans qu'il faille nier pour cela la vérité de systèmes différant du système euclidien, mais d'aussi peu que l'on voudra. C'est que

1. Cf. Delbœuf, *art. cit.*, p. 383 : « Sans conteste, les systèmes de géométrie dus à Lobatschewsky et à Riemann sont plus généraux et plus compréhensifs que la géométrie dite euclidienne. Dans chacun d'eux, on passe d'un système à un autre par un simple changement de valeur du paramètre et de la courbure, et de l'un comme de l'autre, on tire la géométrie euclidienne en faisant les rayons de courbure infinis » (ou la courbure nulle).

la forme du jugement disjonctif, qui pour le sens commun appartiendrait évidemment à la vérité, est née en réalité de la considération de données finies et discontinues, et ne s'applique qu'à elles. Alors, nous l'avons vu à propos du nombre des dimensions de l'espace (et on le verrait encore, suivant l'exemple indiqué par Cournot, à propos « du nombre des angles solides d'un polyèdre ajouté au nombre de ses faces, dont on sait qu'il donne une somme supérieure de deux unités au nombre de ses arêtes[1] »), une détermination vraie est exclusive de toute détermination qui n'est pas elle : si par malheur un choix était impossible à faire entre plusieurs déterminations, il faudrait désespérer de donner un sens au mot de vérité. Mais il n'en est plus de même quand nous avons franchi le domaine du fini et du discontinu ; il est de l'essence même du passage à la limite de comporter en quelque sorte une certaine zone de vérification à l'intérieur de laquelle il y a place pour plusieurs interprétations légitimes, à l'intérieur de laquelle, pour mieux dire, la légitimité de l'une est liée à la légitimité de l'autre. La découverte des géométries non euclidiennes a révélé que la constitution de l'espace euclidien supposait un passage inconscient à la limite. Sous la simplicité apparente de ce qui se présentait comme donnée intuitive, elle a décelé le dynamisme complexe qui a permis à la géométrie euclidienne de dépasser le calcul des nombres rationnels et de fournir l'équivalent d'une arithmétique générale. Le double effort que nous avons fait, dans les deux sections de ce chapitre, pour suivre d'une part le mouvement spontané de l'esprit qui aboutit à la constitution de la géométrie classique, d'autre part pour en éclairer la nature et la portée à la lumière des géométries nouvelles, a pour résultat non de ruiner la valeur de la géométrie classique, mais d'assouplir notre conception de la vérité pour la mettre en harmonie avec l'extension effective de la science.

Section C. — **L'usage de l'infini dans les mathématiques.**

LA GRANDEUR IRRATIONNELLE

330. — Le progrès de la réflexion philosophique nous a convaincus qu'il n'y a pas moins de suggestion empirique dans l'arithmétique que dans la géométrie, pas moins de dynamisme intellectuel dans la géométrie que dans l'arithmétique. Il nous

1. Cournot, *Essai sur les fondements*, § 328, [illegible], 230.

donne une base suffisante pour résoudre le problème du rapport entre la géométrie et le calcul infinitésimal, ou plus exactement pour recueillir l'enseignement que le développement de la mathématique nous apporte à cet égard.

Deux faits, nous l'avons vu, dominent ce développement. D'une part, c'est par la géométrie que la considération de l'infini s'est introduite dans la science positive, et il y a là tout autre chose qu'un accident de l'histoire : à isoler l'analyse dans un formalisme abstrait, on risque de faire dégénérer le passage à la limite et la détermination de la grandeur irrationnelle en symboles ou en fictions, dépourvues de toute valeur de vérité. D'autre part, c'est en s'arrachant à la tyrannie de l'intuition géométrique, en s'imposant des méthodes autonomes de définition et de démonstration, que l'analyse moderne est devenue un modèle de rigueur et de fécondité. Ces deux ordres de faits seraient sans doute contradictoires, si on voulait en tirer des conclusions absolues, si on se croyait tenu d'opter entre le primat de l'intuition géométrique et l'autonomie entière de l'analyse. Mais les études que nous avons faites nous fournissent, semble-t-il, le moyen de les restreindre et de les éclairer tout à la fois l'un par l'autre.

331. — En retraçant l'évolution de la philosophie mathématique depuis les premières spéculations infinitésimales du temps de Démocrite ou de Zénon d'Elée jusqu'aux découvertes d'un Cauchy ou d'un Weierstrass[1], nous avons suivi la phase de *grandeur* et la phase de *décadence* par lesquelles a passé la doctrine de l'intuition géométrique. Parce qu'ils faisaient fond sur cette intuition, Eudoxe a pu comprendre dans une théorie générale de la similitude aussi bien les rapports incommensurables que les rapports rationnels, Archimède a pu arriver à la mesure exacte d'une aire finie par la méthode d'exhaustion, Cavalieri a pu comparer des aires en substituant des lignes à des surfaces supposées d'une hauteur infiniment petite. Ces succès pratiques ont conduit, ainsi que l'a montré l'exemple de Pascal, à la fiction d'une faculté distincte de l'imagination et qui aurait un objet inaccessible à la raison. Or une telle intuition est nécessairement une « maîtresse d'erreur », puisqu'elle nous invite à trouver dans la réalité ce qui effectivement procède d'un dynamisme *transintuitif*. En tant que la ligne donnée dans l'intuition a une certaine épaisseur, la *géométrie des indivisibles* a bien pu s'en servir comme d'un élément superficiel; mais, à cause de

1. *Vide supra*, chap. IX, et chap. XIV (*Section* C).

cette épaisseur aussi, les mathématiciens ont tiré de l'intuition qui lie la tangente à la courbe, cette proposition que *toute fonction continue a une dérivée*; et la proposition est fausse.

Si l'intuitionisme mathématique a échoué, c'est qu'il n'a pas, selon nous, suffisamment approfondi la nature de l'intuition pour y distinguer le dynamisme constitutif qui est d'ordre intellectuel, et la présentation de l'objet en tant qu'extérieur à l'intelligence. Il a donc dû laisser confondus les deux usages inverses de l'intuition : l'un qui étend l'horizon de la représentation spatiale à l'aide du dynamisme qui s'y trouve impliqué, l'autre qui subordonne ce dynamisme intérieur de l'intelligence aux exigences de la représentation externe.

332. — La mathématique moderne apporte ainsi une consécration définitive à la thèse que Leibniz avait si profondément aperçue, mais que, demeurant encore sous l'influence du vieil idéal scolastique et logistique, il n'avait pas réussi à dégager dans toute sa lumière aux yeux de ses contemporains et de ses successeurs immédiats : l'intuition géométrique doit sa fécondité au dynamisme intellectuel qui est implicite en elle et qui la rend en réalité *transintuitive*. Expliciter ce dynamisme, et donner à l'esprit mathématique conscience de sa propre capacité, ce sera en étendre le rayonnement. Que, pour définir analytiquement le nombre irrationnel l'on fasse appel aux séries convergentes, dont l'emploi se justifie avec une exactitude parfaite dans le cas où elles ont pour somme un nombre entier fini, comme dans l'exemple classique $\frac{1}{1} + \frac{1}{2} + \frac{1}{2^2} + \frac{1}{2^3} + \ldots = 2$; on ne retrouvera pas seulement les *transcendantes* auxquelles la géométrie avait conduit, telles que π, qui est, comme Leibniz l'a montré, égale à $4\left(\frac{1}{1} - \frac{1}{3} + \frac{1}{5} - \frac{1}{7} + \ldots\right)$; on définira aussi des transcendantes nouvelles qui n'ont pas de représentation géométrique, comme sera par exemple la somme de la série $1 + \frac{1}{1} + \frac{1^2}{1.2} + \frac{1^3}{1.2.3} + \ldots$ qu'Euler a désignée par e.

En ce sens, l'analyse moderne a conquis son autonomie; mais cette indépendance technique, qui suffit au mathématicien, ne saurait, pour le philosophe, se confondre avec l'indépendance absolue. Les difficultés inextricables qu'a soulevées l'arithmétisme montre quel danger il peut y avoir à perdre le souvenir du processus qui a permis d'atteindre les notions fondamentales. Tant que nous ne disposerons que de combinaisons numériques, nous pourrons bien définir le nombre irrationnel à l'aide d'une série de nombres rationnels, ou, comme le veut M. Dedekind, par une *coupure* pratiquée dans l'ensemble des nombres rationnels[1]; mais que cette définition soit vraiment constitutive d'une réalité mathématique, que la limite existe, c'est ce qu'on ne saurait établir sans franchir l'horizon des symboles.

Le problème serait insoluble, à peine la position en serait-elle intelligible, si la création de l'espace géométrique n'avait été au devant des processus méthodiques et réfléchis de l'intelligence, si elle ne lui avait présenté, comme déterminés exactement, les points qui correspondent à la limite d'une série convergente, ou les aires qui se mesurent par la sommation d'une série convergente.

Il n'y a donc pas lieu de séparer le processus arithmétique qui constitue du dedans le nombre irrationnel, et la représentation spatiale qui en établit l'existence mathématique. Leur unité fait la vérité qui est la racine de la géométrie aussi bien que de l'analyse. Encore une fois, la vérité se définit comme connexion. Seulement la vérité arithmétique est la connexion de combinaisons entre termes discrets et intuitions discontinues; elle rentre naturellement dans des cadres nettement déterminés, elle satisfait aux oppositions tranchantes des principes logiques. La vérité du nombre irrationnel, qui est aussi la vérité proprement géométrique, est d'un type singulièrement plus subtil : elle est une connexion entre le dynamisme implicite qui dans notre représentation de l'espace revêt l'apparence d'une intuition simple, et le dynamisme explicite qui se retrouve dans la définition abstraite de la limite[2].

EMPIRISME ET RÉALISME

333. — En nous adressant aux relations spatiales pour mettre en évidence l'exacte détermination de ces grandeurs irrationnelles que le langage rigoureux de l'analyse résoudra ensuite en

1. Dedekind, *Stetigkeit und irrationale Zahlen*, Braunschweig, 1872, § 4 p. 12. Cf. Couturat, *De l'Infini mathématique* p. 54 et p. 416, et Jules Tannery, *Introduction à la théorie des fonctions d'une variable*, 2e édit., t. I, 1904, p. 3 et suiv.

2. La liaison de l'irrationnel et de l'infini, qui était impliquée dans les raisonnements des géomètres grecs sur les *incommensurables*, apparaît déjà explicite dans l'*Arithmetica integra* de Stifel (Nuremberg. (1544), qui en tire d'ailleurs argument contre le caractère proprement numérique de la quantité irrationnelle : « Sicut igitur infinitus numerus non est numerus, sic irrationalis numerus non est verus numerus, quum lateat sub quadam infinitatis nebula, sitque non minus incerta proportio numeri irrationalis ad rationalem numerum quam infiniti ad finitum. » (f° 103r). Cf. Tropfke, *op. cit.*, t. I, p. 159.

leurs éléments abstraits, nous n'avons pas cherché à suppléer aux défaillances de la pensée rationnelle par un appel à l'imagination; car la géométrie, dont la vérité soutient la vérité de l'analyse, nous est apparue déjà comme une création d'ordre intellectuel. Loin de rompre l'unité de la science, nous nous sommes efforcé de saisir dans son intégralité, mais aussi dans son homogénéité, le mouvement qui fait de l'intelligence mathématique une fonction de vérité. De ce point de vue nous pouvions comprendre l'usage que la mathématique fait de l'infini, sans que nous ayons eu besoin d'aborder de face, pour les résoudre, ou tout au moins pour les écarter, les difficultés philosophiques qui sont liées à l'idée de l'infini actuel. Mais la question doit être examinée de savoir si une semblable position, légitime sans doute tant qu'on se tient dans les bornes de l'analyse classique, peut être maintenue après la constitution de la théorie des ensembles et en particulier de la théorie du transfini.

Une telle question est particulièrement délicate à élucider; car elle touche à des recherches dont la relation à la science positive est encore, pour certaines parties du moins, matière à controverse, qui ne se présentent pas avec le recul nécessaire à l'établissement d'un jugement objectif. Déjà nous avons eu l'occasion de montrer comme les travaux de M. Georg Cantor avaient contribué à étendre l'interprétation logistique des mathématiques, mais aussi comme cette interprétation avait été compromise par l'ontologie scolastique qui était le postulat de la philosophie logistique. Il s'agira de reprendre le problème afin de le poser sur le terrain et dans les termes mêmes où l'ont envisagé les savants dégagés de toute préoccupation étrangère à la mathématique.

A cet égard nous ne pourrons, semble-t-il, nous donner une meilleure base de référence que l'ouvrage de du Bois-Reymond, *Théorie générale des fonctions*, où se trouvent les conceptions des systèmes *pantachiques* ou *apantachiques* de points et du *calcul infinitaire*, qui préludent à la théorie des ensembles et à la théorie de la croissance des fonctions. Dans l'intention de rattacher les notions fondamentales de l'analyse aux formes générales de l'intelligence[1], du Bois-Reymond distingue deux types essentiels de doctrine. Le premier est l'*empirisme*, suivant lequel rien n'existe qui ne soit immédiatement objet de perception, ou qui du moins ne se ramène à l'objet perçu par des modi-

1. Trad. Milhaud et Girot, p. 62.

fications d'ordre physique en quelque sorte : décompositions, combinaisons, variations de grandeur, de forme, d'intensité, de qualité[1]. Le second est l'*idéalisme*, en prenant le mot dans un sens objectiviste et transcendant qui fait songer au réalisme scolastique : les notions qui ne se prêtent pas à une représentation sensible, la limite, l'infiniment petit, l'infini, sont pourtant des objets pour une sorte d'imagination suprasensible qui est conçue sur le modèle de l'intuition sensible; ils doivent être donnés comme existants. L'axiome idéaliste « exige toujours, écrit du Bois-Reymond, qu'on tienne le non représentable pour une existence[2] ».

Du Bois-Reymond entreprend de traduire tour à tour en langage idéaliste et en langage empiriste les propositions qui sont à la base des mathématiques transcendantes, en particulier l'existence de la limite dont dépend le *principe général de convergence et de divergence*, et par lui l'analyse moderne tout entière. Mais, finalement, aucune des deux interprétations antagonistes n'arrive à satisfaire l'esprit : l'empirisme, qui rappelle de très près la conception renouviériste du calcul infinitésimal, est incapable d'en justifier l'exactitude; l'idéalisme, s'il admet la réalité objective de toutes les entités mathématiques, manque à la condition initiale de la représentabilité.

Chose bien curieuse, du Bois-Reymond prend acte de ce double échec; il n'en tire aucune conséquence pour le progrès de la philosophie mathématique. Lui qui s'est proposé de reprendre sur les « non-mathématiciens », comme revenant aux savants eux-mêmes, l'étude des notions fondamentales de la mathématique[3], il abandonne la partie sans songer à remettre en question le postulat réaliste et statique, « représentationiste », qu'il emprunte sans le savoir à la tradition des non-mathématiciens et auquel il attribue une évidence de sens commun. Il lui arrive de mentionner la doctrine qui rattache les idées de l'irrationnel et de la limite à la loi du mouvement intellectuel; il ne réussit pas à y voir le résultat d'un progrès dans la critique philosophique, qui substitue la fonction dynamique de la pensée à l'intuition statique d'un terme, les jugements de relation aux jugements d'existence; il la réintègre de force entre les deux hypothèses réalistes qui lui paraissent exprimer les conditions nécessaires de toute conception, et il en fait ainsi une forme

1. Trad. Milhaud et Girot, p. 102.
2. *Ibid.*, p. 104.
3. *Ibid.*, p. 62.

intermédiaire, comme une sorte d'idéalisme « obscur ou timide [1] ». Pour son propre compte, il déclare s'en tenir à une exposition *neutre* où le mode fondamental d'intuition est empiriste, le raisonnement idéaliste : « *langage empiriste, preuves idéalistes* [2] ».

334. — Mais, du jour où, pour prouver que tout ensemble pouvait être *bien ordonné*, il a fallu, avec M. Zermelo, postuler la possibilité de choisir un élément *e* distingué dans chacun des ensembles E qui composent la totalité infinie des ensembles [3], les mathématiciens se sont trouvés brusquement obligés de se départir de cette neutralité, et ils ont incarné, en les suivant jusqu'au bout dans la logique de leur rôle, les personnages imaginés par du Bois-Reymond.

Selon M. Hadamard, l'axiome est valable; mais il faut que nous sachions écarter la « question toute subjective : Pouvons-*nous* ordonner », pour nous demander seulement : « *L'ordination est-elle possible* [4] ? » Cette seconde question est plus générale, en effet, que la première, et elle peut être résolue sans que la première le soit. « L'idée de détermination, disait Jules Tannery, est indépendante de la possibilité de formuler en quoi consiste cette détermination [5]. » M. Hadamard applique cette distinction au problème de Zermelo : « Il n'est pas du tout évident que nous puissions, *en fait*, indiquer la loi qui présidera au choix de l'élément *e* dans chaque ensemble E. Mais où voit-on qu'une loi ait besoin de pouvoir être explicitement formulée pour exister [6] » ?

Seulement cette créance sur l'infini — quand on ne veut plus y voir, comme jadis, une créance sur Dieu qui serait réglée dans l'éternité — ne satisfait guère les mathématiciens qui mettent leur honneur à payer comptant et qui voudraient, eux aussi, être payés comptant. M. Borel objecte à M. Zermelo que les raisonnements qui supposent « un *choix arbitraire* fait une infinité non dénombrable de fois... sont en dehors du domaine des mathématiques [7]. » Ce n'est pas tout, et le principe du doute va plus loin que ce doute initial; une infinité dénombrable d'opérations est aussi impossible à réaliser effectivement qu'une

1. Trad. Milhaud et Girot, p. 120.
2. *Ibid.*, p. 130.
3. Voir le texte cité, § 231.
4. Bulletin de la Société mathématique de France, 1905, p. 270.
5. Revue générale des Sciences, 1897, p. 134°.
6. *Ibid.*, 1905, p. 241°. Cf. Bulletin de la Société, *art. cité*, p. 262.
7. Mathematische Annalen, t. LX, 1905, p. 195.

infinité non dénombrable, et par conséquent elle ne sera pas moins suspecte [1]. Le mathématicien n'a pas le droit de raisonner directement sur l'infini comme il raisonne directement sur le fini; son devoir est de ramener les raisonnements sur l'infini aux raisonnements sur le fini : « Dès qu'on parle d'infini (même dénombrable), écrit M. Baire, l'assimilation, *consciente ou inconsciente*, avec un sac de billes qu'on donne de la main à la main, doit complètement disparaître... En particulier, de ce qu'un ensemble est donné (nous serons d'accord pour dire, par exemple, que nous nous donnons l'ensemble des suites d'entiers positifs), *il est faux pour moi de considérer les parties de cet ensemble comme données*. A plus forte raison je refuse d'attacher un sens au fait de concevoir un choix fait dans chaque partie d'un ensemble... En fin de compte, en dépit des apparences, tout doit se ramener au fini [2]. »

335. — Il serait difficile de souhaiter, de part et d'autre, une réflexion plus nette sur les raisons de la position prise. Est-ce à dire que le philosophe doive se borner au spectacle de cette opposition radicale? Va-t-il se résigner à enregistrer la rencontre de « mentalités » irréductibles? Ou ne va-t-il pas chercher à la racine du conflit la trace de certains préjugés extérieurs à la science, préjugés d'ordre philosophique comme ceux que nous avons vus à l'œuvre dans les conceptions de du Bois-Reymond, et que le progrès de la science a pour effet d'éliminer.

Tout d'abord l'expérience mathématique vient restreindre la portée de l'idéalisme entendu au sens de du Bois-Reymond, en révélant des contradictions au sein de ce monde d'entités qui, tout en étant indescriptibles, étaient pourvues d'existence idéale. Ainsi M. Burali-Forti a, dès 1897, fait ressortir la contradiction à laquelle on aboutit en voulant réaliser l'ensemble de tous les nombres ordinaux (transfinis) [3]. Sans doute, rien n'est

1. Cf. Lebesgue, Bulletin de la Société mathématique, 1905, p. 269 : « Quand j'entends parler d'une loi définissant une infinité transfinie de choix, je suis très méfiant, parce que je n'ai jamais encore vu de pareilles lois, tandis que je connais des lois définissant une infinité dénombrable de choix. Mais ce n'est qu'une affaire de routine, et, à la réflexion, je vois parfois des difficultés aussi graves, à mon avis, dans des raisonnements où n'interviennent qu'une infinité dénombrable de choix, que dans des raisonnements où il y en a une transfinité. »

2. *Ibid.*, p. 263. — Leibniz écrivait, à propos de la série 1 — 1 + 1 — 1, *etc.* : « Il ne faut se fier aux raisonnements sur les séries infinies, que lorsqu'on en peut démontrer la vérité par les finies, à la façon d'Archimède. » *Lettre à Varignon*, du 18 janvier 1713. *M*, IV, 101.

3. *Vide supra*, § 245.

plus simple que de se débarrasser de la contradiction, en faisant disparaître les objets idéaux qui étaient le sujet de cette contradiction : « L'ensemble W de tous les nombres ordinaux... devrait », suivant M. Hadamard, « être considéré comme non existant[1] »; et en effet, ajoute-t-il, « on n'a le droit de former un ensemble qu'avec des objets préalablement existants, et il est aisé de voir que la définition de W suppose le contraire[2] ». Seulement, il reste alors à savoir ce qui devra, désormais, être considéré comme véritablement premier : sera-ce la réalité transcendante de ces objets qui sont placés au-dessus de toute atteinte effective de l'esprit humain? ou le principe de contradiction que notre pensée leur applique? « M. Burali-Forti, écrit M. Lebesgue, raisonne sur des êtres mal définis comme s'ils étaient bien définis; or l'empiriste se demande si ce n'est pas précisément là ce qui caractérise le raisonnement idéaliste. Pour qu'un empiriste pût admettre les preuves idéalistes, il faudrait qu'on lui eût enseigné comment, avant qu'un raisonnement idéaliste ait conduit à une contradiction, il pourra s'apercevoir s'il est illégitime ou légitime[3]. » Bref, comme nous l'avons remarqué dans la critique du réalisme logistique de M. Russell, les antinomies cantoriennes font plus que de montrer l'impossibilité de résoudre tel ou tel problème; elles emportent avec elles la conception philosophique dont le problème est issu. De l'attitude idéaliste il ne reste que la reconnaissance vague de quelque chose qui dépasse les déterminations de la science actuelle, sorte de « réservoir » pour les conquêtes de la science future.

D'autre part, s'il fallait voir dans l'attitude empiriste autre chose qu'une règle de prudence particulièrement opportune et frappante de la part de ceux-là même qui ont manié les notions cantoriennes et les ont fait fructifier sur le champ de la mathématique positive, si on devait l'ériger en une métaphysique qui s'enfermerait rigoureusement dans l'enceinte du fini, on soulèverait des difficultés pratiques que l'on ne parviendrait guère à écarter que par des expédients de langage. Par exemple M. Borel borne le domaine de la science positive aux ensembles effectivement énumérables, c'est-à-dire tels que l'on puisse « indiquer au moyen d'un nombre fini de mots, un procédé sûr pour attribuer sans ambiguïté un rang déterminé à chacun de [leurs]

1. Revue générale des Sciences, 1905, p. 542[a].
2. Bulletin de la Société mathématique, p. 271.
3. *Contribution à l'étude des correspondances de M. Zermelo*, Bulletin de la Société mathématique, 1907, p. 212.

éléments[1] », et M. Poincaré donne cette règle de « ne jamais envisager que des objets susceptibles d'être définis en un nombre fini de mots[2] ». Seulement cette règle si simple prête dans l'application à plus d'une question litigieuse : « Car parmi les mots en nombre fini, objecte avec toute raison M. Winter, pourront se rencontrer des expressions telles que *aussi souvent que l'on veut*, *aussi grand que l'on veut*, ou des mots tels que *toujours*, *indéfiniment*, *infiniment*; sommes-nous bien sûrs, dans ces cas, que la définition n'implique pas, au moins en puissance, l'infinité de mots qu'il faudrait éviter[3]? » Y eût-il même quelques-unes de ces dernières expressions dont l'empiriste s'interdirait l'usage, il demeure essentiel à sa méthode d'approcher *autant qu'il veut* le calcul de transcendantes telles que π ou e en prenant un nombre de plus en plus grand de décimales; il est clair qu'une semblable approximation n'a de sens que par rapport à l'idée de l'opération exacte, que cette idée suppose à son tour la réalité de la grandeur irrationnelle, telle que les résultats de la géométrie élémentaire nous l'imposent. De cette exactitude, comme le remarquait déjà du Bois-Reymond, l'empirisme ne peut rendre compte; il ne réussit à créer et à comprendre son propre langage que parce qu'il y sous-tend les raisonnements de l'idéalisme.

CONCEPTUALISME ET INTELLECTUALISME

336. — De ces doubles difficultés une conclusion se dégage : ce qui a commandé l'alternative insoluble du renouviérisme et du cantorisme, conçus sous leur forme dogmatique, ce n'a nullement été la science elle-même; c'était une conception de la philosophie traditionnelle où l'idée se définit par sa matière. L'existence de l'infini mathématique devait alors reposer sur l'existence des éléments de représentation qui peuvent le composer, de telle sorte qu'il fallait choisir : ou la notion mathématique de l'infini était une idée positive, et l'infini actuel était représenté; ou l'infini actuel n'était pas représentable, et la notion d'infini était une idée illusoire. Mais si on suit une marche inverse de celle de du Bois-Reymond, si on va de la science à la philosophie, il n'est plus sûr du tout qu'il y ait lieu d'envisager le problème dans les mêmes termes.

1. *Les « paradoxes » de la théorie des ensembles*, Annales scientifiques de l'École Normale, 1908, p. 446.
2. *La Logique de l'infini*, Revue de métaphysique, 1909, p. 482.
3. *Note sur l'infini en mathématiques*, *ibid.*, 1911, p. 615.

Nous chercherons ce que l'idée d'infini mathématique a de positif, non dans le contenu de l'intuition, dans l'objet de la représentation, mais dans l'acte de compréhension, qui est générateur d'une série illimitée de nombres : « A coup sûr, écrit Jules Tannery, si quelqu'un dit qu'il *existe* une infinité de nombres entiers, il n'entend point que cette infinité de nombres entiers est écrite quelque part, dans quelque gros livre; il ne s'agit que d'une *existence* dans notre pensée; or, notre façon de penser l'infinité des nombres entiers consiste essentiellement à penser la loi de formation de ces nombres, qui en implique l'infinité ... Je n'imagine pas les nombres entiers dans leur suite infinie. je les comprends dans leur loi de formation[1]. »

Cette dissociation entre la représentation proprement dite et l'intelligence fait voir que l'attitude du mathématicien n'est pas la même à l'égard du fini et à l'égard de l'infini. Ce qui caractérise l'ensemble fini, c'est que nous pouvons manier indifféremment, ou les parties prises collectivement, ou l'ensemble total. Dans l'ensemble infini nous ne pouvons pas dire qu'il y ait, à proprement parler, des parties ni par conséquent un tout; nous possédons seulement la loi d'où dérivent les termes de la série, et c'est uniquement sur la nature de la loi que nous devons fonder les conclusions de nos raisonnements. Autrement dit, la base de notre savoir sera solide tant qu'il nous sera possible de laisser de côté la représentation des nombres infinis pour ne plus avoir affaire qu'à leurs relations mutuelles. De ce point de vue, l'infinité dénombrable est une idée positive, et de la forme la plus simple, puisqu'elle est inhérente à la loi de numération; l'existence des ensembles dénombrables est liée à l'opération élémentaire de correspondance qui, considérée en elle-même, comme nous l'avons vu, n'implique aucune condition restrictive, qui se poursuit d'elle-même à l'infini.

337. — Y a-t-il des infinités non dénombrables? Si la question ne comporte pas de réponse *a priori*, du moins un ensemble nous est-il donné qui est l'expression analytique du continu géométrique : c'est l'ensemble des nombres réels. Or les nombres irrationnels qui figurent dans cet ensemble y sont introduits comme limites d'une série de nombres rationnels, qui, elle, constitue une infinité dénombrable. La forme de la loi, d'où résulte cette infinité de termes, est telle que nous savons qu'il arrive un moment à partir duquel il est permis de négliger le calcul des termes de rang supérieur, comme n'ayant plus

1. Revue générale des sciences, 1897, p. 131[b].

d'influence en quelque sorte individuelle sur la détermination de la limite. Nous pouvons alors passer par-dessus l'infinité des termes pour opérer sur la limite, ou sur la somme, d'une telle série. De là l'importance décisive de la notion de convergence, qui s'est manifestée comme la base de l'analyse moderne.

La théorie des ensembles, tant qu'elle ne dépasse pas ce point, ne soulève aucune difficulté qui ne trouve sa solution dans la considération de l'arithmétique élémentaire ou de la géométrie classique. Et elle n'a pas eu besoin d'aller au delà pour se révéler comme un instrument d'une admirable puissance; nous n'aurons qu'à mentionner ici les travaux de M. Baire sur les fonctions discontinues qui sont limites de fonctions continues, ceux de M. Jordan et de M. Borel sur la mesure des ensembles, ceux de M. Lebesgue sur l'intégration qui ont eu pour résultat d'élargir encore la conception de Riemann[1]. Ces travaux ont reculé les frontières de l'analyse; mais ils n'ont pas rompu avec les procédés communs de la science. On peut dire qu'ils se meuvent à l'intérieur de ce qu'avec M. Lebesgue on appellera la représentation analytique : « Je dirai qu'une fonction est *représentable analytiquement*, si l'on peut la construire en effectuant, suivant une loi déterminée, les opérations élémentaires (additions, soustractions, multiplications, divisions) et des passages à la limite, en nombre fini ou dénombrable, à partir de constantes et des variables, supposées en nombre fini ou dénombrable[2] ».

338. — La théorie des nombres transfinis rentrera-t-elle également dans le domaine de la science positive? A vrai dire la difficulté n'est pas tant de savoir s'il existe un nombre transfini que de savoir s'il en existe plus d'un. Il est sûr que la série des nombres naturels, dont tous les termes sont finis, a pourtant un nombre infini de termes; mais il n'est pas sûr que ce nombre

1. L'idée maîtresse de M. Lebesgue peut être résumée de la façon suivante : « Soit y une fonction croissante dans un intervalle. Au lieu de partir, comme Riemann, de la division en intervalles partiels, et d'en multiplier les longueurs par l'une des valeurs y_i de la fonction dans chaque intervalle, inversement au départ on se donne la division des variations de la variation, c'est-à-dire les nombres y_i. » Fouët, *Leçons élémentaires sur les fonctions analytiques*, t. I (1re édit.), 1902, p. 258, n. 1. Pour une vue d'ensemble de ces travaux, auxquels sont consacrées les monographies de M. Baire, *Leçons sur les fonctions discontinues*, 1905, et de M. Lebesgue, *Leçons sur l'intégration et la recherche des fonctions primitives*, 1904. Cf. Borel, *La théorie des Ensembles et les progrès récents de la théorie des fonctions*, Revue générale des sciences, 1909, p. 321 et suiv.

2. *Contribution à l'étude des correspondances de M. Zermelo*, Bulletin de la Société mathématique, 1907, p. 203. Cf. Journal de Mathématiques, 1905, p. 145.

infini soit lui-même le point de départ d'opérations nouvelles, destinées à devenir la base d'un calcul *transfinitaire*. En effet dans la série considérée, la condition de convergence fait défaut; nous ne pourrons plus tirer de la loi de sériation un résultat déterminé puisque nous n'aurons pas le droit d'écarter *a priori* le rôle des termes qui apparaissent au cours du développement de la série; à chaque terme nouveau correspondra une opération nouvelle; de telle sorte que, pour avoir le droit de considérer le premier nombre transfini, non seulement comme exprimant une détermination qualitativement distincte de toute détermination finie, mais comme étant la base d'un système nouveau de relations, nous aurions besoin de nous assurer à nous-mêmes que nous avons effectivement accompli une infinité d'opérations; et nous sommes incapables de nous donner cette assurance.

Nous comprenons alors pourquoi la théorie des ordinaux transfinis s'est heurtée à des problèmes de caractère extrascientifique. Au lieu de s'appuyer sur la nature des lois génératrices des séries, elle a été obligée de revenir à l'intuition directe des termes; car les termes doivent être donnés antérieurement à l'abstraction de l'ordre qui les relie, comme l'intuition des individus est nécessairement antérieure à la formation de la classe que ces individus constituent[1]. Or, tant que l'on se contente d'opérer sur des termes en nombre fini, on peut prendre pour point de départ les résultats fournis par les processus de l'abstraction ou de la généralisation, et se donner ainsi l'illusion de raisonner *a priori* : le raisonnement sera inoffensif, pour autant d'ailleurs qu'il est stérile. Il n'en est plus de même si l'on veut considérer une infinité de termes : le raisonnement promet ici d'être fécond, puisqu'il ajoute aux données de la représentation; mais il est suspect. Comme il n'a pas de garantie à la base, il ne possède pas non plus le frein qui le retiendrait dans le domaine de la positivité. La conception des nombres transfinis doit inévitablement s'étendre jusqu'à embrasser l'ensemble des ensembles, la totalité des ordinaux transfinis; et inévitablement, comme l'a montré M. Burali-Forti, la contradiction éclate : « Un des traits caractéristiques du cantorisme, remarque avec profondeur M. Poincaré, c'est qu'au lieu de s'élever au général en bâtissant des constructions de plus en plus compliquées et de définir par construction, il part du *genus supremum*

1. Cf. Couturat, *La logique mathématique de M. Peano*, Revue de métaphysique, 1899, p. 620 : « Il nous paraît difficile de concevoir une classe, et encore plus la relation d'inclusion ou d'exclusion entre deux classes, sans considérer les individus qui les composent. »

et ne définit, comme auraient dit les scolastiques, que *per genus proximum et differentiam specificam*[1] ».

339. — Des discussions soulevées par les conceptions nouvelles de l'infini, des expressions même qui y ont été employées, se dégage donc une conclusion dont on ne saurait, suivant nous, exagérer l'importance pour la théorie de la connaissance L'alternative imaginée par du Bois-Reymond entre le réalisme du sensible et le réalisme du suprasensible conduit à un conflit sans issue. Au contraire, le débat est clair, et la solution s'imposera d'elle-même, si on y retrouve la lutte entre deux formes opposées du rationalisme. Suivant l'une l'idée est un *concept* au sens aristotélicien et scolastique; le rôle essentiel de l'esprit est de saisir les termes les plus généraux du discours, quitte à s'épuiser dans l'effort pour les enfermer dans une définition première. La seconde est la doctrine intellectualiste des Platoniciens et des Cartésiens où l'idée est une « action de l'esprit[2] », se traduisant dans la liaison opérée par le jugement et exprimant le fait même de comprendre, τό *intelligere*. Il faut avouer sans doute que ces deux formes, dont l'antagonisme latent nous a paru dominer l'histoire de la philosophie, ont été rarement distinguées avec une netteté suffisante. L'intellectualisme, nous l'avons constaté à maintes reprises en suivant le cours de la doctrine depuis l'école platonicienne jusqu'à l'arithmétisme du XIXe siècle, n'a pas toujours su résister à l'obsession de la déduction purement logique; il s'est laissé aller à partager l'ambition des doctrines qui, procédant du général au particulier, visent naturellement à envelopper l'univers du discours dans les conséquences de quelques données initiales. Mais l'examen critique du mouvement logistique, comme les résultats positifs fournis par l'analyse de la connaissance arithmétique et de la connaissance géométrique, permettent de rétablir et de dégager le rythme propre de l'intelligence dans la production et dans la composition des idées, dans l'unification du savoir scientifique. C'est cette tâche que nous nous proposons d'achever en nous plaçant sur le terrain de l'algèbre, où déjà l'arithmétisme avait porté l'un de ses principaux efforts.

1. *Science et méthode*, p. 41.

2. « Conceptus actionem mentis exprimere videtur. » Spinoza, *Eth.* III, déf. III, *Explicatio*.

CHAPITRE XXIII

LES RACINES DE LA VÉRITÉ ALGÉBRIQUE

340. — La constitution de l'algèbre comme discipline indépendante marque dans l'histoire de la mathématique l'avènement de la pensée moderne; et pourtant nous n'avons pas rencontré de conception philosophique dont nous puissions dire qu'elle soit purement algébrique. Jusqu'à Viète, et chez Viète lui-même, les opérations algébriques apparaissent comme de simples généralisations des opérations arithmétiques. Descartes enfin, qui a eu le sentiment si net de l'autonomie de l'algèbre, présente encore la théorie des équations en connexion directe avec la représentation géométrique.

D'ailleurs cette autonomie de l'algèbre devrait être pour la réflexion philosophique un obstacle bien plutôt qu'un appui. L'effort pour isoler la vérité algébrique et l'affranchir de tout ce qui n'est pas elle, pour donner de l'usage des quantités *négatives* ou *imaginaires* une justification *a priori*, n'aboutit en fait qu'à multiplier les « écueils ». et les « scandales ». De guerre lasse, l'arithmétisme, au XIXe siècle, s'est rejeté sur le plan de valeur *minima*, et s'est résigné à regarder l'extension de la notion de nombre comme un système de conventions utiles, de fictions qui réussissent.

Ces difficultés sont liées en un sens au caractère propre de l'algèbre. L'algèbre est assurément le meilleur instrument qu'on puisse souhaiter pour poser les problèmes dans leur généralité et dans leur pureté; mais c'est un préjugé d'en conclure que l'algèbre doive fournir par ses seules ressources la solution des problèmes qu'elle a posés. A l'origine de ce préjugé nous retrouvons l'opposition qui depuis Aristote s'est établie comme une sorte de dogme entre l'ordre de la connaissance et l'ordre de la réalité, et qui conduit à ériger les notions les plus abstraites et les plus tardivement acquises en notions *premières*, capables de se suffire à elles-mêmes. Une telle opposition n'est pas seulement illusoire; elle deviendrait dangereuse si elle nous empêchait, dans le cas où certaines propriétés relatives aux expressions algébriques ne peuvent pas se vérifier directement, d'invoquer leur participation à la vérité de l'arithmétique et de la géométrie. En fait, c'est à l'unité de la mathématique, telle que nous l'avons conçue, qu'il appartient de dissiper les « nuages » soulevés par la conception purement formelle de l'algèbre.

LES NOMBRES NÉGATIFS

341. — Considérons l'équation la plus simple

$$x + a = b,$$

x est l'inconnue (qui serait exactement symbolisée par un point d'interrogation); a et b sont des entiers positifs dont chaque détermination entraîne une nouvelle détermination de l'inconnue. Or, pour $b < a$, il n'y a pas d'entier positif qui, ajouté à l'entier a, reproduise un entier inférieur à a. La solution du problème est impossible, autant qu'il est impossible de payer une dette de 15 francs avec un avoir de 8; et l'impossibilité est ici une évidence première, consacrée par le langage des mathématiciens qui traitèrent les quantités négatives, d'*impossibles*, d'*absurdes* ou de *fausses*[1]. Pascal s'en servira pour montrer l'aveuglement de certains hommes devant les vérités trop éclatantes : « j'en sais qui ne peuvent comprendre que qui de zéro ôte 4 reste 0. [2] » Et certes, on ne saurait refuser au dogmatisme que l'arithmétique ne connaît pas de nombre inférieur à zéro; la fin de non recevoir opposée par Pascal à tout calcul de nombres négatifs est parfaitement fondée dans ce domaine de l'arithmétique. Mais, une fois cette concession faite, rien ne s'oppose à ce que l'on constitue un domaine différent où l'on conviendra de considérer les nombres inférieurs à *zéro*, et de les soumettre à des règles de calcul modelées sur les règles du calcul des entiers positifs.

Ce domaine se suffit à lui-même tant que l'on réussit à y définir les opérations arithmétiques sans porter atteinte à la différence qualitative des nombres positifs et des nombres négatifs; le produit : $(-)5 \times 10 = (-)50$, se conçoit aussi naturellement que : francs $5 \times 10 =$ francs 50. Et l'interversion

1. Voir dans l'*Encyclopédie des sciences mathématiques*, t. I, vol. 1, 1, n. 148, p. 34.
2. *Pensées*, f° 355, *Section* II, fr. 72.

des facteurs, dont *il n'y a pas de raison* de ne pas admettre la légimité, nous donnera $5 \times (-) 10 = (-) 50$. Mais il n'en sera plus de même du produit de deux expressions qualifiées.

L'opération est irreprésentable; nous ne savons pas ce que le produit de deux expressions qualifiées peut donner dans le domaine de ces quantités, tel que nous l'avons constitué jusqu'ici. L'appui des analogies pratiques nous abandonne; les Hindous disaient bien : « retranchée de zéro, *dette* devient *richesse*, et *richesse* devient *dette* »; et l'on peut ajouter avec le proverbe : *qui paie ses dettes s'enrichit*; mais peut-on concevoir que qui multiplie sa dette par une autre dette se constitue un capital? Sans doute l'on profitera de cette ignorance pour réclamer le droit à l'exercice du libre arbitre; c'est par décret que l'on posera la *règle des signes*[1], et que l'on écrira que le produit de (—) 5 par (—) 10 est le nombre positif 50.

342. — Seulement la difficulté que l'on aurait ainsi écartée n'est pas tout à fait celle qui se pose dans la réalité. On va se trouver en présence de deux égalités :

$$5 \times 10 = 50,$$
$$(-) 5 \times (-) 10 = (+) 50.$$

La question est de savoir si la quantité (+) 50 qui correspondrait par convention à la multiplication de deux nombres négatifs est effectivement la même quantité que le nombre naturel 50, produit des deux entiers positifs 5 et 10. De deux choses l'une : ou cette identification est le résultat d'une libre convention, la première quantité et la seconde devront alors être toutes deux des notions symboliques, dépourvues de toute signification intrinsèque; le calcul des entiers positifs et celui des expressions qualifiées perdront définitivement toute valeur scientifique pour n'être plus qu'un jeu d'écritures — ou bien il est possible d'établir entre l'opération dont la première quantité est issue et l'opération dont la seconde provient, une *connexion* capable de faire participer la seconde à la vérité de la première.

Cette connexion se présentera, d'ailleurs, de la façon la plus simple. Remplaçons le produit 5×10 par l'expression équivalente :

$$(10 - 5) \times (20 - 10),$$

1. Diophante, *Arithmet.* Liv. I, déf., IX. Edit. P. Tannery, t. I, p. 12 : λεῖψις ἐπὶ λεῖψιν πολλαπλασιασθεῖσα ποιεῖ ὕπαρξιν.

et effectuons les opérations. Sur les quatre opérations, il y en a trois que nous savons faire et qui nous donnent : 200 — 100 — 100, c'est-à-dire 0. Reste la quatrième opération : la multiplication des quantités affectées du signe —. Le résultat ne peut en être fixé que par convention ; mais la convention obéit à une loi de « convenance ». La règle doit être telle que le produit $(10 - 5) \times (20 - 10)$ soit égal au produit 5×10. Or c'est à quoi nous ne pouvons satisfaire qu'en posant :

$$(-5) \times (-10) = 50.$$

La valeur de vérité qui est dans l'égalité arithmétique :

$$5 \times 10 = 50$$

s'étend à l'équation algébrique :

$$(-5) \times (-10) = 50,$$

et justifie la règle des signes.

Cette extension est une convention *a priori* en ce sens qu'elle est une libre création de l'esprit. Mais *liberté* ne signifie pas *arbitraire*. La convention procède ici de l'élan acquis par l'esprit au contact de la réalité, et dont il se sert pour découvrir de nouveaux horizons de réalités[1]. Entre le domaine des nombres positifs et le domaine des nombres négatifs, il n'y a pas identité logique ; on ne peut pas justifier le passage à l'aide d'un principe tel que la *permanence des formes opératoires*. Mais on retrouve ce qu'il y a de fondé dans la pensée de Hankel, en substituant à la notion d'un principe *a priori* celle d'une *connexion* — « connexion rationnelle », suivant le langage de Cournot, et, plutôt encore peut-être, connexion naturelle.

Le caractère naturel de cette connexion se confirme par la facilité de la représentation spatiale. La conception cartésienne de la géométrie permet d'interpréter les solutions négatives et leurs combinaisons de façon à présenter un parallélisme rigoureux avec l'algèbre[2]. Philosophiquement on pourrait dire

1. Cf. Cournot, *Considérations*, 1872, t. I, p. 141_4 : « Les signes du *négatif* et de l'imaginaire sont choses de convention ou d'usage ; mais le négatif et l'imaginaire arrivent par la vertu de l'idée et le mouvement d'évolution qui lui est propre, en forçant la notation à s'y accommoder et l'esprit à le suivre, quoi qu'il lui en coûte. »

2. Dans son *Invention nouvelle en algèbre*, Amsterdam, 1629 (réimprimée par D. Bierens de Haan, Leyde, 1884), Albert Girard avait indiqué de la façon la

encore que le succès de cette corrélation a peut-être été trop complet; car il conduit à transformer un avantage qu'offre naturellement la transposition spatiale en une nécessité qui serait inscrite dans la réalité des choses. Il a fallu la considération des imaginaires pour dissocier les combinaisons algébriques de leur interprétation géométrique, et préciser les rôles respectifs de l'opération proprement intellectuelle et de l'image intuitive.

LA NOTION D'IMAGINAIRE

343. — La notion des quantités imaginaires naît de l'étude de l'équation algébrique du second degré par un processus de pensée analogue à celui qui a fait surgir de l'équation du premier degré la notion de quantité négative.

La recherche des différentes valeurs qui permettent de vérifier une équation du second degré à une inconnue donne toujours une représentation algébrique de forme simple; mais il arrive que cette représentation algébrique ne comporte plus aucune possibilité de calcul, et le cas se présente chaque fois que dans le second membre la quantité sous le radical est négative : le produit de deux nombres égaux, positifs ou négatifs, ne peut jamais être égal à une quantité négative. Dès lors, si résoudre une équation c'est calculer les valeurs de l'inconnue pour lesquelles les deux membres deviennent identiques, il faut bien dire que l'équation est impossible à résoudre. Cependant, par raison de symétrie, et pour faire ressortir cette impossibilité, on pourra désigner par un symbole spécial la racine, impossible à extraire, de cette quantité négative. A côté des solutions fournies effectivement par des nombres apparaissant comme « réels », on placera des solutions « feintes » (suivant l'expression remarquable du XVIIe siècle), auxquelles ne correspondront que des nombres imaginaires. Mais entre les unes et les autres il y a une différence de nature qui va jusqu'à l'opposition; la corrélation de l'algèbre et de la géométrie, telle que Descartes l'avait conçue, est propre d'ailleurs à souligner cette opposition; les solutions imaginaires expriment les cas où aucune racine ne peut être obtenue par construction dans l'espace[1].

plus nette la traduction des nombres négatifs « La solution par moins s'explique en *géométrie* en rétrogadant et le *moins* recule là où le *plus* avance. » F° 3 *verso*. Cf. *Encyclopédie*, *loc. cit.*, note 149. Colebrooke a retrouvé les traces de cette interprétation dans *Lilivati*, *Op. cit.*, § 166, p. 71 : « Le segment... est négatif, c'est-à-dire dans la direction contraire. »

1. Ainsi, au livre III de la *Géométrie*, Descartes détermine le procédé pour

Dans ces conditions on est naturellement conduit à une conception nominaliste, et nous avons vu que l'interprétation nominaliste de l'arithmétisme s'est développée en fait par l'assimilation de l'irrationnel à l'imaginaire[1]. Mais, pour les expressions imaginaires comme pour les quantités négatives, il semble que la difficulté à laquelle le nominalisme répond ne soit pas la difficulté véritable du problème. Il ne s'agit pas en effet de concevoir la définition des quantités imaginaires, ou « *nombres complexes* » en les considérant comme hétérogènes et « insociables » par rapport aux nombres réels, il s'agit de justifier le mode particulier de combinaison qui reliera les nombres complexes aux nombres réels, qui permettra par là de faire entrer le calcul des imaginaires dans le domaine de la mathématique positive. En d'autres termes, si, pour bien marquer le caractère symbolique de l'imaginaire, on substitue à l'expression $\sqrt{-1}$, indication d'opérations impossibles à effectuer, le signe i, le problème est de justifier la proposition $i^2 = -1$. Sans doute, il n'est pas contradictoire de faire reposer cette proposition sur une convention arbitraire. Mais, ce qui resterait à expliquer, c'est que la quantité (-1), issue du produit de deux symboles, ait pu être identifiée avec la quantité -1 qui pour nous est le résultat naturel et vrai d'une opération telle que : $1 - 2$, sans que cette identification ait compromis l'équilibre et l'homogénéité du système de la science. Une dernière fois, il faudra donc prendre parti : ou de part et d'autre on est en présence de « simulacres » entre lesquels la volonté libre de l'arithméticien forge à son gré telle relation qu'il lui plaira, et la philosophie mathématique s'inflige définitivement cette disgrâce d'aboutir à nier la réalité scientifique dont elle se proposait de rendre compte — ou la proposition $i^2 = -1$ est autre chose qu'une *équation symbolique*, elle participe par quelque biais à la vérité dont les opérations sur les nombres réels ont paru susceptibles.

344. — Pour le cas des nombres imaginaires, une telle participation semble particulièrement difficile à établir, tout au moins dans les cadres ordinaires de la psychologie ou de la théorie de la connaissance. L'évidence rationnelle et l'évidence sensible font également défaut. Il n'y a pas de principe d'où puissent se

« construire les racines de l'équation, du troisième et du quatrième degré, en déterminant les points d'intersection d'une parabole et d'un cercle, et il ajoute : « si ce cercle ne coupe ni ne touche la parabole en aucun point, cela témoigne qu'il n'y a aucune racine, ni vraie, ni fausse, en l'équation, et qu'elles sont toutes imaginaires. » (*AT*, VI, 467).

1. *Vide supra*, § 210.

déduire logiquement les lois des combinaisons relatives aux nombres complexes, ni de représentation intuitive à laquelle nous puissions directement faire appel. On ne peut même plus parler ici d'une hypothèse qui aurait été construite en vue de faits à expliquer, et qui se justifierait par ses conséquences : lorsque la discussion des équations d'un degré supérieur au premier a conduit à considérer la relation originale qui constitue la quantité imaginaire, nul n'a prévu, nous ne voyons d'ailleurs pas comment on aurait pu prévoir, l'extraordinaire fécondité que cette notion a manifestée dans les différents domaines de la mathématique.

En fait, nous aurons à constater pour elles-mêmes cette fécondité, cette « imprévisibilité », que le pragmatisme et l'intuitionisme contemporains ont, un peu à la légère, présentées comme les marques d'une activité étrangère à la raison, qui nulle part pourtant n'apparaissent d'une façon plus saisissante et plus caractéristique que dans le rayonnement de cette notion purement abstraite de nombre complexe.

Tout d'abord les travaux de Weierstrass et de Dedekind ont mis en évidence un fait remarquable : à la condition de conserver les propriétés essentielles des opérations de l'algèbre ordinaire, par exemple la propriété commutative de la multiplication dont nous avons vu que sont affranchis le calcul des quaternions de Hamilton ou le calcul de l'extension de Grassmann, « l'ensemble des nombres complexes est nécessaire et suffisant pour donner à l'algèbre toute son extension[1]... D'autre part, si l'on essaie de créer de nouveaux nombres obéissant aux lois du calcul algébrique, cette nouvelle algèbre est réductible à l'algèbre ordinaire. Le nombre imaginaire est donc l'élément essentiel et universel de l'algèbre[2]. »

345. — Mais bien plus significative est l'introduction de la notion d'imaginaire dans la discipline mathématique qui, par définition même, devait paraître en exclure l'emploi, c'est-à-dire dans la *théorie des nombres*.

Cette introduction s'est faite, en quelque sorte, à deux degrés. Ainsi, dans le *Cours d'analyse algébrique* (1821), Cauchy montre que le recours au symbole de l'imaginaire, sert à faciliter les

1. Cf. J. Tannery, Revue générale des sciences, 1897, p. 138.

2. Couturat, *De l'Infini mathématique*. Note I, *Sur la théorie générale des nombres complexes*, p. 589, avec renvoi aux Mémoires, *Zur Theorie der aus Haupteinheiten gebildeten complexen Grössen*, publiés par Weierstrass en 1884, par Dedekind en 1885, dans les *Nachrichten von der Königlichen Gesellschaft der Wissenschaften zu Göttingen*.

raisonnements arithmétiques. Je veux démontrer cette proposition[1] : si on multiplie l'un par l'autre deux nombres entiers dont chacun soit la somme de deux carrés, le produit sera encore une somme de deux carrés; a^2, b^2, a'^2, b'^2 étant des carrés parfaits, les deux nombres auront la forme (a^2+b^2) et $(a'^2+b'^2)$. On posera les équations suivantes :

$$(a+b\sqrt{-1})(a'+b'\sqrt{-1}) = aa'-bb'+(ab'+a'b)\sqrt{-1}$$
$$(a-b\sqrt{-1})(a'-b'\sqrt{-1}) = aa'-bb'-(ab'+a'b)\sqrt{-1}.$$

Et, en les multipliant membre à membre, on obtiendra la proposition dont on cherchait la démonstration :

$$(a^2+b^2)(a'^2+b'^2) = (aa'-bb')^2+(ab'+a'b)^2.$$

Mais, avec Gauss, l'introduction de la notion d'imaginaire a une tout autre portée. Pour nous borner à une remarque très simple, Gauss étudiera la divisibilité des nombres premiers par rapport à des facteurs complexes de la forme $a+bi$. « Ici se produit un phénomène intéressant. Tandis que les nombres premiers réels de la forme $4h+3$ c'est-à-dire 3, 7, 11... etc., restent premiers dans le domaine des nombres complexes de Gauss, les nombres premiers de la forme $4h+1$, c'est-à-dire 5, 13, 17... etc., auxquels il faut ajouter le nombre 2, sont décomposables en facteurs complexes :

$$2 = (1+i)(1-i)$$
$$5 = (1+2i)(1-2i)$$
$$13 = (3+2i)(3-2i)... \text{ etc.}$$ [2] ».

La conception de Gauss est donc bien autre chose qu'un jeu de l'imagination abstraite, décrétant une extension paradoxale de la notion relative aux nombres entiers; c'est un instrument de pénétration dans la structure intime du nombre. De fait, le tableau dont nous venons de rappeler les premiers éléments rend presque immédiate la démonstration de ce théorème découvert par Fermat, que tout nombre premier de la forme $4h+1$ est décomposable d'une seule façon en une somme de deux carrés[3].

1. Ed. citée, p. 181.
2. Winter, *Importance philosophique de la théorie des nombres*, Revue de métaphysique, 1910, p. 332; et *La méthode dans la philosophie des mathématiques*, 1911, p. 113. Voir Gauss, *Theoria residuorum biquadraticorum. Commentatio secunda* (1831). *Werke*, t. II, 1876, p. 102 et suiv.
3. Winter, *ibid.*, p. 332, et p. 114.

346. — La doctrine des imaginaires s'est développée suivant le même rythme dans l'analyse infinitésimale. Au XVIIIe siècle Jean Bernoulli et Euler utilisent la double attitude de connexion et de discrimination que permet l'emploi des imaginaires « pour la réduction des exponentielles imaginaires aux sinus et aux cosinus des arcs réels[1] ». Si, dans la série qui exprime la fonction exponentielle, on remplace x par xi, on obtient la série suivante :

$$e^{xi} = 1 + \frac{xi}{1} + \frac{(xi)^2}{1.2} + \frac{(xi)^3}{1.2.3} + \frac{(xi)^4}{1.2.3.4} + \frac{(xi)^5}{1.2.3.4.5}.$$

Les termes pairs deviennent réels, les termes impairs demeurent imaginaires; de telle sorte que la série e^{xi} peut se mettre sous la forme suivante :

$$\left[1 - \frac{x^2}{1.2} + \frac{x^4}{1.2.3.4} \cdots\right] + i\left[\frac{x}{1} - \frac{x^3}{1.2.3} + \frac{x^5}{1.2.3.4.5} \cdots\right].$$

La première des séries entre parenthèses est égale à $\cos x$, le second à $\sin x$; c'est-à-dire que l'on a : $e^{xi} = \cos x + i \sin x$.

On peut dire, avec Cournot, qu' « il n'y a pas dans l'analyse de fait plus remarquable que [*la*] liaison inattendue qui s'établit, comme une conséquence de l'emploi du signe algébrique $\sqrt{-1}$, d'une part, entre les fonctions exponentielles et les fonctions trigonométriques, d'autre part, entre les logarithmes et les arcs de cercle, c'est-à-dire entre des fonctions si diverses de nature et d'origine, tant qu'on ne remonte pas à la loi qui régit leurs accroissements différentiels[2] ». En effet, il serait difficile de trouver un exemple plus propre à manifester quelle est, dans ce domaine de la science abstraite qui paraît créé par le jeu de la liberté intellectuelle, « l'objectivité » véritable de la pensée mathématique — un exemple évoquant davantage l'idée d'un fait de nature, lié à une forme spécifique d'expérience[3].

Mais ceci n'est encore qu'une promesse pour l'avenir : le XIXe siècle, « le siècle des imaginaires[4] », renouvelle l'analyse par l'usage qu'il fait de la notion d'imaginaire, non dans tel cas particulier ou pour telle classe de transcendantes déterminées,

1. *Introductio in analysin infinitorum*, t. I, Lausanne, 1748, p. 104.
2. *Traité de la théorie des fonctions et du calcul infinitésimal*, t. I, 1841, p. 132.
3. Louis Weber, *Vers le positivisme absolu par l'idéalisme*, 1903, p. 284. Cf. Pierre Boutroux, *L'objectivité intrinsèque des mathématiques*, Revue de métaphysique, 1903, p. 573.
4. Méray, *Leçons nouvelles*, t. I, p. 38.

mais dans ses principes généraux et pour la position initiale du problème. On formera la variable complexe $x + iy$, et on lui fera correspondre une combinaison de la forme $u(x, y) + iv(x, y)$. Or, comme le remarque M. Picard au début du second volume de son *Traité d'analyse* (1893), « il est clair que la considération d'une telle fonction de $x + iy$ ne peut présenter aucun intérêt particulier : il n'y a là qu'une question de mots, et la liaison par le symbole i de deux fonctions quelconques u et v est absolument inutile. Mais on peut ne pas laisser complètement arbitraires les fonctions u et v, et chercher si cette fonction de $x + iy$ ne pourrait pas avoir des caractères qui la rapprocheraient des fonctions d'une variable réelle. C'est ce qu'a fait Cauchy, en cherchant les conditions pour que cette fonction ait une dérivée *unique* ». Ces conditions sont exprimées par les identités :

$$\frac{\partial u}{\partial x} = \frac{\partial v}{\partial y}$$

$$\frac{\partial u}{\partial y} = -\frac{\partial v}{\partial x}.$$

« Si u et v satisfont à ces deux identités, la fonction $u + iv$ a, en chaque point, une dérivée unique. On dit qu'elle représente une *fonction analytique* de $x + iy$ ».

Ici encore s'est produit un « phénomène intéressant », et qu'aucune déduction *a priori* n'aurait permis d'établir ou même de prévoir. La notion de *variable complexe* a donné à l'analyse l'arme dont elle avait besoin pour reprendre l'œuvre de Lagrange en l'appuyant sur l'étude rigoureuse de la convergence des séries qu'Abel avait définitivement fondée : « le passage du domaine réel au domaine imaginaire est nécessaire pour expliquer d'une façon régulière comment les séries de Taylor cessent brusquement d'être convergentes [1] ».

347. — Au début du XIXe siècle enfin, Argand et Français donnèrent une solution définitive au problème de la représentation géométrique des imaginaires. Ce qui rendait difficile le problème, c'était, comme nous l'avons dit, le succès de la corrélation que le système de traduction cartésienne avait établie entre les éléments réels des équations algébriques et les éléments géométriques. Dans ce système les éléments imaginaires avaient une place, mais en un sens tout négatif, et qui paraissait exprimer leur nature intime : ils correspondaient aux points

1. Klein, *Elementar Mathematik*, t. I, 1908, p. 405.

qui ne sont pas donnés dans l'intuition spatiale. C'est dans cet ordre d'idées, nous avons eu l'occasion de le rappeler, que Poncelet, faisant servir l'analyse à l'extension de la géométrie, introduisait les points imaginaires comme *conceptions* imaginatives qui n'étaient pas accompagnées de *représentations* imaginatives. La recherche d'Argand procède d'une intention contraire : il s'agit pour lui de trouver une traduction graphique qui détermine d'une façon positive les quantités imaginaires. Si l'on part de la proportion

$$\frac{1}{\sqrt{-1}} = \frac{\sqrt{-1}}{-1},$$

le problème revenait à « trouver un genre de grandeurs auxquelles pût s'allier l'idée de direction, de manière que, étant adoptées deux directions opposées, l'une pour les valeurs positives, l'autre pour les valeurs négatives, il en existât une troisième telle, que la direction positive fût à celle dont il s'agit comme celle-ci est à la direction négative[1]. » En d'autres termes, on avait pris l'habitude de répéter deux fois le signe de la négation, une fois sur l'axe des abscisses, une fois sur l'axe des ordonnées; en utilisant la notion de direction, en considérant, par exemple, tout segment comme ayant un sens, comme étant un *vecteur*[2], on se servira de l'axe des abscisses pour représenter les quantités réelles — positive à droite — négative à gauche, tandis que l'axe des ordonnées, où un vecteur est moyenne proportionnelle en grandeur et en direction entre les vecteurs de longueur égale à l'unité, l'un positif, l'autre négatif, sera l'axe des quantités imaginaires.

Grâce à la conception d'Argand et de Français, « les symboles de la forme $a + b\sqrt{-1}$, auxquels on avait réussi à ramener les résultats de toutes les opérations analytiques, n'offrent plus rien d'impossible ni d'incompréhensible; ce sont des systèmes de deux nombres a, b, qui se combinent entre eux de la même manière que les systèmes des deux coordonnées de chaque point

1. Argand, *Essai sur une manière de représenter les quantités imaginaires dans les constructions géométriques* (1806), réédité par Hoüel, 1874, p. 6.

2. Cf. Français, *Nouveaux principes de Géométrie de position, et interprétation géométrique des symboles imaginaires*, réédités par Hoüel, *ibid.*, p. 71 : « *Application à la mécanique.* Une force donnée d'intensité et de direction peut toujours être représentée par une droite donnée de grandeur et de position, qui est le chemin parcouru, en vertu de cette force, dans l'unité de temps. » Voir dans Couturat, *De l'Infini mathématique*, les chapitres sur l'*application des nombres complexes au plan et aux vecteurs*, p. 173 et suiv.

d'un plan. Dès lors, ajoute Hoüel, les beaux résultats que Cauchy devait découvrir par des prodiges de puissance analytique, allaient se traduire par des constructions géométriques parlant aux yeux, et la discussion des formules devenait un problème simple de la Géométrie de situation, dont Riemann a plus tard complété la solution[1] ».

348. — En présence de ces faits mathématiques la conception purement symbolique des imaginaires, si elle suffit au technicien ou au pédagogue, paraît au philosophe trop « faible » pour rendre raison d'une telle puissance. Et, de fait, Cauchy, qui avait tant insisté sur la théorie du symbolisme, proposera lui-même deux interprétations différentes des imaginaires. L'une, d'ordre géométrique, est fondée sur les principes d'Argand et de Français, dont Cauchy met l'importance en lumière[2]. L'autre, appuyée sur la théorie des congruences arithmétiques que Gauss a fait connaître dans les premières pages de ses *Disquisitiones arithmeticæ* (1801), est une « théorie des équivalences algébriques substituée à la théorie des imaginaires ». Suivant cette théorie, écrit Cauchy[3], « i cessera de représenter le signe symbolique $\sqrt{-1}$, que nous répudierons complètement, et que nous pouvons abandonner sans regret, puisqu'on ne saurait dire ce que signifie ce prétendu signe ni quel sens on doit lui attribuer. Au contraire, nous représenterons par la lettre i une quantité réelle, mais indéterminée; et, en substituant le signe $\simeq$ au signe $=$, nous transformerons ce qu'on appelait une *équation imaginaire* en une équivalence algébrique, relative à la variable i et au diviseur i^2+1 ». Tout polynome en i est alors égal au reste de sa division par le polynome i^2+1; ce qui donne immédiatement l'équation fondamentale $i^2 \simeq -1$, et justifie les règles du calcul des imaginaires.

Des diverses interprétations, qu'a provoquées l'extension de la notion d'imaginaire aux différentes disciplines de la science, y en a-t-il une que nous devions choisir pour la retenir à l'exclusion de toute autre? N'est-ce pas au contraire à la *connexion* des diverses théories, établies en arithmétique, en algèbre, en analyse, en géométrie, qu'il appartient de garantir la vérité de la notion, exactement comme dans les recherches les plus

1. Hoüel, *Préface* à la réédition d'Argand, p. XIII.

2. *Mémoire sur les quantités géométriques*, Exercices d'analyse et de physique mathématique, t. IV, 1847, p. 157 et suiv.

3. *Ibid*, p. 94. Dans la note III de l'*Infini mathématique*, Couturat suit l'application de ces idées dans la théorie des nombres algébriques de Kronecker, p. 605 et suiv.

remarquables des physiciens contemporains, en particulier dans celles de M. Jean Perrin, on trouve la réalité de l'atome fondée sur la convergence des résultats obtenus par des méthodes indépendantes les unes des autres [1]? L'unité de la mathématique s'établira ainsi, non à l'aide d'un concept préexistant qui serait nécessairement un concept trop général et presque vide, tel que le concept de quantité, mais par un jeu de relations effectives qui fait d'une série de disciplines distinctes un tout organique, par une *connexion* de systèmes de *connexions*. Au monisme scolastique dont le modèle avait été emprunté à Aristote, dont le rêve avait été repris par Leibniz, se substitue définitivement le monisme de l'immanence, où l'intelligence apparaît comme puissance indéfinie d'unification.

LA GENÈSE DE LA NOTION DE GROUPE

349. — A cette conclusion le développement de l'algèbre au cours du siècle dernier fournirait la confirmation la plus décisive que l'on puisse souhaiter. Les travaux de Lagrange et de Galois, relatifs à la théorie des équations algébriques, ont fait surgir une notion qui a pris dans la mathématique tout entière une importance considérable, la notion de *groupe*. Or cette notion n'a pas, comme l'avait encore la notion de nombre négatif ou de nombre imaginaire, l'apparence extérieure d'un concept auquel correspondrait un objet; elle est née, et elle se présente nécessairement, à titre de relation intellectuelle, consacrant ce qui est à nos yeux le trait le plus significatif, quoique le plus rarement reconnu ou le plus rarement utilisé, de l'intellectualisme moderne : la primauté du jugement sur le concept.

Leibniz a défini l'état de l'algèbre après Descartes dans une page qu'il nous paraît utile de reproduire ici; car elle marque, avec une admirable lucidité, le contraste entre la simplicité théorique avec laquelle est posé le problème, et les difficultés diverses auxquelles la solution se heurte dans la pratique : « L'algèbre est encore... imparfaite, quoi qu'il n'y ait rien de plus connu que les idées dont elle se sert, puisqu'elles ne signifient que des nombres en général; car le public n'a pas encore le moyen de tirer les racines irrationnelles d'aucune équation au delà du quatrième degré (excepté dans un cas fort borné); et les méthodes dont Diophante, Scipion du Fer et

1. *Mouvement brownien et molécules*, Journal de chimie physique, t. VIII, 1909, p. 90. Cf. Bulletin de la Société française de philosophie, 10e année, n° 4. (Séance du 27 janvier 1910), p. 98.

Louis de Ferrare se sont servis respectivement pour le second, troisième et quatrième degré, afin de les réduire au premier ou afin de réduire une équation affectée à une pure[1], sont toutes différentes entre elles, c'est-à-dire celle qui sert pour un degré, diffère de celle qui sert pour l'autre. Car le second degré ou de l'équation carrée se réduit au premier, en ôtant seulement le second terme. Le troisième degré, ou de l'équation cubique, a été résolu parce qu'en coupant l'inconnue en parties, il en provient heureusement une équation du second degré. Et dans le quatrième degré ou des biquadrates, on ajoute quelque chose des deux côtés de l'équation pour la rendre extrayable de part et d'autre; et il se trouve encore heureusement que pour obtenir cela, on n'a besoin que d'une équation cubique seulement. Mais tout cela n'est qu'un mélange de bonheur ou de hasard avec l'art ou méthode. Et en le tentant dans ces deux derniers degrés, on ne savait pas si l'on réussirait. Aussi faut-il encore quelque autre artifice pour réussir dans le cinquième ou sixième degré, qui sont des sursolides et des bicubes; et quoique M. Descartes ait cru que la méthode dont il s'est servi dans le quatrième en concevant l'équation comme produite par deux autres équations carrées (mais qui dans le fond ne saurait donner plus que celle de Louis de Ferrare) réussirait aussi dans le sixième, cela ne s'est point trouvé. Cette difficulté fait voir qu'encore les idées les plus claires et les plus distinctes ne nous donnent pas toujours tout ce qu'on demande et tout ce qui s'en peut tirer[2]. »

350. — Est-il possible que l'algèbre sorte de cet état fragmentaire et chaotique? Dès 1683, Tschirnhaus, confident des premiers travaux mathématiques de Leibniz, avait publié une méthode générale pour la résolution des équations algébriques[3]. Mais cette méthode n'avait pas fourni de nouvelles solutions effectives; de fait, c'est seulement au milieu du XIXe siècle, et en faisant intervenir les résultats obtenus dans la théorie des fonctions elliptiques, qu'Hermite a pu aborder l'étude directe de l'équation du cinquième degré[4].

1. Cf. *Specimen novum analyseos pro scientia infiniti circa summas et quadraturas* : « Quemadmodum aliæ radices *puræ* sunt, cum valores ex solis cognitis habentur, aliæ *affectæ*, cum ipsæ earum potentiæ valorem ipsarum ingrediuntur... » *M*, V., 351.

2. *Nouveaux Essais*, livre IV, chap. XVII, § 9.

3. *Nova methodus auferendi omnes terminos intermedios ex data æquatione*. Acta Erud. Lips., II, 204. Voir Winter, *Caractères de l'algèbre moderne*, Revue de métaphysique, 1910, p. 492; et *La méthode dans la philosophie des mathématiques*, p. 139 et suiv.

4. Winter, *op. cit.*, p. 518, et p. 181.

Lagrange s'est engagé dans une voie toute différente. Il commence par analyser les divers procédés utilisés avec succès dans la solution des équations du second, du troisième ou du quatrième degré ; et il détermine les raisons qui leur ont permis de réussir.

Considérons par exemple l'équation du troisième degré

$$x^3 + px^2 + qx + r = 0.$$

En faisant $$x = -\frac{p}{3} + x',$$

on arrive à mettre l'équation sous la forme suivante :

$$x'^3 + p'x' + q' = 0.$$

Si on pose d'autre part

$$x' = y - \frac{p'}{3y},$$

on obtient une équation nouvelle, qui finit par se transformer en une équation du sixième degré :

$$y^6 + q'y^3 - \frac{p'}{27} = 0.$$

Cette dernière équation, ne contenant que la puissance sixième et la puissance troisième de l'inconnue, pourra se résoudre par rapport à y^3 comme une équation du second degré.

Il est visible que le succès est dû à l'intervention d'une équation « secondaire », d'un degré supérieur à celui de la proposée, mais qui peut, grâce à une circonstance fortuite, s'abaisser à un degré inférieur. C'est sur cette notion de l'équation secondaire, ou équation *résolvante*, que Lagrange concentre son attention : il s'efforce de dégager la forme générale qui en exprime la nature analytique, et de chercher les conditions qui permettent d'en abaisser le degré afin de résoudre par là l'équation proposée.

La forme de l'équation *résolvante* se détermine à l'aide d'une fonction t (appelée *fonction résolvante*), qui est définie par l'égalité suivante :

$$t = x_1 + ax_2 + a^2x_3 + \ldots + a^{m-1}x_m$$

$x_1, x_2, x_3 \ldots x_m$ étant les racines de l'équation proposée, et a étant « une racine quelconque de l'équation $y^m - 1 = 0$, de manière que l'on ait $a^m = 1$.[1] » Les diverses valeurs que t peut prendre seront les racines de l'*équation résolvante*. Or, remarque Lagrange dans les expressions qui donnent t, « on peut échanger entre elles à volonté les racines x_1, x_2, x_3, etc., puisque rien ne les distingue jusqu'ici l'une de l'autre[2] ». Le nombre des racines de la résolvante serait donc donné par le nombre de toutes les permutations possibles entre les racines x_1, x_2, x_3, c'est-à-dire que pour une équation du degré m, il serait de 1, 2, 3...m. Le degré de la résolvante serait de beaucoup plus élevé que celui de la proposée.

351. — La question est maintenant de savoir dans quel cas ce degré sera susceptible d'abaissement. Pour y répondre, Lagrange considère les échanges qu'il est possible d'effectuer entre les racines en conservant, en laissant *invariante*, la fonction résolvante. S'il arrive que t demeure sans changement lorsqu'on échange x_1 avec x_2, x_2 avec x_3, x_3 avec x_1, il y aura deux valeurs de t qui seront égales; on pourra établir, en développant les conséquences de cette *permutation*, que les racines t de l'équation résolvante sont égales deux à deux, et le degré de l'équation sera réduit de moitié. Pour un plus grand nombre de permutations, laissant invariable la fonction, les racines de l'équation seraient égales trois à trois, quatre à quatre, etc.; le degré de l'équation sera ramené au tiers, au quart, etc.

Ces considérations s'appliquent aisément à l'équation générale du troisième degré, que nous avons prise pour exemple. Nous avons pour fonction résolvante, dans les conditions qui ont été définies plus haut :

$$t = x_1 + ax_2 + a^2x_3.$$

« Les permutations des racines sont au nombre de $1.2.3 = 6$. Donc l'équation résolvante qui admet les $t^{\text{I}}, t^{\text{II}}, \ldots t^{\text{VI}}$ pour racines devrait être du sixième degré. Le cube t^3 de la fonction résolvante ne peut prendre que deux valeurs distinctes par les substitutions de $x^{\text{I}}, x^{\text{II}}, x^{\text{III}}$; donc ce cube dépend d'une équation du second degré. On a donc une équation résolvante de degré inférieur au degré de l'équation donnée et le but est atteint[3]. »

La méthode de Lagrange explique parfaitement pourquoi l'équation du troisième degré a pu être résolue; mais permettra-

1. *Traité de la résolution des équations numériques de tous les degrés*, édit. de 1808, note XIII, p. 251; et *Œuvres*, t. VIII, 1879, p. 301.
2. *Ibid.*, p. 247; et p. 297.
3. Winter, *op. cit.*, p. 503, et p. 156.

t-elle, plus heureuse que celle de Tschirnhaus, d'aborder victorieusement les équations de degré supérieur en assurant un abaissement convenable du degré de la résolvante? « C'est de quoi, concluait Lagrange, il me paraît difficile, sinon impossible, de juger *a priori*[1]. » En fait, la méthode ne donnait pas de résultats généraux au delà du quatrième degré; Abel a montré en 1826 qu'il n'en pouvait pas être autrement, puisque les équations du degré supérieur au quatrième ne sont pas susceptibles d'une solution par radicaux.

352. — Dès lors, si la mathématique était, comme le voulait Auguste Comte, un instrument de calcul, il faudrait dire que les résolutions numériques des équations ne peuvent se faire avec certitude, à la réserve des équations des quatre premiers degrés et de quelques formes particulières dans les degrés plus élevés. Toute l'attention du savant devrait se porter sur la méthode d'approximation qui, à défaut de résolution exacte, permettrait de saisir les valeurs des racines entre des limites de plus en plus resserrées.

Mais il en est autrement si l'esprit de la mathématique moderne est, suivant la formule de Lejeune-Dirichlet que nous avons rappelée, de substituer des *idées* au *calcul*. Il apparaît alors, qu'en rattachant la résolubilité algébrique des équations à la considération des permutations entre les racines, et à la recherche d'une fonction rationnelle de ces racines qui demeure *invariante* par rapport à telle ou telle permutation, Lagrange a énoncé les principes fondamentaux de la théorie qui devait permettre de pénétrer de l'intérieur la structure des équations algébriques, et aboutir avec Galois à distinguer d'une façon générale celles qui sont et celles qui ne sont pas *résolubles par radicaux*.

Entre temps, il convient de le dire pour marquer la continuité de l'effort collectif, Cauchy, qu'aucune recherche si abstraite et si spéculative qu'elle pût paraître, ne laissait indifférent, avait étudié pour elles-mêmes « les fonctions de quantités données qui ne changent pas de valeur quand on modifie l'ordre de ces quantités[2] », et avait organisé en discipline autonome la théorie des *substitutions*.

Mais le pas décisif appartient à Galois; il détermine le groupe de permutations entre les racines d'une équation donnée, qui

1. *Op. cit.*, p. 257; et 307.

2. Voir le *Mémoire sur le nombre de valeurs qu'une fonction peut acquérir, lorsqu'on y permute de toutes les manières possibles les quantités qu'elle renferme*, 1815. Journal de l'École polytechnique, XVIIe cahier, t. X, p. 1. *Œuvres*, 2e série, t. I, Paris, 1905, p. 64 et suiv.

laisse invariable toute fonction rationnellement connue des racines[1]. Ce groupe attaché à l'équation reflète les propriétés caractéristiques de l'équation, et donnera le moyen de saisir les conditions qui en permettent la *résolubilité*.

Pour cela, Galois fait appel à la notion d'*adjonction* : Une quantité adjointe est une quantité que l'on convient arbitrairement de regarder comme connue. Par exemple, l'équation :

$$x^4 + x^3 - 4x^2 - 4x + 1 = 0$$

irréductible si les seules quantités rationnelles sont supposées connues, devient réductible si on lui adjoint une racine de l'équation $z^2 - 5 = 0$, c'est-à-dire si on lui adjoint le radical $\sqrt{5}$. Il est facile, en effet, de vérifier que « son premier membre est le produit de deux facteurs :

$$x^2 + \frac{1 + \sqrt{5}}{2} x - \left(\frac{-1 + \sqrt{5}}{2}\right)^2,$$

$$x^2 - \frac{-1 + \sqrt{5}}{2} x - \left(\frac{1 + \sqrt{5}}{2}\right)^2,$$

lesquels sont rationnels après l'adjonction dont il vient d'être question[2]. »

Or, une fois *adjointes* les racines d'une équation auxiliaire irréductible, Galois exprime le caractère de résolubilité par les conditions suivantes : le groupe des permutations attaché à l'équation se divisera en groupes formés d'un nombre moindre d'éléments, tels que l'on passe de l'un de ces groupes à l'autre par une seule et même substitution, et que tous les groupes contiennent les mêmes substitutions, c'est-à-dire en *sous-groupes* qui soient eux-mêmes des invariants comme le groupe de l'équation; et, à l'aide d'adjonctions successives, la décomposition du groupe se poursuivra jusqu'à ce qu'il ne contienne plus qu'une seule permutation[3].

Il serait difficile d'exagérer l'intérêt d'une telle découverte : « *A priori*, écrit M. Couturat, il n'y a rien de commun entre la résolution algébrique d'une équation et la décomposition d'un groupe en sous-groupes invariants. Il a fallu le génie de Galois pour apercevoir une analogie entre ces deux processus

1. *Mémoire sur les conditions de résolubilité des équations par radicaux*. *Œuvres mathématiques d'Evariste Galois*, 1897, p. 38.

2. Serret, *Cours d'Algèbre supérieure*, 3e édit., t. II, 1866, p. 608.

3. *Œuvres*, p. 40-44. Cf. Winter, *Caractères*, etc. p. 512 et suiv., *La méthode*, etc., p. 171 et suiv.

intellectuels si divers, et pour découvrir des relations aussi fécondes qu'inattendues entre la science du nombre et la science de l'ordre[1]. »

353. — Ce n'est pas tout, et les résultats obtenus dans le domaine de l'algèbre sont susceptibles d'extension, comme l'avait prévu Galois lui-même qui écrivait la veille de sa mort : « Mes principales méditations, depuis quelque temps, étaient dirigées sur l'application à l'analyse transcendante, de la théorie de l'ambiguïté. Il s'agissait de voir *a priori*, dans une relation entre des quantités ou fonctions transcendantes, quels échanges on pouvait faire, quelles quantités on pouvait substituer aux quantités données, sans que la relation pût cesser d'avoir lieu[2]. »

Que l'on se place à ce point de vue abstrait[3], ou bien, avec Sophus Lie, que l'on *adjoigne* la notion d'infinitésimal à l'opération de la substitution et que l'on introduise ainsi dans l'analyse et dans la géométrie l'étude des transformations continues, le succès a répondu de la façon la plus éclatante aux espérances que Galois avait conçues.

Depuis l'arithmétique jusqu'à la mécanique rationnelle, la *théorie des groupes* couvre l'ensemble de la science mathématique, aussi vaste qu'on la conçoive. Si nous nous proposions de justifier cette théorie par son extension et par sa fécondité, comme nous l'avons fait pour les imaginaires, il faudrait entrer dans l'examen de quelques-unes des recherches les plus difficiles de la mathématique contemporaine. Mais peut-être un tel examen est-il ici moins nécessaire : la notion d'imaginaire présente cette difficulté qu'elle ne peut être comprise en elle-même, puisqu'elle n'est que le signe d'une opération impossible à effectuer; au contraire rien n'est plus aisé à concevoir qu' « une théorie générale des groupes, où seules les lois de composition des symboles constituant le groupe sont mises en évidence. Ces symboles peuvent être de nature quelconque et représenter des nombres ou ensembles de nombres, ou bien des substitutions, ou encore des opérations dont l'origine est tirée de l'algèbre, de la géométrie ou de la mécanique[4]. »

La composition de ces symboles, éléments ou opérations, satisfait aux conditions suivantes : on donne un procédé pour

1. *Sur les rapports du nombre et de la grandeur*, Revue de métaphysique, 1898, p. 440.

2. *Lettre à Auguste Chevalier*, du 29 mai 1832, *Œuvres*, p. 32.

3. Voir Baire, *Essai sur une théorie générale de l'intégration et sur la classification des transcendantes*, Annales de l'École normale supérieure, 1898, p. 243 et suiv.

4. Encyclopédie des Sciences mathématiques, I, 1, 4 (1909), p. 575. Cf. Couturat, *Les principes*, note II, p. 229 et suiv.

obtenir, à l'aide de deux *éléments*, ou *opérations*, de l'ensemble, a, b, se suivant dans l'ordre ab, un troisième élément de cet ensemble, c qui sera dit le *produit*. La composition ainsi définie, ou *multiplication*, n'est pas commutative en général; les éléments tels que $ab = ba$, sont dits *permutables*. — Cette multiplication est associative : $(ab)\ c = a\ (bc)$. — De $ab = ac$, aussi bien que de $ba = ca$, résulte $b = c$.

354. — La théorie générale des groupes nous met ainsi en possession d'une notion dont il n'est pas besoin de justifier l'intelligibilité, qui au contraire servirait à définir l'intelligence en dégageant les caractères les plus profonds qui appartiennent à l'idée d'*opération*[1]. La tentation à laquelle bien plutôt il convient de résister, ce serait d'ériger cette notion de groupe, dont nous venons de rappeler la genèse, en une forme innée de l'esprit, en une sorte de jugement synthétique *a priori*, et d'en faire un principe de déduction progressive à qui l'on demanderait d'expliquer telle ou telle détermination particulière.

Pour préciser, nous pouvons nous attacher à la correspondance qui, à la suite des travaux de Sophus Lie et sous une forme tout élémentaire, s'est établie entre la géométrie et l'analyse. L'ensemble des déplacements possibles d'un corps solide constitue un groupe de transformations. Or parmi ces déplacements le géomètre retiendra comme objet propre de son étude ceux qui laissent fixe un des points de l'espace : ils constitueront un *sous-groupe*.

C'est dans les rapports de ce groupe et de ce sous-groupe, écrit M. Poincaré, qu'il faut chercher l'explication de ce fait que l'espace a trois dimensions. « Le groupe total est d'ordre 6, c'est-à-dire que tout déplacement peut être regardé comme une combinaison de six mouvements élémentaires indépendants. Le sous-groupe est d'ordre 3, c'est-à-dire que tout déplacement appartenant à ce sous-groupe, ou, en d'autres termes, tout déplacement qui laisse fixe un point de l'espace, peut être regardé comme une combinaison de trois mouvements élémentaires indépendants. La différence 6-3 représente le nombre des dimensions ».[2]

Quelle portée convient-il d'attribuer à une semblable « explication »? On a pu croire qu'elle visait à résoudre philosophiquement la question de l'origine du nombre des dimensions ou l'ori-

1. Dufumier, *La généralisation mathématique*, Revue de métaphysique, 1911, p. 747 et suiv.

2. Poincaré, *L'espace et la géométrie*, Revue de métaphysique, 1895, p. 641.

gine même de la notion de *point*; et s'il en était ainsi, on serait bien fondé à signaler dans le raisonnement que nous avons rapporté une de ces « flagrantes pétitions de principe[1] » dont la philosophie scientifique offre de si nombreux exemples. Mais cette interprétation même a donné occasion à M. Poincaré de bien marquer que l' « origine » ici ne signifie rien d'autre que le point de départ de l'exposition analytique, et qu'il faut entendre par « explication » une résolution intellectuelle qui fixe avec exactitude le caractère de la notion de dimension et de la notion de point[2].

Cette conclusion serait confirmée, si besoin en était, par les recherches de Sophus Lie relatives à la géométrie non euclidienne. Sophus Lie a donné le moyen de ramener à l'unité d'un système les différents types de combinaison spatiale, d'opposer aux groupes non euclidiens le groupe euclidien dont la propriété s'exprime sous une forme remarquablement simple[3]. « L'hypothèse qu'il existe deux mouvements permutables peut être regardée, écrit M. Poincaré, comme un des énoncés du *postulatum* d'Euclide[4]. » Mais il est clair que si on *caractérise* ainsi chacune des espèces de géométrie, on ne les engendre pas par voie de déduction rationnelle.

355. — Bref, si la doctrine des groupes peut conduire à envisager une théorie générale des relations, comme la doctrine des ensembles conduisait à une théorie générale des classes, il y a entre celle-ci et celle-là une différence radicale. L'assimilation métaphysique qu'Aristote avait établie entre le *général* et l'*essentiel* avait permis, dans la logique des classes, d'invertir le travail de l'esprit, et d'ériger en principe absolu ce qui était le dernier résultat conquis dans l'ordre de l'investigation intellectuelle; c'est cette inversion dont le fantôme hante depuis des siècles la philosophie scientifique, et que l'on voit encore inspirer les spéculations réalistes des logisticiens. Mais l'idée de groupe doit sa précision et sa fécondité à ce qu'elle dépasse les déterminations *a priori* auxquelles pourraient atteindre l'appel à l'évidence intuitive ou la dialectique de la connaissance; elle implique des notions qui n'ont pu être élaborées que par la réflexion sur la difficulté de

1. Couturat, Revue de métaphysique, 1896, p. 660.

2. Cf. *Réponse à quelques critiques*, Revue de métaphysique, 1897, p. 65 et suiv.

3. Cf. Picard, *A propos de quelques récents travaux mathématiques*, Revue générale des sciences, 1892, p. 725 et suiv.; et Bourlet, *L'enseignement de la géométrie*, Bulletin de la Société française de Philosophie (21 mars 1907), t. VII, p. 232 et suiv.

4. Bulletin de la Société mathématique de France, 1887, p. 210.

résoudre les équations algébriques, ou de démontrer les postulats de la géométrie. En la séparant brutalement des racines qui la font plonger dans la réalité de la pensée mathématique, on s'expose à lui enlever en même temps sa valeur de science.

Quand donc on proclame la primauté de l'idée de relation, ce ne doit pas être, selon nous, pour en conclure, comme C. S. Peirce, Schröder et même M. Russell paraissent avoir pensé, qu'il y a lieu de constituer une logique des relations sur le modèle de la logique des classes. Une telle logique en effet ne pourra porter que sur les caractères les plus généraux, les plus extrinsèques que peuvent présenter les relations : *conversion*, *symétrie*, *transitivité*. Le véritable objet d'une théorie des relations, ce n'est pas la forme vide et indéterminée de la relation ; ce sont les opérations effectives que l'esprit humain a dû accomplir pour se rendre maître des rapports entre les événements et entre les choses ; c'est le mouvement intellectuel qui progressivement a rapproché les unes des autres ces diverses opérations, et en a découvert l'unité systématique.

Ces remarques font ressortir, croyons-nous, le rôle véritable de la logistique qui, sous l'influence de la théorie des ensembles avait été déviée, vers une renaissance du réalisme, et avait échoué dans l'antinomie de Burali-Forti ou dans le sophisme de l'*Epiménide*. Conformément à la pensée maîtresse de Boole et de Grassmann, à laquelle les logisticiens de l'école italienne ont eu le mérite de rester fidèles, la mise en forme symbolique des opérations logiques ou mathématiques a pour résultat d'instituer entre elles des « analogies de structure ».

Ainsi, fait observer M. Peano, toutes les formules de logique comprenant seulement les signes qui expriment les idées *égal à*, *contenu dans*, *et*, *où*, *rien*, subsistent telles quelles si l'on suppose que les termes sont des nombres, et que les significations se substituent de la façon suivante : *a est contenu dans b* devient *a est un diviseur de b* ; *a et b* devient *le plus grand commun diviseur de a et de b* ; *a ou b*, *le plus petit commun multiple* ; le signe de *rien* devient le signe de l'*unité*[1].

De même, la loi de *dualité* entre les points et les plans, qui caractérise la géométrie projective, permet d'établir un même système de combinaisons symboliques dont les notions indéfinissables pourront être, ou celles de *point* et de *droite* (série de points) ou bien celles de *plan* et de *faisceau de plans* (passant par une droite) ; « ce qui fait que tout théorème vrai pour les points

1. *Notations*, Turin, § 8, p. 10.

et les droites qui les joignent est encore vrai pour les plans et les droites qui en sont l'intersection [1] ».

Si la logique se rend ainsi capable de refléter la marche effective que suit l'intelligence, il faut reconnaître qu'elle est orientée dans le sens où l'invention se produit. L'extension analogique est l'instrument le plus puissant de la découverte; non que la généralisation doive s'offrir d'elle-même à l'esprit, comme si l'analogie entre les formules des problèmes impliquait l'analogie entre les formules des solutions : « Étant donnés, remarque finement M. Hadamard, deux problèmes analogues, mais dont l'un a pu être traité et non l'autre, il y a lieu de penser que les résultats trouvés dans la solution du premier sont très différents de ceux que l'on doit obtenir dans la solution du second [2]. » La difficulté de l'invention consiste à rejeter les analogies extérieures et superficielles pour découvrir entre des opérations d'apparence toute différente, appartenant à des domaines distincts de la science, des « analogies de structure » fournissant le moyen d'éclairer la marche de la découverte à faire par la marche de la découverte déjà faite. De quoi M. Poincaré donne un exemple singulièrement instructif, lorsqu'il prolonge l'enseignement du passé en essayant de marquer quelles analogies seront fécondes dans les recherches futures. L'analogie des fonctions de deux, ou plusieurs, variables avec les fonctions d'une seule variable « est un guide précieux, mais insuffisant ». Ce n'est pas la forme générale du problème qui doit retenir l'attention; « ce sont les artifices qui ont réussi dans certains cas particuliers : la véritable généralisation des fonctions à une variable n'est-elle pas dans les fonctions harmoniques à quatre variables, dont les parties réelles des fonctions de deux variables ne sont que des cas particuliers [3] ? »

Nous comprenons enfin pourquoi la philosophie mathématique a, jusqu'ici, manqué le problème de la vérité. En supposant une inversion de sens entre l'ordre psychologique de l'invention et l'ordre logique de l'exposition, elle admettait implicitement que le souci de la rigueur dans le raisonnement est étranger à l'invention, que la mise en forme logique est indifférente à la « matière de vérité ». La détermination de la vérité en tant que telle, qui devait être à la fois postérieure à l'invention, antérieure

1. Couturat, *Les principes*, p. 154.

2. *Note sur l'induction et la généralisation en mathématiques*, Bibliothèque du Congrès de philosophie de Paris, 1900, t. III, 1901, p. 443. Cf. Hilbert, *Sur les progrès des mathématiques*, 2e Congrès des mathématiciens, Paris, 1900, p. 67.

3. *L'Avenir des mathématiques*, 4e Congrès, Rome, 1908, *Atti*, t. I, 1909, p. 179.

à la traduction logique, ne trouvait de refuge que dans un moment intermédiaire, moment qui échappe à l'investigation positive et dont on renvoyait la considération à la curiosité du métaphysicien. Au contraire la philosophie résout le problème, ou plutôt, ce qui est l'objet propre de ces derniers chapitres, elle fait voir que le savoir scientifique l'a effectivement résolu, si elle sait assigner un même but à l'effort de l'inventeur et au travail du logicien : l'extension progressive des opérations mathématiques. La vérité de la science n'implique plus alors la supposition d'une réalité transcendante; elle est liée aux procédés de vérification qui sont immanents au développement de la mathématique. C'est cette vérification que nous avons cru pouvoir déceler à la racine des notions constitutives du savoir; c'est elle que nous avons rencontrée aux moments décisifs où l'esprit humain s'ouvre un nouvel horizon, aussi bien dans le livre du scribe Ahmès qui fait la preuve de ses calculs sur les expressions fractionnaires, que dans les premières recherches de Newton et de Leibniz retrouvant par l'arithmétique ou par l'algèbre les résultats obtenus par le maniement des séries infinies. La philosophie mathématique a terminé sa tâche en se mettant en état de suivre l'ordre naturel de l'histoire, en prenant conscience des deux caractères dont la liaison est la marque spécifique de l'intelligence : *capacité indéfinie de progrès, inquiétude perpétuelle de vérification.*

CHAPITRE XXIV

LA RÉACTION CONTRE LE MATHÉMATISME

LE SENS DE L'INTELLECTUALISME MATHÉMATIQUE

356. — Suivant la conception profonde que l'on doit à Hegel, deux doctrines contemporaines l'une de l'autre et qui s'opposent trait pour trait, dérivent d'un postulat commun. En fait, formalisme logique d'une part, pragmatisme ou intuitionisme de l'autre, s'accordent sur ce point de départ, qu'ils contestent également à l'intelligence le pouvoir de fonder la vérité de ce qu'elle comprend, de comprendre même ce dont elle parle. Heureusement, comme le dit M. Félix Klein à propos de l'interprétation des nombres négatifs, il arrive que les choses paraissent plus raisonnables que les hommes[1]. L'attention à la réalité spécifique du savoir mathématique donne le moyen de s'arracher à l'étroitesse des partis pris dogmatiques; elle met fin à l'antagonisme du concept et de l'intuition, qui menaçait d'épuiser la philosophie dans une polémique abstraite et sans issue; elle conduit à une solution objective et positive du problème de la vérité.

Nous n'avons pas à examiner d'une façon directe la répercussion que cette solution peut avoir sur l'ensemble des problèmes philosophiques; mais nous pouvons nous poser du moins cette question de forme restreinte : comment sommes-nous, au terme de notre enquête, amené à envisager la réaction contre le mathématisme, qui a marqué le cours de la pensée au XIXe siècle?

357. — Il est difficile de contester la généralité de ce mouvement. Il ne se rattache pas seulement à la prévention contre les mathématiques que les empiristes anglais ont héritée d'un Berkeley ou d'un Hume, aux tendances vers la restauration et vers l'*organisation* sociale qui ont affaibli le crédit de la raison

1. « Die Dinge manchmal vernünftiger zu sein scheinen, als die Menschen. » *Elementar Mathematik*, p. 68.

abstraite dont le siècle précédent avait eu le culte : l'idéalisme même d'un Hegel se rencontre avec le positivisme, pour signaler « l'accord du point de vue matérialiste et du point de vue exclusivement mathématique[1] ».

Mais nous voudrions préciser davantage, et déterminer de plus près, par exemple en ce qui concerne la France, les circonstances de cette réaction, afin d'en fixer le sens exact et d'en mesurer la portée. A cet égard, les œuvres les plus significatives sont celles de Ravaisson et de Taine. On aurait, en effet, peine à comprendre comment la mathématique, science des relations en compréhension, a pu être confondue avec la faculté des concepts pris en extension, si l'on ne se rappelait l'étrange idée qu'Aristote, volontairement ou involontairement, avait donnée du platonisme, et qui se renouvelle avec l'*Essai* de Ravaisson sur la *Métaphysique d'Aristote* (1837-1846). Cette même confusion inspirera, d'ailleurs, les innombrables réfutations que les Eclectiques ont dirigées contre « le cartésianisme immodéré » de Spinoza.

Il y a plus : elle va se retrouver comme l'inspiration positive d'une doctrine qui, en France du moins, jouira d'un grand crédit grâce à la réputation littéraire de son auteur, et exercera, par la contradiction même dont elle sera l'objet, une influence décisive sur la formation des théories ultérieures. Que l'on relise à cet égard la courte préface mise par Taine en tête de son *Essai sur Tite-Live* (1856) : le dessein d'exprimer « un talent... par une formule », de découvrir dans un homme « une faculté maîtresse, dont l'action uniforme se communique différemment à nos différents rouages, et imprime à notre machine un système nécessaire de mouvements prévus, » est placé sous le patronage de Spinoza, c'est-à-dire du philosophe qui a le mieux aperçu la vanité de toute classification en facultés comme de toute idée générale, qui a le plus insisté sur la complexité indéfinie des essences singulières.

Par cette transposition initiale, la doctrine de Taine est condamnée à s'orienter vers la pure abstraction. Elle prend pour point de départ l'unité de la science, telle que l'avait conçue le positivisme du XVIIIe siècle. « D'Alembert a dit : l'univers, pour qui saurait l'embrasser tout entier, serait un fait unique, une grande vérité. A quoi Sophie Germain a ajouté que ce fait unique devait être nécessaire[2]. » Mais pour concevoir ce fait

1. *Encyclopedie*, § 99, *Werke*, t. VI, Berlin, 1840, p. 199; et *Logique*, tr. Véra, t. I, 1874, p. 448.

2. Ravaisson, *La philosophie en France au XIXe siècle* (1867), 2e édit. 1885, p. 73.

unique, Taine n'a d'autre ressource que de généraliser à outrance. « Si la cause d'un fait n'est et ne peut être qu'un fait, écrivait M. Lachelier en 1864, il est évident qu'il ne faut pas chercher la dernière raison de l'univers dans une pensée distincte de la somme des faits, mais dans un fait primitif, le plus simple et le plus général de tous, qui soit par conséquent le fond commun de tous les autres[1]. » Ainsi s'explique que le principe dont dérive « toute forme, tout changement, tout mouvement, toute idée », soit présenté dans les *Philosophes français du XIXe siècle* (1857) comme une « formule créatrice », comme un « axiome éternel[2] »; et que dans l'*Intelligence* (1870) l'*axiome éternel* se rapproche, jusqu'à presque se confondre avec elle, de la forme d'identité dont Taine croyait pouvoir déduire *les jugements généraux* de l'arithmétique et de la géométrie, la définition de la droite et le postulat d'Euclide[3].

Une semblable conception de la science justifie la tendance intuitioniste, sous l'aspect polémique et négatif qu'elle a revêtu à la fin du XIXe siècle. Mais on peut se demander si elle n'en limite pas la portée aux circonstances historiques qui l'ont fait naître, et qui sont elles-mêmes un accident dans l'histoire. La réaction contre le mathématisme, telle qu'elle s'est manifestée en France depuis 1870, a bien visé le prétendu « spinozisme » de Taine; ne portait-elle pas effectivement sur le nominalisme analytique de Condillac, comme de nos jours, avec la constitution de la philosophie logistique des mathématiques, elle se trouve n'atteindre que le réalisme scolastique?

358. — En reprenant le droit fil de l'histoire, nous avons vu l'esprit de la mathématique, affirmé déjà dans la dialectique régressive de Platon, se dégager avec sa physionomie véritable des méthodes modernes de la géométrie et du calcul infinitésimal. Descartes et Leibniz y reconnaissent une puissance d'infinité et de continuité, capable de s'emparer des déterminations finies et discontinues de la perception sensible pour composer l'unité intellectuelle d'un système. Chez Descartes lui-même, la relation de la physique à la mathématique ne saurait s'interpréter comme étant simplement la substitution de la quantité abstraite à la qualité concrète, entraînant une régression du supérieur vers l'inférieur. La relation mathématique ajoute quelque chose à la donnée physique : l'idée de la

1. Revue de l'Instruction publique, 16 juin 1864, 24e année, p. 168, citée par Giraud, *Essai sur Taine*, 1901, p. 300.
2. 5e édit., 1868, p. 370.
3. 5e édit., 1888, t. II, p. 330 et suiv.

solidarité qui fait dépendre de l'ensemble des connexions spatiales l'objet isolé dans l'intuition immédiate, qui fait de la partie une fonction du tout. Telle que la conçoit l'idéalisme mathématique de Descartes, la pensée est la prise de possession d'un objet, lequel n'est autre que l'univers. Elle forge les « longues chaînes de raisons » qui sont aussi les chaînes des causes et des effets; elle oppose à la finalité transcendante qui suscite les événements inattendus, la nécessité qui règne à travers la nature, ou mieux qui engendre la nature en rendant les choses consistantes avec elles-mêmes. Une telle pensée s'exerce d'une façon continue dans l'homme; et, en même temps, ainsi qu'en témoigne la notion de la relativité du mouvement, elle constitue l'univers par une armature de relations intellectuelles. De là, l'idée de l'*inconscient* grâce à laquelle Spinoza et Leibniz conçoivent la vie d'un individu comme coextensive d'une certaine manière à la vie totale de l'univers. Tandis que la psychologie, réduite à ses méthodes spécifiques d'observation, détache la conscience de ses racines biologiques, c'est grâce à cette notion d'inconscient que le développement de l'organisme individuel devait apparaître fonction de l'action exercée par l'ensemble des forces universelles, et que la psychologie étendue et fécondée reprenait sa place dans le système des disciplines positives.

De ce point de vue, nous pourrons dire que l'histoire de la philosophie moderne est traversée par deux interprétations contraires du *Cogito*. Pour le réalisme, la matière du *Cogito* n'est rien de plus que sa forme : c'est le fait de penser, tel qu'il se présente à la conscience individuelle. La vie de l'esprit commence avec les états originaux et irréductibles de la cœnesthésie, s'achève avec la conquête et la culture du *moi*. Pour l'idéalisme, le *Cogito* signifie que la connexion des idées claires et distinctes constitue *a priori* la science du monde infini; elle permet à l'homme de se représenter adéquatement un tout dont il est lui-même, en tant qu'individu, une partie, et de se proposer comme le but véritable de son activité l'attachement et le sacrifice au tout. La morale du psychologisme consiste dans le développement de la personne pour la personne; elle peut raffiner, « intensifier » l'égoïsme, elle ne peut pas en sortir. Dans le traité *des Passions*, dans l'*Éthique*, dans le *De rerum originatione radicali*, aussi bien qu'autrefois dans la *République* de Platon, l'intellectualisme mathématique s'est manifesté comme philosophie de la générosité.

359. — Si le XVIIe siècle a mis hors de contestation la portée

spéculative et l'orientation pratique de l'idéalisme mathématique, il y a mêlé des thèses dont l'incertitude et la fragilité devaient se révéler à l'épreuve du temps. Le cartésianisme et le leibnizianisme revêtent la forme du dogmatisme théologique; la constitution de l'univers a son principe dans l'idée de Dieu, elle obéit à des lois dont la simplicité et la rationalité reflètent la perfection divine. Or la mathématique, ni chez Descartes, ni chez Leibniz, n'a satisfait à l'exigence de la simplicité pure et de la rationalité. L'analyse et la géométrie, l'*idée* et l'*objet*, se rapprochent sans doute et se correspondent, mais sans se fondre dans une véritable unité. Oscillant entre l'idéalisme du processus intellectuel et le réalisme de la représentation spatiale, le leibnizianisme ne parvient pas à une interprétation homogène et distincte de la continuité.

Par là nous apercevons la raison du double effort de pensée qui a préparé la conception moderne de la philosophie et la conception moderne de la mathématique. Le courant d'idées qui s'était développé au XVIIIe siècle aboutit, en Allemagne avec la *Critique*, en France avec le positivisme, à changer les termes du problème philosophique : ce n'est plus Dieu qui est en face de l'univers, c'est l'esprit humain; il s'agit de déterminer, non plus un plan de création transcendante, mais les conditions de la connaissance scientifique. D'autre part, la notion fondamentale de la continuité, qui avait été introduite et justifiée grâce à l'analogie de l'intuition spatiale, est ramenée par les mathématiciens du XIXe siècle à un enchaînement d'idées claires; la rigueur de l'analyse est appuyée sur l'autonomie du dynamisme intellectuel, tandis que l'horizon des recherches géométriques s'étendait au delà du domaine euclidien. A l'implication confuse des notions analytiques et géométriques, succède une dissociation radicale, propre à mettre en lumière dans le développement ultérieur de la science l'œuvre progressive de connexion et de coordination.

360. — Seulement, soit que ce double mouvement ne se soit pas produit dans l'ordre le plus favorable, soit que la pénétration n'ait pas été assez intime entre philosophes et savants, la philosophie mathématique du XIXe siècle n'a pas su en recueillir simultanément le bénéfice. Tandis que les philosophes prolongeaient le débat sur les *formes a priori* ou sur les *faits généraux* de la mathématique, c'est-à-dire sur des principes définis une fois pour toutes, réfractaires à l'élargissement sans fin de la recherche scientifique, l'arithmétisation de l'analyse ou la théorie des ensembles infinis avaient pour résultat immédiat de ressus-

citer le débat scolastique du nominalisme et du réalisme.

C'est à la philosophie de l'intuition que revient le mérite d'avoir rompu le charme. Après avoir, en réaction contre l'esprit de la mathématique, rendu la vie et la liberté aux disciplines dites supérieures, il lui est arrivé de libérer et de vivifier les mathématiques elles-mêmes. Plus exactement, elle leur a restitué cette puissance intérieure que le XVIIe siècle leur avait attribuée lorsque Descartes engendrait, par un « mouvement continu et ininterrompu », de l'esprit le monde des représentations géométriques, lorsque Leibniz rattachait la genèse de l'univers au « progrès ordonné » de la sagesse divine.

L'intellectualisme mathématique est désormais une doctrine positive, mais qui intervertira les formules habituelles du positivisme : au lieu de faire sortir le *progrès* de l'*ordre*, ou le *dynamique* du *statique*, il tend à faire de l'ordre logique le produit du progrès intellectuel. La science à venir n'est pas enfermée, comme l'aurait voulu Comte, comme le voulait déjà Kant, dans les formes de la science déjà faite[1]; la constitution de ces formes révèle un dynamisme originel dont l'élan se prolonge par la génération synthétique de notions de plus en plus compliquées.

Aucune spéculation sur le nombre, considéré comme catégorie *a priori*, ne permet de rendre compte des questions qui se sont posées pour la mathématique moderne, à commencer par l'arithmétique elle-même. Ce n'est pas seulement l'énoncé des problèmes qui échappe à toute règle préalable; c'est encore la signification de ce que l'on doit entendre par solution. Pour prendre un dernier exemple, Hermite écrivait, en 1858, dans une *note sur la résolution de l'équation du cinquième degré* : « On peut... concevoir la question de la résolution des équations algébriques sous un point de vue différent de celui qui, depuis longtemps, a été indiqué par la résolution des équations des quatre premiers degrés et auquel on s'est surtout attaché. Au lieu de chercher à représenter par une formule radicale à déterminations multiples le système des racines si étroitement liées entre elles lorsqu'on les considère comme fonctions des coefficients, on peut, ainsi que l'exemple en a été donné dans le troisième degré, chercher, en introduisant des variables auxiliaires, à obtenir les racines séparément exprimées par autant de fonctions distinctes et uniformes relatives à ces nouvelles variables[2]. »

1. Milhaud, *Le Rationnel*, 1898, p. 19, Cf. p. 99 et suiv.
2. *Œuvres*, t. II, 1908, p. 6.

Et un demi-siècle après, M. Poincaré s'exprime de la façon suivante dans sa *conférence* au *Congrès de Rome* : « Autrefois on ne considérait une équation [*différentielle*] comme résolue que quand on en avait exprimé la solution à l'aide d'un nombre fini de fonctions connues; mais cela n'est possible qu'une fois sur cent à peine. Ce que nous pouvons toujours faire, ou plutôt ce que nous devons toujours chercher à faire, c'est de résoudre le problème *qualitativement* pour ainsi dire, c'est-à-dire de chercher à connaître la forme générale de la courbe qui représente la fonction inconnue[1] ». De la solution de ce problème qualitatif dépendra le succès des recherches quantitatives, qui permettront de calculer l'inconnue avec plus ou moins de commodité, avec plus ou moins de précision.

Ce que nous avons dit du nombre pourra se dire aussi de l'espace. En déterminant avec les seules ressources de l'analyse philosophique les propriétés essentielles de l'espace, on n'aurait pas la raison des services que la mathématique lui a demandés. L'espace reçoit passivement, il traduit et il *illustre*, des formes de connexion qu'il n'a pas créées lui-même, qui dépassent l'apport spontané de l'intuition spatiale. Ceci est visible et frappant dans l'œuvre des mathématiciens mêmes qui ont appuyé leurs découvertes sur la représentation géométrique : Descartes, pour faire correspondre des courbes aux équations algébriques de degré supérieur au troisième, rompt avec la corrélation qui s'était tout naturellement établie entre les degrés de l'équation et les dimensions de l'espace; Fourier, en exprimant par des séries trigonométriques les fonctions dites arbitraires, brise le cadre de la continuité analytique, que l'on pouvait croire au XVIIIe siècle imposé par la forme nécessaire de l'image spatiale. En définitive, aux yeux du géomètre moderne, l'espace ne fait qu'affirmer la possibilité d'appliquer sur une multiplicité d'éléments quelconques des relations dont l'intelligence ne cherche pas à déterminer d'avance le type, dont elle constate, au contraire, dont elle suscite le développement illimité.

LA PHYSIQUE ET LA BIOLOGIE

361. — Comprise ainsi dans son intégralité, la mathématique ne se laisse plus rejeter dans le plan des *études inférieures*. Ravaisson écrivait, faisant allusion à la classification des sciences d'Auguste Comte : « Le nombre, l'étendue, la figure,

1. *Science et méthode*, p. 32.

sont... ce que la nature nous offre de plus simple; de là la précision, l'exactitude, la facilité relative des mathématiques[1]. » Mais cette simplicité, cette facilité relative ne sont-elles pas des illusions, venant de ce qu'on restreint arbitrairement l'horizon de la science, en la bornant aux stades élémentaires de l'arithmétique ou de la géométrie, venant aussi d'une association séculaire entre l'application de la mathématique et le mécanisme? On imagine qu'une loi immédiatement susceptible de traduction géométrique ou qu'un principe de conservation indifférent au temps est mathématiquement plus satisfaisant que telle formule d'analyse qui exprimerait une inégalité croissante comme dans le cas de l'entropie. Peut-être les problèmes que pose l'observation de la nature sont-ils plus complexes que ceux auxquels aurait conduit le développement spontané de la spéculation mathématique; mais la mesure du savoir véritable est dans les solutions effectives que le savant est en état de donner. A cet égard, la physique ne saurait être supérieure à la mathématique : la précision de ses résultats est subordonnée au degré de perfection atteint par l'instrument mathématique. Loin donc d'opposer la complexité de la science concrète à la facilité relative de la mathématique, nous pourrions dire que les difficultés soulevées par la mise en équations des phénomènes donnés viennent se concentrer dans la mathématique. La nature met l'esprit à l'épreuve; l'esprit répond par la constitution de la science mathématique.

La physique, réduite à l'intuition immédiate, ne connaît rien, hors les qualités sensibles qui sont la matière de la réalité donnée. La mathématique, ne retenant de ces qualités que leur coïncidence avec tel ou tel point de repère tracé dans l'espace, a décelé l'action du milieu invisible et imperceptible. Déjà l'imagination de la « matière subtile » exprimait un effort pour substituer à la description de propriétés qualitatives un système de relations mathématiques. Avec les actions à distance de Newton, le pas décisif est franchi. L'attraction n'est qu'une métaphore initiale, nécessaire à la position du problème de la mécanique céleste. A ce problème Newton ne donne pas de solution physique, puisqu'il abandonne, non comme étrangère à la science, mais comme au-dessus de ses propres forces, la recherche de la cause de la gravitation. Ce qu'il apporte, c'est une solution mathématique. Il n'a pas à déterminer le véhicule et le mode de transmission de la force attirante; il lui suffit d'appliquer

1. *La philosophie en France*, édit. cit., p. 62.

une formule de relation fonctionnelle pour établir une théorie positive. L'analyse mathématique revêt à cet égard le même caractère que la géométrie offrait à un degré plus élémentaire de la connaissance; elle est une suggestion de l'expérience pour l'extension de l'expérience elle-même.

Dans cet ordre d'idées, il n'y a guère d'exemple plus saisissant que le suivant, évoqué récemment par M. Borel : « Entre 1820 et 1830, Cauchy publia les travaux sur les variables imaginaires qui lui ont valu, à la fois, tant de gloire et tant d'insultes. Parce qu'il a eu l'audace de baser ses recherches sur le signe $\sqrt{-1}$, on a écrit de Cauchy : « qu'il ne devait pas avoir conscience » de ce qu'il faisait; que ses intégrales singulières étaient de » singulières intégrales; que ses inventions étaient des niaiseries » intégrales, et des absurdités; et, enfin, que de telles folies » étaient capables de faire dérailler les esprits. » Or, ce sont justement ces travaux de Cauchy si cruellement bafoués qui ont servi plus tard à Maxwell pour sa théorie sur l'identité de transmission entre l'électricité, la lumière et la chaleur; ce sont les travaux de Maxwell et de Cauchy qui ont amené les expériences de Hertz sur les ondulations électriques. Peut-on souhaiter plus belle revanche?[1] » Il semble qu'on touche ici aux deux extrémités de la civilisation humaine. Quand on s'est habitué à introduire dans sa pensée le synchronisme de l'histoire, on ne peut se soustraire au rapprochement de ces deux faits : Géricault en 1819 peignant les naufragés sur le *Radeau de la Méduse*, et Cauchy à la même époque élaborant la spéculation abstraite qui, en amenant la découverte de la télégraphie sans fil, devait contribuer à conjurer le retour de semblables catastrophes.

362. — La physique peut donc, sans courir le risque de se désorganiser sous l'influence d'études inférieures, appuyer sa vérité sur la vérité de la mathématique. De la mathématique aux sciences de la nature et même à la connaissance de l'esprit, il ne paraît pas y avoir cette opposition radicale dans l'orientation, cette *inversion de sens*, sur laquelle la philosophie intuitioniste a tant insisté. Au contraire, nous verrions plutôt un danger à faire de la spécificité des sciences une sorte de dogme *a priori*, qui serait aussi simple, aussi uni, que la thèse moniste elle-même. Sans doute il est commode d'avoir défini la mathématique une fois pour toutes comme science de la quantité abstraite, et de lui opposer tour à tour la réalité de la matière et la réalité de la vie. Mais déjà nous avons eu occasion de faire

1. *Le Temps*, 7 septembre 1909.

voir que la mathématique déborde effectivement le domaine de la quantité, pour comprendre diverses formes d'ordre, et, en particulier, cette ordination spatiale qui permet de constituer l'univers comme un vaste réseau de relations et de fonctions. En fait, la mathématique représente l'effort le plus puissant peut-être et le plus solide du génie humain. On n'a pas le droit d'affirmer *a priori* que l'efficacité en sera limitée au domaine physicochimique. Même, à proprement parler, on n'a pas le moyen de dire avec certitude à quel degré de la réalité s'arrête le domaine physicochimique, l'unité des sciences physiques consiste avant tout dans la détermination des procédés expérimentaux dont elles font usage. Que la vie, considérée dans sa donnée immédiate, répugne à se laisser saisir tout entière par ces procédés, nul ne le conteste; mais le rôle de l'investigation scientifique est de passer par-dessus l'apparence immédiate, et ce que nous enseigne le passé de la biologie, c'est qu'aucune solution n'a jamais été regardée comme définitive qu'à la condition d'avoir été obtenue par les méthodes physicochimiques.

D'autre part, si nous supposons que l'explication physicochimique ne suffise pas à rendre compte de la vie, il faut alors, puisque tout ce qui peut être atteint du dehors est matière, que la biologie fasse appel à une autre méthode que l'analyse, et cherche à se donner l'intuition interne du tout organique. Or, d'où pourra lui venir une telle intuition? Encore une fois, ce ne sera pas de la psychologie; l'apport de la psychologie se borne à la conscience que l'individu prend de lui-même, en approfondissant ce qui le caractérise comme tel, en s'isolant dans son irréductible originalité. L'animisme, le vitalisme, qui cherchent dans l'être pris à part de l'univers le principe des fonctions organiques, se sont montrés scientifiquement et philosophiquement stériles. En fait, la biologie s'est engagée dans une tout autre voie; elle a cherché à concevoir dans son unité le jeu d'actions et de réactions qui relie le développement des fonctions organiques au champ immense des forces naturelles, la solidarité intime de l'individu et de l'univers. Cette liaison peut s'éclairer à la lumière de la pensée, non de la pensée entendue comme un perpétuel repliement sur soi et destinée à perdre jusqu'au sentiment de sa propre existence, mais de la pensée capable d'expansion au dehors, déployant les ressources de l'imagination et de la réflexion pour s'assimiler l'univers et le rendre immanent au moi. Or une telle pensée, c'est, avant tout, la mathématique, en tant qu'elle lance à travers le monde un vaste courant d'intellectualité, qu'elle prépare le réseau des relations spatiales où entrera le système des lois astronomiques et physiques.

363. — Ainsi, sur une base assurément plus large que celle de la doctrine cartésienne, mais conformément à son inspiration profonde, se rétablit l'unité de l'intelligence humaine. L'opposition entre l'orientation de la biologie et l'orientation de la mathématique, que plus d'un philosophe considère comme un fait établi, nous paraît une illusion; et on pourrait historiquement rendre compte de cette illusion en se rappelant par suite de quelles circonstances les mathématiciens se sont fait une idée inexacte de la biologie, ou les biologistes se font une idée inexacte de la mathématique. Nous nous contenterons de citer une page curieuse où se traduit le sentiment amer que la supériorité affectée par les géomètres de l'*Académie des Sciences* avait laissé chez les naturalistes du commencement du XIXe siècle : « Les sciences mathématiques régnaient en souveraines dans cette société; évidemment perfectionnées par les travaux des Euler, des Bernouilli, des Clairault,des d'Alembert, des Laplace, elles étaient arrivées à une telle prépondérance, à une telle importance, qu'elles embrassaient, comme de leur domaine, l'astronomie et la physique; qu'elles tendaient à en faire autant de la *chimie* et même de la *minéralogie*, par la cristallographie. Les sciences naturelles, proprement dites, aussi bien dans les *êtres* que dans les *phénomènes* dont elles s'occupent, se prêtant peu ou point à une application des mathématiques, devaient donc être mal appréciées dans l'Académie et, par conséquent, elles étaient négligées [1]. » Peut-être, et même à l'époque de Linné et de Cuvier, la biologie paraissait-elle encore trop attachée aux classifications statiques dont la logique aristotélicienne lui offrait le modèle. Aujourd'hui, les rôles seraient renversés. La biologie s'est émancipée de ce formalisme abstrait; elle est devenue une science positive, grâce à la notion fondamentale de la relation entre l'individu et le milieu universel, que l'analyse mathématique de Newton avait fait pénétrer dans le monde de la nature inorganique. Elle semble s'éloigner de la mathématique, qu'elle reléguerait volontiers au plus bas degré de la réalité; mais c'est en attribuant à la mathématique, précisément cette interprétation antiscientifique dont elle-même se plaint d'avoir été jadis victime,

1. De Blainville et Maupied, *Histoire des sciences de l'organisation et de leurs progrès comme base de la philosophie*, t. III, 1845, p. 369, cités par Revault d'Allonnes, in *Lamarck*, Introduction, p. 55.

c'est en supposant que la mathématique se laisse ramener aux cadres de la logique scolastique. Ainsi les critiques dirigées tour à tour contre la biologie du point de vue mathématique et contre la mathématique du point de vue biologique, ne sont inverses qu'en apparence; il est remarquable qu'elles consistent les unes et les autres à mettre en lumière l'insuffisance scientifique du concept aristotélicien. Or Descartes a libéré la pensée du joug du concept, tel que la syllogistique l'utilisait; à la considération toute verbale et tout extérieure des classes, il a substitué définitivement l'étude des connexions réelles et intimes, qui avait déjà inspiré le mouvement de la dialectique platonicienne. C'est la mathématique, libérée la première, qui devait plus tard avec Lamarck servir à l'affranchissement de la biologie.

LA PSYCHOLOGIE ET LA SOCIOLOGIE

364. — Les rapports de la philosophie mathématique à la psychologie ont été envisagés sous des aspects très différents. Quand le réalisme soulève le problème du « primat » de la mathématique, c'est pour se demander, comme on l'a fait par exemple à propos de la loi logarithmique de Fechner, si la matière de la psychologie peut se réduire à la matière de la mathématique, si un artifice opératoire permet de traiter la sensation comme une quantité. Suivant l'idéalisme, la question essentielle est tout autre. La connaissance mathématique est faite d'idées qui n'ont point pour support dans le monde extérieur un objet proprement dit; on peut dire à cet égard qu'elle se présente comme une réalité purement psychologique. Dès lors, il s'agit de savoir si la psychologie trouve en elle-même les ressources nécessaires pour se rendre maîtresse de cette réalité, si l'investigation des consciences individuelles suffit à faire comprendre la nature et le développement de la science mathématique.

Or à cette question il paraît bien difficile de répondre affirmativement. Quelque ingéniosité que l'on ait déployée pour rattacher au sentiment du rythme intérieur la genèse de la notion de nombre, ou pour appuyer sur la sensation de résistance la naissance de l'idée d'extension, il est manifeste que de pareilles tentatives demeurent fragiles, et inadéquates par rapport aux progrès incessants de la mathématique; l'appel à l'introspection, qui est le procédé spécifique de la psychologie, ne permettrait pas de dépasser le concept abstrait du nombre ordinal, ou de déterminer ce que c'est exactement qu'une dimension spatiale. Ces difficultés nous semblent liées au caractère même de l'introspection : elle croit être en contact avec la nature humaine, prise dans son essence; ce qu'elle saisit d'une façon effective, c'est peut-être simplement l'aspect que revêtent pour eux-mêmes, à une certaine époque de l'histoire, des esprits déjà préformés par une tradition séculaire. De même que Kant a décelé l'élaboration inconsciente qui conditionne les données en apparence immédiates de l'expérience, de même il y a lieu de se demander si les catégories prétendues innées et définies une fois pour toutes dans leur universalité, ne se sont pas construites lentement sous la suggestion de l'expérience, et si elles ne sont pas destinées à prouver leur complexité par leur fécondité même; en fait, comme nous l'avons montré pour le nombre et pour l'espace, leur dissociation en éléments multiples correspond à l'avènement de disciplines nouvelles dans la science.

Loin donc qu'il appartienne à la psychologie de prévoir et de régler le cours de la mathématique, le développement de la mathématique nous instruit des fonctions de l'intelligence, en brisant les cadres factices des facultés. D'une part, nous l'avons vu, il ne se laisse pas plier à la séparation de l'expérience interne et de l'expérience externe qui a inspiré les théories proprement psychologiques sur la genèse du temps et de l'espace; il nous fait assister aux réactions mutuelles de l'activité intellectuelle et de la réalité concrète, dont se sont dégagées les relations inscrites dans les démarches fondamentales de la science et qui ont permis à l'homme d'agir efficacement sur la marche des phénomènes universels. D'autre part, il refuse d'ériger cette collaboration de l'esprit et des choses en un parallélisme nécessaire, en une synthèse *a priori* du *représentant* et du *représenté*, ainsi que le faisait le relativisme psychologique de Renouvier; il montre comment la pensée, provoquée sans doute par l'intuition, se rend capable de s'affranchir de l'appui direct des images et de n'opérer en quelque sorte que sur les opérations elles-mêmes.

365. — Sur le terrain sociologique il semble qu'on puisse attendre de la philosophie mathématique une contribution qui ne serait pas moins précieuse. Si la connaissance mathématique déborde la sphère de la conscience individuelle, c'est qu'elle est une œuvre collective qui naît et qui se développe dans la vie sociale. Mais alors se posera une question analogue à celle que nous avons rencontrée en psychologie : la méthode propre à la sociologie est-elle capable d'épuiser l'étude de la réalité sociologique? Des représentations qui ont pour théâtre des consciences

individuelles, le sociologue extrait celles qu'il retrouve les mêmes dans toutes les consciences, et qui, par suite, dépassent chacune d'elles en particulier. Ces représentations collectives constituent des systèmes qui pour un état donné de la civilisation définissent une part de la matière sociale. Par exemple, à l'intérieur d'une même société, une unité spontanée s'établit entre les opérations arithmétiques et les vertus mystiques des nombres [1], entre la répartition des régions de l'espace et la division des groupes sociaux [2]. Et de même, par delà les doctrines philosophiques qui en rédigent, et souvent après coup, la théorie abstraite, on retrouve à chaque étape dans l'évolution de l'humanité un certain *consensus* social qui caractérise une forme particulière de civilisation; depuis Comte et Cournot, il est d'ailleurs superflu d'insister sur l'importance du rôle que les progrès de la science positive ont joué dans la formation de ce *consensus* social. De là est sortie naturellement la notion d'une « synthèse subjective », comparable à la synthèse subjective du psychologisme; toutes les manifestations de l'esprit humain seraient d'origine collective et tiendraient de la société leur valeur : « La *science*, écrit M. Goblot, est un phénomène social et, par conséquent, la logique est une branche de la sociologie [3]. » Si l'on voulait pousser cette conception jusqu'à ses conséquences extrêmes (qu'il semble bien d'ailleurs que M. Goblot repousserait), il faudrait dire que les conditions de la vie sociale rendent compte de la vérité scientifique au même titre que du *canon* esthétique ou de la *règle* morale.

Or, dès les démarches constitutives de l'arithmétique élémentaire, nous avons vu comment l'objectivité de la science oppose une résistance invincible à l'idée d'une synthèse subjective. Les pratiques les plus simples du calcul, si elles ne s'expliquent sans doute pas par des tendances inscrites dans la nature de l'esprit humain, ne dérivent pas non plus d'un système de prescriptions qui seraient directement liées à telle ou telle forme sociale. Elles ont leur point d'appui dans les objets que l'homme manie, et qui, apportant une vérification constante aux opérations de correspondance, de juxtaposition et de duplication, donnent aux premières représentations numériques la garantie d'une valeur positive. Cette valeur est indépendante des croyances mystiques

1. Cf. Lévy-Bruhl, *Les fonctions mentales dans les sociétés inférieures*, p. 236.

2. Durkheim et Mauss, *De quelques formes primitives de classification, contribution à l'étude des représentations collectives*, Année sociologique, t. VI, (1901-1902), 1903, p. 55.

3. *Essai sur la classification des sciences*, 1898, p. 229 (F. Alcan).

qui, à un stade plus avancé de la réflexion, peuvent leur être associées ; elle leur préexiste et elle leur survit.

Rien ne nous paraît capable d'instruire le philosophe comme le spectacle de cette dissociation entre la vérité intrinsèque de certaines opérations, et la diversité des représentations collectives qui les entourent. A considérer la mathématique comme étant, non pas à proprement parler d'origine sociale[1], mais une réalité sociale, il devient manifeste en effet que les éléments de cette réalité ne sont nullement homogènes les uns aux autres, et qu'ils ne sont pas destinés à demeurer sur le même plan. Les conceptions d'ordre philosophique ou théologique qui ont accompagné les grands élans de la pensée mathématique, qui y ont cherché une base ou une confirmation, font corps avec elle dans une forme de civilisation qui constituera un *synchronisme* de l'histoire, un état de la « cœnesthésie sociale » ; et de ce point de vue on pourra reconstituer les étapes successives de l'humanité, se donner, par le contact direct avec les textes originaux, avec les monuments artistiques, le sentiment immédiat et comme l'intuition qu'on les revit. Mais, alors même qu'on aurait réussi à faire tenir dans un enchaînement de causes la suite de ces époques, on n'aura encore accompli que la première partie de la tâche. Avec le temps, par l'action rationnelle et décisive de la critique, ce qui dans la réalité sociale n'était que social et humain s'élimine, tandis que se dégage et se consolide ce qui, né à l'intérieur de la conscience individuelle et grâce à l'effort de la pensée collective, est plus qu'un moment de cette conscience ou de cette pensée. En fait, nous avons vu comment, au contact de l'univers, s'accomplirent les premières opérations de calcul ou de mesure qui, peu à peu, devaient donner naissance aux formes intellectuelles capables d'ordonner notre action, et d'accroître nos prises sur la nature. En montrant comme notre structure mentale, pénétrée en quelque sorte de la vérité qui est dans les choses, devient capable de ramener les choses à l'unité d'un système, en soumettant à ses procédés le mouvement des astres, en donnant le moyen de faire entrer dans la simplicité d'une formule unique ce qui s'étale dans l'immensité de l'espace et du temps, la mathématique nous convainc de la place privilégiée que l'homme occupe parmi les espèces vivantes et les

[1] Cf. Durkheim, *Sociologie religieuse et théorie de la connaissance*, Revue de métaphysique, 1909, p. 741 : « Certes, si par origine on entend un premier commencement absolu, la question n'a rien de scientifique et doit être résolument écartée. »

sociétés animales : il n'est pas seulement en communauté avec ses semblables, il est en communauté avec la nature.

366. — Si la psychologie et la sociologie doivent, à notre avis, regarder du côté de la mathématique, ce n'est donc pas uniquement dans l'espoir de soumettre les faits de conscience à des lois quantitatives, ou de traduire en formules les statistiques des phénomènes sociaux. La philosophie mathématique leur rendra le service de les préserver de la tendance à la subjectivité abstraite, qui était inévitable au début de leur constitution systématique, contre laquelle d'ailleurs les représentants les plus autorisés, soit de la psychologie, soit surtout de la sociologie, réagissent aujourd'hui si manifestement.

C'est un des problèmes essentiels de la psychologie de montrer comment au cours du développement de l'intelligence individuelle il apparaît quelque chose qui dépasse les ressources de l'individu seul, comment chacun reçoit des autres, comment il peut leur communiquer, des jugements et des raisonnements dont tous reconnaîtront également la valeur. C'est un des problèmes essentiels de la sociologie de montrer comment l'histoire des sociétés est autre chose qu'une succession de tableaux synchroniques, comment des représentations collectives se dégage quelque chose de supérieur à telle ou telle forme de civilisation, quelque chose qui appuie la destinée spéculative de l'humanité à la réalité de l'univers. Or ni l'un ni l'autre de ces problèmes ne pourra se résoudre définitivement si l'on ne commence par aller chercher la vérité là où se trouvent réunies les conditions positives de la vérification. La considération de la mathématique est à la base de la connaissance de l'esprit comme elle est à la base des sciences de la nature, et pour une même raison : l'œuvre libre et féconde de la pensée date de l'époque où la mathématique vint apporter à l'homme la norme véritable de la vérité[1].

1. *Eth.* Part. I, App. « Unde pro certo statuerunt, Deorum judicia humanum captum longissime superare : quæ sane unica fuisset causa, ut veritas humanum genus in æternum lateret ; nisi Mathesis, quæ non circa fines sed tantum circa figurarum essentias et proprietates versatur, aliam veritatis normam hominibus ostendisset. » Éd. Van Vloten et Land, t. I, p. 71.

INDEX DES NOMS PROPRES

[*Les chiffres renvoient aux numéros des pages*]

TABLE DES MATIÈRES

PREMIÈRE PARTIE

PÉRIODES DE CONSTITUTION

LIVRE PREMIER

LIVRE II

GÉOMÉTRIE

CHAPITRE IV

LE MATHÉMATISME DES PLATONICIENS

CHAPITRE VIII

LA PHILOSOPHIE MATHÉMATIQUE DES CARTESIENS

Section A. — LES PROBLÈMES DU CARTÉSIANISME.

Section B. — LA PHILOSOPHIE MATHÉMATIQUE DE MALEBRANCHE.

Section C. — LA PHILOSOPHIE MATHÉMATIQUE DE SPINOZA.

LIVRE III

ANALYSE INFINITÉSIMALE

CHAPITRE IX

LA DÉCOUVERTE DU CALCUL INFINITÉSIMAL

Section A. — L'ANTIQUITÉ.

Section B. — LA GÉOMÉTRIE DES INDIVISIBLES ET L'ALGORITHME LEIBNIZIEN.

Section C. — DE FERMAT A NEWTON.

CHAPITRE X

LA PHILOSOPHIE MATHÉMATIQUE DE LEIBNIZ

Section B. — LES APPLICATIONS.

CHAPITRE XI

DEUXIÈME PARTIE

PÉRIODE MODERNE

LIVRE IV

LA PHILOSOPHIE CRITIQUE ET LE POSITIVISME

CHAPITRE XII

LA PHILOSOPHIE MATHÉMATIQUE DE KANT

CHAPITRE XIII

LA PHILOSOPHIE MATHÉMATIQUE D'AUGUSTE COMTE

CHAPITRE XIV

LIVRE VII

L'INTELLIGENCE MATHÉMATIQUE ET LA VÉRITÉ

CHAPITRE XX

CHAPITRE XXI

CHAPITRE XXII

1779-11. — Coulommiers. Imp. PAUL BRODARD — 6-12.